高等院校风景园林专业规划教材

风景园林建筑设计

主　编　解文峰
副主编　温　静　赵玲侬

中国建材工业出版社
北　京

图书在版编目(CIP)数据

风景园林建筑设计/解文峰主编；温静，赵玲侬副主编．--北京：中国建材工业出版社，2024.8.
（高等院校风景园林专业规划教材）．-- ISBN 978-7-5160-4223-6

Ⅰ．TU986.4

中国国家版本馆CIP数据核字第2024NJ0016号

风景园林建筑设计
FENGJING YUANLIN JIANZHU SHEJI
主　编　解文峰
副主编　温　静　赵玲侬

出版发行：中国建材工业出版社
地　　址：北京市西城区白纸坊东街2号院6号楼
邮　　编：100054
经　　销：全国各地新华书店
印　　刷：北京印刷集团有限责任公司
开　　本：787mm×1092mm　1/16
印　　张：30.25
字　　数：720千字
版　　次：2024年8月第1版
印　　次：2024年8月第1次
定　　价：98.00元

本社网址：www.jccbs.com，微信公众号：zgjcgycbs

举报信箱：zhangjie@tiantailaw.com　举报电话：(010) 63567684
本书如有印装质量问题，由我社事业发展中心负责调换，联系电话：(010) 63567692

本书编委会

主　编　解文峰（四川农业大学）

副主编　温　静（河北农业大学）
赵玲侬（四川农业大学）

参　编　刘　俊（四川农业大学）
张羽佳（四川农业大学）
王　璐（四川农业大学）
张鹏媛（天津美术学院）
周曦曦（广东理工学院）
李晓庆（山西农业大学）

前言 | Preface

风景园林本科专业指导性规范中的培养目标明确要求，毕业生要胜任风景园林建筑方面的规划、设计、保护、施工、管理及科学研究等工作，在专业知识方面要掌握风景园林建筑设计的基本理论和方法，要建立风景园林建筑设计的专业知识体系。因此，风景园林建筑设计课程被列为风景园林专业的主干课程。

风景园林建筑设计的实践性较强，所以本教材将通过对一些具有代表性的完整案例进行剖析，将原理和理论贯穿到实践应用中，使读者真正理解风景园林建筑设计的内涵；同时考虑到风景园林建筑设计同样需要功能、技术、艺术等方面的知识作为支撑，本教材也对风景园林建筑的结构、材料、施工工艺、设计表现等问题进行讨论，并针对风景园林专业、园林专业及相近专业学生的特点，增加了有关工学知识的部分内容。

编写本教材的总体原则是：在风景园林教育中探索既符合专业设计要求又不失特色的风景园林建筑设计理论和原理，并介绍新形势下风景园林建筑设计的方法和技巧。学时为96学时左右。

本教材在每一章开始都有“本章主要内容”，每一章最后都有难易程度与课程内容相符的思考题。在课程的结构设计上采用先总论后分论，层层递进，系统而有序地引导读者建立知识体系，巩固学习成果，因此对本课程的教学工作和学生的学习过程能起到较好的指导作用。

本教材分为3篇共14章，由四川农业大学解文峰主编，具体编写分工如下：第1章和第2章由四川农业大学解文峰编写；第3章、第6章和第7章第2节由四川农业大学王璐编写；第4章、第5章和第7章第1节由四川农业大学刘俊编写；第8章由广东理工学院周曦曦编写；第9章第1、3节由河北农业大学温静编写；第9章第2节由山西农业大学李晓庆编写；第10章和第14章由天津美术学院张鹏媛编写；第7章第3节、第11章和第12章第3节由四川农业大学赵玲依编写；第7章第4节、第12章第1、2节和第13章由四川农业大学张羽佳编写；全书由解文峰统稿、修改并定稿。

本教材适合普通高等学校的风景园林、园艺、环境艺术设计、城市规划等专业的本科师生使用，也可作为相关专业科研人员的参考书。

本书在编写过程中参考并借鉴了一些国内外作者的著作，力求能体现当前风景园林建筑设计的先进发展水平，同时易于学生理解和接受，在此对各位作者，对支持、帮助此书出版的各位专家，对提供相关资料的单位和个人表示衷心的感谢。由于编者水平有限，书中难免存在不妥之处，希望专家、读者批评指正。

2024 年 3 月

目录 Contents

第一篇　风景园林建筑设计基础知识

第二篇　风景园林建筑方案设计

第三篇　风景园林建筑设计案例

第一篇

风景园林建筑设计基础知识

第1章

风景园林建筑概述

本章主要内容：首先，介绍风景园林建筑的概念及特征，涉及3个概念——风景园林、建筑、风景园林建筑；其次，梳理国内外风景园林建筑的发展；再次，强调风景园林建筑与环境的协调；最后，总结风景园林建筑设计的影响因素。

1.1 风景园林建筑的概念及特征

1.1.1 3个概念——风景园林、建筑、风景园林建筑

1. 风景与风景园林

“风景”，简单来说，即为大自然的自然风光景色，一般以自然物象构成，它由自然界许多元素，比如山川平原、江河湖海、森林草原、树木花草等共同构成，经过四季轮回、晨昏交替等自然规律以及它们之间丰富变化的万千组合，形成了千姿百态的自然景观。

据齐康先生研究，“风景”一词有很多种解释，有的称为“地景”，有的称为“景观学”，我国教育部在制定专业目录时，称为“风景园林”。中国风景园林学会2009年年会《中国风景园林学会北京宣言》中指出，风景园林工作者的使命是：保护自然生态系统和自然与文化遗产，规划、设计、建设和管理人居环境。风景园林学科涵盖的范围包括风景园林资源保护与利用、风景园林规划设计、风景园林建设与管理等方面。

风景园林是综合利用科学和艺术手段营造人类美好户外生活环境的一个行业和一门学科。与风景园林相比，观赏园艺失却了空间，景观设计失却了生命，环境艺术失却了科学，城市森林失却了文化，可以说，风景园林综合利用科学和艺术的手段为人类营造了美好的户外生活境域。

2. 建筑

建筑的本义是人们用泥土、砖、瓦、石材、木材等建筑材料构筑成的一种供人居住和使用的空间，如住宅、桥梁、厂房、体育馆、窑洞、水塔，寺庙等。广义上来讲，景观、园林也是建筑的一部分。更广义地讲，动物有意识建造的巢穴也可算作建筑。建筑属于固定资产范畴，包括房屋和构建物两大类。房屋是指供人居住、工作、学习、生产、经营、娱乐、储藏物品以及进行其他社会活动的工程建筑。根据罗马时代的建筑家维特鲁威所著的最早的建筑理论《建筑十书》的记载，建筑包含的要素应兼备实用、坚固、美观的特点。

建筑对象大到包括区域规划、城市规划、景观设计等综合的环境设计构筑、社区形

成前的相关营造过程，小到室内的家具、小物件等制作。而其通常的对象为一定场地内的单位。在建筑学和土木工程范畴里，"建筑"是指兴建建筑物或发展基建的过程。建筑构成的三要素为建筑功能、建筑技术和建筑艺术形象。

3. 风景园林建筑

广义上讲，风景园林建筑是在城市绿地系统范围内的自然风景、城市环境，以及其他人居环境中的所有人工建筑。而狭义上的风景园林建筑是指风景区内的，以控制组织景观为主并具有画龙点睛效果的建筑。

风景园林建筑是建筑学、城市规划、环境艺术、园艺、林学、文学艺术等自然与人文科学高度综合的一门应用性学科，是现代景观学科的主体。景观学作为研究环境、美化环境、治理环境的学科由来已久，概括地讲它注重的是人类的生存空间，从局部到整体，都是它研究的范围。但随着全球环境的恶化，人们越来越重视整体环境的研究，重视自然、科技、社会、人文总体系统的研究，因为环境的美化与优化，仅靠局部的细节设计手法已不能从根本上解决问题。风景园林中均有建筑分布，有的数量较多、密度较大，有的数量较少、建筑布置疏朗，风景园林建筑比起山、水、植物，较少受到自然条件的制约，以人工为主，是传统造园中运用最为灵活也是最积极的因素。随着现代风景园林理论、建筑设施水平及工程技术的发展，风景园林建筑的形式和内容越来越复杂、多样和丰富，在造景中的地位也越来越重要，担负着景观、服务、交通、空间限定、环保等诸多功能。

风景园林建筑属于建筑学一级学科下的三级学科，是与建筑学专业一脉相承的；但从风景园林建筑的形成、发展的过程、设计手法、施工技术及艺术特点等方面来看，与建筑设计和城市规划又有所不同：一方面，风景园林建筑离不开建筑及城市环境；另一方面，由于所涉及材料、工艺、技术及功能不同，风景园林建筑与建筑设计及城市规划之间也存在一定的差异。在很多人的观念中，风景园林建筑更像建筑及城市艺术中的艺术，正如英国哲学家培根于《论造园》一文中所说"文明人类，先建美宅，造园较迟"可见造园艺术更胜一筹。

全面地研究和认识风景园林建筑，充分挖掘传统景观园林艺术精华，充分运用现代理论及技术手段，从实际出发，以人为本，树立大环境的观念，从宏观角度把握环境的美化与建设，是现代风景园林建筑的重要研究领域。

4. 风景园林建筑与建筑的关系

在分类方面，建筑按功能用途的不同，一般分为三大类型：工业建筑、农业建筑和民用建筑。按使用功能不同，风景园林建筑一般可分为六大类型：游憩类风景园林建筑、接待类风景园林建筑、展陈类风景园林建筑、餐饮零售类风景园林建筑、住宿类风景园林建筑和设施类风景园林建筑；从系统分类角度，风景园林建筑既属于建筑系统，也属于风景园林系统；从本质关系上讲，建筑和风景园林建筑两者则是一般与具体、普遍与特殊的关系；从内容来说，风景园林建筑和建筑又存在一定程度的互为包含的关系，我中有你、你中有我。

在建筑功能方面，风景园林建筑的作用主要有：点景，即点缀风景，形成景观构图中心或主题，创造最佳风景画面；赏景，即观赏风景，为观赏者提供最佳观赏点和观赏视域以及观赏环境；引景，即引导景观视线，组织游览路线，创造最美动态序列景观；

丰景，即丰富景观层次，组织划分空间，提升艺术效果。

在用途类型方面，风景园林建筑主要满足风景园林中游人各种活动的使用需求，具有特定的服务对象和使用范围，表现出与其他建筑类型共有的单一性特征。但在具体使用需求方面，不像其他建筑类型那样相对比较单一，而表现出多向性的需求特征，既有餐饮、商业方面的需求，又有文化、教育方面的需求，这就要求有多种用途类型的建筑与之相适应，体现出功能多元化的特征。风景园林建筑的功能要求更加动态、灵活。在使用过程中，风景园林建筑的使用环境、使用性质、使用人群，由于受到多种动态因子的影响，如季节气候变化、游人量多少的变化、活动需求变化等，经常呈现不稳定状态，表现出功能上的不确定性和动态性，稳定性不如其他建筑类型，因此，在功能使用上也就要求具有一定的灵活性。

在建筑技术方面，建筑技术是建造房屋的手段，包括建筑结构、建筑材料、建筑施工和建筑设备等内容，是建筑得以实施的技术保障。风景园林建筑表现在技术上的特点是小而精、全而细、新而巧。就结构技术而言，正因为风景园林建筑功能的多样性、多重性，基址的灵活性、复杂性，景观的艺术性、丰富性，使得绝大多数的结构形式在风景园林中都有“用武之地”，从传统的砖、木结构到现代的钢、膜结构，从梁柱体系到空间网架，甚至充气结构，在风景园林中都有应用。

在施工技术方面，由于风景园林建筑分布比较分散，规模较为小巧，艺术性要求较高，不便于机械施工，很多部分都是人工建造，所以特别强调手工工艺与装饰效果。再者，由于结构与装饰同构的特性，风景园林建筑对工艺水平要求更高、更精、更细，一般工艺中的粗活，在风景园林中则变为精细工艺，如清水混凝土和清水砖墙表面的处理，以及带有装饰线脚的梁柱，都要求非常精细的施工工艺。

在建筑设计方面，风景园林建筑设计的综合性很强，横跨多门学科，不仅要求掌握自然科学方面知识，还要求有很深厚的人文知识积累，通晓风景园林方面的知识以及城市规划方面知识；其次，风景园林建筑设计要求有很高的艺术素养，强调作品的独创性和艺术性，突出景观功能，追求诗情画意，是多种艺术融合的综合体；第三，风景园林建筑大多立足于自然环境，是特定自然环境限定出来的产物，是人类接触自然、了解自然的窗口，设计要求有丰富的自然知识，通晓自然规律，尽可能利用自然元素来展现自然的原生态，强调与自然的相生共融，追求天人合一的境界；第四，风景园林建筑的使用具有广泛的公共性，要求满足所有人的使用要求，体现社会的公平性、便利性；最后，风景园林建筑在设计上具有很大的灵活性，要求功能、空间、景观的灵活，以适应所有使用环境的动态变化和随机变化。

1.1.2　风景园林建筑的特点

风景园林建筑的本质是具有综合性，它结合了风景园林的设计特点以及现代建筑的构造方法，达到了一种既美观又实用的效果。人们在风景园林建筑中，不仅能感受到山水、花木等自然的有形的实体感观，更能切实通过良好的视觉效果拥有不同的情感体验，在享受现代科技建筑带来的舒适安全的同时还有一种美的享受。

风景园林建筑作为一种新兴的建筑类型，具有一定的个性化特征，其特点如下。

1. 复杂综合

风景园林建筑的主要研究对象是土地及其上面的设施和环境，是依据自然、生态、社会、技术、艺术、经济、行为等原则进行规划和创作的具有一定功能景观的学科，景观本身受人类不同历史时期的活动特点及需要而变化，因此景观也可以说是反映动态系统、自然系统和社会系统所衍生的产物，从这个角度上讲，风景园林建筑是复杂综合的。

2. 立意巧妙

风景园林建筑历来注重艺术意境的创造，巧于因借，奇思妙想，或借诗画情意，或借四季之景，或借天象时物，抒发情怀，赋予建筑恰当的主题思想，达到寓情于景、触景生情、情景交融的艺术效果。常常通过建筑题名、匾额、楹联，点染主题，诠释意境，言简意赅、意美境远，进一步深化建筑主题，丰富建筑文化内涵。

3. 选址得当

"相地合宜，构园得体"，是《园冶》中总结的造园法则。选址立基是建造风景园林建筑的重要环节，恰当的选址，可谓事半功倍。无论是从建筑功能出发，还是从景观要求的角度出发，无论是风景点的营建，还是景观序列的组织，都要仔细推敲基址位置，以求达到最佳造景效果，最大限度地发挥建筑的使用功能，与环境场地相得益彰，为自然景观锦上添花；相反，选址不当，往往会破坏原有景观价值，甚至影响建筑营运。

4. 布局精妙

风景园林建筑的布局讲究因地制宜，随形就势，不循规蹈矩，而巧于因借，善于利用自然地形、地物及天象，甚至其他一切可用之物，配合有致，得景随机，参差错落，灵活多变，曲折幽深，小中见大。根据中国传统的美学观念与空间意识，总是把空间的塑造放在最重要的位置上，无论建筑物是作为被观赏的景观，还是只作为居住生活的场所，都着重在建筑物之间的有机结合与相互贯通上，讲究人、空间、环境的相互作用与统一。

5. 体量精巧

风景园林建筑在景观构图中的作用举足轻重，其体量大小往往是景观艺术的关键，决定风景构图的画面效果。空间境域不同，尺度大小各异，山巅、水边、树林、花际都要因境随机，整体考虑空间环境的尺度大小，仔细推敲各自的比例关系，恰到好处，画龙点睛。

6. 造型独特

风景园林建筑追求很高的艺术境界，对于艺术来说，没有个性，就没有生命力，缺乏艺术感染力，艺术作品讲究的就是作品的独创性。因此，风景园林建筑的造型，就相当于特定环境、特定场地、特定时代孕育出的特色作品，不拘一格，突出个性、突出内容，彰显文化、彰显技术，与环境和谐共生。风景园林建筑是借由园林艺术而建造的，因此它秉承了园林设计千变万化、生动活泼的特点，形态万千。

7. 使用方便

方便使用、满足一定的功能需求，是建造建筑的根本目的，也是衡量建筑优劣的重要指标。风景园林建筑的成败，最终体现在功能的满足程度上，既能满足游人自己的活动需求，又能满足景观艺术的要求，才是最合用、最优化的作品。其强调游憩休息功能，让人们在居住生活的同时，还能有轻松愉快的感觉。

8. 天人合一

“虽由人作，宛自天开”是风景园林建筑所追求的最高境界，也是营建风景园林建筑的最高法则。构园无格，有法无式，无论采用哪种格局、哪种形式、哪种技术，或独特、或艺术、或方便，最终只有达到自然天成的效果、形成天人合一的艺术境界，才可成为上乘之作。风景园林建筑尽量避免传统的钢筋混凝土建筑，尽量回归自然，使人们感受到原生态的生活气息，且不仅是指注重自然原生态的部分，也讲究同周围事物相协调，为了避免突兀，在设计时会侧重建筑与环境的协调统一，构造和谐画面。

9. 诗情画意

中国人讲究美在意境、虚实相生、以人为主、时空结合和有种仙境的感觉，因此，风景园林建筑的设计尤为注重这一点，传递天地情韵，中国古时候就讲究天时、地利、人和，将天地气息完美地结合在一起，自然而然，人们的感官效果就会大大增强。

总而言之，风景园林建筑是一种特殊的建筑类型，在风景园林中，风景园林建筑有着非常重要的地位与作用，是风景园林重要的构成要素之一，起着画龙点睛的作用，但由于它在建造环境、功能、技术、艺术上的特殊性，在很多方面都表现出独特的个性特点，具有很大的挑战性；其设计方法与特点及建造营运规律值得业界人士系统研究，尤其人类社会跨入信息时代，很多新的观念、方法、技术值得我们进一步深入探讨，以求真正实现风景园林事业的可持续发展。

1.2　风景园林建筑的发展

1.2.1　世界风景园林的发展

一般认为，园林有东方、西方两大体系。本书除简述中国园林产生、发展的概况外，将与中国园林关系最密切的日本园林也做概述。西亚园林古代以阿拉伯地区的叙利亚、伊拉克及波斯为代表，主要特色是花园与教堂园。欧洲系园林古代以意大利、法国、英国为代表，各有特色，基本以规则式布局为主，以自然景物配置为辅，这里仅介绍古代意大利、法国、英国园林的演变概况。此外，介于三大系统之间的古埃及、古印度园林，仅介绍古埃及园林简况。

1. 日本古代园林

日本早期园林是为防御、防灾或实用而建的宫苑，周围开壕筑城，内部掘池建岛，宫殿为主体，其间列植树木。而后学习中国汉唐宫苑，加强了游观设置，以观赏、游乐为主要设计、布局原则，创造了崇尚自然的朴素园林特色。

1）日本古代宫苑

日本 8 世纪的《古事记》和《日本书记》中记述了日本古代传说、神话和皇室诸事，反映了有关宫苑庭园的一些情况。6 世纪中叶，佛教传入日本，钦明天皇的宫苑中开始筑有须弥山，池中架设吴桥以仿中国景园的特点。6 世纪末，推古天皇受佛教的启发，在宫苑的河边池畔或寺院之间筑起须弥山，广布石造，一时山石成为造园的主件。这是模仿中国汉代以来“一池三山”的做法，如图 1-2-1 所示，从皇家宫苑遍及各个贵族私宅庭园之中。

平安时代近 400 年期间，日本把“一池三山”的格局进一步发展成为具有自己特点的“水石庭”，池和岛的主题表现已经形成，而且总结了前代造园经验，写出日本第一部造庭法秘传书，取名为《前庭秘抄》，较全面地论述了庭园形态类型、立石方法、缩景表现、水景题材和山水意匠，以及石事、树事、泉事、杂事和寝殿造等，这个时期的造园还是尽量表现自然，呈现不规则状态，建筑布局也不要求左右对称。

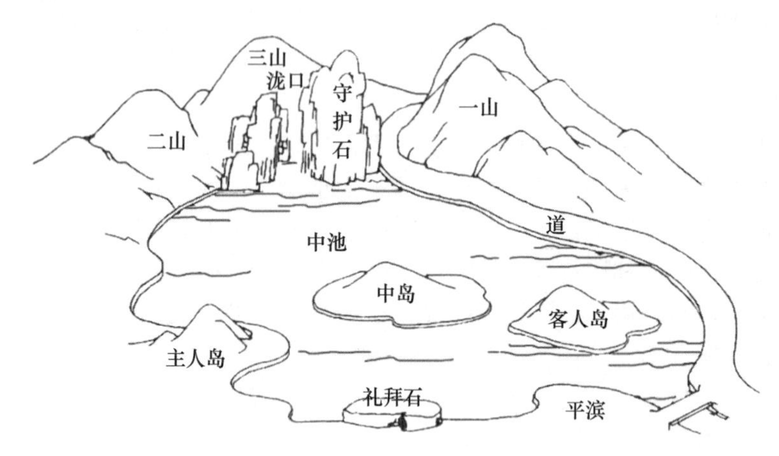

图 1-2-1 日本早期“一池三山”造园模式

（资料来源：《风景园林建筑设计指导》）

2）日本中期的寺园、枯山水及茶庭

12 世纪以后，日本从武士政权、幕府政权到群藩割据，经历数百年的战乱和锁国状态。武士执政期间，对朴素的实用生活方式十分重视。武士家建园和实际生活紧密相关，在庭院中爱惜树木，不做华丽或玩乐设施，一切从朴素或实用出发，造园趋于简朴。幕府时期是将军执政，特别重视佛教的作用，此时从中国宋朝传入的禅宗思想更受欢迎，所以大兴寺院造园之风。14—15 世纪的日本，幕府“御家人”花园和禅宗寺院庭园比前代又有新的演变。中国宋代饮茶风气传入日本以后，在日本形成茶道。上层人家以茶道仪式为清高之举，茶道和禅宗净土结合之后更带有一种神秘色彩，根据茶道净土的环境要求，造园形式出现了茶庭。

随着幕府、禅宗和茶道的发展，造庭又一度形成高峰。适应这种形势的需要，造园师和造园书不断涌现，并且在造园式样上也有所创新。日本造园史里最著名的梦窗国师创造了许多名园，例如西方寺、临川寺、天龙寺等庭园都经他手创作。

室町时代到桃山时代，日本茶庭逐渐遍及各地，成为一种新式造园，同时也产生了许多流派。枯山水式庭园以京都龙安寺方丈庭、大德寺大仙院北东庭最为著名，如图 1-2-2、图 1-2-3 所示。大仙院方丈前庭以一组石造为主体，山石做有“瀑布”状态，以此象征峰峦起伏的山景，山下有“溪流”，是用白沙铺成“溪水”并耙出流淌的波纹，借以高度概括出无水似有水、无声寓有声的山水意境，充分表现了含蓄而洗练的风格，被视为枯山水的代表作。

图 1-2-2　龙安寺方丈庭
（资料来源：《世界园林史图说》）

图 1-2-3　大德寺大仙院
（资料来源：《中外园林史》）

3）日本后期的茶庭及离宫书院式庭园

室町时代末期至桃山时代初期，日本国内处于群雄割据的乱世局面，建造高大而坚固的城堡以作防御，建造宏伟华丽的宅邸庭园以作享受。因此武士家的书院式庭园竞相兴盛，其中主题仍以蓬莱山水为主流。

茶庭形式到了桃山时代则更加勃兴起来，茶道仪式从上层社会人家普及到一般民间，成为社会生活中的流行风尚。权臣富户有大的宅园，一般富户有小的庭院。宅园庭院以居室和茶室相属相分，与茶室相对的庭园是茶园。茶庭是自然式的宅园，截取自然美景的一个片段再现于茶庭之中，如图 1-2-4 所示。

江户时代开始兴盛起来的离宫书院式庭园也是独具妙境，这些都成为桃山江户时代茶的民族风格的一种形式。这种形式的池心有三岛，有桥相连。桂离宫庭园的中心有个大的水池，道路曲折回环联系各处，如图 1-2-5 所示。池岸曲绕，山岛有亭，水边有石组布置其间，花草树木极其丰富多彩。桂离宫庭园内院等三大组建筑群，排列自然、错落有致且文人趣味浓厚。类似桂离宫的还有蓬莱园、小石川后久保侯的乐寿园、滨御殿等。

图 1-2-4　日本茶庭
（资料来源：《世界园林史图说》）

图 1-2-5　日本桂离宫
（资料来源：《世界园林史图说》）

日本庭园受中国传统风景园林的启发，形成的自然山水园，在发展过程中又根据本国的地理环境、社会历史和民族感情创造出了独特的日本风格。日本庭园的传统风格具有悠久的历史，后来逐渐规范化，现代的造园虽然手法越来越丰富，但依然保持其传统的风格与神韵，如图 1-2-6～图 1-2-9 所示。

图 1-2-6　日本现代庭园组景一
（资料来源：《禅・庭》）

图 1-2-7　日本现代庭园组景二
（资料来源：《禅・庭》）

图 1-2-8　日本现代庭园组景三
（资料来源：《禅・庭》）

图 1-2-9　日本现代庭园组景四
（资料来源：《禅・庭》）

2. 古埃及与西亚园林

1）古埃及墓园、园圃

埃及早在公元前 4000 年就进入了奴隶制社会，到公元前 28 世纪至公元前 23 世纪，形成法老政体的中央集权制。法老（即埃及国王）死后都兴建金字塔作王陵，并建墓园。金字塔浩大、宏伟、壮观，反映出当时埃及的科学与工程技术已很发达。金字塔四周布置规则对称的林木，中轴为笔直的祭道，控制两侧均衡，塔前留有广场，与正门对应，造成庄严、肃穆的气氛。

2）西亚地区的花园

位于亚洲西端的叙利亚和伊拉克也是人类文明发祥地之一，两河流域形成美索不达米亚大平原。美索不达米亚在公元前 3500 年时已经形成了许多城市国家，实行奴隶制。奴隶主在私宅附近建造各式花园，作为游憩观赏的乐园。奴隶主的私宅和花园，一般都建在幼发拉底河沿岸的谷地平原上，引水浇园，花园内筑有水池或水渠，道路纵横方直，花草树木充满其间，布置非常整齐美观。在公元前 2000 年，巴比伦、亚述或大马士革等西亚广大地区有许多美丽的花园。尤其在距今 3000 年前，古巴比伦王国宏大的都城中有五组宫殿，不仅异常华丽壮观，而且尼布甲尼撒国王为王妃在宫殿上建造了“空中花园”，如图 1-2-10 所示。远看该园悬于空中，近赏可人游，如同仙境，被誉为世界七大奇观之一，称得上是世界最早的屋顶花园。

图 1-2-10　古巴比伦空中花园想象图

（资料来源：《世界园林史图说》，J. Beale 绘）

3）波斯天堂园

古波斯帝国的奴隶主们常以祖先们经历过的狩猎生活为其娱乐方式，后来又选地造囿圈养许多动物作为游猎园圃，后来增加了观赏功能，在园囿的基础上发展成游乐性质的园。"天堂园"是其代表，园四面有围墙，其内开出纵横"十"字形的道路构成轴线，分割出四块绿地栽种花草树木。道路交叉点修筑中心水池，象征天堂，即"天堂园"，如图 1-2-11 所示。

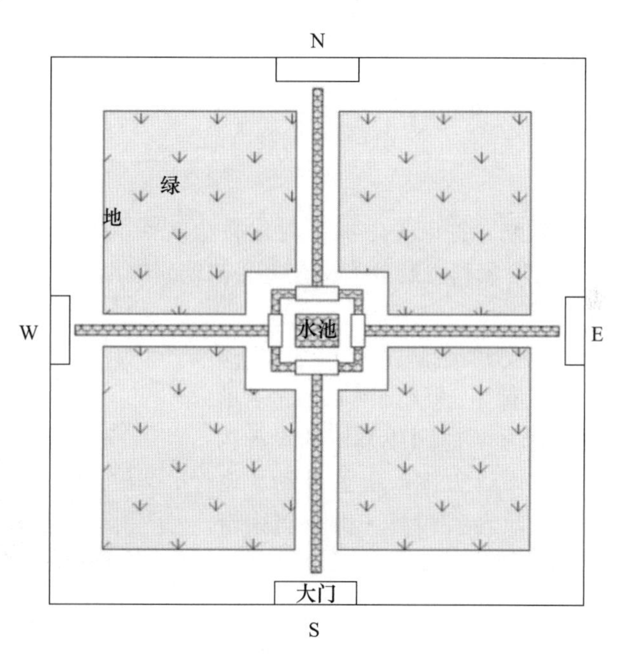

图 1-2-11　四分园概念图

3. 古希腊、古罗马、意大利园林

古希腊是欧洲文化的发源地，直接影响着古罗马、意大利及法国、英国等国。后来英国吸收了中国自然山水园的意境，融入造园之中，对欧洲造园有很大影响。

1）古希腊庭园、柱廊园

古希腊庭园的产生相当久远，公元前 9 世纪时，古希腊庭园周边有围篱，中间为领主的私宅。庭院内很规整地种植果树，设置喷泉，留有空地栽植蔬菜。公元 5 世纪，古希腊有人渡海东游，从波斯学到了西亚的造园艺术，从此古希腊庭园由果菜园改造成装饰性的庭园。住宅方正规则，其内整齐地栽植花木，最终发展成了柱廊园。柱廊园改进了波斯在造园布局上结合自然的形式，而变成喷水池占据中心位置、使自然符合人的意志、有秩序的整形园。代表作品有克里特克诺索斯宫苑，如图 1-2-12 所示。

2）古罗马庄园

随着古罗马的建立，奴隶主贵族们又兴起了建造庄园的风气，他们占有大量的土地、人力和财富，极尽奢华享受。他们在郊外选择风景极美的山阜营宅造园，在较长一个时期里，古罗马山庄式的园林遍布各地。古罗马山庄的造园艺术吸取了西亚、西班牙和古希腊的传统形式，特别是对水法的创造更为奇妙，结合山地和溪泉，逐渐发展为具有古罗马特点的台地柱廊园。代表作品有维提列柱围廊式庭院，如图 1-12-13 所示。

图 1-2-12　克里特克诺索斯宫苑
（资料来源：《世界园林史图说》）

图 1-2-13　维提列柱围廊式庭院
（资料来源：《世界园林史图说》）

3）意大利庄园

16 世纪的文艺复兴运动，冲破了中世纪封建教会统治的黑暗时期，意大利的造园出现了以庄园为主的新面貌。其发展分为文艺复兴初期、中期、后期 3 个阶段，各阶段所造庄园有不同的特色。

文艺复兴初期，意大利佛罗伦萨是一个经济发达的城市，追求华丽的庄园别墅。建筑师阿尔伯蒂著的《建筑论》这本书里着重论述了庄园或别墅的设计内容，并提出了一些优美的设计方案，更加推动了庄园的发展。佛罗伦萨的执政者科西莫·德·美第奇建造了第一所庄园，即美第奇庄园，如图 1-2-14 所示。

图 1-2-14　美第奇庄园
（资料来源：《世界园林史图说》）

文艺复兴中期，公元 15 世纪，意大利的商业中心转移到了罗马，到 16 世纪时，罗马教皇集中全国建筑大师兴建巴斯大教堂。佛罗伦萨的富商和技术专家们也纷纷来到罗马营建庄园，一时罗马地区的山庄兴盛起来。代表作品有德斯特别墅园，如图 1-2-15 所示。

文艺复兴后期，公元 17 世纪开始，巴洛克式建筑风格已渐趋成熟定型，人们反对墨守成规的古典主义艺术，而要求艺术更加自由奔放，富于生动活泼的造型、装饰和色彩。这一时期的庄园受到巴洛克风格的很大影响，在内容和形式上富于变化。16 世纪末到 17 世纪初，罗马城市发展得很快，住房拥挤，街道狭窄，环境卫生也很恶劣。意大利人长期在这种难堪的环境中生活已感厌倦，一些权贵富户们再也无法忍受下去，纷纷追求自由舒适的“第二个家”，以便远离繁杂的闹市去享受田园生活，在古罗马的郊区多斯加尼一带兴起了选址造园的风尚，一时庄园遍布。代表作品有阿尔多布兰迪尼别墅园，如图 1-2-16 所示。

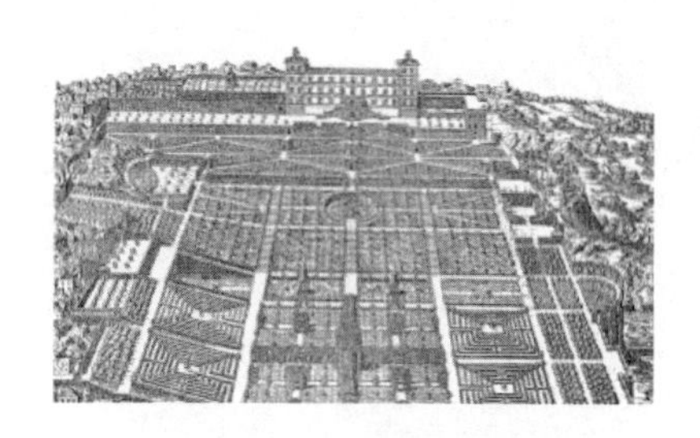

图 1-2-15　德斯特别墅园
（资料来源：《世界园林史图说》）

图 1-2-16　阿尔多布兰迪尼别墅园
（资料来源：《世界园林史图说》）

4. 法兰西园林

公元 15—16 世纪，法国和意大利曾发生 3 次大规模的战争。意大利文艺复兴时期的文化，特别是意大利建筑师和文艺复兴期间的建筑形式传入了法国。

1）城堡园

16 世纪时，法兰西贵族和封建领主都有自己的领地，中间建有领主城堡，如同小宫廷，城堡建筑和庄园结合在一起，周围多是森林式栽植，并且尽量利用河流或湖泊打造水景。从意大利传入的造园形式仅反映在城堡墙边的方形地段上布置少量绿丛植坛，并未与建筑联系成统一的构图内容。见图 1-2-17。

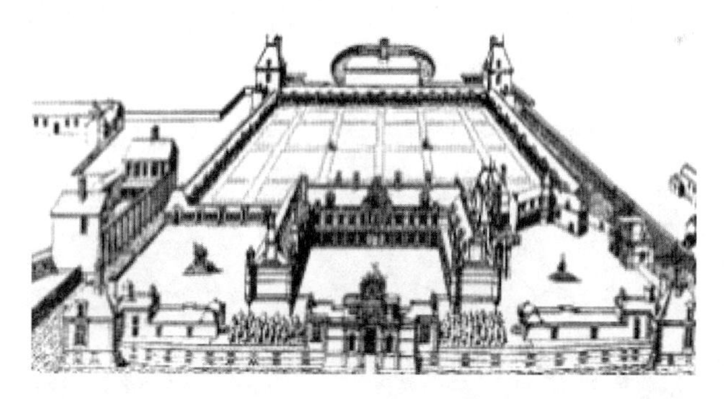

图 1-2-17　法国城堡园
（资料来源：《世界园林史图说》）

2）凡尔赛宫苑

17 世纪后半叶，法王路易十三战胜各个封建诸侯统一了法兰西全国，并且远征欧洲大陆。到路易十四时夺取了将近 100 块领土，建立起君主专制的联邦国家。路易十四为了表示他至尊无上的权威，建立了凡尔赛宫苑。凡尔赛宫苑是西方造园史上最为光辉的成就，是法国古典建筑与山水、丛林相结合的规模宏大的一座宫苑，在欧洲影响很大，如图 1-2-18 所示。

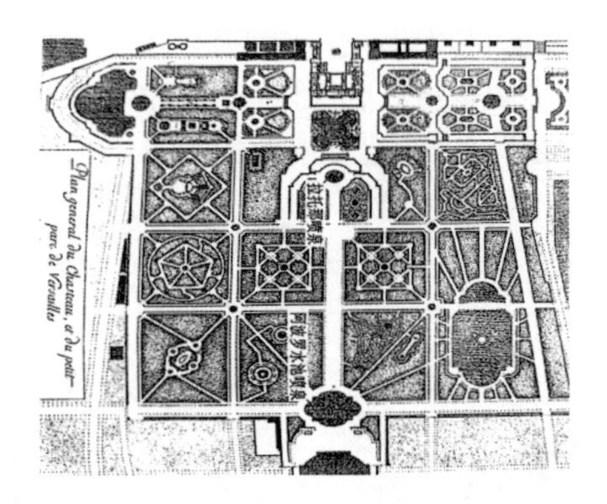

图 1-2-18　凡尔赛宫
（资料来源：《世界园林史图说》）

5. 英国园林

英国是海洋包围的岛国，气候潮湿，国土基本平坦或是缓丘地带。17 世纪之前，英国造园主要模仿意大利设计为封闭的环境，多构成古典城堡式的官邸，以防御功能的庄园转向了追求大自然风景的自然形式。17 世纪，英国模仿法国改建为法国景园模式的整形苑园，一时成为上流社会的风尚。18 世纪，英国成为世界强国，其造园吸取中国景园、绘画与欧洲风景画的特殊形式，出现了自然风景园。

1）英国传统庄园

英国从 14 世纪开始，改变了古典城堡式庄园，形成与自然结合的新庄园，对其后景园文化及传统影响深远。新庄园基本上分布在两处：一处是在庄园主的领地内丘阜南坡之上，另一处是在城市近郊。前者称“杜特式”庄园，利用丘阜起伏的地形与稀疏的树林、绿茵草地，以及河流或湖沼，构成秀丽、开阔的自然景观，在开朗处布置建筑群，使其处于疏林、草地之中。这类庄园，一般称为“疏林草地风光”。如图 1-2-19 所示。

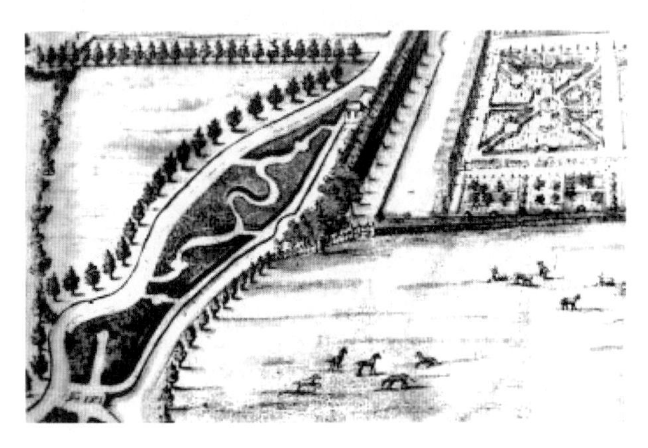

图 1-2-19　英国莫尔园
（资料来源：《世界园林史》）

2）英国整形园

17 世纪 60 年代起，英国模仿法国凡尔赛宫苑，刻意追求几何整齐植坛，而使造园出现了明显的人工雕饰，破坏了自然景观，失掉了自己的优秀传统，如伊丽莎白皇家宫苑、汉普顿园和却特斯园等。这些园一律将树木、灌丛修剪成建筑物形状、鸟兽物象和模纹花坛，园内各处布置奇形怪状，而原有的乔木、树丛、绿地却遭严重破坏。英国造园的教训，也为英国自然风景园的出现创造了条件，如圣詹姆斯园（图 1-2-20）。

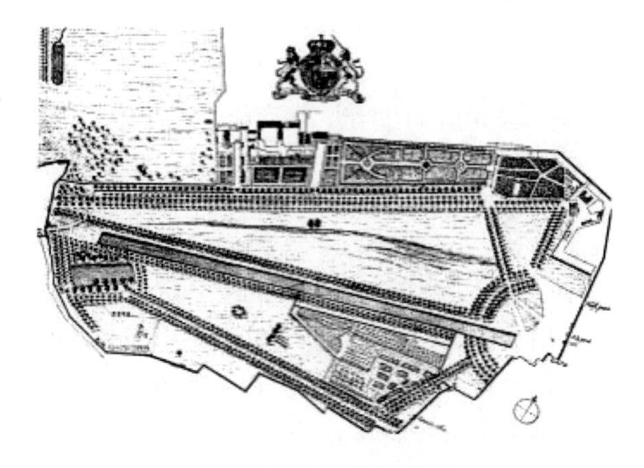

图 1-2-20　圣詹姆斯园

（资料来源：《世界园林史图说》）

3）英国的自然风景园

经济实力大为改观，原始的自然环境开始遭到工业发展的威胁，人们更为重视自然保护，热爱自然。当时英国生物学家也大力提倡造林，文学家、画家发表了较多颂扬自然树林的作品，并出现了浪漫主义思潮，庄园主对刻板的整形园开始感到厌倦，加上受中国园林等的启发，逐渐形成了自然风景园的新风格。

园林师 W. 肯特在园林设计中大量运用自然手法，改造了白金汉郡的斯托乌府邸园，见图 1-2-21。园中有形状自然的河流、湖泊，起伏的草地，自然生长的树丛，弯曲的小径。其后，他的助手 L. 布朗又加以彻底改造，除去一切规则式痕迹，全园呈现出牧歌式的自然景色。此园一成，人们为之耳目一新，争相效仿，形成了“自然风景学派”，自然风景园相继出现。

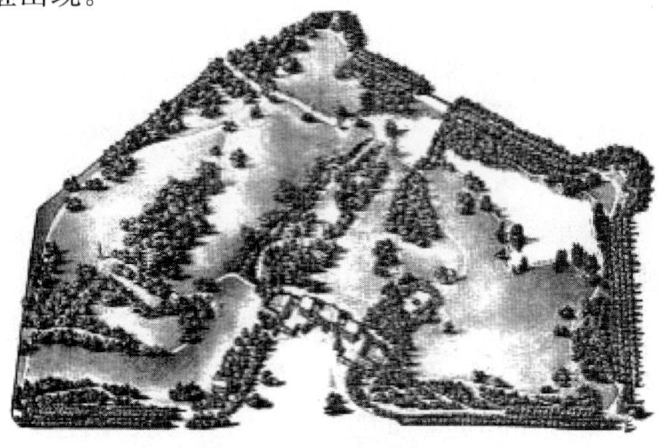

图 1-2-21　英国斯托园

（资料来源：《世界园林史图说》）

1.2.2 中国风景园林及建筑的发展

中国古风景园林历史悠久，大约从公元前 11 世纪与奴隶社会前期直到 19 世纪末封建社会解体为止，在三千余年漫长的发展过程中形成了世界上独树一帜的东方园林体系，自清末起，特别是中华人民共和国成立以后，在我国乃至世界范围内也得到了长足的发展。按历史年代和园林产生与发展过程可将古代分为 4 个时期，近、现代分为 3 个时期，现分述如下。

1. 生成期

大约在公元前 16 世纪—公元前 11 世纪，在商朝奴隶社会里，以商王为首的贵族都是大奴隶主，经济较为强大，产生了以象形为主的文字，从出土的甲骨文中的园、囿、圃等文字可见当时已产生了园林的雏形。《史记》中就有殷纣王“厚赋税以实鹿台之钱……益收狗马奇物……益广沙丘苑台……大聚乐戏于沙丘”的记载。“穿沼凿池，构亭营桥，所植花木，类多茶与海棠”，说明当时的造园技术有了相当高的水平，上古朴素囿的形式得到了进一步的发展。周灭殷后，建都镐京，开始了史无前例的大规模营建城邑及造园活动，其中最著名的是周灵台、周灵囿、周灵沼，如图 1-2-22 所示。此时的风景园林已初步具备了造园的 4 个基本要素，形成了传统风景园林的雏形。

图 1-2-22　周灵台、周灵囿、周灵沼

（资料来源：《风景园林建筑设计指导》）

2. 发展期

公元前 221 年，秦始皇统一中国后，进行了大规模的改革，使秦王朝空前强大，在物质、经济、思想制度等方面均具备了集中人力、物力进行大规模造园活动的条件，使商朝的囿发展到苑。到魏晋南北朝以前，已使苑的形式具备了在规模、艺术性等多方面的较综合的水平，奠定了中国自然式园林大发展的基础。

此时期的代表作有秦咸阳宫苑，如兰池宫、上林苑、汉建章宫等，如图 1-2-23 所示，其中已有山、植物、动物、苑、宫、台、观、生产基地等内容，可见已相当完善，但此时私家园林的记载极少。魏晋、南北朝是中国历史上一个大动乱时期，但思想十分活跃，促进了艺术领域的发展，也促使园林升华到艺术创作的境界，并伴随着私有园林的发展和兴盛，这是中国古典造园发展史上一个重要的里程碑。

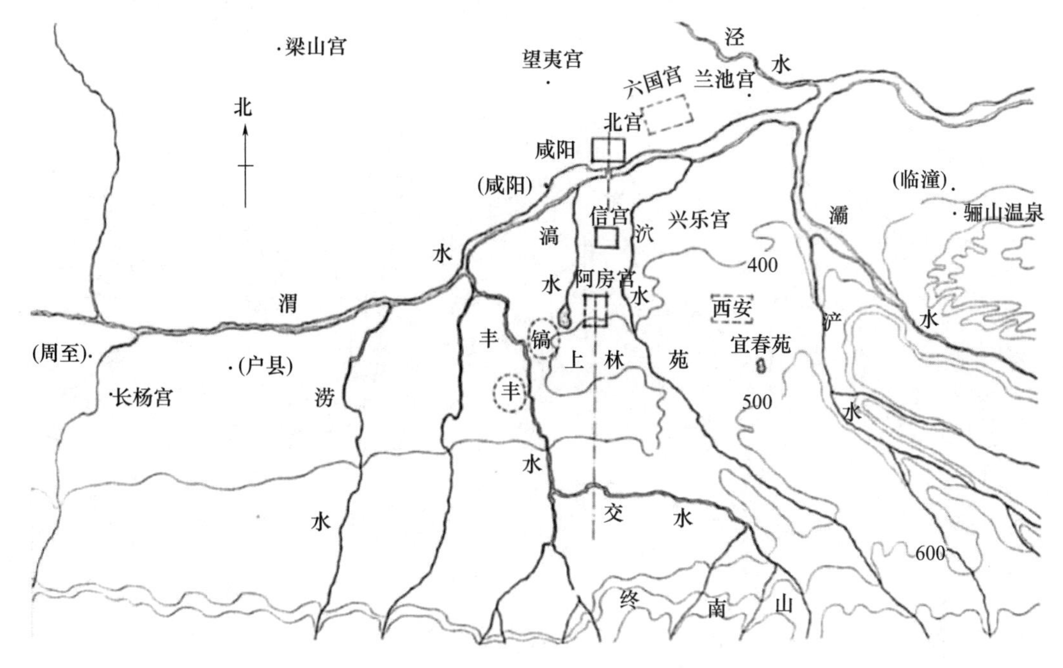

图 1-2-23　秦咸阳主要宫苑分布图

（资料来源：《中国古典园林史》）

3. 兴盛时期

这一时期由隋唐至宋元，历时近 800 年，以唐朝为代表，如图 1-2-24 所示，使中国古典风景园林空前兴盛和丰富，进入了前所未有的全盛时代。

这段时期，无论是皇家园林还是寺庙园林均达到了很高的艺术水平，尤其是皇家园林，普及面广，正如书中所载，“方唐贞观、开元之间，公卿贵戚开馆列第于东都者，号千有余邸”，而洛阳私园数量之多并不亚于长安，有白居易《题洛中第宅》“试问池台主，多为将相官。终身不曾到，唯展宅图看”，如此之盛况前所未有。

纵观这一时期的风景园林发展有以下 4 个特点：一是皇家园林“皇家气派”已完全形成，出现西苑、华清宫、九成宫、禁苑等这样一些具有划时代意义的作品；二是私家园林艺术性大为提高，着意于刻画园林景物的典型风格以及局部、小品的细致处理，赋予园林以诗情画意，讲究意境和情趣；三是宗教风俗化导致寺庙园林的普及，尤其是郊野寺庙，开创了风景名胜区的发展先河；四是山水画、山水诗文、山水园林 3 个艺术门类已有相互渗透的迹象，中国古典园林的“诗情画意”特点形成，“园林意境”已处于萌芽发展期，基本形成了完整的中国古典园林体系，并开始影响周边国家。发展至宋代，在两宋特定的历史条件和文化背景下，进入了中国古典风景园林的成熟时期。

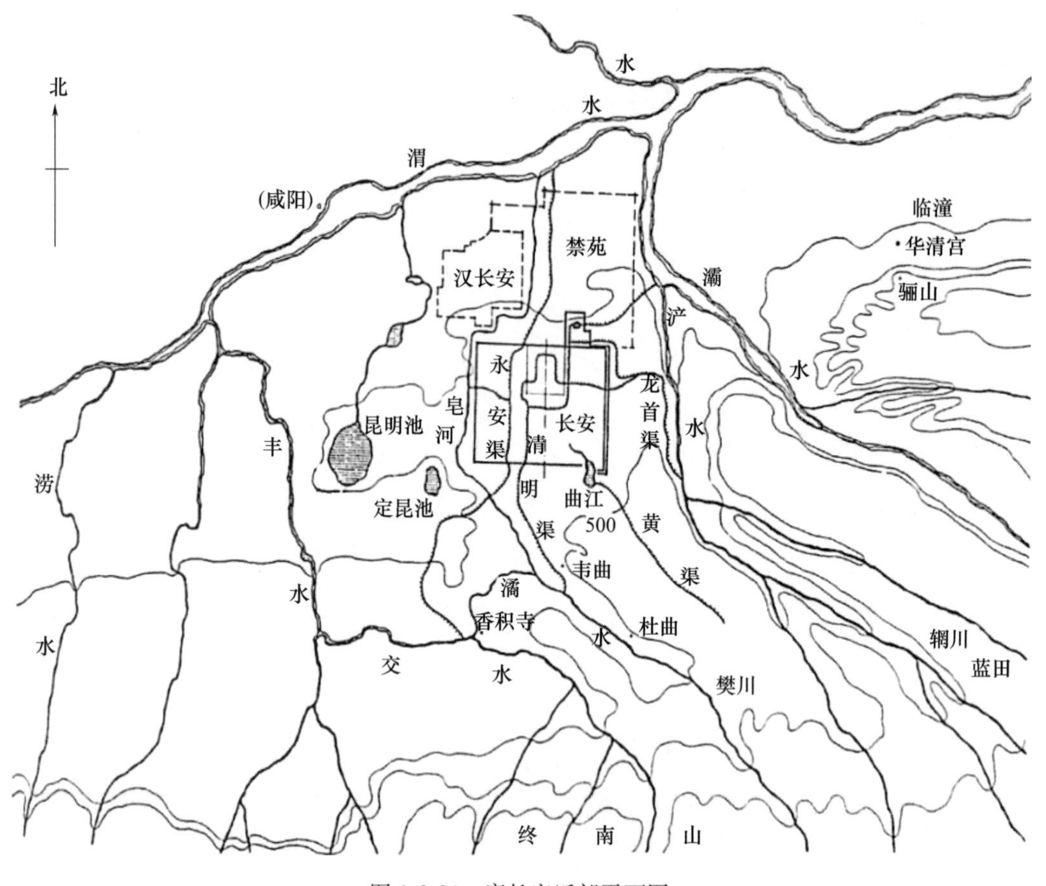

图 1-2-24　唐长安近郊平面图

（资料来源：《中国古典园林史》）

4. 成熟时期

明、清是中国古典风景园林艺术的成熟时期。自明中叶到清末，历时近 500 年。此时期除建造了规模宏大的皇家园林之外，封建士大夫为了满足家居生活的需要，在城市中建造以山水为骨架、饶有山林之趣的宅园，以满足日常聚会、游憩、宴客、居住等需要。皇家园林多与离宫相结合，建于郊外，少数设在城内，规模都很宏大，其总体布局有的是在自然山水的基础上加以改造，有的则是靠人工开凿兴建，建筑宏伟浑厚、色彩丰富。而士大夫的私家园林，多建在城市之中或近郊，与住宅相连，在不大的面积内，追求空间艺术的变化，风格素雅精巧，满足以欣赏为主的需求。明、清园林的艺术水平达到了历史最高水平，文学艺术成了景园艺术的组成部分，所建之园移步易景，亦诗亦幽，富于意境。

明、清时期造园理论也有了重要的发展，其中比较系统的造园著作为明末吴江人计成所著《园冶》一书。全书比较系统地论述了空间处理、叠山理水、园林建筑设计、树木花草的配置等许多具体的艺术手法，提出了“因地制宜”“虽由人作，宛自天开”等主张和造园手法，是对明代江南一带造园艺术的总结，为我国的造园艺术提供了理论基础。

这一时期园林代表作有很多，如皇家园林颐和园、圆明园、承德避暑山庄等，如

图 1-2-25所示；私家园林有苏州拙政园、留园、网师园、狮子林、沧浪亭、上海豫园、无锡寄畅园、扬州个园，如图 1-2-26、图 1-2-27 所示；岭南园林有顺德清晖园、东莞可园、番禺余荫山房、佛山梁园等；寺庙园林有北京小西山大觉寺、白云观、法源寺、河北承德普宁寺、杭州黄龙洞、四川青城山古常道观、苏州拥翠山庄等。以上园林作品代表了中国古典园林的最高成就与水平，是中国古典风景园林走向成熟的标志。

图 1-2-25　圆明园局部鸟瞰图

（资料来源：《中国古典园林史》）

图 1-2-26　拙政园小飞虹

图 1-2-27　网师园一瞥

1.3　风景园林建筑与环境的协调

建筑是人类为了生存而对自然的再造活动，如今已发展到了危及生态环境平衡、大量消耗自然能源的地步。协调建筑与环境、保护生态、节约能源，是实现可持续发展的永恒主题。随着我国建筑业的蓬勃发展，建筑防灾设计、节能设计、生态城市、绿色建筑均普受关注。

1.3.1　风景园林建筑自身具备的协调性

自然由万事万物构成，自然的美也源自诸多事物的美，具备一定的协调性。协调性离不开数理比例与尺度感。如海螺具有秩序美的黄金分割线，同时拥有适合其生存繁衍的尺寸。这种源自自然的比例与尺度，体现着强烈的秩序美、尺度美、协调美。

风景园林建筑的设计同样离不开比例与尺度，设计者会从人的心理需求和生理需求两个方面出发，让具有一定功能的建筑本身拥有良好的比例和尺度关系，从而具有协调性。如休息亭、景观廊道等。因此，在风景园林建筑的设计中，比例与尺度是十分重要的因素。

1.3.2 建筑与环境的协调与有价值的环境协调

1. 建筑与环境概述

环境的范畴很广泛，包括政治、经济、文化、生态等方面，也是由政治、经济、文化、生态等因素有机构成的。环境分为自然环境和人为环境。自然环境是指自然界中的山川、河流、地形、地貌、植被及一切生物所构成的地域空间。人为环境是指人类改造自然界而形成的人为地域空间，如城市、乡村、建筑、道路、桥梁等。

环境是具有一定的艺术性、文化背景和地域特征的，其有独立的组织结构，并利用空间环境构成要素的差异性和同一性，通过形状、大小、方位、材质、肌理、色彩等视觉元素向人们表述某种情感，表达了一定的社会文化、地域和民俗特征，是自然科学、社会科学、哲学和艺术的综合。自然环境中的阳光、空气、鲜花、绿草等与建筑结合才会使建筑更有灵气。建筑作为城市景观的一种形式，也包含了一定的社会文化和地域特征，体现了时代的特点和人们的生活水平。建筑的最本质特征在于陶冶人的心灵，激发人的聪明才智，同时在很大程度上也受到自然环境的制约和影响，因此，建筑与环境要协调统一。

2. 建筑与环境的关系

建筑和环境二者是对立统一、相互影响、相辅相成的关系。

环境是建筑赖以存在的场所，任何建筑都处在一定的环境之中。不同的环境对建筑产生不同的影响，无论是文化传统，还是地形地貌、区域地段，都会对建筑产生这样或那样的影响。任何一座建筑都不是独立存在的，都处于一定的环境之中，并与环境保持着某种联系。古今中外的建筑师都十分注意对地形、环境的选择和利用，并力求使建筑能够与环境取得这种联系。赖特的流水别墅是建筑与环境互相协调的范例，从里到外都和自然环境有机结合在一起，用赖特自己的话讲就是“体现出周围环境的统一感，把房子作为所在地段的一部分”。

建筑与环境互塑共生。建筑与环境之间具有极为重要的互为依存的关系，它们是相互影响、相互制约、相互作用的。一方面，建筑是环境的重要组成部分，建筑需要环境的烘托，不同的环境影响不同的建筑模式；另一方面，建筑的风格、特色、品质好坏又会对环境造成直接的影响。建筑与环境必须协调统一，建筑没有环境的衬托就没有存在的价值，环境没有建筑的装点，价值就不能得到提升。建筑与环境的协调关系应包括两层含义，既有空间意义上的协调，又有时间意义上的协调。建筑的造型和风格既要与周围环境相协调，又要能体现建筑自身的特色。

3. 建筑与环境协调的设计原则

建筑既根植于自然环境，又服从于自然环境，实现建筑与环境的和谐统一。因此，进行建筑设计必须从分析环境入手，认识环境、尊重环境、利用环境，在与环境的协调和融合中，满足建筑的功能，塑造建筑的形象。概括起来，有以下 5 条设计原则。

1）协调共生

建筑离不开环境，建筑设计必须充分考虑建筑的造型、色彩与环境的协调问题。建筑造型要与环境相协调。建筑造型要避免个人的过分表现，需要与环境相互协调。香港中国银行大厦的设计就是一个建筑造型与环境协调的经典案例，如图 1-3-1 所示，贝聿铭从中国谚语“芝麻开花节节高”中得到启发，“它的形象是 4 个组合在一起的高度递增的三棱柱，类似一个多面的水晶体。虽然它的体形看上去似乎很复杂，但它的平面却是一个简单的正方形”。在与环境的协调方面，大厦的正面朝向港湾，因此具有广阔的视野，加上其大部分选用玻璃材料，从远处眺望就像插在海面上的一块宝石，晶莹剔透，与蓝天相辉映。

图 1-3-1　香港中国银行大厦

建筑色彩要与环境相协调。人们对色彩的审美意识使色彩在人工建筑与周围自然环境的和谐中占据重要位置。不同使用功能的建筑，采用的色彩也应该不同，这样才能体现出建筑的美感。如疗养院、医院用白色或灰色为主色调，给人以清洁、安静之感；如公安局、法院等执法部门就应以深灰色为主，给人以庄严、公正之感；而居民小区，则大多以绛红色、浅粉色为主调，给人以活泼向上之感。

2）绿色生态

当今世界环境不断恶化，生态问题日益严重，影响了人类社会、经济、生活的各个层面。发达国家纷纷以绿色生态建筑或可持续发展建筑为主题制定相应的评价指标体系，其目的是在保护生态环境和节约各类资源的基础上，在建筑的各个环节体现节约资源、减少污染，实现建筑、环境二者的和谐统一。建筑设计必须坚持绿色生态原则，树立绿色建筑设计理念。要充分利用太阳能，采用节能的建筑围护结构以及采暖设备、空调，减少采暖和空调的使用。根据自然通风的原理设置风冷系统，使建筑能够有效地利用夏季的主导风向。建筑采用适应当地气候条件的平面形式及总体布局。在建筑设计、建造和建筑材料的选择中，均考虑资源的合理使用和处置。要减少自然资源的使用，力求使资源可再生利用。绿色建筑外部要强调与周边环境相融合，和谐一致、动静互补，保护自然生态环境。

3）科技化

随着高新技术在建筑领域的广泛应用，建筑的科技含量越来越高，建筑技术的变革使建筑设计理念也发生了变化，建筑技术作为一种艺术表现手段，成为建筑及环境设计造型创意的源泉和建筑师情感抒发的媒介。如高技派就是打破了以往单纯从美学角度追求造型表现的框框，开创了从科学技术的角度出发，通过“技术性思维”以及捕捉结构、构造和设备技术与建筑造型的内在联系的方法，去寻求技术与艺术的融合，使工业技术甚至高度复杂的软技术以造型艺术的形式表现出来。

4）人性化

建筑设计研究的对象不只是空间环境本身，更重要的是人，是人所需要的生存空间和人所需要的回归场所。在科学技术相当发达的今天，建筑设计更应以人为本，从关心人、服务于人的观念出发，为人们提供更加良好的活动场所。要尊重人对空间环境的感情要求，充分考虑建筑的情感特征，创造各种适宜的情感空间，满足人们不同的心理需求。在设计空间的平面布局和立面造型的时候，必须认真研究人们的生活方式、充分考虑人的生理及心理感受，以及社会流行的时尚和审美倾向。建筑设计是人的设计，即满足人的生理和心理的需要，物质和精神的需要。

5）多元化

随着世界经济的发展和科技进步，一些发达国家已率先进入信息时代，从而带来人们的情感特征、价值标准、思维方式、生活意识以及习俗等方面不同程度的演变，突出表现为对社会文化的多元化需求。因此，建筑设计要重视多元化发展。建筑设计多元化，不仅局限于形式的多样化，应涵盖艺术、技术理论与实践。多元化就是多种本源、多种系统、多种形态、多种途径。人类与自然、传统观念与现代思潮、国际趋势与本国国情相互融合互补，各种理论争鸣，都将使建筑设计创作更具理性，不再盲从于某一流派，各种风格的作品随新技术、新材料的出现和应用而广泛存在。

建筑与环境之间具有极为重要的互为依存的关系，必须引起我们的高度重视。要以科学发展观为指导，充分结合当前建筑与环境发展的实际情况，科学分析和研究建筑与环境的内在联系，揭示它们之间的相互作用与规律，坚持以协调共生、绿色生态、科技化、人性化、多元化原则进行建筑设计，建设出更多更好的与环境和谐共生的绿色建筑。

4. 建筑与环境协调的设计要点

1）因地制宜

要合理选用建筑材料，保持与地方自然环境相一致。不仅要将传统建筑的设计原则与基本理论的精华部分加以发展，而且要把传统形象中最有特色的部分提取出来，运用到现实创作中来。既要有创作原理的继承和发展，又要有形象的借鉴与创造。

2）主次分明

通过采用不同的创作与设计方法、选用不同的建筑材料等手段，使建筑主次分明、特征突出，从而达到建筑形式与视觉效果上的美感。

3）手法多样

各种设计原则及创作方法并不是相互独立的，综合使用各种手段才是保证建筑与自然环境协调发展的有效办法。近年来，我国规划与建筑界提出了环境协调的主张，就是强调建筑要与环境协调，建筑不仅要满足使用功能，还要与周围环境相适应，体现一定的文脉特色，保持城市空间环境的整体和谐。

4）调和对比

建筑设计需要运用调和对比的手法，结合周边环境，融合多种元素，以获得整体统一的视觉感以及自然美感。如拙政园的香洲，水平方向上的舳板、水面与纵向上的亭台楼阁形成了鲜明的对比关系，舳板上竖向造型的栏杆和水边的树木又与亭台楼阁相互呼应，形成了调和的关系，从而使香洲具有活泼、协调、美观的视觉效果，如图 1-3-2 所示。

图 1-3-2　拙政园香洲

5）注重风格

首先，建筑设计风格要与自然环境相协调。建筑设计者要合理利用自然资源，在最大程度上减少对自然环境造成的负面影响，并根据自然环境的特点及优势，扬长避短，尽可能把建筑设计风格与优美的环境巧妙结合，实现内、外部环境之间的协调，为人们营造绿色、安全、幽雅、舒适的环境。

其次，建筑设计风格要与人文环境相协调。建筑设计风格需要人文环境的烘托才能相得益彰，而建筑设计风格的好坏对人文环境构成直接的影响，人文环境的特点也决定了建筑的设计风格。可见，建筑设计风格必须与人文环境相协调，以促进建筑和环境的可持续发展。

综上，我们应继承中国传统建筑中“天人合一”的环境观念，创作与环境和谐统一的建筑形态，用人文环境自然化、自然环境人文化的手法，让建筑之美与环境之美求“和”，创作出朴素庄重、淡雅优美的建筑及环境。环境既是建筑创作的起点，又是建筑的归属，建筑创作应以环境体察和场所感悟为基础进行立意构思，透过建筑与环境共生共荣，体现出鲜明的个性与特色。

1.4 风景园林建筑设计的影响因素

1.4.1 自然因素

地形、植物以及水体是风景园林建筑设计中主要考虑的自然因素，在设计过程中只有充分考虑到这些因素，并根据其各自特点进行合理的规划与控制，才能使风景园林建筑设计与自然环境和谐统一，既不破坏原生态自然环境，又能设计出独特的风景园林景观。

1. 气候和地形在风景园林建筑设计中的应用

1）气候条件

气候条件是建筑设计时最基本的出发点之一。从世界各地的民居可以看出，风景园林建筑受气候条件限制而表现出不同的特征。民居中对气候做出反应的明显例证是屋顶坡度的变化：中国北方地区的坡屋顶较为平缓，随着地理位置向南，屋顶坡度逐渐加大，至江浙地区为最，而到了东南沿海处又减缓。控制风景园林建筑上这种形式变化的主要原因是降雨量的改变，而沿海地区又综合考虑了台风的影响。风景园林建筑形式也受到气候的影响，例如在北欧严寒地区，由于全年温差较大，对建筑材料的要求较高，只有伸缩性较好的木材才能在当地严苛的气候条件下保存相对较长的时间，所以木材被作为主要的建筑材料；又由于北欧地区严冬时间很长，厚厚的积雪对建筑屋顶提出了较高的承重要求。经过千百年的探索，北欧地区的民居形成了宽大陡峭的屋顶，这种样式最利于适应当地严酷的气候环境，如图 1-4-1 所示。

图 1-4-1 北欧民居
（资料来源：Veer 图库）

2）地形特征

不同的地形特征造就不同的文化和建筑。风景园林建筑的建造应当因地制宜，反映出地形的构造和形式特征，利用地形地貌自然而有机地展开，蕴含着与自然风景同质的内在品性。当人们说起“水城”的时候，第一个浮现在脑海中的画面就是威尼斯，特殊的地理位置和地形特征造就了这座享誉世界的水城，强烈的地域性特征成为其重要的文化标志。

贝聿铭设计的日本美秀美术馆，营造了陶渊明笔下“桃花源”的优美意境，如图 1-4-2 所示。美术馆的开发经过了精心的安排。为了最大程度地保护自然坡面和树木生长，人们修了专门的隧道，并搭建了一系列平台，以减少对周围水土和植物的影响。在美术馆的填土过程中，精心设计了一道防震墙，墙高 20 多米，将地下二层的建筑与山体岩石隔开，经过覆盖，几年后山上的原始风貌已经恢复，自然景观完好如初。

图 1-4-2　日本美秀美术馆

（1）综合地形因素设计合理的景观建筑布局

在对风景园林建筑进行设计时，必须要充分考虑到当地的地形因素，依照原有的地形特点，对建筑布局进行合理的控制，尽量遵循因地制宜的开发原则。如果当地地形起伏较大，则要根据地势的起伏来设计相应的建筑布局。此外，还必须要考虑到周边的环境来选择合适的掩埋方法，把风景园林建筑与当地的环境、地形进行充分融合。

（2）综合地形因素设计出良好的视觉效果

风景园林建筑主要是供人们欣赏与休憩的场所。因此，风景园林建筑设计必须结合地形因素设计出较好的视觉效果。一般来说，风景园林建筑的尺度以及外形等都必须要与其地形形成统一的天际线，只有这样，才能充分体现风景园林建筑的整体性特点。如果地形的起伏较大，在设计时可以把该地形作为建筑物的主要背景，依地势而建，使地形与园林建筑之间形成底与图的关系。只有依照当地地势的特点进行设计，才能实现建筑物与地势之间的有效融合。

2. 植物在风景园林建筑设计中的应用

1）利用植物提高风景园林建筑的美感

植物是风景园林的主要构成因素之一，在对风景园林建筑进行设计时必须要考虑到植物的重要功用。把植物运用到风景园林建筑中可以实现自然界、建筑物以及人之间的有效联系，同时还可以融合周围环境中的其他要素，带给人们更好的视觉体验。植物随着季节的变换其生长特征以及外部形态也会发生一定的改变，在风景园林建筑设计中融入植物元素可以赋予风景园林建筑一定的自然气息，使其具有一定的动态性；还要对草地、灌木以及乔木等进行合理的设计，使其表现出一定的层次性，可以有效缓解人们在紧张工作中的压力，促使其回归自然，身心得到放松，进而充分发挥出风景园林的作用，例如苏州留园，如图 1-4-3 所示。

图 1-4-3　苏州留园一角

2）植物的配置要和风景园林建筑的布局相搭配

传统的风景园林建筑设计，都是以保持生态环境的完整以及保护原有植物不被破坏为基础性原则，这就使绿化面积在建筑布局中所占的比例相应减少，同时，也要求建筑设计者必须要灵活地处理园林景观布局，尽可能使其和当地的生态环境协调统一。另外，在设计风景园林建筑时，还可以在建筑物的外部修建平台，并种植与建筑景观相搭配的植物，这样不仅可以使土方的挖掘面积大大减少，还可以有效保护自然植被。一般来说，风景园林建筑都具有硬质界面的特点，给人的感觉会比较生硬，而植物作为一种软性的规划与设计素材运用到风景园林建筑设计中恰好可以弥补硬质界面的不足。草地、灌木以及乔木等植被具有相对丰富的质感以及色彩，本身就能够向人们传达出较强的生命活力，如果在建筑布局设计过程中再对各种植被进行合理的设计，将其与风景园林建筑融合在一起，则会设计出更加宜人的风景园林建筑，为人们提供一个良好的休憩环境。

3. 水体在风景园林建筑设计中的应用

1）利用水丰富风景园林建筑物的文化内涵

水在我国历史文化中被赋予了非常丰富的内涵，同时，人们面对各种各样的水体景观时也往往会选择极目远眺或者置身其中，在风景园林建筑设计中，融入部分水景可以为风景园林建筑物营造一个更好的空间氛围，水的生命特征也可以使建筑物更具灵性。自古以来，我国的风景园林建筑都比较注重对水的处理，从古代的“形”到现在的“意”，水作为历史文化的重要载体本身就具有丰富的文化内涵。在风景园林建筑设计中利用水体可以有效满足现代人追求自然韵味的需要，进而大大推动我国人文及生态聚落的构成。

2）水可以对风景园林建筑起到一定的装饰作用

在风景园林建筑的规划与设计中，可以把宽阔的水面作为风景园林建筑的一个重要背景，通过与水体的融合来彰显风景园林建筑的灵性，比如威尼斯水城，如图 1-4-4 所示。

图 1-4-4　威尼斯水城

人们对水向来都有种依赖之情，在对风景园林中的水体景观进行设计时必须要抓住人与水之间的密切联系，对观景以及点景等进行比较合理的设计。如果风景园林建筑的外部临水，并且呈现出了比较开阔与外向的空间布局，依此水体而建的风景园林建筑在开阔水体的辉映以及衬托下能够具备比较开阔的视野，带给人良好的视觉感受，如图 1-4-5 所示。

图 1-4-5　依水而建的风景园林建筑

风景园林建筑与普通建筑不同，它的主要目的在于供人们观赏，并带给人们较好的视觉感受以及体验，这样才能使人们在工作之余身心得到充分的放松。气候、地形、植物以及水体是风景园林建筑设计中必不可少的因素，在设计的过程中，设计者必须要把这几种因素与建筑物本身充分融合在一起，在保护生态环境不被破坏的基础上充分发挥出风景园林建筑的作用。

1.4.2　人工因素

1. 人体尺度和行为模式

人们对风景园林建筑的认知往往是通过对其室内外空间的作用来实现的，设计师在进行风景园林建筑空间创作时首先要了解人体尺度——人体工程学。人体尺度是人体在风景园林建筑空间内完成各种动作时的活动范围，它是决定风景园林建筑空间尺度的最基本数据。

不同使用性质的风景园林建筑具有不同的空间形式，因为在这些风景园林建筑中，人的行为模式不同，因而需要不同的空间形式来与之适应。也就是说，一个成功的风景园林建筑空间会对身处其间的人们的生活方式和行为模式起到一定的启发和引导作用。

2. 空间的设施情况和物理环境

一般来说，除了交通性空间以外，大多数风景园林建筑空间只有空间的各个界面是不能完全满足其使用要求的，家具、灯具、洁具、绿化、设备等空间道具设施的设置也十分必要，它们的尺寸、形式、布置方式及风格对风景园林建筑空间效果有很大的影响，如图 1-4-6 所示。

图 1-4-6　不同的空间道具设施

此外，采光、日照、温度、湿度、视线、音响效果等空间的物理环境也需要满足人们的生理需求，在此基础上才能进一步满足审美需要，创造艺术美。

3. 建筑材料和技术

将风景园林建筑从一种构思变为现实，必须有可提供的材料和操作的技术，没有这二者的保障，所有构想只能是一纸空文。因此在风景园林建筑设计的开始，就要充分考虑材料与技术条件，这样才能确保方案的顺利实施。

4. 建筑设计中人的心理因素

在风景园林建筑设计中，可考虑用人工的手段来改变某些方面的因素，如温度、湿度、照度等，然而要改变空间的几何尺寸与形态就很难了，它的使用者——人的尺寸更是无法改变的。因此，必须正确理解建筑空间的环境因素。只有以人为本，从使用者的角度出发，才能使建筑更为有效合理地为人服务，让使用者在其中得到舒适的享受，从而更有效地工作、学习和休憩。如果能理解人的行为因素对空间环境的影响，就能运用其规律来帮助我们进行建筑设计。

1）人体工效学的应用

传统的空间使用理论，是以人的尺度和满足这种尺度的空间尺度关系来处理空间的，即人体工效学观点。如人的宽度是 60cm，3 股人流的楼梯宽度可设计为 180cm，但实际情况是，3 股人流同时并排出现的情况并不多。由此可见，人与空间的关系并不是很简单的，人的活动是广泛的，且有很强的适应性。

例如：两个人同时在等候公共汽车，两个人会按顺序排队，但相互之间会隔开一段距离，而不是严格按人体工效学所说的尺寸排队，这种距离表明了人与人之间的关系和使用空间的模式。如果两人关系密切的话，两人间的距离就会很近，相反，则较远。但等车的人很多时，即使两个人不认识仍会按照人体工效学距离去排队，以确保自己的位置，如图 1-4-7 所示。这个例子所提出的问题是人会如何去使用空间，而不是容纳这两个人需要多大的空间。

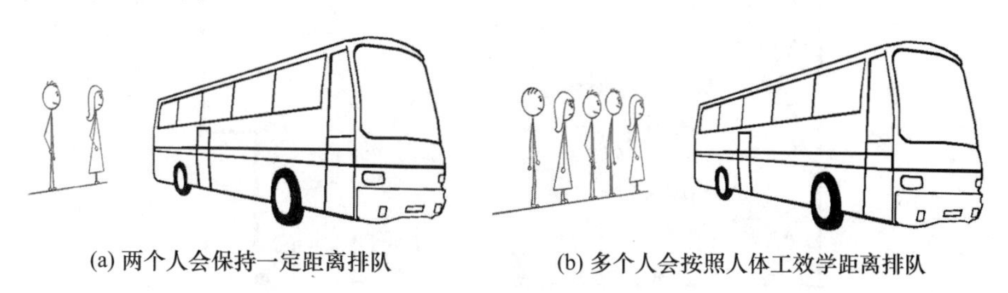

(a) 两个人会保持一定距离排队　　(b) 多个人会按照人体工效学距离排队

图 1-4-7　不同人数的排队距离

人对空间的反应主要不是由人的尺寸来决定，而是由人的行为因素来决定的。按照人体工效学的观点，所有人的活动都对应于一个确定的尺寸空间。然而在现实中，即使像汽车这类功能性很强、但又需要提供空间的使用物，其提供的空间大小也已超越了纯功能性的意义。

2）心理学的应用

人在空间环境中工作、生活，无时无刻不与自身当时的心理状况发生关系，同样的空间状况，不同的人在不同的时间会产生不同的反应，尤其是私密性和年龄差异可供探讨。主要体现在以下几个方面。

（1）私密性

看个例子，人们在餐厅对座位进行选择时，首选目标总是位于角落处的座位，特别是靠窗的角落边座，一般不愿坐中央，如图 1-4-8 所示。从私密性的角度来看，这样的选择顺序是为了控制交流程度。角落位置空间交流方位少，使用者可按其意愿观察别人，同时又可以在最大程度上控制自己想要传达给他人的信息。但如果在视线高度适当分割，使在中央的座位也具有较高的私密性，则可大大提高中央座位的使用率，如图 1-4-9 所示。

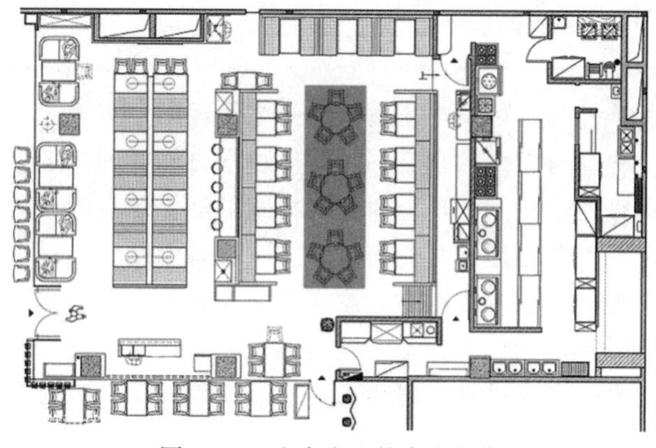

图 1-4-8　少有人坐的中央座位

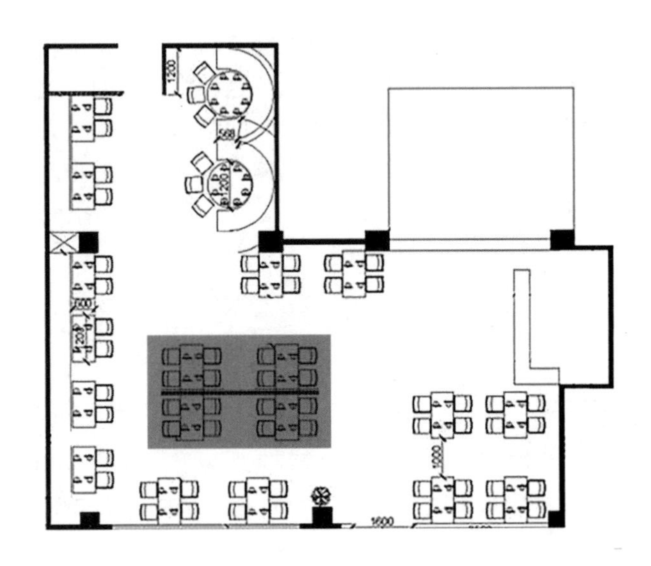

图 1-4-9　有较高私密性的中央座位

在进行空间环境设计时要重视一种在不同程度上复杂的个人与他人交流的过程，应着重考虑的是人与人在个性、社会性、文化背景和心理需求等各方面的关系。这种交流就是在各种信息间取得某种程度的平衡，个人可以排除或加强某些信息。因此，对使用空间的行为做充分的考虑是进行空间环境设计的一个重要前提，而人们的空间行为则主要取决于各种关于情感、情绪等方面信息的有控制的交流。

（2）年龄差异

人的年龄不同，交往的行为表现也不同。刚出生的婴儿总是希望被人抱着，这样就会有很强的安全感和归属感。儿童总是渴望亲密的交流，这样他（她）所需要的交流空间就很小；但少年则呈现出一种稳定的倾向，即随着年龄的增长，个人空间也在增大；到了青年后，则表现为一种稳定的成人行为模式，这是由不同年龄对私密性的不同要求所造成的；到了老年，又由于感觉系统变得较为迟钝，人际交流时语言减少，需表情和体态等多方面的帮助和暗示来完成，因而个人空间又呈缩小状，而且基本是以面对面方式进行，很少出现直角方式，几乎不会出现边靠边的方式。设计时不弄清楚，易造成不同年龄阶段人群之间的不和谐。

（3）生物学观点

生物学观点是将人作为一种动物来解释人是如何运用空间的，其中最经常出现的概念就是领域性，这一概念有较多的含义。纵观生物学方面的理论观点，都是从动物观察的角度来解释人是如何使用空间的，但对行为模式的解释却有明显弱点。

领域性理论提出了一种不用语言交流的方式。只有当两个人不进行语言交流时，才会表现出这种领域性模式。这种观点在观察老人之家时得到了证实。再者，人的活动倾向于成组活动，但活动形成的情况是复杂的，不是任意几个人进行同一活动就形成了一个组。这种理论有时会与私密性理论发生关系，因而生物学观点对空间环境和人的行为模式的解释是不足的。

（4）社会学的应用

人们在使用空间时对空间的认识和布置还将受其自身社会文化背景的影响。研究不同国家的建筑设计规范和标准，即可发现建筑空间的差异不能简单归结为解剖尺寸或生理学的原因，而是受其社会历史文化即文脉的影响。在同一文化体系内，还受到社会因素的影响。由于受这些因素的影响，使得家具、设备及其布置方式有所不同，从而导致对空间的要求不同，并在不同的文化背景下产生不同的空间行为。如东方人虽然解剖尺寸小，但对空间高度的期望却比西方人要高；且不同时代，受不同社会因素的影响，人们对空间的要求也在变化。在中国适用的人与人之间的亲切、合作、团结的交流空间，在西方则不然，因为他们更崇尚独立及个性的发展。

人是一种能够适应环境且有目的性的动物，私密性这一观点适应了一种以个人的方式来进行交流的行为模式，其最终目的是能控制人与环境的关系，使人能理智地存在，并在与他人的信息交流中得到平衡。这一概念可合理地解释人们使用空间的动态行为，并可以指导空间环境设计，而这正是简单的和功能性的人体工效学理论所无法解释的。因此在设计空间环境时，应以便于人们进行语言的和非语言的、有控制的交流为出发点，并综合考虑人的各种行为模式因素，以保证所设计的空间能有效地被利用。

1.4.3　人文因素

1. 民族性和地域性

不同的民族，有着不同的宗教形态、伦理道德和思想观念，这些不同都会在风景园林建筑上反映出来。风景园林建筑作为一种空间形态，它不仅能够满足各民族活动的需要，而且在长期的历史发展中，逐渐成为民族的象征，例如蒙古族蒙古包、侗族鼓楼、傣族竹楼、白族瓦房等，如图 1-4-10 所示。

(a) 蒙古族蒙古包　(b) 侗族鼓楼　(c) 傣族竹楼　(d) 白族瓦房

图 1-4-10　建筑的民族性和地域性

2. 文化性和艺术性

风景园林建筑是一种文化，是为人们提供从事各项社会活动和居住场所的功能载体。风景园林建筑既表达着建筑自身的文化形态，又比较完整地反射出人类文化史。

风景园林建筑还是一种艺术，通过其外部表现形式和内在的意蕴来体现其艺术的魅力。其艺术感染力是由建筑环境的总体构成来体现的，不能仅将风景园林建筑艺术局限于立面处理，而忽略了空间与环境的整体艺术质量。

3. 建筑的历史性和时代性

风景园林建筑的生命周期相对来说是比较长的，少则十几年、几十年，多则上百年乃至上千年。如中外留存下来的古建筑，对今天依然很有意义。包括其物质用途和精神影响，即使有些不存在了，也对后世有深远影响。这是由于风景园林建筑是人类社会的产物，每一历史阶段的风景园林建筑风格都不是凭空出现的，而是有着其历史渊源，体现着连续性的特征。因此，风景园林建筑本身及其空间创造会很自然地体现出历史的文脉。

风景园林建筑也是时代的产物，时代变革引起整个社会从政治、经济形态到文化和观念形态的全面变革，建筑也不例外。当旧的风景园林建筑空间形式不能满足新功能、新观念的需要时，必然要被新形式所取代。工业革命后，风景园林建筑形式的发展可以说是日新月异。现代科学不仅改变了人们的生活方式，也改变了人们的思维方式。现代科学发展到今天，造就了现代建筑，这些带有强烈时代气息的人文因素当然也会反映在建筑上。

最典型的例子是 20 世纪 30 年代美国拔地而起的摩天大楼，如图 1-4-11 所示。60 年代太空技术高速发展，人们相继建起了功能式的“火柴盒”式的建筑，进入 20 世纪 80 年代后，全球范围内的科学技术迅猛发展，工业国家更是率先进入信息时代。

图 1-4-11　20 世纪 30 年代美国拔地而起的摩天大楼

建筑是人类生活的必需品，建筑师应该注重为人服务，走出设计室去观察人、研究人、理解人 、懂得人的习性、情趣，了解人与人之间的亲情、人情以及所需要的安全感，然后去寻求自己的灵性、感觉、生活，在广阔的天地里用博大的胸怀在建筑设计中去寻找、表达、完成。建筑发展至今，已成建筑与艺术的综合体，内容底蕴趋向多元化。其创作是力图与城市形象及文化内涵的总体构思相适应，强调城市的文化意味，突出时代精神与人文因素，激起情感上的共鸣。例如宫殿应威严壮丽，古寺要深邃宁静，园林应高雅亲切，而纪念广场则应庄重等，如图 1-4-12 所示，都体现了人文因素与建筑的关系。

(a) 宫殿　(b) 古寺　(c) 园林　(d) 纪念广场

图 1-4-12　人文因素与建筑的关系体现

建筑是历史的一面镜子，综合表现着人类社会各阶层，社会科学、自然科学的文化体系，以及自然环境的历史积累。这些不同的时空条件转而形成人们对建筑的审美价值取向，直接影响建筑设计的构思与创造，人类在做横向开拓的同时也做纵向的研究和借鉴，才得以前进和发展。建筑物的设计也正是沿着这条轨迹在向前发展。

1.4.4　人为因素

1. 设计人员的设计原则

设计人员出于思想和所受教育的影响，在设计中会出现思想保守或者是思想过于开放的现象。思想保守在结构设计上的体现比较多，很多设计师出于对安全方面的考虑，在很多高层楼房的设计中，将剪力墙设计得过多过厚，但这些设计并不利于建筑物的抗震，反而增加安全隐患，而且不经济，耗费了大量的人力、物力，没有达到较好的效果。思想保守固然不可取，但不顾现场条件的“过于开放”也是不可取的。由于新思想和国外建筑设计的影响，很多设计师在建筑工程设计中创造了很多奇特造型。为了给人们带来更大的冲击力，满足其求新、求异的需求，设计师在设计时往往不顾建筑的整体性和与环境的协调性，只求设计的视觉表现，这样的设计不仅降低了品质，还增加了造价，是一种不可取的做法。

2. 勘察中设计管理观念落后

目前在工程勘察项目中，存在思想落后、观念陈旧、对建筑工程设计缺乏认识和整体概念不求甚解的问题，勘察、设计中的违规操作较多。在工程勘察项目中，违反强制性规范条目较多的往往是一些知名度较高、市场占有份额较大的老牌知名勘察设计院和设计资质较泜、技术力量相对薄弱的勘察设计院。实际工程设计中，认真执行强制性规范是勘察设计质量的保证。

3. 工程设计师的素质偏低

有些设计人员专业技术知识不扎实，设计出的建筑图纸存在很多问题，给施工带来难度。建筑工程设计是一门专业知识水平要求高，综合素质要求也较高的工作，而有些设计师缺乏绘图意识，专业技术知识水平较低，对建筑行业的了解也只限于设计，不能从建筑的整体和社会的发展角度上全面地考虑问题，设计出的方案自然难以符合实际需要，给施工带来难度。新技术的发展使设计师能够在网上用绘图软件直接绘图，一旦离开了计算机，徒手不能绘图，工程设计质量也就难以保证。

思考题

1. 什么是风景园林、建筑、风景园林建筑？
2. 风景园林建筑的特点是什么？
3. 法国园林和英国园林有什么区别和联系？
4. 简述中国园林的发展历程。
5. 如何协调风景园林建筑与自然环境的关系？
6. 风景园林建筑设计的影响因素有哪些？

第2章

风景园林建筑基础知识

本章主要内容：具体介绍风景园林建筑的基础知识，包括风景园林建筑平面的功能分析和平面组合设计、各部分高度的确定和剖面设计以及体型组合和立面设计的基本原理和一些基本方法。

2.1 风景园林建筑平面的功能分析和平面组合设计

风景园林建筑平面表示的是建筑物在水平方向房屋各部分的组合关系，并集中反映建筑物的使用功能，是建筑设计中重要的一环。建筑平面图，一般理解是用一个假想的水平切面在一定的高度位置将房屋剖切后，作切面以下部分的水平面投影图。平面概念图如图 2-1-1 所示。

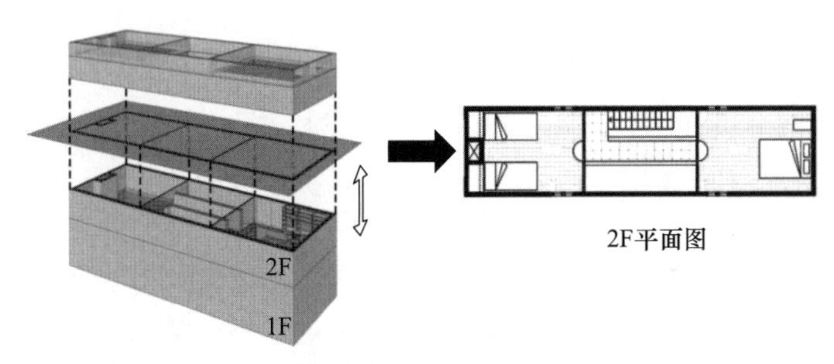

图 2-1-1 平面概念图

从组成平面各部分的使用性质来分析，建筑物由使用部分、交通联系部分和结构部分组成。图 2-1-2 所示是某茶室的平面示意图，从该图中可以看到茶室的各组成部分。

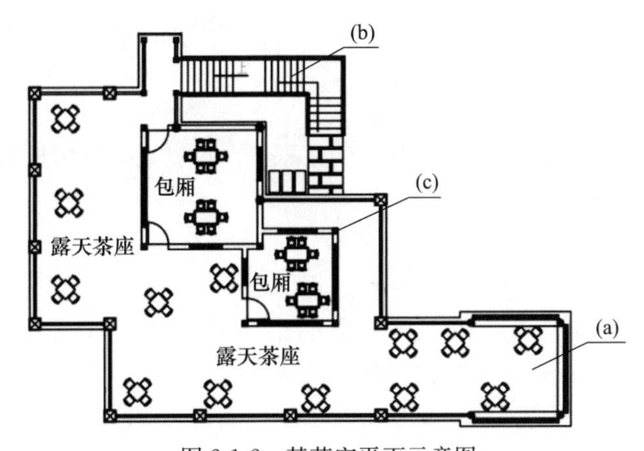

图 2-1-2 某茶室平面示意图

(a) 使用部分 (b) 交通部分 (c) 结构部分

使用部分是指满足主要使用功能和辅助使用功能的空间。例如住宅中的起居室、卧室等起主要功能作用的空间和卫生间、厨房等起次要功能作用的空间，茶室建筑中的包厢、茶座等起主要功能作用的空间和卫生间等起次要功能作用的空间，都属于建筑物中的使用部分。

交通联系部分是指专门用来连通建筑物各使用部分的空间。例如许多建筑物的走廊、门厅、过道、楼梯、电梯、坡道等，都属于建筑物中的交通联系部分。

结构部分是指具体墙体、柱子等结构构件所占的空间。

2.1.1 风景园林建筑使用部分的平面设计

风景园林建筑内部的使用部分，主要体现该建筑物的使用功能，因此满足使用功能的需求是确定其平面面积和空间形状的主要依据。该空间的面积包括：需使用的设备及家具所需占用的面积、人在使用设备及活动时所需的面积、室内交通的面积。如图 2-1-3 所示是某餐厅厨房的室内使用面积构成。

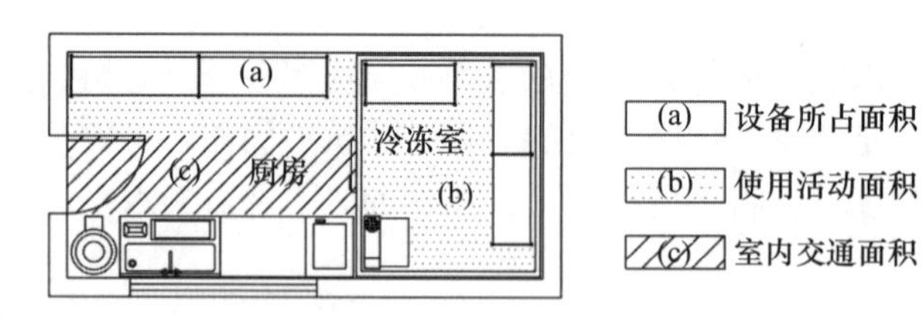

图 2-1-3　某餐厅厨房平面图

1. 主要使用部分设计

风景园林建筑的主要使用空间为起居、工作、学习等服务。

1）房间的设计要求

①房间的面积、形状和尺寸要满足室内使用活动和家具、设备合理布置的要求。

②门窗的大小和位置应考虑房间出入方便、疏散安全、采光通风良好。

③房间的构成应符合结构标准。

④室内空间、顶棚、地面、各个墙面和构件细部，要考虑人们的使用和审美要求。

2）房间面积的确定

为了深入分析房间内部的使用要求，把一个房间内部的面积，根据其使用特点分为以下几个部分：

①家具或设备所占面积。

②人在室内的使用活动面积（包括人使用家具及设备时，近旁所需面积）。

③房间内部的交通面积。

3）房间的形状

风景园林建筑常见的房间形状有矩形、正方形、多边形、钟形等，如图 2-1-4 所示。在设计中，应从使用要求、结构形式与结构布置、经济条件、美观等方面综合考虑，选择适合的房间形状。一般功能要求的房间形状常采用矩形或方形，但矩形或方形平面并不是唯一的形式。一些有特殊功能和视听要求的房间，如观众厅、体育馆等房间，它的形状首先应具备施工条件，也要考虑房间的空间艺术效果。

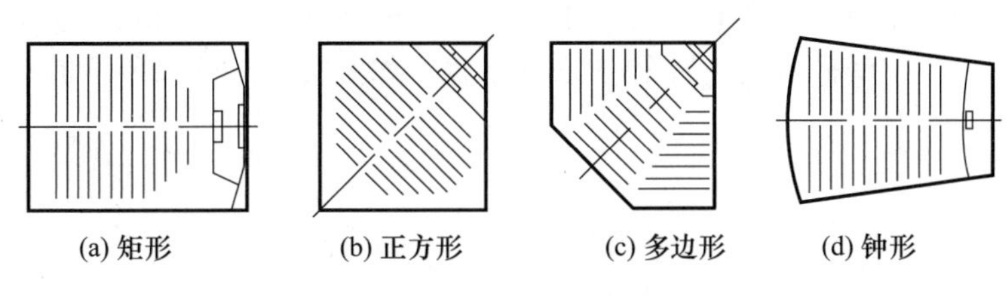

图 2-1-4　常见的房间形状

4）房间的尺寸

房间尺寸是指房间的面宽和进深，而面宽常常是由一个或多个开间组成。房间尺寸的确定应考虑以下几方面：

①满足家具设备布置及人们活动的要求。

②满足视听要求。

③良好的天然采光。

④结构布置经济合理。

⑤符合建筑模数协调统一标准的要求。

5）门的设置

门的功能主要是解决室内外交通的联系，往往也兼有通风、采光的作用。窗的功能是满足室内空间的采光和通风要求。门窗的大小、数量、位置、形状和开启方式对室内的采光通风以及美观都有直接的影响。

（1）门的种类

主要有平开门、弹簧门、推拉门、旋转门、卷帘门和折叠门等，如图 2-1-5 所示。其中旋转门不能用作疏散门，在公共建筑中设了旋转门，仍需在两旁设平开的侧门或采用双向开启的弹簧门（托儿所、幼儿园、小学等儿童活动场所除外）。

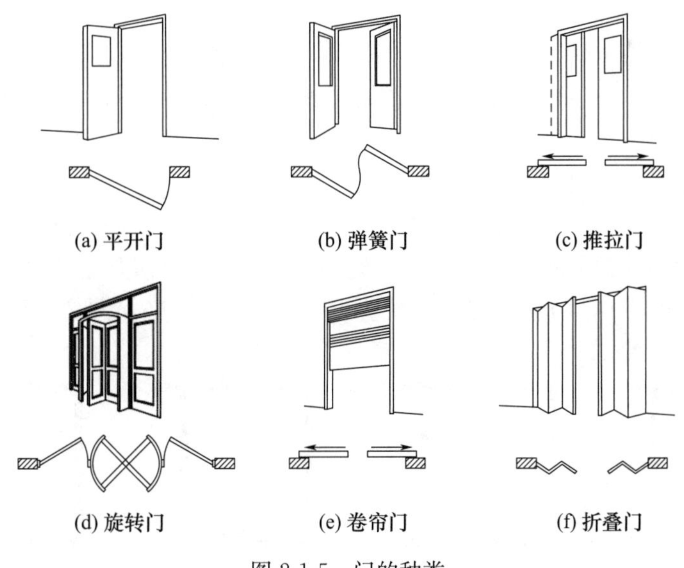

图 2-1-5　门的种类

（2）门的设置原则

大空间门的位置应均匀布置，以利于大量人流的迅速疏散，如图 2-1-6（a）所示的影剧院观众厅；小空间门的位置应利于家具布置，如图 2-1-6（b）所示的茶室。

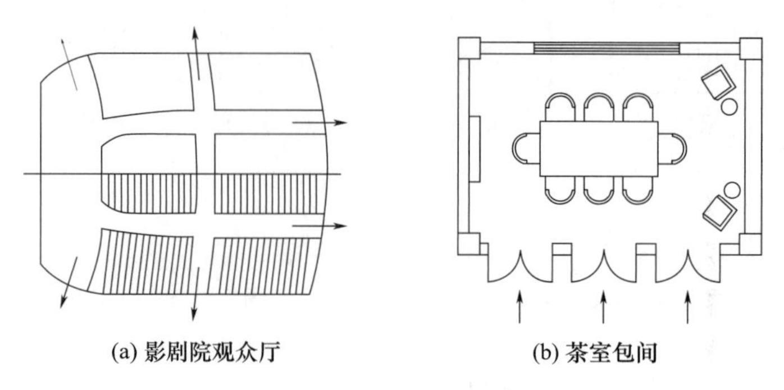
(a) 影剧院观众厅　(b) 茶室包间

图 2-1-6　门的位置及设置原则

（3）门的宽度

主要依据人体尺寸、人流通行量及进出家具设备的最大尺寸。供人进出的门，其宽度与高度应当视人的尺度来确定。供单人或单股人流通过的门，其高度应不低于 2.1m，宽应在 0.7～1.0m。除人之外还需考虑到家具、设备的出入，如病房的门应方便病床出入，一般宽 1.1m。公共活动空间的门应根据具体情况按多股人流来确定门的宽度，可开双扇、四扇或四扇以上的门。

①单股人流宽为 550～600mm，侧身通过距离约为 300mm。门洞最小宽 700mm，居室等门宽 900mm，普通教室及办公室等门宽 1000mm。

②人流集中的房间（如观众厅、会场等），门总宽按每 100 人 0.6m 宽计，且每樘门最小净宽不应小于 1.4m。

一般门扇宽度小于 1m、门宽大于 1m 时，可做双扇或多扇门。

（4）门的数量

主要考虑防火疏散要求，根据房间的人数、面积及疏散方便等决定。《建筑防火通用规范》（GB 55037—2022）规定：面积超过 60m^2，人数超过 50 人的房间，需设两个不在同一方向且距离不小于 5m 的疏散门，并分设在房间两端。人流集中的房间，安全出口的数目不应少于 2 个。

（5）门的开启

开启原则为“外门外开，内门内开，疏散门朝向疏散方向开启”。如图 2-1-7 所示中（a）（b）（c）3 个方案，门开启时均会发生碰撞，交通不顺畅，图 2-1-7（d）方案较好。门宜与家具配合布置。

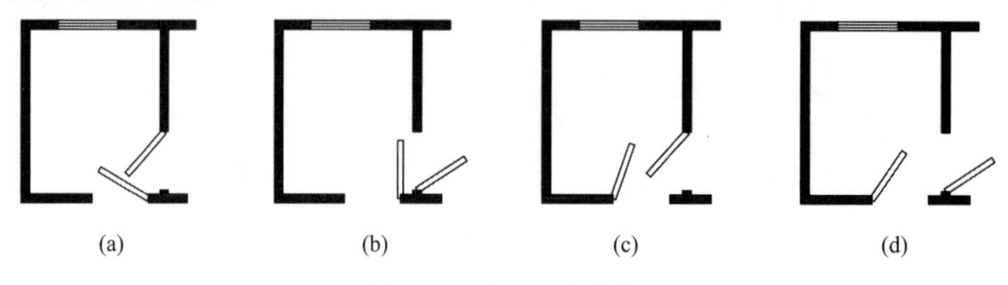
(a)　(b)　(c)　(d)

图 2-1-7　门的开启方向

6）窗的设置

（1）窗的种类

按照窗的开启方式，窗户可以分为固定窗、平开窗（分内开与外开）、上悬窗、中悬窗、内开下悬窗、立转窗、推拉窗（分水平推拉窗和垂直推拉窗），如图 2-1-8 所示。

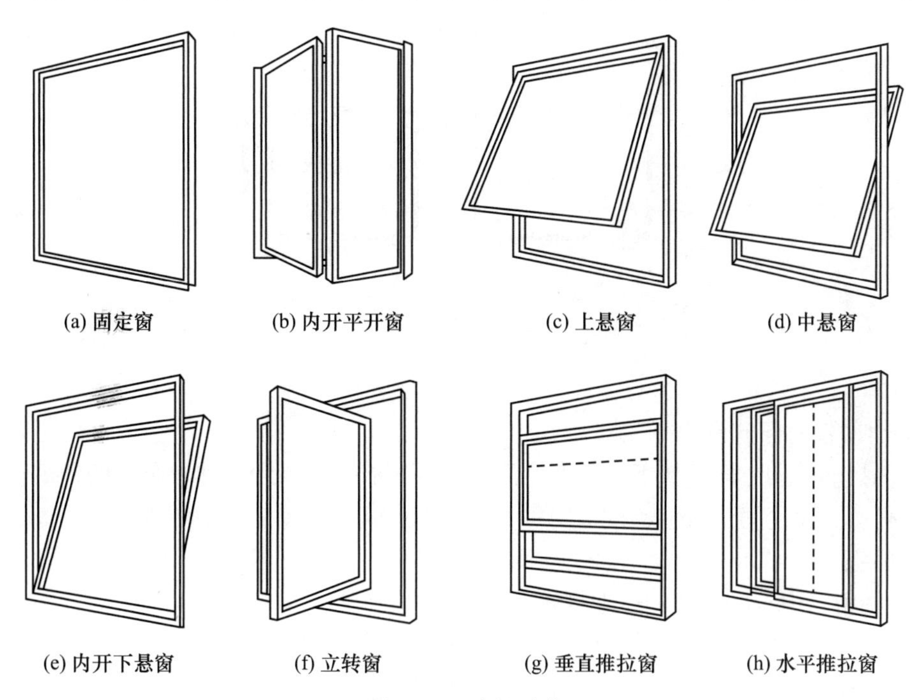

图 2-1-8　窗的种类

多层建筑（小于或等于 6 层）常采用外开窗或推拉窗；在中小学建筑中，考虑到安全问题，外窗应采用内开下悬窗或内开窗；卫生间宜用上悬窗或下悬窗；外走廊内侧墙上的间接采光窗应使窗扇开启时不会碰到人的头部。

（2）窗的面积

主要取决于室内空间的采光通风要求。不同使用要求的房间对照度的要求不同。窗户洞口的面积一般通过窗地比（窗户洞口的面积与室内使用面积之比）来估算。

（3）窗的平面位置

窗的位置应使室内照度尽可能均匀，避免产生暗角和眩光。

门窗的位置还决定了室内气流的走向，并影响到室内自然通风的范围。如图 2-1-9（a）所示，门窗位置相对，其对流通风效果较好，故为了夏季室内有良好的自然通风，门窗的位置尽可能加大室内通风范围，形成穿堂风，避免产生涡流区。此外，如图 2-1-9（b）所示，在教室靠走道一侧设高窗通风效果好。

（4）窗的立面位置

按照采光位置，窗户可分为顶窗、高侧窗、侧窗和落地窗。侧窗采光可以选择良好的朝向和室外景观，使用和维护也比较方便，是最常使用的一种采光方式。落地窗最大的优点就是能够达到室内外环境之间的最大交流，使室内外空间相互渗透、相互延伸。落地窗在进行窗地比计算时，需注意在 0.8m 以下范围的窗户面积不计入有效采光面积，并且应采取安全防护措施，如采用附加防护栏杆、安全玻璃等。

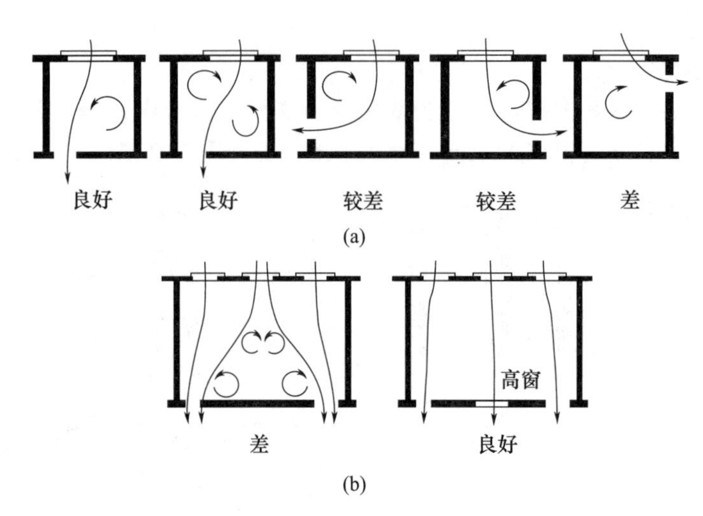

图 2-1-9 门窗位置与室内通风效果

2. 辅助使用部分设计

建筑物的辅助空间为加工、储存、清洁卫生等服务。风景园林建筑中的辅助使用房间是指厕所、盥洗间、浴室、设备用房、储藏间、开水间等。其中厕所、盥洗间、浴室最为常见。

1）厕所、盥洗间设计的一般规定

（1）建筑物的厕所、浴室、盥洗间不应布置在餐厅及食品加工、食品储存、医疗、变配电等有严格卫生要求或防水、防潮要求的房间的上层。

（2）卫生用房的使用面积和卫生设备设置的数量，主要取决于使用人数、使用对象、使用特点，按有关规范确定。

（3）厕所设备的类型有大便器、小便器、洗手盆、污水池等。

①大便器：蹲式（公用）、坐式（人数少的场所）、大便槽。

②小便器：小便槽、小便斗（挂式、落地式）用于标准高、人数少的场所。

③洗手盆：挂式、台式、盥洗槽。

（4）卫生用房宜有天然采光和不向邻室对流的自然通风。严寒及寒冷地区用房宜设自然通风道。当自然通风不能满足通风换气时，应采用机械通风。

（5）楼地面和墙面应严密防水、防渗漏，楼地面及墙面或墙裙面层应采用不吸水、不吸污、耐腐蚀和易清洗的材料；楼地面应防滑，应有坡度坡向地漏或水沟。

（6）室内上下水管和浴室顶棚应防冷凝水下滴，浴室热水管应防烫人。

（7）公共厕所宜分设前室或有遮挡措施，并宜设置独立的清洁间。

（8）浴室不与厕所毗邻时应设便器。浴卫较多时，应设集中更衣室及存衣柜。

2）公用卫生间设计

公用卫生间一般由厕所、盥洗间两部分组成，一般布置在人流活动的交通路线上，如楼梯间附近、走廊尽头等。男、女厕常并列布置以节省管道。

（1）公共卫生间设计应注意的几个问题：

①男女蹲位的数量比例应合理。

②视线应有所遮挡。

③流线应顺畅。

④应布置前室（前室作用：形成空间过渡，形成视线遮挡并防止串味）。

（2）公用卫生间设计应满足一般规定，厕所使用单个设备时基本尺寸的要求。

2.1.2　风景园林建筑交通联系部分的平面设计

交通联系空间为通行疏散服务。交通联系部分是将主要使用房间、辅助使用房间组合起来的重要方式，是建筑各部分功能得以发挥作用的保证。交通联系空间一般可以分为水平交通部分、垂直交通部分和枢纽交通部分 3 种基本空间形式。

1. 交通联系部分设计原则

在设计交通联系空间时应遵守以下原则：

①交通流线组织符合建筑功能特点，有利于形成良好的空间组合形式。

②交通流线简捷明确，具有导向性。

③满足采光、通风及照明要求。

④适当的空间尺度，完美的空间形象。

⑤节约交通面积，提高面积利用率。

⑥严格遵守防火规范要求，保证紧急疏散时的安全。

2. 水平交通空间设计

水平交通空间是指走廊、连廊等专供水平交通联系的狭长空间。

1）走廊的形式

走廊又称为过道、走道，其功能是为了满足人的行走和紧急情况下的疏散要求。走廊分为内廊（走廊两侧为房间）、单侧外廊（一侧临空，一侧为房间）、连廊（两侧临空）和复廊（中国古建筑中在廊中间加设一带有漏窗的墙体，如苏州沧浪亭的复廊）等形式，如图 2-1-10 所示。

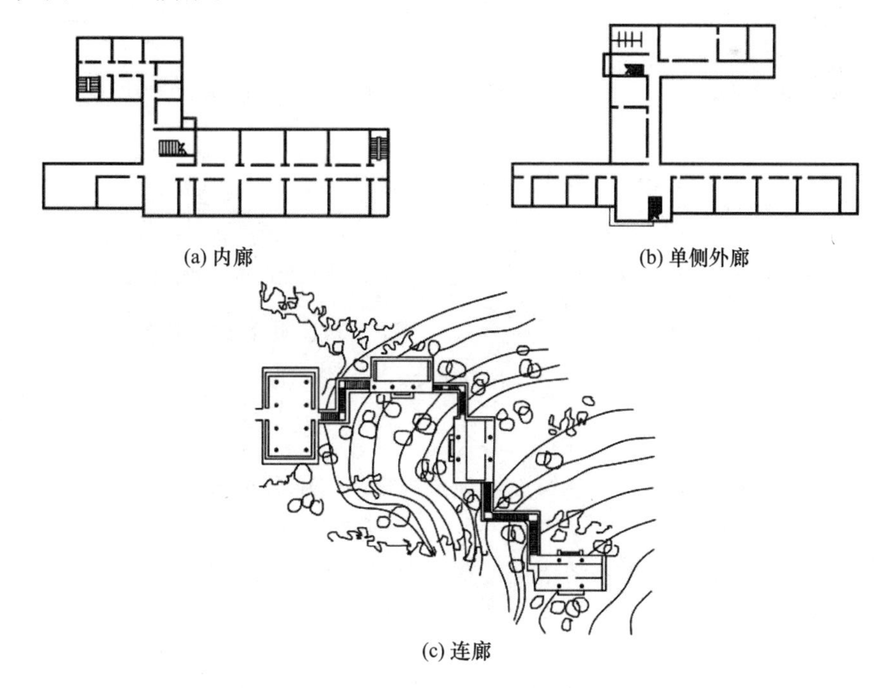

(a) 内廊

(b) 单侧外廊

(c) 连廊

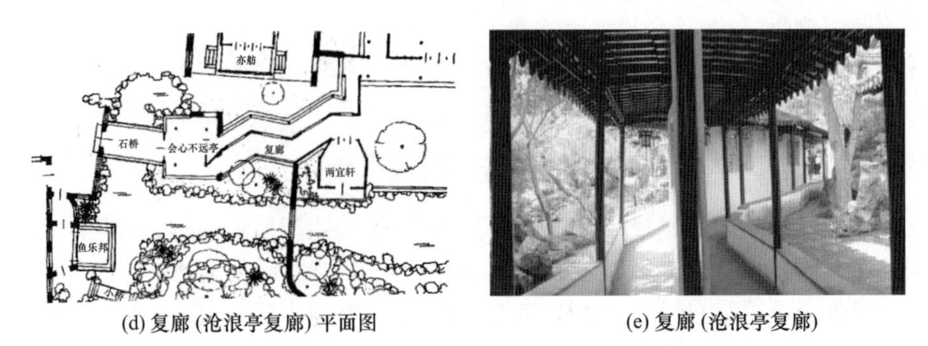

(d) 复廊（沧浪亭复廊）平面图　　(e) 复廊（沧浪亭复廊）

图 2-1-10　走廊的形式

2）走廊宽度设计

（1）功能性质

走廊的功能要求主要有通行、停留、休息、无障碍设计等内容。设计走廊的宽度时要注意其功能要求。如茶室、办公等建筑的走廊和观众厅的安全通道等是供人流集散使用的，只考虑单一交通功能，而医院门诊部的宽型过道除了用作通行外，还要考虑病人候诊之用。

（2）通行能力

走廊通行能力可以按照通行人流股数来估算确定，而门的开启方向对走廊宽度也有影响，如图 2-1-11 所示。

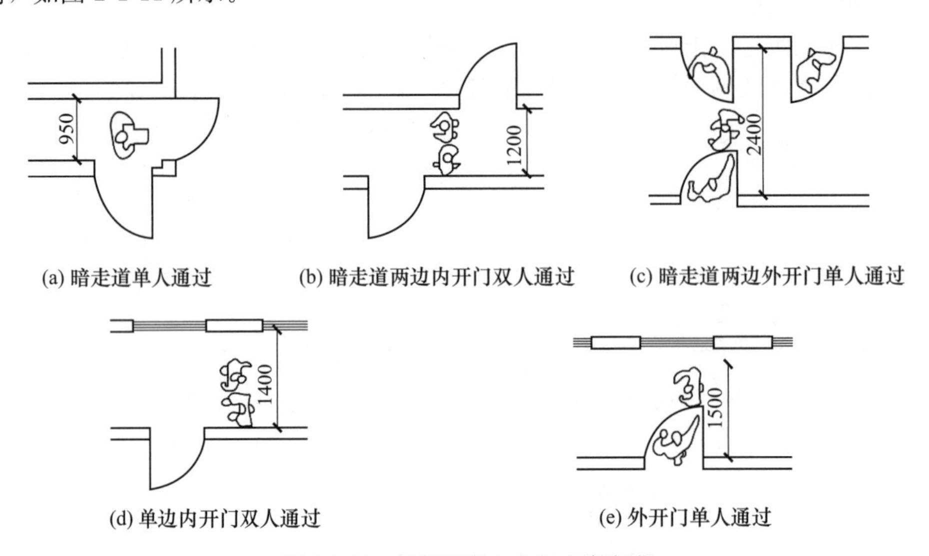

(a) 暗走道单人通过　(b) 暗走道两边内开门双人通过　(c) 暗走道两边外开门单人通过

(d) 单边内开门双人通过　(e) 外开门单人通过

图 2-1-11　门的开启方向与走廊宽度

（3）建筑标准

走廊的宽度还可以按照各类建筑设计规范规定的走廊最小净宽直接采用。

（4）安全疏散

按规范计算走廊宽度时的主要依据是每百人宽度指标。楼梯、门、走廊的每百人宽度指标详见表 2-1-1。

表 2-1-1　民用建筑楼梯、门、走廊的宽度指标　　（单位：米/百人）

层数	耐火等级		
	一、二级	三级	四级
一、二层	0.65	0.75	1.00
3 层	0.75	1.00	—
≥4 层	1.00	1.25	—

3）走廊长度设计

走廊的长度应根据建筑性质、耐火等级、防火规范以及视觉艺术等方面的要求确定。其中主要是防火规范的要求，一般要将最远房间的门中线到安全出口的距离控制在安全疏散距离之内，详见表 2-1-2。

表 2-1-2　多层民用建筑安全疏散距离　　（单位：m）

名称	房门至外部门口或楼梯间的最大距离					
	位于两个外部出口或楼梯间之间的房间			位于袋形走廊两侧或尽端的房间		
	耐火等级			耐火等级		
	一、二级	三级	四级	一、二级	三级	四级
幼儿园	25	20	—	20	15	—
医院	35	30	—	20	15	—
学校	35	30	—	22	20	—
其他民用建筑	40	35	25	22	20	15

4）走廊采光和通风设计

走廊的采光一般应考虑自然采光，但某些大型公共建筑可采用人工照明。在走廊双面布置房间时采光容易出现问题，解决的办法一般是依靠走廊尽端开窗，或借助于门厅过厅、楼梯间的光线采光，也可以利用走廊两侧开敞的空间来改善过道的采光。内走廊采光方式，如图 2-1-12 所示。

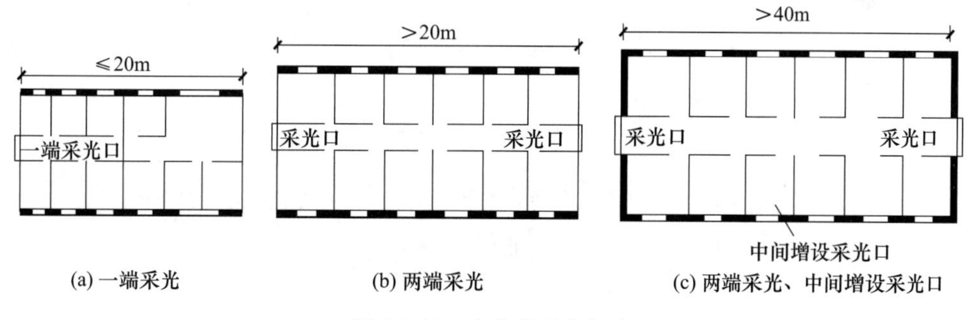

图 2-1-12　内走廊采光方式

3. 垂直交通空间设计

垂直交通空间是指坡道、台阶、楼梯、工作梯、爬梯、自动扶梯、自动人行道和电梯等联系不同标高上各使用空间的空间形式。风景园林建筑中，常用的是台阶与坡道，台阶与坡道是在建筑中连接室内与室外地坪或室内楼错层的主要过渡设施。

坡道分为室内坡道和室外坡道。室内坡道占地面积大，采用较少，常用于多层车库、医院建筑等，坡度不宜大于 1∶8。室外坡道一般位于公共建筑出入口处，主要供车辆到达出入口，坡度不宜大于 1∶10。无障碍坡道和宽度要求详见表 2-1-3，不同坡度每段最大高度及最大水平长度详见表 2-1-4。此外，普通坡道最大水平长度为 15m。

表 2-1-3　无障碍坡道和宽度要求

坡道位置类型	最大坡度	最小宽度（m）	平台最小宽度（m）
有台阶的建筑入口	1∶12	≥1.2	1.5
只设坡道的建筑入口	1∶20	≥1.5	—
室内坡道	1∶12	≥1.0	—
室外坡道	1∶20	≥1.5	—
困难地段	1∶10～1∶8	≥1.2	改建建筑物

表 2-1-4　无障碍坡道不同坡度每段最大高度及最大水平长度

坡度	最大高度（m）	最大水平长度（m）
1∶20	1.5	30
1∶16	1.0	16
1∶12	0.75	9
1∶10	0.6	6
1∶8	0.35	2.8

4. 交通枢纽空间设计

交通枢纽空间主要指门厅、过厅、出入口、中庭等，是人流集散、方向转换、空间过渡与衔接的场所，在空间组合中有重要地位。一般公共建筑的交通枢纽空间还应该根据建筑的性质设置一定的辅助空间，以满足人们休息、观赏、交往及其他具体功能的需要。

1）建筑出入口

建筑出入口是建筑室内外空间的一个过渡部位，常以雨篷、门廊等形式出现，如图 2-1-13所示，并与雨篷、外廊、台阶、坡道、垂带、挡墙、绿化小品等结合设计。因此，建筑出入口不仅是内外交通的主要部分，也是建筑造型的重要组成部分，常作为建筑立面构图的中心。

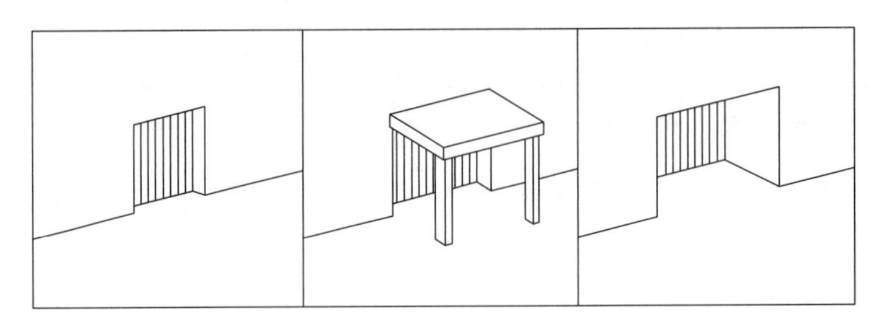

图 2-1-13　建筑出入口形式

建筑出入口的数量与位置应根据建筑的性质与流线组织来确定，并符合防火疏散的要求。有无障碍设计要求的建筑入口，必须设计轮椅坡道和扶手。

2）门厅

门厅是所有公共建筑都具有的一个重要空间，设在建筑主要出入口处，具有接纳人流和分散人流的作用。门厅空间是建筑艺术印象的第一空间，在整个建筑设计中发挥着重要作用。

3）过厅

过厅是人流再次分配的缓冲空间，起到空间转换与过渡作用，有时也兼作其他用途，如休息场所等。

4）中庭

中庭是供人们休息、观赏、交往的多功能共享大厅，常在中庭内设楼梯、景观电梯或自动扶梯等，使其兼有交通枢纽的作用。中庭空间的形式，按其在建筑中的位置来分，有落地中庭、空中花园和屋顶花园；按其采光方式来分，有顶部采光、侧采光和综合采光。

2.1.3　风景园林建筑平面的组合设计

1. 设计的主要原理及方法

1）合理进行功能分区

对建筑物的使用部分而言，它们相互间往往会因为使用性质的不同或使用要求的不同而需要根据其关系的疏密进行功能分区。在建筑设计时，设计人员一般会首先借助功能分析图（或者称之为气泡图）来归纳、明确使用部分的功能分区。

合理的功能分区就是既要满足各部分使用中密切联系的要求，又要创造必要的分隔条件。联系和分隔是两个矛盾的方面，相互联系的作用在于达到使用上的方便，分隔的作用在于区分不同使用功能的房间，创造相对独立的使用环境，避免使用中相互干扰和影响，以保证有较好的卫生隔离或安全条件，并创造较安静的环境等。

在设计时，不仅要考虑使用性质和使用程序，而且要按不同功能要求进行分类并进行分区布置。为了创造较好的卫生或安全条件，避免各部分使用过程中的相互干扰以及满足某些特殊要求，在平面空间组合中功能的分区常常需要较好地解决主与辅、内与外、动与静、清与浊的关系。

2）合理组织交通流线

人在建筑内部的活动、物品在建筑内部的运用，就构成建筑的交通组织问题。它包括两个方面，一是相互的联系，二是彼此的分隔。合理的交通路线组织就是既要保证相互联系的方便、便利，又要保证必要的分隔，使不同的流线相互不交叉干扰。这在使用频繁、有大量人流的展览馆、影剧院、体育馆等建筑物中显得特别重要。交通流线组织的合理与否一般是评价平面布局的重要标准，并直接影响到平面布局的形式。

交通流线的组织要以人为主，以最大限度地方便主要使用者为原则，应该顺应人的活动，而不是要人们勉强地接受或服从设计者所强加的安排。正因为人的活动路线是设计的主导线，因此，交通流线的组织会直接影响到建筑空间的布局。

3）创造良好的朝向、采光与通风条件

风景园林建筑是为工作、生产和生活服务的。从人体生理需求来考虑，人在室内工作和生活就要求保持一个良好的环境，因而建筑空间的设计要适应各地气候与自然条件就成为一项重要的课题，也是对设计提出的一项基本的功能要求。要适应自然气候条件，必须注意朝向的选择，解决好采光和通风问题。

建筑中除了某些特殊房间（如暗室、放映室等）以外，一般都要有自然采光和通风，只在大型公共建筑中观众厅、会议大厅或特殊要求的房间，可以采用机械通风和人工照明。通风与朝向、采光方式分不开。利用自然采光的房间，一般就采用自然通风；采用人工照明为主时，则需有机械通风设备。

朝向、采光、通风对建筑平面及空间布局具有制约作用。一般平面形式较为简单，如“一”字形、“L”形等，比较容易解决朝向、采光及通风问题；形式复杂的平面，如“口”字形、“日”字形等，要完全解决好朝向、采光、通风问题较为困难，不可避免地会出现一些东西向的房间、不通风的闷角或院落出现一些暗房，甚至需要采用局部的人工照明和机械通风相辅助。与此相反，如果采用人工照明和机械通风，就会给平面布局带来极大的灵活性，它可以不受朝向、风向的约束，因而平面布局可以更灵活、更紧凑。

2. 平面的组合设计形式

在明确建筑各使用空间的相关使用要求以及它们之间存在的功能关联的基础上，方能考虑空间平面的组合方式，并以建筑使用空间的功能分析结构为指导，有机结合建筑各部分布局，建筑整体雏形就基本形成。常见的建筑空间平面的组合设计方法包括以下方面。

1）串联式

各主要使用房间按使用顺序彼此串联、相互穿套，无须廊联系。这种组合方式，房间联系直接方便，具有连通性，可满足一定流线的功能要求，同时交通面积小、使用面积大。它一般应用于有连贯顺序且流线要明确简捷的某些类型的建筑，如展览馆、博物馆、车站等，如图 2-1-14 所示。用于展览建筑可使流线紧凑、方向单一，可以自然地引导观众由一个陈列空间通往另一个陈列空间，以解决参观顺序问题。

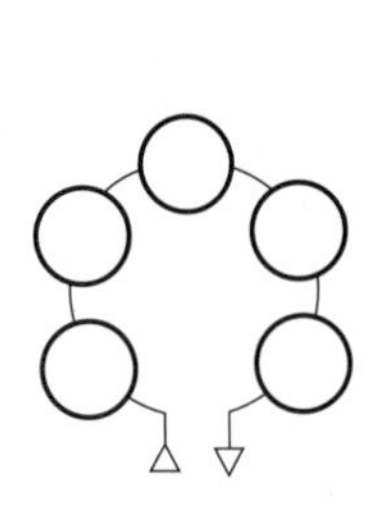

(a) 串联式组合的交通方式

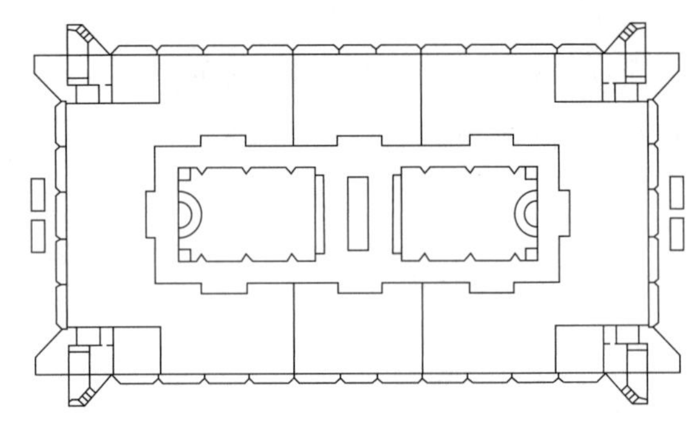

(b) 某展览厅按照连续布展的方式组合空间

图 2-1-14　串联式平面组合的建筑实例

串联式空间组合的另一种形式是以一个空间为中心，分别与周围其他使用空间相串联，一般是以交通枢纽（如门厅、交通厅等）或综合大厅为中心，放射性地与其他空间相连。这种方式流线组织较为紧凑，各个使用空间既能连贯又可灵活单独使用。其缺点是中心大厅人流容易迂回、拥挤，设计时要加强流线方向的引导。

2）并联式

这种空间组合形式的特点是各使用空间并列布置，空间的程序是沿着固定的线形组织的，各房间以走廊相连。它是旅馆、办公楼、学校等建筑常采用的组合方法，如图 2-1-15

所示。既要求能独立使用，又需要使安静的客房、办公室及教室等空间和门厅、公共厕所、楼梯等联系起来。这种方式的优点是平面布局简单、横墙承重、结构经济、房间使用灵活、隔离效果较好，并可使房间有直接的自然采光和通风，同时也容易结合地形组织多种形式。

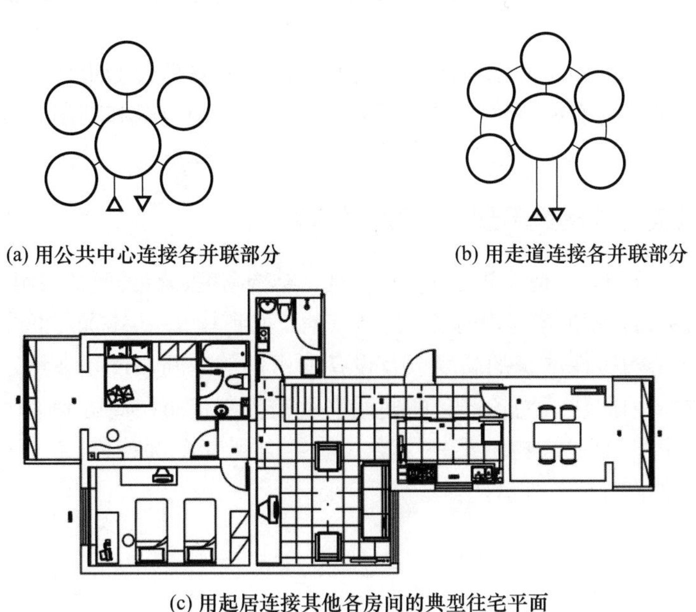

(a) 用公共中心连接各并联部分　　(b) 用走道连接各并联部分

(c) 用起居连接其他各房间的典型往宅平面

图 2-1-15　并联式平面组合的建筑实例

3）混合式

这种组合方式是将以上 2 种方法混合使用。根据需要，在建筑物的某一个局部采用一种组合方式，而在整体上以另一种组合方式为主。如图 2-1-16 所示的托幼建筑中，活动室、卧室及卫生间通常用串联的方式组合，而后各组团间通过走道联系。

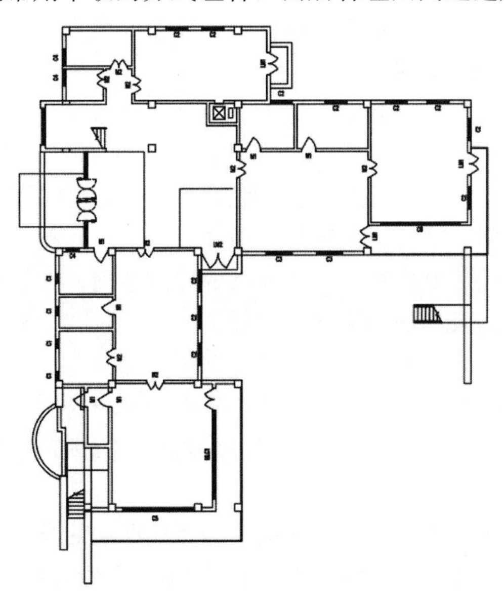

图 2-1-16　混合式平面组合的建筑实例

建筑物的平面组合不仅是平面几何图形之间的有序排列，组合后的建筑平面还涉及通风、采光等许多问题。

2.2 风景园林建筑各部分高度的确定和剖面设计

风景园林建筑剖面图是表示建筑物在垂直方向房屋各部分的组合关系。剖面设计主要分析建筑物各部分应有的高度、建筑层数、建筑空间的组合和利用，以及建筑剖面中的结构、构造关系等。

2.2.1 风景园林建筑各部分高度的确定

建筑物每一部分的高度是该部分的使用高度、结构高度、有关设备占用高度的总和。这个高度一般即指层高，就是建筑物内某一层楼（地）面到其上一层楼面之间的垂直高度。

一般来说，结构构件本身的高度以及设备所占用的空间高度是在给定的条件下通过计算最终确定的，因此建筑物各部分的使用高度是控制建筑层高的制约因素。使用高度一般用净高来表示，即建筑物内某一层楼（地）面到其上部构件或吊顶底面的垂直距离。净高与层高如图 2-2-1 所示。

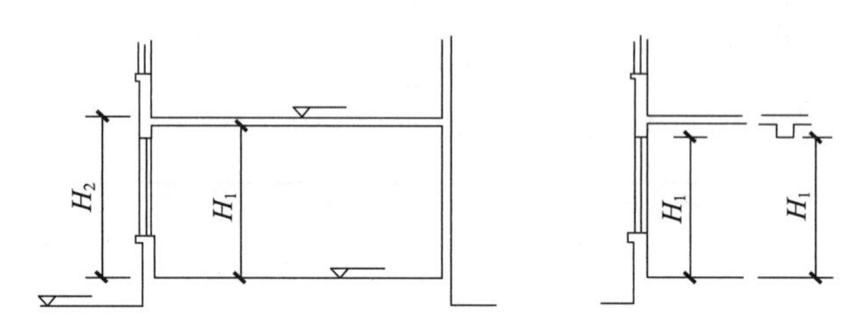

图 2-2-1　房间的净高（H_1）和层高（H_2）

确定房间高度应从人体活动及家具设备的要求，采光、通风要求，结构高度及其布置方式的影响，建筑经济效果，室内空间比例的要求 5 个方面进行考虑。

1. 人体活动及家具设备的要求

根据人体活动要求，房间净高应不低于 2.20m；卧室净高常取 2.8～3.0m，但不应小于 2.40m；教室净高一般常取 3.30～3.60m；商店营业厅底层层高常取 4.2～6.0m，2 层层高常取 3.6～5.1m。一般面积较大、使用者较多的房间可以适当选取较大的室内净高，而面积较小的房间，就可以适当减小净高。

如果是教室、观众厅等对视线有特殊要求的建筑空间，在设计时还必须进行视线和声线的分析来确定其净高及剖面的形状，如图 2-2-2、图 2-2-3 所示。

2. 采光、通风要求

室内光线的强弱和照度是否均匀，除了和平面中窗户的宽度及位置有关外，还和窗户在剖面中的高低有关。以学校教室的采光为例说明室内净高与开窗高度的关系，如图 2-2-4所示。

①进深越大，要求窗户上沿的位置越高，即相应房间的净高也要高一些。

②当房间采用单侧采光时，通常窗户上沿离地的高度应大于房间进深长度的一半；当房间允许两侧开窗时，房间的净高应不小于总深度的 1/4。

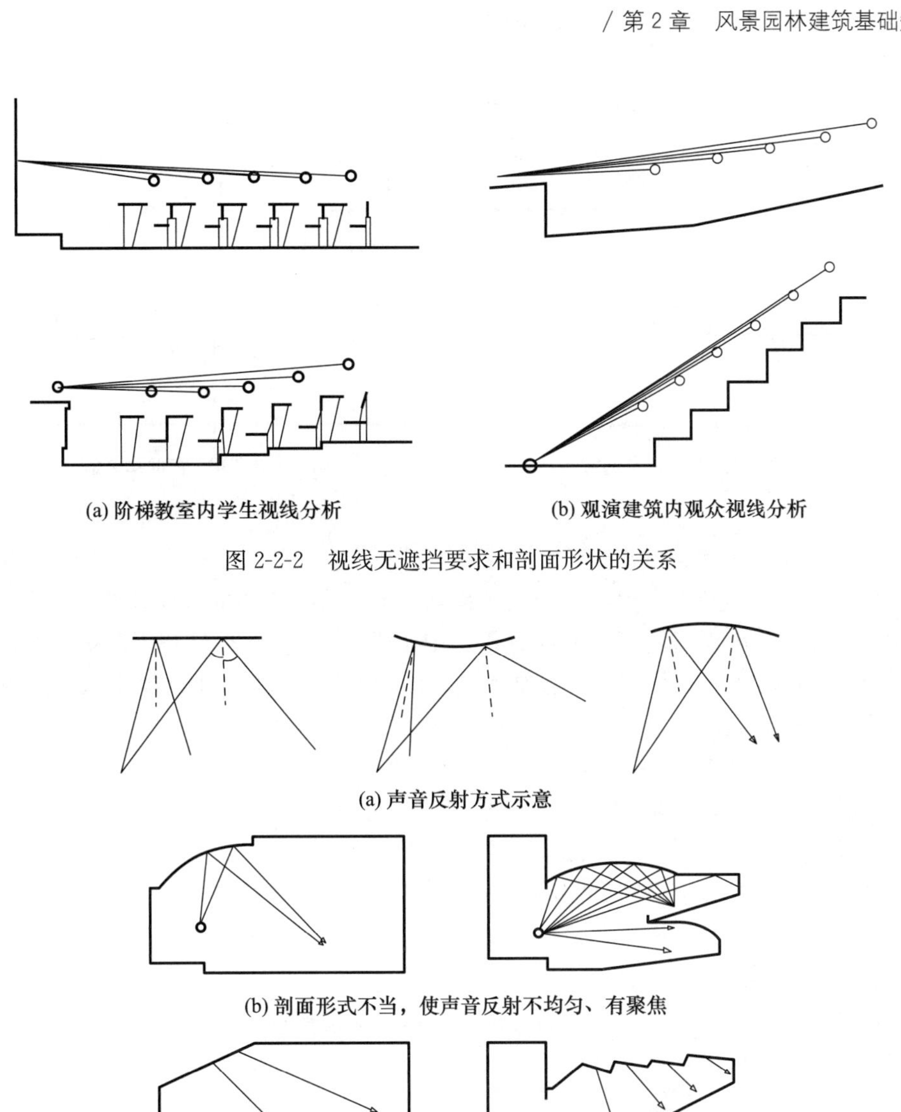

(a) 阶梯教室内学生视线分析　(b) 观演建筑内观众视线分析

图 2-2-2　视线无遮挡要求和剖面形状的关系

(a) 声音反射方式示意

(b) 剖面形式不当，使声音反射不均匀、有聚焦

(c) 剖面形式较好，声音反射均匀

图 2-2-3　音质要求和剖面形状的关系

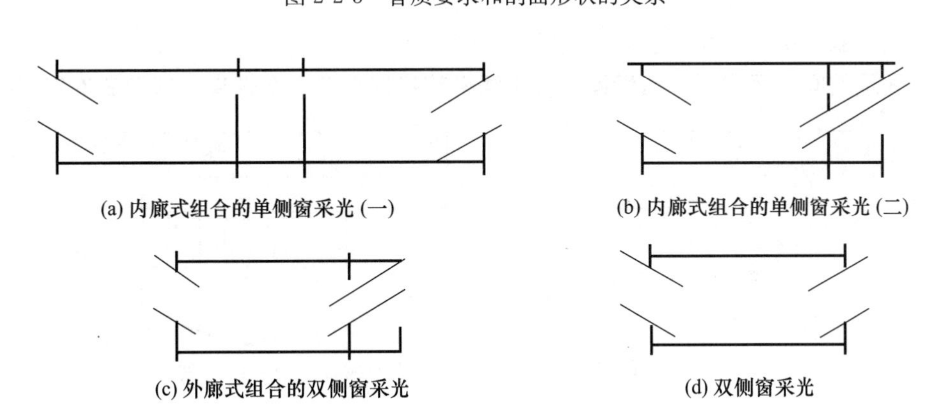

(a) 内廊式组合的单侧窗采光 (一)　(b) 内廊式组合的单侧窗采光 (二)

(c) 外廊式组合的双侧窗采光　(d) 双侧窗采光

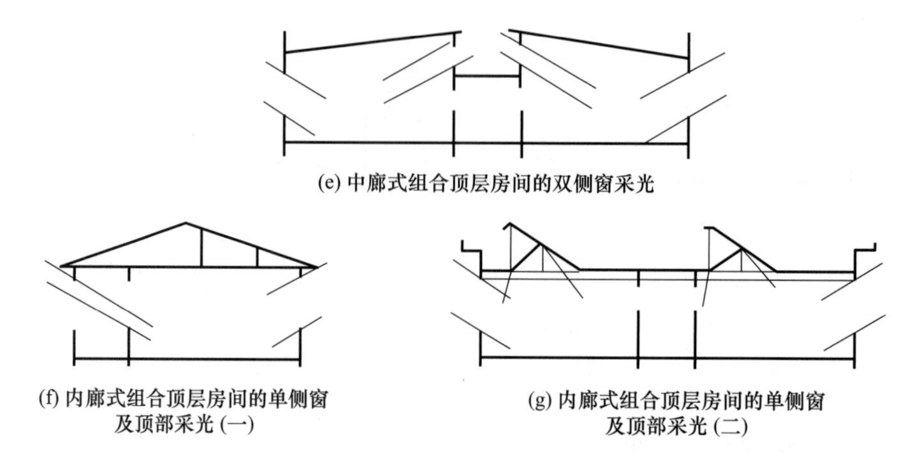

(e) 中廊式组合顶层房间的双侧窗采光

(f) 内廊式组合顶层房间的单侧窗及顶部采光（一）

(g) 内廊式组合顶层房间的单侧窗及顶部采光（二）

图 2-2-4　学校教室的采光方式

③用房间内墙上开设高窗或在门上设置亮子等，改善室内的通风条件。

④公共建筑应考虑房间正常的气容量，中小学教室每个学生气容量为 3～5m²/人，电影院为 4～5m²/人。根据房间的容纳人数、面积大小及气容量标准，可以确定出符合卫生要求的房间净高。

3. 结构高度及其布置方式的影响

①在满足房间净高要求的前提下，其层高尺寸随结构层的高度而变化。结构层越高，则层高越大；结构层高度越低，则层高相应也越小。

②坡屋顶建筑的屋顶空间高，不做吊顶时可充分利用屋顶空间，房间高度可较平屋顶建筑低。

4. 建筑经济效果

①在满足使用要求和卫生要求的前提下，适当降低层高可相应减小房屋的间距，节约用地，减轻房屋自重，节约材料。

②从节约能源出发，层高也应适当降低。

5. 室内空间比例的要求

室内空间长、宽、高的比例常给人们以一定精神上的感受，宽而低的房间通常会给人压抑的感觉，狭长而高的房间则会让人感到拘谨。

①房间比例应给人以适宜的空间感受。

②不同的比例尺度往往会有不同的心理效果。

③处理空间比例时，可以借助一些手法来获得满意的空间效果，如图 2-2-5 所示。

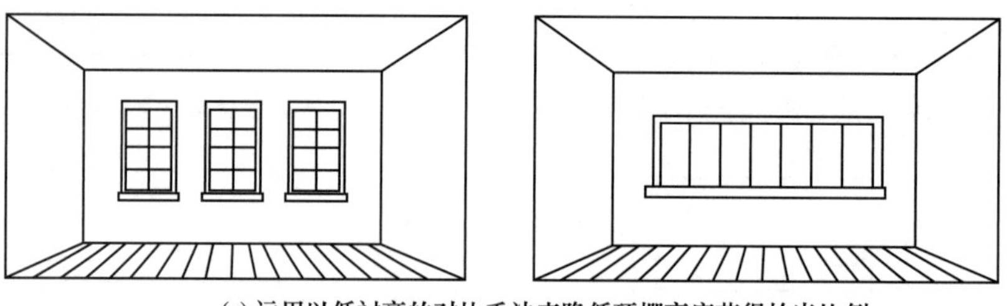

(a) 运用以低衬高的对比手法来降低顶棚高度获得恰当比例

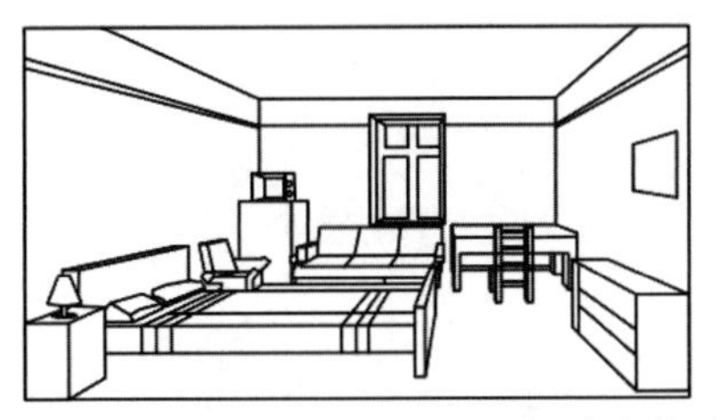
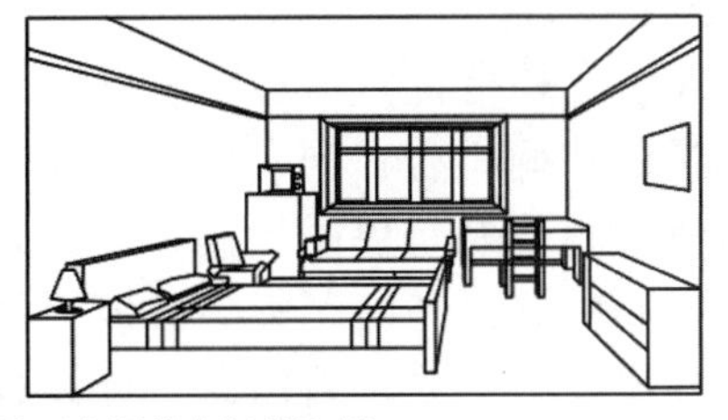

(b) 利用窗户的不同处理来调节空间的比例

图 2-2-5　运用不同的处理手法来获得满意的空间效果

2.2.2　风景园林建筑层数和总高度的确定

在民用建筑中，建筑高度大于 27m 的住宅建筑，2 层及 2 层以上、建筑高度大于 24m 的其他民用建筑，均为高层建筑。建筑剖面中，除了各房间室内的净高和剖面形状需要确定外，还需要分别确定房屋层高，以及室内地坪、楼梯平台和房屋檐口等标高。

影响确定建筑物层数和总高度的因素很多，大致有以下几种。

1. 城镇规划的要求

考虑城镇的总体面貌，城镇规划对每个局部的建筑群体都有高度方面的设定。例如在某些风景区附近不得建造高层建筑，以免破坏自然景观。又如在飞机场附近的一些建筑，为了飞机起降的原因，也有限高的规定。此外，城镇规划必须从宏观上控制每个局部区域的人口密度，通过调整住宅层数来调整居住区的容积率，也是较为有效的手段。

2. 建筑物的使用性质

有些建筑物的使用性质决定其层数必须控制在一定的范围内。例如幼儿园为了使用安全及便于儿童与室外活动场地的联系，当为独立建造且建筑防火等级为一、二级时，层数不能超过 3 层；当设置在建筑防火等级为一、二级的其他建筑内时，也只能设在 4 层以下的区域。

3. 选用的建筑结构类型和建筑材料

由于高层建筑必须考虑风荷载等水平荷载的作用，而高度较低的建筑则不需要考虑。因此，不同的建筑结构类型和所选用的建筑材料因其适用性不同，对建造的建筑层数和总高度也会产生影响。

4. 所在地区的消防能力

城镇消防能力体现在对不同性质和不同高度的建筑有不同的消防要求。例如各类建筑防火规范对建筑的耐火等级、允许层数、防火间距、细部构造等都做了详细规定。这些规定直接影响建筑的用地规划、设备配置、平面布局和经济指标，从而也就成为在确定建筑物的层数和总高度时不可忽略的因素。

2.2.3　风景园林建筑剖面的组合方式和空间的利用

1. 建筑剖面的组合方式

建筑剖面的组合方式，主要是由建筑物中各类房间的高度和剖面形状、房屋的使用要求和结构布置特点等因素决定的。剖面的组合方式大体上可以归纳为以下几种。

1）分层式组合

分层式组合是指将使用功能联系紧密而且高度一样的空间组合在同一层。这种组合方式可以有效地控制每层的层高，不会因为层间个别空间的突出高度而影响到该层的层高。此种方式有利于总体结构的布置和楼梯等垂直交通部分的处理。例如许多高层建筑下面几层的层高和使用功能都与其上部的主体部分不同，下部往往被用作商业用途，而上部具有办公或居住等功能，如图 2-2-6 所示。分层组合既方便了使用，又明确了结构的布置，是常见的剖面组合方式。值得注意的是，在将不同功能和层高的空间进行归类分层组合的时候，往往会遇到上下空间大小不一的情况。

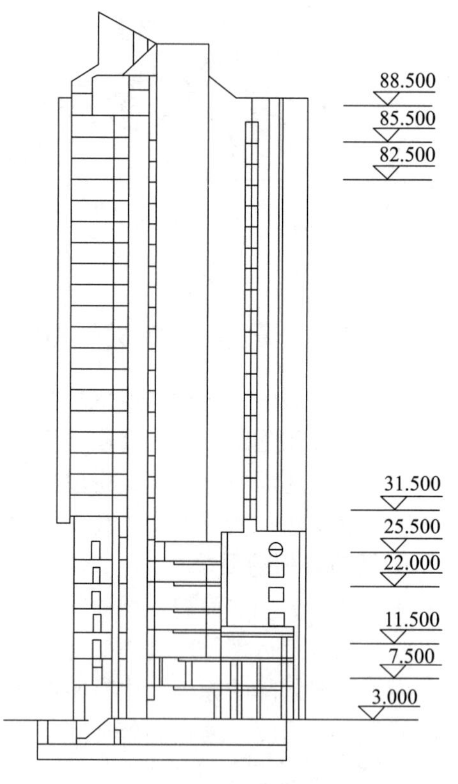

图 2-2-6　某高层建筑剖面图

2）分段式组合

分段式组合是指在同一层中将不同层高的空间分段组合，而且在垂直方向重复这样的组合。这种组合方式相当于在结构的每一个分段可以进行较为简单的叠加。例如某些工业厂房的生产车间需要较高的层高，而生产人员的更衣、办公等空间只需要满足人体尺度及活动所需的基本层高要求，在设计时就可通过分段组合，利用 1 个车间的层高上下布置 2 个更衣室，或者使上下 3 个更衣室的层高之和等于 2 个车间叠加后的高度。这样，大、小空间组织得当，使用也很方便，如图 2-2-7 所示。如果多次叠加后在同一楼层上形成了不同的楼面标高，这种设计称为错层设计。

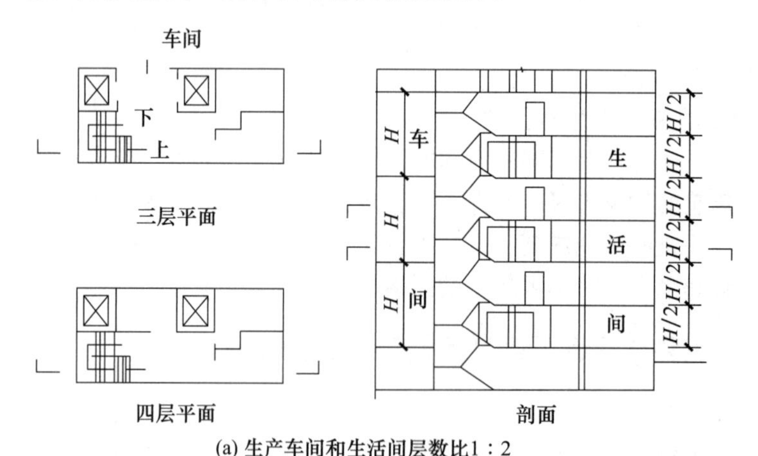

(a) 生产车间和生活间层数比1：2

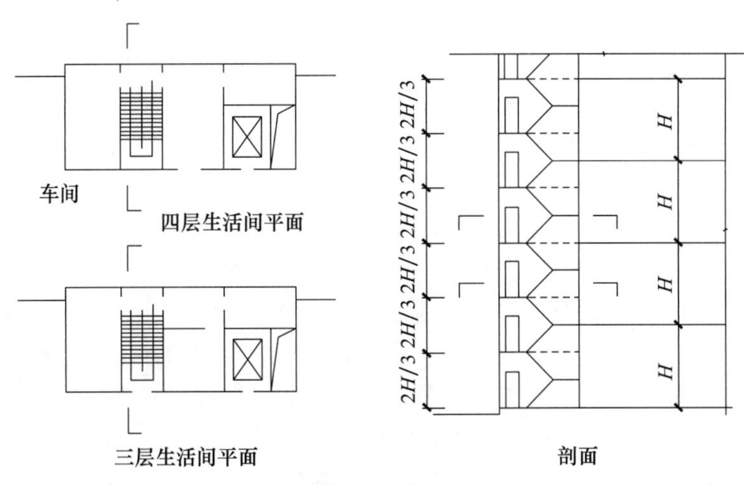

(a) 生产车间和生活间层数比2：3

图 2-2-7　工厂车间与生活间有机结合

2. 建筑空间的有效利用

在对建筑剖面进行研究时，往往会发现有许多可以充分利用的建筑空间，其中最典型的例子是一些观演类建筑，例如体育场馆观众席底下的空间，由于观众席位置比较高，下面会有相当大的空间可以利用，因此在体育场馆的设计中，通常会利用这些空间来布置小型的运动员训练场地，或是休息、办公等其他功能用房，如图 2-2-8 所示。

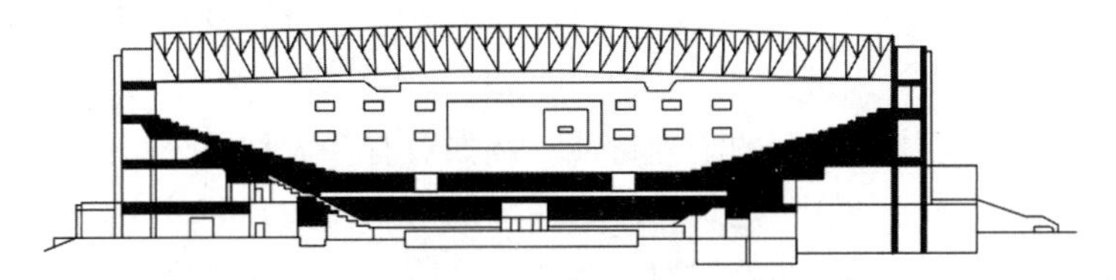

图 2-2-8　体育馆剖面中不同高度房间的组合

有效利用建筑空间不一定表现为做加法，在可能的条件下削减多余的部分建筑空间，也会给建筑造型带来创新。

2.3　风景园林建筑体形组合和立面设计

建筑物在满足使用要求的同时，它的体形、立面以及内外空间的组合，还会在视觉和精神上给人们带来某种感受，它们的千姿百态，勾勒出了人类活动的万千景象。它们的存在反映了社会的经济水平、文化生活和人的精神面貌。因此，在进行建筑设计时，尤其是在进行建筑物各部分的组合时，还必须注重其体形和立面的美观。

2.3.1　风景园林建筑体形和立面设计的要求

1. 风景园林建筑体形与立面

体形是指建筑物的外形轮廓，反映建筑物的形状、体量及其组合等元素。

立面是指建筑物外部各立面及其表面各元素（如门窗、阳台等）的形状、组织、比例与尺度、装饰效果等。

体形是建筑的雏形，立面设计则是建筑体型的进一步深化。只有将二者作为一个有机体统一考虑，才能获得完美的建筑形象。

2. 体形与立面设计的要求

对建筑物进行体形和立面的设计，应满足以下几方面的要求。

1）符合基地环境和总体规划的要求

建筑单体是基地建筑群体中的一个局部，其体量、风格、形式等都应该顾及周围的建筑环境和自然环境，在总体规划的范围之内做文章。在进行建设时，应当尊重历史和现实，妥善处理新、旧建筑之间的关系。即便是进行大规模的地块改造和建筑更新，也应该从系统的更高层次上去把握城市规划对该地块的功能和风貌方面的要求，以取得更大规模的整体上的协调性。此外，建筑基地上的许多自然条件，例如气候、地形、道路、绿化等，也会对新建建筑的形态构成影响。如在以东南风为夏季主导风向的较炎热环境中，建筑开口应该迎向主导风向，若将最高大体量的建筑放在东南面，就会造成对其他部分的遮挡，影响通风采光。如图 2-3-1 所示的建筑物，如果夏季主导风向来自道路一侧，其较低的部分会受到一定的影响。

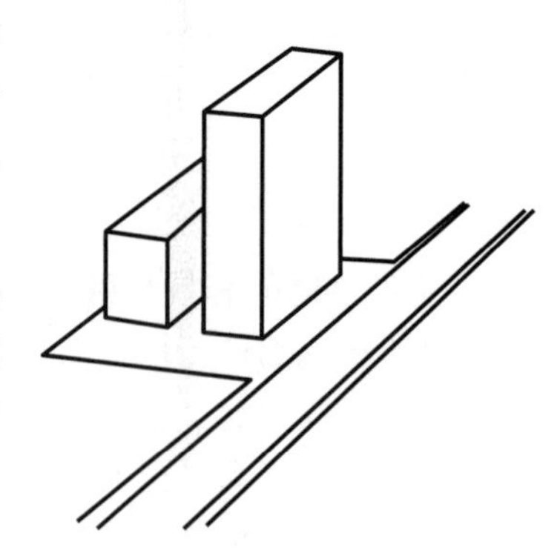

图 2-3-1　体形与环境的关系

2）符合建筑功能的需要和建筑类型的特征

不同使用功能要求的建筑类型具有不同的空间尺度及内部空间组合特征，因此在对建筑物进行体形和立面设计时，应当注意建筑类型的个性特征。例如对有些大型办公楼所做的成片玻璃幕墙的立面处理，就不适用于住宅建筑。因为住宅的房间往往开间较小，而且必须有自然通风，住户还需要自行对套内的外门窗进行清洁，所以住宅建筑立面上往往不开成片的大窗，而且还会根据居住活动的需要，布置阳台，如图 2-3-2 所示。此外，建筑的体形和立面设计还应顾及其所属类型的文化内涵。

(a) 某居住建筑立面有大量门窗及阳台

(b) 办公楼立面全部覆盖玻璃幕墙

图 2-3-2　居住建筑与办公楼不同的立面处理方式

3）合理运用某些视觉和构图的规律

建筑物的体形和立面要给人以美的享受，就应该讲究构图的章法，遵循某些视觉的规律和美学的原则。因此在建筑的体形和立面的设计中，常常会用到讲究建筑层次、突出建筑主体、重复运用母题、形成节奏和韵律、掌握合适的尺度比例、在变化中求统一等手法。建筑的层次，是指建筑物各个段落之间的排列顺序及相互间的视觉关系。突出主体部分，是指应当注意形成视觉的中心。重复使用母题，是指重复运用某一种设计元素。节奏和韵律，是指一种有规律的变化。而合适的尺度比例，则是指符合视觉规律的建筑物各向度之间及细部的尺度关系。

4）符合建筑所选用结构系统的特点及技术的可能性

每种结构体系都有其固有的力学特点，而且选用的建筑材料也各不相同。例如，砖石砌筑的建筑，墙体由于材料的原因，不可能开很大的门窗洞，否则窗间墙过窄，不利于承重，还容易倒塌。而用钢筋混凝土的骨架作为承重系统的建筑物，因为墙体不承重，就没有这样的限制，如图 2-3-3 所示。此外，各种构造方面的要求和施工技术及其可能性，也都会对建筑物的体形和立面的形成造成影响。例如很多建筑物成片玻璃幕墙上的玻璃从外观上看好像并不透明，主要是出于解决热工性能方面问题的构造需要。一则能够隔离部分紫外线，二则可以使安装在其背后的保温材料隐藏起来。

(a) 某砖石结构建筑

(b) 某骨架结构建筑

图 2-3-3　建筑结构体系对建筑造型的影响

5）掌握相应的设计标准和经济指标

设计人员应该掌握适度设计的原则，在满足相关建筑设计标准的基础上，充分发挥智慧和创造力，争取社会效益与经济效益相统一。

2.3.2　风景园林建筑体形的组合

1. 体形的组合方式

建筑物内部的功能组合是形成建筑体形的内在因素和主要依据。但是，建筑体形的构成，并不仅是某种组合的简单表达，一栋建筑物的内部功能组合往往并不是只存在一种可能性。例如对工程项目的设计进行招标，就是要进行多种方案的比较。因此通过对建筑体形进行组合方式的研究，可以帮助设计人员反过来进行平面功能组合方面的再探讨，从而不断完善设计构思，以尽量达到建筑内部空间处理和外形设计的完美结合。

建筑体形的组合有许多方式，但主要可以归纳为以下几种。

1）对称式布局

这种布局的建筑有明显的中轴线，主体部分位于中轴线上，主要用于庄重、肃穆的建筑，例如博物馆、纪念堂等，如图 2-3-4 所示。

图 2-3-4　某使用对称式布局的建筑体形

2）在水平方向通过拉伸、错位、转折等手法，可形成不对称的布局

用不对称布局的手法形成的不同体量或形状的体块之间可以互相咬合或用连接体连接，还需要讲究形状、体量的对比或重复，以及连接处的处理，同时应该注意形成视觉中心。这种布局方式容易适应不同的基地地形，还可以适应多方位的视角。在本章上一节中所提及的构图原理，都可以根据建筑和环境的特点合理采用。

3）在垂直方向通过切割、加减等方法来使建筑物获得类似“雕塑”的效果

这种布局需要按层分段进行平面的调整，常用于高层和超高层的建筑以及一些需要在地面以上利用室外空间或者需要采顶光的建筑，如图 2-3-5 所示。

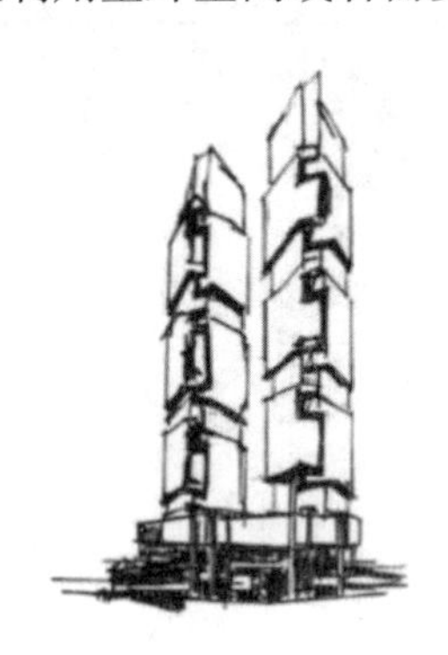

图 2-3-5　建筑物在垂直方向对体形进行切割、加减处理

（资料来源：https：//m. bbs. zhulong. com/101010 _ group _ 201801/detail32570472/）

2. 体形的转角及转折处理

①结合地形巧妙地进行转折与转角处理，可以增加组合的灵活性，并使建筑物显得更加完整统一。

②转折主要是指建筑物顺道路或地形的变化作曲折变化，形成简洁流畅、自然大方、完整统一的外观形象。

③转角地带的建筑体形常采用主附体结合、主从分明的方式，也可采取局部体量升高以形成塔楼的形式。

3. 形体的联系与交接

建筑造型经常并不采用单一的几何形体。当造型由 2 个或 2 个以上基本形体组合形

成一个较复杂的组合形体时，必然需要妥善处理形体之间的空间组合关系，以确保造型整体的完整性、形式的稳定性、空间的层次性和主体的易识别性。复杂形体组合设计中常采取以下几种连接方式，如图 2-3-6 所示。

1）直接连接

组成形体间仍保持各自固有的视觉特征，视觉上连续的强弱取决于接触方式。其中面接触的连续性最强，线接触和点接触的连续性依次减弱。

2）咬接

组成形体间不要求有视觉上的共同性，可为同形、近似形，也可为对比形，两者的关系可为插入、咬合、贯穿、回转、叠加等。

3）以走廊或连接体连接

当组成形体间不便相互咬合时，可采取插入连接体的构成方式，将有一定空间距离的形体连为整体。连接体作为主要形体间的过渡性形体，在体量上应保持处于相对弱小的地位，以突出主体造型的表现效果。

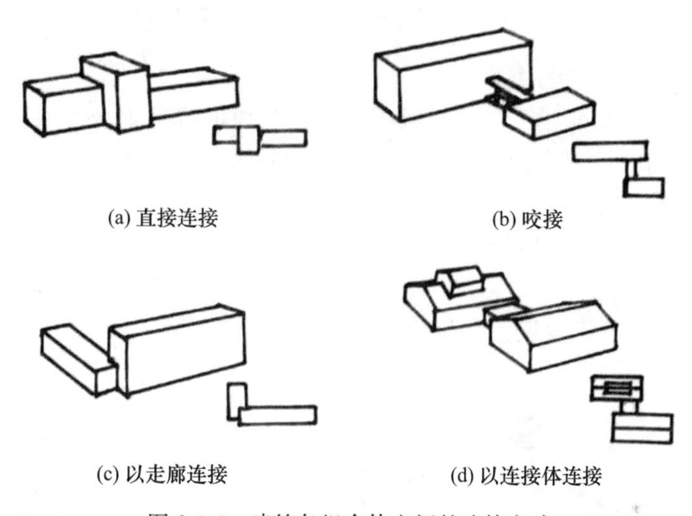

(a) 直接连接　　(b) 咬接

(c) 以走廊连接　　(d) 以连接体连接

图 2-3-6　建筑各组合体之间的连接方式

2.3.3　风景园林建筑立面的设计

相对建筑物的体形设计主要是针对建筑物各部分的形状、体量及其组合所做的研究，建筑立面设计则偏重对建筑物的各个立面及其外表面上所有的构件，例如门窗、雨篷、遮阳、暴露的梁、柱等的形式、比例关系和表面的装饰效果等进行仔细地推敲。在设计时，通常是根据初步确定的建筑内部空间组合的平、剖面关系，例如房间的大小和层高、构部件的构成关系和断面尺寸、适合开门窗的位置等，先绘制出建筑物各个立面的基本轮廓，作为下一步调整的基础；然后在进一步推敲各立面的总体尺度比例的同时，综合考虑立面之间的相互协调，特别是相邻立面之间的连续关系，并且对立面上的各个细部，特别是门窗的大小、比例、位置，以及各种凸出物的形状等进行必要的调整；最后还应该对特殊部位，例如出入口等做重点的处理，并且确定立面的色彩和装饰用料。由于立面的效果更多地表现为二维的构图关系，因此要特别注意以下一些方面。

1. 注重尺度和比例的协调性

这是立面设计所要解决的首要问题。首先，立面的高、宽比例要合适；其次，立面上的各组成部分及相互之间的尺寸比例也要合适，并且存在呼应和协调的关系；再次，所取的尺寸还应符合建筑物的使用功能和结构的内在逻辑。如图 2-3-7 所示的建筑物立面上各个分段和窗门、洞口之间的尺度比例关系较好，而且由于充分表现了建筑结构的构成关系，使得建筑尺度有着力学上的可信度，给人以舒适感。

图 2-3-7　某建筑各部分比例合适并表现了结构的逻辑

2. 掌握节奏的变化和韵律感

建筑立面上的节奏变化和所形成的韵律感在门窗的排列组合、墙面构件的划分方面表现得较为突出。一般来说，如果门窗的排列较为均匀，大小也接近，立面就会显得比较平淡；如果门窗的排列有松有紧，而且疏密有致并存在规律性，就可以形成一定的节奏感。另外，墙面上一些线条的划分或者一些装饰构件的排列，也会对立面节奏和韵律的形成起到重要的作用。如图 2-3-8（a）所示的建筑物展现节奏交错的“韵律”，如图 2-3-8（b）所示的塔展现节奏渐变的“韵律”。

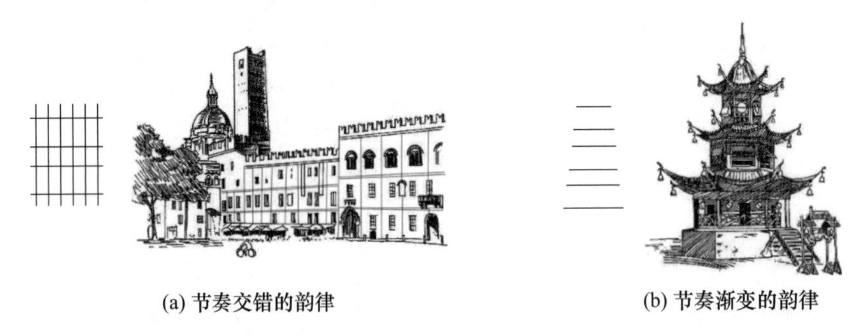

(a) 节奏交错的韵律　　(b) 节奏渐变的韵律

图 2-3-8　某建筑门窗与某塔的韵律感

3. 掌握虚实的对比和变化

在立面上的门窗洞口和实墙面之间、墙面凹进去的部分和凸出来的部分之间，往往会因为材质所造成的通透与封闭之间的对比或者光影所造成的明与暗之间的对比，给人以虚、实不同的感觉。一般来说，立面上开窗的面积较大，容易显得建筑物较为轻盈、开敞，而实墙面较多，则容易显得建筑物较为坚实、厚重。在设计时，可以结合建筑物的性质特征和通风、采光等要求做出适合的选择。如图 2-3-9 所示某建筑立面上用大片玻璃与实墙面组合。建筑立面上虚、实部分的比例关系和变化需要认真推敲，否则会造成如头重脚轻、不稳定等错觉，影响整体美观。

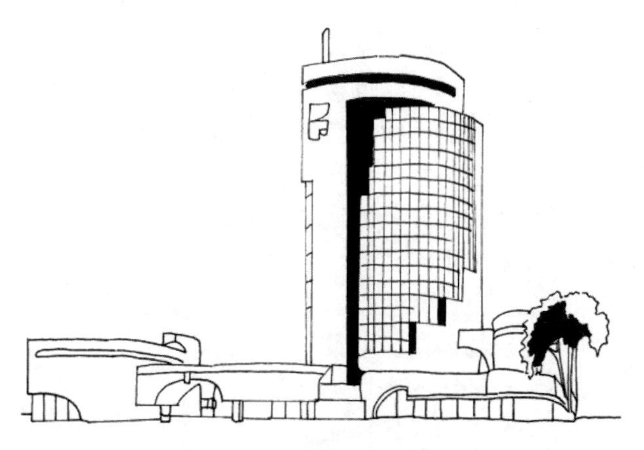

图 2-3-9　某建筑立面虚实对比

处理的立面虚实与凹凸的几种方法。“虚”指门窗、阳台、凹廊等，“实”主要指墙、柱、屋面、栏板等。

①充分利用功能和结构要求巧妙地处理虚实关系，可以获得生动、坚实有力的外观形象。

②以虚为主、虚多实少的处理手法能获得轻巧、开朗的效果，常用于高层建筑、剧院门厅、餐厅、车站、商店等大量人流聚集的建筑。

③以实为主、实多虚少能产生稳定、庄严、雄伟的效果，常用于纪念性建筑及重要的公共建筑。

④通过建筑外立面凹凸关系的处理可以加强光影变化，增强建筑物的立体感，丰富立面的效果。

4. 立面的线条处理

①任何线条本身都具有一种特殊的表现力和多种造型的功能。

②建筑立面通过各种线条在位置、粗细、长短、方向、曲直、疏密、繁简、凹凸等方面的变化而形成千姿百态的优美形象，如图 2-3-10 所示。

(a) 横线条运用实例

(b) 竖线条运用实例

(c) 纵横线条运用实例

图 2-3-10　各类型线条运用的建筑立面

（资料来源：https：//pic. sogou. com）

5. 注意材料的色彩和质感

不同的色彩会给人的感官带来不同的感受，例如白色或较浅的色调会使人觉得明快、清新；深色调容易使人觉得端庄、稳重；红、褐等暖色趋于热烈；而蓝、绿等冷色使人感到宁静……不过建筑物的色彩总体上应当相对较为沉稳，色调因建筑物的特点而异，或者根据建筑物所处的环境来决定取舍。特别鲜亮的色彩一般只用在屋顶部分或是只用作较小面积的点缀。此外，同一建筑物中不同色彩的搭配也要讲究协调、对比等效果。例如处在绿树环抱中的住宅群，墙面颜色一般比较淡雅。在接近地面的部分可以贴石材或者色彩较深的面砖，使建筑物显得底盘较稳重。而屋顶则可以选用与环境对比较为强烈的色彩，以与绿树相映衬，并突出建筑的轮廓。

建筑外形色彩设计应注意以下问题：

①色彩处理必须和谐统一且富有变化。

②色彩的运用必须与建筑物风格相一致。

③色彩的运用必须注意与环境的密切协调。

④基调色的选择应结合各地的气候特征。

建筑表面的材料质感主要涉及视觉和触觉方面的评价。表面粗糙的石质块材、混凝土等一般显得较为厚重粗犷，而平整光滑的金属装饰材料、玻璃等则显得较为华贵；天然竹、木的手感较好，令人易于亲近，而用石粒、石屑等装修的表面则使人保持距离等。如图 2-3-11 所示为在建筑立面上用不同质感的材料进行强烈对比的实例。

图 2-3-11　建筑立面上不同材料质感的对比

6. 立面的重点与细部处理

①在建筑物某些局部位置通过对比手法进行重点和细部处理，可以突出主体，打破单调感（建筑物主要出入口及楼梯间、建筑造型有特征的部分、反映该建筑风格的重要部位）。

②建筑细部处理必须从整体出发，接近人体的细部应充分发挥材料色泽、纹理、质感和光泽度的美感作用。建筑细部构件如墙脚、窗台、遮阳、雨篷及檐口等的线脚处理。

2.4　风景园林建筑在总平面中的布置

在工程项目中，无论是对单栋建筑物还是对多栋建筑物的设计，都会涉及在基地上如何布置的问题。建筑物在基地总平面中的布置，既影响建成后环境的整体效果，又反过来成为建筑物的单体在设计之初时所必须考虑的外部条件。本章将就其中一些可遵循的基本法则和原理进行介绍。

2.4.1　风景园林建筑与基地红线的关系

基地红线是各类建筑工程项目用地使用权属范围的边界线，在工程项目立项时，由规划部门在下发的基地蓝图上圈定。如果基地与城市道路接壤，其相邻处的红线应该即为城市道路红线，而其余部分的红线即为基地与相邻的其他基地的分界线。

在规划部门下发的基地蓝图上，基地红线往往在转折处的拐点上用坐标标明位置。该坐标系统以南北方向为 X 轴，以东西方向为 Y 轴，数值向北、向东递进。在基地上布置建筑物，首先要受到红线的限制。

建筑物与基地红线的关系主要应满足如下要求。

1. 退界要求

①建筑物应根据城市规划的要求，将其基地范围，包括基础和除去与城市管线相连接的部分以外的埋地管线，都控制在红线的范围之内。如果城市规划主管部门对建筑物退界距离还有其他要求，也应一并遵守。

②建筑物的台阶、平台不得凸出于城市道路红线之外。其上部的凸出物也应在规范规定的高度和范围之内。

③建筑物与相邻基地之间，应在边界红线范围以内留出防火通道或空地。除非建筑物前后都留有空地或道路，并符合消防规范的要求时，才能与相邻基地的建筑毗邻建造。

2. 高度限制

建筑物的高度不应影响相邻基地邻近建筑物的最低日照要求。

3. 开口要求

紧邻基地红线的建筑物，除非相邻地界为城市规划规定的永久性空地，否则不得朝向邻地开设门窗洞口，不得设阳台、挑檐，不得向邻地排放雨水或废气。

2.4.2　风景园林建筑与基地高程的关系

任何建筑基地都会存在自然的高差，设计时基地地面的高程应该按照城市规划所确定的控制标高。在一般情况下，基地地面高程应与相邻基地标高协调，不影响相邻各方的排水，同时，基地地面最低处高程宜高于相邻城市道路的最低高程，否则应有排除地面水的措施。此外，为了地面排水的需要，基地内还应形成一定的地面高差和坡度。

建筑物的底层地面应该高于其基底外的室外地面约 150mm。如果建筑底层地面架空铺设，最好高于室外地面 450～600mm，一般可以在 150～900mm 选择。如果室内外高差太大，会对通行带来一些影响。

有一些建筑基地上，本来的自然高差就相当大，这时建筑布置应当考虑建造时土方的平衡、道路的顺畅便利以及建筑物对室外地面排水的影响。

根据建筑物和等高线位置的相互关系，坡地建筑主要有以下 2 种布置方式。

1. 建筑物平行于等高线的布置

当基地坡度小于25%时，房屋可以平行于等高线布置。这样的布置，通往房屋的道路和入口的台阶比较容易解决，房屋建造的土方量和基础造价都较为节省，且对外廊式房屋比较有利、对内廊式房屋，靠坡一面的房间采光、通风条件较差，靠坡面的排水也需要专门处理。

其中坡度较缓，如小于10%的时候，可以采用图2-4-1（a）所示的方法，将勒脚部分统一抬高到一个高度，以节省土方。否则可以采取图2-4-1所示的其他方法，如图2-4-1（b）所示整理出一部分平台来建房，或如图2-4-1（c）所示令建筑物局部适应基地的高差，或如图2-4-1（d）在建筑物的不同高度上分层设出入口。当坡度在25%以上，根据基地朝向等条件，仍然需要房屋平行于等高线布置时，房屋单体的平、剖面设计应进行适当调整。

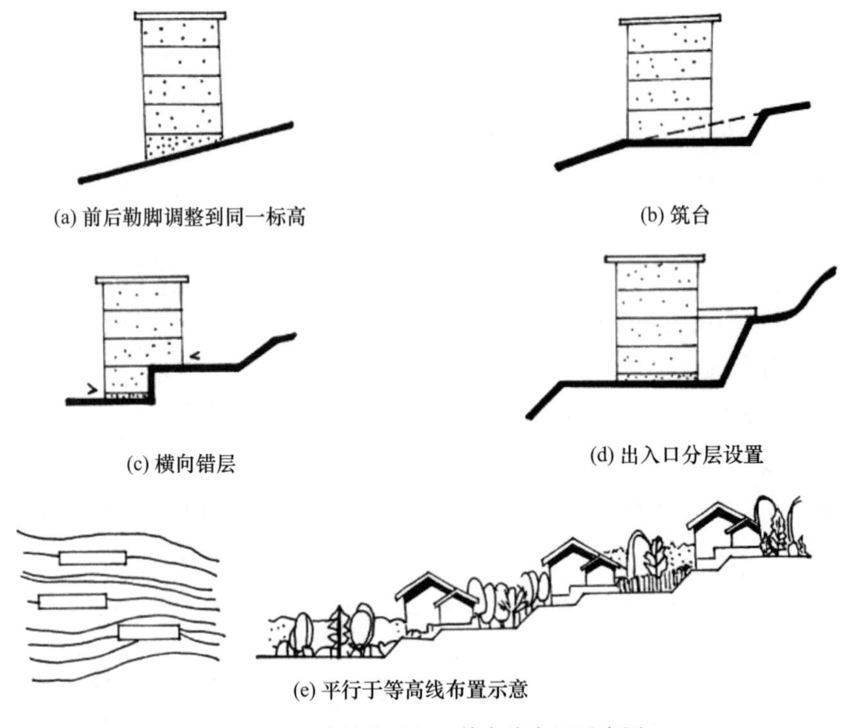

图2-4-1　建筑物平行于等高线布置示意图

2. 建筑物垂直或斜交于等高线的布置

当基地坡度大于25%，房屋平行于等高线布置对朝向不利时，常采用垂直或斜交于等高线的布置方式。在坡度较大时，房屋的通风、排水问题比平行于等高线时较容易解决，但是基础处理和道路布置比平行于等高线时要复杂得多。

如果基地坡度较陡，建筑物可以顺势如图2-4-2（a）所示的做法一样，逐层增加面积，也可以利用室外的台阶通达分层各自的出入口。有时建筑物与基地等高线斜交，相当于减小了地面坡度。这时建筑物也可以采用如图2-4-2（b）所示的方法，进行错层设计。

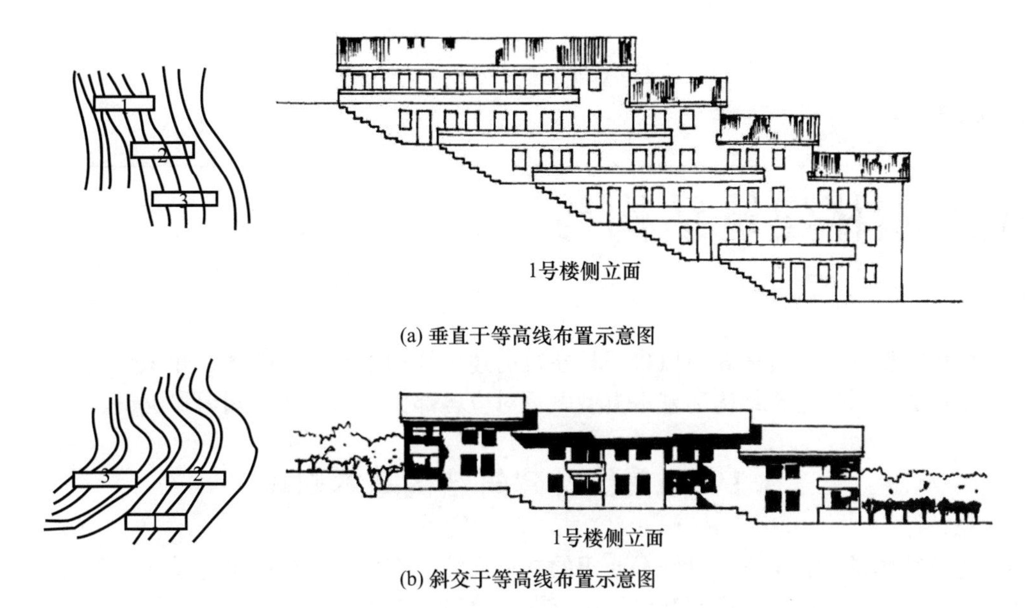

图 2-4-2　建筑物垂直或斜交于等高线的布置示意图

思考题

1. 民用建筑的房间常采用的平面形状有哪些？为什么？
2. 平面组合设计主要从哪些方面考虑？如何运用功能分析进行平面组合？
3. 确定房间高度的影响因素有哪些？请举例说明。
4. 风景园林建筑剖面的组合有哪几种方式？
5. 用图示说明风景园林建筑体形的联系与交接形式。
6. 简要说明风景园林建筑立面设计具体处理方法。
7. 简述风景园林建筑与基地高程的关系，并用图示说明。

第3章

风景园林建筑结构与构造基本知识

本章主要内容：具体介绍风景园林建筑的建筑结构以及构造的基本知识，包括建筑的基本组成体系、建筑结构的基本类型以及对应各部位的基本构造知识和逻辑。

3.1　风景园林建筑结构基本知识

建筑结构是使建筑物得以安全使用的支承系统。它的主要作用是传递和承受自然界和人为施加于建筑物的各类荷载作用，以保证建筑物在外力作用下依旧安全可靠和稳定地正常使用。

由于使用材料的不同、构件构成关系的多样性以及力学特征方面的差异，建筑结构的类型多种多样。按照不同的分类方式，可以把建筑结构分为不同的类型。如按照施工工艺，可以分为现场建造、预制装配、现场建造和预制装配结合；按照主要承重材料，可分为土结构、木结构、石结构、砖砌体结构、钢筋混凝土结构、钢结构等；按照承重方式，可分为砌体结构、框架结构、框架-剪力墙结构、框支-剪力墙结构、筒体结构等。无论是哪一种形式的建筑结构，都应该根据不同的建筑类型，与之匹配最适宜的建筑结构。一个成熟的建筑作品，不仅需要用美观的建筑造型、适用的建筑功能去成就，同时也需要坚固的结构形式去配合完成。这也是古罗马建筑大师维特鲁威在他的《建筑十书》中提到的建筑的3个基本要素——“美观、适用、坚固”。当然，结构带给建筑的意义不仅是坚固而已，它往往也会直接或间接地影响建筑的造型和内部使用空间。所以，学习了解不同的建筑结构类型以及它们所适用的建筑类型，通过对比和优化，让建筑设计与结构方案相互协调融合，建筑设计师才能更好地实现建筑的“美观、适用、坚固”。

此章节会按照墙体结构承重、骨架结构体系和空间结构体系三大类型结构来介绍在风景园林建筑中常用的结构类型及其适用的建筑类型。结构类型详见表3-1-1。

表3-1-1　风景园林建筑常用结构类型

结构体系类型	结构类型
墙体承重结构	砌体墙承重、钢筋混凝土墙承重
骨架结构体系	框架结构、框剪结构、拱结构、桁架结构、刚架结构
空间结构体系	薄壁结构、悬索结构、网架结构、薄膜结构

3.1.1　墙体承重结构所适用的建筑类型

墙体承重结构支承系统是指以建筑墙体作为垂直支承系统的一种结构体系，其墙体包括若干或全部建筑外墙，以及一部分固定的建筑内墙。由于承重墙墙体位置不能随意更改，也不能在承重墙上过多开洞，因此墙体承重结构支承系统一般适用于那些内部空间的大小和功能都相对固定的建筑物，而不适用于需要经常分隔空间的建筑物。另外，由于有多道承重墙的存在，建筑内部空间会被划分得较为零碎，因此对建筑内部大空间的完整性或宽敞度要求较高的建筑物，不适用于墙体承重结构。

按照承重墙的平面布置位置，一般可以将墙体承重方案分为横墙承重、纵墙承重以及纵横墙混合承重 3 种类型。

横墙承重结构是承重墙体由垂直于建筑物长度方向的横墙组成，如图 3-1-1 所示。楼面荷载依次通过楼板、横墙、基础传递给地基。纵墙只承担自身的质量，主要起围护和隔断的作用。横墙间距较密，建筑物的横向刚度较强，整体性好，但是建筑内部空间组合不够灵活。横墙承重适用于墙体位置比较固定、房间使用面积较小的建筑。

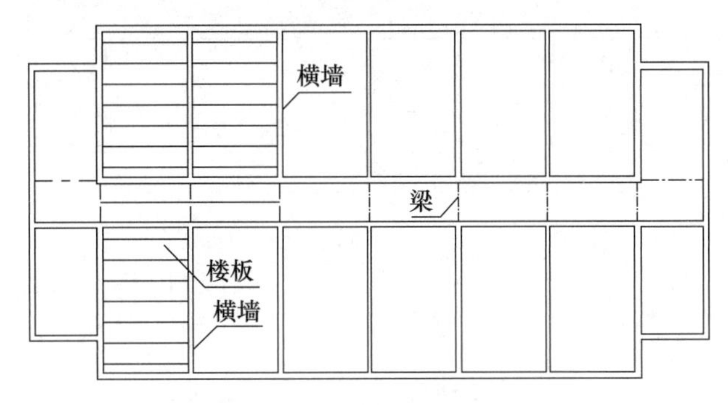

图 3-1-1　横墙承重结构

（资料来源：《建筑设计资料集》，第 3 版，第 1 分册　建筑总论，中国建筑学会主编．北京：中国建筑工业出版社，2017.）

纵墙承重结构是承重墙体主要由平行于建筑物长度方向的纵墙承受楼板或屋面板荷载，如图 3-1-2 所示。楼面荷载依次通过楼板、梁、纵墙、基础传递给地基。横墙只承担自身的质量，主要起围护和隔断的作用。相较于横墙承重方案，此方案对于空间的划分较为灵活，对有较大空间需求或墙的位置在上下层有变化的建筑更为适用。但是相较于横墙承重体系来说，纵墙承重体系楼刚度较差，板材料用量较多。

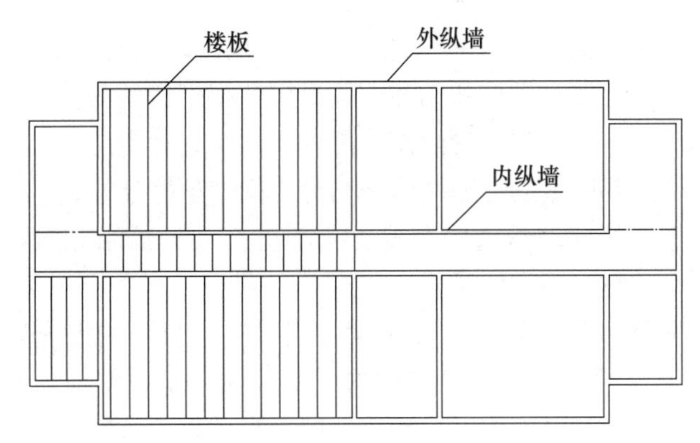

图 3-1-2　纵墙承重结构

（资料来源：《建筑设计资料集》，第 3 版，第 1 分册　建筑总论，中国建筑学会主编．北京：中国建筑工业出版社，2017.）

纵横墙承重结构也称双向承重结构，承重墙体由纵、横两个方向的墙体混合组成，如图 3-1-3 所示。双向承重体系在两个方向抗侧力的能力都较好。相关震害调查表明，在砖混结构多层建筑物中，双向承重体系的抗震性能比横墙承重体系、纵墙承重体系都好。由于纵墙横墙混合承重，因此建筑内部空间的布局不受单一方向承重墙的限制，布置较为灵活，而墙上的开门开洞也不受单一方向非承重墙的限制，采光通风的设置也更为灵活。因此，双向承重体系适用于开间、进深变化较多的建筑，如医院、实验楼等。

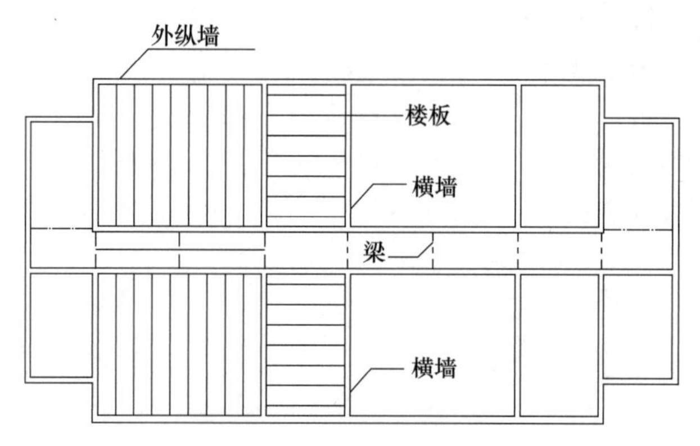

图 3-1-3　双向承重结构

（资料来源：《建筑设计资料集》，第 3 版，第 1 分册　建筑总论，

中国建筑学会主编．北京：中国建筑工业出版社，2017.）

如果是按照建筑物的建造材料及高度、荷载等要求进行分类，墙体承重结构可分为砌体墙承重系统和钢筋混凝土墙承重系统。前者由于抗震的需要主要用于限定高度下的建筑，而后者则适用于各种高度的建筑，特别是高层建筑。

1. 砌体墙承重体系

砌体结构是由砌体材料砌筑而成的墙体作为建筑物竖向主要受力构件的结构。传统砌体结构建筑中的砌体材料主要是砖、石，现代砌体结构中的砌体材料除了普通砖以外，还有尺寸大于普通砖的预制块材，又称砌块。这些砌体材料可以用混凝土或炉渣、粉煤灰等工业废料做原料，根据孔洞率的大小，分为实心、空心和多孔砖或砌块。由于墙体材料的来源丰富，施工工艺简单，成本较低，对建筑平面的适应性强，因此大量应用于低层和多层的民用建筑，特别是住宅、学校、幼儿园、办公用房、旅馆和一些小型商业用房等的建设中。比如小学校和幼儿园等，层数根据相关规范受到限制，因此总高度不会超过抗震规范对于砌体建筑的限制。另外如旅馆、教室等建筑，常有重复的建筑单元空间出现，往往需要固定的分隔墙体来划分空间。这些建筑的结构受力符合砌体以受压为主要力学性能的特征，承重墙布置也与功能空间的需求相符，而且施工工艺简单、成本较低，因而适宜采用砌体结构。

在考虑砌体承重墙体的布置时，除了满足建筑空间分隔的需求以及结构受力的合理性外，还应考虑满足通风、采光等方面的需求。如果是采用横墙承重的方式，在纵向的墙体则可以灵活增加开窗面积以达到较好的采光效果。特别是对于采用纵向内过道的建筑平面，由于过道两侧的房间都是单面采光，开窗面积的大小就显得尤其重要，如图 3-1-4 所示。

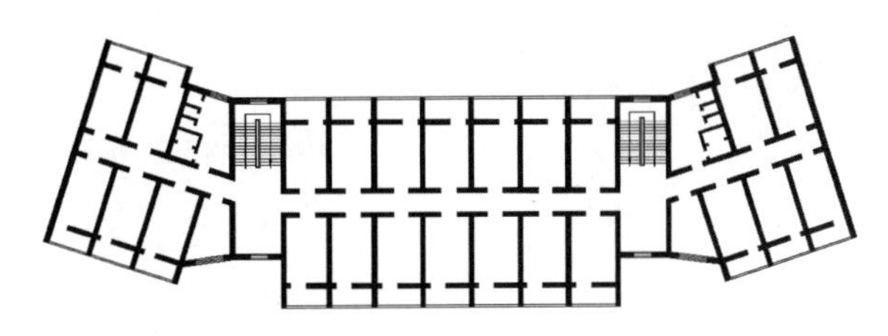

图 3-1-4　某横墙承重的混合结构宿舍平面图

（资料来源：《房屋建筑学》，同济大学、西安建筑科技大学、东南大学、重庆大学合编，第 5 版 . 北京：中国建筑工业出版社，2016.）

反之，如果采用纵墙承重的方式，虽然可以减少横墙的数量，对开放室内空间有一定的好处，但其整体刚度往往不如横墙承重的方案好，纵向开窗面积也受到限制。因此，在实际工程中，砌体墙承重体系的建筑常采用纵、横墙混合承重的方案。在纵、横墙混合承重的情况下，要求有一定数量的纵墙及横墙拉齐，以加强建筑物的刚度、满足抗震的要求。此外，其墙体的布置相对较为自由，在平面组合方面既可以获得便利的交通组织，又能够创建出较好的采光和通风条件，因此比较适用于民用住宅。如图 3-1-5 所示的住宅平面图，部分横墙或纵墙没有拉齐，而是错开布置，使各房间都能够有直接采光通风的门或窗，室内的交通面积也被控制在合理的范围内。

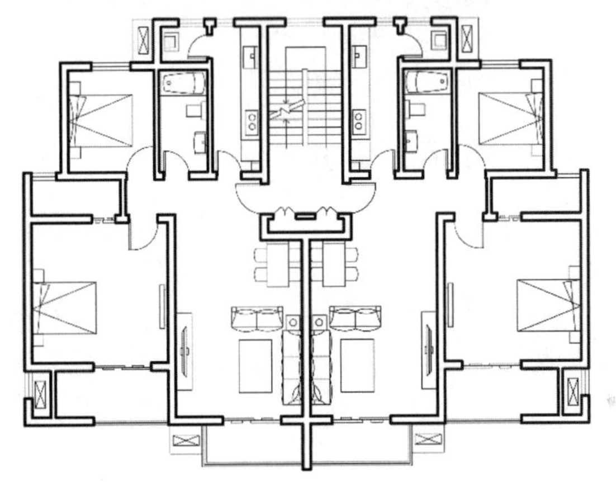

图 3-1-5　某混合结构多层住宅平面图

2. 钢筋混凝土墙承重体系的特点及其所适用的建筑类型

钢筋混凝土墙承重体系的承重墙可以分为预制装配式和现浇式两种。

1）预制装配式钢筋混凝土墙承重体系

在预制装配式钢筋混凝土墙承重体系中，钢筋混凝土墙板和钢筋混凝土楼板预先在工厂制作加工后运到现场安装。构件的分块一般比较大，需要重型设备运输和起吊。由于建造的工业化程度较高，构件需要标准化生产，而且对装配节点有严格的结构和构造方面的要求，因此建筑内部的使用空间往往以重复性的单元空间为主，以降低施工难度和成本。一般以住宅、学校、宿舍、旅馆、办公等为主要适用的建筑类型。如图 3-1-6 所示为建筑事务所 BIG 在瑞典斯德哥尔摩设计的 79&PARK 住宅区，建筑师通过预制的住宅单元体，创建出形态错落起伏的住宅建筑景观。

(a) 79&PARK住宅区四层平面图

(b) 79&PARK住宅区院落透视图

图 3-1-6 79&PARK 住宅区

2）现浇钢筋混凝土墙承重体系

现浇钢筋混凝土墙承重体系是指建筑主体结构都是在现场整体浇筑完成的。由于钢筋混凝土材料在抗剪、抗弯性能方面的优越性，这类承重体系往往大量应用于高层建筑，特别是高层的住宅、办公、旅馆等建筑。

相比预制装配式，现浇墙体的布置更为灵活，多采用纵、横墙混合承重以及横墙承重的方案。如果是采用纵横墙混合承重的方案，则承重墙布置相对灵活，有利于建筑空间的组合。尤其是住宅建筑，可以体现出与砌体结构同样的采光、通风方面的灵活性。如果方案采用横墙承重，除了有部分纵墙需要拉通以抗震外，其他部分内纵墙也可以不做现浇钢筋混凝土，而是可以采用轻质隔墙或者砌体填充墙，这样可以增加一部分空间分隔的灵活性并减少结构自重；而外墙则可以采用幕墙的次体系来完成，立面效果更加丰富多变。

3.1.2 骨架结构体系所适用的建筑类型

当一面承重墙被两根柱子和一根梁代替，原来在墙承重结构体系中被承重墙体占据的空间就尽可能多地被释放了出来，使建筑结构构件所占据的空间大大减少，这就是骨架承重结构体系的基本设计构思。无论是内墙还是外墙，在骨架结构承重系统中均不承重，可以被灵活布置和移动，因此建筑内部空间划分非常灵活，大、小空间的转化更加自由，而且外墙不再受到结构受力因素而受到门窗洞口面积的限制，让建筑外立面的设计也更为丰富多变。

1. 框架体系的特点及其所适用的建筑类型

框架一般由梁、板、柱组成，梁、柱交接处一般为刚性连接。框架结构是指竖向承重结构全部由框架承受的建筑结构体系，是骨架结构承重体系中最常用的一种。由于没有了承重墙的限制和制约，其建筑平面的布置十分灵活；同时，建筑立面设计受到的结构约束也非常少，为建筑外立面采用整体的玻璃幕墙或大面积连续窗的形式提供了可能。与砖混结构及砌体结构相比，框架结构的抗震性能较强。因此，框架结构适用的建筑类型较广，较大空间的多、高层民用建筑、多层工业建筑、地基较软弱的建筑、地震区的建筑都可考虑使用框架结构。

框架结构体系按照梁的布置位置可分为横向框架结构承重、纵向框架结构承重以及纵横向框架结构混合承重 3 种形式。

横向框架结构承重是指建筑的横向布置框架主梁以承受楼板荷载，在建筑的纵向布置连系梁的承重形式，如图 3-1-7（a）所示；纵向框架结构承重是在建筑的纵向布置框架主梁以承受楼板荷载，在横向布置连系梁的承重形式，如图 3-1-7（b）所示。前者有利于提高建筑物的横向抗侧刚度，不足之处是当建筑内部空间划分需跨越多个主梁时，内部空间顶部不够美观；后者的优点是当房间开间方向需要较大空间时，可获得较高的室内净高，不足之处是房屋横向刚度较差，进深尺寸受预制板长度限制。还有一种形式，即纵横向框架结构混合承重，是指在建筑的纵、横两个方向均布置框架主梁以承受楼面荷载的承重形式。纵、横向框架结构混合承重结合了横向框架与纵向框架结构承重的优点，具有较好的整体工作性能，是比较有利于抗震的一种结构布置形式，如图 3-1-7（c）所示。

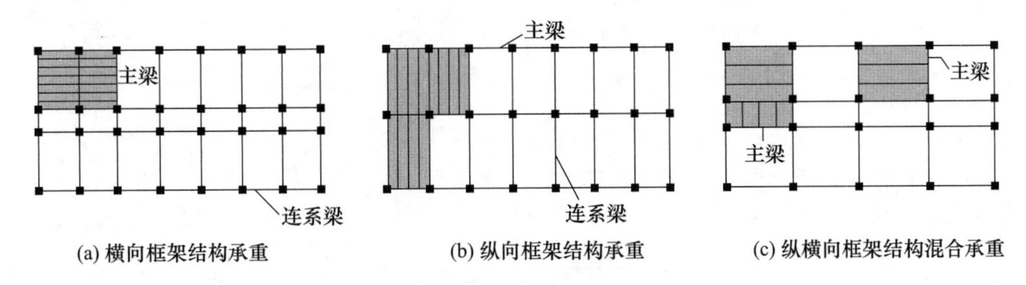

图 3-1-7　框架结构承重平面图

（资料来源：《建筑结构选型与实例解析》，杨海荣、冯敬涛主编．郑州：郑州大学出版社，2011.）

无论采用哪种承重形式，结构体本身双向均需由梁搭接，这就决定了柱网的对位关系。所谓柱网，即由定位轴线纵横交叉形成的、用以确定建筑物的开间（柱距）和进深（跨度）的平面网格。柱网形式和网格大小的选择，在满足建筑的使用功能要求的基础上，还应力求使建筑形状规则、简单整齐，符合建筑模数协调统一标准的要求，以使建筑构件类型和尺寸规格尽量减少，有利于建筑结构的标准化和提高建筑工业化的水平。常见的框架结构柱网形式有方格式柱网、内廊式柱网和曲线形柱网，如图 3-1-8 所示。

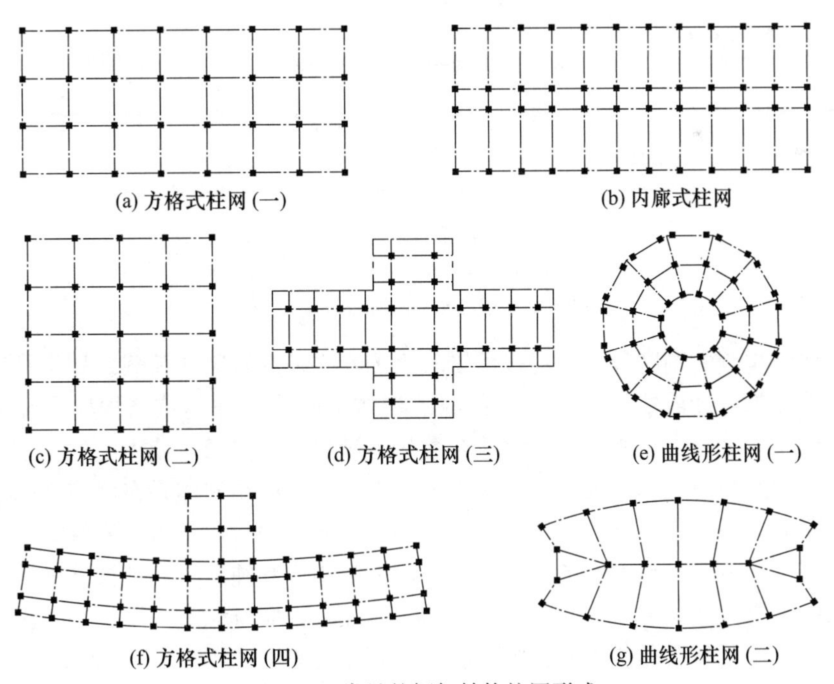

图 3-1-8　常见的框架结构柱网形式

（资料来源：《建筑结构体系及选型》，樊振和主编．北京：中国建筑工业出版社，2017.）

如果建筑平面在短距离内有过多的转折，在转折处需要频繁增加新的梁或柱，则新增的构件会对建筑平面的灵活布置产生一定的影响，也增加了结构布置的复杂性。因此，框架结构对于那些需要较多大空间的建筑更有意义，特别是那些在空间平面对位较为规整的基础上，空间使用功能需要经常变更而被重新分隔，上下楼层之间空间分隔难以一一对应，因此，很难用墙来承重的公共建筑，例如商场、交通站点、学校、医院、宾馆等，如图 3-1-9 所示。

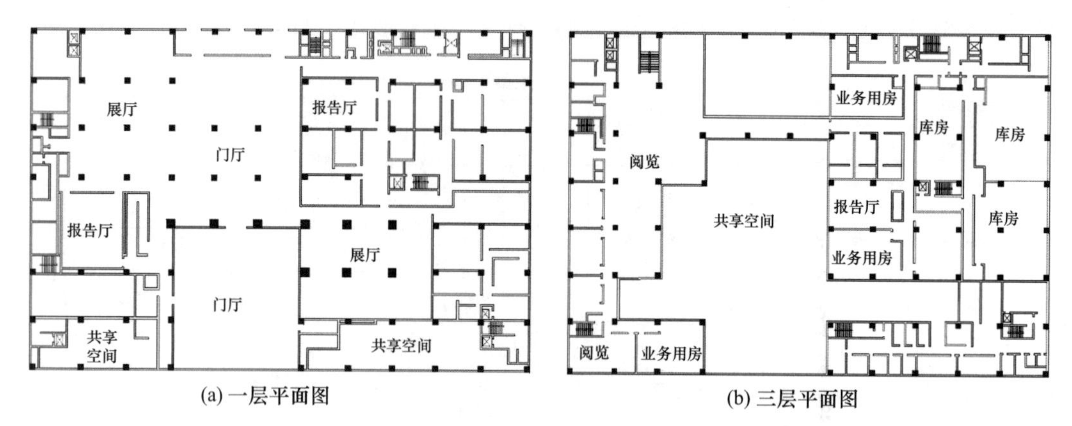

图 3-1-9　佛山市档案馆平面图

（资料来源：《建筑设计资料集》，第 3 版，第 4 分册　教科・文化・宗教・博览・观演，中国建筑学会主编 . 北京：中国建筑工业出版社，2017.）

2. 框架-剪力墙结构体系的特点及其所适用的建筑类型

框架-剪力墙结构是指在完整的柱、梁、板形成的框架结构的基础上，在框架的某些柱间布置剪力墙，并使剪力墙与框架相互取长补短、协同工作，如图 3-1-10 所示。

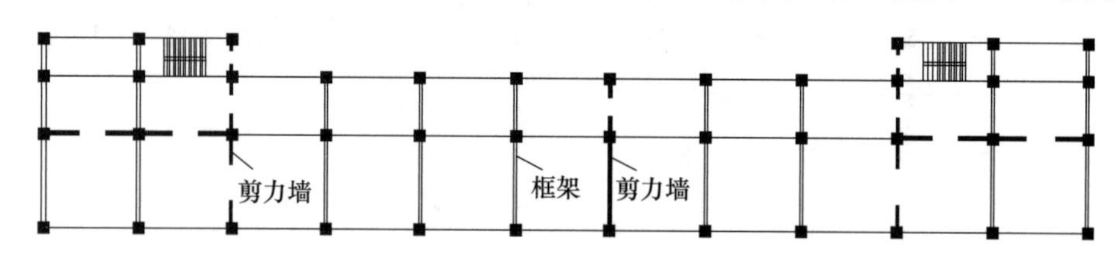

图 3-1-10　框架-剪力墙结构示意图

（资料来源：《建筑结构体系及选型》，樊振和主编 . 北京：中国建筑工业出版社，2011.）

剪力墙结构侧向刚度很大，可以承受较大的水平荷载及竖向荷载。如果把建筑中所有的结构墙体都设计成能够抵抗水平荷载的墙体，则将这种建筑结构称为纯剪力墙结构。但是由于剪力墙结构要求剪力墙体在数量上满足一定要求，使得此类建筑的平面限制比较多，因此剪力墙结构的适用范围有限。而全框架的结构体系在建筑物的空间刚度方面较为薄弱，用于高层建筑时往往需要增加抗侧向力的构件。当我们既需要灵活宽敞的建筑空间，又需要足够大的抗侧弯刚度时，框架结构和纯剪力墙结构单独使用都不能满足我们的需要，框架-剪力墙结构则能很好地解决这两个问题。因此，框架-剪力墙结构体系广泛应用于高层办公楼、宾馆、商场、商住楼等。如图 3-1-11 所示。

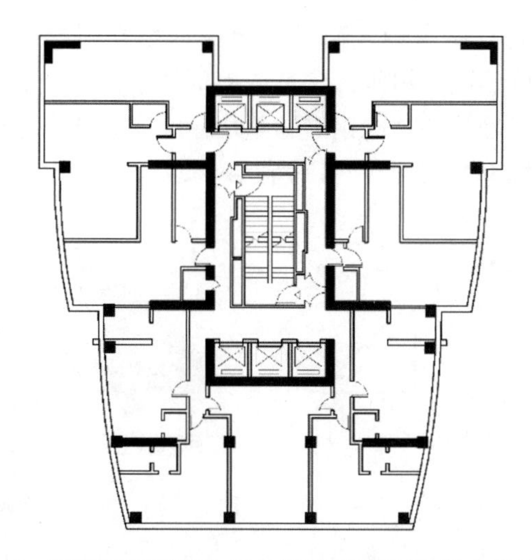

图 3-1-11　青岛凯悦国际大厦公寓采用的框架-剪力墙结构体系

（资料来源：《建筑设计资料集》，第 3 版，第 2 分册　居住，
中国建筑学会主编．北京：中国建筑工业出版社，2017.）

3. 拱结构体系的特点及其所适用的建筑类型

拱结构是桥梁工程中常见的一种结构形式，在房屋建筑中，拱结构同样是一种被广泛应用的结构形式。早在古罗马时期，人类就学会了用拱结构来实现对跨度的要求。如图 3-1-12 所示是古罗马人常用的拱结构形式。由于拱结构能够较充分地利用材料强度，受力性能较好，因此，拱的建造通常采用砖、石、混凝土、钢筋混凝土、木材和钢材等，可获得较好的经济效益和建筑效果，常见于展览馆、会展中心、体育馆、大剧院等较大跨度的公共建筑中。

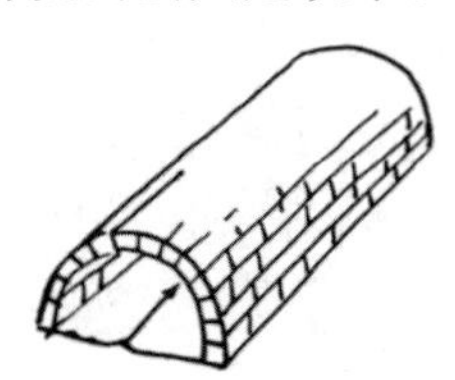

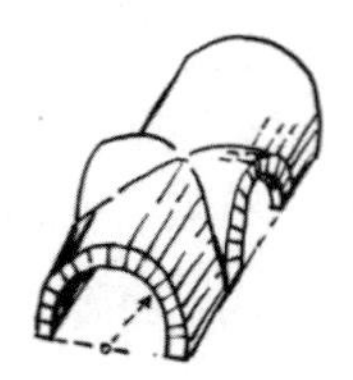

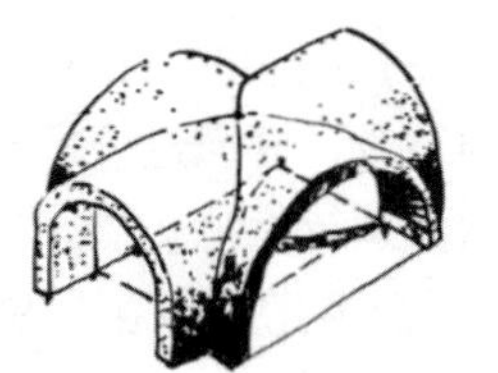

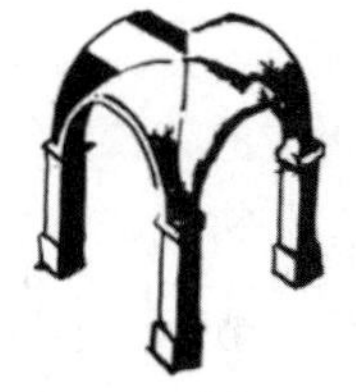

图 3-1-12　早期罗马人在建筑中使用的拱结构

（资料来源：《房屋建筑学》，同济大学、西安建筑科技大学、东南大学、重庆大学合编，第 5 版）

按照拱的结构受力特点，可以将拱分为无铰拱、两铰拱和三铰拱 3 种形式。

无铰拱。又称落地拱，落地拱直接与地固接，结构整体性较好，内力分布均匀，如图 3-1-13 所示。无铰拱建筑外形多是拱形，造型简洁。

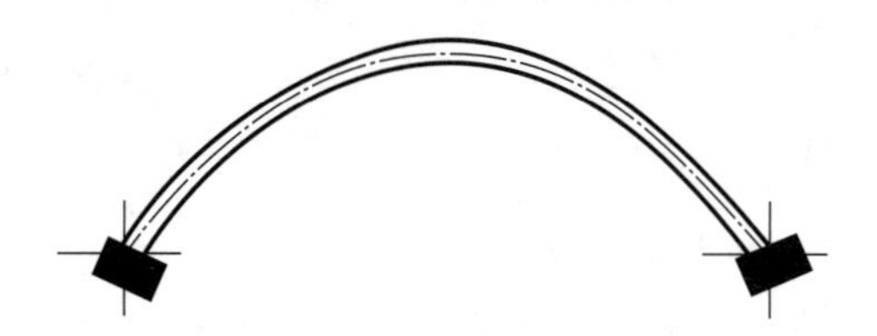

图 3-1-13　无铰拱建筑外形

两铰拱。有些拱没有直接落地，而是由墙或框架支撑，这样的拱多为两铰拱，如图 3-1-14所示。两铰拱与无铰拱相比，建筑造型更加丰富，层高更高，内部空间组织灵活。北京首都国际机场 3 号航站楼的钢屋盖是由一个东西走向且有规律的单向两铰拱系统支撑在首层混凝土结构上，如图 3-1-15 所示。

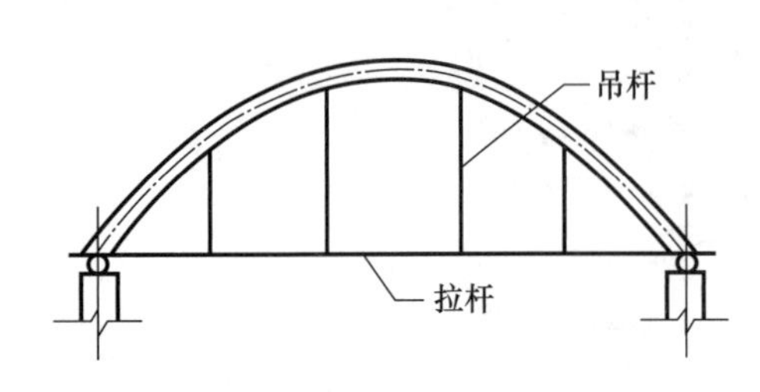

图 3-1-14　两铰拱

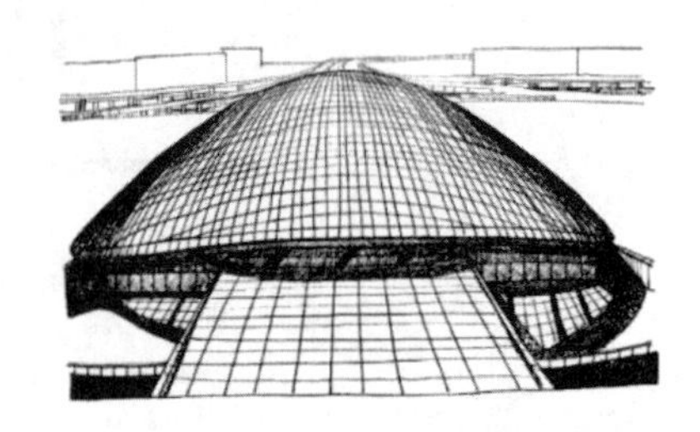

图 3-1-15　北京首都国际机场 3 号航站楼

三铰拱。有些下部由框架或墙支承的拱建筑，拱的上部需要灵活地开敞和闭合，拱的上部多为焊接。这种形式的拱称为三铰拱，如图 3-1-16 所示。三铰拱在温度变化、材料收缩、弹性压缩、支座沉降等因素影响下不会产生附加内力，但其整体刚度及抗震性能较差。

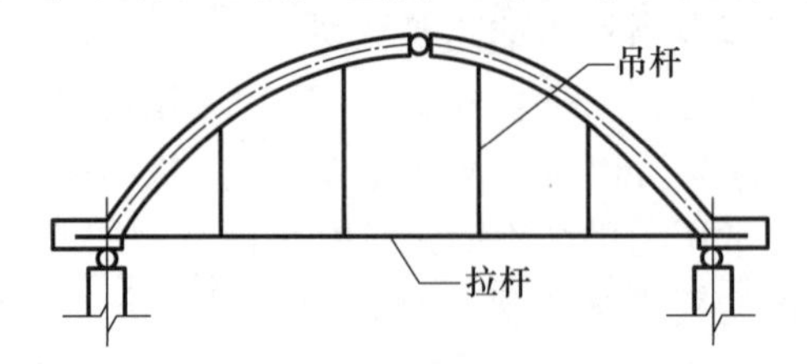

图 3-1-16　三铰拱建筑外形

杭州富春开元芳草地乡村酒店的特色船屋采用的就是三铰拱结构。拱形的船身由四组木拱梁形成的三铰拱结构组成，并通过五根圆木连接为整体，每组三铰拱由左、右两个对称半拱吊装拼接，整个屋面系统保持在拱梁的厚度之中，内部木挂板保持原木纹理和触感，外部使用了 3 种尺寸的红雪松木瓦上下微错的铺装方式，质感自然，如图 3-1-17 所示。

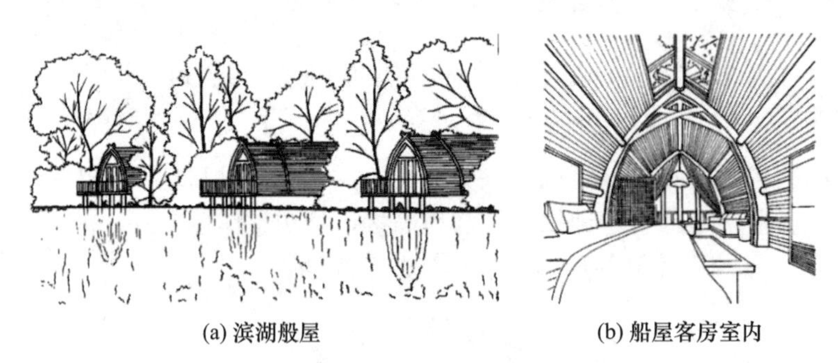

(a) 滨湖船屋　　(b) 船屋客房室内

图 3-1-17　杭州富春开元芳草地乡村酒店特色船屋客房设计

4. 桁架结构体系的特点及其所适用的建筑类型

桁架结构是一种由杆件组成的格构式结构体系，格构式结构既可以减少结构材料的浪费，又可以大大减轻结构的自重。桁架结构主要由上旋杆、下旋杆和腹杆 3 部分组成，腹杆有斜腹杆和竖腹杆之分，如图 3-1-18 所示。

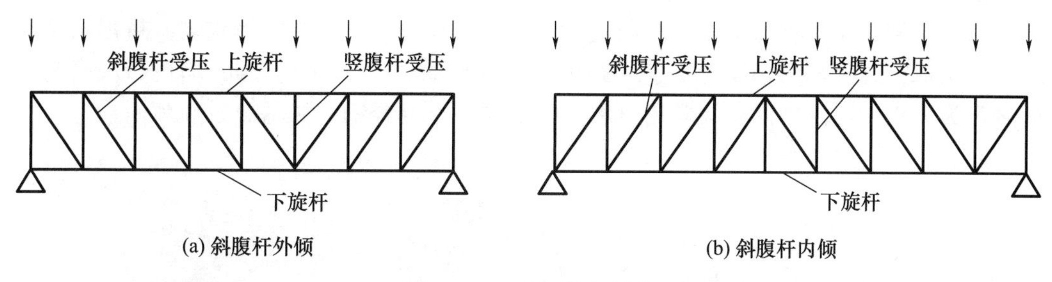

(a) 斜腹杆外倾　　(b) 斜腹杆内倾

图 3-1-18　矩形桁架结构

由于桁架结构体系的内力分布均匀，对支座没有横向推力，因此可以对该体系材料强度进行充分利用。常见的包括传统的木屋架到现代建筑中的钢桁架、钢筋混凝土桁架以及钢筋混凝土-钢组合桁架等。因为桁架组合灵活、受力合理的格构式体系，使其可以组成矩形、三角形、梯形、拱形和无斜腹杆式等多种结构形式，由此形成单坡、双坡、单跨、多跨多种建筑造型。

三角形桁架多用于跨度小于 18m 的建筑，矢高与跨度之比一般为 $l/4 \sim l/6$，材料多为木、钢、轻钢，如图 3-1-19 所示。

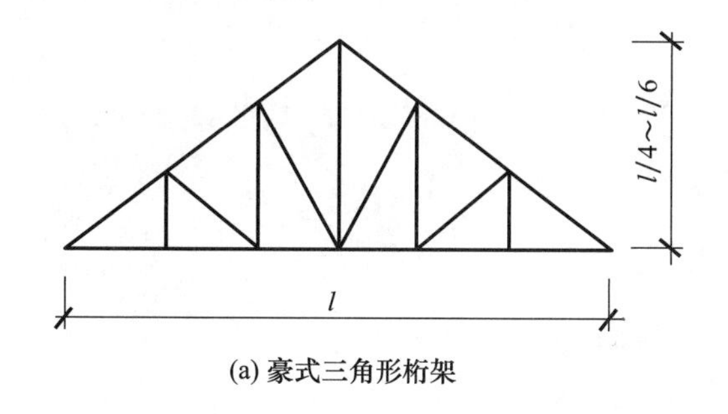

(a) 豪式三角形桁架

(b) 以厂房改造的北京留云草堂艺术工作室

图 3-1-19　三角形桁架结构

梯形桁架多用于 18～36m 跨度的建筑，矢高与跨度之比一般为 $l/6 \sim l/8$。常用材料有木、钢以及钢筋混凝土，如图 3-1-20 所示。

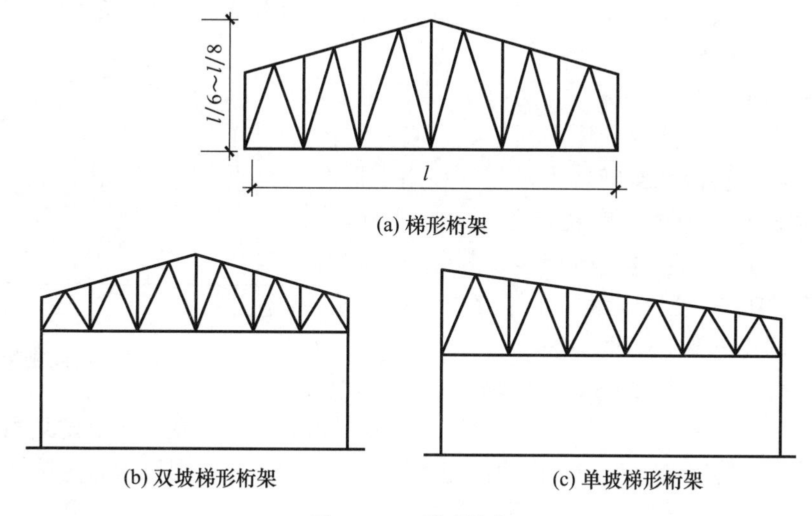

(a) 梯形桁架

(b) 双坡梯形桁架　　(c) 单坡梯形桁架

图 3-1-20　梯形桁架

拱形桁架相比于梯形桁架，耗材更少，外形呈抛物线，杆件内力均匀。拱形桁架相比于三角形桁架和梯形桁架，更适用跨度较大的建筑，从 18m 至 36m 均可，矢高与跨度之比为 $l/6$～$l/8$。拱形桁架常用材料为钢筋混凝土或轻钢，如图 3-1-21 所示。

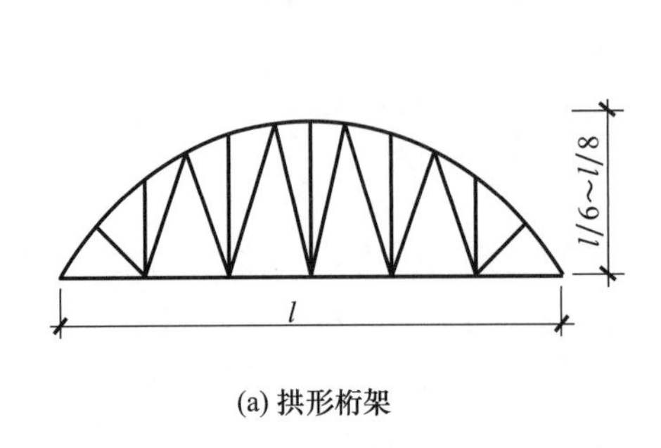

(a) 拱形桁架

(b) 保留原有拱形桁架结构的厂房改造

图 3-1-21　拱形桁架

随着建筑材料的更新与现代技术的不断进步，桁架结构在基本形式的基础上，逐渐发展出包括立体桁架、主次桁架（图 3-1-22）结构体系等多种桁架形式，广泛应用于大跨度屋盖、楼盖及墙面支撑结构等。

(a) 建筑结构为正立面提供了大开口的可能性

(b) 立体桁架结构支撑屋盖

图 3-1-22　马尼斯机场私人候机楼

5. 刚架结构体系的特点及其所适用的建筑类型

刚架结构指横梁和柱以整体连接方式构成的一种门形结构，如图 3-1-23 所示。梁和柱是刚性节点。在竖向荷载作用下，柱对梁有约束作用，能减少梁的跨中弯矩；在水平荷载作用下，梁对柱有约束作用，能减少柱内的弯矩。刚架结构的杆件较少，结构内部空间较大，便于利用，且常将其横梁做成折线形式，使其具有受力性能良好、施工方便、造价较低和建筑造型美观等优点，在较大空间工程的应用较为广泛，如体育馆、火车站、航站楼、民用建筑及工业厂房等。

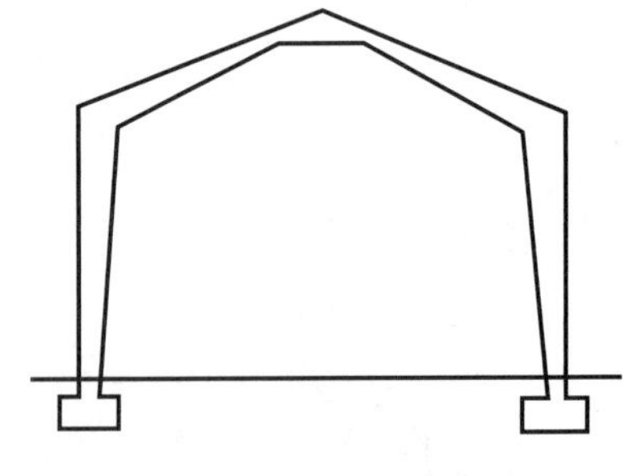

图 3-1-23　门式刚架

根据刚架的结构形式可以将刚架分为无铰刚架、两铰刚架和三铰刚架，如图 3-1-24 所示。无铰刚架和两铰刚架均是超静定结构，结构刚度大，不均匀沉降时会产生附加内力，适用于较大跨度。三铰刚架为静定结构，刚度较小，不均匀沉降时无附加内力，但刚度较差，更适用于较小跨度。根据刚架结构使用的材料，可以将刚架分为钢刚架和钢筋混凝土刚架。

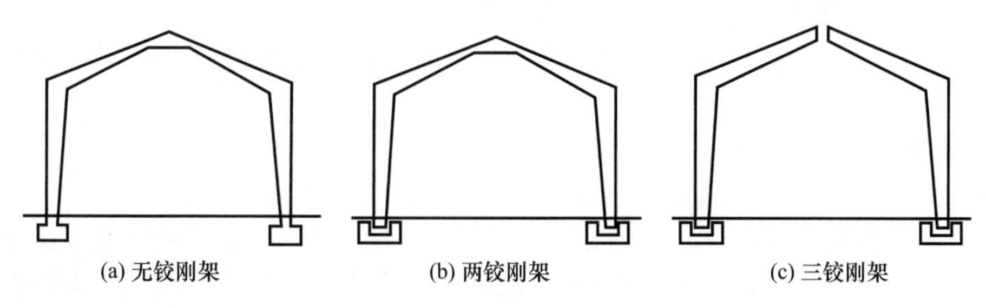

(a) 无铰刚架　(b) 两铰刚架　(c) 三铰刚架

图 3-1-24　刚架的结构形式

刚架的建筑造型较为丰富，截面形式有单跨、多跨、高低跨、悬挑跨等，如图 3-1-25 所示。

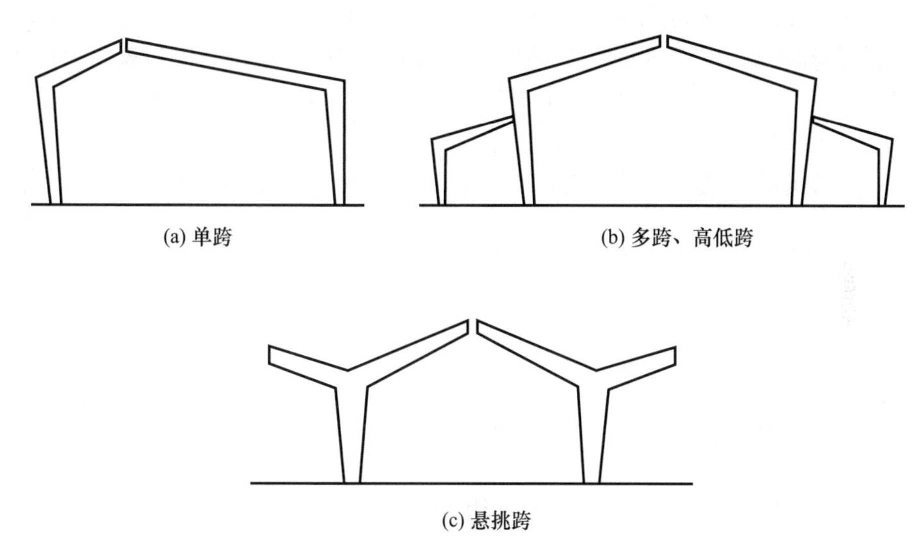

(a) 单跨　(b) 多跨、高低跨

(c) 悬挑跨

图 3-1-25　刚架建筑造型的截面形式

云台冰菊产业园展厅建筑利用门式刚架结构为室内提供了流畅开阔的展陈空间，设计师利用大跨度空间进一步对室内展架进行营造，使展陈空间与展陈产品的特性得以有机融合，使观览者在集产品陈列、采购、分销、直播等复合功能为一体的展厅内获得丰富的观展体验，如图 3-1-26 所示。

(a) 云台冰菊产业园展厅使用门式刚架作为主体结构

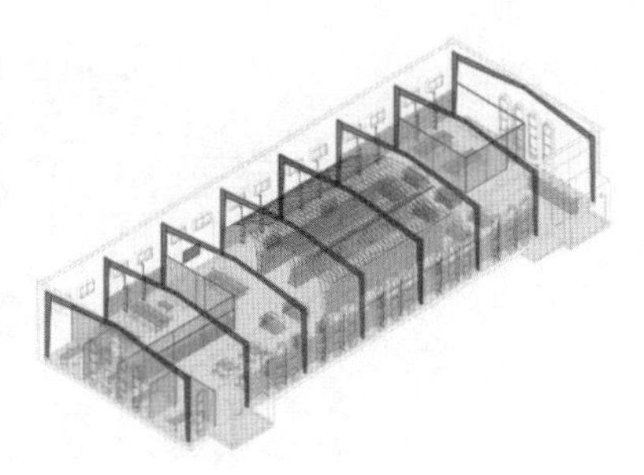

(b) 展厅总体轴测图

图 3-1-26　云台冰菊产业园展厅展陈空间

3.1.3 空间结构体系所适用的建筑类型

空间结构由于各向受力，可以充分发挥材料的性能，因而结构自重较小，是覆盖大型空间的理想结构形式。

1. 薄壁结构体系的特点及其所适用的建筑类型

使用薄壁空间结构的建筑通常都拥有非常丰富的建筑外形，薄壁空间结构中的绝大部分属于曲面结构类型，因此也被称为薄壳结构。但是，薄壁空间结构中也有少部分结构类型，它们的外形为非曲面结构（如折板结构），但其空间形态和受力状态都更接近于曲面结构，所以统称为薄壁空间结构。

薄壳结构强度高、刚度大、自重轻、厚度薄，是较经济合理的结构形式。薄壳结构多以现场施工浇筑的形式出现，施工较为复杂，在结构设计方面，也较为烦琐。薄壳结构的适用范围很广，可覆盖各种平面形状的建筑物屋盖。

在风景园林建筑中，常见的薄壳结构包括圆顶壳结构、折板结构和双曲抛物面壳结构等。

1）圆顶壳

圆顶壳是旋转曲面壳。常见形式有球面壳、椭圆球面壳、旋转抛物面壳等，如图 3-1-27 所示。

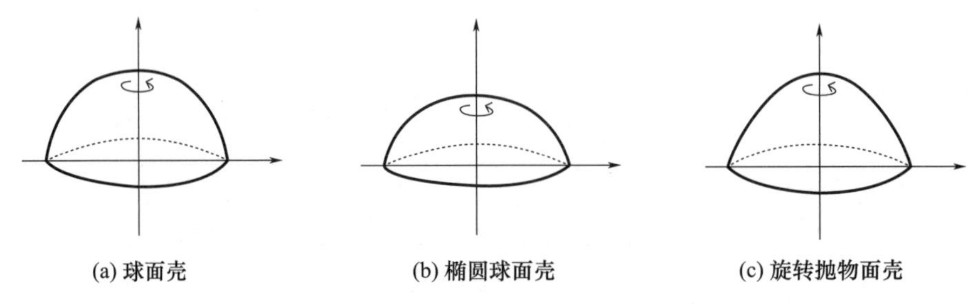

图 3-1-27 旋转曲面

圆顶结构是极古老的一种结构形式，也是目前仍广泛应用的一种大跨度结构形式。现代圆顶结构多采用钢筋混凝土结构，可以节省材料用量。圆顶的覆盖跨度较大，其厚度却很薄，壳身内的应力较小，钢筋配置及壳身厚度通常由构造要求及稳定性验算来确定。圆顶结构主要适用于建筑平面为圆形的建筑，如体育馆、天文馆、大会堂、剧院、展览馆等。国家大剧院的屋盖即为圆顶壳结构，如图 3-1-28 所示。

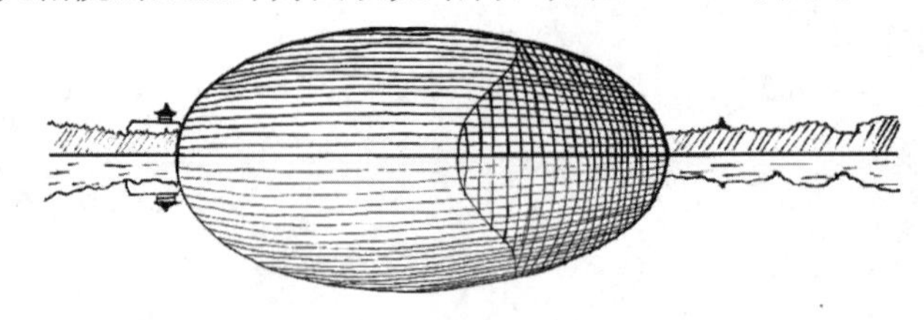

图 3-1-28 国家大剧院的屋盖结构

2）折板

折板结构是以一定角度整体联系构成的薄板体系，折板结构受力性能良好，构造简单，施工方便。折板结构虽然不是典型的曲面结构，但却有突出的空间工作的结构特征。折板结构不仅可用于水平分系统的屋盖结构，也可在竖向分系统的挡土墙、建筑外墙等工程中采用。如图 3-1-29 所示，折板的结构组成包括折板、横隔和边梁 3 部分。两个边梁之间的间距称为波长（L_2），两个横隔之间的间距称为跨度（L_1）。

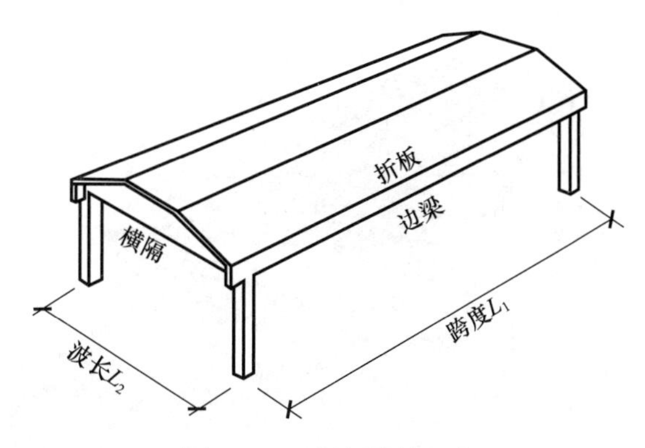

图 3-1-29　折板结构组成

（资料来源：《建筑结构体系及选型》，樊振和主编．北京：中国建筑工业出版社，2011.）

折板结构适用于矩形、方形、梯形、多边形、圆形等平面，可以是单波或多波，可以是单跨或多跨，断面可以是三角形或梯形，造型可以是两端波长一致的平行折板，也可以是两端波长不一致的扇形折板。折板结构既可用于大跨度屋顶造型，又可用于建筑的内外墙立面，如图 3-1-30 所示。

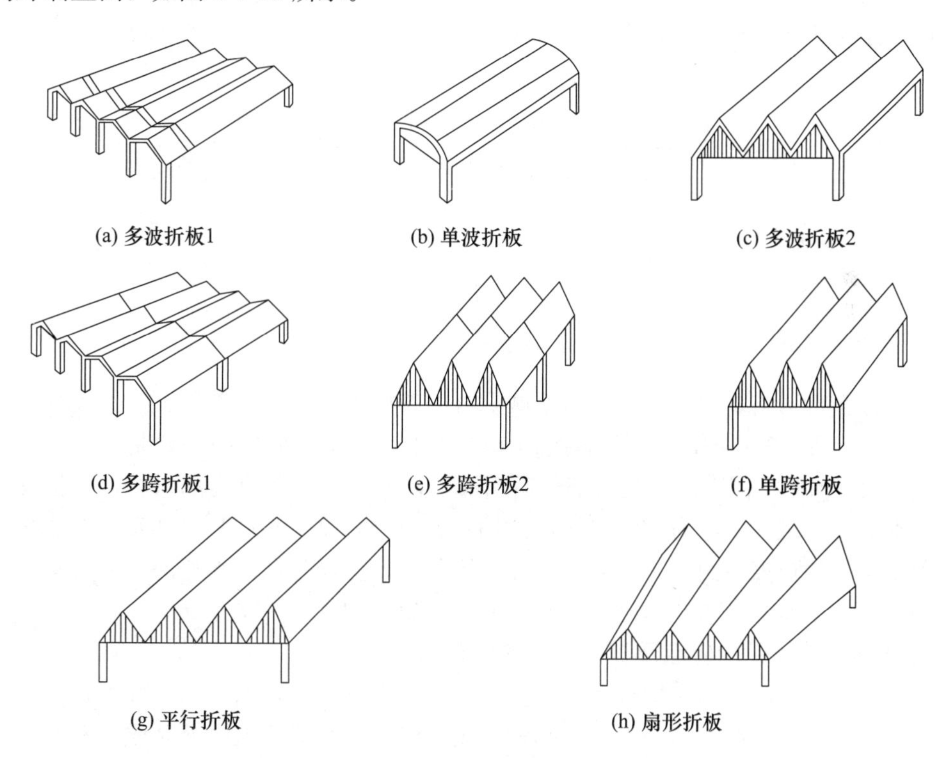

图 3-1-30　折板结构形式

（资料来源：《建筑结构选型与实例解析》，杨海荣、冯敬涛编著．郑州：郑州大学出版社，2011.）

青岛国际邮轮母港客运中心的屋盖结构即采用折板结构，由 CCDI 设计，建筑整体造型设计取意“风帆”。建筑高度 23 米，长 338 米，宽 96 米。钢屋盖结构采用变截面桁架折板结构，由 18 榀基本单元排列组成，每榀间距 18 米。其中室内跨度为 55 米，室外跨度 36 米，如图 3-1-31 所示。

图 3-1-31　青岛国际邮轮母港客运中心

3）双曲抛物面壳结构

双曲抛物面壳结构中，壳面下凹的方向如同受拉的索网，而壳面上凸的方向又如同薄拱，如图 3-1-32 所示。当上凸方向产生压曲时，下凹方向的拉应力就会增大，可以避免壳体发生压曲现象，因此双曲抛物面壳结构具有良好的稳定性，壳板可以做得很薄。双曲抛物面壳的配筋和模板制作比较简单易行，施工周期较短，经济性较好。

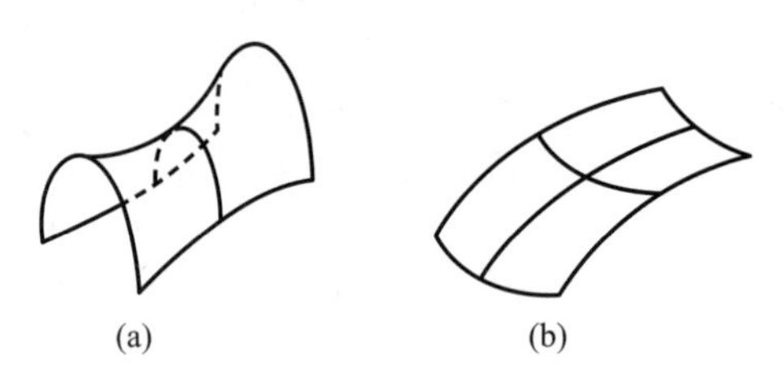

图 3-1-32　双曲抛物面壳

（资料来源：《建筑结构体系及选型》，樊振和主编．北京：中国建筑工业出版社，2011.）

墨西哥霍奇米洛克餐厅位于墨西哥城附近的花田市，由墨西哥著名的工程师坎德拉于 1957 年设计。餐厅是由 4 个双曲抛物面薄壳相互交叉后形成的。双曲抛物面薄壳板的厚度仅为 40mm，但壳面在交叉部位适当加厚，形成了四条有力的拱肋，直接支承在八个基础上。建筑的平面为 30m×30m 的曲边正方形，其对角线长（即每个双曲抛物面壳对角顶点间的距离）约为 42.5m。壳体外围的八个立面是向内斜切的，使得整个建筑看起来犹如一朵盛开的莲花，构思巧妙、造型别致，如图 3-1-33 所示。

2. 悬索结构体系的特点及其所适用的建筑类型

悬索结构由索网、边缘构件和下部支承结构 3 部分组成，如图 3-1-34 所示。索网由钢索按一定的规律编制成不同形态，钢索是用高强度钢绞线或钢丝绳制成，索网只承受轴向拉力；边缘构件是索网的支座，索网通过锚固件固定在边缘构件上，边缘构件根据实际受力需要可以采用拱或梁；下部支承结构多采用柱，柱是受压构件。悬索结构的轻

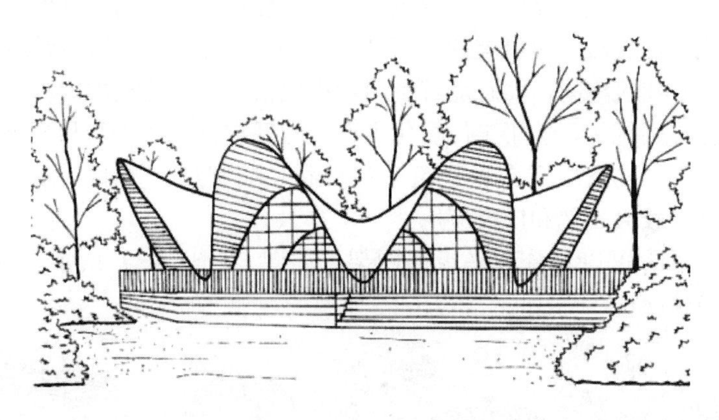

图 3-1-33　墨西哥霍奇米洛克餐厅造型结构

度高、自重轻，用钢量省，综合造价较为经济；悬索结构施工速度快，外形富于变化，能跨越很大的跨度而不需要中间的结构支承，是比较理想的大跨度结构形式之一。悬索结构的主要缺点是抗风性能较差，柔性悬索必须采取敷设重屋面或施加预应力等措施，使其具有必要的刚度和形状稳定性，有时根据需要在单层平行索系上设置横向加劲梁（或桁架）。悬索结构主要适用于跨度在 60m 以上的方形、矩形、椭圆形等平面的大跨度建筑。

对于建筑而言，由于拉索显示出柔韧的状态，使得结构形式轻巧且富于动感。如图 3-1-35所示的日本建筑大师丹下健三设计的代代木国立综合体育馆，被誉为当时划时代的作品。悬挂在两个塔柱上的两条中央悬索及分列两侧的两片鞍形索网是屋盖结构的主要组成部分；高耸的塔柱、下垂的主悬索和流畅的两片鞍形曲面组成雄伟别致的建筑物；在承受拉力最大的两个斜坡的交界处，将两个承重钢索分开，以便减轻钢索的负荷，减少钢架的拉力，而在室内，却没有一根支撑物。房顶形成一个圆形，就像固定在柱子上的一块布。

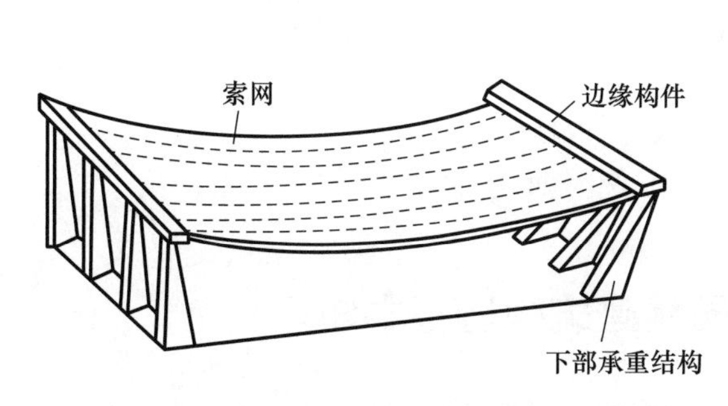

图 3-1-34　悬索结构的组成

（资料来源：《建筑结构选型与实例解析》，杨海荣、冯敬涛编著）

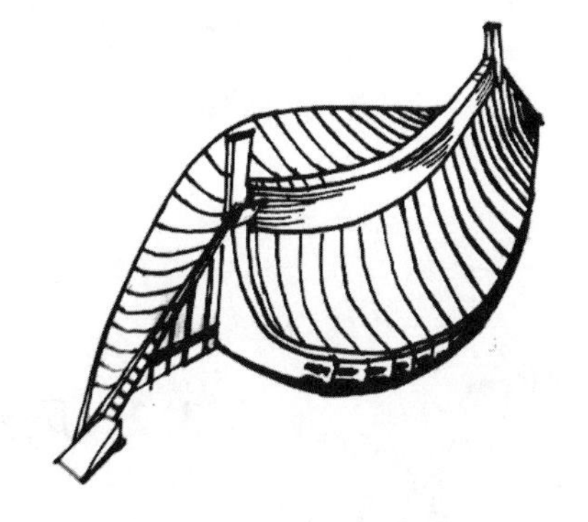

图 3-1-35　东京代代木国立综合体育馆外观结构

3. 网架结构体系的特点及其所适用的建筑类型

网架结构是一种空间结构，它是由许多杆件按照一定规律组成的网状结构。网架结构改变了一般平面桁架的受力状态，具有各向受力的性能，是高次超静定空间结构。网架结构的各杆件之间相互支撑，整体性较强、稳定性较好、空间刚度较大，是一种良好的抗震结构形式，尤其对大跨度建筑，其优越性更为明显。由于其结构自身高度较矮，不仅可以有效节省建筑宅间，而且能够利用较小规格的杆件建造大跨度的结构。同时它还具有杆件类型规则统一，适于工厂量化生产，然后进行地面拼装和整体吊装以及高空拼装等特点。网架结构适用于多种建筑平面形状，如圆形、矩形、多边形等，造型壮观，近年来得到了较大发展和广泛应用。

网架结构按外形可以划分为平板形网架，如图 3-1-36（a）所示，以及壳形网架，如图 3-1-36（b）、（c）、（d）所示。

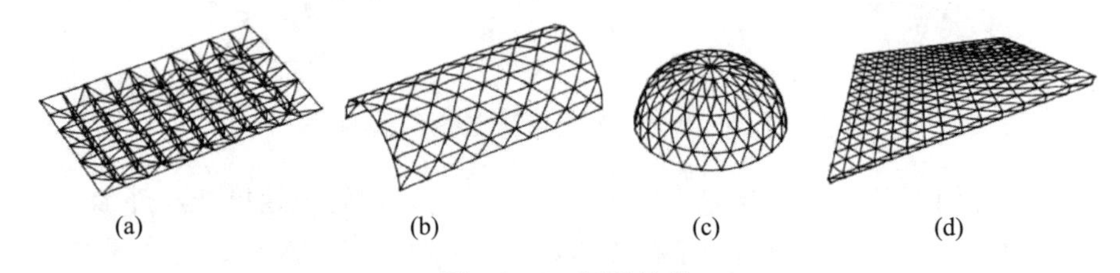

图 3-1-36　网架结构

（资料来源：《建筑结构体系及选型》，樊振和编著．北京：中国建筑工业出版社，2011.）

壳形网架相当于格构化的薄壳，但由钢杆件组成的网壳一般比混凝土薄壳的自重要小得多，除了用作大空间的顶盖外，还可以整体化地围合空间。如图 3-1-37 所示的是扎哈·哈迪德设计的阿塞拜疆的阿利耶夫文化中心。这种看上去非常均匀连续的建筑外观是在钢杆件组成的壳形网架的支撑下，结合玻璃纤维增强混凝土作为浮层材料得以实现的，最终让整个建筑呈现出极具流动性的自然灵动的效果。

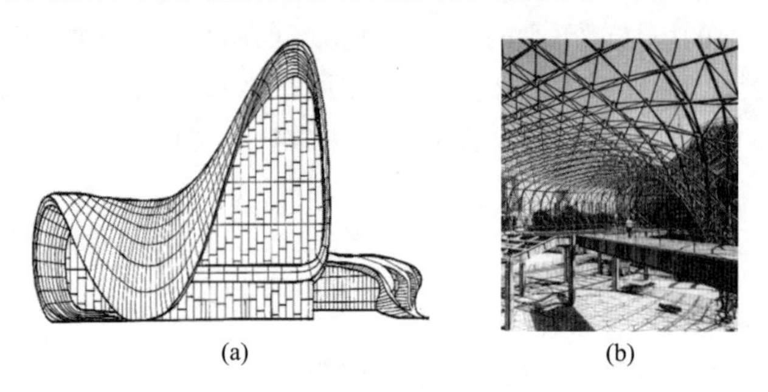

图 3-1-37　阿塞拜疆的阿利耶夫文化中心

（资料来源：《建筑创作》，2017，第 C1 期）

3.2　风景园林建筑构造基本知识

研究如何将一栋建筑从最基本的单元开始设计和建造是建筑构造最根本的目的。一个科学合理的构造设计需要建筑师与各专业的设计师密切配合，根据建筑不同的用地、环境、功能、造型以及施工工艺，将各专业设计统筹协调于一体，从而得到实现设计意图的最优解决方案。

3.2.1　房屋组成部分

常规建筑的组成体系为：建筑结构体系、围护分隔体系、设施设备体系、附属配套体系。建筑结构体系是一个建筑的骨架，一般由结构基础、承重梁、承重柱、承重墙、结构楼板和结构屋盖组成；围护分隔体系的主要作用为建筑围护以及空间划分，一般由外围护结构（包含土建结构、幕墙结构、门、窗等）、室内分隔墙体组成；设施设备体系是实现建筑基本设计功能、正常运营管理的保障，主要由给排水、暖通、强电、弱电、智能化组成；附属配套体系为除上述三大体系之外的其他组成部分，主要作用为保障建筑正常使用、提升建筑使用体验，包括楼梯、电梯、扶梯、雨篷、阳台、坡道、花池、标识标牌等。建筑的一般组成示意图如图 3-2-1 所示，以剪力墙结构体系建筑为例。

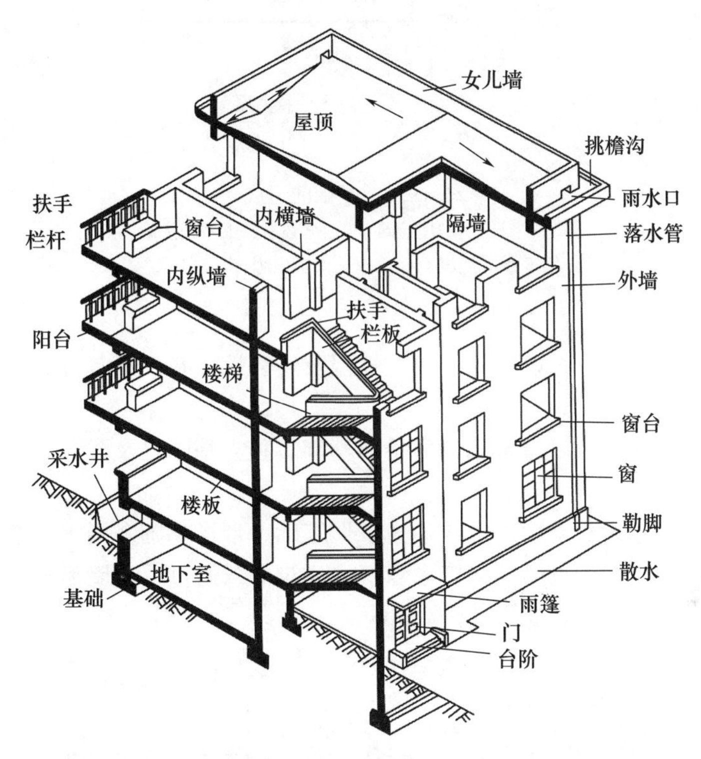

图 3-2-1　建筑的一般组成示意图（剪力墙结构体系建筑）

（资料来源：《房屋建筑学》，李必瑜、王雪松主编，刘建荣主审，第 5 版．武汉：武汉理工大学出版社，2015.）

3.2.2　基础与地基

建筑最下部的结构为基础，其作用是将建筑物上部结构体系中所有的荷载连同建筑物本身的质量一起传递给地基。地基是位于建筑基础之下的土层，其主要作用是承载建筑基础传递下来的荷载，这些荷载作用在地基上产生的应力和应变在传递到下方土层的过程中逐渐减小，直至完全消散在周围土层之中。直接承受建筑物基础传递下来荷载的土层为持力层，持力层下方的土层为卧层，如图 3-2-2 所示。建筑结构基础埋在土层的深度称为埋深，其深度需要考虑建筑用地的地质条件、地下水位、冻土层位置、周围建筑结构关系、市政设施设备等。基础埋深需要大于且等于 0.5 米，其深度需要综合考虑建筑的安全性、经济性。通常将埋深在 5 米以内的结构基础称为浅基础。

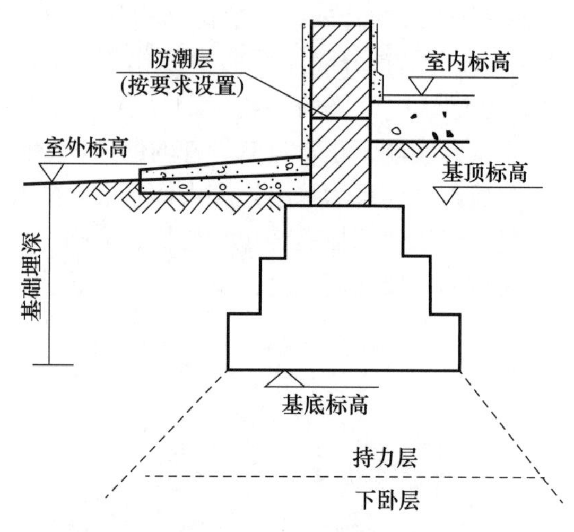

图 3-2-2　基础的组成

（资料来源：《房屋建筑学》，李必瑜、王雪松主编，第 5 版 . 武汉：武汉理工大学出版社，2015.）

1. 基础的类型

基础的选择需要充分考虑建筑的安全性以及经济性，基础通常按照形式、材料和传力特点进行分类。

按基础的形式分类可以将基础分为条形基础、独立基础以及联合基础。

（1）条形基础

条形基础的形式为长条形，也被称为带形基础。带形基础多用于建筑用地土质条件较好、基础埋深较浅的承重墙结构体系建筑。建筑荷载通过承重墙形成条形荷载，均匀连续地传递到带形基础上，如图 3-2-3 所示。

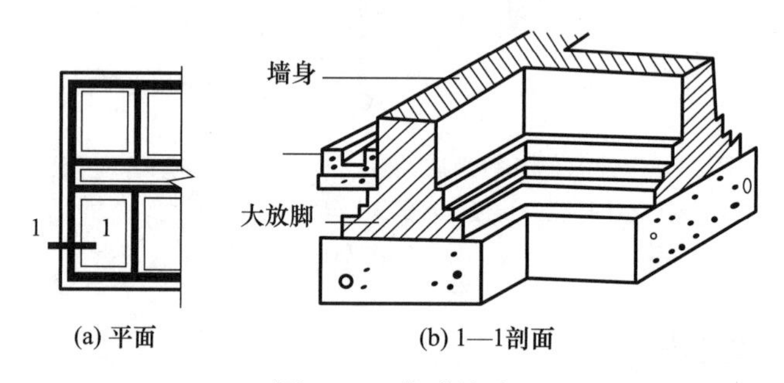

图 3-2-3　条形基础

（资料来源：《房屋建筑学》，李必瑜、王雪松主编，第 5 版 . 武汉：武汉理工大学出版社，2015.）

（2）独立基础

独立基础为独立的块状，其建筑形式通常为杯形、阶梯形、锥形、折壳形、圆锥壳形等。独立基础多用于承重柱结构体系建筑。当承重墙结构体系建筑所在用地地质条件相对较差、基础埋深较深、地基承载力较弱时，从节省项目土石方工程量、节省基础材料、缩短工期、控制造价的角度出发，也可以采用独立基础。墙承重体系下的独立基础需要设置梁或拱等连续结构构件，协助荷载传递，如图 3-2-4 所示。

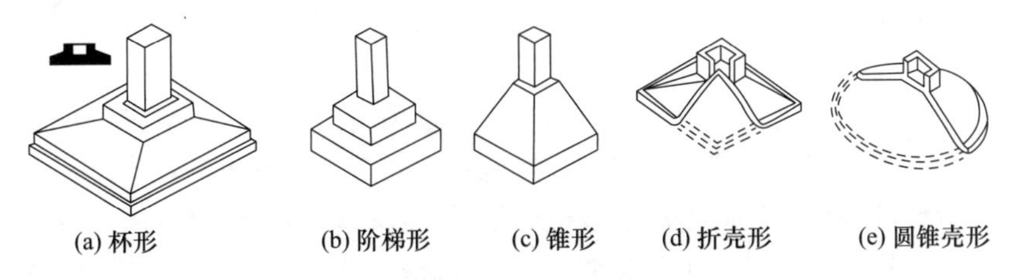

图 3-2-4　独立基础

（资料来源：《房屋建筑学》，李必瑜、王雪松主编，第 5 版．武汉：武汉理工大学出版社，2015.）

（3）联合基础

联合基础由多种基础形式组合而成，其常见的基础形式有：柱下条形基础、柱下十字交叉基础、片筏基础和箱形基础，如图 3-2-5 所示。联合基础多用于地质条件相对恶劣、建筑体量大的情形。如果建筑物有地下室，且基础埋深相对较深，可以将地下室整体浇筑为钢筋混凝土箱形结构，其承受弯矩的能力很强，常用于荷载体量巨大的建筑，如图 3-2-5（e）所示。

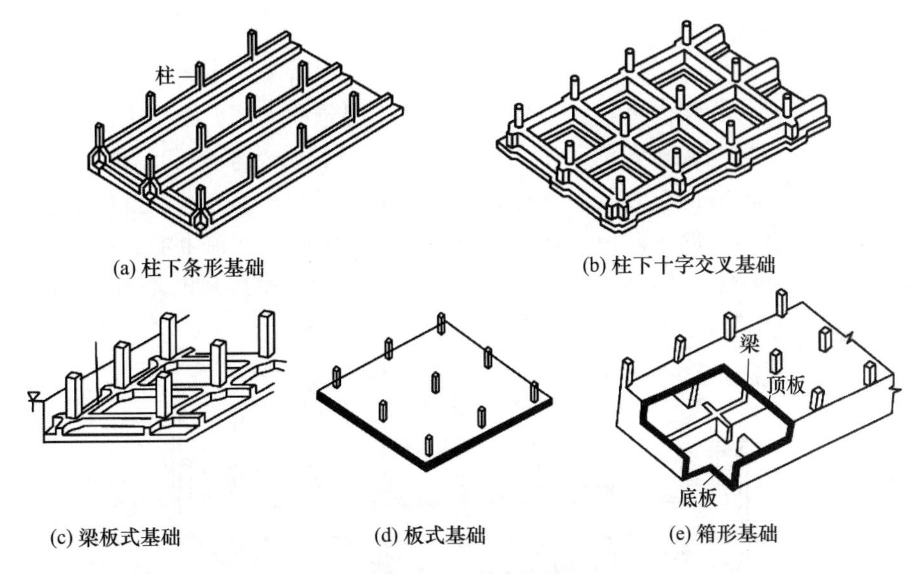

图 3-2-5　联合基础

（资料来源：《房屋建筑学》，李必瑜、王雪松主编，第 5 版．武汉：武汉理工大学出版社，2015.）

2. 地基的类型

地基可以分为天然地基和人工地基。天然地基为地质条件较好、土层自然条件下具备承担基础全部荷载要求、无须进行人工处理便可直接在其之上进行房屋建造的地基。在项目设计之初，需要由具有相关资质的勘测部门对项目所在地进行实地勘测，出具包含土层分布、荷载承载力极限等内容的相关勘测报告。常见的可以作为建筑天然地基的土层为岩石、碎石土、砂土、黏性土。

当建筑用地地质条件较差或者建筑物上部荷载较大时，需要对建筑下部土层进行人工加固处理以满足相关法律法规、行业规范要求，这种经过处理的土层称为人工地基。

地基设计时，在满足相关规范的前提下应尽量采用天然地基，节省工程成本，减少对环境的影响。当上部结构荷载过大、天然地基无法满足建筑相关规范时，应根据上部结构要求进行地基处理，从而提高地基土的承载力，保证地基的稳定性，减少上部建筑结构的沉降，消除湿陷性黄土的湿陷性及提高抗液化强度。常见方法为孔内深层强夯法、换填垫层法、强夯法、砂石桩法、水泥土搅拌法、高压喷射注浆法、预压法、夯实水泥打桩法等。

3.2.3 墙体

墙体作为承重构件时被称作承重墙结构体系，其将建筑屋顶、楼板的荷载传递到基础。墙体作为建筑外围护构件，既是建筑外立面的重要设计元素，同时也是保证建筑热工性能及室内舒适度的重要影响因子。内隔墙分隔室内空间，满足建筑正常的使用需求。因此，建筑墙体需要具有相应的结构强度、物理参数、热工性能指标等。

1. 墙体的类型

1）按所处位置分类

根据墙体所处位置的不同，通常将墙体分为外墙和内墙。外墙作为建筑外围护结构，分布于四周，作为室内外气候边界。内墙位于建筑物内部，根据不同使用功能对空间进行分隔。根据内墙布置的水平位置和方向，可以分为横墙和纵墙，如图 3-2-6 所示。沿建筑物短轴方向布置的墙体称为横墙，沿建筑物长轴方向布置的墙体称为纵墙。根据外墙在立面上的不同位置，可以将外墙分为窗间墙和窗下墙。窗间墙是布置在立面上窗洞之间的墙体，窗下墙是布置在立面上窗洞下方的墙体，如图 3-2-7 所示。

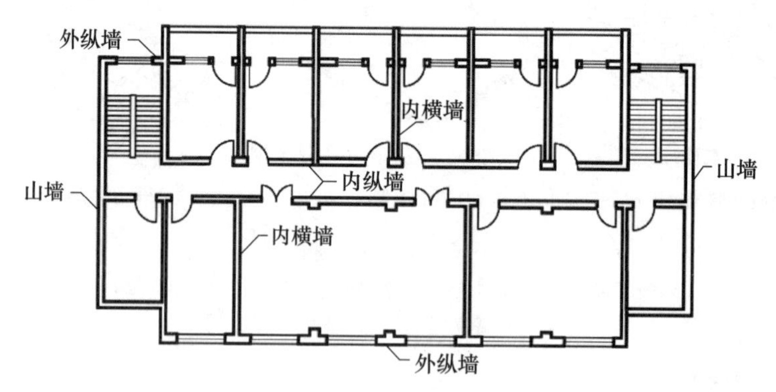

图 3-2-6　墙体按水平位置和方向分类

（资料来源：《建筑设计资料集》，第 3 版，第 1 分册　建筑总论，中国建筑学会主编．北京：中国建筑工业出版社，2017.）

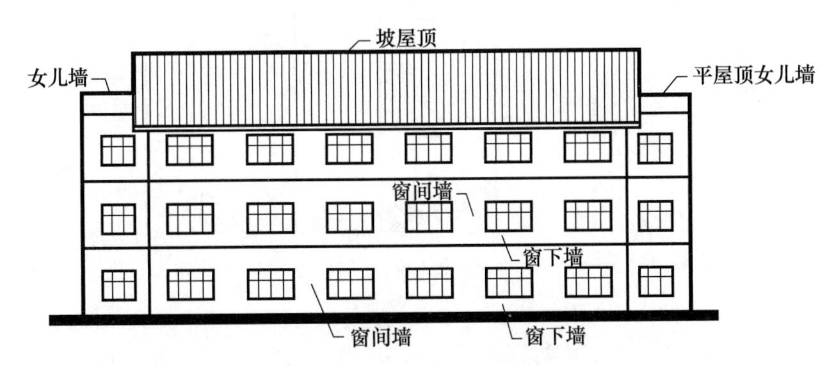

图 3-2-7　墙体按垂直位置和方向分类
（资料来源：《建筑设计资料集》，第 3 版，第 1 分册　建筑总论，
中国建筑学会主编．北京：中国建筑工业出版社，2017.）

2）按承重方式分类

墙体按照承重方式的不同，可以分为承重墙和非承重墙两种。承重墙为结构受力体系中的一环，将建筑中屋顶、墙体传递下来的荷载加上自身荷载继续向下传递至基础。在混合结构中，非承重墙分为自承重墙和隔墙。隔墙起到划分空间的作用，只负责将自身重量传递到楼板和结构梁上；自承重墙仅承受自身重量，并将质量传递到基础。在框架结构体系中，非承重墙可以分为填充墙和幕墙。填充墙为布置在框架梁、柱之间，不起结构受力作用的墙体；幕墙为固定在框架结构外侧、起围护作用的外墙，幕墙荷载通过连接件传递到固定自身的框架结构体系中。

3）按施工方式分类

墙体按照不同的施工方式，可以分为 3 类：块材墙、版筑墙和板材墙。块材墙为砌筑墙，将各种砖、砌体通过水泥砂浆等黏接材料黏接在一起；版筑墙是通过在现场支立模板，再现场浇筑而成的墙体，如现浇混凝土墙等；板材墙为预制墙体，在工厂将板材加工完成并满足具体工艺需求后运送至施工现场进行安装，如预制轻质条板、预制混凝土墙板等。

4）按构造方式分类

墙体根据不同的构造方式可以分为实体墙、空体墙以及组合墙 3 种类型。实体墙是由实心的砖或砌体砌筑而成，如实心砖墙、轻质混凝土砌块墙等；空体墙分为两种情况，一为由单一材料砌筑成中间有空腔的墙体，如空斗砖墙，二是由内部有空腔的砖或砌体砌筑而成，如空心砖砌筑墙；组合墙是指由两种或两种以上材料组合形成的复合墙体，例如砖墙一侧附加保温层，砖墙中间填充保温材料，加气混凝土复合板材墙。墙体按构造方式分类如图 3-2-8 所示。

2. 块材墙构造

块材墙是用砂浆等胶结材料将砖石块材等组砌而成，如砖墙、石墙及各种砌块墙等，也可以简称为砌体。一般情况下，块材墙具有一定的保温、隔热、隔声性能和承载能力，生产制造及施工工艺简单，不需要大型的施工设备，但是现场湿作业较多，施工速度慢、劳动强度较大。

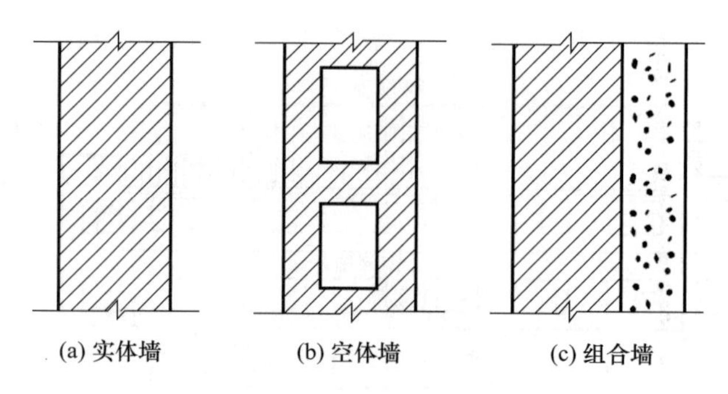

图 3-2-8　墙体按构造方式分类

（资料来源：《房屋建筑学》，李必瑜、王雪松主编，第 5 版．武汉：武汉理工大学出版社，2015.）

1）块材墙材料

块材墙材料包括块材和胶结材料。

（1）块材

常用的块材包括各种砖和砌块，如图 3-2-9 所示。

砖是一种建筑用的人造小型块材，按制作工艺分为烧结砖（主要为黏土砖）和非烧结砖（灰砂砖、粉煤灰砖等）；按材料可以分为黏土砖、灰砂砖、页岩砖、水泥砖、炉渣砖等；按外观可以分为实心砖、多孔砖和空心砖。常用的实心砖规格尺寸为 240mm（长）×115mm（宽）×53mm（高），再加上砌筑砖墙时的胶结材料，正好满足 4∶2∶1 的比例，便于进行搭接组合。空心砖的尺寸较多，一般规格为尺寸 390mm（长）×190mm（宽）×190mm（高），多孔砖的一般规格尺寸为 240mm（长）×115mm（宽）×90mm（高）。

砌块是一种比砖体形大的块状建筑制品，其原材料来源广、品种多，材料获取方便，价格便宜。砌块按照尺寸和质量的大小不同，分为大型、中型、小型 3 类。砌块高度在 380～940mm 者为中型，块高小于 380mm 者为小型，块高大于 940mm 者为大型。根据材料的不同，分为混凝土、水泥砂浆、加气混凝土、粉煤灰硅酸盐、人工陶粒、矿渣混凝土、蒸压加气混凝土砌块等。砌块按照外观可以分为实心砌块和空心砌块；按照砌筑部位的不同，可以分为主要砌块和辅助砌块。

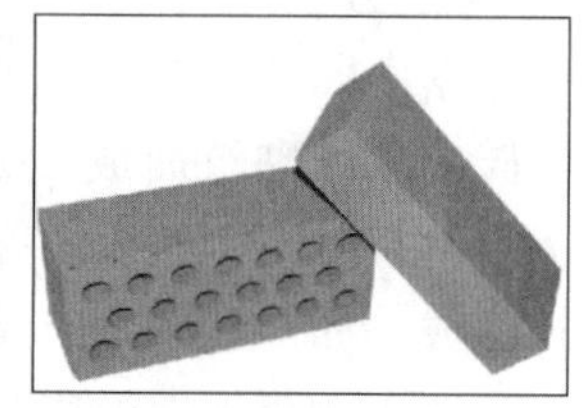

图 3-2-9　常用块材

（资料来源：《园林景观材料》，董莉莉主编．重庆：重庆大学出版社，2016.）

（2）胶结材料

块材通过胶结材料相互固定，砌筑为整体的砌体。由于施工精度等问题，砌体墙表面会有一定的缝隙，通过胶结材料进行嵌缝可以有效提高墙体的保温、隔热和隔声的性能。块材墙体的主要胶结材料为砌筑砂浆。砌筑砂浆需要具有一定的强度，以确保整个砌筑墙体的强度和稳定性，还需要有一定的和易性，以确保施工的可行性。

砌筑砂浆主要由水泥、胶凝材料和细骨料组成。水泥是砂浆的主要胶凝材料，常用的水泥品种有普通水泥、矿渣水泥、火山灰水泥、粉煤灰水泥和复合水泥等。砂浆的主要性能指标为和易性、强度、防潮性能及黏结力。水泥砂浆的强度较高、防潮性能较好，主要用于受力及有防潮需求的墙体部位。石灰砂浆的强度和防潮性能较差，但和易性较好，常用于室内及受力不大的墙体。混合砂浆由水泥、石灰、砂拌和而成，有一定强度及较好的和易性，应用广泛。

2）块材墙组砌方式

组砌是指块材在砌体中的排列组合。组砌的关键是错缝搭接，确保上下块材的竖缝交错，不能垂直贯通，从而增强砌体的强度和稳定性。如果墙体中砌块之间的垂直缝隙连成一条直线，形成通缝，在荷载作用下，墙体的稳定性和强度会快速下降。根据不同块材在外形尺寸、材料特性上的不同，墙体的组砌有不同的要求。

在砖墙的组砌过程中，将砖的长边平行于砖墙砌筑的砖称为顺砖，将砖的短边平行于砖墙砌筑的砖称为丁砖。上下两皮砖之间的水平灰缝称为横缝，左右两皮砖之间的灰缝称为竖缝。标准缝宽为 10mm，在实际工程中允许有±2mm 的误差。常用的砖墙组砌方式有一顺一丁、三顺一丁、梅花丁等。砖墙的组砌示意图如图 3-2-10 所示。

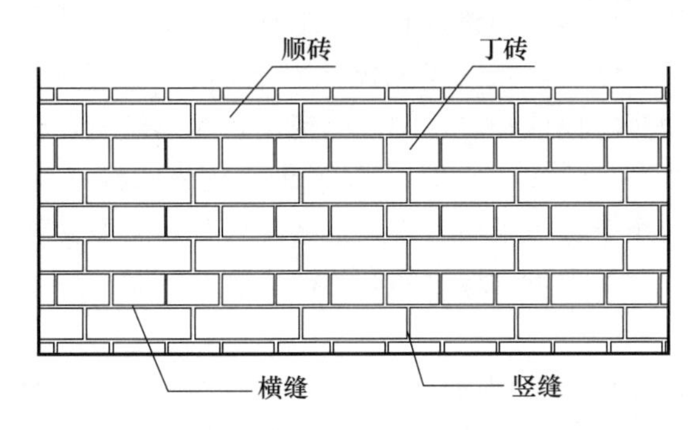

图 3-2-10　砖墙的组砌示意图

（资料来源：《房屋建筑学》，李必瑜、王雪松主编，第 5 版．武汉：武汉理工大学出版社，2015.）

在满足设计功能和结构安全的前提下，块材墙体的尺寸必须满足块材的规格。通过块材规格尺寸及灰缝的厚度即可计算出块材墙体的尺寸。以普通砖（240mm×115mm×53mm）为例，以砖在长、宽、高 3 个方向的尺寸作为基准点进行计算，灰缝厚度按照 10mm 估计。从尺寸上可以看出，砖在 3 个方向的尺寸加上灰缝的厚度满足 4∶2∶1 的关系，组砌方式非常灵活。常见砖墙厚度与砖规格的关系如图 3-2-11 所示。结合不同的砖墙厚度，有不同的组砌方式，如图 3-2-12 所示。

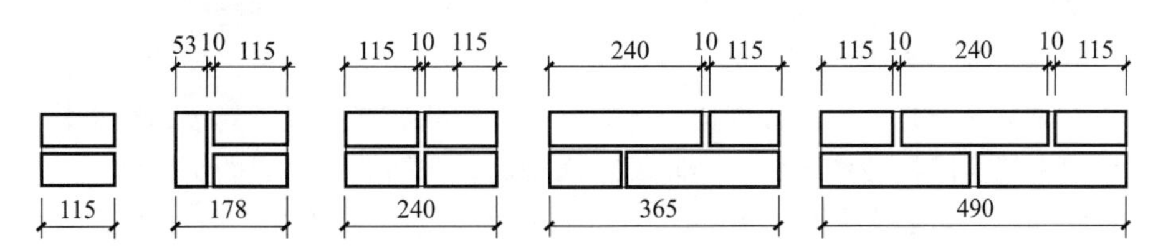

图 3-2-11　墙厚与砖规格的关系

（资料来源：《房屋建筑学》，李必瑜、王雪松主编，第 5 版）

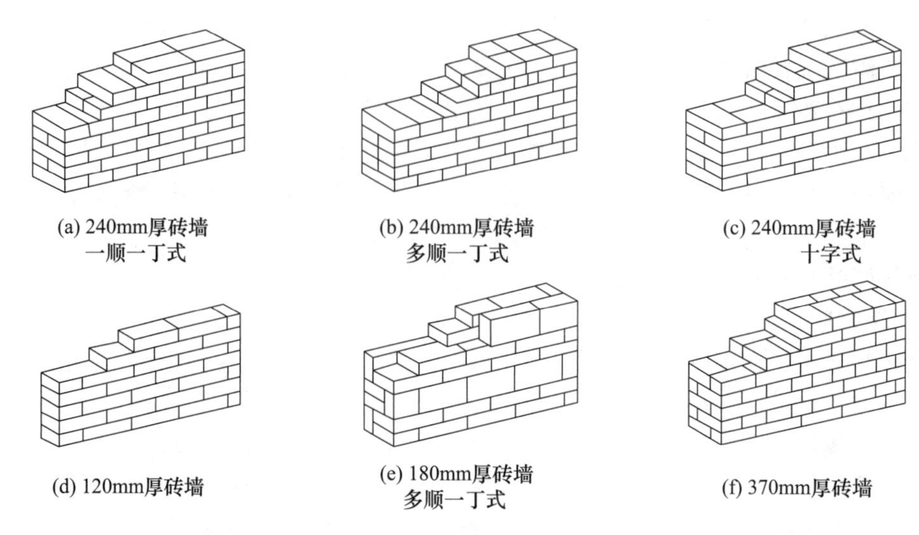

图 3-2-12　砖墙的不同组砌方式

（资料来源：《房屋建筑学》，李必瑜、王雪松主编，第 5 版．武汉：武汉理工大学出版社，2015.）

由于砌块的尺寸规格较多、尺寸较大，在进行砌体墙施工之前需要组砌排列设计，以确保砌体之间错缝以及砌体墙的整体质量。组砌排列设计就是将选定的砌体按照设计的尺寸绘制平面图和立面图。砌块的排列设计需要满足下述要求：上下皮应错缝搭接，墙体在转角、交接的位置应保证砌块之间彼此搭接，优先采用大规格砌块且主要使用的砌块数量占总砌块数量的 70％以上。为了保证砌块规格的标准化，在砌块墙缝隙中可以采用极少量碎砖进行填空。在采用混凝土空心砌块时，上下皮砌块应使砌块内孔上下对齐、肋上下对齐，以确保上下砌块之间有足够大的接触面。

3. 幕墙构造

幕墙是建筑的外墙围护结构，悬挂于主体结构上，犹如幕布一样挂在建筑外墙上，所以称之为“幕墙”，是现代大型建筑常用的带有装饰作用的轻质外墙墙体。幕墙结构本身不承重，但需要受到风荷载，并通过连接件将荷载及自重传递给主体结构。幕墙相对于土建外墙有极优秀的装饰作用，施工安装速度快，施工精度高、质量好，属于外墙装配化。

根据幕墙表面板材的不同，可以将幕墙分为玻璃幕墙、金属幕墙和石材幕墙。本章节主要介绍玻璃幕墙。

玻璃幕墙根据不同的承重方式分为框支承玻璃幕墙、点支承玻璃幕墙及全玻璃幕墙。框支承玻璃幕墙为最基础的玻璃幕墙，构造难度小，造价低，是使用最广泛的玻璃幕墙。点支承玻璃幕墙不仅视觉效果通透，通过高精度的结构设计，展现了结构与造型相融合的美感。全玻璃幕墙视觉效果最好，常用于大型公共建筑首层门厅。

（1）框支承玻璃幕墙

框支承玻璃幕墙是玻璃面板周边由金属框架支撑的玻璃幕墙，其按不同结构可以分为明框玻璃幕墙、隐框玻璃幕墙、半隐框玻璃幕墙。明框玻璃幕墙的结构特征为：通过横向与竖向并存的金属卡条将玻璃固定在立柱横梁之上，如图 3-2-13（a）所示。隐框玻璃幕墙的结构特征为：玻璃面板通过结构胶与铝合金附框固定，然后通过连接件固定在横梁上，如图 3-2-13（b）所示。根据国家最新规范，二层及以上楼层玻璃幕墙不得采用全隐框玻璃幕墙，所以半隐框玻璃幕墙是在全隐框玻璃幕墙的基础上，在玻璃面板外侧增加横向或者竖向的金属卡条进行固定，另一侧通过结构胶固定在横梁龙骨上，如图 3-2-13（c）、（d）所示。

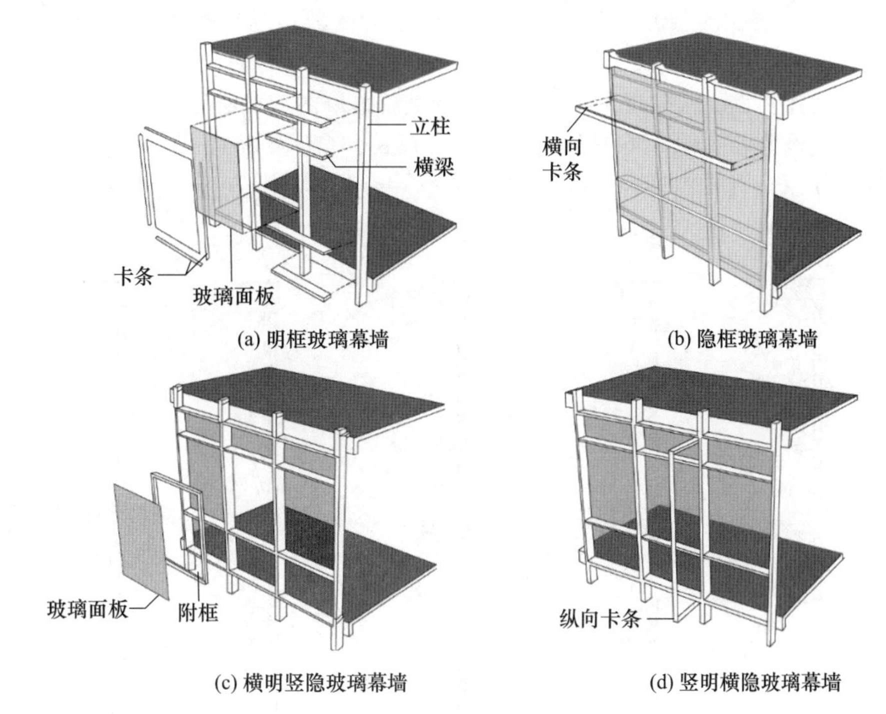

(a) 明框玻璃幕墙　(b) 隐框玻璃幕墙

(c) 横明竖隐玻璃幕墙　(d) 竖明横隐玻璃幕墙

图 3-2-13　框支承玻璃幕墙的分类

（资料来源：《房屋建筑学》，李必瑜、王雪松主编，第 5 版．武汉：武汉理工大学出版社，2015.）

（2）点支承玻璃幕墙

点支承玻璃幕墙是由玻璃面板、点支承装置和支承结构构成的玻璃幕墙，如图 3-2-14 所示。根据支承结构的不同可以分为杆件体系支承结构和索杆体系支承结构。杆件体系最

(a) 点支承玻璃幕墙示意图

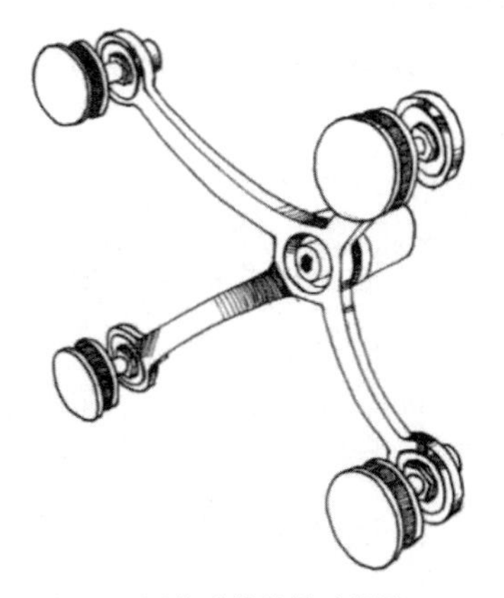

(b) 四点爪件装置示意图

图 3-2-14　点支承玻璃幕墙示意图

（资料来源：《点支承玻璃幕墙》，龙文志主编．大连：大连理工大学出版社，2010.）

大的特点是其支承结构为刚性杆件。索杆体系是由拉索、拉杆以及刚性构件组成的预应力结构体系。

点支承玻璃幕墙与普通框支承玻璃幕墙的最大不同在于，其固定玻璃面板的金属构件为数个“点”，这几个金属点组成类似于“爪子”的驳接组件与主龙骨固定。驳接组件根据其与玻璃固定的点的数量及点的形式可以分为四点支承、六点支承、多点支撑、托板支承、夹片支承。根据规范要求，点支承玻璃幕墙的玻璃必须是钢化玻璃。

点支承玻璃幕墙的常见类型有拉索式、拉杆式、自平衡桁架式、框架式、立柱式，如图 3-2-15 所示。其室内外视觉效果极为通透，常用于办公门厅、会展建筑、交通枢纽等需要较大空间的建筑。

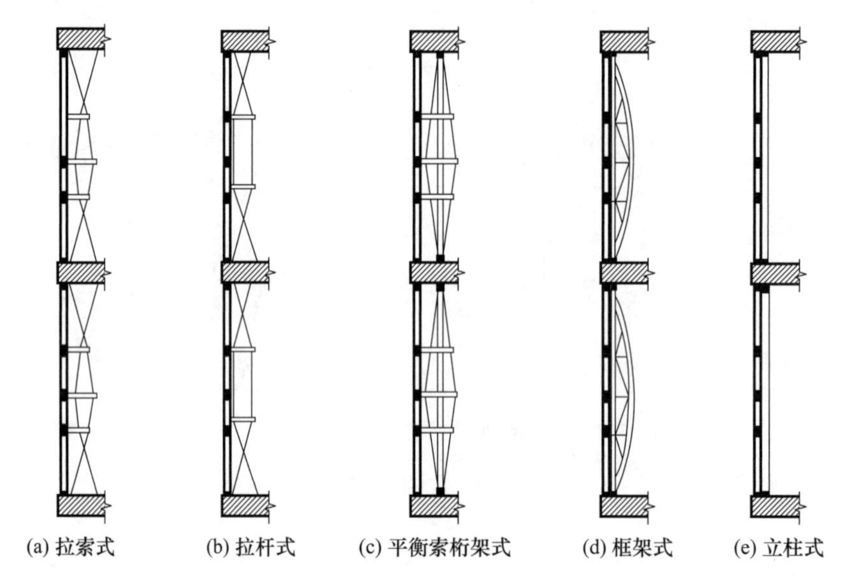

图 3-2-15　五种支承结构示意图

（资料来源：《房屋建筑学》，李必瑜、王雪松主编，第 5 版．武汉：武汉理工大学出版社，2015.）

（3）全玻璃幕墙

全玻璃幕墙由玻璃面板和玻璃肋组成，如图 3-2-16 所示。玻璃肋是全玻璃幕墙的主

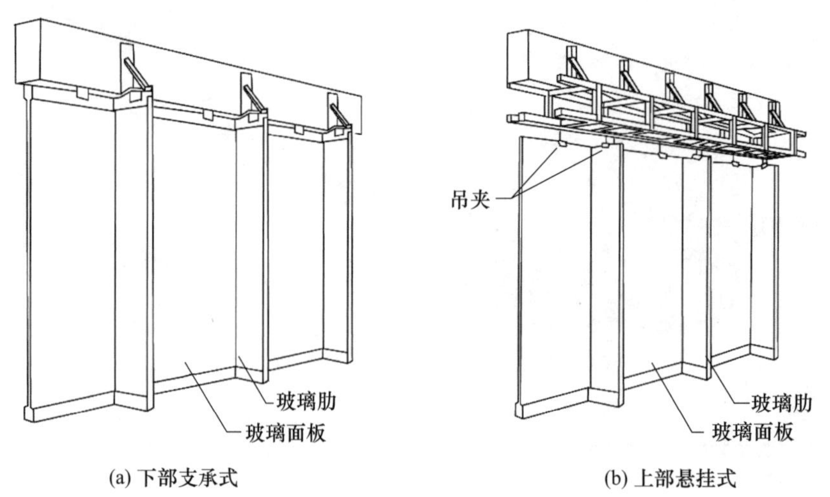

图 3-2-16　两种全玻幕墙结构示意图

体受力结构，通过足够厚度与数量的钢化夹胶玻璃垂直于玻璃面板，通过结构胶不锈钢夹片或爪件与玻璃面板固定，其自身再悬挂于建筑主体结构梁或支承在下部主体结构之上。当幕墙高度不高时，可以通过下部支承的结构受力体系；当玻璃幕墙高度较高、自身重量较大时，为了减小竖向玻璃肋的荷载，需要悬挂于上部主体结构梁上。玻璃肋厚度需要根据幕墙进行专业计算，以满足相关规范要求。

3.2.4　楼地层

楼地层分为楼板层和地坪层，其主要功能是对建筑物进行垂直方向的空间划分，满足不同功能空间的需求。楼板层的面层可以根据具体功能空间进行设计，其结构层为楼板。楼板层上人的活动、家具布置、设备设施产生的荷载通过其下部的梁、柱传递至基础层。根据不同空间的需求，楼板层具有防火、防潮、隔声、降噪等功能。当建筑物没有地下室时，其首层楼板就是地坪层，地坪层的结构层为垫层，其所有荷载加上自重通过垫层传递至地基，如图 3-2-17 所示。

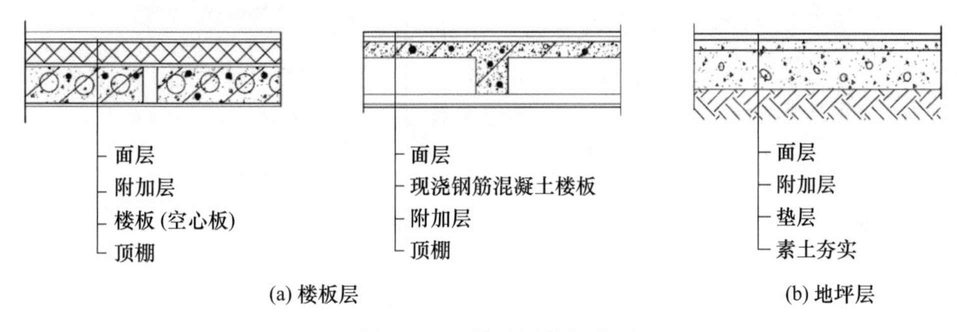

图 3-2-17　楼地层的组成

（资料来源：《房屋建筑学》，李必瑜、王雪松主编，第 5 版．武汉：武汉理工大学出版社，2015.）

1. 楼地面的基本组成

根据不同使用部位及功能的需求，楼板层可以分为面层、结构楼板、顶棚 3 个部分。

面层：需要满足具体空间的使用功能，例如架空、防潮、防震等，同时需满足室内装饰的效果要求。

楼板：其主要作用是将楼面上人的活动荷载、家具装饰、设施设备的荷载传递到与其相连的下部结构梁和结构柱上，同时又能起到连接固定结构梁和结构柱的作用，增强整个建筑的结构稳定性和强度。

顶棚：顶棚位于楼板层下部，属于下一层的室内空间，根据不同的构造层，可以分为抹灰顶棚、材料粘贴类顶棚和吊顶。

2. 楼板的类型

根据使用材料的不同，可以将楼板分为木楼板、砖拱楼板、钢筋混凝土楼板和钢衬板组合楼板，如图 3-2-18 所示。

木楼板是以木材为核心材料，先在梁柱或墙上架起木龙骨架，再在木龙骨架上铺设木板。其构造简单，自重较轻，但物理性能较差，不耐火、不保温、不降噪。砖拱楼板需要先用模板浇筑出钢筋混凝土倒 T 形梁作为结构基础，然后通过拱壳砖搭接形成拱形结构楼板，其自重较大，下部顶棚外观为弧形，较少用于室内装修，稳定性较差。钢筋混凝土楼板是现在最常用的一种楼板类型，根据现场施工的方法分为现浇钢筋混凝土楼板和预制钢筋混凝土楼板。钢衬板组合楼板是预制钢筋混凝土楼板的一种，通过在工厂将下部压型钢板加工完成，施工现场组装完成后，再在上面浇筑混凝土组成楼板，常用于空间跨度较大的建筑。

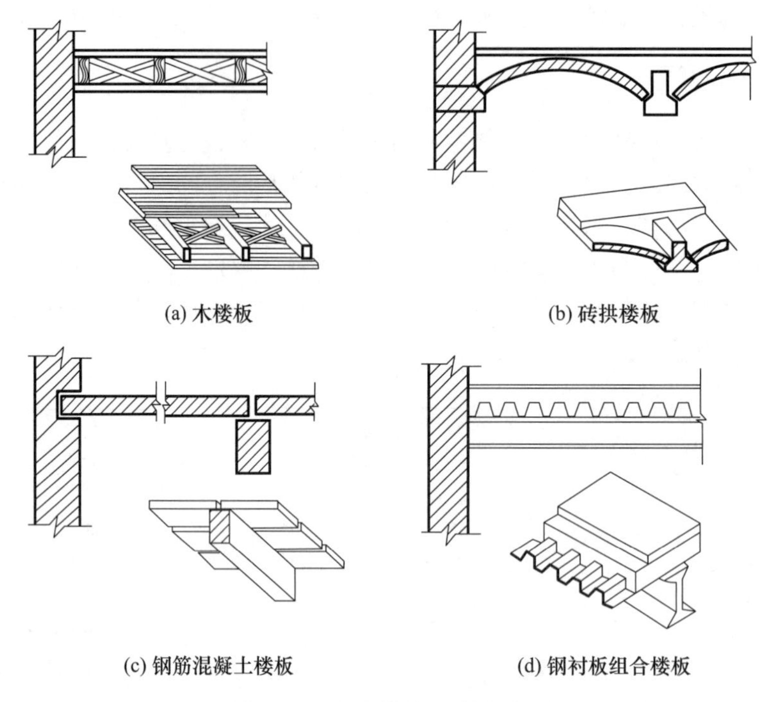

图 3-2-18　不同材料的楼板类型

（资料来源：《建筑设计资料集》，第 3 版，第 1 分册　建筑总论，

中国建筑学会主编．北京：中国建筑工业出版社，2017.）

3. 钢筋混凝土楼板

钢筋混凝土楼板根据施工方法的不同可以分成 3 种类型：现浇钢筋混凝土楼板、装配式钢筋混凝土楼板和装配式整体钢筋混凝土楼板。现浇钢筋混凝土楼板需要现场绑扎钢筋，支模浇筑混凝土。其结构整体性好，刚度大，抗震性能好，根据不同空间和功能要求灵活划分和预留洞口，但施工周期长，模板消耗大，现场需要大量湿作业，施工速度较慢，劳动力成本较高。装配式钢筋混凝土楼板在工厂已经组装完成，现场可以快速铺设在主体结构上，施工速度快，施工环境较好，但楼板与整体结构之间连接较弱，建筑整体结构刚度、稳定性稍差。装配式整体钢筋混凝土楼板是装配式与现浇两种技术的结合，通过局部预制加上现场现浇混凝土，加快施工进度的同时又能保证建筑整体的刚度和稳定性。

1）装配式钢筋混凝土楼板

装配式钢筋混凝土楼板是将楼板的不同构件根据设计需求的模数在工厂提前制作完成，然后运送至施工现场直接组装完毕。根据其截面形状可以分为实心平板、槽形板和空心板 3 种类型。

（1）实心平板

实心平板跨度通常设计在 2.5m 以内，宽度为 600mm 或 900mm，板厚通常为跨度的 1/30，如图 3-2-19 所示。由于受其自身空间形式限制，常用于跨度较小的空间，如过道、厨房、卫生间等。

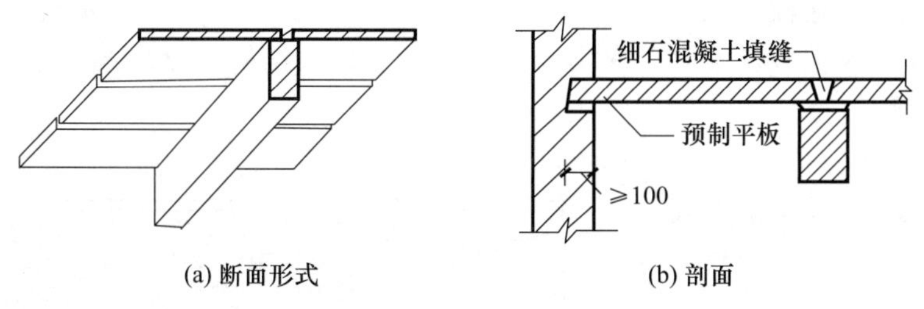

图 3-2-19　实心平板

（资料来源：《建筑设计资料集》，第 3 版，第 1 分册　建筑总论，中国建筑学会主编．北京：中国建筑工业出版社，2017.）

（2）槽形板

通过工厂的模板，在结构板下两侧增加了边肋，提高了楼板的结构受力性能，楼板上的荷载均匀传递到两侧边肋承受。楼板宽度为 600～1200mm，边肋高度为 150～300mm，板厚约为 30mm，如图 3-2-20 所示。

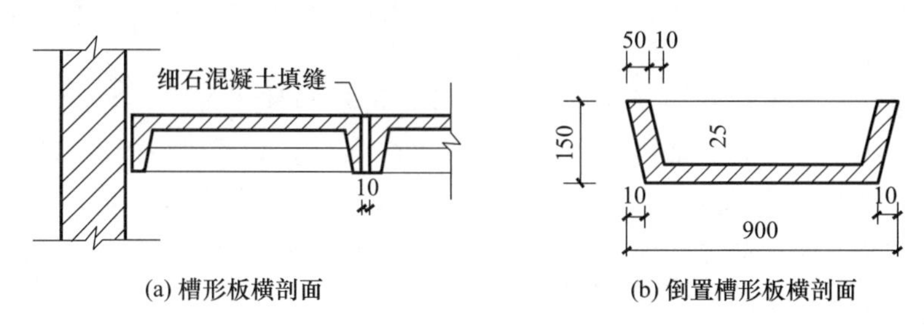

图 3-2-20　预制钢筋混凝土槽形板

（资料来源：《建筑设计资料集》，第 3 版，第 1 分册　建筑总论，中国建筑学会主编．北京：中国建筑工业出版社，2017.）

（3）空心板

利用在楼板中心增加孔洞的方法减轻板的自重，增加楼板的物理性能，常见的空心板为圆孔空心楼板，有中型板和大型板两种，如图 3-2-21 所示。中型板跨度通常在 4.5m 以内，宽度在 500～1500mm，板厚在 90～120mm。大型板跨度可以达到 4～7.2m，板宽在 1200～1500mm，板厚 180～240mm。

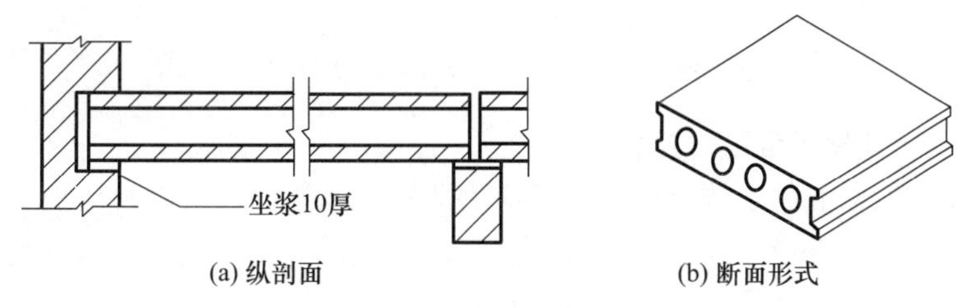

图 3-2-21　预制钢筋混凝土空心板

（资料来源：《建筑设计资料集》，第 3 版，第 1 分册　建筑总论，中国建筑学会主编．北京：中国建筑工业出版社，2017.）

2）现浇钢筋混凝土楼板

现浇钢筋混凝土楼板可以分为有梁楼板和无梁楼板两种类型。

（1）现浇有梁楼板

现场支模浇筑楼板、主梁、次梁。其整体性较好、结构刚度较高、抗震性能较好，如图 3-2-22 所示。

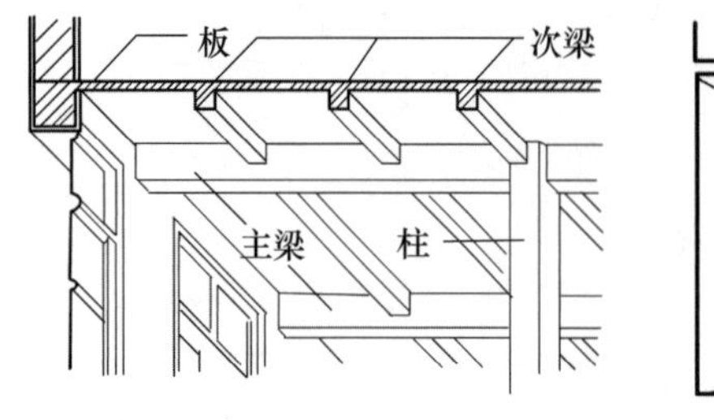

(a) 单向板肋梁楼板

(b) 双向板肋梁楼板

图 3-2-22　现浇肋梁式楼板

（资料来源：《建筑设计资料集》，第 3 版，第 1 分册　建筑总论，

中国建筑学会主编．北京：中国建筑工业出版社，2017.）

（2）无梁楼板

当结构楼板下部不设置主梁和次梁，直接将楼板与柱子浇筑在一起，称为无梁楼板。无梁楼板为双向受力的结构楼板，如图 3-2-23 所示。为了提高楼板与柱子之间荷载的传递效率，提升交接处的冲切承载力，通常在柱子的上端设置柱帽，与无梁楼板交接，提高结构受力面，避免楼板过厚，提高造价。无梁楼板刚度较差，不利于防震，需要设置剪力墙增加柱子的整体刚度。

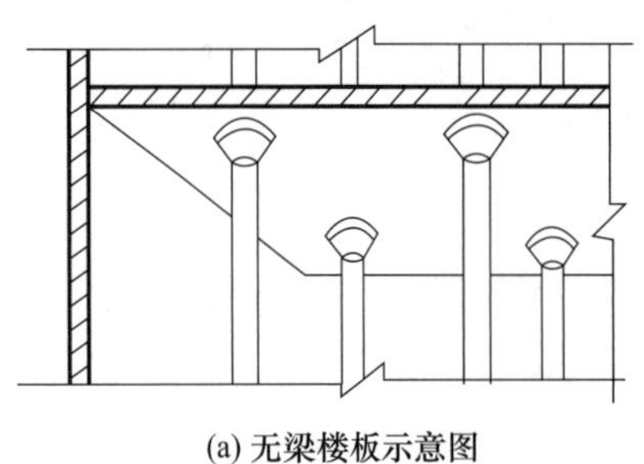

(a) 无梁楼板示意图

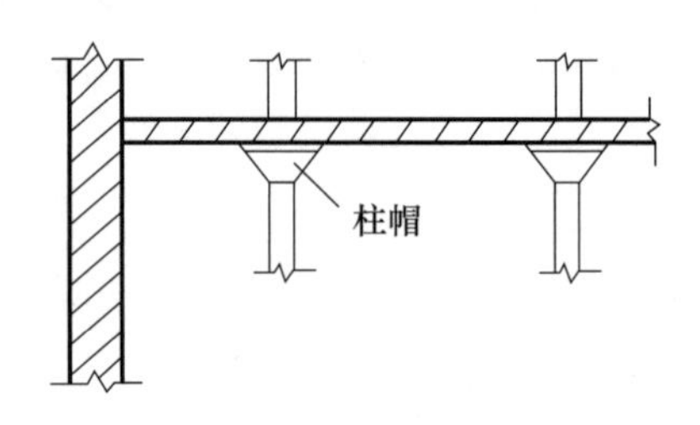

(b) 无梁楼板剖面图

图 3-2-23　无梁楼板

（资料来源：《房屋建筑学》，李必瑜、王雪松主编，

第 5 版．武汉：武汉理工大学出版社，2015.）

3）装配式整体钢筋混凝土楼板

装配整体式钢筋混凝土楼板由预制预应力薄板、现浇叠合层以及楼板面层组成，其中预制薄板在工厂根据设计要求的模数提前制造完成运至施工现场，通过上部现浇混凝土使叠合层与主体结构浇筑为一个整体，具有预制楼板精度高、施工速度快以及现浇楼板刚度高、稳定性好的特点，但施工较为复杂，如图 3-2-24 所示。

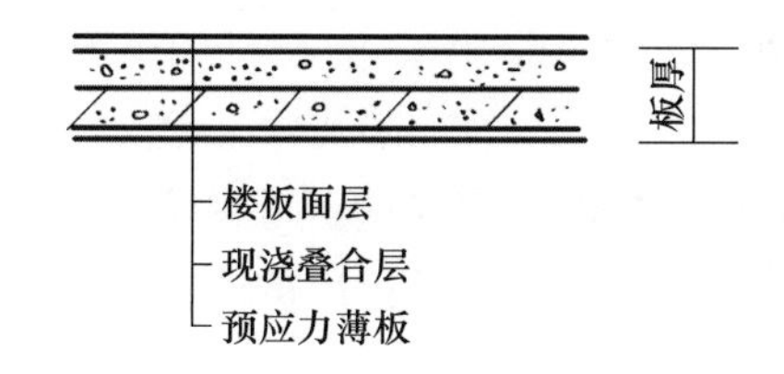

图 3-2-24　叠合组合楼板

（资料来源：《房屋建筑学》，李必瑜、王雪松主编，第 5 版．武汉：武汉理工大学出版社，2015.）

3.2.5　屋顶

屋顶通常由屋面及结构支承结构组成。根据建筑造型、功能要求，合理采用不同类型的屋顶。屋顶除需要满足结构强度、刚度的要求外，还需要具有保温、隔热、防水等功能。

1. 屋顶类型

屋顶根据不同的外形可以分为平屋顶、坡屋顶、大跨度空间结构屋顶等形式。平屋顶是现代建筑最常用的一种屋顶形式，其最典型的外观特征是屋顶是水平的。坡屋顶是从中国传统建筑演变而来的一种屋顶形式，有多种起坡形式。常见的屋顶形式如图 3-2-25 所示。

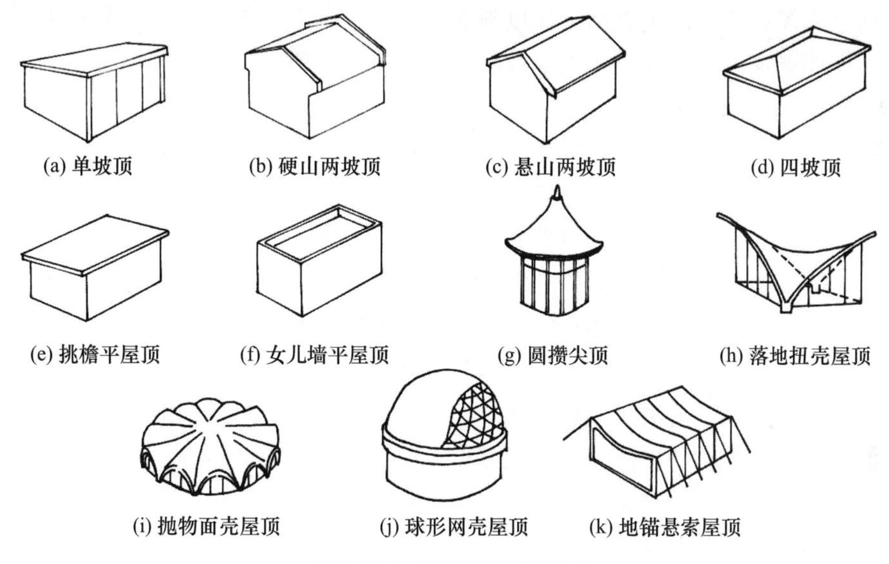

图 3-2-25　常见的屋顶形式

（资料来源：《建筑设计资料集》，第 3 版，第 1 分册　建筑总论，中国建筑学会主编．北京：中国建筑工业出版社，2017.）

2. 屋顶防排水设计

1）屋顶防排水设计原则

（1）保证功能

屋顶被称为建筑的“第五立面”，在满足建筑屋顶结构安全、保温隔热、防水防潮的前提下，需要结合建筑具体的功能要求，有针对性地进行设计。

（2）构造合理

由于屋顶位于整个建筑最高处，需要满足众多结构、功能上的设计要求，构造层次相对复杂。为了便于建筑施工，控制成本，保证设计施工质量，需要尽量优化屋顶构造层次，便于施工及后期维护。

（3）防排结合

屋顶是建筑接触雨水的第一界面，需要重点考虑防水、排水的功能要求。通过合理的构造层次以及屋面找坡设计，将雨水快速排出的同时保证整个屋顶的防水性能。

（4）优选用材

随着工程材料的逐步发展，越来越多的新材料开始出现在建筑施工行业。设计人员应与时俱进，及时了解最新的工程材料特性，根据建筑的具体功能要求及用地所在环境，合理选用最优的材料，在保证建筑功能要求的前提下，节省成本，降低施工难度，提高后期维护保养的水平。

（5）美观耐用

屋顶设计除满足基本功能外，要兼顾建筑整体风貌及人们的审美要求。

2）屋顶排水设计

（1）屋顶排水坡度选择

屋顶排水的重点在于屋面找坡设计。常用的找坡方法有角度法、斜率法以及百分比法，如图 3-2-26 所示。角度法是将屋面找坡的坡面与水平面的夹角来表达屋顶找坡；斜率法是通过将屋面找坡的垂直面上除以斜面投影到水平面上得到的比值来表达；百分比法即是用屋面找坡的高度除以屋面找坡的水平长度的比值。

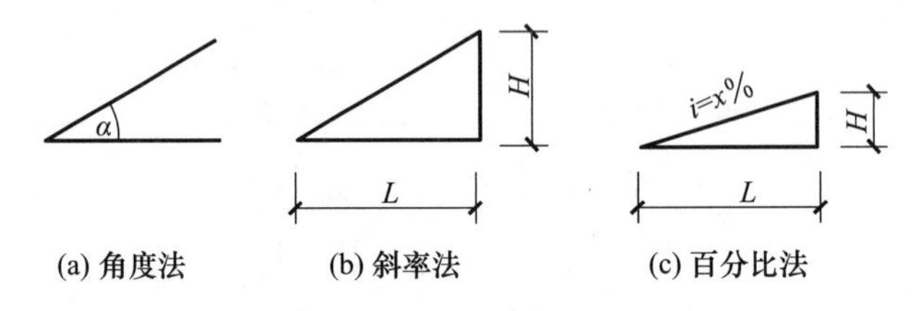

图 3-2-26　常用的屋面找坡方法

（资料来源：《房屋建筑学》，李必瑜、王雪松主编，第 5 版．武汉：武汉理工大学出版社，2015.）

屋顶排水坡度需要考虑排水效率的同时，避免材料的浪费和构造厚度过厚，影响建筑后期使用。不同类型的屋顶适宜的坡度见表 3-2-1。

表 3-2-1　不同类型的屋顶适宜的坡度

屋顶类型	屋面名称	适宜坡度（%）
坡屋顶	瓦屋面	20～50
	油毡瓦屋面	≥20
	金属板屋面	10～35
	波形瓦屋面	10～50
平屋顶	蓄水屋面	≤0.5
	种植屋面	≤3
	倒置式屋面	≤3
	架空隔热屋面	≤3
	卷材防水、涂膜防水的平屋面	≤5
其他屋顶	网架、悬索结构金属板屋面	≥4

（2）屋顶排水方式及排水组织设计

屋顶排水分为有组织排水和无组织排水。无组织排水即是雨水直接从屋檐边缘自由落体落到室外地面，然后浸入自然土壤之中。有组织排水是通过找坡将屋顶雨水有组织地汇集到天沟、檐沟之中，再在天沟中找坡将雨水汇集到落水管内，最终流入到市政雨污水排水管道。屋顶排水方式的选择需要充分考虑建筑高度、使用功能、用地条件等。

①造型简单的多层建筑通常采用无组织排水，降低成本。

②厂房等在日常生产当中会产生大量灰尘或腐蚀性介质的建筑宜采用无组织排水，避免灰尘淤积在天沟、落水口中，造成雨水通路堵塞以及腐蚀性介质腐蚀落水管，影响雨水通路。

③房屋较高或项目所在地降雨量较大的建筑应采用有组织排水，避免大量雨水无组织落下造成安全隐患。

④在人行道两侧的建筑、屋顶找坡坡向人行道的建筑应采用有组织排水，避免雨水对行人产生影响。

屋面有组织排水的设计原则是通过找坡将屋面划分成若干区域，在雨水汇聚的地方设置天沟或落水口，雨水汇集到落水口后，最终流入市政雨污水排水管道。常见的屋面排水方式和排水组织如图 3-2-27 所示。

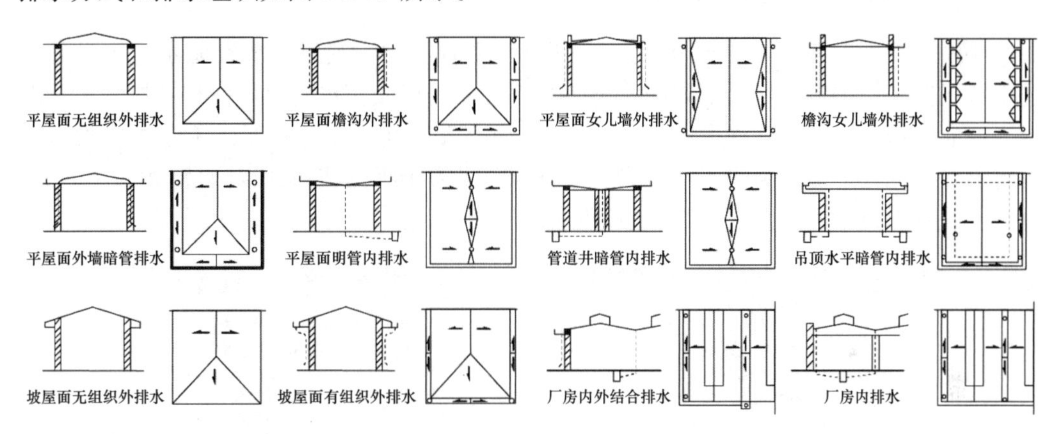

图 3-2-27　常见的屋面排水方式和排水组织

（资料来源：《建筑设计资料集》，第 3 版，第 1 分册　建筑总论，
中国建筑学会主编．北京：中国建筑工业出版社，2017.）

3）屋面防水设计

（1）屋面防水方式

屋面防水方式主要分为卷材防水和涂膜防水。卷材防水屋面是将防水卷材通过互相交叠以及黏结剂结合在一起，在屋面基层表面形成连续的防水层。卷材防水由于其物理特性，具有较好的抗沉降、抗震动的特性，整体稳定性较好，但施工工艺相对复杂。屋面涂膜防水是将防水材料涂抹在屋面基层之上，待涂料凝固后形成连续的防水涂膜。涂膜防水具有防水、抗渗、耐腐蚀等特性，但是抗拉裂性能较差。

（2）屋面防水材料

屋面防水材料分为 4 类：沥青类、橡胶塑料类、水泥类、金属类。

（3）屋面防水构造

屋面防水构造相对复杂，由结构层开始依次向上为找平层、结合层、防水层、保护层，如图 3-2-28 所示。找平层的作用是通过细密的材料在结构层上方形成一层平整的界面，便于防水卷材的铺设。结合层是黏接材料，便于卷材与找平层之间的固定。在防水层之下，根据具体建筑房间功能，可以设置保温层。保护层的作用是避免自然环境因素影响防水卷材的物理特性。

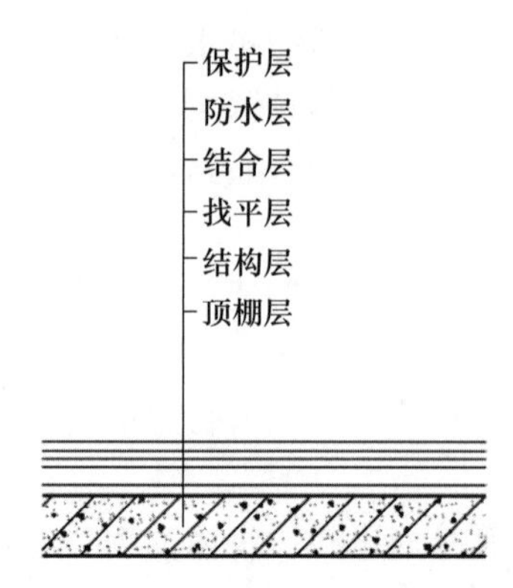

图 3-2-28　卷材防水屋面的构造组成

（资料来源：《房屋建筑学》，李必瑜、王雪松主编，第 5 版．武汉：武汉理工大学出版社，2015.）

如果屋顶不上人，且防水材料是 SBS 改性沥青卷材，则只需要在防水层上布置一些小石子作为保护层即可；如果防水材料是三元乙丙橡胶防水卷材，保护层则需用甲苯溶液加上铝粉，如图 3-2-29（a）所示。如果是上人屋面，在防水层之上首先需要设置隔离层，避免保护层因为热胀冷缩拉裂防水层。保护层则是楼面层，通常做法为石材、地砖、混凝土板等，如图 3-2-29（b）所示。

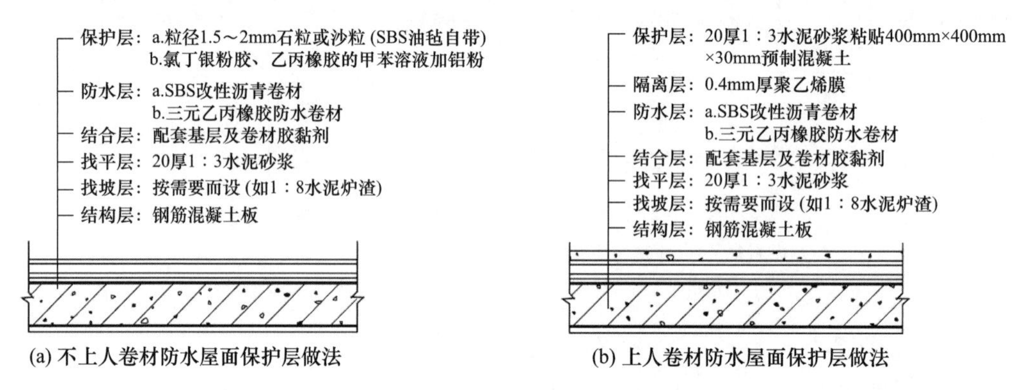

图 3-2-29　卷材防水屋面保护层做法

（资料来源：《房屋建筑学》，李必瑜、王雪松主编，
第 5 版．武汉：武汉理工大学出版社，2015.）

3. 屋顶的保温与隔热

屋顶又被称为建筑的“第五立面”，也是建筑室内外气候边界，是建筑的外围护结构。屋面需要有保温隔热的功能，从而保证整个建筑室内空间的舒适度，满足绿色节能设计要求。

1）屋顶保温

屋顶根据保温层不同的布置位置，分为正置式保温屋面和倒置式保温屋面。正置式保温屋面是将保温层布置在防水层下部，具体构造措施如图 3-2-30 所示。如果将保温层布置在防水层上部，则是倒置式屋面。由于保温层在防水层上部，使防水层避免直接受到外界气候因素的影响，同时减小了热胀冷缩对防水材料的影响，降低了其被外界物理损伤的可能性，如图 3-2-31 所示。

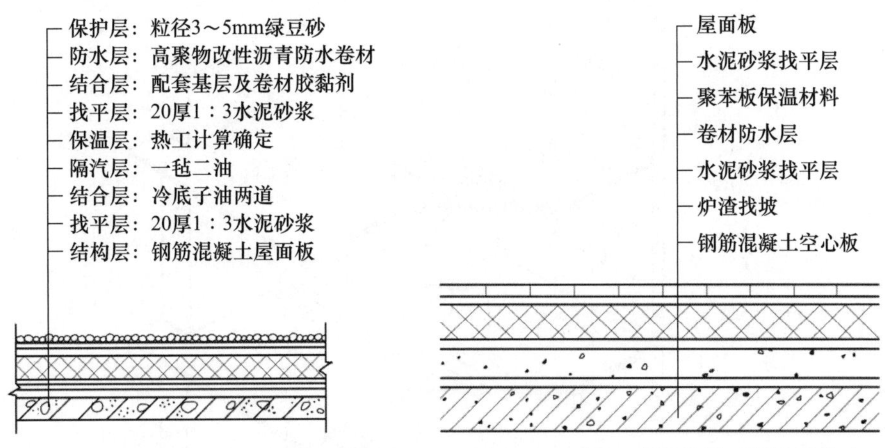

图 3-2-30　正置式保温屋面保温层构造做法　　　　图 3-2-31　倒置式保温屋面保温层做法

（资料来源：《房屋建筑学》，李必瑜、王雪松主编，第 5 版．武汉：武汉理工大学出版社，2015.）

2）屋顶隔热

屋顶作为建筑最高处的外围护结构，直接受到室外气候因素的影响，对室内热工环境造成的影响占比高于建筑立面所占比例。随着人们对工作生活质量要求的日益提高，屋顶隔热的重要性日益凸显。

屋顶隔热的工作原理是通过特殊的构造设计减少屋顶受到的太阳辐射热量。常见的屋顶隔热方式有：屋顶架空通风层、屋顶蓄水水池、种植屋面。

3.2.6　楼梯

楼梯是建筑物中作为楼层间垂直交通用的构件，是建筑垂直交通体系的主要组成部分，它在满足人们日常生活工作需要的同时，在发生火灾等特殊情况时，提供安全逃生的通道。

1. 楼梯的组成

楼梯一般由梯段、平台、栏杆扶手 3 部分组成，如图 3-2-32 所示。

1）梯段

楼梯梯段上的踏步数不得超过 18 步，不得少于 3 步。不同建筑功能的踏步高度、踏步宽度均不相同。

2）楼梯平台

在两个梯段之间设置的供人们休息、转换方向的平台即楼梯平台，楼梯平台宽度需要大于楼梯疏散宽度。

3）栏杆扶手

栏杆扶手是设置在楼梯梯段和楼梯平台临空一侧的围护构件，保护人们安全使用楼梯，其高度需要满足规范具体要求。

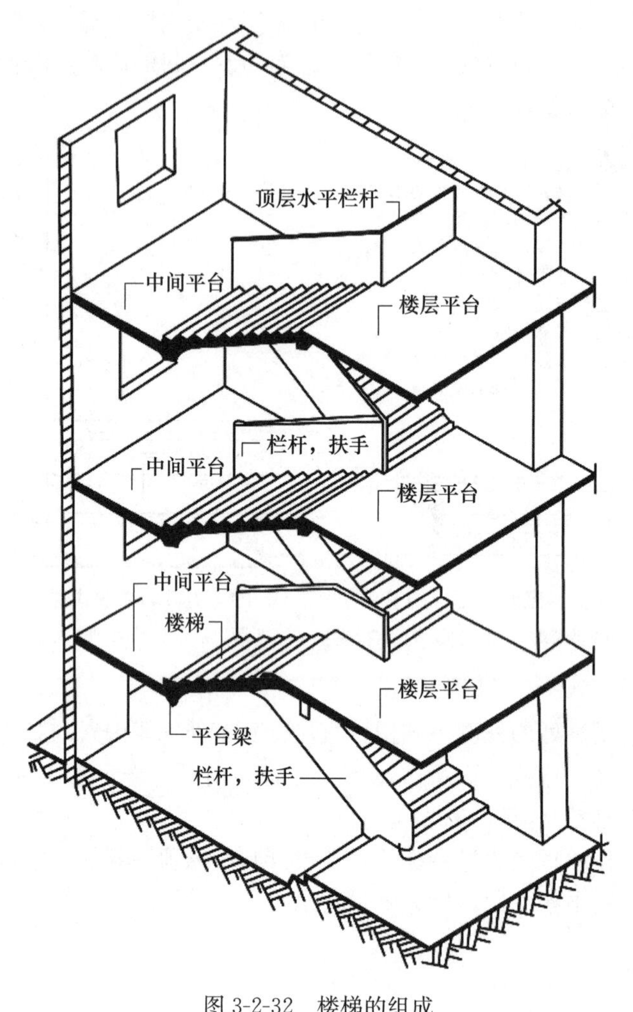

图 3-2-32　楼梯的组成

（资料来源：《建筑设计资料集》，第 3 版，第 1 分册　建筑总论，中国建筑学会主编．北京：中国建筑工业出版社，2017.）

2. 楼梯的形式

1）直行单跑楼梯

如图 3-2-33 所示，直行单跑楼梯是最简单的楼梯形式，由于其没有楼梯平台，所以单跑楼梯最多只能设置 18 节台阶，其常用在建筑高度较低的低层建筑或跃层空间之中。

2）直行多跑楼梯

如图 3-2-34 所示，这种楼梯是直行单跑楼梯的组合延伸版本，通过在梯段之间设置楼梯平台，将多个直行单跑楼梯组合在一起，可以到达更高的楼层。

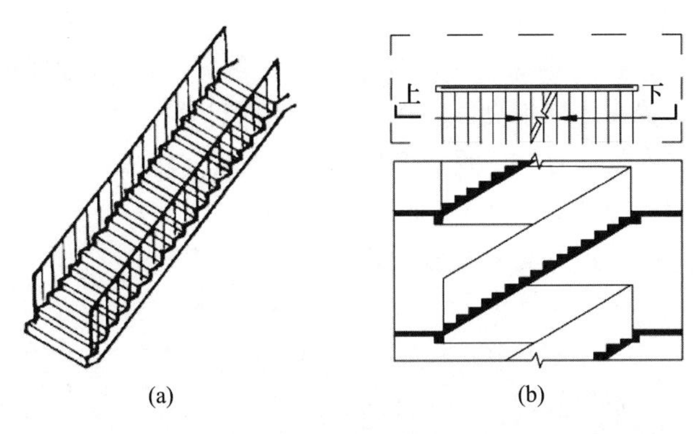

图 3-2-33　直行单跑楼梯
（资料来源：《建筑设计资料集》，第 3 版，第 1 分册　建筑总论，
中国建筑学会主编．北京：中国建筑工业出版社，2017.）

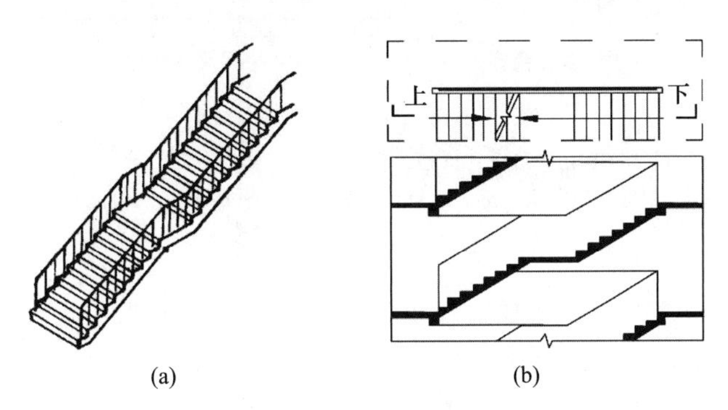

图 3-2-34　直行多跑楼梯
（资料来源：《建筑设计资料集》，第 3 版，第 1 分册　建筑总论，
中国建筑学会主编．北京：中国建筑工业出版社，2017.）

3）平行双跑楼梯

如图 3-2-35 所示，平行双跑楼梯通过两个梯段实现 180°的转向，使每一层的起步位置在平面投影上都在一个位置。平行双跑楼梯对于空间最为节省，是最常用的楼梯形式之一。

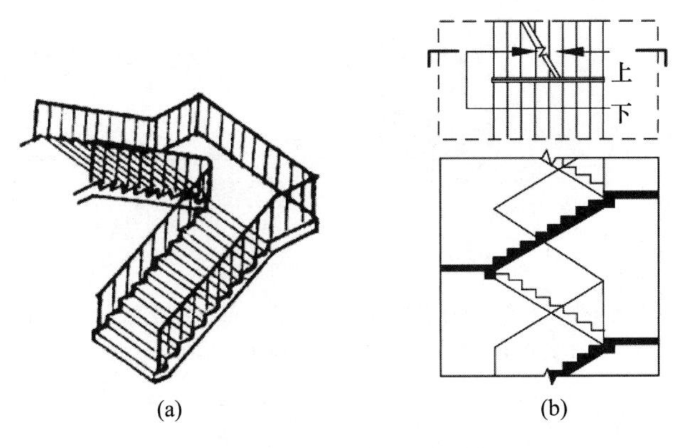

图 3-2-35　平行双跑楼梯
（资料来源：《建筑设计资料集》，第 3 版，第 1 分册　建筑总论，
中国建筑学会主编．北京：中国建筑工业出版社，2017.）

4）平行双分双合楼梯

如图 3-2-36 所示，这种楼梯是平行双跑楼梯的进一步组合方式，在楼梯第一跑设置较宽的楼梯梯段，布置在楼梯中央，在休息平台两侧设置转向 180°的第二跑梯段。常用于人流量较大的公共建筑门厅中。图 3-2-36（a）是双分楼梯，代表在楼梯休息平台两侧布置了第二跑楼梯；图 3-2-36（b）是双合楼梯，代表在休息平台后的第二个梯段是两个直行梯段合在一起，正好与双分楼梯相反。

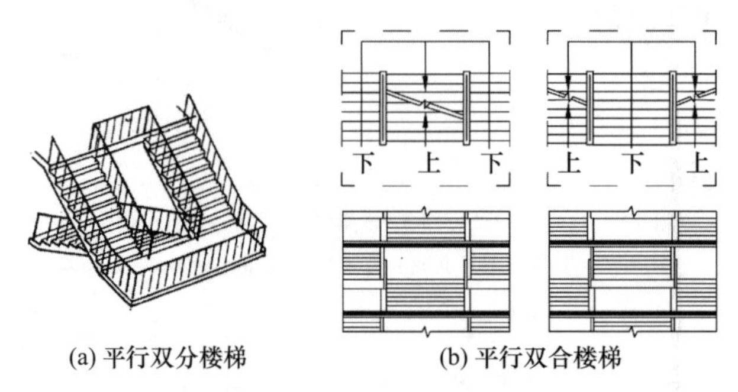

(a) 平行双分楼梯　　(b) 平行双合楼梯

图 3-2-36　平行双分双合楼梯

（资料来源：《建筑设计资料集》，第 3 版，第 1 分册　建筑总论，中国建筑学会主编．北京：中国建筑工业出版社，2017.）

5）折行多跑楼梯

折行多跑楼梯由多个单跑楼梯组合而成，且相邻两个梯段之间的夹角可以根据建筑使用功能、空间效果等决定，如图 3-2-37 所示。如果相邻梯段之间夹角等于 90°，那么折行梯段就是双跑楼梯的一个简单变体，只是在双跑楼梯的休息平台之间加了一个垂直于双跑楼梯的楼梯梯段；如果相邻梯段的夹角小于 90°，从水平投影来看则是一个三角形楼梯，其独特的空间形式常用于公共建筑门厅内；如果相邻梯段夹角大于 90°，则人行流线相对于双跑楼梯更加顺畅，常用于层高较高的公共建筑之中。

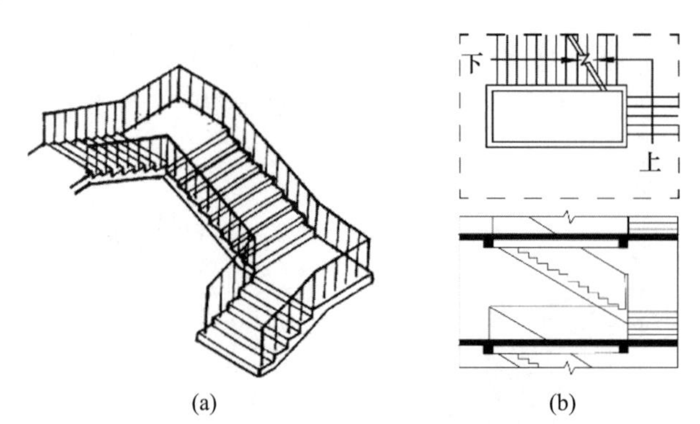

(a)　　(b)

图 3-2-37　折行多跑楼梯

（资料来源：《建筑设计资料集》，第 3 版，第 1 分册　建筑总论，中国建筑学会主编．北京：中国建筑工业出版社，2017.）

6）交叉跑（剪刀）楼梯

如图 3-2-38 所示，这种楼梯可以认为是两个直行单跑楼梯并列单方向对称，在同一楼层为适用人群提供了两个不同的行为方向。由于两个梯段紧靠在一起，节省了竖向交通体在平面上所占用的空间，常用于空间相对紧张且层高不高的空间。

如图 3-2-38 所示交叉跑（剪刀）楼梯，当层高较高时，可以在交叉跑（剪刀）楼梯两侧梯段各增加一段直跑梯段，两组直跑梯段之间的休息平台可以共用，使人们在层间活动时可以自由选择前进的方向。例如前半段楼梯是东西向，当人们行进到中间休息平台时，可以继续沿着东西向前进，也可以转向 180°沿着南北向前进。如果在交叉跑（剪刀）楼梯中间增加防火墙，则这两个楼梯分别属于两个独立的疏散楼梯间，两个楼梯之间不再共用休息平台，人流互相独立，空间互相分隔，为单一平面提供了两个安全疏散口，节省了平面竖向交通空间面积。

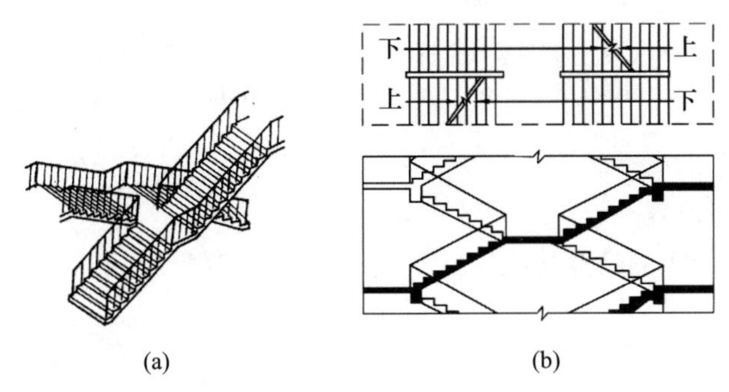

图 3-2-38　交叉跑（剪刀）楼梯

（资料来源：《建筑设计资料集》，第 3 版，第 1 分册　建筑总论，中国建筑学会主编．北京：中国建筑工业出版社，2017.）

7）螺旋楼梯

如图 3-2-39 所示，螺旋楼梯与前述楼梯不同，其空间形式是踏步沿着平面一个圆心均匀螺旋形布置，其休息平台和楼梯踏步均为扇形。由于特殊的平行形式，踏步外侧宽度大于内侧宽度，构造复杂，不利于疏散，常用于室内装饰性楼梯，丰富空间的趣味性。

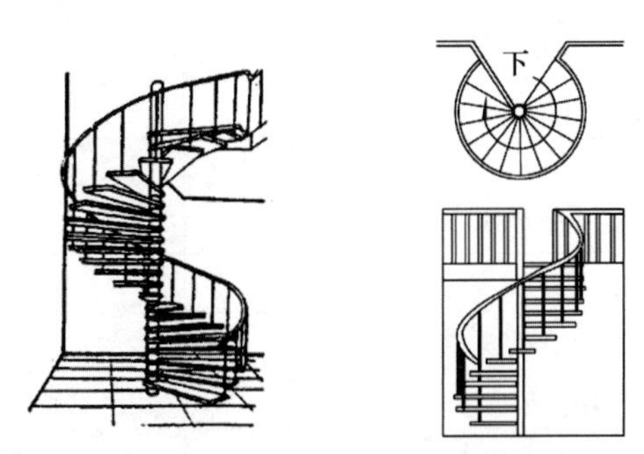

图 3-2-39　螺旋楼梯

（资料来源：《建筑设计资料集》，第 3 版，第 1 分册　建筑总论，中国建筑学会主编．北京：中国建筑工业出版社，2017.）

8）弧形楼梯

如图 3-2-40 所示，弧形楼梯与螺旋楼梯最大的不同是，弧形楼梯的平面投影只是一段圆弧，其弧度较大，并非一个完整的圆形。正是由于它的这个平面特性，所以弧形楼梯踏步内侧宽度与外侧踏步宽度相差不大，踏步坡度不会过陡，人行舒适度、人行通行效率都优于螺旋楼梯。弧形楼梯相对螺旋形楼梯，对空间的领域感控制力更强、视觉冲击力更大，常用于酒店、博物馆等公共建筑的门厅，因其结构较为复杂，立面节点不规则，施工难度较大，工程造价较高。

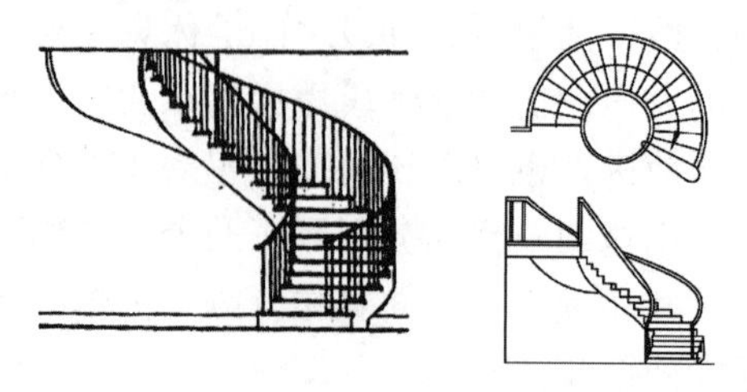

图 3-2-40　弧形楼梯

（资料来源：《建筑设计资料集》，第 3 版，第 1 分册　建筑总论，中国建筑学会主编．北京：中国建筑工业出版社，2017.）

3. 楼梯的尺度

1）楼梯坡度与位置

楼梯的坡度由踏步的高宽比决定，常用的坡度宜为 30°左右，室内楼梯的坡度可以适当放大。

2）踏步尺度

根据《民用建筑设计统一标准》（GB 50352—2019）的规定，不同使用功能的建筑楼梯踏步的最小宽度和最大高度详见表 3-2-2。

表 3-2-2　楼梯踏步的最小宽度和最大高度　（单位：m）

楼梯类别	踏步宽度	踏步高度
住宅公共楼梯	0.260	0.175
住宅套内楼梯	0.220	0.200
小学宿舍楼梯	0.260	0.150
其他宿舍楼梯	0.270	0.165
老年人建筑楼梯（住宅建筑）	0.300	0.150
老年人建筑楼梯（公共建筑）	0.320	0.130
托儿所、幼儿园楼梯	0.260	0.130
小学校楼梯	0.260	0.150
人员密集且竖向交通繁忙的建筑和大学、中学楼梯	0.280	0.165
其他建筑楼梯	0.260	0.175
超高层建筑核心筒内楼梯	0.250	0.180
检修及内部服务楼梯	0.220	0.200

3）梯段尺度

梯段尺度分为梯段宽度和梯段长度。梯段最小宽度需要根据不同建筑在现行《建筑设计防火规范》（GB 50016）中对应的计算公式计算得出。在满足规范要求的前提下，供日常工作、生活使用的楼梯需要包括两股人流，每股人流宽度为 0.55m+（0～0.15）m，其中 0～0.15m 是人在行进过程中的摆动所需要的空间宽度。需要注意的是，上述宽度为楼梯梯段净宽，扣除了楼梯间抹灰等厚度。

楼梯梯段长度可以根据梯段的踏步数量进行计算，计算公式为“楼梯梯段长度＝踏步宽度×踏步数量”。

4）平台宽度与梯井宽度

楼梯平台宽度不得小于楼梯疏散所需要的最小宽度且不得小于 1.2m，当楼梯梯段需要搬运大型设备时，应该根据具体功能适当加宽梯段宽度，以便在楼梯平台为大型设备运输过程中转向预留足够的空间。直跑楼梯的中间平台宽度不应小于 0.9m。具有不同功能的建筑需要按照对应规范核实楼梯平台的宽度。在楼层平台，要考虑疏散门打开时不会影响疏散楼梯的疏散宽度、人员会在此处进行转移或停留，所以楼层平台宽度还要适当加宽。

楼梯梯井是楼梯梯段之间形成的空隙，其主要作用是便于楼梯的施工和安装以及后期维护，其空隙尺寸通常为 50～200mm，如果大于 200mm，则需要设置防坠落设施。

5）栏杆扶手尺度

楼梯应至少在一侧设置栏杆扶手，如果梯段净宽达到三股人流时，则应在楼梯两侧设置栏杆扶手，如果达到四股人流，则应在楼梯中间再增加一组栏杆扶手。室内的楼梯扶手高度应该从踏步前缘开始计算且不小于 0.9m，如果楼梯水平栏杆或栏板长度大于 0.5m，则其高度不应小于 1.05m。当楼梯、平台临空高度大于 24m 时，则栏杆高度从栏杆扶手到地面完成面的高度不应小于 1.2m，如图 3-2-41 所示。

6）楼梯净空高度

楼梯梯段和休息平台的净高在满足建筑使用功能的前提下，还要满足楼梯平台上部及下部过道处的净高不应小于 2m，梯段净高不应小于 2.2m，梯段净高为自踏步前缘（包括每个梯段最低和最高一级踏步前缘线以外 0.3m 范围内）量至上方凸出物下缘的垂直距离，如图 3-2-42 所示。

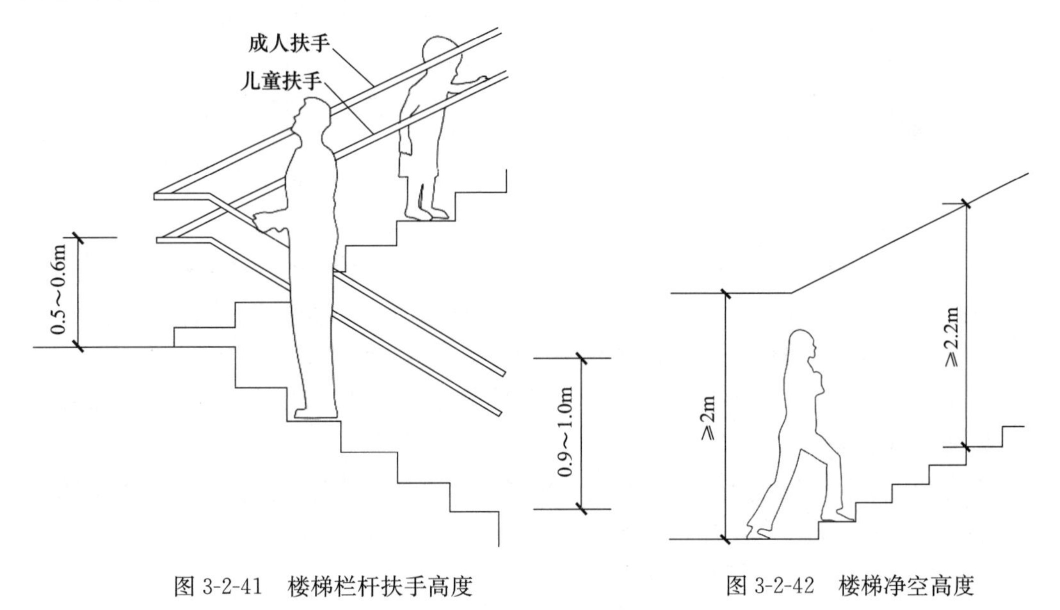

图 3-2-41　楼梯栏杆扶手高度

图 3-2-42　楼梯净空高度

3.2.7 门窗

建筑的门窗属于建筑外围护结构及室内分隔结构，不承受荷载，主要起功能性作用。门的主要功能是在围护及分隔上设置可供人通行出入的开口。门需要具备保温、隔热等物理特性；根据不同建筑及房间的不同功能，门还需具有隔声、防盗、采光、通风等功能。窗是布置在外墙围护结构上的一个构件，主要功能是采光、通风、保温、隔热。此外，窗也是建筑造型的一个重要组成元素。

根据不同材料，门窗可以分为木门窗、钢门窗、铝合金门窗、塑料门窗、彩钢门窗等。

1. 门窗的组成

门窗的主要构成部分是门窗框、门窗扇、五金件。门窗框是门窗的基本受力结构，固定在建筑围护结构上、门窗扇可以开启的区域，通过五金件与门窗框连接在一起。门窗扇、门窗框的构造及材料决定了门窗的物理特性。

以木制平开门为例，如图 3-2-43 所示，其组成主要包括门框、门扇、亮子、五金零件及附件。门扇根据不同的构造方式，分为夹板门、镶板门、拼板门、玻璃门和纱门等；亮子在门上方，辅助采光和通风，有固定式、平开式和上、中、下悬式，门框式门扇、亮子与墙的联系构件；五金零件包括门锁、铰链、插销、拉手、门碰头等；附件有贴脸板、筒子板等。

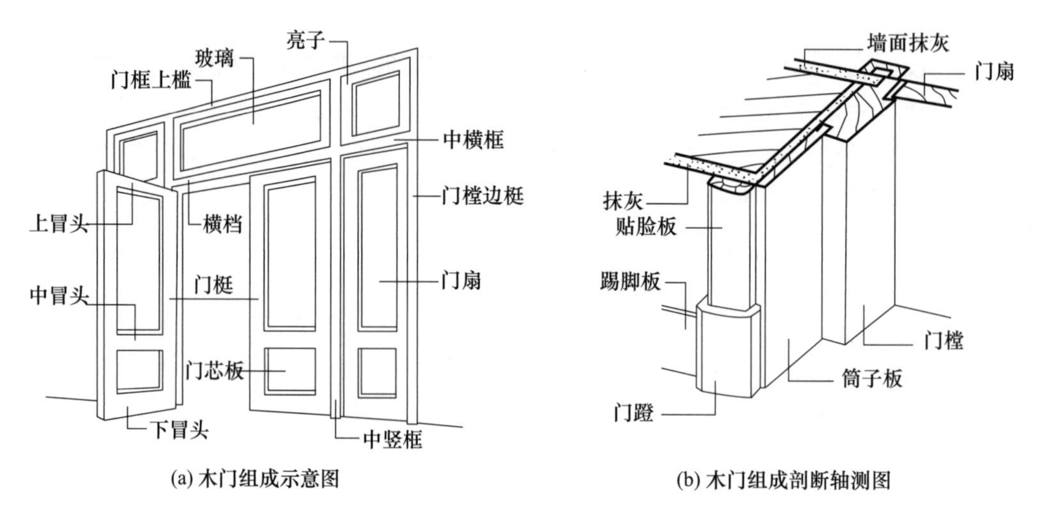

图 3-2-43 木门的组成

（资料来源：《建筑设计资料集》，第 3 版，第 1 分册 建筑总论，中国建筑学会主编．北京：中国建筑工业出版社，2017.）

2. 铝合金门窗

铝合金门窗是由铝合金建筑型材制作框料、窗扇门扇结构。其主要特性为质量轻、气密性好、强度高、可塑性强、耐腐蚀、施工精度高且易于维护。

铝合金门窗在设计时应满足以下要求：

（1）铝合金门窗应该针对不同地区的气候条件进行抗风压强度计算、抗渗性能测试、气密性测试。

（2）从工程造价和施工精度的角度出发，在立面设计时应尽量减少铝合金门窗的尺寸种类，在较少的模数化控制下进行多种门窗的组合以达到立面效果的要求。

（3）铝合金门窗框料传热系数大，一般不能单独作为节能门窗的框料，应采取表面喷塑或断热处理技术来提高热阻。铝合金门窗材料本身传热系数较大，为了保证建筑热工性能参数指标，铝合金门窗框料需要进行断热桥的技术处理。

铝合金外平开门细部构造如图 3-2-44 所示。

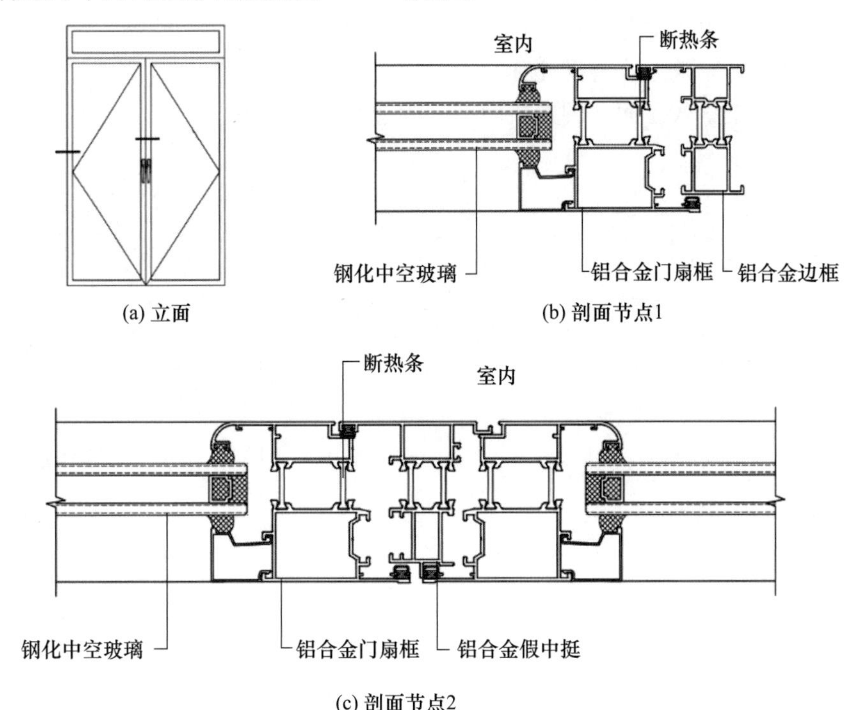

图 3-2-44　铝合金外平开门细部构造

3. 塑料门窗

塑料门窗即为采用高分子合成材料和增强材料制成的一类门窗。按材质不同可以分为 PVC 塑料门窗和玻璃纤维增强塑料门窗。塑料门窗具有热工性能好、易于加工等优势，但也有物理性能刚度较差、耐候性能不强、变形大等缺点。为了弥补塑料门窗的缺点，通常在塑料门窗框料中加入铝合金或者钢，称为塑钢门窗，相较于全塑门窗提高了整体刚度的同时，保留了热工性能好的优势。

塑钢推拉门细部构造如图 3-2-45 所示。

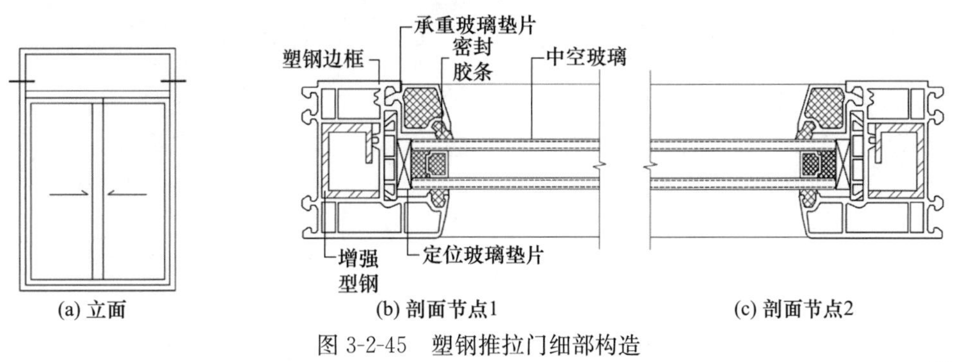

图 3-2-45　塑钢推拉门细部构造

思考题

1. 民用建筑主体结构的结构形式有哪些?
2. 钢筋混凝土墙的平面特征是什么?
3. 空间结构体系有哪几种类型?
4. 房屋的基本组成部分是什么?
5. 块材墙体的砌筑方式有哪几种?
6. 简要说明正置式屋面和倒置式屋面的构造区别及效果。

第二篇

风景园林建筑方案设计

第4章

风景园林建筑方案构思设计前期准备

本章主要内容：具体介绍风景园林建筑方案构思设计的前期准备，包括设计任务书的解读、设计资料收集与整理。

4.1 设计任务书解读

4.1.1 设计任务书的内容

设计任务书为建筑方案设计提供了指导性思路。它从各个角度提出了对设计内容的任务与要求、法律规定、设计目标，以及一些重要的设计参数。设计者必须充分解读设计任务书，将设计信息进行充分分析，才能在设计过程中做到有条理、有逻辑以及有目标。

设计任务书在工程项目的建造过程中担当重要角色。作为建筑设计过程中的主要依据，它反映了设计深度，即业主对工程设计提出的要求，以及最终成果中应达到的设计理念，同时也反映了规划和施工应用中必须达到的条件。

设计任务书可以分为工程项目设计任务书以及学校课题设计任务书。

1）工程项目设计任务书的内容

（1）项目名称

确定建筑设计的使用功能和规划目标。

（2）立项依据

在取得上级主管部门的有关批文之后，方可进行实际工程项目，只有在计划和投资落实的情况下才能委托设计。即便是工程招标或者是工程设计竞赛，也都需要在设计任务书中标注出主办单位取得的法律手续。

（3）规划要求

建设项目的实际用地面积由规划部门批准，划定用地边界，规划设计要点。即从总体规划设计的要求出发，提出项目的具体规定。如建筑物规划红线或边界要求，建筑物的高度限制、容积率、建筑密度、绿化率，以及建筑物的形状、颜色等具体限制条件。

（4）用地环境

阐述项目内的环境条件（建筑、道路、绿化情况、景观等）及项目外的环境条件（地形地貌、建筑等）。

（5）使用对象

规定建筑设计的使用对象及使用性质。

（6）设计标准

设计规范涉及功能完善程度、面积、规模、结构形式、抗震等级、节能措施、设备标准、装修等级等方面。

（7）房间内容

规定设计的房间类型及其面积，是设计内容的主要构成部分。

（8）工艺资料

许多技术性要求复杂的建筑方案设计必须服从工艺流程要求。因此，设计任务书要相应提出相关的工艺资料。如电视台设计项目，在设计任务书中需列出节目制作的工艺流程及各技术用房的具体设计要求（音质、温度、隔声、防震等）。博物馆设计项目需提出馆藏部分藏品的收藏、保护、管理工艺程序及技术用房的具体要求（防盗、防火、温度、湿度等）。

（9）投资造价

投资是项目资金的总投资，包括征地费、拆迁费、土建费、设备费、装修费、户外工程费和各种市政管理费。造价是平均每平方米投资的资本总额。设计任务书一般是计划投资，其实往往会突破，形成附加投资。其原因：一是投资计划本身不科学；二是施工过程中出现了不可预见的客观因素（如地基处理、材料价格上涨、设计变更等）；三是人为因素（如盲目追求高标准、决策随意等）。

（10）工程有关参数

气候条件对建筑设计有深刻的影响，有些设计任务书中会详细描述气温、风向、降雨量、地下水位、冰冻线、地震烈度等。特别是受气候条件影响较大的地区，这些参数非常重要。

（11）其他

不是所有的设计任务书都有以上所有内容，要具体情况具体分析。大的设计项目需要详细地描述才可表达清楚，设计任务书可达几十、甚至上百页，而一个小的设计项目只需寥寥数语即可描述清楚。

2）课程设计任务书的内容

课程设计任务书是针对建筑设计的学生而产生的，它没有工程项目设计任务书那样复杂，主要作用是训练学生掌握建筑设计的基本功和方法，为以后的工程项目设计打下良好基础。为了将课程设计的训练性与工程项目设计的实用性相结合，课程设计任务书中所制定的内容都是以现实的环境条件为依据的。

（1）设计任务

阐述此次建筑设计需要达到的目标，描述环境条件及一些用地指标。

（2）设计内容

建筑设计中包括的功能分区以及各个功能分区所对应的面积。

（3）设计要求

提出设计教学的要求（如通过课程设计训练要求学生掌握正确的设计思维方法和操作方法，要求加强绘图的基本功训练等）和课程设计的要求（如园林建筑要求处理建筑与环境的关系，并且能使建筑整体功能合理、使用方便；滨水建筑设计要求充分利用水上空间，体现滨水型建筑设计）。

（4）图纸内容

明确图幅大小，对平面图、立面图、剖面图做数量及比例上的要求，规定效果图的表达方式，以及其他图纸的要求。

（5）教学程序

将教学过程大致分为几个阶段，安排教学内容与验收学生的设计成果，每一个阶段逐步推进。

（6）参考资料

多查看国内外的一些著名建筑案例，能够增强学生灵活运用案例和理性认识课程设计的能力。

（7）场地资料

说明了周边环境、场地地形等资料。

4.1.2　设计任务书的研读

1. 设计文件解读

设计前期的准备工作中，首先我们要收集与项目有关的信息，然后在此基础上进行设计。一个好的设计者，在设计开始之前，应该做到充分解读设计任务书中蕴含的信息。

2. 设计任务书的解读重点

设计任务书作为建筑方案设计的指导性文件，在开始设计之前，设计者必须通读设计任务书。《结构概念与体系》一书中说道，“与大多数产品不同，建筑表现空间形式，同时它又被感受为一种总体环境。设计任务既是综合的，又是具体的，它既有形，又无形，这使事情变得复杂了”。这句话也解释了设计任务书的难处。从数量上看，国内一些设计任务书的篇幅长达四五十页。这对设计者来说是一个不小的阅读挑战。在解读任务书时，要抓住重点，深刻剖析设计任务书中表达的主要内容。避免囫囵吞枣、否则可能会使设计路线误入歧途，甚至导致设计失败。如果解读设计任务书时抓住了重点，准确理解其中的内涵，那么设计的目标就会明朗起来，设计路线也随之出现，达到事半功倍的效果。在解读设计任务书时，要抓住以下重点。

1）命题

设计任务书的命题规定了设计的目标。我们可以从命题中了解到许多信息，例如设计目标的功能定位、规模大小、服务对象、服务范围、所处环境等，设计者要根据不同的命题思考不同的设计思路。命题蕴含着直观的、隐喻的要求，如果含糊地思考命题，这些信息就不能理解透彻，设计就可能偏离正确路线。

如“小住宅设计”命题，设计者要抓住两个重点——“小”和“住宅”，小住宅是最基本的一种建筑类型，可以说是伴随着人类开始建造房屋之时为了满足自身最本能的居住需求而出现的，之后才逐渐不断延伸发展出其他多种多样的建筑类型。而小住宅具有单纯性、地域性、形态的多样性，以及自身规模小、投资少的特点，因此在设计过程中要抓住“小”这个关键词，在平面设计、造型设计、立面设计等一系列的过程中紧扣“小”字做文章。

参考图录：小庭院之家，如图 4-1-1 所示。

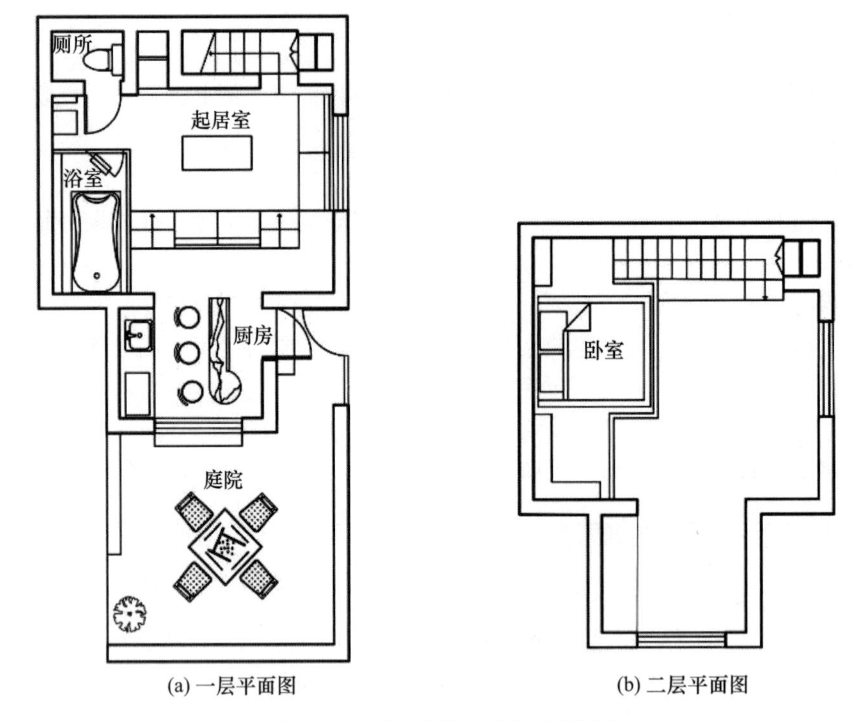

(a) 一层平面图　　(b) 二层平面图

图 4-1-1　“小庭院之家”平面图

再如“售楼处建筑设计”。这一命题明确规定它的功能是以洽谈展示为主，兼作简单的办公和休憩场所。待小区住宅全部售出后，经扩建、改造可作为小区文化站使用。既然作为临时的建筑，那么在建筑材料方面的考虑应选择便于搭建和拆卸的可重复利用材料。并且在空间分配上要多做考虑，营业空间是最重要的，主要用于展示和销售，应当保证其拥有最好的日照方向和朝向。确保流线通畅，一般顾客的购房流线是：出入口—陈列展示—洽谈签约—样板房。在设计时也要遵守这样的流线。

建筑设计任务的命题暗示着整个方案的走向，稍不注意就有可能偏离题意。

参考图录：苏州自在春晓，如图 4-1-2 所示。

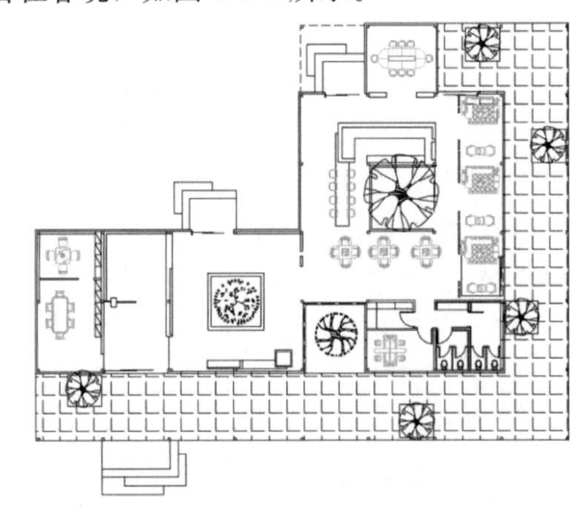

图 4-1-2　“苏州自在春晓”平面图

2）环境条件

在建筑设计时，要与周围的环境条件相呼应。在设计任务书中，环境条件一般会通过文字形式和地形图给出。设计者在阅读之后，需要在脑中建立起环境条件的空间模型，才能清晰地了解环境条件。

例如，对于用地的原有建筑，或者周边的既有建筑，观察其形状、轮廓、体量、层数等，要在心中有一个大致的概念，如在形态、轮廓上保持一定的基准、对位关系，沿着延长线平行或者垂直，可以增强建筑物彼此之间的联系。在体量层数上做出一定的变化，可以增强整个场地的空间感和律动感。

又如设计任务书中要求在场地中保留一个古迹，说明这个古迹有一定的历史意义和文化价值。这就提醒了设计者在设计中要把它作为一个设计因素考虑进去。这时候就要先了解古迹的历史意义，将其充分保护起来，或融入设计之中。

再如，有特殊的环境条件时，就要更加仔细解读其暗藏的含义。如“某茶室建筑设计”中地处某城市公园，基地有一定坡度，东、西面临水，如图 4-1-3 所示。这就给建筑的造型和立面设计提供了良好的环境条件。可通过借景、漏景等方法将湖面的景色引入建筑中。

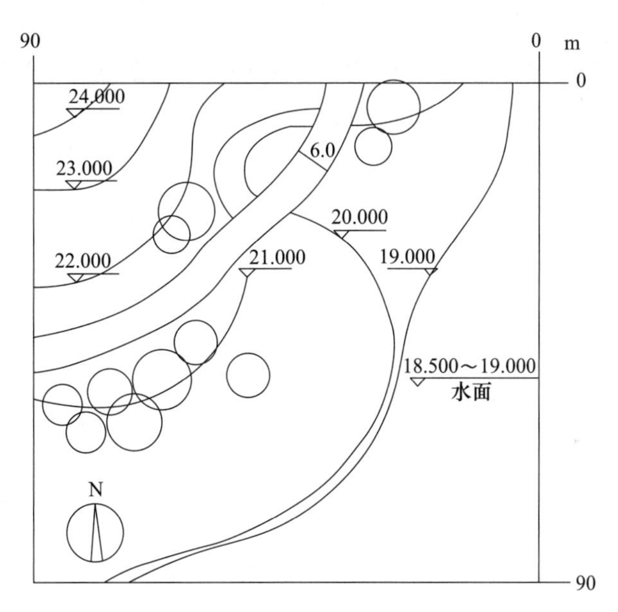

图 4-1-3　某城市公园场地平面图

因此，环境条件是不可或缺的第二个重点，在解读时需要好好把控。

3）设计要求

每个设计任务书中都会有设计要求，如功能布局合理、交通流线通顺等属于设计原理的常规要求，这是设计者通常熟知的。但是在某些特殊的建筑中需要一些特定的规定，这决定了建筑是否成功。如“老人之家建筑设计”，要求了解老人建筑的特点和要求，使建筑满足无障碍设计的要求。“急救中心建筑设计”中要求功能分区明确、科室布置合理，避免人群往返交叉，还要考虑在卫生和安全方面的特殊要求。在设计中，总平面布置要充分考虑这些特殊需求，比如出入口最少要有 3 个，将供应出入口与污物出入口分开，还要考虑无障碍设计等。

3. 公厕建筑设计课程任务书

本篇将以公厕设计为例，通过阅读理解设计任务书，解析公厕建筑设计的方法，最后展示学生作业，达到掌握公厕设计的目的。

1）教学目的

通过本课程设计，初步学习和掌握建筑设计的一般方法，加深对建筑设计原理知识及建筑构造知识的理解和运用，了解建筑设计的表现特点；掌握“建筑设计规范”在建筑设计中的基本应用；理解建筑设计必须满足使用对象对使用功能的要求，初步掌握处理建筑设计中功能与造型、布局与活动、建筑与环境等问题的能力。

2）设计背景

人们常说“看一座城市的文明程度，最好去看它的公厕”，是因为公共卫生间最能表现城市细节，体现人文关怀。城市更新的过程中，整体的发展变化体现在每一个细节上。作为最私密的公共空间，公厕的整体形象提升、微妙而精确的细节改善，都在推动城市公共空间质量的提升。

本次设计任务“绿道上的公厕”的选址，位于温江绿道——沿江安河的绿道系统内。

温江绿道是外联成都市锦城绿道系统、内通温江全城的绿色空间系统，如今部分已修建完毕，但仍有部分绿道尚未建设完成。此次我们选择沿江安河绿道，将其几个适宜修建公厕的地点作为基地选址。

绿道系统空间尺度庞大，公共卫生间及休憩驿站等小品建筑往往成为绿道系统的空间节点，人们在这里的驻留时间最长，体验最为集中与强烈。生活中，一个正常人一天要去卫生间 6～8 次，所用时间是一天的 4%，这样的空间应该如何在形式上响应空间进化，同时如何在品质上凸显自己的重要性是值得思考的问题。

3）基地描述

温江区古称“柳城”，地处成都平原腹心，北与都江堰市相连，被誉为天府之国的天府，是成都中心城区的重要组成部分。温江作为古蜀文明发源地之一，历史悠久，距西魏恭帝二年（公元 555 年）设置温江县至今已近 1500 年。温江区已获得“联合国全球生态恢复和环境保护杰出成就奖”“中国最佳人居环境示范奖”“国际花园城”“迪拜国际改善居住环境最佳示范奖”“国家生态文明建设示范区”等多项殊荣。

江安河起于走江闸，顺金马河流向东南，是成都都江堰市与温江区、温江区与郫县、金牛区与双流区等的界河，最后流入双流区境内，于二江寺注入府河，是都江堰内江主要干渠之一，干渠全长 95.8 公里。

2010 年 4 月，温江田园绿道正式开建，成为游人休闲健身的新去处。温江目前比较成熟的绿道共有 4 条，其中 3 条都途经江安河畔。

绿道专为骑车人骑行使用，并提供租车服务。在江安河畔绿道的骑行中，还可以欣赏到河心雾岛、听泉瀑布、鱼凫王墓、柏灌王墓、止水庙等自然和人文景观。

4）基地选址

场地 01——位于万春大道与江安河交接处，万春绿道驿站停车场附近，场地平整，邻近江安河，附近现有一处漂流游艇租赁点。周围自然景观较为丰富，配套设施较少。

建筑红线范围为 12m×12m 正方形，为靠近滨河道路的空地，如图 4-1-4 所示。

图 4-1-4　场地 01 选址示意图

场地 02——位于林泉北街与江安河交界附近，此处居住区及商业密集，周围自然景观较少。江安河南岸绿道已修建完成，基地选址在江安河北岸（三处中自择一处）。建筑红线范围为 12m×12m 正方形，为靠近滨河道路的空地，如图 4-1-5 所示。

图 4-1-5　场地 02 选址示意图

5）设计要求

本次设计任务要求同学们对江安河绿道系统内的多块基地进行筛选，并根据自身的设计概念和设计方法最终选定其中的一块基地进行深化设计。

设计需因地制宜，以人为本，遵循文明、卫生、方便、安全、节能的原则。公厕建筑面积约 60m^2，不限高；同时，公厕需包含男厕、女厕、1 个无障碍设计卫生间、1 个 6m^2 的管理间及 1 个 2m^2 的工具间，总计 5 个空间，其中管理间需便于厕所清洁、管理及卫生操作。在设计中，可充分发挥创意，既尊重场地环境与在地文化，又彰显建筑特色，使之成为绿道系统中外部空间的重要景观和形象节点。

6）图纸内容

以手绘为主，需要绘制总平面图（1∶300），要求处理建筑周围场地。每层平面图

（1∶100）、2 个立面图、1 个剖面图（1∶100）以及透视图。

注：除以上手绘部分外，可辅以建模效果图。

7）时间安排

（1）第一次课

详细讲解任务书，课外实地调研，同类型建筑调研，构思方案。

（2）第二次课

交“一草”（绘制总平面图，确定出入口位置、设计流线，进行建筑大体造型设计、选择材料等）。

（3）第三次课

交“二草”（深入设计，做出初步方案。解决功能布局，合理安排空间）。

（4）第四次课

交“三草”（进行平面设计、立面处理、空间组织以及简单的外部环境处理，洁具布置，环境布置，完善剖面设计，做出体量模型）。

8）学生作业展示

作品名称《拾·山川》，如图 4-1-6 所示。

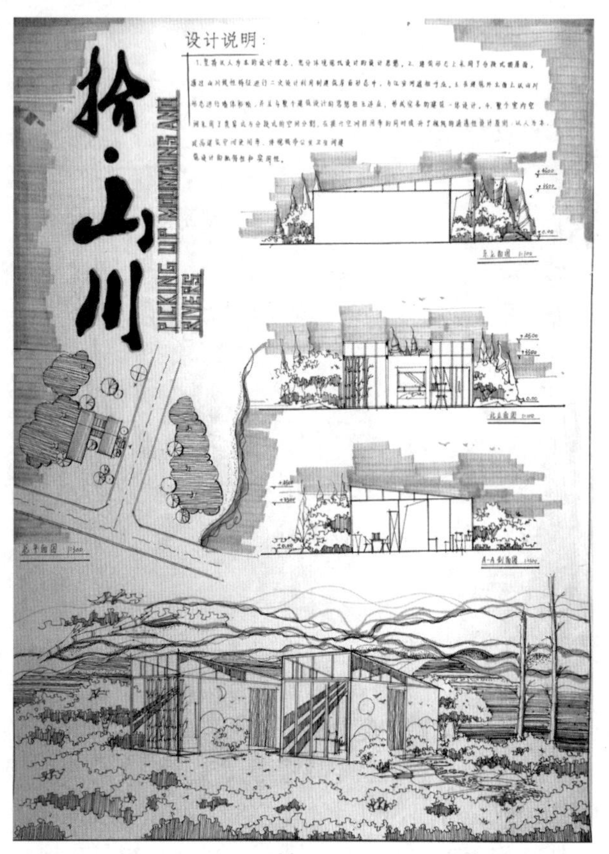

(a)

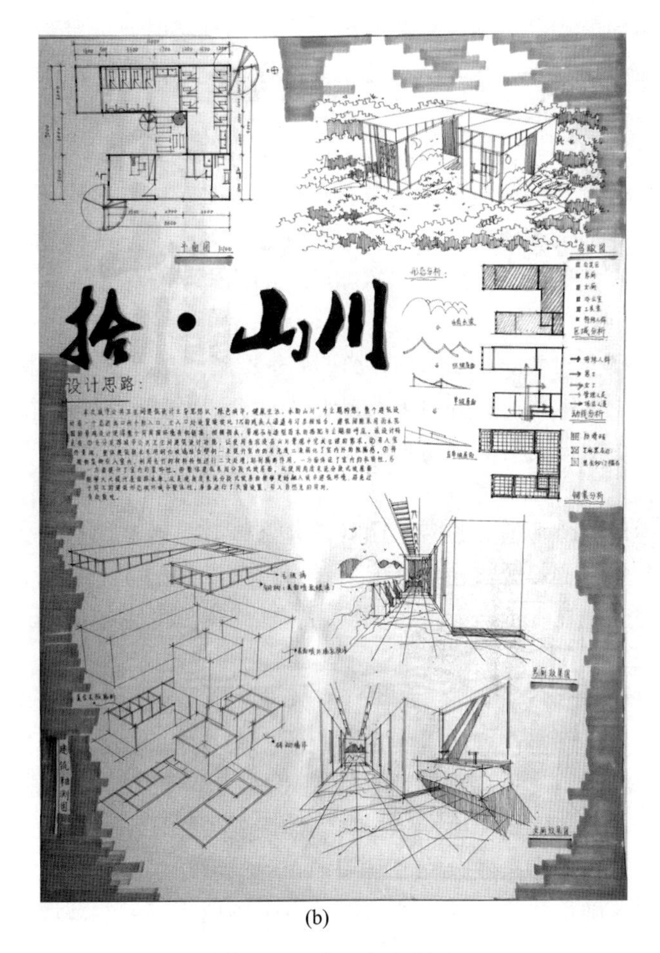

(b)

图 4-1-6　学生作业展示

4.2　设计资料收集与整理

4.2.1　踏勘现场

1. 踏勘现场内容

1）场地自然本性

对于风景园林建筑，环境条件是其所依据的必要客观条件，通过对环境条件的调查、分析和总结，可以较好地分析判断出地段条件对建筑设计的制约及影响，并清晰划分场地内各类条件是充分利用条件、通过改造充分利用条件，还是应回避一定条件，方便在分清条件类别的情况下有的放矢地解决各类现状条件导致的问题，并且为后续设计服务。

（1）气候条件

建筑是要在当地实地落成并投入使用的，因此建筑建设场地的气候条件是建筑设计影响条件中至关重要的一个，气候条件如温度、日照、干湿、降雨、降雪、风速等对建筑的材料选用、布局模式等的确定至关重要，在踏勘现场时要记录当地的气候条件变化情况，并确定场地所在气候分区，如气温、气压、降水等随一年时间变化而产生的变化，为后续设计提供参考依据。

（2）气象条件

场地的气象条件对于场地使用方式及布局的确定有决定性的作用，建筑设计是真正要投入使用的，因此记录场地所处地的风向、气温、降水、空气湿度、日照、雷击、空气污染等气象条件各类指数，为后续建筑朝向等的确定提供依据。

（3）地质条件

建筑设计要从安全出发，因此在踏勘现场时要探勘当地的地质构造、地层的稳定性、土的特征以及土壤承载力，并且要判断是否适合工程建设以及有无抗震需求。一般根据地质条件，将地块分为有利、一般、不利和危险地块。

（4）地形地貌

探勘场地内的地貌是平地、丘陵、山林或是陡崖，是否有树林、山川、湖泊等。如场地内有良好的自然视觉资源，在设计时要结合建筑景观朝向进行综合考量。充分利用现有地形地貌，并在此基础上适当进行调整，在建筑周围考虑如何利用微地形营造良好小气候环境。

2）场地周围自然环境

在探勘现场时，不仅要探勘建筑所在场地的自然基底条件，还要探勘场地周边的自然环境条件。如探勘建筑建设场地周围是否有密林、河流、山川，是否有自然保护区、永久基本农田等。在建筑规划层面，要根据场地周围自然环境确定建筑的各项技术经济指标、用地界线以及与周边自然景物的联动；在建筑设计层面，要根据场地周围自然环境的视觉景观资源，确定建筑的景观朝向以及根据场地周围自然环境的重要等级，在设计与后续使用中，考虑绿色建筑理念贯彻落实的措施，并以可持续发展理念为设计方针进行长远性考量。

3）场地周围社会风貌

（1）周边用地性质探勘

在踏勘现场时，不局限在建筑所在的场地本身内，在条件允许的情况下，要尽可能丰富详细地收集周边用地性质的信息以辅助建筑设计，要依次沿着宏观层面、中观层面、微观层面进行踏勘调查。

首先，要从宏观层面对场地有大致了解，如场地所在城市在哪个城市群区位下、场地是否位于有国家政策指向性的区域。

其次，在中观层面，专注场地所在城市内用地的调查，踏勘内容有场地所在城市的性质、场地周边用地的性质。由于建筑设计是基于场地而生的，会与场地有所呼应，因此场地所在城市的性质是工业城市、旅游城市、文化城市，还是科技城市，都影响着建筑的外观设计与内涵设计。

最终，应在微观层面进行踏勘调研，考虑到建筑设计更是基于实用功能而生的，场地周边的用地性质是商圈、交通枢纽、旅游景点、文化遗址，还是政府办公区域以及场地周围的道路交通情况，对于场地形式、个别功能分区的分布位置与规模都有着相应的限制。

（2）周围城市风貌

建筑的设计应遵循人本主义的中心思想，在设计过程中，着重考虑服务人群、使用方式等。因此，建筑的设计是有温度、有特色的，设计时不能将建筑孤立于周围场地之外，要延续场地记忆与场地特色。场地的人文环境为建筑创造丰富且有个性特色的造型与布局提供了必要的启发与参考，因此踏勘时应特别注重场地人文环境的发现与利用，充分发挥其人文特色。

4）场地设施

建筑的设计是有时间厚度的，后续的使用功能也是建筑设计的重要部分，因此在设计前期的踏勘过程中，要仔细踏勘场地的市政设施分布情况，如水、暖、电、通信、气、污、管网分布及供应情况等，思考能否支撑后续功能区的设计及使用功能的正常运转。不仅如此，踏勘时还应仔细调查场地内有无高压线通过、距地多高、走向如何等高危设施的分布情况，避免未来建筑建设及使用时存在安全隐患。

5）场地特殊性

建筑的设计有场地性，因此设计前期的踏勘过程中除了上述常规程序的调研步骤，还要仔细观察场地有无特殊性，如政策、场地自身遗留问题等，如有无历史遗迹、有无古树名木等。设计中要因地制宜、灵活调整。

2. 踏勘现场方式

1）体验法

设计任务书所给的仅是在平面上表达的地形图等资料，且在没有到达现场前，设计者对环境的认识会毫无感觉。设计者到现场之后的工作除了对照着地形图进行核对且认知现场的情况，还要身临其境地感受一下现场的空间、尺度、氛围等。

设计者踏勘不仅是观察，体验的过程中要有意识地获取一些设计信息，还可以在现场试着对设计方案进行总体构思，可以先在脑海中初步建立一个虚拟的设计目标，让它“立”在现场，结合周边的建筑现状，想象整个项目的整体感觉。这种既有现场切身感受，又可以和业主、同事就地讨论的绝好机会，也许真的可以收获一些项目的构思与启发，正式着手设计时就有了基础。

2）测量法

为了更科学精准地踏勘现场情况，可以采用测量的方法对场地的资料进行多方位的收集。对场地自然本性的土壤疏松度、空气湿度、空气污染物颗粒密度、水质条件，场地周围自然植被景观丰富度、生物多样性等资料，以及建筑基底的长度、宽度、倾斜度等数据进行测量记录，通过精确地测量来呈现场地基址现状，为后续有依据、有针对地设计提供服务。如卷尺测量法、经纬仪测量法、温度计测量法等。

3）走访法

建筑是为人服务的，如当地的民风民俗，如果建筑与当地人的信仰、习惯相悖，当地人就不会去使用，不被使用的建筑就是一个不成功的建筑。而这些习俗多是县志上不曾记载的，是需要深入到使用者群体去走访收集的。在建筑面向不同年龄段的使用人群时，走访踏勘就显得尤为重要，通过走访可以让设计更加满足使用者的需求，实现“为人设计”的诺言。除了风俗习惯，使用者的实际需求更需要我们重视起来，不应该以做出仅按一般设计原理设计而成的平庸之作为目标，设计者只有走到使用者当中，才能获取这些至关重要的信息。

4）问卷法

从建筑的发展历史来看，建筑最早就是为了遮风挡雨而诞生的，因此建筑是立足于实用功能的，在满足了基本原则要求后才开始对其进行美化。而问卷法作为一种设计者与使用者相互配合的调查方式，能在设计初期让设计者充分了解使用者对建筑的需求，方便设计者根据需求，做出有“温度”的建筑。问卷调查法还具有高效的优点，同时问卷的题目设计也应精心研究，不可过于复杂，注重被调查者体验的同时要高效获取所需信息。

5）影像法

以上几种方法多是需要人工操作的，且为保证设计的质量，需要尽可能多地收集一些资料来辅助设计，就会消耗很多时间成本。随着科技的进步与发展，许多技术发展起来，在实在有困难无法到达实地调研的时候可以为我们收集踏勘需要的资料，如照片、遥感、无人机、GIS、卫星图等方式。照片、卫星图、无人机、遥感都可以帮助我们了解到建筑的区位关系以及周边用地的性质。不仅如此，地理信息系统即 GIS，还可以通过场地的基础数据进行坡度坡向分析、水文条件分析、交通分析等，提炼出场地特征，服务于后续设计。

3. 踏勘现场的必要性

建筑设计有着创造性、综合性、社会性、过程性、双重性五大特点。建筑设计是人与建筑共同作用形成的，设计师不仅要面对千差万别的地段环境，而且要满足使用者的不同需求；它不仅涉及建筑方面的知识，还涉及结构、环境心理、材料、人文等多方面的知识，是一门综合性学科；建筑设计落地后将成为自然与城市环境的一部分的，因此设计中就要平衡社会效益、经济效益与个人审美三者之间的关系；整体来看，建筑设计是一个由浅入深、循序渐进的过程，对于需要投入大量人力、物力、财力，关系到国计民生的建筑工程设计，更不可能是“一时一日之功”就能够做到的，它需要一个积累的过程，需要科学、全面地分析调研，深入地思考想象，需要多方听取使用者的意见，需要在广泛论证的基础上优化选择方案，需要不断地推敲、修改、发展和完善。整个过程中的每一步都是互为因果、不可缺少的，只有如此，才能保证设计方案的科学性、合理性与可行性。

基于风景园林建筑以上几大特点，踏勘现场十分必要，它不仅是设计灵感的来源、社会效益及经济效益的保证，也是其科学合理性的支撑，更是风景园林建筑真正生命的根基。

4.2.2 资料整理

相关资料的收集包括以下几个方面。

1. 项目上位规划资料

项目上位规划资料的收集，要求设计承托方即设计者通过与委托方的多方面沟通，全面了解项目的性质、建筑类型、使用主体、功能需求、用地范围、建筑用地红线以及容积率、建筑高度、绿地率、建筑密度等，做到心中有数。

2. 项目背景资料

项目背景资料的收集，同样要求设计承托方即设计者通过与委托方的多方面沟通，全面了解项目的投资主体、投资额度、项目性质、建筑类型、使用主体、功能需求、用地范围、建筑用地红线以及容积率、建筑高度、绿地率、建筑密度、业主要求等，为进一步全面把握设计的方向与重点做好准备，通过了解设计任务的重点、客观现状、需要解决的关键问题，并根据需要与投资规模提出切实可行的合理化建议，供委托方参考。

3. 项目设计任务资料

建筑是以人为本的设计，它立足于使用者的需求，因此设计前必须充分交流沟通，明确设计任务，以设计任务中的硬性规定为设计依据，与个人审美相融合，做出满足设计者与使用者要求的建筑。如设计任务规定的设计命题是新建还是扩建，规定的建筑面积、房间数量、功能流线与布局等资料都需要设计者进行收集、提炼。

4. 项目立地资料

1）自然

如项目所在场地的气候、地质、地形、地貌、气象等资料。

2）人文

如项目所在场地的历史文化、风俗习惯、宗教信仰等。

3）设施条件

如项目所在场地的水、暖、电、通信、气、管网分布及供应情况等。

4）视觉景观资源

如项目所在场地的自然景观资源质量、数量与分布情况。

5）经济技术

如项目所在场地的经济发展水平与技术发展水平，对于建筑的落地建成至关重要。如在交通不便利、技术落后的偏远地区，设计需要先进设备才能建造出的建筑就不太合理。

5. 同类实例设计调研资料

在设计时，参考同类实际建成的设计项目的优秀之处以及其后期运营管理方法，消化其优秀之处，借鉴参考到自己项目内。

其中可用以参考的实例资料内容大概有以下几点：

第一点，功能使用情况调查。首先，需要设计者亲身感受一下所设计的建筑是由哪些功能组成的，并调查一下该建筑的各大功能部分是如何布局的，有什么突出特点，各自的优缺点又是什么。并观察使用者进入建筑前后的使用反馈。

第二点，室内空间形态调查。不同功能内容的建筑对空间形态有着不同的要求，设计者要仔细调查清楚各类建筑空间的特征是什么，比如有的剧场在满足层高要求后在适宜的地方打造多层观众休息廊会显得高大恢宏等。

第三点，设计手法的调查。设计手法完全是设计者对知识与技巧的运用。通过实例调查，一方面，可以积累设计知识，另一方面，可以收集这些设计成形的思考过程与手法并加以借鉴、运用。

第四点，施工做法的调查。在方案设计中，不能只抓方案性的问题进行推敲，而完全忽视它的可行性以及可操作性如何，这样等到方案深化设计时，可能会遇上对这些细节性设计问题落实的困难。与其到时束手无策不如趁实例调查时，对调查的内容再深化些并将目光放长远些，这些知识也是靠日积月累的。此外，许多装修的细部做法，在调查中也要仔细琢磨，为后续设计提供服务。

由此可见，实例调查对实际设计的提升是不可或缺的。

6. 文献资料

衡量一项设计成果的水平高低，不仅要看设计者对专业知识的掌握程度以及运用效果，还要看设计者运用其他学科知识的广度和深度。因为建筑设计是一门综合性很强的学科，涉及的知识领域相当宽泛，需要多学科知识综合作用于建筑设计过程。如果仅以建筑学专业的知识来解决设计问题，则设计成果只能停留在满足使用功能的一般水平上。只有通过阅读相关文献，并从中获取知识，将所需的多学科知识共同融入建筑设计领域内，才能使设计成果上升到一个更高的水平。

例如，当设计者设计一座教育用建筑时，除了应运用建筑专业的知识展开建筑的设计工作外，还需要阅读一些有关生理学、教育心理学、教育学、教育管理学等有关论述学生身体、智力、言语、情感、意志等身心健康发展的理论与知识，以及这些成长条件对建筑设计的要求。设计者只有把创造适于使用者身心健康发展的建筑环境作为幼儿园建筑设计的出发点与宗旨，才能从设计的整体把握到对细部的推敲上将幼儿园建筑设计成精品，也才能把“为人而设计”的理念落实到设计作品中去。

总之，大量阅读相关的外围知识的资料、文献可以使设计者收获更多灵感，跳出建筑学专业的局限，站在更高、更深的境界做出高精水平的设计。因此，广泛阅读相关资料对于建筑设计大有裨益，特别是对于初学风景园林建筑的设计者而言有着很好的启发作用。

思考题

1. 工程项目设计任务书和课程设计任务书有什么不同？它们各自的侧重点是什么？
2. 你认为设计任务书的设计原则是什么？
3. 谈谈你对设计任务书解读重点的理解，并阐述原因。
4. 在解读设计任务书的过程中，怎样才能快速抓住重点？请举例说明。
5. 除了以上提及的场地踏勘内容，你还能想到别的内容吗？
6. 简要说明风景园林建筑设计前场地踏勘和资料收集的必要性。

第5章

方案构思

本章主要内容：具体介绍风景园林建筑设计的方案构思，包括构思来源和构思方法。

5.1 构思来源

第4章所述的设计前准备工作，无论是设计文件的解读还是设计信息的收集与整理，都是设计工作正式启动前的必要环节。其目的是明确初步影响和制约设计的前提条件，即从开始到实现设计目标全过程的各种因素，使设计工作的正式启动得到保证。前期工作准备得越充分，方案探索的方向性就越明显，其实施的可操作性就越强。

正所谓万事开头难，难就难在从无到有。当我们开始探索方案设计时，就进入了建筑方案设计创作的最关键、最困难的阶段。这是由于该阶段的各个环节如方案构思、初步设计以及方案深化与完善都直接影响设计方案的发展走向与成果质量。在整个方案设计过程中，把握其主要矛盾并设立正确科学的设计目标是一件极具挑战性的任务。但是，只要我们对创作充满激情，充分调动聪明才智，领会正确的设计方法，熟练运用的科学技术，经过艰难探索，就能够越来越明确设计目标，继而创造出初步设计方案的大体框架。

完成设计的准备工作后，是无法直接开始设计的，设计者需要在设计准备工作的基础上，掌握设计的总体思路，进行概念构思，并以此为依据预测设计目标和结果。

若在展开设计工作前没有对场地的核心特质进行深入的思考与提炼，很容易走向盲目设计，设计结果必然会出现随意性与千篇一律的问题。也就是说，想要设计出一个好的建筑，必须要充分发挥设计师的想象力与创造力，将场地特质与设计师的独创性理解相结合，确立一个新颖特别、独一无二并且与场地十分契合的概念构思。由此可以看出，确立出精准而独特的概念构思往往是优秀建筑创作的核心。

5.1.1 创作灵感

创作灵感的出现场合可能是多种多样的，可能在不经意间灵感就会悄然出现。在此应说明，灵感并不是没有任何积累就可以得到的，它需要设计者有丰富的想象力、大量知识与经验的积累。

1. 想象力

一个缺乏想象力的设计师是难以达到高水平的创作力的。想象是建筑创作构思中不可缺少的收集灵感的过程。世界上每个人都有想象力，只是大家的脑海中可以被激活的知识储备量不同而已。具体表现为，创造性强的人可以根据对已有的知识、信息进行碰撞、组合，萌发新的想法，从而提出新的见解、创造新的形象；而创造力不强的人本身知识储备就具有一定局限性，再加上其寻找信息与信息之间关联的能力不足，很难提出与众不同的具有创新意义的观点与想法，仅能做到关联方案的生搬硬套。看到这里，许多读者可能会陷入自我否定的心理，但其实大多数人并不是生来就具有很强的想象力，想象力与创造力是与创造性思维密切相关的，是经过一定“刻意”训练后，每个人都可以提升的一种思维能力。因此，与其自我否定不如想办法提高。

创作想象对于设计师而言，是在创造设计中建构新形象的过程。运用创造性思维充分发挥想象力，并结合以往的实践经验，是创新创作的重要步骤。任何艺术创作的灵感都要经过从一般想象到创造性想象的历程，当然也包括建筑艺术的创作。想象的升华是一个淬炼的过程，这个过程往往会激发设计师对建筑无限的遐想，若沉浸其中将会是极其迷人的历程。

例如，著名华裔建筑师贝聿铭先生的代表作品之一——美秀美术馆，其创作灵感来源于中国古代的文学和绘画作品，如《桃花源记》中所描述的仙境。贝聿铭先生第一次到这个场地时，就曾感叹“这就是桃花源”。到达此地山高路险，正如寻找桃花源的过程。为了方便交通，专门建造了隧道和直通馆址的公路。然而隧道并没有直接指向主建筑，而是随着地势蜿蜒，恰好在入口时将主建筑遮蔽，在快要出隧道时豁然出现，豁然开朗之震撼就这样被运用得淋漓尽致。而后在山谷之间吊起一座非对称的吊桥，桥的另一端便是美术馆的正门。为了满足日本对自然保护的各项要求，美术馆的绝大部分在地下，地上部分隐蔽在万绿丛中，与周围自然环境保持应有的和谐。贝聿铭将其建在一座山上，人们从远处眺望，露在地面部分的屋顶与群峰的曲线相接，好似群山律动中的一波。

这一设计完美体现了设计者贝聿铭的创作想象：创造一个现实中的桃花源。贝聿铭向我们展现的是这样的一幅古画：画中一山一谷，还有藏在云雾中的建筑。走过一条蜿蜒绵长的小路，到达一个幽静的堂屋，它隐藏在山涧中，只有虫鸣鸟叫、山泉瀑布声与之相伴，那便是远离人间的仙境，如图 5-1-1 所示。

图 5-1-1　美秀美术馆

贝聿铭大师这种如诗如画的想象，充分调动了参观者的感官想象，产生互动效果，不得不说高人一筹。由此可看出，构思的精妙之处在于埋下伏笔，欲扬先抑，让观者沿着设计者的想象空间，感受内在的韵味与真谛。

创作灵感虽然属于偶然性的、转瞬即逝的灵机一动，但只要你善于抓住这突然闪现的点子，就很可能会使原本混乱的思路捋顺，落地生根，从而生成某种新的概念。这种复杂的思维活动对创作可以起到积极的推动作用，这里称为灵感思维。灵感思维表现为“山重水复疑无路，柳暗花明又一村”的顿悟现象。它看似总是突然发生，没有任何征兆，也不是循序渐进的过程。但其实大家应该都有这样的体验：为了确立一个设计意向，总要耗费大量的时间精力苦思冥想，有很多时候倾入大量心血却没有得到答案。然而，正当无路可走甚至想要放弃的时候，也许你在操场散步，休息疲惫的大脑，突然无意看到的事物启发了你的想象。这说明，虽然灵感迸发是突然的、没有预兆的，但在灵感来临之前必定有一个漫长的酝酿过程，唯有熬过艰苦思索，才能孕育出精彩的设计。

综上所述，想必读者也对灵感来源的偶然性有了一定的理解。虽说灵感发生是偶然因素在起支配作用，但可以肯定的是，如果大脑中没有一定的知识储备和经验积累，等待灵感触发就如守株待兔一样希望渺茫。从哲学的角度看，这是偶然性存在于必然性之中的客观规律。也就是说，灵感的触发一定要建立在知识和经验的积累上，不要急功近利，踏实地做好大脑的充实是我们积累灵感最简单便捷的途径。

2. 知识与经验积累

立意来源于知识和经验，并与设计者脑中储存的知识和信息量成正比。天才设计者的灵感由此生发，因而说天才设计者的灵感不会来源于空无一物的头脑。大自然中的林木虫鸟因具有惊人的力学效率而产生形态美，这种美通过力学的工程设计表达出来。建筑学家圣地亚哥·卡拉特拉瓦创造性地通过模仿大自然中树木的形状、类似人形等具有内在秩序的形态，在建筑设计中以纯粹结构形成优雅动态或以技术理性形成逻辑美态。

这座被卡拉特拉瓦称作“奥林匹克梦想”的建筑的设计灵感来自拜占庭建筑，其穹顶、蓝白基调来源于爱琴海及其诸岛。这对已存在 20 年之久的老体育馆产生了颠覆性的改变。如图 5-1-2 所示，它将两只钢穹顶横跨球场上方，半透明玻璃悬于座位区域之上方，让阳光进入的同时阻隔热气的侵袭。此座集结了现代工程材料——钢材、混凝土、玻璃等，融入了自然风光，又凝聚了“雅典之光”的伟大建筑，能够令人难忘并使奥林匹克精神得以重新焕发。

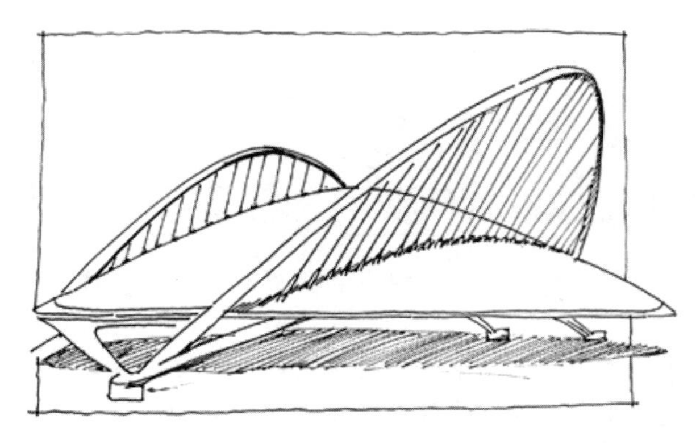

图 5-1-2　雅典奥运会主场馆

依托生活中的长期积累，建筑师通过借鉴日常生活的美好事物和经典建筑作品，并对其捕捉保存加以提炼挖掘和开发转化而形成新的灵感。长期积累的这种灵感在某一时刻的集中闪现往往形成令人拍案叫绝的建筑佳作。

《新华词典》对“基本功”的定义：“从事某种工作所必需的基本的知识和技能。”按此定义，成为建筑师的基本功是掌握从事建筑设计所必需的基本知识和技能，明确提出了建筑设计基本功（以下简称基本功）的必要性。离开基本功的设计就如海市蜃楼，只能存在于想象之中无法落于实处；而脱离设计的基本功也就失去了其重要的意义。基本功是一种综合的能力，它应该被理解为建筑设计的基本能力，而不能简单地视为绘画等任意一项技能。

建筑创作包括主旨、构思、表现手法 3 个级别。高级别创作的实现依托于低级别创作手段的支撑，而低级别创作又服务于高级别的创作，不同级别的创作缺一不可，其相互之间紧密联系、相互补充。主旨作为统领整个设计的高级别创作，具有指明创作方向的关键作用；而表现手法是低级别的创作，是实现创意必不可少的方法和手段。主旨往往是建筑师建筑哲学理念的阐述，常带有抽象的特点；构思是主旨在建筑设计的各方面各环节的展开，同一个主旨可以发展出不同的构思，因此构思具有多样性。不同的建筑师有其不同的表现方法和体系，当建筑师的建筑表现方式自成系统并能全面服务于他的构思主旨时，必然具有鲜明个人特色的建筑风格。

在形成建筑构思的过程中，理论中理想的思维程序是由主旨到构思再到表现手法的层层落实的线性状态，如图 5-1-3 所示；而在学习阶段，构想过程往往无法立即达到成熟的思维程序，多表现为混乱状态，如图 5-1-4 所示。读者们会发现自己的思维方式可能出现以下这些问题：构想往往从低级别的表现方式开始；或同时产生两个级别的构想，而二者不能协调一致；又或者不成熟的表现手法无法实现最初的主旨，因此只好更改主旨；也许还会发生主旨没有达到统领设计层次的现象。基本成熟的构想状态应是如图 5-1-5 所示的思维程序，构想多从高级别的构想开始发生，3 个级别的构想能相互协调一致，这是构想能力的基本功所应达到的标准。

应注重训练自己构想的基本功，通过一些课程设计有意识地训练自己确立主旨深度的能力，同时激励自己灵活构思、丰富表现方式。有意识地训练不仅可以提升构想基本能力，还有助于养成良好的思维方式。

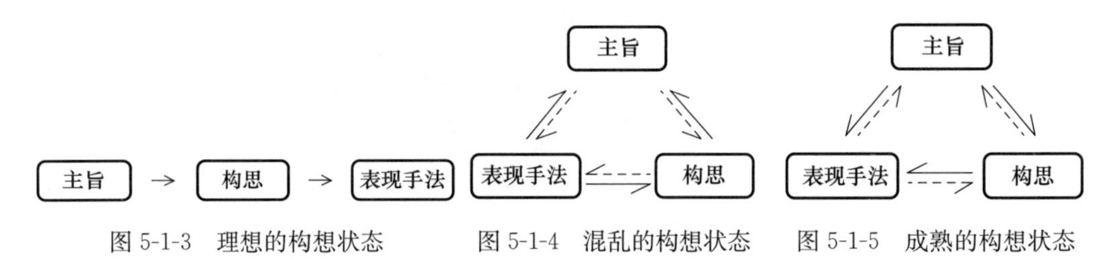

图 5-1-3 理想的构想状态　　图 5-1-4 混乱的构想状态　　图 5-1-5 成熟的构想状态

主旨是设计的开端，是构思的来源，也是设计的最终目标，它决定着建筑作品能到达的层次，也是建筑设计师艺术文化修养的体现。优秀的设计、艺术的设计、新颖的设计，是不可能仅依靠手法和技巧来打造的，应是基于设计师对设计对象的深入探索得到的对建筑本质的感悟，基于设计者职业操守和对行业发展的追求，这些内涵都应在主旨之中得以体现，并由其延伸发展出一个或多个设计作品。

构思是解决设计问题的策略，是实现主旨的布局方式。构思贵在打破常规，贵在精准灵活地解决各种设计难题。构思的关键是创造力，具有灵活思维、创新意识的设计者往往能带来令人眼前一亮的作品。

表现手法是建筑师专业性最强的能力，是实现主旨和构思的具体的设计方法，它决定着建筑的具体形式。大家需要在大量的案例学习中不断积累各种表达技巧，并在实际方案中锻炼运用能力。应结合相关课程广泛涉猎从古代到现代的各种建筑表现形式，并尝试自己总结规律，这将对建筑表现手法的积累十分有帮助。

5.1.2　设计理念

建筑设计理念在设计者设计过程中起到支配作用，设计者的理念不同，很大程度上决定了设计作品之间的差异。科学的设计理念是创作出优秀作品不可或缺的重要依据，错误的设计理念也是造成部分设计者创作深度不够、浮于表面的根源。世界著名的建筑设计大师大多拥有自己的一套完整的设计理念，这种哲学理论是在建筑创作实践中产生的，又是自己设计实践的重要指导。

例如，萨伏伊别墅是勒·柯布西耶（Le Corbusier）基于“新建筑五点”的建筑设计理论，探索现代主义建筑革新的代表作，如图5-1-6所示。

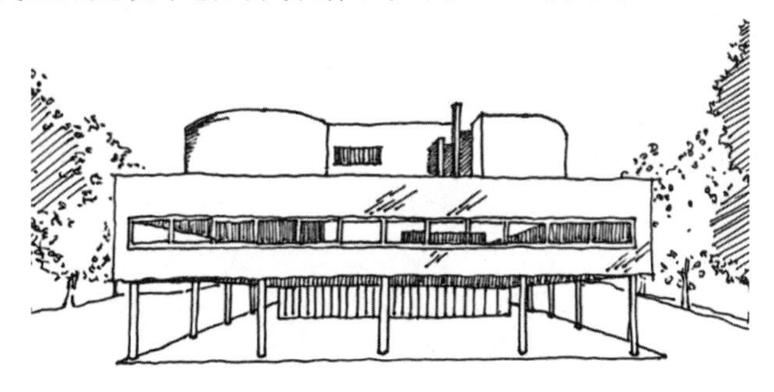

图5-1-6　萨伏伊别墅

日本的光之教堂是安藤忠雄的代表作之一，如图5-1-7所示，其基于建筑的情感力量来自建筑空间中的自然元素的理念，采用了极简主义风格的水泥裸墙和从十字形狭缝透过的光来强调建筑带给人的情感。

巴塞罗那国际博览会的德国馆是密斯·凡·德·罗基于“少就是多”的建筑设计理论创造出的经典作品，如图5-1-8所示。

又如赖特设计的流水别墅，设想要让业主伴着瀑布生活，使瀑布成为业主生活中不可分割的部分。因此，他把别墅设计悬于瀑布之上，使两者融为一体，如图5-1-9所示。

贝聿铭设计美国达拉斯市政厅时，他认为“室外比室内更重要”。因此，说服市政府要多买一些地，以便在市政府前能有一个较大广场，形成人们的活动中心，如图5-1-10所示。

由此看出，一座能载入建筑史的具有重大影响力的建筑物或一种能推动创作革新的设计方法论都是建筑哲学理念的实践。

图 5-1-7　光之教堂
（资料来源：谷德设计网）

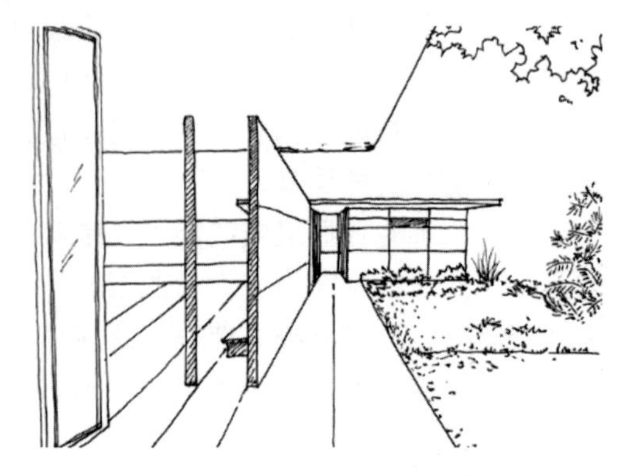

图 5-1-8　巴塞罗那国际博览会德国馆

图 5-1-9　流水别墅

图 5-1-10　美国达拉斯市政厅

5.2　构思方法

5.2.1　环境构思

建筑物一定处于某一特定的环境之中。从微观上看，“环境”受到基地周边所有环境因素的制约，包括地形、地貌、道路、广场、绿化、水体、现存建筑、保存文物，甚至阳光、空气等；从中观的角度看，建筑是与城市环境相联系的；从宏观上看，它直接和间接地受到该地区自然环境和人文环境的影响。如果以“环境”这 3 个方面作为设计条件，是否会给创作理念带来一些启示，取决于设计师能否用敏锐的眼光捕捉到环境带来的灵感。因此，可以说环境是建筑设计的源泉，是设计师“灵感”的关键。

1. 自然环境构思

自然环境构思法是指建筑与其所处自然环境如何协调的方法。在自然界进行的建筑创作不能等同于在城市进行的建筑设计。应把建筑看作自然的一部分，与之和谐相处，而不是凌驾于自然之上，只有这样，才能设计出好的作品。

1）自然环境的类型

影响场地设计的自然环境因素包括地形、地质、地貌、水文、气候等。场地内的自然条件对景观设计的影响是具体而直接的，对这些条件的分析是了解场地自然条件的关键。对于自然环境因素来说，不仅要考虑场地范围内的部分，更要考虑场地环境的整体情况。

（1）水文

水文指河流、湖泊、海洋、水库等地表水体的状况，它与较大区域的气候特征、流域水系、城市区划、区域地质和地形条件密切相关。天然水在供水、水运、改善气候、雨水排放、美化环境等方面发挥着积极作用，但也可能带来不利影响，特别是洪水。水文条件对建筑选址也有重要影响，主要体现在水面高程、地表径流和地下水埋深3个方面。

首先要调查附近江河和湖泊的洪水位、洪水频率和洪水淹没范围。按照要求，建设用地宜选在洪水位以上0.5～1m处，洪水频率为1%～2%（即洪水100年一遇或50年一遇），反之，常受洪水威胁的地段不宜作为建设用地。特殊情况下，应当根据土地利用性质的要求，采用相应的防洪设计标准，修建堤防、泵站等防洪设施。在一般测绘图中应标明地表径流。施工场地的选择，应以不阻断天然地表径流为前提。在不能避开的地方，应设置排水沟、涵洞等工程措施。当地下水位过高时，会严重影响建筑物地基的稳定性；特别是当局部地表为湿黄土、膨胀土等不良地基土时，危害较大，应尽量避免选择，最好选择地下水位低于深度的土地。

（2）气候

气候和小气候是自然环境的重要组成部分。气候条件对风景园林建筑设计有较大的影响。不同气候条件下的不同地区会有不同的建筑设计模式，这也是形成地方特色园林建筑的重要因素之一。首先要了解场地所在区域的气象背景，包括冷热程度、干湿条件、日照条件、当地日照标准等；还要了解一些比较具体的气象资料，包括常年主导风向、冬夏季主导风的风向、风势、降水量大小、季节分布、降雨量和冬季降雪量等。场地及其周围环境的一些具体情况，如地形、植被、海拔等，会对气候条件产生影响，特别是对场地的小气候产生影响。

①日照

受日照的影响，在建筑布局时，还应考虑建筑之间院落的大小，避免南侧建筑对北侧建筑过多的影响。在进行风景园林建筑设计时要查询和收集当地的规范或准则，注意日照对建筑设计的影响，如日照时间的要求等。

此外，日照还会影响建筑物的内部空间安排。在设计建筑平面时，要特别注意防止西晒。为解决该问题，可以将东西墙面做45°折角处理，房间朝向改为东南向或西南向，以缓解西晒问题，如图5-2-1所示。

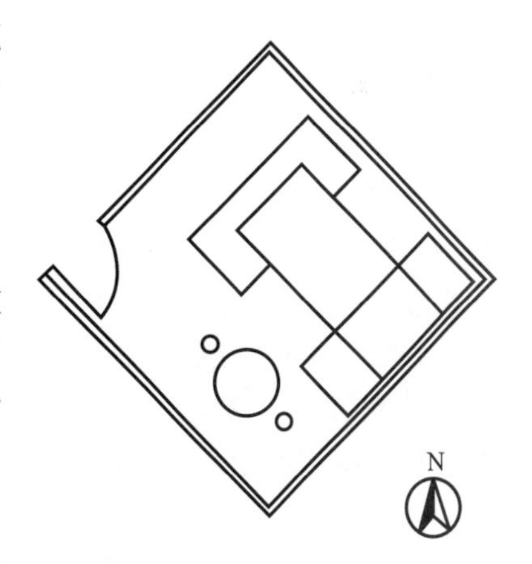

图5-2-1　东西墙45°折角处理

②降雨

从世界各地的民居中，我们可以看到，由于气候的影响，景观建筑呈现出不同的特点。住宅建筑对气候响应的一个明显例子是屋顶坡度的变化：中国北方屋顶坡度相对平缓，向南逐渐增大，到达江浙后，向东南沿海又有所减缓。此外，过度降雨导致的洪水、泥石流等自然灾害也应在考虑范围之内，这与建筑的室内标高和排水工程密切相关。

③温度

风景园林建筑形式也受到气候的影响，例如在炎热的东南亚地区，为了快速散热，在炎热的天气里也能有良好的观景体验，构筑物包括观景亭一般为四角亭，单层居多，形状简洁优美而工整，不似欧式柱那般繁复，天面材料多采用印茄木，屋面层的材料以树皮、青石板为主，黄锈石、西班牙瓦为辅，而宝顶则是雕刻韵味十足的东南亚风格。

（3）地形地貌

地形地貌是场地形态的基础，包括整体坡度、地形走向、地形起伏大小等。一般来说，风景园林建筑设计应服从于场地原有地形，因为从根本上改变场地原有地形将带来土方量和建设成本的大幅增加。另外，一旦缺乏考虑会对场地造成巨大的破坏，这与可持续发展的原则背道而驰，因此从经济合理性和生态环境保护的角度出发，景观设计应立足于对自然地形的适应和利用。

坡度用来表示地表单元陡缓的程度。国际地理学联合会地貌调查与地貌制图委员会关于地貌详图应用的坡地分类规定：0°～0.5°为平原，0.5°～2°为微斜坡，2°～5°为缓斜坡，5°～15°为斜坡，15°～35°为陡坡，35°～55°为峭坡，55°～90°为垂直壁。一般情况下，建筑物总是选择在易建的地方，并根据经济技术指标计算布置方式。许多建筑设计规范都会给出适当的坡度。当坡度较小、场地各部分起伏变化较少、地势较为平坦时，地形对风景园林建筑设计的影响不强。当坡度较大、场地各部分起伏变化较多、地势变化较复杂时，地形对风景园林建筑设计的制约和影响就会十分明显，包括但不限于场地分区、建筑物的定位、场地内的交通组织方式、广场及停车场等室外构筑设施的定位、道路的选择、工程管线的走向、地面排水组织形式、场地内标高的确定等，都会与地形地貌有直接的关系。

山地风景园林建筑的处理方式：

山地环境中的风景园林建筑设计不同于其他场地的设计。其中一个重要特点是在施工上需要克服山地地形的障碍，为人们的活动创造一个平坦的场地。在山地环境中，园林建筑与山地的结合方式多种多样，体现了园林与山地共存的不同方式。具体组合方法如下：

①平整地形，以山为基，如图 5-2-2 所示，挖填方结合，是处理山地地形与园林关系的最简单方法。该方法提高了景观结构的稳定性，适用于坡度平缓、地形变化小的山地环境。平整地面不仅要通过切割，还要利用地形搭建平台。在人与自然的共同作用下，将建筑放置在一个平台上，以增强建筑的高耸感和庄严感，使建筑体量在山中更加突出，并有一个稳定的状态。

②悬挑架空，“漂浮”于山，如图 5-2-3 所示，要使山水建筑在山体环境中呈现出险峻的姿态，可以使山水建筑的主体全部或部分脱离地面，在山上“漂浮”，底层是架空的，部分是悬垂的。底部架空是指景观建筑的底部与山体地面分开，仅由柱、墙或局部实体支撑，使景观建筑的下部保持视线的通透性，减少建筑实体对自然环境的阻隔，与自然和谐相处。

③依据地势，嵌入山体，如图 5-2-4 所示，使风景园林建筑体量嵌入山体，最直接的做法是将建筑局部或全部置于原有地面标高以下。根据山地地段形态的不同，具体的

处理手法也有不同的变化。一些园林建筑依附于山洞等自然洼地形成的空间，使建筑体量正好填补了山洞的空缺。

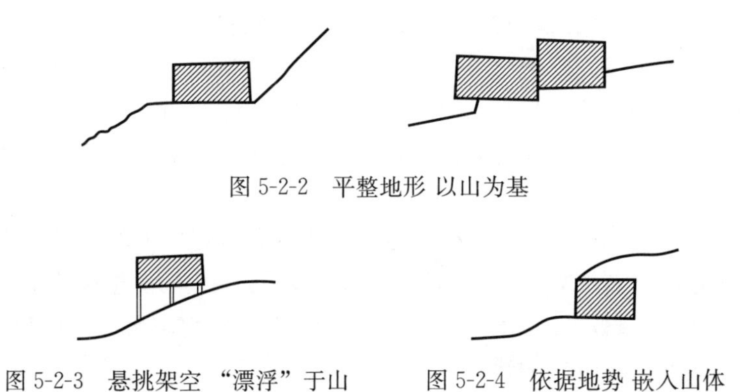

图 5-2-2　平整地形 以山为基

图 5-2-3　悬挑架空 “漂浮”于山

图 5-2-4　依据地势 嵌入山体

(4) 植被

植被是场地地形地貌的具体体现，植被状况也是影响设计的重要因素。人们在充满自然气息的广袤植被和没有植被的贫瘠土地上的感受是截然不同的。此外，场地内的植被状况也是生态系统的重要组成部分，植被的存在有利于形成良好的生态环境。因此，保护和利用场地原有植被资源是优化景观环境的重要手段，也是优化生态环境的有利条件。许多成功的园林建筑空间案例，多是利用了原有的植被。

景观设计应尽量减少建筑物及其人工施工设施对原有植被的影响和破坏。人工施工可以在较短的时间内完成，但绿化、植被等原有的自然条件却不能被复制。在设计构思过程中可以考虑建筑与原有植被相呼应，营造和谐有趣的空间。

(5) 地质

地质特性不适宜发展的潜在灾害地区共有 11 种，包括新填土区、近代泥岩地质区、活动断层地带、膨胀性土壤区、地下水补注区、火山灰地质区、潜在崩塌地、崩积土区、河系侵蚀区、地盘下陷区、强震或地震频繁地区等。

强震或地震频繁地区配合过去地震资料的记录，综合划定强震或地震频繁地区，以限制建筑使用或加强耐震设计要求。在我国，不同地区根据地震震级和地震烈度的不同，对风景园林建筑的强度要求也不同，在有关条文中有详细的规范和要求。如《建筑抗震设计规范（附条文说明）（2016 年版）》（GB 50011—2010）强制性条文规定，抗震设防烈度为 6 度及以上地区的建筑，必须进行抗震设计。抗震设防烈度必须按国家规定的权限审批机关颁发的文件（图件）确定。抗震设防的所有建筑应按现行国家标准《建筑工程抗震设防分类标准》（GB 50223—2008）确定其抗震设防类别及其抗震设防标准。

在设计构思阶段，如遇上述地质状况的场地，可在建筑的形状、材料、结构方面入手构思，使地质条件对建筑安全性的影响最小化。

2) 自然环境构思的两种类型

自然环境构思主要有两种方法，隐于环境或显于环境。两者看起来是相互对立的，实际上却有着千丝万缕的联系，都为场地和环境服务，尊重自然。

（1）隐于环境

隐于环境是指建筑要融入其赖以生存的环境，充分保护和利用自然环境，在自然环境中充当配角，不是被动的或可有可无，而是不破坏原有的自然环境，不突出自己，为原有的自然环境增添风采。环境整合的指导方法是：将整体分解为部分，变大为小，使建筑体积变小，通过组合使之适应自然环境的地形地貌；环境与建筑整合，顺其自然，从环境保护的角度把建筑与环境有机地结合起来，达到相互依存的效果。

案例：黎巴嫩 Cana 民宿，如图 5-2-5 所示。

该项目位于黎巴嫩的巴木顿，基地周围是用来埋葬腓尼基人的经过几千年风吹日晒而变为灰色和黄色的岩石，如图 5-2-6 所示。民宿坚硬的挡土墙选择了与基地周围岩石颜色相协调的黄褐色石材，避免喧宾夺主，保持环境的整体感，隐于环境的同时衬托出天然巨石，使人想起远古时代的建筑立面。

图 5-2-5　黎巴嫩 Cana 民宿外立面及入口

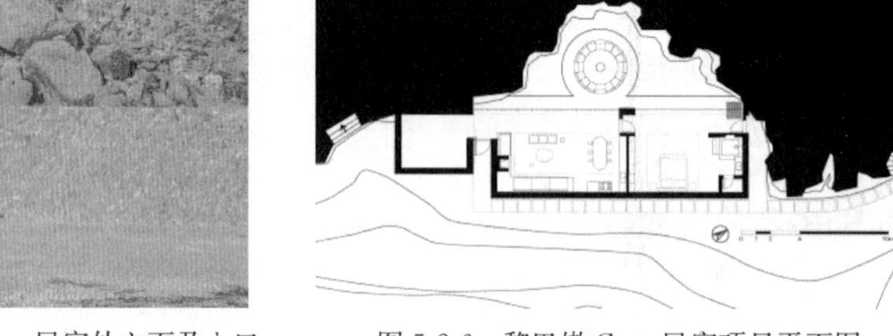

图 5-2-6　黎巴嫩 Cana 民宿项目平面图

（资料来源：CARL GERGES ARCHITECTS）

（2）显于环境

显于环境是指建筑虽处于自然环境之中，但由于环境的特点或建筑的性质等因素，建筑成为环境中的主角，从而创造出更加动人的新环境，建立新秩序，达到新的平衡。

让建筑成为自然环境中的主角，其主要目的是改造原有的自然环境，创造一个更加积极宜人的新环境。要强调的是，这不是忽视原有的自然环境，也不是破坏原有的自然环境，而是要充分利用原有环境，通过对原有环境的全面了解，找到创造新环境的最佳方案，从而达到改善原有自然环境的目的，使环境效益和社会效益最大化。

2. 人为环境构思

人为环境是指环境的主体部分是人工建造的。基于人工环境特征的新建筑构思与设计是人工环境的构思方法。人工环境一般分为两类：一类是小环境，即建设用地及其附近的小规模人工环境，一般是原有建筑与新建建筑之间的关系；另一类是大环境，即建设用地的相对人工环境——建设用地所在地区和城市。除人为环境外，宏观环境还可以包括城市附近和城市内部的自然地理环境。一般来说，要处理好区域文脉与新建筑的关系。综上所述，人工环境的概念可以分为两类，即按建筑环境或地域文脉。

1）建筑环境构思

建筑物总是存在于一定的环境中。从微观上看，环境可见一斑。受建筑物所在基地周围的地形、地貌、道路、广场、绿化、水体、既有建筑物、保护遗存，甚至阳光、空气等环境因素的制约。

（1）道路

场地周边道路的等级、类型、宽度、形状、所引导的方向等对风景园林建筑的设计都有影响。如三、四级园路的尽头或一侧不宜设置过大的建筑，若建筑体量过大，会出现视觉上的不平衡、造景上不和谐。

（2）景观

景观指建筑场地周围的现状或未来景观，视觉景观环境特征包括景观通道、景观视域、周边景观状况、基地景观风貌，这些都是风景园林建筑设计构思中要考虑的因素。

（3）建筑环境构思的两种类型

建筑环境构思是据场地原有的道路、建筑布局、形态、形式、风格、材料、色彩、风格进行构思，以求新旧环境与建筑的和谐。经常采用的方法是适应协调与对照协调两种。

①适应协调

适应协调是指新设计的建筑“顺应”原有建筑，与原有建筑统一协调。该方法一般用于已有建筑或人为环境处主要地位，新建筑处于次要地位。但不是固定模式，设计时应根据具体环境情况及新建筑的性质，考虑全面决定选用何种构思方法。

②对照协调

指新建建筑选择与原环境完全不同的形式、形状、材料、色彩等，与原环境或建筑物形成明显对比，通过对比与原环境实现和谐共处。对照协调的主导思想是历史在发展，环境和建筑随着时间的推移而变化。新设计的建筑应该着眼于现在和未来，创造新的环境。当然，这并不意味着忽视原有环境，而是采取更具动态性的方法，使原环境更具时代性。

案例：浙江乐清市育英寄宿学校小学部二期工程。

该二期教学楼建筑在体形方面采用了与一期教学楼方正的外观设计完全不同的形式，采用的是简洁明了的螺旋形设计，如图 5-2-7 所示，螺心由地面开始展开的同时，逐层上升，给每层带来大面积的屋顶活动空间。体形上与一期建筑的不同不仅没有出现不协调，反而使整个场地摆脱了方正刻板的形象，使氛围“活”了起来，如图 5-2-8 所示。

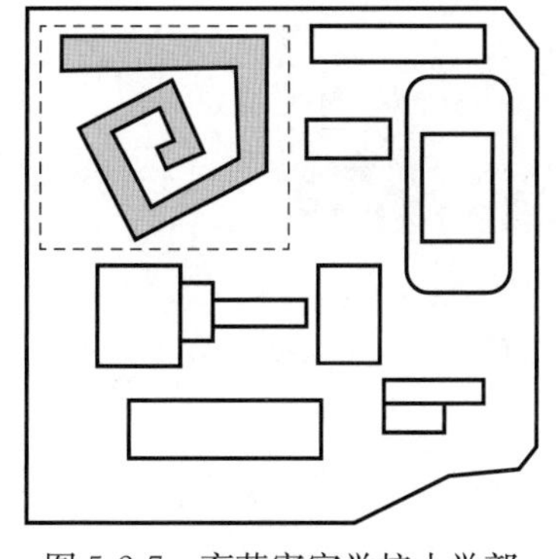

图 5-2-7　育英寄宿学校小学部二期工程场地示意图

图 5-2-8　育英寄宿学校小学部二期工程效果图

（资料来源：奥观摄影）

2）文脉环境构思

场地层面环境的文脉环境主要包括场地的历史与文化特征、居民心理与行为特征等内容。这种人为因素的形成受到城市环境、区位和场地综合作用的影响。在构思阶段应综合分析这些因素，使场地具有文化的延续性，创造具有场地意义的环境。

（1）从历史文化构思

①地域文化

从历史文化方面构思，实际是对场地地域文化的探索。因为地域文化的内涵具有内在的排他性，是园林建筑本身的灵魂，最有利于创意设计的独特性，而独特性正是景观设计的生命力所在。除此之外，在地域文化的影响下形成的与地域文化相互作用的民族习俗、宗教信仰等也是风景园林建筑设计构思阶段需要考虑的因素。

②历史文化

历史指建筑物所在环境的历史，大到城市、小到纪念性构筑物。将历史的语言引入建筑创作中，转化为建筑语言，并在总体布局、建筑形式、建筑或细部装饰中加以运用，使建筑与地域环境的历史文化进行对话，使建筑有更深的内涵。

案例：宁波城市建设档案馆，如图 5-2-9 所示。

作为档案馆的一种类型，城市建设档案馆保存的是城市建设的资料，收藏的是“筑城史”。“砌筑”无疑是最恰当的语汇，表达出城建档案馆的这种文化属性。一方面，作为传统的建造手段沿用至今；另一方面，代表着物化累积，逐渐发展的过程。而这个过程，也正是城建档案馆需要收藏的内容。

该档案馆从“筑城”的文化隐喻，到结构的模式搭建；从墙板的拼合，再到“砌块”的吊装；“砌筑”作为一种营造的逻辑，在城建档案馆这个建筑的实践过程中，贯彻始终。筑一座城，藏一部筑城史。通过这样一场“砌筑”的实践，来理解建筑学作为空间、作为文化，更作为营造、作为“器”的存在。

图 5-2-9　宁波城市建设档案馆效果图

（资料来源：谷德设计网山兮建筑空间摄影）

（2）从建筑文脉构思

建筑文脉是指建筑所处的城市或地域环境中典型而鲜明的、传统或典型的建筑文化，是对这些历史建筑文化的总结、提炼和再创造。在引入移植或淡化变形后，将其应用于建筑设计中。地域传统建筑是地域文化的一部分，因此建筑文脉法也可以称为历史文化法。但为了强调地域建筑文脉，将它单独列出。

案例：浙江龙游博物馆。

秦王政二十五年（公元前 222 年）灭楚，于姑篾之地设太末县，隶会稽郡，为龙游建县之始。自那时起，龙游便一直存在于文人骚客的笔墨之下，也是各路军师将领必争的重要版图。时间的长河不仅留下了丰富的历史文化记忆，更是留下了如史前遗址、龙游石窟、历史建筑群民居苑、汉墓群、元代堰坝等不可移动文化资源。龙游博物馆上承城市文脉，有着承载历史记忆的重任。

场地位于鸡鸣塔塔脚、民居苑下，灵山江畔，自上而下，依次叠落，缓慢展开，如图 5-2-10 所示。得天独厚的区位特质是场地非凡之处。这是在龙游的城市拼图中，早已为博物馆预留的一席之地，是蓄意而为的留白，待以浓墨重彩拼接描绘。博物馆的设计自然得顺应城市视线对景观的远眺趋势，如图 5-2-11 所示。

图 5-2-10　场地鸟瞰图

图 5-2-11　博物馆效果图

（资料来源：谷德设计网杨光坤摄影）

5.2.2　平面构思

从本质上讲，建筑平面是建筑功能的图形化表达，也是许多设计元素的清晰表现，如空间的内外形态、结构的整体体系等。平面功能设计不是机械配置房间的工作。更重要的是，以平面概念为设计突破口，创造出新颖的建筑设计方案，必须绞尽脑汁。这就要求设计师在解决平面功能的基础上，从创新独特的平面形式的意图出发积极思考。平面设计可以从以下几个方面入手。

1. 功能方面构思

园林建筑的使用带来不同的空间要求、不同的功能布局形式，因此可以根据其不同的使用功能进行创作。在风景园林建筑中，根据使用需求的不同，可将空间分为不同的类型。在构思平面时，要考虑空间之间的联系和使用顺序，综合流线构思处理。

1）空间功能的分类

（1）根据人的活动要求分类

①交通空间与停留空间

一般走廊为交通空间，候车室为停留空间。前者应保证通行便捷，后者则要求安静稳定，易于布置座椅，有利于建筑功能的正常执行。

②开放空间与私密空间

如公共建筑中餐厅、卫生间等为公共空间，办公室为私密空间。私密空间应避免外来人员的直接进入或穿行，开放空间则应具有流畅的交通组织和适当的功能分区。

③主要空间与附属空间

如教学楼设计中，教室是主要空间，走廊、卫生间、茶水间等是附属空间。教室作为教学活动的主要场所，其大小、形状、位置、数量的确定对整个设计起到决定性作用。根据附属空间与主要空间的关系，来确定附属空间在建筑布局中的位置。

（2）根据空间组织形式分类

①走道式

每个空间的功能是相同或相似的，彼此之间没有直接的关系，往往采用平行组织。这种组织形式将使用空间与交通空间明确分开，既保证了每个主体空间的独立使用，又通过走廊将它们连接成一个整体，从而保持它们之间必要的功能联系。教学楼、办公楼等建筑多采用这种形式，如图 5-2-12（a）所示。

②顺序式

每个使用空间在功能上都有明确的顺序，按照相应的程序安排，形成一定的顺序关系，从而合理组织人流，达到空间功能的目的，有序开展活动。如展览馆、博物馆等，如图 5-2-12（b）所示。

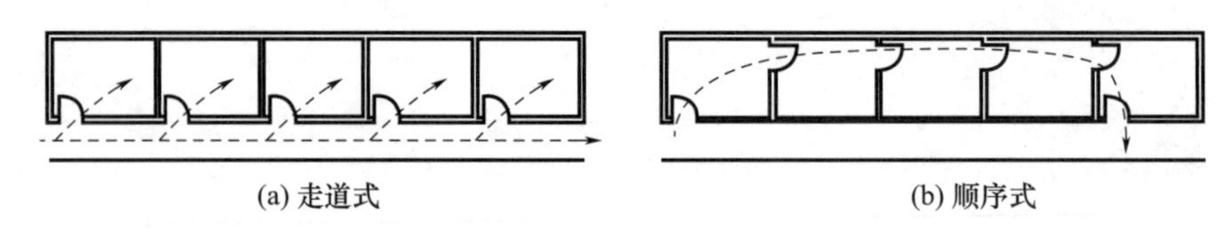

图 5-2-12　空间组织形式示意图

③主从式

各使用空间的功能相互依存，具有明显的从属关系，因此经常采用这种方式。它通常以较大的主空间为中心，周围布置其他辅助空间。如图书馆中大厅与阅览室、各类书库的关系。

2）功能分区的原则

（1）功能分区合理

合理的功能分区是为了满足各部分之间紧密联系的要求，创造必要的分隔条件。相互连接的作用是方便使用。分隔的作用是区分不同使用性质的房间，创造相对独立的使用环境，避免使用中的相互干扰和影响，从而保证更好的隔离效果或安全条件，创造一个安静的环境。

（2）交通流线流畅

流线型组织模式的选择应根据建筑规模、基地条件和设计者的构思来决定。一般来说，中小型建筑，人流比较简单，往往采用横向组织；当规模较大、功能要求复杂、基地面积较小或地形有高差时，采用纵向组织或横向相结合的流线型组织方式，通常采用垂直方向。

（3）创造良好的朝向、采光与通风条件

除了一些有特殊要求的房间（影厅、放映室等），建筑物一般都有自然采光和通风。只有在大型公共建筑、礼堂、会议厅或有特殊要求或不能通过单纯的设计来解决朝向和采光要求时，可以通过采用局部的人工照明和机械通风辅助解决。

3）功能分区的方式

在进行功能分区时，要注意处理好主要与次要的关系、动区和静区的关系、对内和对外的关系、净与污的关系。除上述分区之外，根据不同建筑设计的具体要求还有不同的影响分区的因素，在具体设计时要仔细研究，合理安排。一般有以下几种分区方式：

（1）分散分区

房屋的每个功能要求不同的部分，按照具体的面积安排在几个不同的单体建筑中。这种方式可以达到完全分区的目的，但不可避免地会导致联系不便。因此，在这种情况下，要解决相互衔接的问题，往往要建一条走廊。

（2）横向分区

不同功能要求的建筑物的各部分集中布置在同一建筑物的不同平面区域，每组在水平方向上相互连接或分开，但连接应方便，平面形状不宜设计得过于复杂，以确保必要的分离，避免相互影响。一般来说，主、外、使用频繁或人流大的房间布置在前面，靠近入口中心；辅助、内、人流少或安静的房间布置在后面或一侧，远离入口，还可以利用内院、设置中庭等方式作为分隔手段。

（3）竖向分区

不同功能要求的建筑物各部分集中布置在同一建筑物的不同楼层上，在竖向上相互连接或分离。但要注意层次的合理安排，各楼层房间数量和大小的平衡、结构的合理性，使纵横交通组织紧凑方便。

在实际的工作中往往将以上几种方式结合使用，使各分区功能发挥最大化。

2. 从流线的独特处理中构思

一般建筑空间的流线有两种类型：人流和物流。其中，人的流动有 3 种方式和状态：通过、停留和疏散。一般来说，人流是从建筑物的外部流向内部，交通联系空间和设备设施的组织应结合人流、人流方向、人流活动的规律和特点等因素综合考虑。

1）交通流线的类型

建筑内部交通流线按其使用性质可分为以下几种类型：

（1）公共交通流线

公共交通流线即建筑主要使用者的交通流线。如餐厅的就餐流线、车站的客流流线、商店的顾客流线、体育馆和剧院的观众流线、展览馆的参观路线等。公共交通流线中不同的用户也构成了不同的客流。这些不同的客流在设计上应分开组织，相互分离，避免相互干扰。如在体育建筑中，公共流线不仅包括一般观众流线，还包括运动员流线、贵宾流线等。

（2）内部工作流线

内部工作流线即内部管理工作人员的服务交通流线，如餐厅中服务员、厨师、经理等工作人员流线等。

（3）辅助供应流线

如餐厅的厨房员工服务线和食品供应线，医院的食品、设备、药品等服务供应线，商店的货物配送线，图书馆的图书配送线等都是辅助供应流线。

2）交通流线的组织要求

一般在平面空间布局时，交通流线的组织应具体考虑以下几点要求：

（1）不同性质的流线不交叉，避免相互干扰

首先，主活动流线不应与内部人员流线或服务供给流线交叉；其次，在主活动流线中，有时不同对象的流线应适当分开；此外，在人员集中流动的情况下，一般来说，进出的流线要分开，以免出现交叉、聚集和“瓶颈”现象。

（2）流线的组织应符合功能序列的要求

流线力求简捷明确、不迂回，这对每一类建筑设计都是非常重要的，直接影响着平面布局和房间的布置。

（3）流线组织灵活

以创造特殊情况下灵活使用的条件，在实际工作中，由于情况的变化，建筑内部的使用安排经常是要调整的。

3）交通流线的组织方式

流线型组织虽然有其自身的特点和要求，但也有一些共同的问题需要解决，即合理组织不同类型的流线，以保证便捷的衔接和必要的分离。流线型组织模式一般根据建筑规模、基础条件和设计者的构思来确定。考虑到各类建筑实际采用的流线型组织模式，基本方法不外乎横向组织、纵向组织和纵横结合 3 种。

（1）横向组织

横向组织即在同一平面上不同区域布置不同的流线，与上述横向功能区划相一致。例如，在一个展览建筑中，参观者的流线和展品的流线应该前后或左右分开布置。这种横向分割的流线型组织，纵向交通量较少，衔接方便，避免了大量人员的交叉。在中小型建筑中，这种方式相对简单，但对于一些大型建筑来说，简单的横向组织可能不太便于解决复杂的交通问题或往往使平面布局复杂化。

（2）纵向组织

纵向组织是将不同的流线分层排列，在垂直方向上将不同的流线分开。例如，在医院大楼里，门诊流线组织在底层，每个病房的人流组织在顶层。这种垂直的流线型组织分工明确，可以简化平面，更适合于较大的建筑。但在增加垂直交通量的同时，分层布局应考虑负荷大小和客流大小。一般来说，负荷较大、人流量较大的部分总是放在最下面，而负荷较小、人流量较小的部分则放在最上面。

（3）横向流线组织与纵向流线组织相结合

横向流线组织与纵向流线组织相结合不仅指在平面上划分不同的区域，也包括分层组织交通流线，在大型复杂建筑中经常使用。

3. 运用几何形状构思

在几何学中，最基本的几何形状是正方形、圆形和三角形，它们是构图的基础。当它们作为平面单元用于建筑设计时，通过将它们按一定的顺序组织起来，将若干个大小相同或不同的几何平面单元组合、变化、拼接，形成一个具有整体感和韵律感的建筑，这种采用几何母题方法的平面设计，是功能、环境、分期建设的要求以及新旧建筑的融合。为了进一步增强几何母题在平面设计中的表现力，几何母题还可以扩展到室内外环境的剖面、造型甚至细部设计中。同样的几何图案可以反复使用，从而增强整个建筑的

统一性，保持变化的趣味性。

1）圆形

圆形是一种基本的几何形式，它是自然界的产物，由于没有棱角和直边，具有动态的生命力。与同样面积大小的任何其他几何形状相比，它具有最短的外立面，因此作为建筑平面的一种形式，可以节省围护结构的材料，且具有明显的节能优势。然而，用圆形母题的构思来组织整个平面图形并没有那么容易，特别是如何处理好作为几个独立圆形之间连接部分的异形平面的功能和空间形态的关系。

案例：山东太阳客栈。

太阳客栈位于世界太阳文化五大发源地之一的天台山的北侧，东边与北边临近市政道路，地形西边较陡、东边较平缓。设计团队以研究太阳文化为起始，将设计变成一个研究古人宇宙观的大课题，并且深入浅出地融入游客的度假体验之中。该客栈设计以传统文化为底蕴、以圆为建筑形式和肌理展开。如图 5-2-13 所示，大堂为核心，12 间圆形景观房与 38 间标准房在外侧呈规则环形布局，内圈为套房，对应十二星次，外圈以标准房、楼梯间与入口，两两一组布局，呈 24 个连绵不断的小建筑，对应二十四节气，东侧开口作为建筑的主要入口。

图 5-2-13　山东太阳客栈鸟瞰图

（资料来源：谷德设计网）

从东侧的入口进入，办理入住后通过一条地下长廊搭载尽端的电梯上至大堂，仿佛进入了一个时空隧道，带你走进远古太阳文化的长河。通过大堂可达各层客房，走进室内，无论是白天还是夜晚，天气好的时候都会有光从屋顶天窗倾泻而下，在室内汇成一条灿烂的光的轨迹。置身其中的游客，也好似运行于星轨上的一串星宿，宛若经历了上古部落的奇妙一夜。

2）方形

正方形是最基本的几何形式之一。由于相邻两侧相等而不强调方向感，故方形平面构图具有严谨、厚墩、平稳、平衡的特点。而且在相同边长的条件下，封闭区域仅次于圆。因此，作为建筑平面形式更经济，结构中心对称，受力合理。然而方形图案的选择也会受到一定限制，比如一些功能复杂、用途特殊的建筑，造型和平面可能无法适应，如果造型处理不好，也会有生硬的感觉。为了充分发挥结构和功能的优势，避免视觉上的缺陷，需要进一步发挥创造力。

3）三角形

自然界也存在三角形。雪花、蜂窝等都是由三角形组成的六边形。在建筑平面设计中，也很常见。在平面设计中运用三角形母体可以使平面和空间发生巨大的变化，给人以强烈的视觉冲击。受一些不规则区域或特殊环境条件的制约，对城市有着更为灵活的适应性和反应力，形成了新的抢眼形象。然而，三角构图也会给建筑设计带来许多问题，如锐角的使用与处理、与家具配置的协调、造型的变化等。

案例：珠海金湾市民艺术中心。

珠海金湾市民艺术中心项目位于珠海市金湾区，地处西部生态新区的核心地带。这里也是该地区的文化、市民和商业中心，该项目设计旨在为这一颇具活力的区域打造一处当代创意中心。场馆整合有 4 种不同的文化设施：能容纳 1200 人的大剧院、同时容纳 500 人的多功能厅、科普馆，以及艺术馆，兼具连贯统一的形式和结构逻辑。通过重复、对称以及尺度的变化组配三角形的柔性钢结构屋顶外壳，将不同形态三角形的构件有韵律地组合排列。如图 5-2-14 所示，不仅建筑的构件采用三角形的变换，建筑所在场地的处理也使用三角形母体与水面互动，为珠海市民打造了一处无论白天还是晚上都极具吸引力的市民艺术文化空间。在三角形母体选择的基础上设计优化所有公共区域的自然采光，兼顾了看向不同景观的视野，并加强了项目各功能区之间的关联性。

图 5-2-14 珠海金湾市民艺术中心效果图

（资料来源：谷德设计网）

4）几何形状的组合

除上述利用正方形、圆形、三角形 3 种单一的几何形状外，在设计中引入内外部因素的平面构思，还可以通过这 3 种基本几何形状的有机结合，从而产生一种新的形式。因此，设计师在进行几何图案的平面构思时，需要在三维空间中有形象地构思。只有将两者结合起来，才能使综合运用基本几何形状的平面构思具有创造性。

5）突破传统形状的构思

平面几何形状概念的突破不仅仅是基于上述规则几何形状。在大量的各类公共建筑设计中，包括设计师们早已熟知的平面功能也存在着突破固有模式的平面构思问题。本书在分析传统单平面形式的基础上，找出其不足之处，这往往成为平面构思的触发点。

案例：扎哈・哈迪德建筑事务所深圳湾超级总部基地 C 塔项目参赛方案。

扎哈・哈迪德事务所延续了扎哈・哈迪德作为建筑界的“解构主义大师”的手法，大胆巧妙地运用空间和几何结构，反映都市建筑繁复的特质。该方案与扎哈・哈迪德的其他作品一样，优雅、柔和的外表和保持建筑物与地面若即若离的状态，在现代主义的基础上对线条和块面的充分使用，柔中带刚，风格夸张，却又不失美感，是突破传统几何形象的典型代表，如图 5-2-15 所示。

图 5-2-15　深圳湾超级总部基地 C 塔项目效果图
（资料来源：谷德设计网）

设计将塔楼附近的公园和广场以阶梯景观的形式引入场地，并使其向上延伸至两座塔楼内部，从而邀请公众进入建筑的中心。连接两座塔楼的空中连桥，同时充当了文化和休闲场地，带来俯瞰城市的全景视野。

4. 基于建筑特定空间组合要求的平面构思

风景园林建筑空间组合就是根据上述建筑内部使用要求，结合基地的环境，将各部分使用空间有机组合，使之成为一个使用方便、结构合理、内外体形简洁而又完美的整体。但是由于各类建筑使用性质不同，空间特点也不一样，因此必须合理组织不同类型的空间，不能把不同形式、不同大小和不同高度的空间简单地拼接起来，否则势必造成建筑形体复杂、屋面高低不平、结构不合理、造型不美观的结果。对于不同类型的风景园林建筑，要根据它们空间构成的特点采用不同的组织方式。

1）空间的对比与变化

如果两个相邻的空间在某一方面表现出明显的差异，差异的对比可以反映出各自的特点，人们从一个空间进入另一个空间时就会产生情感的变化。空间的差异和对比通常表现在 4 个方面：

（1）体量差异

如果相邻两个空间的高低容积相差很大，当你从一个小空间进入一个大空间时，可以用容积的对比来提升人的精神感受。

（2）开放度差异

就室内空间而言，封闭空间是指无窗或少窗的空间，开放空间是指多窗的空间。前者一般是朦胧的，与外界隔绝；后者则是清晰的，与外界密切相关。

（3）形状差异

与前两种对比形式相比，它对人们心理的影响较小，但通过这种对比，至少可以达到求变、打破单调的目的。需要注意的是，应在功能允许的条件下，通过相互之间的对比来获得变化。

（4）方向差异

由于功能和结构的限制，不同方向的建筑空间多为矩形平面长方体。如果将这些长方体纵横交替组合起来，往往可以通过方向的改变产生对比效果，而这种对比效果的运用也有助于摆脱单调，获得变化。

2）空间的重复与再现

在整体的有机统一中，对比可以打破单调而得到变化，而重复与再现又可以通过和谐而得到统一，因此二者缺一不可。不恰当的重复可能会使人感到单调，但这并不意味着重复必然导致单调。只有把对比和重复这两种技巧结合起来，使之相辅相成，才能取得好的效果。

3）空间的过渡与连接

过渡空间要与主体空间有所区别，让人们体验到从大到小，再从小到大，从高到低，再从低到高，从亮到暗，再从暗到亮的过程，从而在人们的记忆中留下深刻的印象。

此外，还有一个内部和外部空间之间的连接和过渡问题。建筑的内部空间总是与外部的自然空间相联系，当人们从外部自然空间进入建筑内部空间时，也需要在两者之间适宜地插入一个过渡空间，以免产生太过突兀的感觉，从而更自然地将人从外部引向内部。

4）空间的渗透与层次

如果将相邻的两个空间分开，并不是用实心墙完全隔开，而是有意识地相互连接，这会使两个空间相互渗透、相互借鉴，从而增强空间的层次感。

5）空间的引导与暗示

由于功能、地形等条件的限制，一些重要的公共活动场所可能会处于显眼的位置，不易被发现，这时需要采取措施引导或隐藏人流，让人们按照一定的方式达到预期的目的。然而，这种引导和建议不同于路标，而是属于空间理论的范畴。它应该自然地、巧妙地、含蓄地处理，这样人们就可以不经意地沿着某个方向或路线从一个空间到另一个空间。空间引导与暗示常用的方法有：

（1）用墙面引导人流，并暗示另一空间的存在

这种方法是根据人的心理特点和人流量的自然趋势形成的曲线。一般来说，流线是指一定的曲线或曲面的形式，其特点是阻力小、运动感丰富。

（2）用楼梯或踏步暗示出空间的存在

楼梯和台阶通常有一种吸引人的力量。一些特殊形式的楼梯，如宽的、敞开的直楼梯和自动扶梯更具吸引力。基于这一特点，任何人想要引导人从低空间流向高空间，都可以通过设置楼梯或台阶来达到目的。

（3）做天花装饰、地面铺装处理，暗示出前进的方向

通过吊顶或地面处理，形成方向性强或连续性强的图案，这也会影响人的方向判断。有意识地运用这种方法，有助于引导人流走向某一目标。

（4）用空间的分隔暗示出其他空间的存在

只要不使人感到“山重水复疑无路”，就会有一些期待，可能会有进一步的探索。

通过利用这种心理状态，处于这个空间中的人可以有意识地感受到另一个空间的存在，然后他们会被引导到另一个空间。

6）空间的序列与节奏

上述五种方法是实现多样性和统一性不可或缺的因素，但如果将其中一些方法孤立使用，整体空间组合就无法达到完整统一的效果。因此，有必要摆脱局部加工的局限，探索一种统摄全局的空间加工方法。可见，空间的序列组织与节奏不应与前几项技术并行，而应具有优越性，或属于前几项技术的统筹、协调和控制。

在一个不断变化的空间序列中，对某一形式空间的重复或再现，不仅能形成一定的节奏感，还能衬托出主空间，突出焦点和高潮。重复和再现所产生的节奏通常具有明显的连续性。在这样的空间里，人们往往有一种期待感。根据这一原则，在空间序列前以重复的形式对空间进行适当的组织，即是为高潮部分的到来做准备。

从以上分析可以看出，空间序列组织实际上是综合运用对比、重复、过渡、衔接等一系列空间处理技术。独立的空间组织成为有序、变化、统一、完整的空间集群。这种空间集群可以分为两种类型，一种是对称的、规则的，另一种是不对称的、不规则的。前者能给人一种庄重的感觉，后者则更轻松活泼。不同类型的建筑可以根据其功能和个性特征选择不同类型的空间序列。

5.2.3　造型构思

1. 造型设计

1）影响风景园林建筑造型的因素

（1）建筑功能与建筑造型

风景园林建筑的造型要以功能为主，由功能决定造型。建筑设计的立足点在于功能，形式服从功能是建筑设计的基本原则。功能会决定建筑的空间形式，就会产生不同的造型，同时也反映了建筑物的性质和类型。

（2）材料结构与施工

风景园林建筑的造型与材料结构和施工息息相关。建筑物是使用大量建筑材料和通过相应的技术手段而建造的。因此，在一定程度上，材料和技术条件的限制影响了建筑造型。不同的结构形式由于其不同的应力特性在其立面上有不同的表现。例如，砖混结构，由于外墙承重，立面上不能随意开窗，给人沉重的感觉；框架结构，外墙不承重，但立面上可自由开窗，使其更富有吸引力。此外，使用不同的装饰材料（例如石墙和砖墙），具有明显不同的艺术表现效果，这在很大程度上影响了风景园林工程的外观和效果。

（3）建筑规划与环境

风景园林的建筑造型要从规划的整体性与环境的协调性方面充分考虑。单个建筑物是群体建筑的一部分，而一组建筑物是较大的群体或城市规划的一部分。因此，拟建建筑物应考虑形体的单一性、复杂性，也要注意建筑与环境的协调，达到因地制宜、顺应自然、室内外功能协调的效果。此外，建筑的形状和立面设计也受到气候、朝向、日照和常年风向等因素的影响。

（4）建筑标准与经济

风景园林建筑的造型要考虑到建筑标准与经济上的规范要求。设计人员应严格执行国家建筑标准和相关政策要求，在保证建筑质量的情况下杜绝浪费，设计出经济、合理、美观的建筑。

（5）精神与审美

风景园林建筑的造型还要满足人们对建筑所提出的精神和审美方面的需求。从中国北京故宫、长城到巴黎铁塔，以其独特的建筑空间和造型艺术效果抽象地表达了历史的壮阔。建筑的外形随着时代的发展而变化，从古建到高楼林立，是时代的缩影。

2）造型设计的内容

科学和艺术是建筑的两个属性，故而建筑造型设计需从经济性、实用性、结构合理性等科学的角度出发，再赋以独特的艺术形象来反映其蕴含的理念。

（1）建筑设计与结构造型设计

风景园林建筑设计的立足点在于美学，而结构造型设计的立足点在于力学。所谓结构造型设计是由建筑师与结构工程师合作产生，它不是简单地暴露结构，暴露的方式、位置、结构形式和构件造型都要考虑其展示的魅力。在建筑设计中，要兼具基于理性技术和感性建筑思维的结构造型设计。

（2）造型与功能

对于风景园林建筑造型与功能的关系，人们看法各异。从复古与折中主义思潮到沙利文的主张“形式追随功能”，再到“后现代”“从形式到形式”，突破“现代主义”的教条束缚，拓展“现代主义”建筑的内涵。实际上，风景园林建筑是技术、艺术和价值的结合，在满足基本功能要求前提下，还必须为人类创造空间和造型、创造文化品位和场所氛围提供新的可能性。只有平衡了建筑的各种矛盾，才能构建出优秀的建筑。

（3）造型与尺度

建筑造型的生动程度与其比例和尺度有着重要的关系。常分为亲切尺度和非亲切尺度。根据实际情况选择尺度，同一建筑中也可能存在多种尺度。在多尺度设计中，我们要考虑尺度带给人的心理感受，宽敞的尺度会给人宏伟壮丽的视觉感受与空间体验，而小尺度则会给人压抑的感受，但却更具私密性。

（4）造型与细部

建筑造型的细部，是体现建筑设计精细程度的部分。其涉及节点、小型构件、构造做法、工艺等各方面，如建筑形体的转角交接处、饰面的嵌合方式、门窗的形态等都是细部设计。在细部设计时，一定要注意细部与细部之间、细部与整体之间的协调和统一。

①风景园林建筑屋顶

建筑的屋顶，是房屋顶层覆盖的外围护结构。其主要功能是为建筑物提供良好的内部使用空间环境。屋顶被称为“建筑的第五立面”，在塑造建筑物形象方面起着重要作用。

屋顶的分类可以按照材料、外观、结构等多种分类方式。按使用材料的不同，可以将屋顶分为瓦屋顶、金属板屋顶、混凝土屋顶、木屋顶、玻璃屋顶、百叶窗屋顶及茅草屋顶等。按屋顶外观分类，有平屋顶、坡屋顶、曲面屋顶等，如图 5-2-16 所示。按结构的不同，可以分为网架结构屋顶、钢架结构屋顶、折板结构屋顶、薄壳结构屋顶、悬索结构屋顶以及膜结构屋顶等。

(a) 瓦屋顶　(b) 金属板屋顶

(c) 茅草屋顶　(d) 玻璃屋顶

(e) 坡屋顶　(f) 曲面屋顶

图 5-2-16　各类屋顶形式

在建筑造型设计中，主要从色彩、质感、形式三方面来考虑。建筑物的整体造型决定屋檐的选择。一般来说，实墙部分应使用较大的薄挑檐，虚墙部分应使用小而厚的挑檐，以强调虚拟与真实的对比效果。

②建筑入口

建筑的入口是将建筑内、外部联系起来的部分，既具有强大的功能性又具有强大的表达能力，展现了建筑物的第一印象，产生视觉美感，是建筑的铺垫。入口部分更侧重于从外部空间进入内部空间的过程。

③外墙与门窗

建筑外墙是建筑立面的重要体现，合理选择运用不同的色彩、造型、材质可表达出独特的设计效果，带给人不同的心理感受和视觉体验。同时，也要考虑装饰材料与周围环境的协调统一。例如位于维也纳的维也纳处理基础设施住宅（Vienna Processing infrastructure housing），如图 5-2-17 所示，采用维也纳柠檬色绘画的石膏外墙，富有维

图 5-2-17　维也纳处理基础设施住宅（Vienna Processing infrastructure housing）

也纳特色，而成为城市形象的一部分，并重新诠释了维也纳的文化内涵。通过增加这些彩色外墙的色彩强度，为第 23 区创造了一个可识别的新形象。

另一方面，建筑外墙的设计方法还注重光影效果。建筑虽然是静态的，但是光影的变化赋予它动态的美感。它的性质随光线角度的变化而变化。除光线带来的阴影变化之外，光影效果还包括使用灯光。设计应考虑变化的光照环境可能产生的意外效果。例如日本建筑师中村拓志的光影玻璃住宅，如图 5-2-18 所示，入口门厅头顶天花开了一个方口，安装一片玻璃，上面覆上一层薄的、流动的水膜，这面光学玻璃墙由特别打造的 6000 块纯玻璃块（50mm×235mm×50mm）组成。经过过滤的阳光穿过树影斑驳地落在客厅的地面上，超级轻盈的金属镀膜窗帘在风中若有若无地舞动。

图 5-2-18　光影玻璃住宅

（资料来源：谷德设计网）

除此之外，隐喻的手法在建筑的外墙装饰中也有体现。除美学角度的装饰效果外，外墙的装饰内容要适应城市及其文化内涵，强调城市的文化品位。隐喻设计手法即表现出它的独特意蕴，产生精神上的共鸣。这种设计手法往往具有夸张、概括、简化的特点，会引起观察者的心理联想。

建筑门窗的设计方法从人的需求出发，考虑门的尺度，注重比例协调；在设计时也需要从色彩、材质、造型等多方面共同考虑。

④其他细部设计

其他的细部包含栏杆、阳台、台阶、雨篷、檐口等细部以及更小的细部，如墙面的分格等。

3）造型设计的美学法则

（1）比例

建筑物的比例是指建筑物的大小、高度、长度、厚度和深度之间的比较关系。建筑的每一部分和每一部分本身都有一个比例关系。从理论上讲，符合黄金分割的比例最符合人们的审美视野。但它不仅是从几何的角度来判断建筑的比例，一栋建筑的比例还与其功能内容、技术条件和审美有关，因此很难用统一的数字关系来判断一栋建筑。建筑的比例并不是简单的长、宽、高之间的关系，而要结合材料、结构、功能等因素，参考不同文化特点，反复推敲才能确定。

（2）尺度

建筑与人体之间的尺寸关系以及建筑各部分之间的尺寸关系会形成一种尺寸感，即建筑尺度。

建筑的尺度与日常生活中的尺度是不同的，更加难以估计。一是建筑体积较大，很难将其与人体的大小进行比较；二是建筑不同于日常生活用品，很多元素并不是简单地由功能决定的。所有这些都使得很难确定规模。但建筑中也有一些构件的尺寸相对固定。如门扇高度一般为2～2.5m，窗台或栏杆高度一般为0.9m。人们可以通过这些基本构件来判断建筑的规模。特殊的建筑往往会通过夸大或缩小局部构件达到特殊的效果。比如在一些纪念性建筑中，会给人超越真实尺寸的感觉，从而获得夸张的尺度感；相反，在一些院落建筑中，更加贴近于亲切的尺度感。

（3）对比

对比是指建筑元素之间的显著差异，微差是指不显著的差异。就形式美而言，两者缺一不可。对比具有区别变化的作用，微差则是和谐统一的作用。建筑的对比可以通过形状、材料、方向、光影等实现。前提是对比的双方都要针对建筑的某一共同要素来进行比较。适当的对比能消除建筑呆板的感觉，增加艺术的感染力。

（4）韵律

韵律最初是指音乐或诗歌中音调的起伏和节奏。建筑中有许多部分，无论是出于结构考虑还是功能的需要考虑，往往按照一定的韵律反复出现，如窗户、阳台、柱子等，都会产生一定的节奏感。充分利用建筑节奏，也是丰富建筑形象的重要手段。

（5）均衡

建筑的均衡是指建筑前后左右部分之间的关系，它应该给人一种稳定、平衡和完整的感觉。静态均衡最容易通过对称排列来实现，但也存在不对称均衡。

（6）稳定

稳定性是指建筑在上下关系中的艺术效果。古人对自然的敬畏和对地心引力的崇拜，使人们形成了“小在上、大在下，轻在上、重在下，虚在上、实在下”的审美观念。随着新型建筑材料的出现，新的建筑结构体系不必局限于这些原则和思维惯性之中。纪念性建筑一般采用小顶大底的造型，具有较强的稳定性。建筑具有强烈的艺术感染力，给人以庄重、神秘的感觉。

2. 建筑造型与平面、空间的关系

1）造型与平面设计

造型与平面相互依存、相互转化。一般来说，从平面设计中探索方案生成更为有利。平面从一开始就受到形式的制约，因此，必须及时协调造型与平面的对应关系。平面可对应多种造型方式，不能反映不同体量之间的有机关系。平面与造型是相互呼应的，但不是唯一对应的。一个平面可以有多种造型，反过来在同一造型的制约下也有多种平面的设计。

2）造型与立面设计

（1）建筑造型的时代风格发展

自古以来，人们就十分重视建筑物的造型设计。在漫长的历史过程中，各个时期的建筑有不同的风格特征。如“古希腊风格”“古罗马风格”“巴洛克风格”“现代风格”“后现代风格”等。

（2）建筑的体量与组合

体量组合是造型设计的先决条件。建筑各部分的体量组成是否合适，直接影响到建筑的造型。如果没有好的体量组合，那么立面的装饰处理也是徒劳。

（3）造型与建筑形态

基本形态由平面、立体空间和色彩构成组成。形体构造的研究从抽象的点、线、面、体出发，以基本形体为基础，通过各种“形体构造”的方法来创造形体，提高造型能力。在建筑设计领域，我们主要关注高度抽象的形式、形式的结构规律和优美的形式。在建筑设计方面，从平面和造型到梁、柱、门窗、花饰、地板铺装等细节，都可以作为造型元素。学习形式构图的目的是通过平面构图和立体构图来组织这些元素，使之符合形式构图的规律，创造优美的建筑，提高造型能力。

3）平面设计与空间设计的同步思维

在进行平面设计时，应事先构思出设计对象的体积组合关系，并以此作为平面设计的限制条件。当然，体量组合关系必须涉及剖面关系的初步研究。以平面设计为指导，同时考虑形状和剖面，将平面设计与空间设计同步进行思考。说明功能关系是平面设计的重要条件，但不是唯一的条件。空间设计在平面设计中也占有重要的地位。

建筑设计时，需要通过这种平面设计与空间设计的反复对比推敲，才能使方案设计逐步完善。

3. 构思的方法与手段

1）图示思维表达

在设计构思阶段，设计师将想法通过图示化进行表达，是一个让设计思路变得更为清晰的过程。这个过程一般不过分拘泥于细节，主要在于捕捉灵感、图示思维、不断改进，让思维与图纸同步。

2）设计草图推敲

草图推敲则是进一步调整与填充细节。需要确定出方案的平、立、剖面图。从整体出发，注重类似大平面的功能布局、造型的体量组合、剖面的结构逻辑等整体问题（忽略细节刻画）。

3）工作模型研究

在1）、2）两点基础上，进一步推敲形体，可借助工作模型的三维表达方式直观地进行研究。三维表达更强调体积组合关系（忽略细节造型）。

4）电脑辅助设计

计算机技术在建筑设计中的应用十分广泛。不仅提高了绘图与改图的效率，而且使三维空间效果更加直观，使设计不会受到二维的空间约束。电脑动画建模是一种四维空间技术，更具有动态效果。

此外，大量网络数据建立起共享数据库，带来了更多的设计新思维、灵感的碰撞与分享。

总之，计算机辅助设计在建筑设计中发挥着重要的作用。但建筑的主体依然是人，而不是机器，设计师必须从辩证的角度正确对待不同表达方式的功能。

5）VR 技术与建筑构思设计

（1）建筑构思的三维空间思维——VR 技术的运用

VR 技术对建筑的价值主要在于在虚拟建筑空间中呈现建筑的三维空间，并以第一人称的人文视角进行体验和互动。人能更多地参与，在沉浸式体验中认识建筑空间尺度的适宜性，从而使建筑方案更加完美。建筑师依托在 VR 空间中的体验辅助设计；学生在 VR 体验中能更好地认知空间；大众通过 VR 技术可以实时体验认知建筑设计空间与方案。

（2）VR 的建筑空间创作的思维方法

"虚拟现实建筑创作"，简单来说就是利用 VR 技术辅助建筑创作。过程步骤是"草图构思→计算机模型建立→虚拟现实空间方案体验→反馈"到设计阶段"修改概念和建筑模型→虚拟现实空间体验"，以达到完美的三维空间思维创造境界。

5.2.4　地域文化构思

1. 地域文化的内涵

地域文化是人们在某个地区长期生活所形成的某种精神文化，包含当地人的生活方式、自身价值以及生活中的一些风俗习惯等。因此不同地区具有不同的地域文化，也就形成了不同的建筑风格。建筑设计师在进行建筑设计时融合当地的地域文化，赋予建筑物以生命力。我国地域文化丰富且各具特色，不同地区和城市具有不同特色的地域建筑。比如川西民居、福建土楼等，如图 5-2-19 所示。

(a) 川西民居

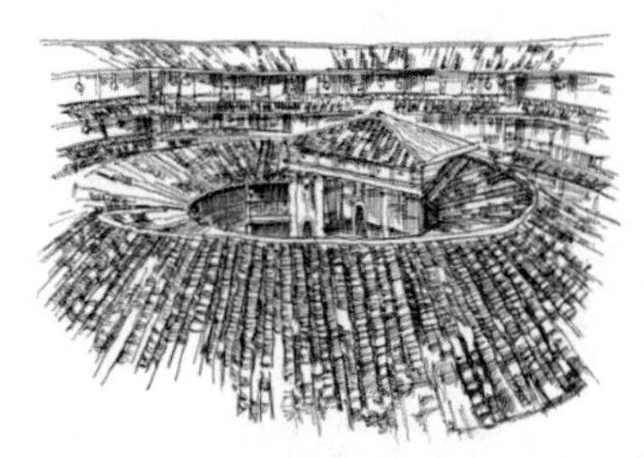

(b) 福建土楼

图 5-2-19　不同特色的地域建筑

现代建筑师应在建筑设计中充分体现地域文化，充分展现当地的建筑风格，并形成独特吸引力的建筑体系。

2. 基于地域性的影响因素

1）气候

气候是影响和决定地区建筑风格的自然因素中最基本、最普遍的重要因素。

地球可以分成五个基本的气候带：热带多雨地区、干旱地区、温暖和宜人地区、寒冷多雪地区和极地。

气候条件对建筑风格的影响起决定性作用。

（1）干热气候下的建筑

干热气候可分为非常干燥、干燥和半干燥 3 种。在干燥和炎热的地区，阳光强烈并伴有大量热沙，所以建筑常常用重材料结构和小面积门窗的封闭式平面布局。同时，由于当地降水量少，可选择平屋顶；对于高温、高眩光和高日照辐射的气候条件，应注意遮光设施的使用。

（2）湿热气候下的建筑

湿热气候可分为潮湿的热带森林气候和热带草原气候。例如非洲、拉丁美洲及东南亚部分地区以及我国的南部沿海地区大部分属于湿热气候。

湿热带传统建筑的风格特点是需满足遮阳、隔热、通风、防雨、防潮等方面的要求。由于降水量大，常采用圆锥形屋顶。为满足屋顶隔热，需要用有相当厚度的茅草编铺。

现代湿热带建筑的外立面与传统的建筑风格相结合，其主要特点：一是开放透明、造型活泼；二是为达到良好自然通风，平面布局简洁完整，很少有重叠曲折、高差较大或轮廓线复杂的建筑；三是立面处理的关键部分是通风格栅、入口处的大遮阳篷和敞开的凉廊等。整个建筑具有强烈的虚实对比。

2）宗教

宗教可分为犹太教、基督教、伊斯兰教、佛教、印度教、道教、摩尼教、婆罗门教等。不同宗教有其各自的宗教场所，因此形成特色鲜明的建筑形态。以下主要分析基督教、伊斯兰教、佛教与印度教四大宗教的建筑。

（1）基督教建筑

基督教建筑的平面布置有巴西利卡式、集中式和交叉式 3 种形式。这 3 种形式不能概括教堂的所有形式，但他们都有一个共同的标志便是十字形。

（2）伊斯兰教建筑

伊斯兰建筑是世界上最大、分布最广的宗教建筑类型之一。伊斯兰建筑具有由宗教意识决定的建筑功能和内容特征，并具有独立的宗教内涵。传承下来的后代伊斯兰建筑包括古代西亚建筑、希腊建筑、印度建筑等均有这种文化融合的痕迹，而它们之间也可能存在一些差异，是由不同文化融合渗透所形成的特征。

（3）佛教建筑

现今佛教最盛行的区域是其产生地印度东邻的东亚和东南亚地区。佛教提倡回避人生、寻求脱离尘世，完全醉心于自我修行、禁绝贪欲的修行生活，因此早期佛教建筑的内容主要有修行居所“支提窟”“毗珂罗”和掩埋佛祖、圣僧及其他修行者骨骸的“堵坡”3 种。

（4）印度教建筑

印度教寺庙平面呈方形或矩形，殿堂上覆以密檐式锥塔，顶部为扁球形宝顶。

3）风俗与文化

风俗与文化是特定社会文化区域内历代人们共同遵守的行为模式或规范。“百里不同风，十里不同俗”，不同的地区有着不同的风俗。它是一种独特的社会文化属性，传承文化精华，影响着建筑的风格。由于中西方的文化差异较大，建筑风格有着较大的差距，各自具有鲜明的特点。中国古代建筑较一致的布局特点，以四合院式的规则布局，这表达出深沉内敛的民族特性；欧洲人性格自由奔放、个性突出，例如巴洛克建筑风格，著名的圣彼得大教堂。

中国的民族具有多样性，不同的民族有着不同的民俗文化，建筑风格也不同。例如北方的山西晋中大院，如图 5-2-20（a）所示，南方安徽的皖南民居，如图 5-2-20（b）所示，皖南民居以朴实清新而闻名，晋中大院则以深邃富丽著称。再如西藏碉楼，如图 5-2-20（c）所示，一般建在山顶或河边，具有防御功能，建成像碉堡的坚实块体。常为 3 层，首层储藏及饲养牲畜，二至 3 层为居室，设平台及经堂。再如蒙古族的蒙古包，如图 5-2-20（d）所示，蒙古包是蒙古族牧民居住的一种房子，适于牧业生产和游牧生活，可通风、采光，可随时搭建拆卸便于移动，适于轮牧走场居住。

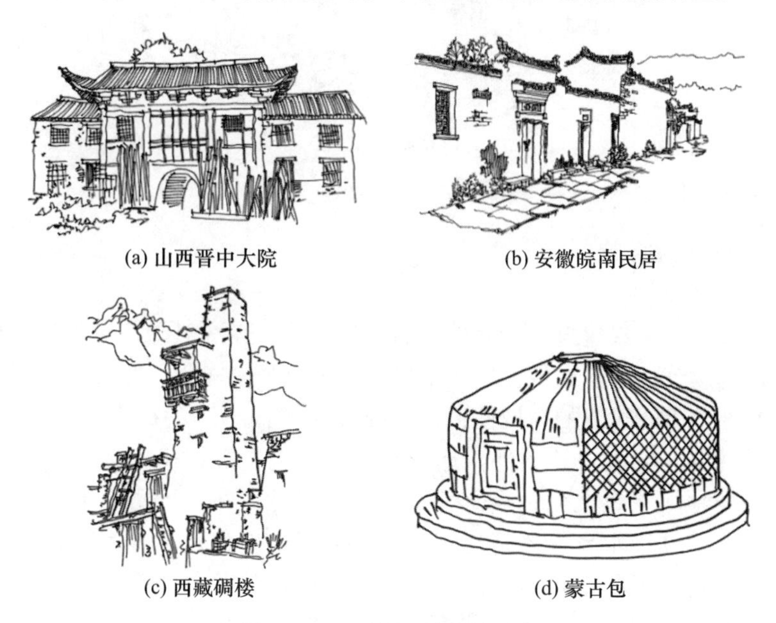

图 5-2-20　不同民族风格建筑

4）地貌

不同的地貌也会对建筑造成影响。例如喀斯特地貌对贵州民居的影响，黄土地貌对陕西民居的影响，还有重庆的山地建筑等。

以喀斯特地貌作为代表进行分析。喀斯特地貌是具有溶蚀力的水对可溶性岩石进行溶蚀等作用所形成的地表和地下形态的总称。喀斯特地貌形成了穴居而后演变成“风篱”式建筑，到现在的“干栏”式建筑和石材建筑。因为贵州是多民族聚居，所以不同的民族便各自又传承以及发展出更多的建筑形式，多因地制宜，建筑材料也是地域性地取材，且皆为抗震的柔性结构形式，“顺应自然，以柔克刚”，比如贵州黎平的侗家风雨桥、鼓楼和苗族的吊脚楼（半干栏式建筑），如图 5-2-21 所示。

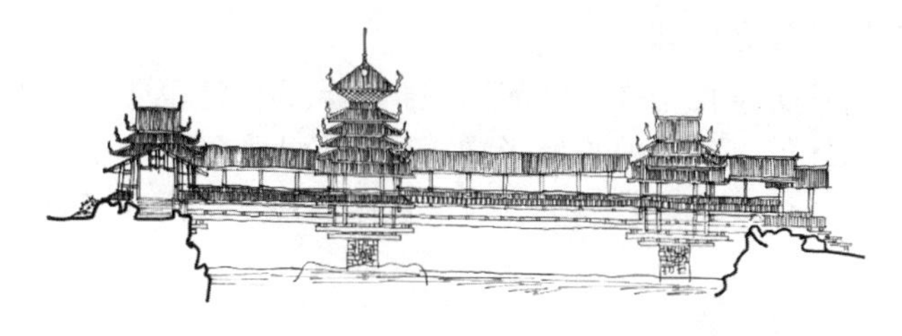

(a) 贵州黎平的侗家风雨桥

(b) 苗族的吊脚楼

图 5-2-21　喀斯特地貌建筑

3. 基于地域性的原则

1）遵循地域性原则

建筑的地域性，是指建筑与所处地区的自然条件、经济形态、文化环境和社会结构的特定关联，是建筑的基本属性。世界格局的多极化与多样化，使人们逐渐意识到文化多样性的重要性。因此建筑的地域性也是一种时代特征。

地域性的特征：顺应自然条件，地形、气候、地貌等；运用地方性材料、能源和建造技术；吸收地域建筑文化；具有独特性与经济性。在我国历史上，有着较强的地域特征。这才有了江南水乡、岭南建筑文化、四川山地建筑、客家建筑文化、干栏式建筑文化、蒙古包、新疆维吾尔族民居、西藏的碉楼、北方的四合院、纳西族的井干式木楞房、西北的窑洞等。这些地域特征形成了鲜明的地域文化符号，成为了地域的代名词。

遵循地域性原则就是要尊重自然、人文环境，尊重历史与当地生活习俗，顺应时代结合现当代经济社会发展。在这个原则下，结合当地技术与当地材料，就地取材、就地用材，或运用现代材料、技术、构造方式加以创造性地发挥、发展，创建具有特色的地域性建筑。

2）人文的地方性

风景园林建筑的地域性优先考虑人文的地方性，它包括地区社会的意识形态、组织结构、文化模式等，它是地方文脉传承的文化特性，影响着风景园林建筑的形态和气质，是最具代表性的人文形态。

（1）对传统文化内涵的传承

①“人本主义”的社会伦理观

人文价值是中国传统文化中最关注的问题。建筑的设计也要基于人本主义的思想基础。由于受到森严秩序的人伦观的长期影响，形成了威严气派的皇家园林，对称的中轴线、严整的空间序列，体现了皇权至上、尊卑有序的观念，体现了安全感、稳定感、永恒感、威严感和自豪感。

②天人合一的自然环境观

天人合一是中国古代哲学思想对自然与人的关系的理解。建筑设计在满足人的使用功能需求的前提下，同时也要顺应天、地、人三者之间的关系，即人、建筑与环境的关系协调自然。

（2）文脉的延续性

建筑的文化，广义的理解是指建筑的物质功能和形态所表现的精神属性。风景园林环境文脉是指风景区或风景园林地段的历史文化脉络。

①建筑的物质功能与环境文化的联系

建筑的物质功能与环境的历史文化或时代文化是相关联的。建筑如何融于环境与历史文化脉络之中、如何延续文脉成为建筑设计中不可忽视的问题。

②建筑的外部造型与环境文化的联系

除了物质功能，建筑的外部造型也受环境及历史文脉的影响，尤其影响着建筑风格的确定。当一个地区或环境有着或曾经有过显著的历史时空遗迹时，新创作的建筑如果能尽量体现历史文化特色，就能把游人思绪引向此地的历史空间，使游客置于一个特定的文化氛围之中。

建筑设计要重视环境的文脉，重视新老建筑的延续，这种时间性过程又被称为“历时”。许多文脉主义学者对历史文化的传承和延续做了不少的研究与探索。建筑的文脉符号不是与之割裂的外部环境，而是根植于其中的历史文化脉络，能与周围的原有环境产生共鸣，从而使建筑在时间、空间及其相互关系上得以强调自身的延续性。

3）生态的地方性

生态的地方性传承主要是指生态环境和建造技术的地区性差异，包括气候条件、地方材料等，是能够影响风景园林建筑设计的物质载体。

4. 基于地域性的构思手法

地域建筑创作是保护地方个性和民间传统的有力手段，既能延续地方的文化精髓，又能彰显个性。由于地域文化的差异性，地域建筑创作没有定式，也没有所谓的模板，其表达方式往往是丰富多样、不拘一格且极富个性的。建筑基于地域性的创作方法主要有象征、变异、保留、更新等。

5. 全球化建筑背景下与地域性的平衡

如今全球化进程日趋严重，建筑设计面临更加严峻的文化挑战。建筑设计只有充分尊重地方传统、文化、生态及相关经济技术，对地方理性地思考，同时融入与时俱进的技术和经验，才能充分发展自身的地方特性。

地域性体现在地区民族与地域文化内涵之中，如果设计者能以这种地域文化为创作基点，将这些乡土文化加以提炼，用具备地域认同感的色彩、材料、装饰等以现代手法表现出来，将更容易引起人们的共鸣。对乡土文化的提升和转化通常有两种形式：一是遵循传统民居的布局、形态和规模特征。二是在现代结构、材料、形式的基础上，整合乡土建筑的符号特性，用现代的方法对其进行改造、变形、重组，使之具有鲜明的时代特征和地方风格。

中国有着丰富多彩的建筑文化遗产，如今我们面临全球化的挑战，既要有文化自信，保护建筑文化的多样性，不断发掘、提炼、继承和弘扬；又要以开放、包容的心态和批判的精神，吸收先进文化融会贯通，才能使建筑的地域性既具独特的文化魅力，又有时代特征，可持续地发展。

5.2.5 生态节能构思

1. 建筑节能概念

1）生态节能理念

能源危机作为威胁人类社会可持续发展的重大问题之一，无论是工业发达国家还是发展中国家，建筑的能耗都是国家总能耗中所占比重很大的一项。因此，在建筑设计领域中，发展和推广使用生态节能技术可有效缓解全球能源危机，缓解大气污染、水体污染等，并降低经济增长对能源的依赖，有效解决发展与生态平衡的矛盾制约，对社会和经济发展具有重大意义。

我国的能源方针是，“能源的开发和节约并重，节约优先”。近期要把节能放在优先地位，大力开展以节能为中心的技术改造和结构改革。在我国，建筑能耗占全国总能耗的四分之一以上，并且随着人们生活水平的提高，能耗也会逐年递增，故建筑节能也是整体节能的重中之重。

2）被动式建筑节能设计概念

被动式建筑节能设计是相较于主动式建筑节能设计而提出的，是仅依靠建筑本身的设计构造就能达到舒适的要求，不需要单独安装其他设施设备，即不需要“主动”地提供能量，完全依靠自然进行，利用其自身优势，被动地营造舒适环境，并降低能源的消耗，如自然通风、自然采光、被动式太阳房等。

2. 生态节能技术的应用

1）太阳能技术的应用

太阳能技术是我国目前应用最广泛的节能技术，技术体系已较为成熟。太阳能被动式建筑设计是指利用建筑设计中的外形特征、空间结构、方位布置等要素进行综合性的控制处理，将太阳能加以利用，达到满足室内舒适度的需求，即不需要由非太阳能或耗能部件驱动就能运行的太阳能系统。

《被动式太阳房热工技术条件和测试方法》（GB/T 15405—2006）中规定了太阳能被动式建筑技术，按太阳能建筑的被动式供暖方式可定义为直接获热和间接获热两类，而间接式摄取太阳热又包括蓄热墙、阳光间、温差环流 3 个类型。

（1）直接获热

如图 5-2-22 所示，太阳照射向大面积的玻璃窗，大部分太阳能被室内地面、墙体等吸收，导致室内温度上升，少部分阳光被反射到其他室内物体表面，或被反射到室外，继续进行太阳能的吸收作用。围护结构表面所吸收的太阳能辐射热，一部分在内部空间

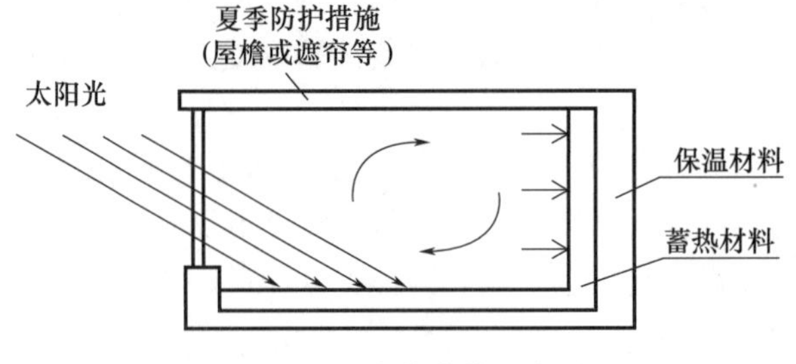

图 5-2-22 直接获热示意图

以辐射和对流的形式传输，另一部分进入蓄热体内，最后再将能量释放出来，使室内温度长时间内都能达到基本平衡的状态。例如：白天温度高，蓄热体吸收大量太阳能辐射，夜间室内外温度降低，蓄热体内部能量将释放出来，保持室内温度白天夜间处于一个平衡的状态。采用直接获热的方法充分利用太阳能采暖，将有效改善夏热冬冷地区建筑的室内热舒适度。

（2）间接获热

①集热蓄热墙

集热蓄热墙又称为特伦布墙，属于集热蓄热墙式被动式太阳房中的典型构件，是太阳能辐射热间接利用的一种，如图 5-2-23 所示。这种形式的太阳房是由透光玻璃罩和深色蓄热墙体构成，中间留有空气层，墙的上下方均设有通风口，使空气通过热加压的作用流入室内向室内供热。白天阳光透射向带有玻璃罩的蓄热墙体，墙体吸收热量，夜间温度降低，蓄热墙体向室内传递部分热量，维持室内温度稳定。为防止夜间热量散失，玻璃罩外侧应设置保温板和保温窗帘。

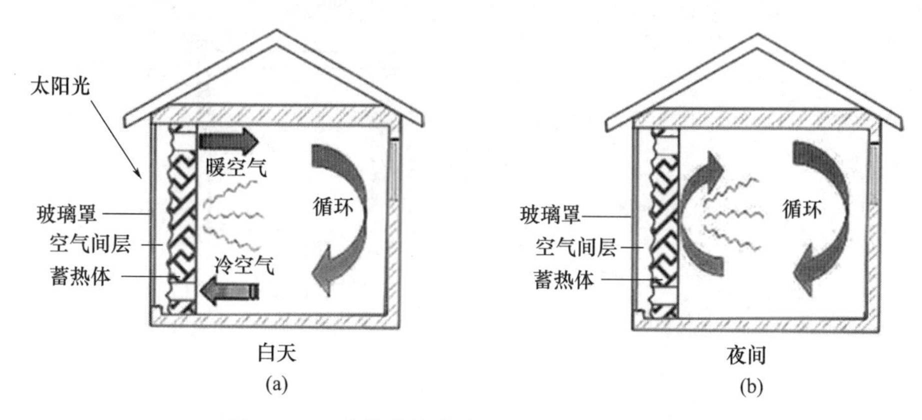

图 5-2-23　集热蓄热墙式太阳能采暖系统示意图

（资料来源：《被动式太阳能采暖技术》，焦璐璐）

②阳光间

阳光间是直接获热和集热墙技术综合技术应用的产物，如图 5-2-24 所示。阳光间附建在房屋南侧，其围护结构全部或部分由玻璃等透光材料构成，通过一堵墙将阳光间与其他房间分隔开，一天时间中，室外温度均会低于阳光间的室内温度，通过自身对太阳能的吸收和供给，使建筑物与阳光间相邻的部分获得一个温度适宜的环境，成为室外空

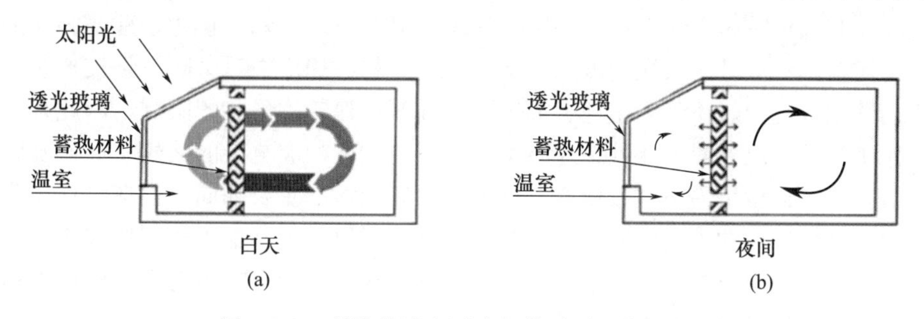

图 5-2-24　附加阳光间式太阳能采暖系统示意图

间与室内空间的温度缓冲区。由于阳光间温度高于室内温度，人们通过开门、开窗等活动，所吸收的太阳能透过墙、窗的通风孔洞，以对流的形式传递到相邻房间内部，维持相邻环境的温度稳定。

③温差环流壁

温差环流壁也称自然循环式或热虹吸式，这种形式的被动式采暖其集热和蓄热装置是与建筑物分开独立设置的，空气集热器低于建筑地面，储热器设在集热器上，整体形成较大高差，利用空气对流的形式进行热交换，如图 5-2-25 所示。白天，集热器中的空气被加热后，借助温差产生的热虹吸作用通过风道（用水时为水管）上升到上部的热岩层，被岩石堆吸热后，温度降低，再倒流回集热器的底部，进行下一次循环；夜间，温度较低，岩石储热器经通风口向采暖房间以对流方式采暖，或者通过辐射的形式向室内散热。由于该被动式设计受高差环境因素的限制，适用范围较为局限，大多用于建于山地上的建筑群。

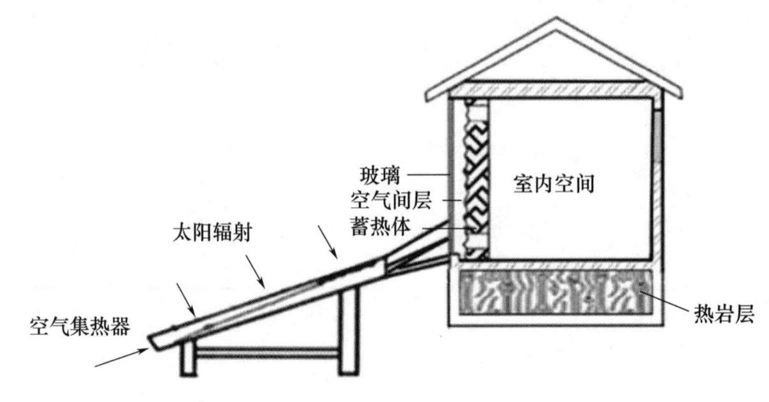

图 5-2-25　温差环流壁采暖系统示意图

2）风能技术的应用

在建筑设计领域，风能技术主要有两种：其一是自然通风系统和排气系统的应用，依靠建筑被动式利用各种风环境下的风能；其二是主动式风力资源的利用，主要依靠风力发电，将风能经一系列过程转化为其他形式的各种能源的过程。

（1）建筑布局、形体与风环境的关系

建筑方位与建筑布局直接决定了建筑中通风是否顺畅，是后期开窗优化、体形设计的基础，对自然通风而言至关重要，通常面向当地的主导风向可以大大减少室内气流的路径长度，有利于室内空气交换，如图 5-2-26、图 5-2-27 所示。但由于建筑整体的朝向所受限制较多，一般日照采光角度均以南向为好，相关规范中对医院、学校建筑的朝向都有专门的规定，同时还受到土地、周围道路和其他建筑物形状的限制，因此很难选择或更改建筑物的通风方向。此外，还有很多体量庞大，功能复杂的文娱、商业及综合类公共建筑，建筑造型呈集中式或中心对称式，没有明显的主要朝向，但在设计中应充分注意朝向对后期通风的关键作用，尤其是对于办公建筑，受其他因素制约较少，应充分考虑有利于通风的建筑朝向；对于调整朝向困难的建筑，应选择在合理的朝向上组织通风，进行开窗通风设计。

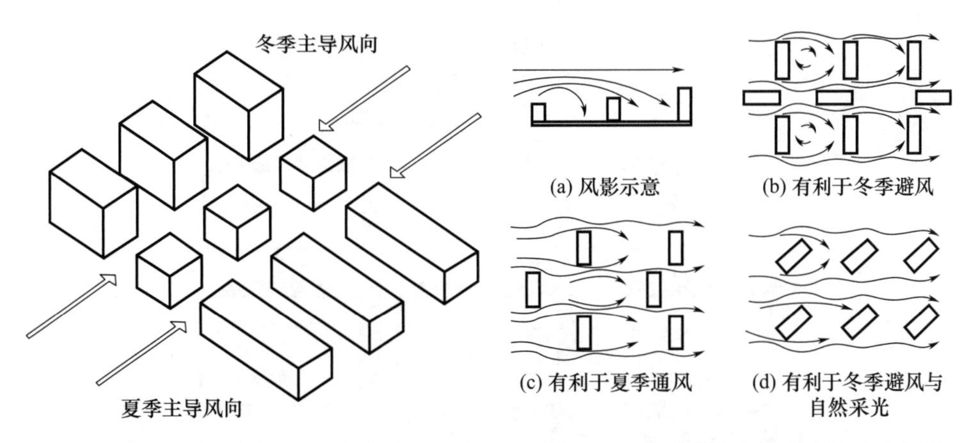

图 5-2-26　冬季和夏季主导风向建筑布局图　　图 5-2-27　不同建筑布局形式风影示意图

（2）建筑风环境效应评估

建筑风环境是一个动态的环境，由于受到各种内外因素的干扰，其不稳定性表现突出。目前的测量技术还无法精确地测量和计算风力发电机的利用率，因此也不能根据利用率来评估建筑风环境中的风能效益。

风能利用的主要原理是将空气流动产生的动能转化为人们可以利用的能量，在计算中，风能转化量是气流通过单位面积时转化为其他形式的能量的总和。风能功率的计算公式如下：

$$E=\frac{1}{2}\rho V^3 F$$

$$\bar{\rho}=\frac{1.296}{1+0.00366T}\left(\frac{P-0.378e}{1000}\right)$$

式中，E 为风功率（W）；ρ 为空气密度（kg/m^3）；v 为风速（m/s）；F 为截面积（m^2）；P 为年平均气压；T 为温度；e 为绝对湿度。

一般情况下，大气压、空气温度和空气相对湿度的影响不大，空气密度可以取为定值 1.25，通过风能发电功率的计算公式可以看出，风能功率与空气密度、风速的三次方以及空气通过的横截面面积成正比，其中风速的影响比重最大，因此在风力发电中最重要的影响因素为风速，对风力发电起到决定性的作用。

3）新能源与生态节能

如图 5-2-28、图 5-2-29 所示为我国新能源分类与结构。新能源和可再生能源的定义仍然相对模糊，容易引起争议，需要加以澄清，例如，用作燃料的薪柴属于常规能源，就其可再生性而言，它也属于可再生能源。

3. 绿色建筑设计与节地策略

1）自然土地资源的可持续利用

社会经济可持续发展战略实施以来，土地资源的紧缺问题日益突出，土地资源的开发、利用、保护、规划越来越得到人们的重视，土地改良问题已然成为人们关注的重点。通过科学合理的土地管理，继续满足社会和经济发展对土地资源的需求，是确保人类持续生存和发展的重要课题。我国土地利用现状如图 5-2-30 所示。

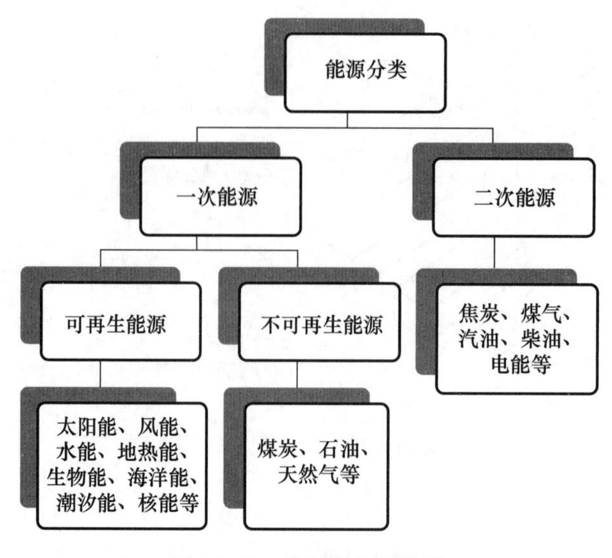

图 5-2-28　我国新能源分类

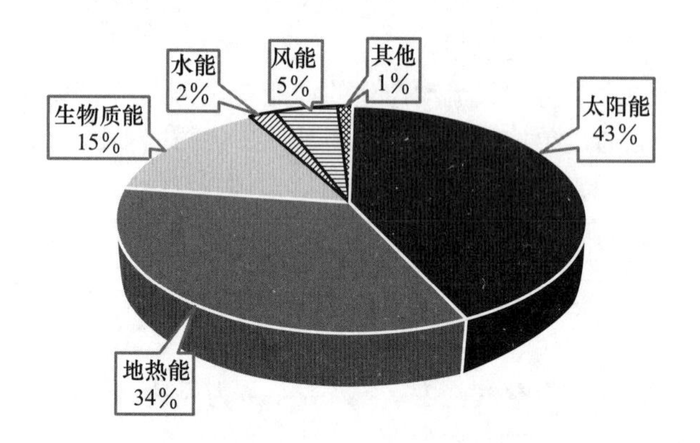

图 5-2-29　我国新能源利用结构

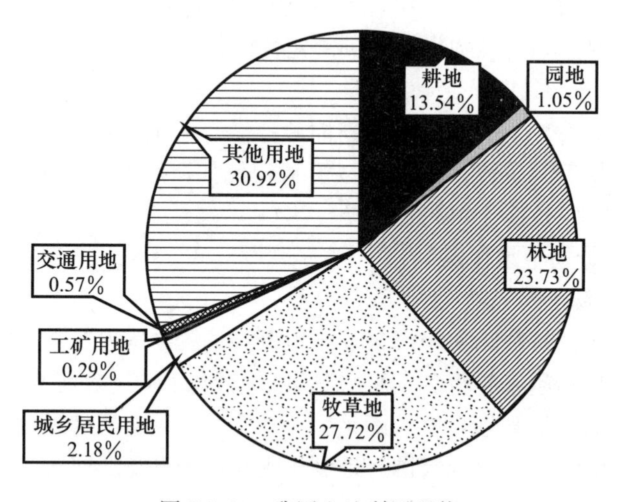

图 5-2-30　我国土地利用现状

2）建筑设计中的节地策略

建筑设计中的许多设计元素都可能会影响整个建筑群体的土地利用率，因此，在建筑设计初期，应综合考虑《绿色建筑设计标准》中有关节约土地的规定和规范。建筑物的布局不仅会影响居住区土地资源的使用，还会影响建筑物的其他基本功能，如通风、采光等，因此在规划和设计居住区时，居住区住宅布局形式尤为重要。根据建筑物的规划和布局，社区的布局可分为行列式布局、周边式布局和混合式布局。减少住宅间距也是节地的方法之一，住宅日照间距系数基于正南、正北布局，按照日照标准确定的房屋间距与遮挡房屋檐高的比值得出，详见表 5-2-1、表 5-2-2。根据城市建筑区的规划和设计要求，可以调整各个建筑物的角度以获得适当的光照持续时间和强度，达到节约房屋和土地的目的。

表 5-2-1　我国部分地区建筑朝向一览

地区	建筑朝向		
	最佳朝向	适宜朝向	不宜朝向
北京	南偏东 30°以内 南偏西 30°以内	南偏东 45°范围内 南偏西 45°范围内	北偏西 30°～60°
上海	南至南偏东 15°	南偏东 30° 南偏西 15°	北、西北
石家庄	南偏东 15°	南至南偏东 30°	西
太原	南偏东 15°	南偏东至东	西北
呼和浩特	南至南偏东 南至南偏西	东南、西南	北、西北
哈尔滨	南偏东 15°	南至南偏东 15° 南至南偏西 15°	西、西北、北
长春	南偏东 30° 南偏西 10°	南偏东 45° 南偏西 45°	北、东北、西北
沈阳	南、南偏东 20°	南偏东、南偏西	东北、西北
济南	南偏东 10°～15°	东偏东 30°	—
南京	南偏东 15°	东偏东 20° 南偏西 10°	东、西
合肥	南偏东 5°～15°	东偏东 15° 南偏西 5°	西
杭州	南偏东 10°～15° 北偏东 6°	南、南偏东 30° 西、北	—
福州	南、南偏东 5°～10°	南偏东 20°内	西
郑州	南偏东 15°	南偏东 25°	西北
武汉	南偏西 15°	南偏东 15°	西、西北
长沙	南偏东 9°左右	南	西、西北

续表

地区	建筑朝向		
	最佳朝向	适宜朝向	不宜朝向
广州	南偏东 15° 南偏西 5°	南偏东 20° 南偏西	—
南宁	南、南偏西 15°	南、南偏东 10°～25° 南偏西 5°	东、西
西安	南偏东 10°	南、南偏西	西、西北
银川	南至南偏东 23°	南偏东 34° 南偏西 20°	西、西北
西宁	南至南偏西 23°	南偏东 30°至 南偏西 30°	北、西北

表 5-2-2　住宅建筑日照标准

建筑气候区划	Ⅰ、Ⅱ、Ⅲ、Ⅶ气候区		Ⅳ气候区		Ⅴ、Ⅵ气候区
	大城市	中小城市	大城市	中小城市	
日照标准	—	大寒日	—	—	冬至日
日照时间（h）	≥2	≥3	—	—	≥1
有效日照时间带（h）	—	8～16	—	—	9～15
日照时间计算起点	—	—	底层窗台面		—

4. 绿色建筑设计与节水策略

1）节水设计与可持续

从我国水资源利用来看，水资源的可持续利用是我国经济社会发展的命脉，是经济社会可持续发展的关键，而社会用水中，建筑物的用水量占相当大的比重，因此建筑物的节水设计是绿色建筑物的重点。

建筑节水的 3 个主要含义是：第一，减少用水总量；第二，提高建筑用水效率；第三，节水。其中，建筑物的节水可以从 4 个方面进行：给水管道的输送效率高，漏水少；水资源循环利用；推广先进的节水设备；再生水技术和雨水补给技术。如图 5-2-31 所示，反映了通过雨水收集和再利用对水资源的循环利用。

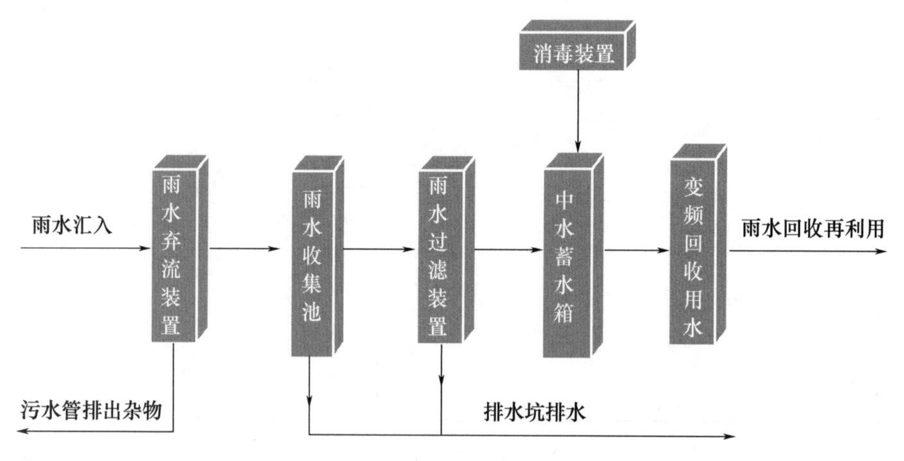

图 5-2-31　建筑雨水回收和再利用技术流程

2）建筑节水技术应用

（1）中水利用技术

为满足人们的用水需求并减少纯净水资源的消耗，必须做到对水资源的回收和再利用。中水回收技术可以满足前述需求，同时可减少污染物排放和水体中氮和磷的含量，如图 5-2-32 所示。再生水循环利用技术一方面可以扩大水资源来源，另一方面可以减少水资源浪费，因此具有“开源”和“节流”的特点，在我国广泛应用于绿色建筑设计领域。

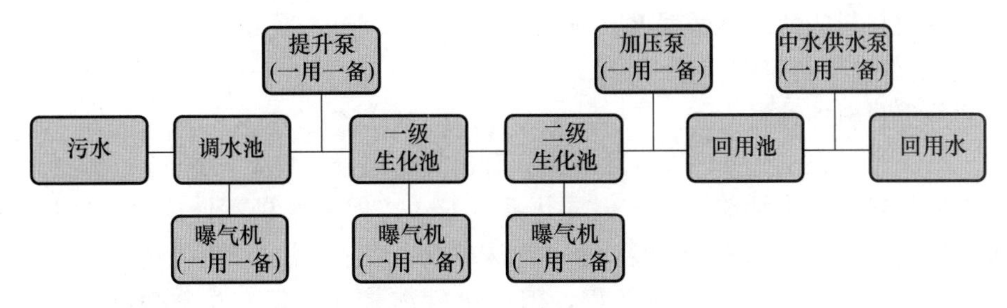

图 5-2-32　中水控制处理流程图

（2）雨水利用技术

自然降水是一种污染较少的水资源。根据雨水形成的机理，可以得知雨水中的有机物含量较少，而雨水中的氧含量接近最大值，钙化现象不严重。因此，在处理过程中，只需简单的操作即可满足生活用水和工业生产用水的需求，如图 5-2-33 所示。雨水的回收成本远低于生活废水，水质较好，微生物含量较低，人们的接受度和认可度较高。

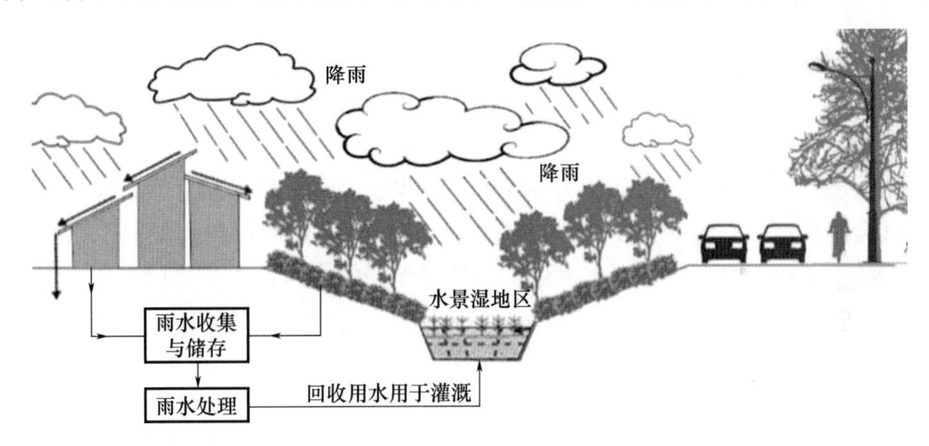

图 5-2-33　城市雨水回收利用示意图

（资料来源：《绿色建筑设计建筑节能》）

基本过程：预先在多条通道中收集雨水，以确保储水模块储水，从而有效地保证了储水的水质，又不占用空间，且结构简单、方便，更加环保安全。压力控制泵和雨水控制器可以轻松地将雨水输送到饮用水点。同时，雨水控制器也可以实时反映雨水库的水位。通过平衡不同季节用水量的差异，进行有效的容积设计，以达到节约资源的目的。

5. 建筑节材与节能保温

1）建筑材料的选用

节材是绿色建筑的主要控制指标，主要体现在建筑物的设计和施工阶段。在运营阶段，由于建筑物的总体结构已经确定，对建筑物节材的贡献很小，因此绿色建筑物是设计的开始。必须特别注意建筑选材并遵循以下 5 条原则：

（1）多次使用现有结构和材料；

（2）减少建筑材料的总使用量；

（3）建筑材料具有可再生性；

（4）废物回收；

（5）建筑材料的使用遵循就近原则。

2）建筑保温材料应用

（1）保温材料的种类

常见的保温材料主要分两类：无机类和有机类，部分材料见表 5-2-3。

①无机材料：防火性能较好，但导热系数较大，保温效果不佳。现有材料包括岩棉、玻璃棉、玻化微珠、无机保温砂浆、泡沫玻璃、发泡水泥板等。

②有机材料：保温隔热效果较好，但防火性能较差。现有材料包括膨胀聚苯板（EPS）、挤塑聚苯板（XPS）、聚氨酯泡沫、聚苯乙烯泡沫等。

表 5-2-3 常用保温材料性能

指标	XPS（有机）	酚醛（有机）	玻璃棉（无机）	岩棉（无机）	无机保温砂浆（无机）
表观密度（kg/m^3）	25～38	≥35	≤50	≤120～200	≤300
导热系数［W/（m·K）］	≤0.035	0.025～0.035	≤0.045	≤0.045	≤0.055
燃烧性能	≥B2 级	A 级	A 级	A 级	A 级

注：GB 8624—2012 将建筑材料的燃烧性能分为 A 级（不燃）、B1（难燃）、B2（可燃）、B3（易燃）几种等级。

（2）保温体系的选择

根据保温材料的位置，一般分为外保温、内保温、复合保温和自保温。每个保温系统都有其自身的特性，见表 5-2-4。对于公共建筑，考虑到如保温效果、使用面积、冷热桥和持续用能等因素，外保温体系依旧是建筑保温的主体。

表 5-2-4 各保温形式的特点

保温形式	特点
外保温	消除了冷热桥，保温效果好；保护主体结构，不影响室内，但易开裂、脱落，耐用性差，存在安全隐患，建筑维护更加困难
内保温	安全性优于外保温，热响应速度更快，结构简易，施工简便；但有冷热桥且占用室内空间，室内墙面上难以吊挂物件
复合保温	安全性较好，与墙体同寿命；缺点是墙体较厚，结构复杂，有冷热桥
自保温	安全性较好，与墙体同寿命；用于墙体面积占建筑外围护面积比例较大时，有冷热桥

夏热冬暖地区则以隔热为主，对保温要求不高，一般采用自保温或复合保温，各种保温形式适用地区如下：

①严寒、寒冷地区公建宜选择外保温；

②夏热冬冷的地区公建首选外保温体系；

③内、外复合保温与自保温技术可在夏热冬冷的地区应用，但尚不成熟；

④夏热冬暖地区以自保温为主，外保温作为辅助手段；

⑤内保温体系主要适用于改造项目。

3）围护结构的结构设计

（1）提高围护结构的热阻

寒冷季节，热量通过建筑物外部保护组件的外墙、屋顶、门窗，从房间的高温侧传递到室外低温一侧，造成热量损失。在转移过程中，热量会遇到阻力，热阻越大，通过外壳构件传递的热量越少，表明外壳构件的隔热性能越好。图 5-2-34、图 5-2-35 所示为围护结构传热原理及保温复合墙体结构。

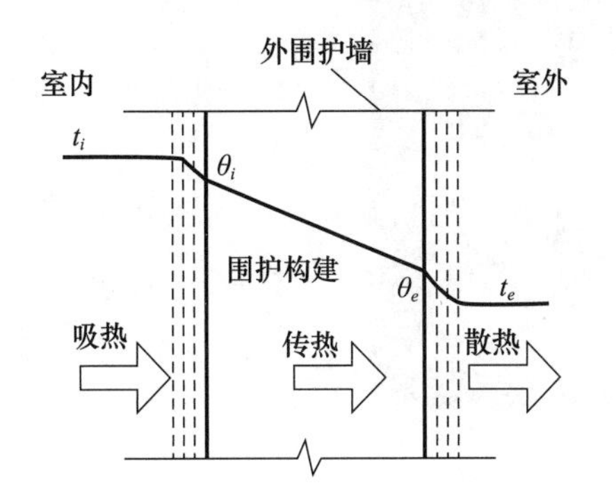

图 5-2-34　围护结构传热原理

（资料来源：《外墙外保温建筑构造图集》）

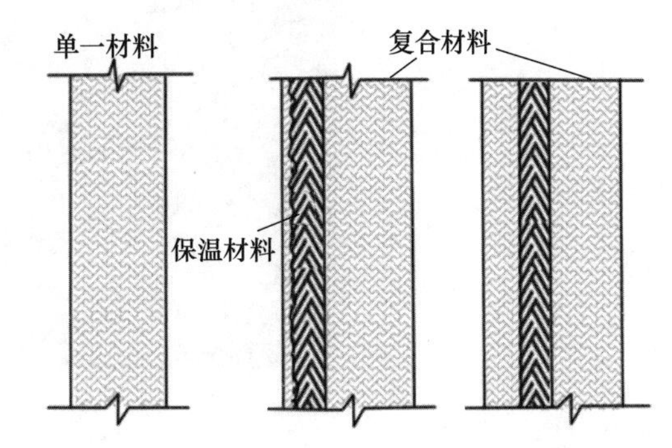

图 5-2-35　保温复合墙体

（资料来源：《外墙外保温建筑构造图集》）

（2）避免热桥

在外部保护组件中，由于结构的要求，通常会在内部嵌入导热系数大的组件，例如钢筋混凝土梁和柱、圈梁、阳台板和屋檐等。这些部分的保温性能比主要部分差，并且热量易于从这些部分传递。散热量大，其内表面温度也较低，当温度低于露点温度时，将出现冷凝水。这些零件在围护结构中通常称为热桥。为了避免和减少热桥的影响，首先，要避免嵌入式构件的内部和外部穿透；其次，对这些部件采取局部保温措施，例如添加保温材料，以切断热桥。

5.2.6　数字化技术构思

1. 基于数字化技术的信息模型理念

BIM 是一个基于智能三维虚拟模型的全周期控制概念，以信息数据为核心，并使用各种数字化技术来辅助建筑设计、施工管理和服务使用。2002 年，Autodesk 公司率先提出了这一革命性的概念。BIM 不仅在建筑设计和建造过程中创建“可计算的数字信息”，而且从零开始改变了建筑的生产模式。用 BIM 软件生成的施工文件整合了图纸、采购明细、环境条件、文件提交程序以及其他与建筑质量规格有关的文件。建筑信息模型涵盖了几何形状、空间关系、地理信息系统以及各种建筑组件的性质和数量。

现代化的数字化建模软件作为 BIM 理念实现的核心工具（图 5-2-36），为数字化建模模型，主要有 4 类：第一类，民用建筑一般造型规整简单，通常选用 Autodesk Revit 实现 BIM 流程，其具有与 AutoCAD 数据关联的天然优势；第二类，专业建筑事务所则更倾向于对 Autodesk Revit、ArchiCAD、Bentley 等的综合运用；第 3 类，工厂设计和基础设施主要使用 Bentley；第 4 类，对于具有一定复杂性形态的大型工程项目，Catia、Digital Project 则为主导软件，但对预算要求较高。

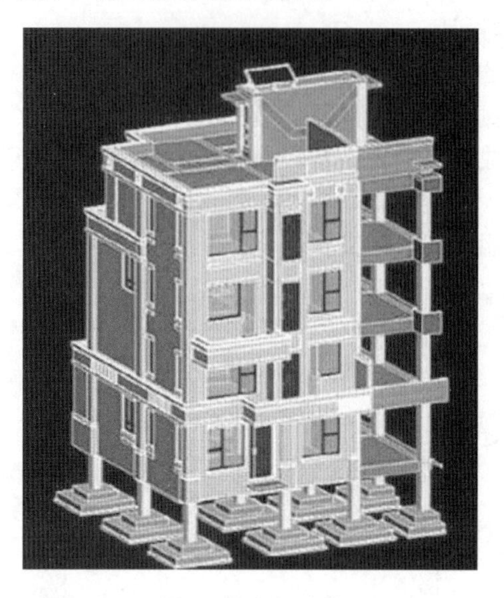

图 5-2-36　数字化建模模型

（资料来源：搜狐网）

2. 参数化模型下的建筑设计

1）参数化模型技术

参数化模型仅是一种分析方法，需要具备相应的技术支持才能有效进行，这些技术包括 CAD、面向对象的 CAD、建筑信息模型参数化建筑模型，如图 5-2-37 所示。CAD 技术是基于图形的，在建筑设计过程中，CAD 技术非常有效地支持自动绘图，从而大大减少了人力和财力。建筑行业使用此类软件已有十多年的历史，例如 AutoCAD，使用多级分类，并且需要向体系结构设计中添加一些其他信息，通过使用软件开发套件，可以扩展 CAD 软件包的应用范围，例如预算估算，但是，即使使用了软件开发套件，最终图纸也仅包含实际构建项目所需的图形信息，大量其他信息尚未成为工程图的一部分，而对这些工程图和设计数据的手动调整对于大型项目十分重要。因此，CAD 技术很难实现建筑信息建模的方法。

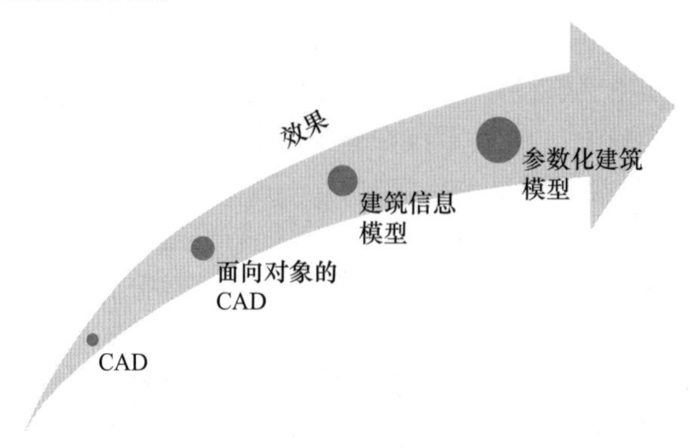

图 5-2-37　参数化模型效果示意图

当所有操作均在同一个数据库上执行时，所有建筑的表现形式都直接与数据库关联，因此无论何种视图（平面图、立面图、剖面图等）或表（组件类别、门窗表、预算报告等）都与模型的各种视图保持联系。通过图形编辑修改零部件信息时，修改后的数据将直接反映在模型数据库中，并且与模型数据库关联的表中的相应数据将自动更新；同样，如果在表中编辑和修改了组件，则图形视图也会自动更新。

参数化建筑模型的另一个重要特征是，在管理建筑构件之间的连接时，它可以保持原始设计意图的智能性，例如在面向对象的 CAD 系统中，对门的理解为门只能存在于墙壁中，如果删除了墙壁，则门将自动删除。但这只是对象属性的扩展，与参数化建筑模型的智能化无法比拟。通过参数化建筑模型技术，设计人员可以指定门在墙内，并且距窗户 3 英尺（91.44cm）。因此，参数化建筑模型的本质是使用计算机对现实世界中组件的行为和属性进行建模，使用该模型来实现建筑信息模型的方法可以较好地体现其参数化建筑信息技术。

2）参数化模型在建筑设计中的优势

（1）图形模型参数化

参数化为计算机辅助建筑设计提供了一种清晰、直观且有效的方法，让建筑师考虑设计，而不仅是绘图。如果比较使用参数化和使用图形方法进行计算机辅助建筑设计，图形编辑需要精确的几何图形或项目更改。图形编辑用于在显示屏上偏移、切割、拉伸和所有其他 CAD 绘图操作。参数编辑包含那些没有显示在屏幕上的建筑项目的功能，特征数字模型被操作，通过对图形进行一系列修改可以完成此操作，并且在编辑模型时，用户可以识别所有被更改的图形。

（2）注释融入化

参数模型可以通过注释进行交互式编辑，建筑模型本身的完整工程图注释是保持图形工程图与模型之间联系的重要元素。在传统的基于图形的 CAD 中，尺寸为简单文本，尺寸值在更改其自身大小后将自动更新。但是，在参数模型中，编辑尺寸文本将更改标记元素的尺寸，注释直接输入到建筑模型中，仅在屏幕上显示图形结果。

（3）图纸关联化

参数化已应用于工程图文件系统，为了充分应用参数化技术，需要在整个建设项目及其所有表示形式中使用，根据参数化的特点，可以完成整个建筑设计和图纸文件系统。用逻辑和细致的图形符号关系来表示建筑物的各个部分时，所述关系为参数，要表达的含义正是参数化架构模型所擅长的，如果指定图纸编号模式，然后将不同的模型视图拖到图纸上，它们会自动生成图纸编号和标题，且可以自动执行并维护与其他图纸的关联。

3. 建筑数字化建造技术

1）数字化建造技术理念

数字建筑物的设计和建造是基于对信息和数据的更高可控制性来进行的，建筑物产品来自数字控制工厂。在数字化构建过程中，计算机技术贯穿于从计算机辅助设计、建模到计算机辅助构建和构造的整个过程，虚拟数据已成为操作的主线。将产品加工从理论数据转换为实际生产数据后，工作模式也从计算机虚拟仿真转换为计算机与数控设备的协调生产。无纸化建造是数字化建造技术的高级形式，计算机辅助施工将施工生产模型从设计—绘图—生产推进到设计—数据—生产。

2）数字化建造技术的应用

（1）冲压成型技术

冲压是指通过压力机和模具向板、条、管和型材施加外力以使塑料变形或分离，以获得所需形状和尺寸的工件（冲压件）的加工和成型方法。冲压处理的类型根据其处理方法和特性可以大致分为3类：冲切加工（分离加工）、成型加工和压合加工。其中一些已应用于复杂形状的构建过程，例如数控弯管技术、真空吸附技术、无模多点成型技术等。

广州歌剧院是由普利兹克建筑奖得主、英国-伊拉克女设计师扎哈·哈迪德（Zaha Hadid）设计的，主体采用钢筋混凝土混合结构，作为中国采用数控技术设计完成的最具影响力的建筑之一，歌剧院的表演厅采用了精美的GRG饰面，排练厅采用了经过热成型技术处理的人造石，如图5-2-38所示。工厂根据建筑师提供的数字模型制作木模，然后加热附着在木模上的丙烯酸塑料，再将其抽真空以完成从数字数据到物理模型的生产过程。

图5-2-38 广州歌剧院实景图
（资料来源：谷德设计网）

（2）2D数控切割技术

2D数控切割是由控制的火焰、等离子、激光和水射流切割机，根据数控切割软件提供的优化程序执行全时、自动、高效数控切割。该技术集传统的手工制作与计算机辅助设计技术（CAD技术）、计算机辅助制造技术（CAM技术）和数控技术（NC技术）于一体，是当前最先进的板材加工技术之一。通过计算机绘图，优化布局和数控编程，有效地提高了建筑材料的利用率，简化了加工程序，更重要的是提高了生产的精度和单位效率。图5-2-39所示为西雅图体验音乐厅。

图5-2-39 西雅图体验音乐厅
（资料来源：马蜂窝网）

对于异型结构的构造，通常使用轮廓切割、三角形网格拼贴和表面合理化等方法，并使用 2D 数控切割技术。这是一个“三维→二维→三维”的巧妙成型过程，如图 5-2-40 所示。在等高线法中，切割的横截平面均相互平行，切割层的数量、材料的厚度和表面的曲率在空间中精确关联，并由参数化建模软件自动生成。

图 5-2-40　苏州诚品书店屋顶实景图

（资料来源：搜狐网）

（3）快速成型——3D 打印技术

3D 打印（3D Printing）是一种快速成型技术，它是一种使用粉末状的金属或塑料以及其他黏合材料通过逐层打印基于数字模型文件构造对象的技术，通常使用数字技术的材料打印机来实现，如图 5-2-41 所示。三维打印设计过程如下：首先通过计算机建模软件进行建模，将构建的三维模型划分为逐层的部分（即切片），从而指示打印机进行逐层打印，通过读取文件中的横截面信息，然后以各种方式将每一层的横截面黏合在一起以创建实体。该技术的特征在于它几乎可以制造任何形状的物体，传统的制造技术（例如注塑）可以以较低的成本大量生产聚合物产品，而 3D 打印技术可用更快、更灵活且成本更低的方法生产相对少量的建筑模型产品。

图 5-2-41　迪拜 3D 打印建筑

（资料来源：《北京青年报》，2020-04）

4. 数字化建筑案例

“数字”铸就建筑之美——凤凰传媒中心。

1）建筑基地概况

凤凰传媒中心是一座综合性建筑，集电视节目制作、办公、商务等功能于一体。它在 2011 年被意大利知名网站 DESIGNBOOM 评为世界十大文化建筑。莫比乌斯环是一个经典的数学模型，体现了阴阳并存的概念、中西文化的融合，独特的建筑景观与周围环境有机结合，融为一体。

两个独立的建筑分别是媒体总部办公楼和体验楼，如图 5-2-42 所示，为凤凰传媒中心立面图，流线型的外壳为建筑物提供了平滑而又动感的空间。由莫比乌斯环环绕的凤凰广场是建筑群的核心，广场由巨大的钢结构包围，并通过两侧的凸起拱门将东侧的朝阳公园湖滨绿地与西侧城市主干道相连接，从地面到空中并贯穿建筑物内部的公共体验流水线，真正实现了建筑空间的丰富性和开放性。该设计力求在各种问题上找到平衡点，同时展现凤凰传媒的亲和力和开放之美，如图 5-2-43 所示。

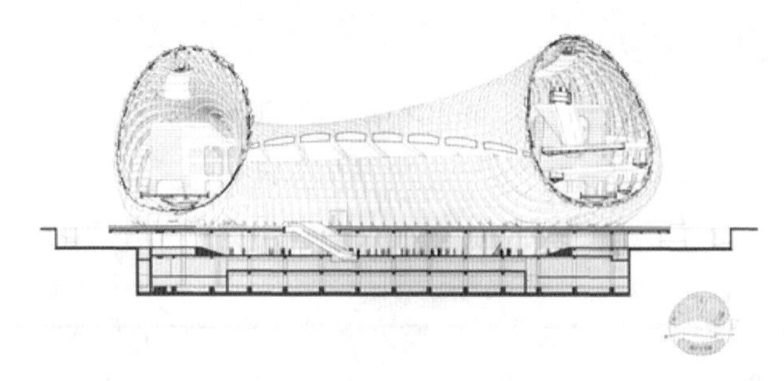

图 5-2-42　凤凰传媒中心立面图

（资料来源：《时代建筑》，2012-09）

图 5-2-43　凤凰传媒中心外部实景图

（资料来源：《时代建筑》，2012-09）

2）基于数字技术的几何逻辑构建

源自莫比乌斯环的设计概念基于复杂的非线性方向上设计计划的制订，面对许多新的设计挑战，引入数字技术的设计已成为设计团队的必然选择。

为了设计理念的深化，设计团队首先面临着与创造力兼容的几何控制逻辑系统的集成。也就是说，在已建立的概念模型中，基于结构安全性和合理的材料尺寸、人体的尺寸以及视觉美学，建筑凤凰传媒中心的三维控制线包括了平面形态控制轴线、基准模型表皮的板块划分线、竖向楼层板及幕墙水平控制线，如图 5-2-44 所示。正是由于确定了这些基准，对整个项目的顺利进行起着重要的控制作用，对于加深复杂形状的设计具有非常重要的技术价值。

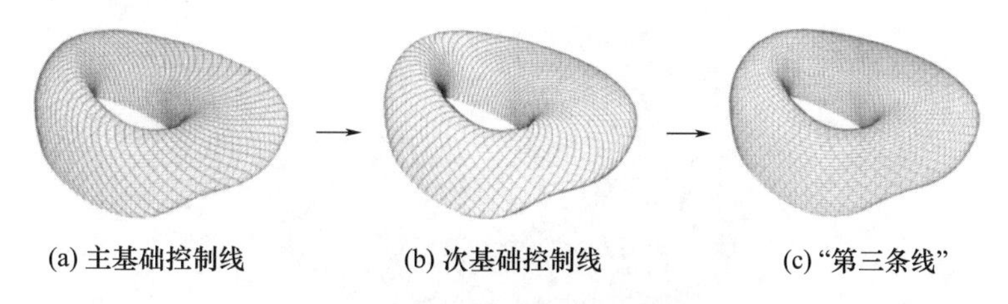

(a) 主基础控制线　　(b) 次基础控制线　　(c)“第三条线”

图 5-2-44　凤凰传媒中心三维控制线示意图

（资料来源：《时代建筑》，2012-09）

3）数字化下的形体美学控制

在凤凰传媒中心的钢结构设计中，建筑师和结构工程师紧密合作，设计并构思了具有特殊表现力的十字形弧形网状贝壳结构。双向结构肋以杆状偏心连接，形成与主肋和副肋的内侧和外侧分开的空腔，从而构成外幕墙系统，使内、外结构肋成为多功能装饰，分别用于外立面和室内空间。钢结构极强的可塑性实现了三维曲面，这是其他建筑材料难以实现的，如图 5-2-45 所示。

(a) 外部钢结构　　(b) 内部钢结构

图 5-2-45　凤凰传媒中心钢结构图

（资料来源：马蜂窝网）

凤凰传媒中心的外立面已考虑到成本控制要求，并使用类似鳞片的组合式幕墙单元以及交错的一级和二级肋钢结构包裹“魔环”，对设计进行了进一步的技术优化。项目生命周期中信息的输入和输出主要依赖于 3D 建筑信息模型和参数化编程控制技术的引入，以实现传统技术无法实现的文件数据传输。由于凤凰传媒中心在某些系统中采用了数字处理技术和数字设计技术的连接，大大提高了产品设计的精度以及对复杂和异形产品生产的控制。

4）钢结构加工的数字化控制

凤凰传媒中心的钢结构壳体由 50 条主肋和副肋相互缠绕而成，每个钢结构的形状和变形程度都不同。设计团队不仅在 Catia 平台上建立了精确的三维 BIM 模型，如图 5-2-46 所示，还通过计算机编程为每个组件建立了详细的数据库，包括长度、曲率、定位点坐标等。在创建钢结构的控制模型后，可将三维模型和数据库直接提供给制造商进行二次加工设计。当建筑模型发生变化时，数据库信息将自动更新，从而充分发挥数字技术的智能优势。制造商根据计算机中合理的加工长度将每个钢结构部件进行细分，然后将钢结构的表面扩展为易于使用专业软件进行生产的平面形式，如图 5-2-47 所示。在计算机中给展开后的平面提供厚度信息，并计算出每个钢板边缘的斜角，以确保弯曲后可以完美地拼接钢板。

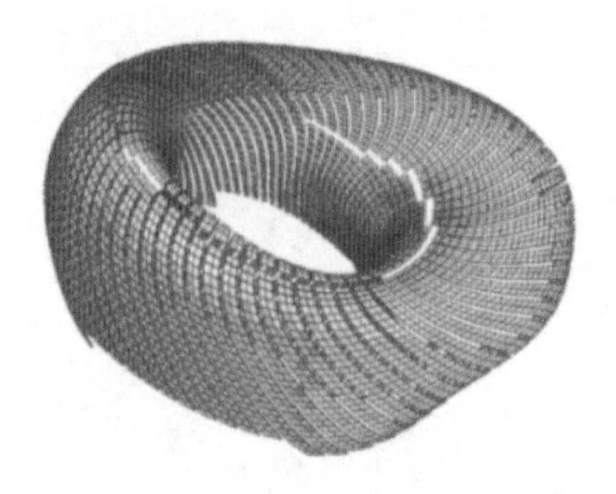

图 5-2-46　凤凰传媒中心模型

（资料来源：《时代建筑》，2012-09）

(a) 数控加工

(b) 数控组装

(c) 现场定位吊装

图 5-2-47　钢结构数控拼接流程

（资料来源：《时代建筑》，2012-09）

5）基于参数化的幕墙数字化控制

在凤凰传媒中心基于参数化的设计实践中，幕墙和钢结构均为非标准化加工和施工，3180 个幕墙单元均不相同，每个单元由三十多个不同尺寸的铝合金部件组成，所有幕墙单元组件的数量超过九万个。在建筑模型的参数生成阶段，建筑师通过编程为每个幕墙单元生成了唯一的编号，并根据该编号管理每个幕墙的参数信息。建筑师向制造商提供 BIM 模型和数据库后，制造商需要在此基础上根据生产过程进行更深入的二次设计。制造商使用与设计团队相同的软件程序来自动完成幕墙处理信息的提取并生成详细的处理参数表，从而极大地提高了生产效率，减少了信息转换过程中的误差。

思考题

1. 一个设计师能持续产出新颖的创作灵感必须具备哪些条件？
2. 试用图示展示你生活中看到的各种空间类型的组织形式。
3. 影响建筑造型的因素有哪些？
4. 在全球化建筑的背景下，如何保持全球化与地域性的平衡？
5. 简述被动式建筑设计与主动式建筑设计的区别，并分别列出二者的优缺点。
6. 请论述建筑设计与数字化技术应用的关系并举例分析。

第6章

初步方案

本章主要内容：到了初步方案阶段，设计者对设计目标有了一个基本的意念，并着手以图示语言的手段，将一开始对设计内外条件分析的结果以及立意与构思的意念逐步转化成建筑设计方案的雏形。

6.1 总平面设计

总平面设计又称为总图设计或场地设计，是对建筑用地内的建筑布局、道路、竖向、绿化及工程管线等进行综合性的设计。

系统地来讲，方案设计应从整体出发，以场地设计作为起点。因为我们将要设计的建筑物一定是放在任务书给定的场地条件之中的，它与周围环境之间一定会产生相互影响、相互制约的关系。在方案设计起步阶段要充分考虑这种关系并且通过影响和制约条件让建筑物和场地彼此合理适应，即能保证方案设计进程不出现方向性的偏差。这是把握方案全局性至关重要的问题，设计者务必迈好方案设计的第一步。

6.1.1 场地出入口的选择

从城市环境转换到建筑物内部环境的过程中，游客一定是从城市道路进入场地，再从场地的室外空间进入室内。而且这种进入不是随意的，是要受到条件制约的。这就决定了在设计时要先根据设计条件正确选择场地出入口的方向、位置、数量等。出入口的选择正确与否，直接关系到场地与城市道路的衔接部位是否合理，后续设计中室外场地各种流线的组织是否有序，建筑物主入口、门厅以及由此而涉及的整体功能布局等一系列相关设计步骤能否按正确方向推进。

1. 根据外部交通的分析来确定出入口的位置范围

一般来说，场地主要出入口位置应迎合主要人流方向，但是人从何处来，是周边用地，还是驾车从停车场来，抑或是乘车从公交车站来，各种情况都需要提前做好场地周边的交通分析，然后决定。

图 6-1-1 所示为某风景名胜区的游客中心。场地的北侧毗邻风景区水系，南侧有一条景区内部道路沿边界穿行，并与其中一条景区内部道路在场地南侧形成道路丁字交叉路口，与另一条景区核心道路形成道路十字交叉路口，并已在场地东侧规划了大型景区停车场。在南侧边界道路的对面，两条南北向景区道路之间，还有一个公交车中转站。在选择主入口时，可考虑从景区停车场和从公交车中转站方向为主要人流来向，因此将主入口放在了场地的东南角，邻近十字路口。除了要考虑游客主入口，还需考虑行政人

员出入口，因此将其放在邻近公交车中转站的另一侧，同时直对景区道路端头的丁字路口的位置。

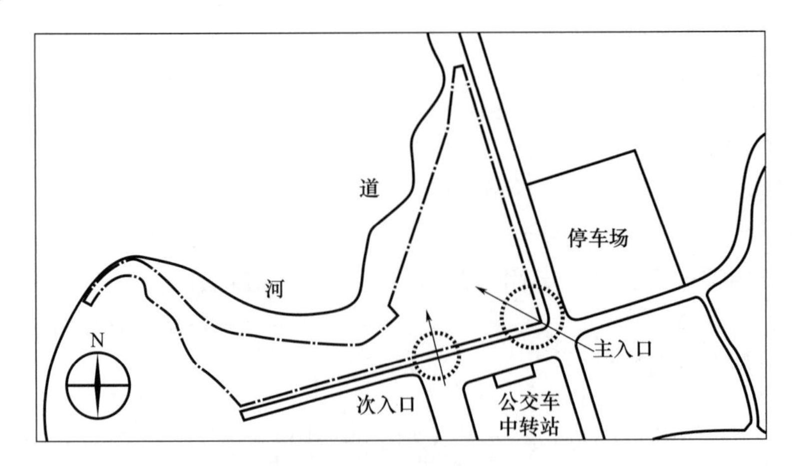

图 6-1-1 某风景名胜区游客中心主次出入口分析

2. 从城市设计的角度确定主要出入口的位置范围

任何一个城市建筑都要与城市环境发生某种呼应关系，以构成和谐的城市有机整体。以场地出入口的位置协调为出发点是重要的思考方法之一。

如图 6-1-2 所示，某城市新城规划展馆的基地设置在该市南部新区的中央公园内。该中央公园以核心景观辐射式的策略带动周边的商业及居住业态。在中央公园的南侧，是一条东西向的城市交通主轴。规划展馆的基地位于中央公园东南侧，基地的南侧边界与中央公园南侧边界重合，紧邻城市交通主轴。因此，整体的基地从界面考虑，以东西两侧靠近交通主轴在公园内部成为半开放界面，以北侧远离交通主轴深入公园内部为非开放界面，以南侧紧邻交通主轴为开放界面，公共性与展示性也最强，因此将总平面的主入口设置在基地南侧，将次要入口设置在东西两侧。

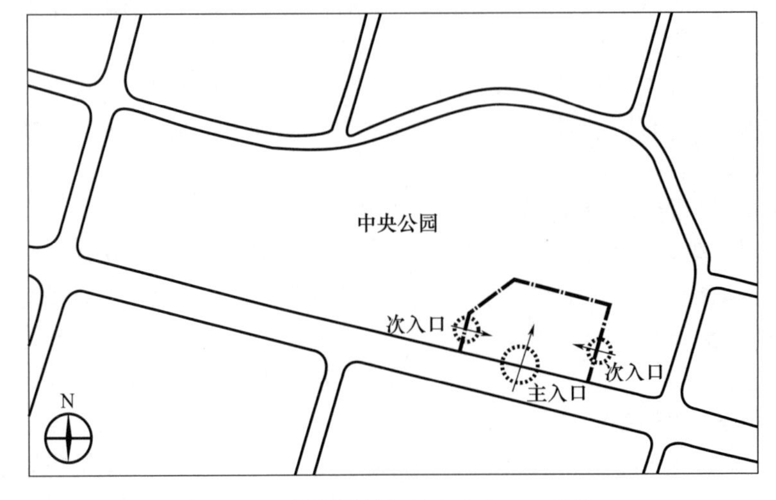

图 6-1-2 规划展馆场地主次出入口分析

3. 根据建筑功能的分区来确定主要出入口的位置范围

场地出入口的选择不仅要从外部条件进行分析，有时也应顾及内部功能的合理要求，只有内外条件同时得到满足，场地出入口的确定才能被认可。

如图 6-1-3 所示，是某小区内一座幼儿园。通过人流分析，场地主入口设在南侧边界为宜。为了进一步确定南侧主入口的位置，就要分析园区内部功能的要求。如果把主入口放在南侧基地边界的中间，从主入口到幼儿园园舍形成的流线会破坏室外活动场地的完整性，流线与室外活动场地形成功能交叉，因而会影响幼儿室外活动场地的设计。为避免出现这种矛盾，应将主入口设在场地南侧边界的端部为宜。

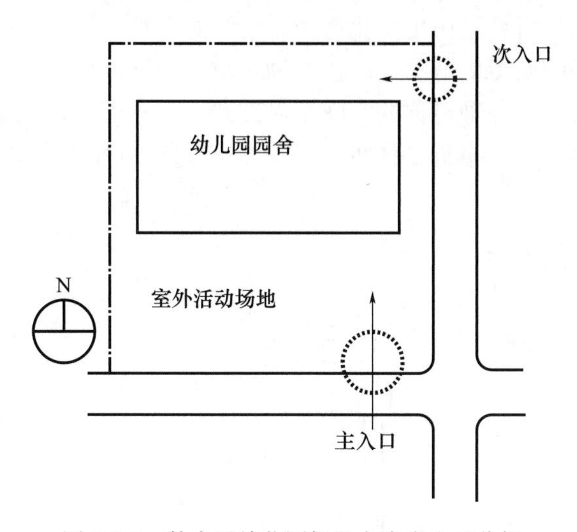

图 6-1-3　某小区幼儿园场地主次出入口分析

4. 根据设计规范的要求来确定主要出入口的位置范围

有些建筑类型的场地出入口会有大量机动车出入，如果场地是处在大中城市主要干道的交叉路口，则会由于车辆的频繁出入而对城市交通产生较大影响。为避免交通安全隐患的产生，保证城市道路的畅通，相关的设计规范都对场地出入口的位置作出了明确限定。即使场地不在大中城市，或交叉路不是城市主干道，其含有机动车出入的场地主入口也应尽量远离交叉路口。场地机动车出入口位置的相关规定，详见表 6-1-1。

表 6-1-1　场地机动车出入口位置的相关规定

出入口位置	间距（m）
距大中城市主要干路交叉口的距离	不小于 70
距大中城市次要干路交叉口的距离	不小于 50
距公园、学校、儿童及残疾人使用的建筑物等场地出入口的距离	不小于 20
距人行横道、人行过街天桥、人行地下通道的边缘线距离	不小于 5
距地铁出入口距离	不小于 15
距公共交通站台边缘距离	不小于 15

6.1.2　建筑布局与环境的关系

场地所处环境的不同对建筑总体布局也会产生关键性的影响。这里的环境既包括宏观的环境，又包括微观的环境，包括建筑场地的地域环境、区位环境、用地环境等，往往这些环境影响因素也成为设计者对建筑进行布局的着手点。另外，建筑的朝向、建筑的间距要求也会对总平面的建筑布局产生影响。

1. 建筑布局结合地域环境

地域因素包括当地社会、经济、历史、文化、自然环境等因素，是建筑设计的大环境背景，也是影响建筑布局的宏观环境因素。

1）历史文化因素

文脉与设计的结合。一个城市的文脉决定了其独一无二的属性。而一个独属于这个城市的建筑设计可以从研究其历史文化符号、传统建筑特征以及城市街巷尺度开始。一个比较典型的例子是陕西历史博物馆。该博物馆位于中国著名的历史文化名城西安，建筑整体布局遵循传统建筑中轴对称的空间布局方式，契合了古代城市方正的路网结构以及传统建筑多进院落的空间格局，体现了建筑极佳的在地性以及文化传承，如图 6-1-4 所示。

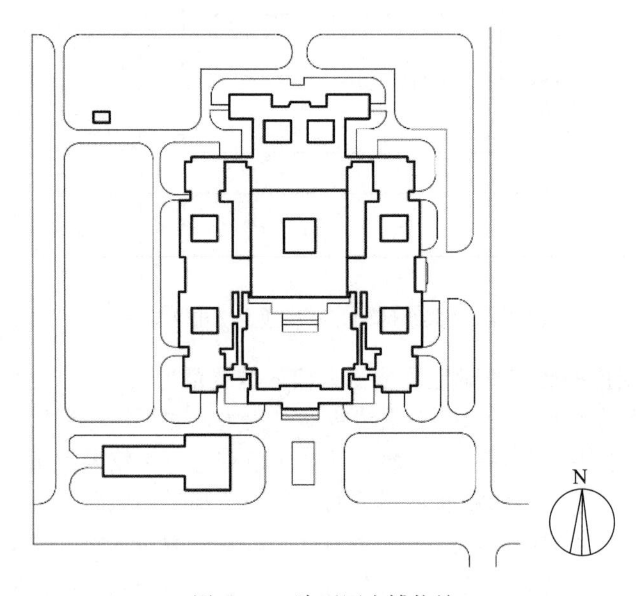

图 6-1-4　陕西历史博物馆

（资料来源：《建筑设计资料集》，第 3 版，第 1 分册　建筑总论，中国建筑学会主编，北京：中国建筑工业出版社，2017。）

2）自然地理因素

自然与建筑的结合。中国大地幅员辽阔，每个城市都有其独特的自然地理环境。根据不同的自然条件，进行有针对性的建筑布局以保护生态环境，减少土方开挖，提升整个建筑的热工性能，减少运维费用。降低能源损耗是建筑设计的一个重要参考指标。例如在北方严寒地区，建筑布局需要相对集中，减少表面热量损耗，避免强风影响；位于南方城市的建筑则要充分利用过渡季节自然通风，减少空调的使用，降低能耗，提高室内舒适度。例如图 6-1-5 所示宁波某居住区规划，充分保留了原始生态本底，建筑布局顺应高差变化，将市政绿带引入小区的内部，形成如同在公园中生活的、独具一格的小区形象。

图 6-1-5　宁波某居住区规划

（资料来源：《建筑设计资料集》，第 3 版，第 1 分册　建筑总论，
中国建筑学会主编，北京：中国建筑工业出版社，2017。）

2. 建筑布局结合区位环境

建筑区位是指项目用地位于整个城市的位置，不同的区位代表着周边业态、交通、城市肌理、天际线、生态景观等因素的不同。根据建筑所在不同区位进行有针对性的设计是一个重要的设计方法。

1）区位环境因素

不同的区位会为建筑设计提供不同的输入条件。位于城市中央商务区的建筑项目往往用地相对紧张，周边业态丰富，交通环境复杂，需要设计师更加高效地整合多方资源，创造出引人入胜的城市公共景观。而位于城市公共景观的建筑，则更需要充分寻找历史文化元素与项目的结合方法，通过现代建筑手法演绎传统建筑语序，营造建筑与场地文脉的融合统一。

苏州图书馆位于苏州古城中部，其独特的历史文化背景要求环境无法容纳巨大的现代建筑体量。设计师充分挖掘城市的历史文脉，将图书馆的不同功能通过苏州传统园林的空间秩序互相套叠串联，使建筑与环境共荣共生，如图 6-1-6 所示。

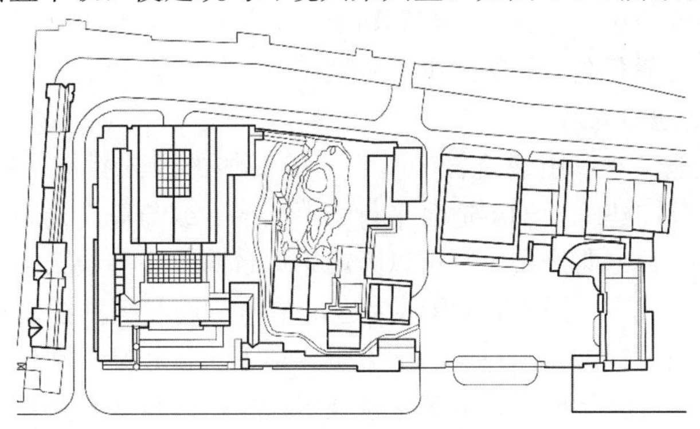

图 6-1-6　苏州图书馆

（资料来源：《建筑设计资料集》，第 3 版，第 1 分册　建筑总论，
中国建筑学会主编，北京：中国建筑工业出版社，2017。）

2）周围环境因素

用地周边的环境因素包括周围建筑尺度、业态、天际线、道路等级、建筑开口位置等，建筑布局应该充分考虑用地周边的环境因素，实现建筑与整体环境的和谐。

“三唐工程”位于古都西安，项目用地西侧毗邻全国重点文物保护单位大雁塔，中部为唐大慈恩寺遗址公园。设计之初充分考虑了周边独特的环境因素，将唐代艺术博物馆、唐歌舞剧院餐厅以及唐华宾馆三者纵向布局，与慈恩寺纵轴线相平行；同时唐代艺术博物馆又与大雁塔位于东西水平轴线上，三者共同打造了遗址公园，如图 6-1-7 所示。

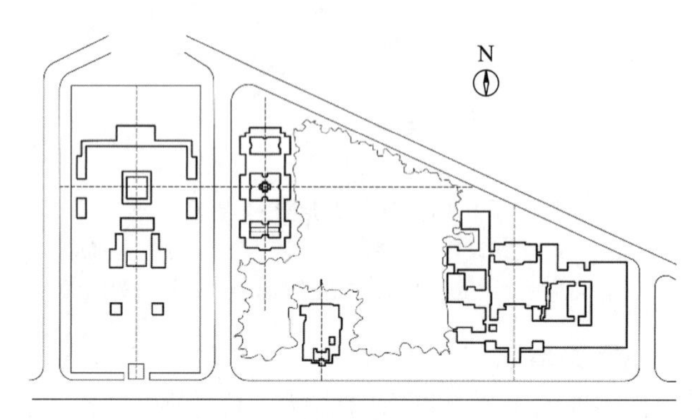

图 6-1-7　西安“三唐工程”

（资料来源：《建筑设计资料集》，第 3 版，第 1 分册　建筑总论，中国建筑学会主编，北京：中国建筑工业出版社，2017。）

3. 建筑布局结合用地环境

建筑用地因素是指用地尺寸、场地高差、自然生态以及地质条件。建筑设计需要充分考虑用地具体条件，在实现设计意图的前提下控制造价，减小对环境的影响。

1）用地大小和形状因素

项目用地的大小决定了项目的布局策略。如果项目用地紧张，则建筑布局应紧凑；如果项目用地不规则，则建筑布局应顺应地势地形，充分利用现有地形条件的同时打造独特的建筑形象。

图 6-1-8 所示为联想北京研发中心，其项目用地为不规则形状，建筑通过不同体量的错位形成进退有致的建筑边庭，沿东侧扇形布置的建筑体量顺应用地边界，节省土地资源的同时在园区内部营造出开阔的中庭景观。

2）地形地貌及地质因素

高差较大的坡地，若采用建筑长轴垂直于等高线的方式排布，则会增大土方工程量，增加成本，因此，建筑长轴更适合平行于等高线，或与等高线斜交进行排布。如果要按照垂直于等高线的方向排布，则可以考虑采取台阶式、底层架空等布置方式，同样可以减少土方，节约成本。图 6-1-9 所示为建筑单体布局与等高线的位置关系。需要注意的是，如果地质条件较差，如冲沟、地裂带、地下水位较高、地块软等，则应在布局时首先考虑让建筑避开此类地带，或者采取技术措施以改良建筑基址条件。

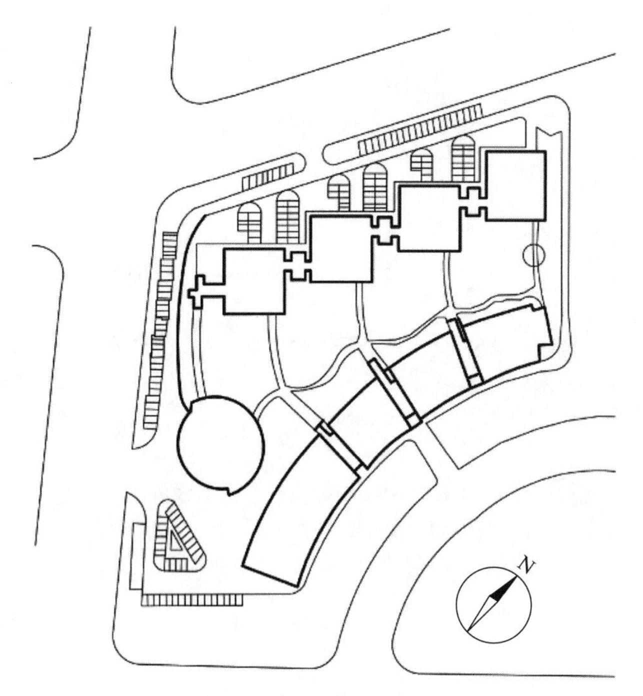

图 6-1-8　联想北京研发中心
（资料来源：《建筑设计资料集》，第 3 版，第 1 分册　建筑总论，
中国建筑学会主编，北京：中国建筑工业出版社，2017。）

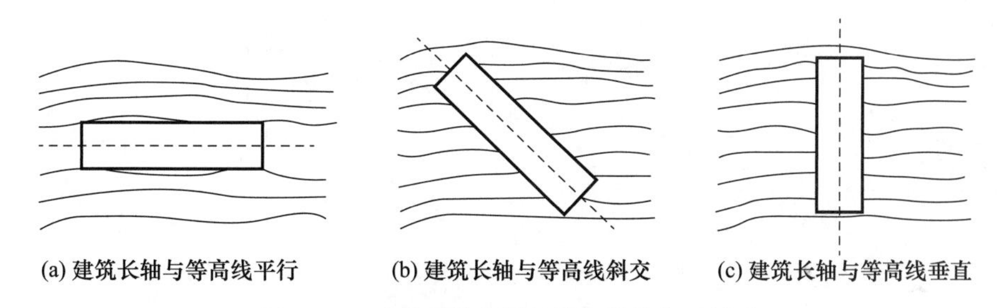

图 6-1-9　建筑单体布局与等高线的位置关系

例如南京“中国国际建筑艺术实践展”建筑群，部分建筑群的用地落在一条山脊之上，于是建筑师利用山脊地形，采用化整为零的处理手法，将建筑群拆分成以小体量建筑为组群，并顺应地形高差，层层叠落，与周围的自然环境完美融合，而且增加了更多的采光通风面，视野的获取也得到极大的提升，如图 6-1-10 所示。

3）植被水体因素

植被水体因素也是场地布局中不可忽视的影响因素。如果设计时能巧妙利用场地内现有的植被、水体、岩石等地物要素，使建筑与自然环境要素相互交融，则可以创造出良好的场地环境。

比如西南医科大学教学楼，场地内有几株极具观赏价值的银杏树。考虑到西南医科大学整体的环境氛围，树丛保留以结合环境小品布置为集中绿地，建筑布置选择避开树丛，以“L”形穿插其中，并围合出以一棵大银杏树为主景的庭院景观。如此利用场地现有植被进行主次分明的布局形式，将自然景观较好地融入建筑环境中，如图 6-1-11 所示。

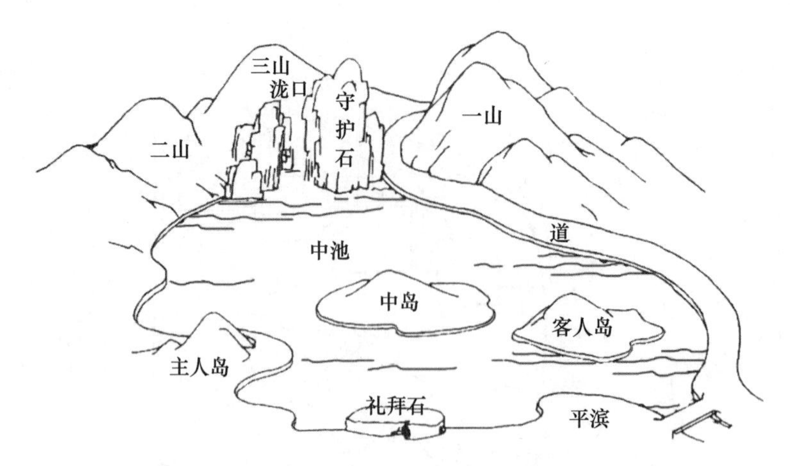

图 6-1-10　南京“中国国际建筑艺术实践展”建筑群
（资料来源：《建筑设计资料集》，第 3 版，第 1 分册　建筑总论，
中国建筑学会主编，北京：中国建筑工业出版社，2017。）

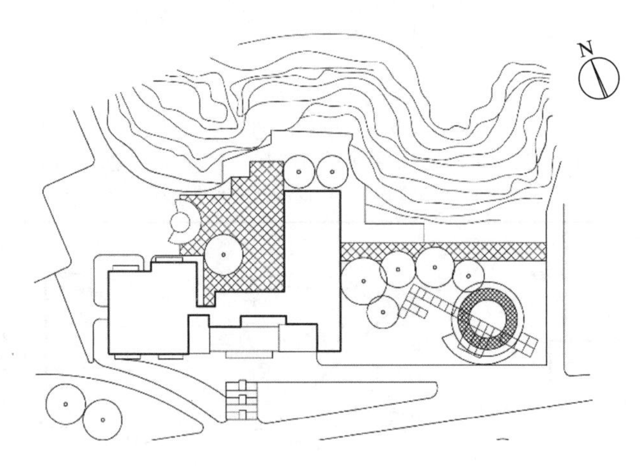

图 6-1-11　西南医科大学教学楼
（资料来源：《建筑设计资料集》，第 3 版，第 1 分册　建筑总论，
中国建筑学会主编，北京：中国建筑工业出版社，2017。）

4）场地小气候因素

当建筑对采光通风的要求较高且场地内部有多栋建筑时，则可以通过建筑之间不同的组合方式来影响和改善场地小气候，以满足建筑的采光通风需求。如图 6-1-12（a）所示，某住宅小区通过绿地、水面和道路等将夏季主导风引入内部；如图 6-1-12（b）所示，建筑错列布置，可以增加建筑的迎风面，因而增加自然通风量；如图 6-1-12（c）所示，长短建筑结合布置，院落开口迎向夏季主导风向；如图 6-1-12（d）所示，不同高度的建筑结合布置，较低建筑布置在迎风面；如图 6-1-12（e）所示，建筑布置有疏有密，因而风道断面变小而风速加大，可以改善东西向的建筑通风。

5）建设现状因素

如果场地中有需要保护的旧址、遗址，或者原有建筑需要保留利用等，则布局中新建部分应与原有部分有机融合。

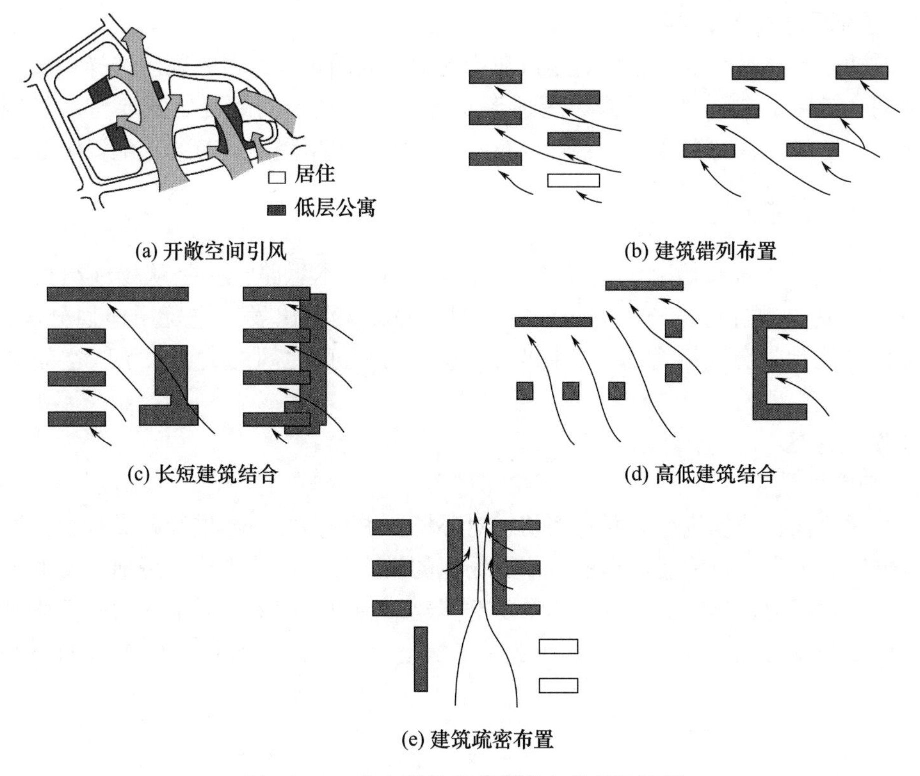

图 6-1-12　住宅群体组合提高自然通风效果

（资料来源：《建筑设计资料集》，第 3 版，第 1 分册　建筑总论，中国建筑学会主编，北京：中国建筑工业出版社，2017。）

例如位于历史文化街区内的成都水井坊遗址博物馆，场地内有门楼、古井、民国时期的酿酒生产车间等文物古迹。考虑对遗址展示区进行保护，建筑布局时采用“合抱”的形式，以与周围街区相和谐的肌理，将旧厂房遗址围合起来，衬托出其被围环于中心的重要属性，如图 6-1-13 所示。

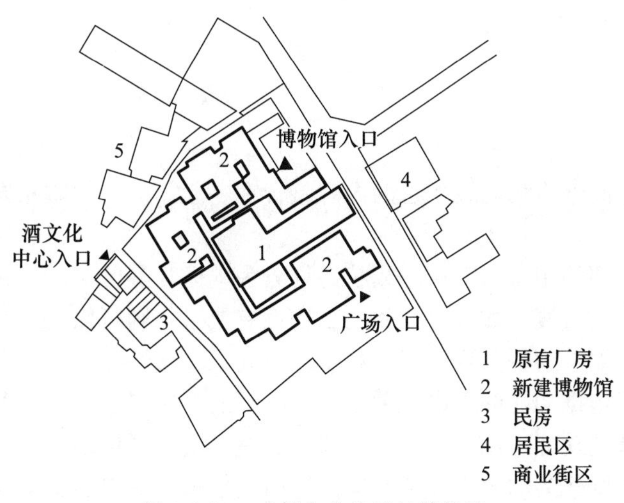

图 6-1-13　成都水井坊遗址博物馆

（资料来源：《建筑设计资料集》，第 3 版，第 1 分册　建筑总论，中国建筑学会主编，北京：中国建筑工业出版社，2017。）

4. 建筑朝向与建筑间距

建筑朝向与建筑间距也是影响建筑在场地中布局的重要因素。朝向选择需要考虑日照、风向、道路走向、周围景观、用地形状等因素。建筑间距确定需要考虑日照、通风、防火、防噪声、防视线干扰、管线布置、抗震、卫生隔离、节约土地资源等要求。

6.1.3 场地分区

场地分区是用地布局时首先应考虑的内容，其基本思路：一是从场地组成内容的功能特性出发，进行功能分区和组织；二是从基地利用出发，进行用地划分和安排。功能分区与用地划分应结合考虑，同时还应考虑各分区之间的交通联系、空间位置关系等。

1. 功能分区

1）功能性质

将性质相同、功能接近、联系密切、对环境要求相似的内容进行归类组合，形成若干个功能区。如果是单体建筑场地，依据场地的构成要素可分为建筑用地、交通集散场地或室外活动场地、集中绿地等；如果是群体建筑场地，则依据场地的功能性质进行分区，如学校场地分为教学区、行政办公区、学生生活区、体育运动区等，如图 6-1-14 所示。

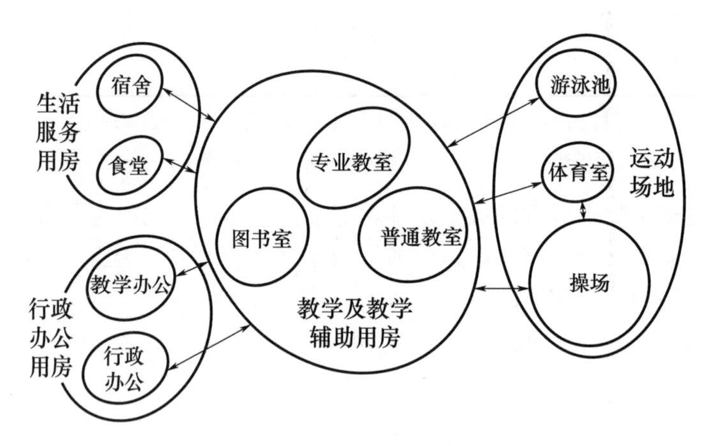

图 6-1-14　中小学校场地功能分区图

2）空间特性

将功能所需空间性质相同或相近的内容整合在一起，而将性质相异或相斥的部分妥善隔离。

设计者可以按照使用者活动性质或状态划分为动区与静区，动区和静区之间可以用中性空间形成联系与过渡。如果对空间的私密性有要求，则可以按照使用人数多少或者活动的私密性要求划分为公共性空间与私密性空间，私密性介于两者之间的为半公共半私密空间。还可以依据功能的主次，划分为主要空间、次要空间和辅助空间。

如根据幼儿园的功能使用性质，将音体室、室外活动场地划分为动区，将卧室划分为静区，而活动室则作为幼儿上课和吃饭的场所，依据上课内容决定其动静程度，故划分为动区和静区之间的中性空间，如图 6-1-15 所示。

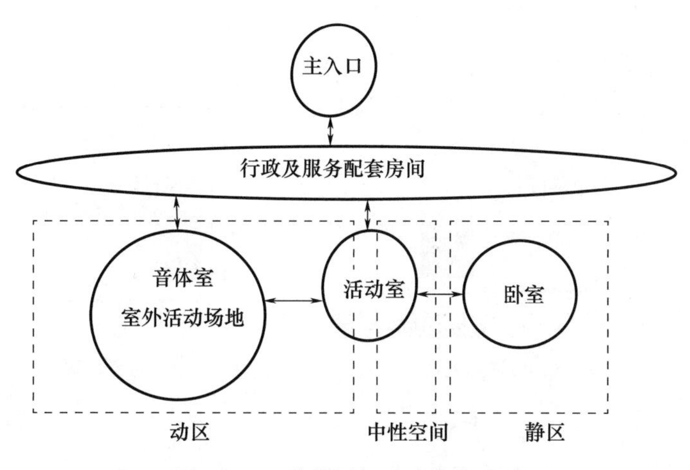

图 6-1-15　幼儿园场地功能分区图

3）场地条件

依据地形、地质和气象等自然条件的限制性因素考虑具体分区。地块完整、地质条件好、地形平坦的地段宜作为建筑用地，地质条件差、地形较为陡峭的地段可作绿化用地。又或者根据风向条件设置洁净区和污染区，如锅炉房、厨房等的后勤供应区或污染区设在下风向。

2. 用地划分

用地划分通常可分为集中式和均衡式两种方式，如图 6-1-16 所示。对于地块较小、内容单一、功能关系相对简单的场地，将用地划分成几大块，性质相同或类似的用地尽量集中在一起布置，如分为建筑、道路广场、绿地等。对于内容复杂的场地，将场地内容均衡地分布，例如综合医院场地划分为医疗区、技术供应服务区、行政管理区、教学区等。

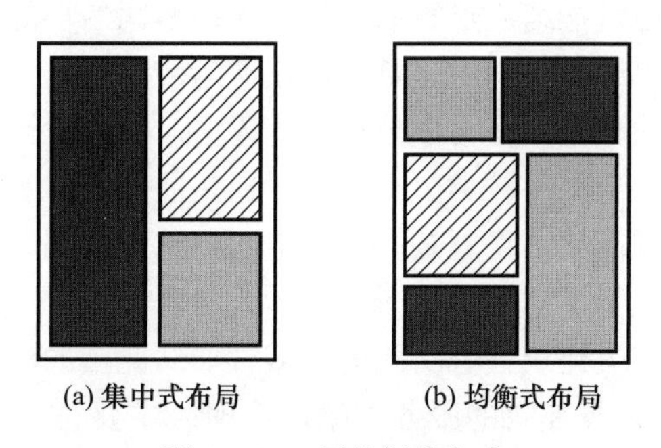

图 6-1-16　用地划分方式

3. 各分区之间的关系

场地分好区域之后，要考虑各区之间的关系，这个关系包括联结关系和位置关系。联结关系包括各分区之间交通、空间、视线等方面的关联，使各分区相互联系，组成一个有机整体。尤其是交通联系，它是联结的核心，体现了各分区之间的功能关系。位置关系则要依据功能性质及对外联系要求，确定各分区在场地中内与外、前与后、中心与边缘等的相互位置，以及与场地出入口的关系，如图 6-1-17 所示。

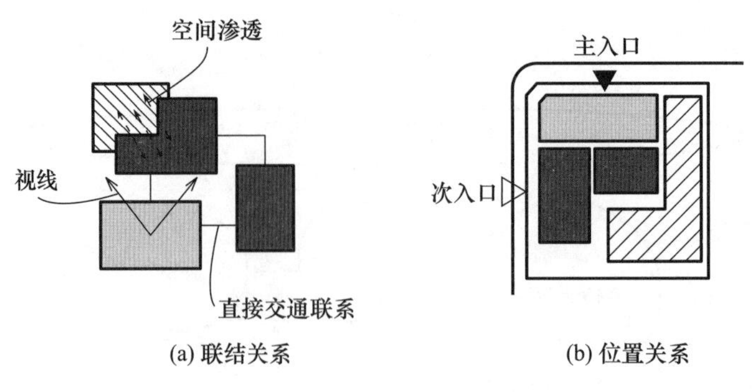

(a) 联结关系　　(b) 位置关系

图 6-1-17　场地分区之间的关系

6.2　建筑功能分区

通过总平面设计阶段，设计者对场地的主、次出入口范围和影响场地内建筑总体布局的因素已经梳理清楚，并对场地有了基本的区域划分。后面需要对建筑功能的布局进行进一步的梳理。

首先要把设计任务书中罗列的若干房间，少则几个，多则几十上百个，按功能性质同类项合并成若干功能区。如果设计者一来就面对那么多单个房间，它们大大小小、高高矮矮，无法一下子理顺它们之间的功能秩序，很难判断它们组合成什么样的体形，所以设计者需要做功能分区。

6.2.1　功能构成

建筑的功能分区是通过把组成建筑的各种空间按不同的功能要求进行分类，并根据它们之间的关系程度加以组织，确保建筑功能正常运转。

对于风景园林建筑的类型，往往以公共建筑居多。如果设计者对这一类型建筑的功能有所梳理就会发现，无论是科教类、文化类，还是展览类、餐饮类，又或者其他类型的公共建筑，都可以经过简化，将复杂的功能空间归纳为使用区、管理区和后勤区三大功能区。

使用区主要是体现该类建筑核心功能的区域（如幼儿园的活动用房、图书馆的阅览区域等），使用对象即为该类建筑的服务对象；管理区主要是指行政工作人员办公等的工作区域（如行政办公室、业务用房等），使用对象为行政工作人员；后勤区主要是指为了给使用区提供正常服务（如厨房、库房、设备用房等），或者为了员工的工作正常运转（如员工卫生间、更衣室等）而设置的功能房间。有时，根据建筑类型的特征，会出现管理区和后勤区功能有所交叉或者合二为一的情况。比如小型餐馆，办公管理用房可能就设置在后勤区域中。

下面以 4 个不同类型的公共建筑为例，分析其各自的功能构成。

1. 一般中型图书馆

图书馆是用于收集、整理、保管、研究和利用书刊、多媒体资料等，以借阅方式为主，并可提供信息咨询、培训、学术交流等服务的文化建筑。因此，根据一般中型图书馆基本的功能组成，可以将其分为公共活动区、读者阅览区、读者附属空间、使用区和资源区五大功能区。其中公共活动区、阅览区和陈列厅、演讲厅等，都归类于使用区；而管理区则包括行政办公、业务用房；图书馆还有一个核心的功能是藏书功能，可以把它作为书籍的库房，因此归类到后勤区域，见表 6-2-1。

表 6-2-1　一般中型图书馆功能配置

三大功能分区	功能分类	房间名称
使用区	公共活动区	信息检索、咨询、门厅管理
	阅览区	开架阅览、特殊阅览、少年儿童阅览
	读者附属空间	陈列、演讲
管理区	行政管理区	行政办公、业务用房
后勤区	资源区	书库

2. 幼儿园

幼儿园是对 3～6 岁幼儿进行科学保育的场所，提供包括活动场所、阳光明媚、卫生良好、营养膳食、人身安全等必要条件，使幼儿身心在舒适的建筑环境中得到健康发展，并在游戏中逐步形成良好的行为习惯和个性。按照幼儿园设计的功能要求，可以将其分成幼儿生活用房、管理用房和后勤用房三大功能区，并一一对应三大功能分区的使用区、管理区和后勤区，如表 6-2-2 为幼儿园具体的功能配置。

表 6-2-2　幼儿园功能配置

三大功能分区	功能分类	房间名称
使用区	幼儿生活用房	班级活动单元（活动室、寝室、卫生间、存物间）、综合活动室、专用活动室
管理区	管理用房	办公室、会议室、保健室、门卫室、储藏室、教工厕所
后勤区	后勤用房	幼儿厨房、配电室、开水间、洗衣房

3. 城市规划展示馆

城市规划展示馆是以展示城市规划与城市建设的发展、变迁与成就为核心内容的博览类建筑。城市规划展示馆具有非营利性，为社会发展服务，向大众开放，以展示、发布、观赏和教育为目的，具有传播人类城市文明与见证物的功能。所以城市规划展示馆最重要的功能就是展示与城市规划历史、城市规划、建设及城市未来发展相关的内容，展示方式以微缩模型、实物、图片、多媒体、互动影院、虚拟现实等方式为主。其功能构成主要包括展示区、互动交流与公共教育区、公共服务区以及办公区、后勤仓储区。展示区、互动交流与公共教育区、公共服务区都可以归类到使用区；而办公室、展品展具制作及修补房则划分到管理区，因为这是只有工作人员才可以使用的区域；员工可以进出的库房、设备安保用房则属于后勤区，见表 6-2-3。

表 6-2-3　城市规划展示馆功能配置

三大功能分区	功能分类	房间名称
使用区	展示区	总体规划模型展示区和分类规划建设展示区
	互动交流与公共教育区	互动体验区、场景模拟区、多维电影区、报告厅、学术交流室、教室
	公共服务区	门厅、团体接待、问询、寄存、咖啡、简餐、纪念品销售
管理区	办公区	办公室、展品展具制作及修补房
后勤区	后勤仓储区	库房及临时库房、设备安保用房

4. 餐饮建筑

餐饮建筑是加工制作、供应食品并为消费者提供就餐空间的公共建筑。餐饮建筑按照经营方式、饮食制作方式和服务特点的不同，可以分成不同的餐饮类型和规模。但无论类型、规模如何，其内部功能均应按照用餐区域、厨房区域、公共区域和辅助区域四大部分组成。使用区当然包括用餐区域和门厅、大堂等公共区域；厨房、员工更衣室等归类于后勤区。而管理用房则需依据餐饮建筑的规模，如果是中小型餐馆，可能没有专门的办公管理用房，如果有，面积也有限，通常会直接放在后勤区域里，见表 6-2-4。

表 6-2-4　餐饮建筑功能配置

三大功能分区	功能分类	房间名称
使用	用餐区域	宴会厅、各类餐厅、包间等
	公共区域	门厅、过厅、等候区、大堂、公用卫生间、点菜区、收款处、外卖窗口等
后勤＋管理	厨房区域	食品加工区、食品存放区、餐具消洗区、清扫工具存放区等
	辅助区域	食品库房、办公用房、更衣间、工作人员卫生间、清洁间、垃圾间等

6.2.2　功能组织

当我们把功能分区按照“三大功能区—功能分类—房间名称”这样的配置关系将任务书上所有的房间纳入到各自的区域内之后，则要开始对功能区域之间的关系进行组织梳理。在功能组织的梳理过程中，需要考虑的是各分区之间的直接或间接的联系，各分区之间的出入口范围，各分区之间的主次关系，各分区之间从入口开始的先后顺序关系，甚至会结合建筑的形态去考虑分区对建筑空间形态的影响等。以下将根据 6.2.1 节所举 4 个案例，进行功能组织的案例说明。

1. 一般中型图书馆

门厅是图书馆的交通枢纽，具有办证、验证、咨询、收发、寄存、门禁监控以及宣传教育等多种功能，所以它应该处于总体布局中明显而突出的地位，通常应面向主要道，且与借阅、阅览部分应有直接联系，一般宜将浏览性读者用房和一些公共附属空间（如演讲厅、陈列室等）靠近门厅布置。而行政办公用房和业务用房属于管理区，不应和读者人流交叉，但又需要与门厅联系方便，因此可以放在离读者主入口较远的一侧，单独设置员工出入口，如图 6-2-1 所示。

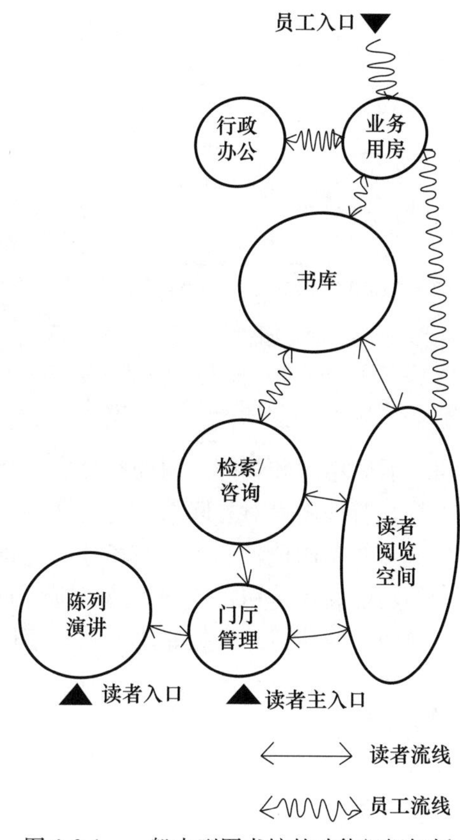

图 6-2-1　一般中型图书馆的功能组织解析

2. 幼儿园

门厅作为幼儿和家长进入园区之后第一个公共空间，起着关键的集散人群和功能区交通转换的作用，是连接幼儿用房、办公用房和后勤用房的“中转站”。而幼儿在开始一天的园区生活之前，需要进行晨检，因此相应的员工办公区域设在门厅一侧。穿过门厅之后，则来到小尺度的幼儿用房。后勤用房一般设在整体布局的角落，尽可能多地留出完整的室外活动场地，如图 6-2-2 所示。

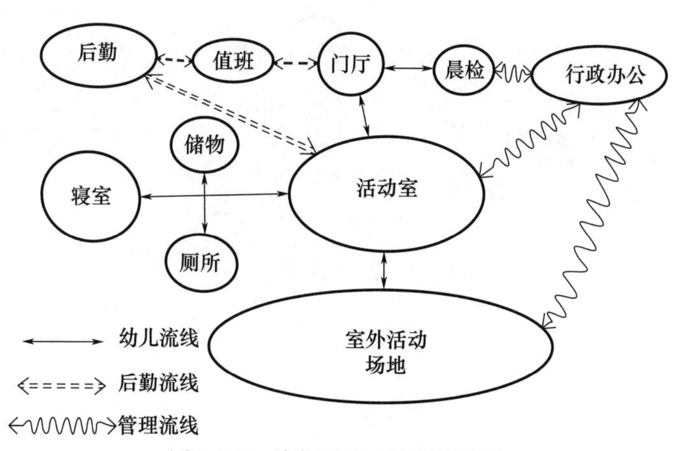

图 6-2-2　幼儿园的功能组织解析

一般可以将幼儿园功能组织方式分为 4 类：分散式、毗邻式、内院式、集中式，如图 6-2-3 所示。

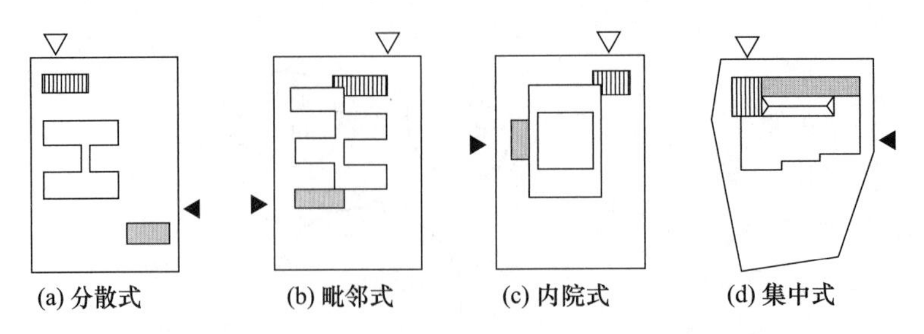

图 6-2-3　幼儿园的功能组织方式分类
（资料来源：《建筑设计资料集》，第 3 版，第 4 分册　教科 · 文化 · 宗教 · 博览 · 观演，中国建筑学会主编，北京：中国建筑工业出版社，2017。）

分散式将幼儿生活用房、后勤用房和管理用房彻底分成 3 个独立的建筑，优点是后勤区对幼儿生活区完全无干扰，管理用房对外联系方便；缺点是送餐不便且建筑布局欠紧凑，内部联系不便。毗邻式节约了用地，利用游戏场地的完整性，交通面积也相对较少，内部联系方便。内院式的功能关系密切，流线短捷，围合而成的院落室外活动空间从心理上更让人有安全感。集中式的建筑组合较紧凑，适宜不规则狭小的用地，功能关系密切，中庭空间使用较为灵活。

3. 城市规划展示馆

城市规划展示馆展示区主要包括总体规划模型展示区与分类规划展示区。总体规划模型展示区应位于展示区中核心部位，占据展示的主导地位，一般也是展示面积最大的展区。分类规划展示区部分围绕在总体规划模型的周围，按照一定的布展逻辑顺序排列，部分位于其他楼层结合互动与公共教育区布置。同时，在出入口的考虑中，除了考虑主要人员的主入口、展品等后勤入口和行政办公人员入口外，还应考虑贵宾或专家团体的单独入口，如图 6-2-4 所示。

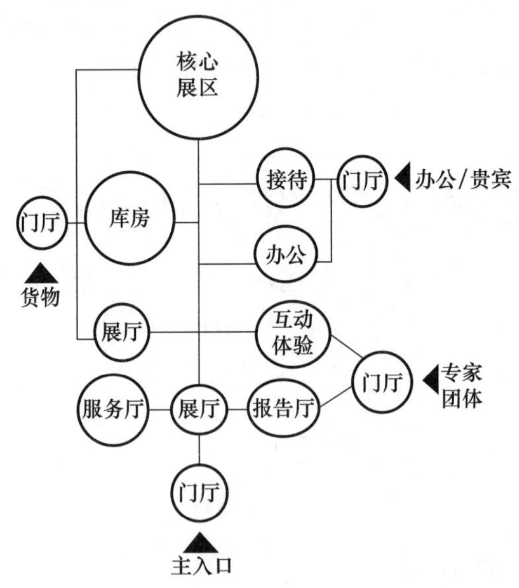

图 6-2-4　城市规划展示厅的功能组织解析

4. 餐饮建筑

以普通餐馆为例，顾客以门厅为出入口进出用餐区域，因此公共区域（门厅、大堂）一侧紧邻顾客主入口，另一侧则为用餐区域，至此，顾客的流线也戛然而止。在用餐区域之后，便是后勤区。因为餐饮建筑卫生要求较为严格，因此关于食品的制作、顾客用餐和厨余垃圾的处理等相关人员流线需梳理清晰，互不重叠交叉。且对于货物的进出和后勤人员的进出，也需要在远离顾客入口的一侧考虑设置，如图 6-2-5 所示。

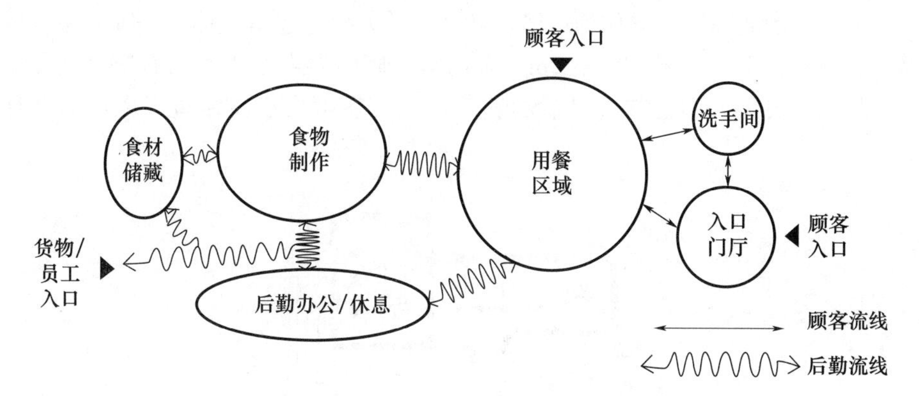

图 6-2-5　餐饮建筑的功能组织解析

6.3　交通分析

经过上阶段方案的探索，已使所有房间的位置基本按功能秩序组织好，但要想成为有机整体，还需用流线串起来的方法进一步理顺水平与垂直的功能秩序。而承载流线的物理空间即为交通空间。交通空间包括走廊、过厅、出入口、楼梯、电梯、坡道等，它的主要作用是将各独立地使用空间有机地联系起来，组成一栋完整的建筑。在建筑物中，此部分空间所占的面积是较大的。交通空间的联系形式、大小和位置，主要取决于各部分的功能关系和建筑空间处理的需要。

交通空间是建筑组合中不可分割的一部分，并在建筑物的容积中占有相当大的空间。如果仅将它看成具有联系功能的设施，那么交通空间不过是一些没有尽头的廊道式空间而已。但是，交通空间必须沿途向人们提供散步和停留、休息和观赏的活动场地。交通空间并非功能分区后的剩余图形，可将它抽象为突出功能之上的完整正形，是一张由线和节点构成的网络。

6.3.1　水平交通分析

设置水平交通空间是建筑同层各部分空间联系的重要手段，走廊则是水平交通空间最常见的一种形式。走廊形态多种多样，因此在做水平交通分析时，设计者需要选择走廊的形式、确定走廊的位置，以及确定水平交通的节点位置。

在选择走廊形式和确定其位置时，并不是简单地从众多走廊的形式中挑选一二即可使用，走廊的形式和位置往往在上一步的功能组织阶段就已有雏形，但设计者需要结合功能空间的要求、采光通风条件等综合考虑。例如中小学学校类建筑，常选择单廊形式作为水平交通的空间，为考虑教室采光，往往将单廊位置设置在北侧；如果没有条件进行南北向的排布，则东西向的单廊可以考虑的是西外廊，以减少西晒遮阳或者使东侧外廊在交通空间获得更好的景观视线。又例如，当建筑分散布局或地形变化较大，建筑结合地形布置时，通常可采用连廊作为联系和引导空间，以加强建筑各部分之间的联系，再与庭院或周围环境紧密结合，创造生动活泼、层次丰富的建筑空间。图 6-3-1 所示为南京中山植物园时珍馆，该馆以一段敞廊作为入口，将离陈列室仅 10m 远的原有水泵房连成一体，敞廊北面以粉墙作为屏障，敞廊将游人引至建筑主体——陈列室。陈列室与北面的接待室、学术交流厅高差 3m，采用爬山廊引导人们于假山石笋之间。学术交流厅东面敞廊主要供人们饱赏大自然的美景，依石靠可见小溪流过，也可仰首远眺中山陵。

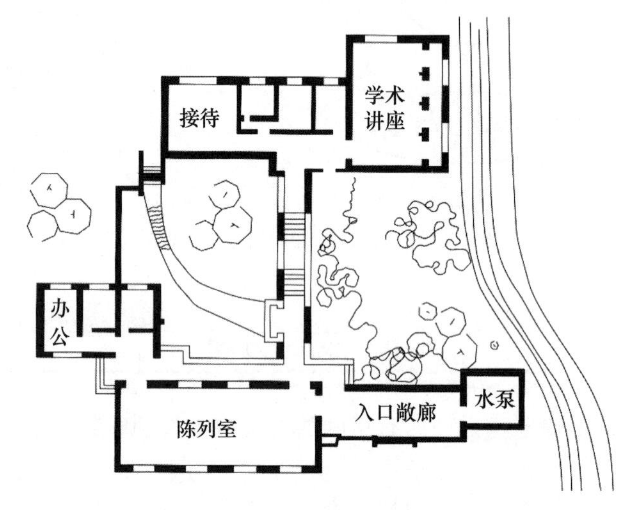

图 6-3-1　南京中山植物园时珍馆

（资料来源：《园林建筑设计》，张青萍主编，南京：东南大学出版社，2010。）

当平面出现空间节点时，水平交通空间通常会有相应的形态和功能上的转变，以完成功能的汇聚或分流、交通的转换等。因此，在做流线分析时，水平交通的节点位置也是需要重点考虑的，由于其不仅在交通功能上会带来改变，也会对建筑空间的形态造成影响。

6.3.2　垂直交通分析

垂直交通手段包括楼梯、电梯、自动扶梯、坡道等形式。

在大多数风景园林建筑中，楼梯是最常采用的垂直交通手段，除了在交通功能上起到必要的各水平层之间的联系作用，很多时候还会在室内外的空间形态上带来重要的影响。按照使用状态的不同，可以将楼梯分为两种，一种是正常状态下使用的普通楼梯，另一种是紧急情况下使用的疏散楼梯。如果普通楼梯符合相关的安全疏散规范要求，也可以在紧急情况下作疏散楼梯使用；同样，疏散楼梯也可以作普通楼梯使用。由于楼梯本身的空间形态丰富多样，在跨越一层或多层的高度时，所占据的物理空间无法忽略。因此，建筑师在很多公共建筑中，经常会利用其功能和形态上的特点，将其当做一个影响整体空间形态甚至建筑体量的重要元素，从而强化楼梯的设计，如图 6-3-2 所示。

图 6-3-2　法国蓬皮杜艺术中心楼梯的设计

在风景园林建筑当中，坡道是除楼梯外，常用到的竖向交通的元素之一。相比于楼梯，在同样的垂直高度的跨越中，由于坡道的坡度限制，导致其水平方向所需要的空间更多，因此它将垂直交通空间以水平拉长的方式横向扩张了，利用此特性，建筑师喜欢在展览、博览类建筑中使用坡道代替楼梯，以完成跨越楼层的目的，优点在于游客的参观路线不会因为楼梯而被打断或暂停，借由坡道的上下起伏流畅而完整地完成参观的过程。例如德国梅赛德斯-奔驰博物馆，如图 6-3-3 所示，博物馆最大的特色就是设置了独特的 DNA 式双螺旋参观路线。两条相互交叉的坡道只在建筑周边出现，展区的平台为平层，因此坡道与展区之间设有带缓坡的人行桥。

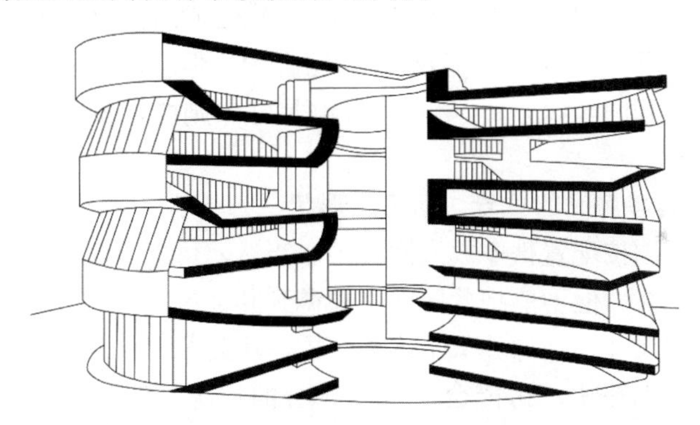

图 6-3-3　德国梅赛德斯-奔驰博物馆

（资料来源：《建筑设计资料集》，第 3 版，第 1 分册　建筑总论，中国建筑学会主编，北京：中国建筑工业出版社，2017。）

6.4　方案生成

怎样将上述的功能分析泡泡图支撑起来，形成方案雏形，就要借助结构体系的建立。其目的是按前几步方案探索环节所获得的各房间的配置关系，进一步让它们在结构的框架中稳定下来，并趁此落实各房间的平面形状、尺寸大小。所以设计者需要选定结构网格形式和网格尺寸模数，在此之后，只要将功能分析泡泡图按原来的配置关系纳入此阶段已经准备好的结构网格图中，加以调整，初步方案就此生成。

6.4.1 在轴网中确定房间

1. 选定结构网格形式

一般来讲，根据结构的受力合理性，越简洁规整的结构网格，越有利于结构布置和结构计算。因此，以中小型风景园林建筑最常使用的框架结构为例，方形、矩形网格会被广泛采用。简洁规整的网格形式易于与室内家具的布置和谐统一，施工工艺简单。而大跨结构的网格设计应适用于所覆盖的大空间形态和合理的结构受力特点。

2. 选定网格尺寸模数

以框架结构为例，结构网格尺寸模数的确定要从建筑功能使用要求、模数呼应、立面要求等方面考虑。

（1）使用要求。如果对建筑内部空间有开敞要求或需要灵活划分时，如大型会展中心、商场或博览空间等，则开间网格尺寸会大一些，如 9m、12m、18m 等。如果建筑内部空间相对小而多，如中小学校、旅馆等，则网格尺寸会小一些。

（2）模数互应。有些网格尺寸会依据其他设计要素的尺寸模数来协调确定。最常见的就是有地下车库的建筑，会以小轿车的车位尺寸倍数为网格开间尺寸，采用 8m 或 8.4m，这样在一个开间网格内可设置 3 个停车位。又如在办公或酒店建筑中，会以办公室房间或者客房房间的倍数为模数确定开间网格，如 7.8m 或 8m。

（3）立面要求。如果有的建筑的设计理念就是希望整个建筑呈中轴对称的效果，从立面上看，则入口门厅通常会布置在中轴线上。这时门厅的开间网格数会设置为奇数为宜，若为偶数，则一定会出现入口中轴线上落一根柱子的情况。例如，一个面宽 16m 的门厅，如果设为两开间，每开间宽 8m，结构合理，但会在中轴线上落柱子，影响入口空间；如果设为三开间，以 5m＋6m＋5m 的尺寸，则既能满足结构合理的要求，又能满足设计要求。

3. 在网格中落实各房间的位置、面积、形状

将功能分析泡泡图按配置秩序放入网格中。当然，可能不是十分吻合，可以适当微调个别房间位置的关系，但不能把此区的房间调到其他区去。

先根据网格开间尺寸初步计算每个房间各需占用几个网格。然后将功能分析泡泡图按配置顺序对应放入网格中。可能会出现不吻合的情况，这时需要适当调整房间的位置，但是注意不要调出大的功能分区，以免偏离功能分析的初衷。当然，想要做到每个房间的面积在网格中完全符合任务书的要求是很困难的，因此在可接受范围内的幅度上下调整也很正常。有时房间面积符合要求，但是房间形状拐角太多导致无法合理使用，或者开间与进深的比例关系失衡，也需要在此时及时调整纠正。

6.4.2 协调方案与环境的关系

1. 协调生成方案与场地边界的关系

当生成方案的外轮廓与不规则的场地边界线有冲突时，可以通过网格的移动、错位而获得和谐关系。例如某幼儿园场地因为北侧道路与东侧道路形成锐角夹角，而使教学楼平面与北侧边界结合形成一个无法使用的三角区域。如果将网格按班级活动单元呈锯齿状顺应北侧边界逐渐退后，则弱化了之前三角区域的生硬感，同时也让建筑北侧界面更加充满节奏和韵律感，如图 6-4-1 所示。

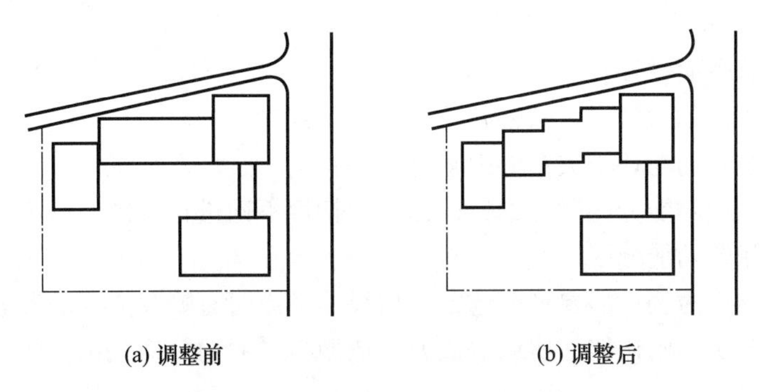

图 6-4-1　某幼儿园生成方案调整

2. 协调生成方案与周边建筑的有机关系

从城市设计角度而言，既然设计对象与周围建筑在类型、体量等方面有所不同，但还是希望生成方案与周边建筑形成一个有机整体。因此，要设法找到能使它们形成某种关系的媒介。例如一个社区图书馆的设计方案，周边以住宅用地为主。由于原方案平面外轮廓各边定位随意性较大，使这一地段环境缺乏整体性。因此，通过重新整理图书馆外界面与左邻右舍的关系，以对位线的方式改善了新老建筑所围合的外部空间形态，使调整后的建筑更加融合在这一区域之中，如图 6-4-2 所示。

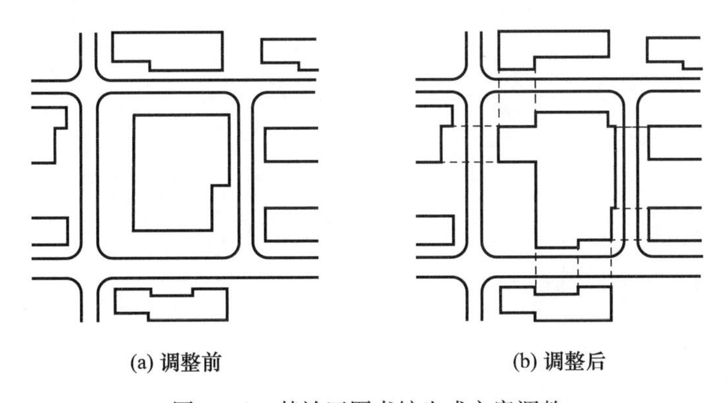

图 6-4-2　某社区图书馆生成方案调整

3. 协调生成方案造型与平面的对应关系

造型与平面，从来都是设计过程中两个相互制约又相互成就的对立面。根据建筑师考虑问题、分析问题的方向不同，设计习惯不同，从平面设计或者造型方面入手探索方案的情况均有发生。但理性的经验是，通常从平面设计入手生成方案会更加高效。当找到生成方案时，建筑形式问题就会越来越强烈地对平面产生制约。所以必须及时协调造型与平面的关系，不致因平面设计太过成熟，而造型不理想造成方案设计进程滞后。建筑是三维的物体，而非二维的图形，生成方案能否得到认同，要看平面功能能否与建筑形式相辅相成。

思考题

1. 什么是总平面设计?
2. 场地出入口的选择可以从哪几个方面来确定?
3. 影响建筑布局与环境关系的因素有哪些?
4. 在进行场地功能分区时，如何根据空间特性不同进行分区? 试举例说明。
5. 什么是建筑功能分区?
6. 以框架结构为例，简要说明选定网格尺寸模数时有哪些方面的考虑。
7. 通过一个实例阐述如何协调生成方案造型与平面的对应关系。

第7章

方案深化与完善

本章主要内容：方案初步设计表达的是粗略的设计意图，项目的落成则离不开对平面、剖面、立面图纸的深化设计和完善。本章将介绍如何从使用功能、美学功能等方面，对项目进行细化设计。

7.1 完善平面设计

该阶段的设计任务是对前一阶段所获得的方案毛坯在平面上进行深加工，通过大量的细节处理和反复推敲，让平面在全局整体和局部细节上均能得到充实和完善。

7.1.1 单个房间的平面完善

一座建筑物是由若干功能区和若干具有一定功能的房间组成的。为了使单个房间自身的设计得到完善，需要对房间的使用功能、空间形态、细部结构、经济技术条件等方面进行研究和完善；同时，单个房间研究的结果还能为整体方案做局部修改提供依据和方向，使建筑整体设计质量得到提升。

1. 平面大小与比例

虽然在方案生成阶段已经确定了单个房间的大小，但对于单个房间的使用要求、应容纳人数、与家具设备的配置情况、房间具体的比例尺寸等都还需要进一步推敲和完善。当以标准房间为模块进行平面组合时，如酒店客房、展馆展厅、茶室等，更加重视对单个房间平面的布置和研究。单个房间平面设计的完善，不仅能使房间在结构上经济合理、家具设备灵活布置，还能使整体建筑设计质量得到提升。

例如，某学校图书馆多功能报告厅中主要的家具设备是多功能桌椅和LED显示屏。多功能桌椅的数量和排列方式将直接决定矩形报告厅平面的比例尺寸和使用效果。由于LED显示屏的尺寸一定，如果报告厅宽度过宽，将导致前排两侧30°偏角以外难以利用的面积过大，造成空间浪费；如果报告厅长度过长，将导致报告厅后排到LED显示屏的视距变大，影响学生的学习质量，如图7-1-1所示。同时，在满足多功能桌椅高效紧凑的排列方式下，如图7-1-2所示，还需要根据多功能桌椅的尺寸设计出合理经济的报告厅平面尺寸，对建筑柱网的排布方式进行调整。

在地下停车场的平面布置中，由于开间为6m，而单个停车位的尺寸为2500mm×5300mm，致使柱网与停车位的布置缺少模数对应关系，导致停车位浪费，空间利用率变低，如图7-1-3（a）所示。若将开间调整为5m，方可与停车位尺寸相互协调，如图7-1-3（b）所示。

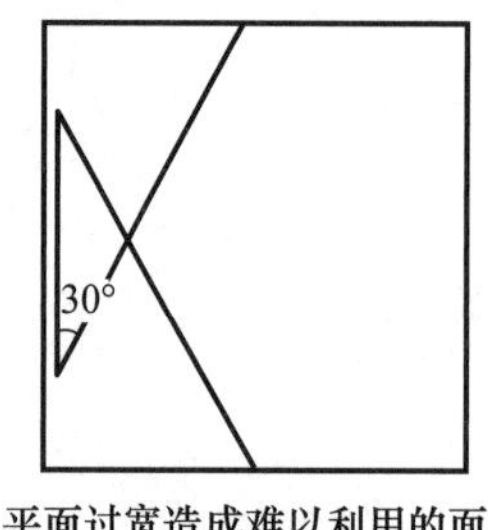

(a) 平面过宽造成难以利用的面积过大

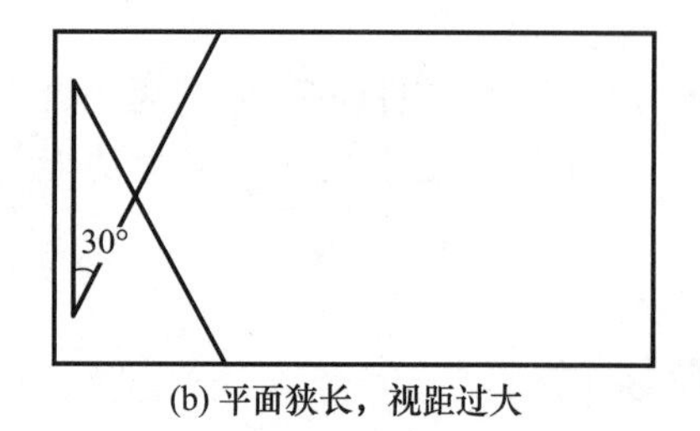

(b) 平面狭长，视距过大

图 7-1-1　普通多功能厅平面比例分析

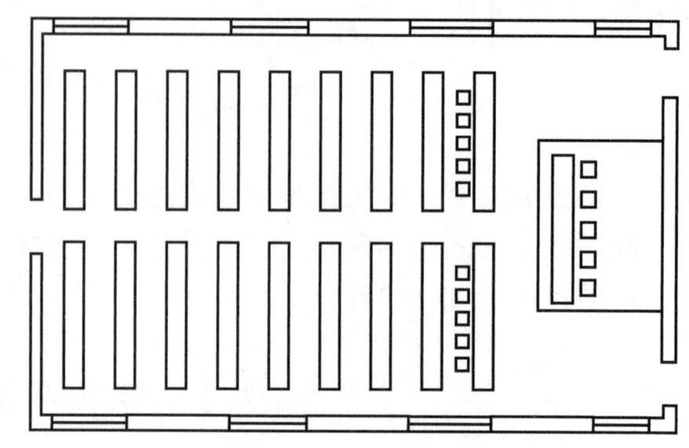

图 7-1-2　普通多功能厅桌椅配置平面设计

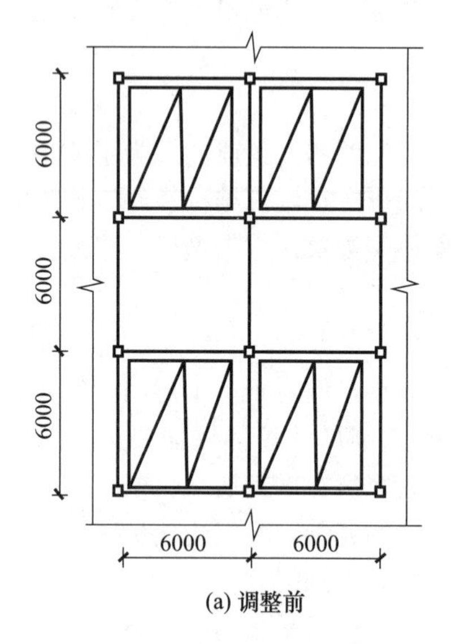

(a) 调整前

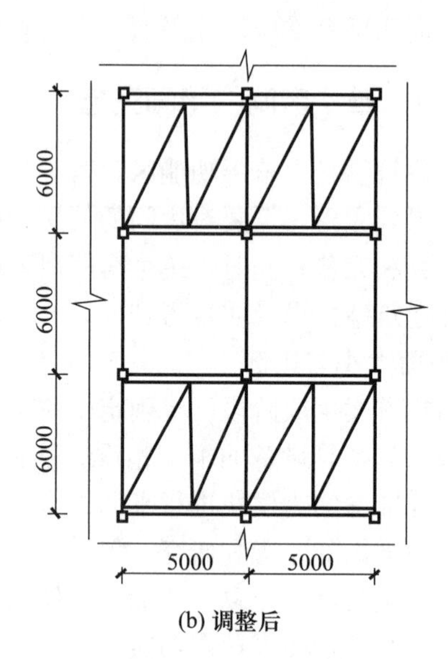

(b) 调整后

图 7-1-3　地下停车场车位布置与结构柱网关系的分析

又如，酒店、民宿客房也属于模块化的标准房间。某民宿双人间客房内，由于床所占据的面积最大，它们对房间的使用起着决定性作用。因此，在设计时，床的布置为首要考虑因素，其次考虑电视柜、小沙发等家具。根据对床、电视柜等家具的选择和布置进行仔细推敲，以此来确定房间的开间和进深是否需要做细微调整。

其次，结合建筑管道井的布局，选择合适的卫生间洁具，形成符合厕浴要求的高效紧凑的卫生间平面比例和尺寸。同时，为了保证房间路线的流畅和卧室的整体美观，还需要考虑卫生间的开间尺寸应不小于卧室床的长度。

最后，房间内过道不仅要保证最小尺寸符合使用要求，还需要保证其总宽度与卫生间的开间尺寸之和要与客房开间尺寸一致。

通过对客房卧室、卫生间、过道、阳台尺寸的推敲和调整，最终确定房间的平面尺寸和比例，由此为建筑总体布局奠定了基础，如图 7-1-4 所示。

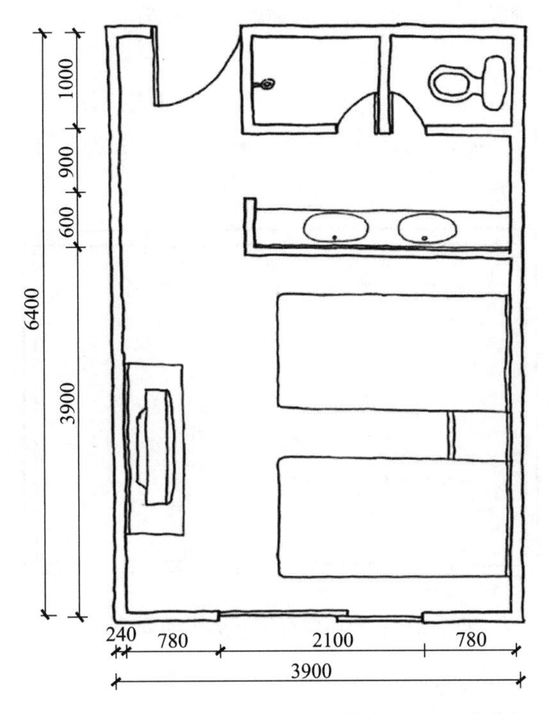

图 7-1-4　某民宿双人间家具设备与平面尺寸分析

此外，对家居设备布置无特殊要求的非模块化的单个房间而言，房间平面布置需要结合以下五个方面进行研究与完善。

1）房间的比例

结合设计美学的原则和使用者的需求，比例良好的房间平面尺寸长宽比应控制在 1∶1～2∶1 之间。当长宽比大于 2∶1 时，房间狭长，不仅不利于家具设备的布置和使用，还会形成空间的压迫感。

2）空间的划分

对于一个完整的大空间，需要将其划分为若干小空间时，在满足房间使用要求的同时，还需尽量保证其空间的完整性。例如，在一个六边形的空间中，通过一道隔墙将六边形划分为不同的两个空间。由于隔墙的位置不同，将会产生不同的房间形态，如图 7-1-5

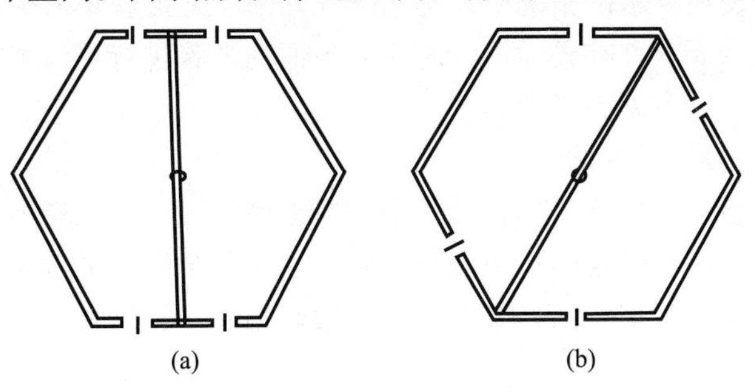

图 7-1-5　六边形平面划分方法比较

所示，其中方案（b）比方案（a）更为合理。方案（b）房间形态比较完整，3 个外墙面长度一致，且隔墙位置与结构梁吻合，顶界面完整；而方案（a）外墙面长度不一致，隔墙两端和外墙窗户“打架”，同时又与结构梁布置相互矛盾。

3）房间的完整性

在一个完整的空间内，安排一个新的空间，使原有空间形成生硬的 L 形平面，导致新空间和原有空间无法达到和谐统一的关系，破坏了原有空间的平面完整性，如图 7-1-6 所示。

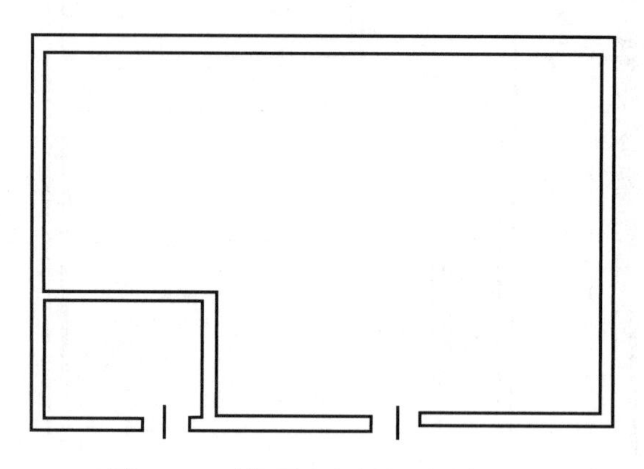

图 7-1-6　破坏原有空间的平面完整性

4）建筑结构和立面的影响

单个房间大小的确定应该与建筑结构相结合，应将隔墙设置在柱网上，使单个房间与建筑整体系统形成一定的逻辑关系。对于立面是带形窗或者是玻璃幕墙的建筑，单个房间的尺寸、结构尺寸要和建筑立面设计协调统一，即不能为了扩大房间面积而将具有隔断作用的轻质墙安置在立面的带形窗或玻璃幕墙上。

5）建筑整体设计中统一的结构尺寸

若单个房间的平面尺寸强行按照任务书规定的面积大小布置，将会导致方案的开间尺寸因单个房间的大小不一而过于繁杂，增加了后期施工的难度和经济成本。因此，开间的尺寸规格不宜过多，单个房间的尺寸要服从于整体结构尺寸的逻辑性，单个房间的面积可以在规定面积定额上下小幅度浮动。

2. 平面形状

对于以普通方形、矩形为平面的单个房间，其平面结构简单、布局灵活、施工方便。但在某些特殊使用要求的情况下，房间不仅局限于方形和矩形平面。为了使房间更符合特殊使用功能的要求，在平面设计时应对平面的形状进行更仔细的考量。这些特殊平面形式的产生常常受下列因素影响。

1）景观朝向对设计的影响

当场地附近存在面状景观，如森林、湖泊或者城市绿地时，场地本身就具备了较为明显的景观朝向。因而在进行建筑平面布局时，要对景观朝向进行充分利用。对于高品质的功能空间或者一些共享空间，应布置在和景观朝向一致的方向，从而提升建筑的空间品质。

例如，在大理揽清慢屋度假酒店设计中，场地东面紧邻洱海，西面远望苍山，洱海和苍山构成了酒店的主要景观资源。酒店将东面的洱海作为主要的景观朝向，主要的功能房间一律朝东，沿环海路排开，形成 30 多米宽的景观面；将西面的苍山作为次要景观朝向，公区的外走道以及部分客房向西面开敞。由此，充分利用东西向的景观资源，为单个房间和整个建筑体营造了多样化的空间体验。

2）形式构成对设计的影响

母题作为一种设计手法在建筑设计中被广泛应用，在单个房间平面设计时，有时会根据场地环境、功能、技术等要求采用非矩形的形式构成法。三角形、圆形、五边形等形状的平面布置和空间造型贯穿于建筑物的整体设计中，并通过重复手法带来的韵律感和节奏感统一建筑整体，使建筑具有秩序性和规律性。

3）非传统设计理念的影响

在信息时代，传统的设计理念与手法受到冲击。就单个房间而言，各式各样的怪异平面、扭曲平面等逐渐出现在大众的视野之中。即使它们更能吸引人们的注意力，引起大多数人的兴趣，带来视觉上的刺激，但其经济性、实用性、技术性等方面还有待考量。对于初学设计的同学来说，在完善单个房间平面形状时，要加强扎实设计基本功的训练，而不是沉溺于平面图形形式的怪异。

4）建筑氛围营造对设计的影响

建筑氛围是指在建筑空间内部以及外部环境中，通过人的知觉感受对其空间及环境进行的描述和评价。在进行建筑设计之前，要首先确定建筑的氛围，这样会对设计师的设计产生指导作用，同时对空间尺度进行设计控制。

在大理揽清慢屋度假酒店设计中，呼应酒店的主题“揽清”和“慢屋”，通过重点营造景观、生活、文化氛围，使度假者更深刻地感受到洱海自然风光的变幻和慢节奏生活的舒适。在酒店入口空间的平面设计中，充分使用了切割、限定、屏蔽、定向、转向的手法，对空间平面形状进行细致的推敲，从而延长行走过程中的时间，沉淀外部环境的影响，完成外部环境对内部环境的过渡。通过三次方向的转折和空间的转换，如图 7-1-7 所示，对外部闹市的喧嚣进行过滤，将客人带入轻松舒适的度假氛围中来。

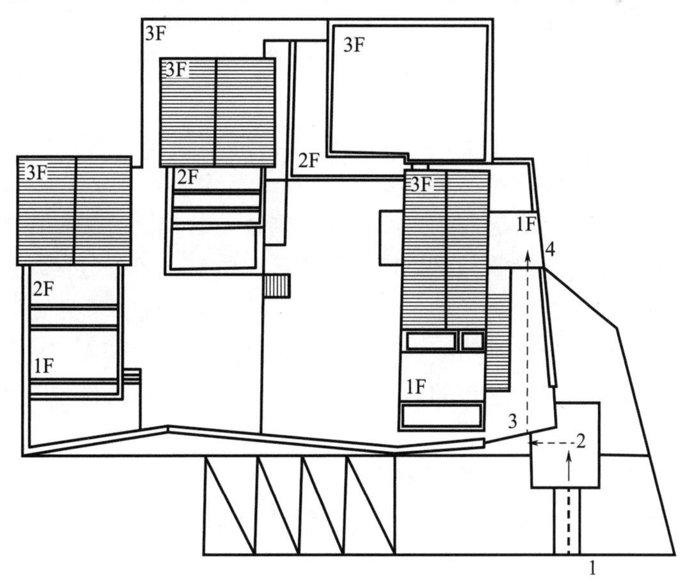

图 7-1-7　大理揽清慢屋度假酒店总平面图

7.1.2 房间组合的平面完善设计

1. 房间组合应满足流线设计要求

人作为建筑的主体，建筑内部房间组合的空间设计要以人的活动路线与人的活动规律为依据，要符合使用者在生理和心理上的需求。交通流线的组织将直接影响到建筑空间的布局，因此，在完善房间组合的平面布局时，交通流线的组织应该考虑以下几点要求。

1）应明确分开不同性质的流线

在交通流线组织的过程中，首先，要根据流线功能、使用人群等将不同性质的流线明确分开，避免相互干扰。主要活动人员流线不与内部工作人员流线相互交叉；其次，主要活动人员流线中，有时还需要将不同对象的流线适当地分开；最后，在集中人流的情况下，一般应将进入人员流线与外出人员流线分开。

在大理揽清慢屋度假酒店中，建筑内部主要存在两条流线，一条流线是从公区到客房的流线，主要位于建筑的西侧客房区域，通过西侧两部楼梯和外廊进行组织；另外一条流线是客人游走漫步的流线，主要位于建筑的东侧公区部分，通过两部楼梯以及部分台阶进行组织，使之成为一条串联闭合的游走观赏流线。以上的流线组织决定了酒店各房间组合的平面排布。

2）应符合使用程序，便捷通畅

房间组合的方式不完全是考虑空间之间的关系，更应是流线所反映的生活秩序或工艺流程所决定的关系。在方案构建的过程中，流线的组织应符合使用程序，力求流线简捷明确、通畅，不迂回，最大限度地缩短流线。

例如，在食堂的设计中，交通流线的组织就要根据用餐者洗涤、存取餐具及买饭菜的先后顺序，使用餐者进到食堂后能方便地洗手—取餐具—买饭菜。因此，备餐处应尽量接近入口。在车站建筑设计中，人流路线的组织一般要符合进站和出站的使用顺序。进站旅客流线应符合问询—售票—寄存行李—候车—检票等活动顺序；出口路线要使人们出站后能方便地找到行李提取处或小件寄存处。在图书馆的设计中，人流路线的组织要使读者方便地通达借书厅及阅览室，并尽可能地缩短运书的距离，缩短借书的时间。

3）应具有一定的灵活性

在实际工作中，由于不同情况的变化，建筑内部的使用安排经常是要调整的，因此，流线的组织应该根据实际情况灵活安排。

例如车站，既要考虑平时人流的组织，又要考虑节日期间的安排；图书馆设计既要考虑全馆开放人流的组织，又要考虑局部开放而不影响其他不开放区域的管理；在展览建筑中，流线组织的灵活性尤为重要，它既要保证参观者能有一定的顺序参观各个陈列室，又要使观众能自由选择参观路线，既能全馆开放，也有局部使用的可能，不能因某一陈列室内部调整布置而影响全馆的开放。这种流线组织的灵活性也直接影响到建筑布局及出入口位置的设置。

2. 房间组合要有利于空间序列的变化

为了增加空间的艺术效果，带给使用者连续性的体验过程，在房间组合满足功能秩序和结构逻辑要求的前提下，还需要完善相邻房间之间的衔接和过渡处理。

当两个类似的空间相邻时，它们之间如果缺少空间的过渡，带给使用者的空间体验感将是平淡无奇的。而如果将大小、形状、明暗等具有强烈对比的空间巧妙地组织在一起，将带给使用者新鲜感和冲击感。例如，在某展馆的平面设计中，原方案如图 7-1-8（a）所示，各展厅的形状大小相似，空间缺少变化，因此，人们在这样连续且单调的房间中活动会感到枯燥乏味。但如果将各房间按不同大小和形状适当组合，如图 7-1-8（b）所示，让空间序列交替变化，则会打破单调感。同时，流线最后的半圆形平面，打破了展厅矩形平面的规律，给人冲击感和新鲜感。由此说明，房间组合的完善设计，不仅需要推敲房间的功能性、技术性，还需要从艺术性的角度考虑房间组合的整体效果。

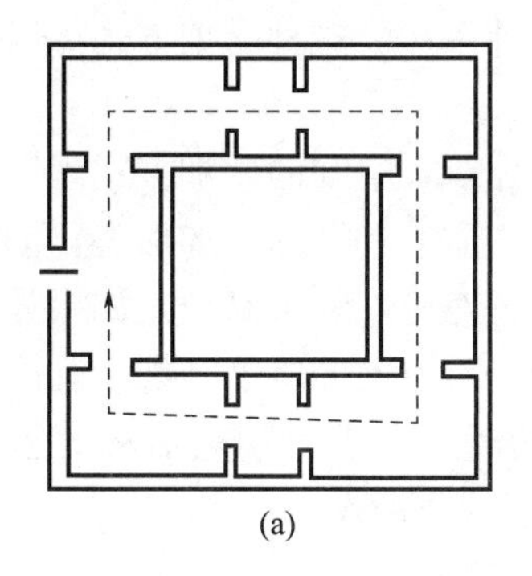

(a)

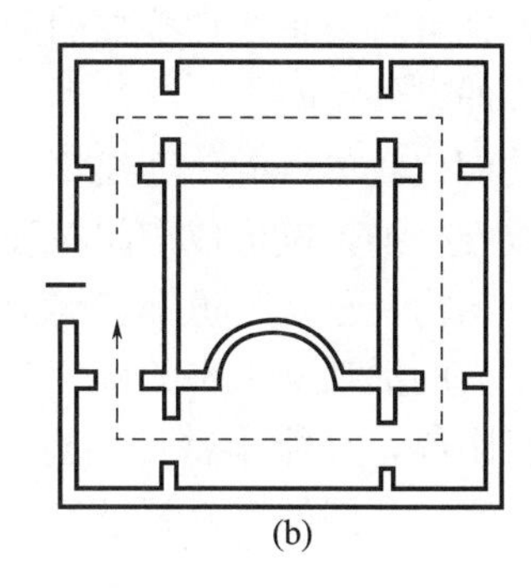

(b)

图 7-1-8　某展馆设计方案

对于平面的完善还有很多的细节需要设计者深入研究。例如公共空间的划分、室内高差的处理、楼梯的布置与设计等。在平面设计的过程中，设计者对细节提出的问题越多、思考越深入，平面的完善设计越完整。

实际上，设计者在设计过程中如何针对性地提出完善平面设计的问题，以及在解决、处理这些问题时，设计者如何分析、比较、综合平面与空间、功能与形式、建筑与结构、细部与整体等各种相互关联的矛盾，比解决完善平面设计问题而运用设计手法显得尤为重要。在完善平面设计过程中，需要正确的设计思维作指导，运用正确的设计方法，系统性地解决好所有完善平面设计所涉及的问题。

7.2　完善剖面设计

平面可以把建筑基本的水平空间关系表达得一目了然，但是空间作为建筑的主角，它的成立除了 X 轴与 Y 轴对其的定义，Z 轴方向的信息也必不可缺，因此，剖面作为空间高度的补充，完善了建筑内部的竖向空间设计，从而进一步反映了建筑外部的体量变化。

完善剖面设计，或是为了形成固定的空间形态，或是为了满足特殊的功能要求，或是为了与周围环境相协调。比如体育建筑、影剧院、报告厅等，这类建筑对视线有要求，在完善剖面设计时，通常会采用地面升起的形式；同时，这类建筑常常对音质也有特殊要求，因此在进行剖面设计时，还需考虑到回声问题。又如住宅建筑为了使建筑空间更加经济化、合理化、人性化，就需要从人体的尺度出发进行剖面设计，空间的高度、窗台的高度、门洞的高度等，以此为参考进行完善。在当代建筑中，功能日趋复杂化，一栋建筑中往往兼有不同使用功能的建筑空间，这也必然影响到建筑剖面和建筑体量方面的设计。

7.2.1 通过组织剖面空间关系完善剖面设计

1. 剖面空间叠加

随着社会的发展，建筑的功能越来越复杂化、综合化，在竖向对相同或不同功能进行叠加是建筑剖面空间组织的一种最普遍的手法。叠加可以是单一功能空间在一个轴向上的叠加，也可以是功能群组在一个轴向上的叠加。如果空间在一个空间维度上进行单一方向的叠加，则可看做是线性叠加的剖面设计手法。这种叠加方式可以有效节约占地面积，释放更多的室外空间。

当代多数功能比较单一的住宅建筑、办公建筑，空间的叠加方式就属于将标准层在竖向维度进行线性叠加，以形成空间在竖向上均质的单一的叠加形态；同时，标准层式的叠加，无论是结构，还是管道都能够上下一一对应，经济高效。如果是不同功能的线性叠加，则是把人的活动从水平的维度转换到竖直方向的维度开展，既能有效缩短人在水平方向的通行距离，又能丰富使用者在不同高度下进行相关活动的感受，如视野的高、远度变化，空中花园的身心放松等，如图 7-2-1 所示。

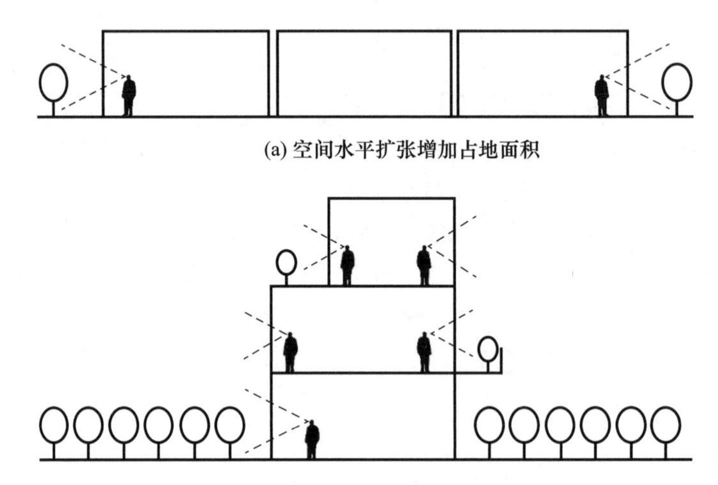

(a) 空间水平扩张增加占地面积

(b) 空间竖向叠加节约占地面积

图 7-2-1 空间竖向叠加的剖面研究

以云南大理的揽清慢屋民宿为例，作为一个改扩建项目，设计师对原有场地上的建筑进行了保留和改造。原有建筑［图 7-2-2（a)］改造后形成一个 3 层楼高的住宿及餐饮空间。一层为公共餐厅，二层与 3 层为客房。二层与 3 层作为功能、大小一样的单元，作为标准层在竖向上进行了线性叠加，一层公共餐厅虽然与二层和 3 层的客房单元在功能上有所不同，但依旧可以作为一个类似的单元在同一个竖向维度进行叠加，最终形成 3 个边界统一的在同一竖向上叠加的空间关系，如图 7-2-2（b）所示。

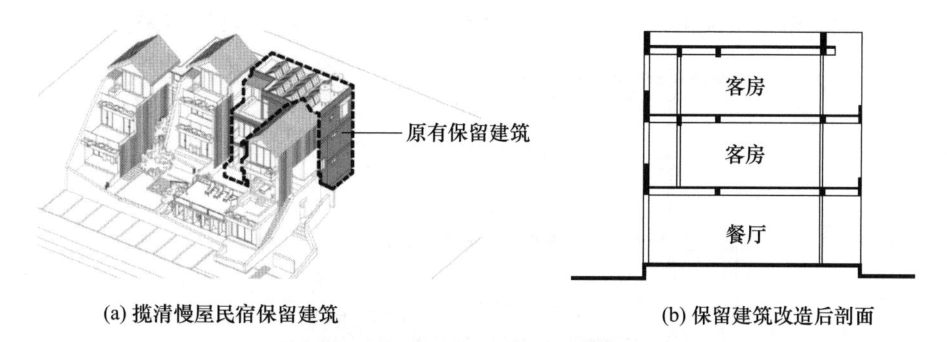

(a) 揽清慢屋民宿保留建筑　　(b) 保留建筑改造后剖面

图 7-2-2　揽清·慢屋剖面叠加研究

这样的剖面空间关系既能保证建筑结构上下关系对位，也能保证客房的卫生间排水系统的竖向对位关系，剖面空间的高度切合建筑的使用性质，层与层之间的高度基本是一成不变的，因而在设计和施工方面具有简便快捷、经济的优点，也是办公建筑，学校建筑，居住建筑等建筑类型中较常见的剖面空间组织形式。但同时，这种剖面设计手法性形成的建筑空间形态比较严谨，特别当叠加的单元完全一致时，线性叠加会比较单一而缺少变化。

2. 剖面空间渗透

渗透是剖面空间组织的另一种手法。前面所讲的空间的竖向线性叠加方式虽然经济高效，但具有单一性和隔离性，而剖面空间渗透的竖向空间组织方式则可以打破空间之间彼此封闭隔离的状态。

1）退台

退台是引发空间渗透的一种典型剖面设计手法。退台的空间处理方式让原本整齐划一的垂直界面变得凹凸有致，剖面空间也随之形成咬合关系，从而相互渗透。阳台作为半开放空间使室内外的空间发生交互的同时，退台将原本建筑外部的空间环境更加主动地引入到层层退台之内，如图 7-2-3 所示。

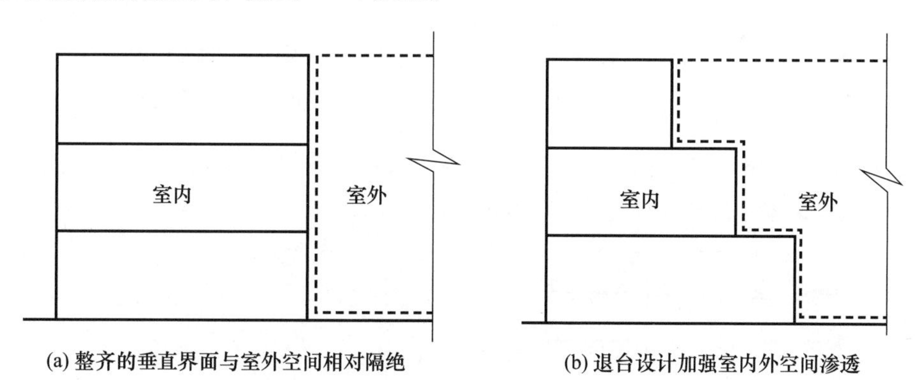

(a) 整齐的垂直界面与室外空间相对隔绝　　(b) 退台设计加强室内外空间渗透

图 7-2-3　利用退台进行空间渗透的剖面

以云南大理的揽清慢屋民宿为例，新扩建的 3 个建筑体量，从各自的剖面空间关系看，都是在线性叠加的基础上进行了层层退台的设计。没有退台的露台空间虽然也能在一定程度上进行室内空间与室外空间的相互渗透，但是低层露台的顶界面会被高层露台完全遮挡，开敞界面有限，而退台的方式可以让每一层露台顶界面打开，保证了开阔的露台视野，同时也将朝向洱海的绝佳景观引向房间内部，如图 7-2-4 所示。

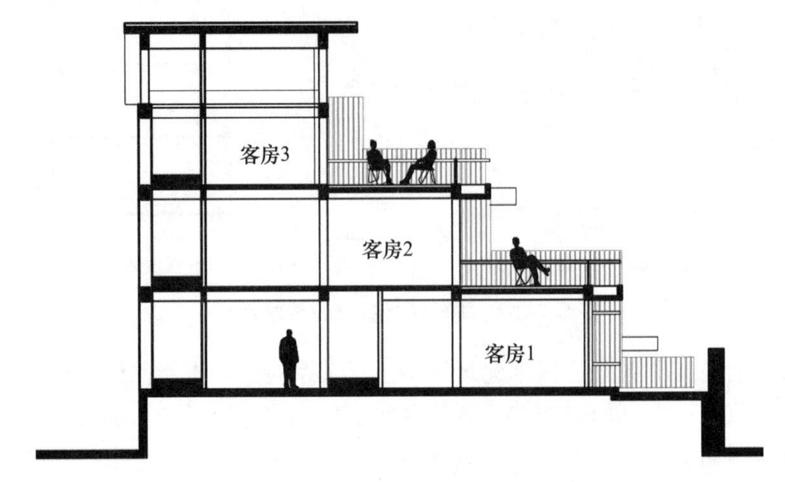

图 7-2-4　揽清慢屋客房露台退台设计

2）中庭

中庭也是产生空间渗透的一种典型模式。中庭原本是将外部空间引入建筑内部的一种设计方法，是一种建筑内部与外部既融合又隔离的设计方法。中庭空间的剖面形式是被周围的建筑围合而形成的一个上下楼层贯通的通高空间。中庭可以有顶，以形成与外界隔离的内部中庭，也可以无顶，将室外空间引入渗透进建筑（群）内部，如图 7-2-5 所示。

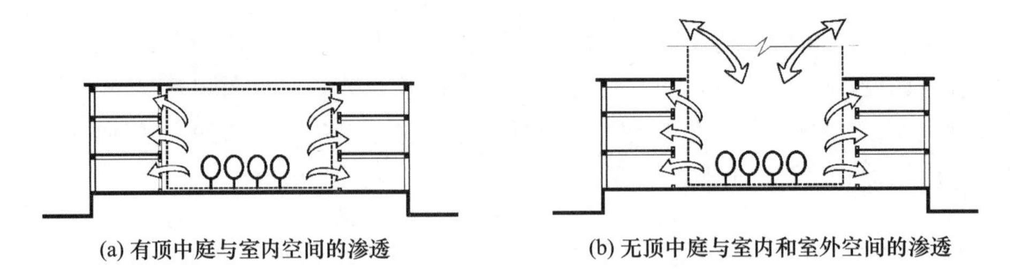

(a) 有顶中庭与室内空间的渗透　　(b) 无顶中庭与室内和室外空间的渗透

图 7-2-5　利用中庭进行空间渗透的剖面

根据中庭空间的体量、高宽比等大小，渗透或隔离的程度也有所区别。这个通常需要通过对剖面数据的反复计算来决定，如图 7-2-6 所示。

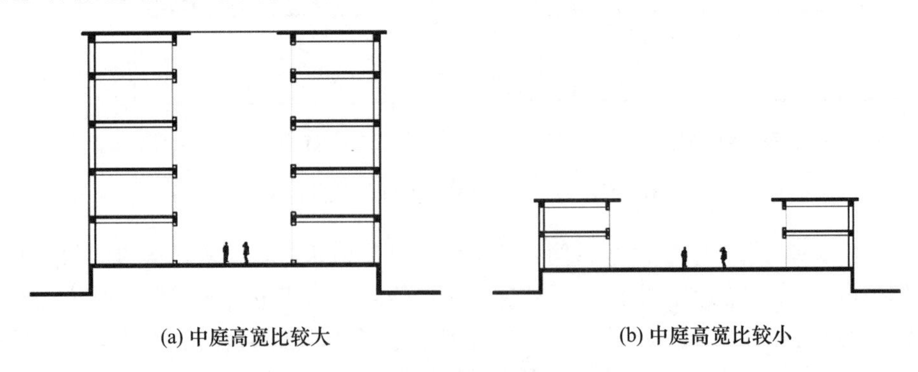

(a) 中庭高宽比较大　　(b) 中庭高宽比较小

图 7-2-6　不同中庭大小与渗透程度的剖面

从功能上考虑，中庭是一个多用途的空间综合体，中庭的被包裹性决定了其向心形态，因此往往成为交通枢纽，以连接多个空间彼此相互流通，又因其空间相对开敞，因而也成为人们交往活动的公共中心。

以云南大理的揽清慢屋民宿为例，项目保留的原场地建筑与扩建的建筑共同围合出了两个公共庭院，如图 7-2-7 所示。庭院 1 因为东侧的下沉影音室而相对围合感更强烈，既是公共交流的庭院，又是连接大堂与各个客房的重要公共交通枢纽，如图 7-2-8 所示。庭院 2 因为顺应场地地形的高差，相比庭院 1 高出了 1.5m，通过几阶台阶的转换，从相对更加围合的庭院 1，转到了更加开放的庭院 2，庭院 2 的东侧没有了建筑的围合，东侧的水景空间更加直接地渗透到庭院中来，如图 7-2-9 所示。

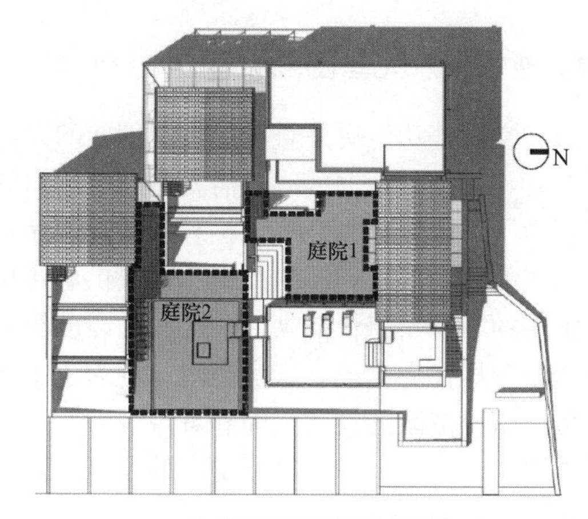

(a) 揽清慢屋庭院1与庭院2

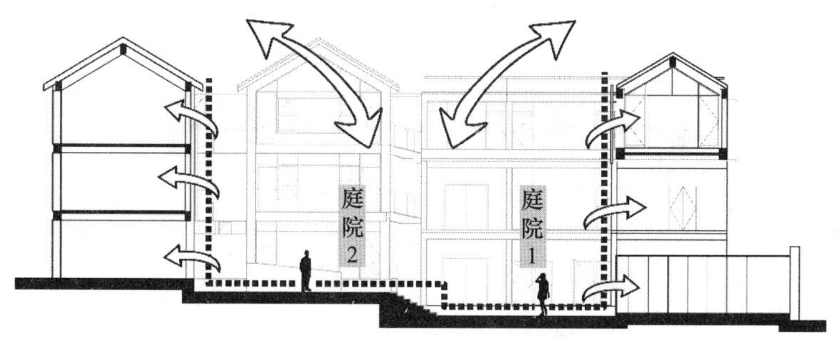

(b) 揽清慢屋无顶中庭与客房区域相互渗透关系

图 7-2-7　揽清慢屋庭院设计

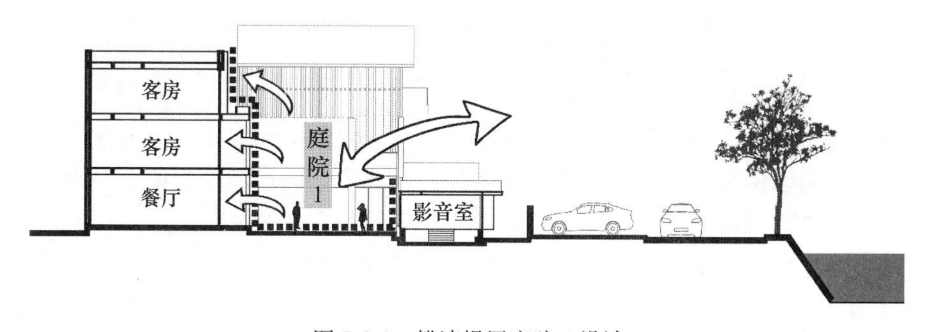

图 7-2-8　揽清慢屋庭院 1 设计

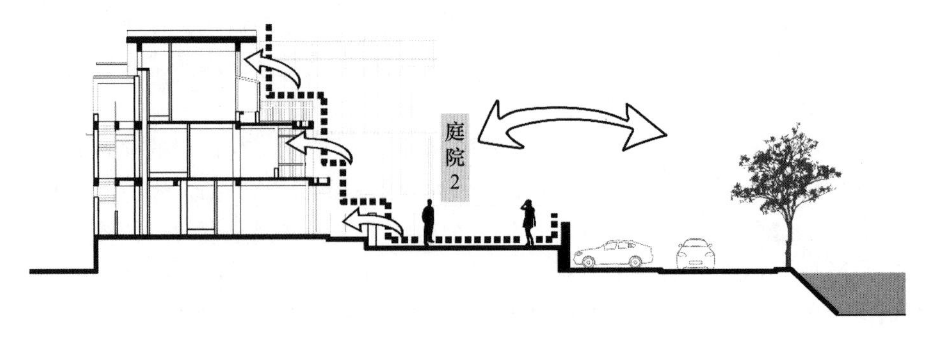

图 7-2-9　揽清慢屋庭院 2 设计

7.2.2　通过满足功能性要求完善剖面设计

建筑功能决定着建筑的空间，功能更是直接影响着剖面的设计。如有观演功能的空间为了让所有的观众都拥有不遮挡的观演视线，需要对观演空间的地面进行相应标准的抬升；有展示功能的空间为了不产生眩光直接干扰观众欣赏展品，对于可引入自然光的窗洞的高度和顶棚人工照明的高度都有相应的要求；而提供居住功能的空间，则需要以人的尺度为依据，考虑室内的净高、窗台的高度、门洞的高度等以完善剖面设计。

比如普通的民宿或旅馆等居住类建筑，客房空间被分为卫生区和住宿区。通常为了在有限的房间面积里尽可能留出宽敞的住宿空间和景观视野，卫生区（马桶、洗脸盆和淋浴）通常是一个独立的卫生间，被设置在靠近走廊的一侧，面积不大，满足基本规范要求即可，目的是释放更多面积留给住宿区，同时以实墙将两个功能区彻底划清界限，如图 7-2-10 所示。

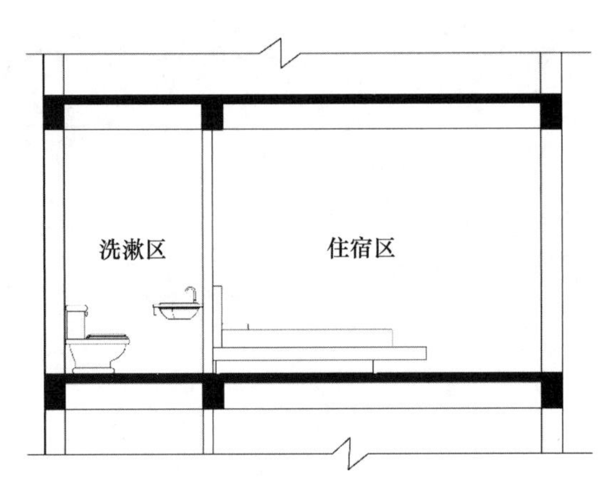

图 7-2-10　普通客房剖面功能分区

有一些舒适型的民宿或旅馆等，则会突破传统客房的空间模式，让入住者感受更优的入住体验。以云南大理的揽清·慢屋民宿为例，为了让居住者既能拥有最大范围的景观视野，又能在有限的房屋面积内享用宽敞的住宿区与宽敞的洗漱区，客房的卫生区域被设置在住宿空间的背侧。卫生区宽度与住宿区一致，同时，除了必要的隐私区域（淋浴间与马桶）设置干湿分离的独立区域以外，洗手区从传统的卫生间空间被释放出来成为开放空间，与住宿空间相互渗透，增加彼此空间的开阔程度。虽然空间渗透，但从洗手区域开始，包括淋浴与马桶在内的整个卫生区的地面被向上抬高，以地坪的变化来限定不同功能的空间边界。同时，按照旅馆设计规范，客房住宿空间的净高不应低于2.40m，卫生间净高不应低于2.20m，因此将客房层高设置为3m，除去结构及吊顶的高度，客房空间的净高均符合设计规范，如图 7-2-11 所示。

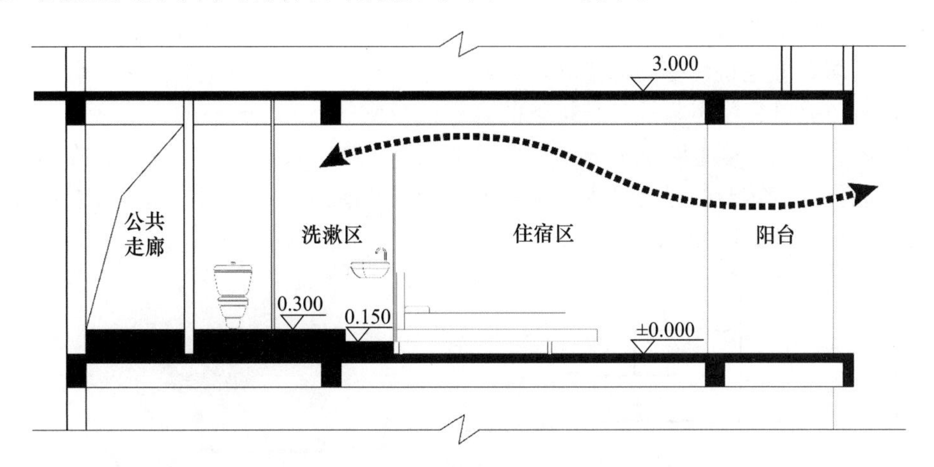

图 7-2-11　揽清慢屋客房剖面功能分区

7.2.3　通过与场地环境整合完善剖面设计

建筑与场地环境的关系十分密切，在完善剖面设计的过程中，场地环境常常起到关键性作用。比如在考虑地形适应性方面，需要从剖面关系出发，运用架空、悬挑、顺应地势高差变化、外部环境渗透融合等设计手段，以达到解决环境矛盾问题的目的，最终选择出建筑与地形最有效的结合方式。而其他的场地环境要素，如在建设项目周围的现有建筑、道路交通、植物、山水等自然环境资源，都可能对场地内建筑的内部空间形态和外部造型的创造起着丰富的影响作用。下面以云南大理的揽清慢屋民宿为例，阐述如何通过与场地环境整合完善剖面设计。

1. 通过适应地形完善剖面设计

揽清慢屋民宿项目改建之前，原场地地势为两层台地，为顺应原有地势变化，节省土方工程量，项目改建时保留了台地地坪；同时结合总体的动静分区考虑，将民宿场地整体依据 1.5m 的高差分为高低两大区域。动区以民宿公共区域为主，静区以新扩建的客房部分为主，如图 7-2-12 所示。

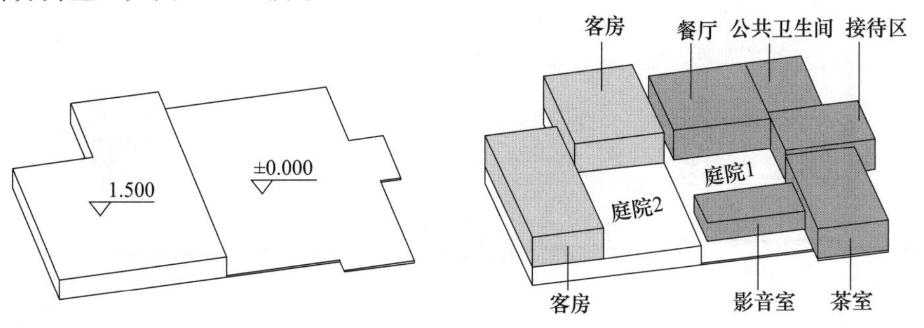

(a) 原场地地形的台地地坪　　(b) 基于适应地形的动静分区

图 7-2-12　揽清慢屋通过适应地形完善剖面设计

2. 通过控制噪声完善剖面设计

考虑到揽清慢屋民宿处于洱海边主要的车行交通道——环海西路旁，如何减弱环海西路上人流与车流的噪声对酒店内部的影响，同时又不影响居住在酒店的人享受直面洱海景观的绝佳视野，就显得至关重要。设计将动区位于较低处，地势与场地东侧的环海西路接平，方便来此居住的旅客从交通要道直接到达酒店接待区域等公共空间。考虑到虽是公共区域，但也是民宿内部空间，因此选择在与外部道路持平的公区部分外侧砌筑石头墙，对道路进行噪声阻隔。新扩建的客房部分则放在 1.5m 高的台地之上，简单的地坪抬升能在一定程度地降低来自环海西路的人车干扰，形成静区。同时，在新建客房的二层及以上进行露台的退台处理，也有助于形成环海西路上人流与车流视线和噪声的有效屏障，如图 7-2-13 所示。

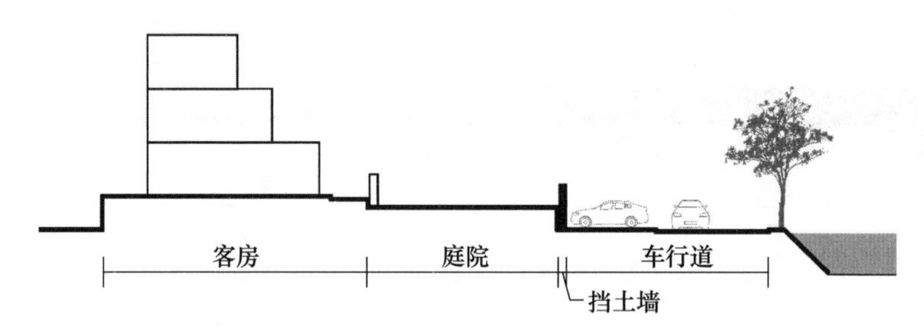

图 7-2-13　揽清慢屋民宿通过控制噪声完善剖面设计

3. 通过丰富景观视野的竖向层次完善剖面设计

揽清慢屋民宿项目用地东临洱海、西靠苍山，洱海和苍山构成了民宿的主要景观资源，由于民宿距离苍山还有一段平原村庄的距离，而洱海则只相隔一条环海西路，因此民宿将东面的洱海作为主要的景观朝向，苍山则作为民宿的背景景观，形成靠山面水的景观层次。大部分客房朝向一律向东，以获得绝佳的观看洱海的视线。西面作为次要朝向，公区的外走道以及小部分客房向西面开敞，也能获得观看苍山的视线。

同时，为了进一步丰富景观视线的竖向层次，考虑到处于公共区域的动区整体处在相对低（1.5m）的地坪上，设计师顺势将公共区域的书吧兼小型影音室进一步下沉，以保证更加安静独立的阅读环境；同时，屋顶被巧妙地作为了民宿庭院核心的观景平台，从民宿内部向外看，丰富了入住者观洱海的景观视线；另一方面，从外向民宿内部看，这种多层次的观景空间，也丰富了环海路上更加有层次的建筑景观，如图 7-2-14 所示。

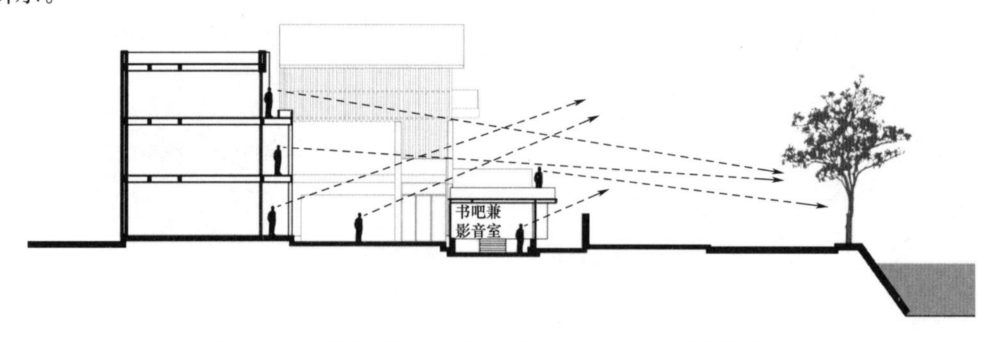

图 7-2-14　揽清慢屋民宿通过丰富竖向层次完善剖面设计

7.2.4　通过主题营造完善剖面设计

设计师常通过主题营造以明确空间的立意和主旨，让使用者身处于这个空间之中时，通过对空间的观察、感受、联想，最终进入设计师预想的主题情境之中。比如历史的重温、文化的感知、场景的联想，等。

以云南大理的揽清慢屋民宿为例，以“慢”为名，从最早“一间看日出日落的小房子，到后来干脆直接占据整片风景，在景色深处留下一栋满意的房子，把自己变成风景，留住心中的诗和远方”。建筑师以“慢下来，去生活”为主旨去营造民宿主题，希望客人“能在这里赖在床上，等朝霞从苍山洒向洱海，一杯清茶、一本纸书，徜徉天地”。因此在进行剖面设计时，设计师将民宿的公共区域划分为六个不同标高的平台，如图 7-2-15 所示，它们保持相互之间视线上贯通的同时，也限定着彼此空间的相对独立性，从而让人能够从容安静地，不慌不忙地享受属于自己的那一份闲适，减少彼此的干扰。当然，不同标高的平台对应着不同的功能，标高一是茶室，标高二是室外休息区，标高三是露天观景平台，标高四是无边水池区域，标高五则是首层的主要标高，这个标高上有接待前台、大堂吧、休息区、咖啡区、餐厅以及火塘等，标高六则是下沉书吧兼小型影音室。这些功能空间，有的相较主要地坪抬高，以不受临街干扰的方式欣赏美景；有的相较主要地坪下沉，以营造由内而外的视线依旧串联美景，但空间相对隐蔽，让人能够在此安静阅读或观赏影片等。这些剖面设计的推敲，无一不是对“慢生活”的主题做出呼应。同时，通过路径将各标高进行串联，人在路径上行走的过程中，可以加强垂直方向空间变化与渗透的感受，同时体验从一个“慢”空间漫步到另一个“慢”空间的转变。

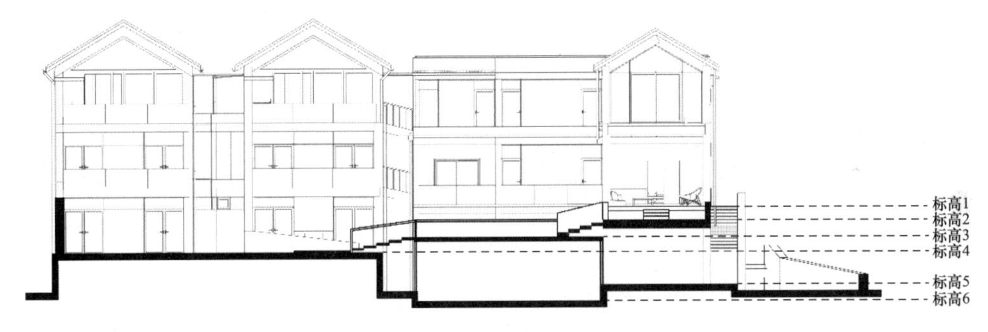

图 7-2-15　揽清慢屋民宿通过主题营造完善剖面设计

7.2.5　通过推敲节点构造完善剖面设计

剖面设计不仅反映了空间在竖向上的构造与变化，也表达了墙体与梁板、楼地面及屋顶各构件相互搭接的关系与构造方法。它们是今后施工图设计的基础，也是立面线角起伏变化的依据。尽管在完善剖面设计中尚不能细致深入到对材料、形状、尺寸的最后确定，但至少在概念上要交代清楚。

以云南大理的揽清慢屋民宿为例，客房外伸的大露台虽然极大地提升了入住者的体验感，但下雨的时候，没有被顶盖完全遮盖的露台则会成为潜在的汇水场所，因此通常为了高效排水，会把露台的面层进行 2%的找坡处理，以沿坡排向排水沟；此外，项目为增加生态效益，在每层客房的露台外侧又加上条状花池。当进行节点构造时，则需从剖面考虑排水沟的位置，其一，从露台汇流的雨水不会直接排向花池以过度灌溉植物；其二，排水沟的挡板设置渗透孔隙，既不影响快速排水，同时又对花池的灌溉与渗透起到过渡的作用，如图 7-2-16 所示。

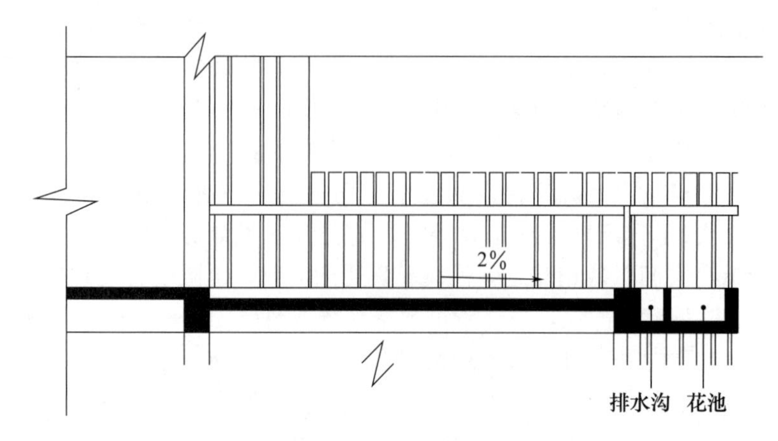

图 7-2-16　揽清慢屋民宿通过推敲阳台排水节点构造完善剖面设计

7.3　完善立面设计

建筑立面是指建筑和建筑的外部空间直接接触的界面，以及其展现出来的形象和构成的方式，或建筑内外空间界面处的构件及其组合方式的统称。

建筑立面设计是在满足房屋使用要求和技术经济条件的前提下，紧密结合平面、剖面的内部空间组合，并考虑到其所处地理环境以及规划等方面的因素，运用美学规律对外部形象进行推敲。

建筑立面设计区别于纯艺术的创作，其创作的自由是有限度的。它不仅涉及文化传统、民族风格、社会思想意识等多方面因素，它还要受到功能、结构、构造、材质、色彩、施工的制约。

7.3.1　以使用功能为基础表达立面

建筑的首要目的是满足人的各种物质功能需要，建筑立面包含建筑内容与空间的外围护界面。因此，一般而言，立面的个性是建立在功能与空间的基础上的。立面个性的表达应真实地反映功能内容和空间特征。

值得注意的是，在现代城市中，建筑并不是作为单体而孤立存在的，立面形式往往与环境、区位、文化等因素相关联。在风景园林的语境下，建筑通常是景观的一部分，其立面个性的表达也需要考虑这些因素。

在现代城市公园中，一些小建筑如凉亭、公厕和一些景观装置构筑物的立面设计同样遵循这种法则。这些绿色空间中的建筑，由于体量较小，紧凑的空间需要满足通行、游憩等基本需求。因此，这类建筑在立面设计材料的选择和结构的塑造上，往往触感亲肤、灵活通透。这样的设计其实是塑造了一种立面的“软性空间”，既“放大”了平面的“硬性空间”，优化人的使用体验，又能充分融合环境、文化等因素，增强景观性。

下面以云南大理的揽清慢屋民宿为例，分析建筑立面设计如何与使用功能相联系。

建筑的平面布局构建以“人的尺度”衡量，分析人群及所对应的使用场景即是平面构建的先决条件。该项目作为酒店使用，主要的服务人群是“顾客”和“管理服务人员”两类，且应优先满足顾客的使用体验。因此，其平面布局应从如何平衡这两类人群的空间需求、优化内部游线等方面进行构思。

首先考虑顾客：

一方面，需要满足其居住体验达到舒适安静、宽敞明亮，且房间易于识别等基本需求，在平面布局上尽量用最少的公共空间串联客房，避免迂回，以此增加客房面积，同时也应注意前台大厅不能过于局促，此类公共空间也应预留足够面积。

另一方面，应考虑项目的“特殊性”——这是由项目区位以及附加使用功能所决定的。项目位于云南大理市葭蓬村的东边，邻环海路，东侧为洱海。来此居住的顾客多是游客，“观光”是其主要目的，这也是他们选择住所的必要条件，因此景观性也是该项目的使用功能之一。这里的“景观性”有两个含义：其一是内部游客使用的客房要具有良好的采光通风和观景条件；其二是外部酒店建筑本身也应作为景观主体，有较好的景观效果。

分析整合其使用功能，得出平面布局思路：场地东侧即洱海，因此设计着眼于东面的建筑立面，引入建筑退台，应用在部分客房上，打破平整规矩的常规立面，而使建筑层层退台，形成露台，如图 7-3-1 所示。这些露台最大限度地开放了视野，将景色引入建筑内部的视线，既保证了游客与洱海的视觉交流，又优化了建筑单体本身的景观效果。

图 7-3-1　揽清慢屋度假酒店鸟瞰图

其次考虑管理服务人员：

在使用功能上，酒店工作人员使用的区域应与顾客区相独立，二者不能有过多交集，在流线设置上也要独立分开。结合前面所得出的构思布局，酒店一层按主要功能划分为客房区、接待区、工作区和庭院区，对前 3 个区块进行错位布置，得到庭院区块——客房区向南侧偏移、接待区向北侧偏移、工作区向西侧偏移，由此形成一个“凹”空间，作为建筑东侧一个较大的中庭，同时也为院前预留了展示和停车的空间。这个庭院将客房区与其他功能区房间基本隔开，能最大限度减小功能房间对客房的影响。二层和

3 层房间均为客房，房间的功能相同，形状大小相似，若将所有客房整齐排布，难免显得古板，揽清酒店的退台处理就很好地解决了这个问题：二层和 3 层的房间依次向西侧退去一段距离，留出来的空间作为客房露台和花池，这样一来给客房留出了一个自然的阳台，建筑体块也就有了远近层次，空间也变得生动灵活起来，如图 7-3-2 所示。

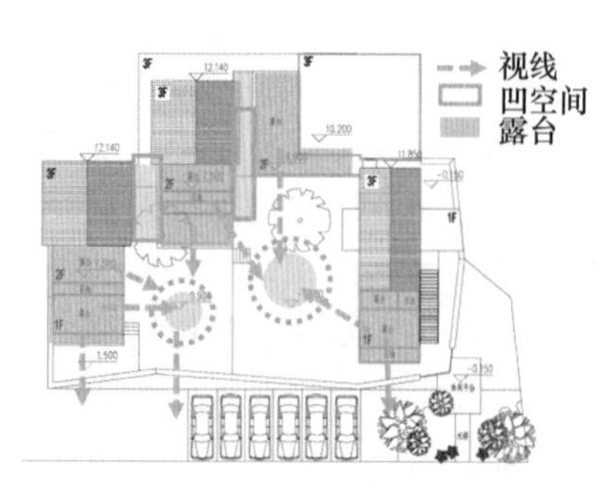

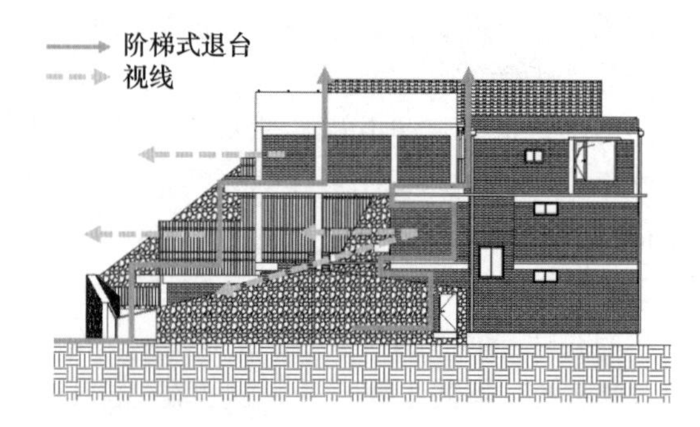

图 7-3-2　揽清慢屋度假酒店分析图

7.3.2　以合理的结构形式反映立面的虚空

结构是支撑建筑与塑造空间形态的重要构成部分，是建筑的内核框架，合理的结构形式选取能清晰直观地反映立面的真实性。

1. 建筑结构选取

目前建筑施工结构体系主要分为墙承重结构体系、框架结构体系、混合结构体系和大跨度结构体系。

揽清慢屋民宿作为小型民用建筑，结构选取上要求满足基本安全原则：房屋结构单元符合规范、建筑防火性好且能满足酒店性质的使用年限需求、内部空间具有多种功能。最终选用具有较为灵活的特点、易分割的框架结构。

框架结构体系是利用梁柱组成的纵横两个方向的框架形成的结构体系。它同时承受竖向荷载和水平荷载。其主要优点是建筑平面布置灵活，可形成较大的建筑空间，建筑立面处理比较方便；主要缺点是横向刚度小，当层数较多时，会产生过大的侧移，易引起非结构性构件（如隔墙、装饰等）破坏，进而影响使用。

在平面功能布局结构中，采用了前店后宅这一分区理念，一层平面按功能划分为住宿区、接待区、办公区和内庭区四大块，每个单元体都进行错位调整：接待区向东北方向进行偏移；住宿区与工作区分别向西、南面进行偏移，隔开住宿区与接待区，得到前后交错的立面形式。考虑住客上下需求，增设了外楼梯，使立面展示出竖向交通功能。

竖向推演上，二、3 层以住宿为主要功能，结构与一层相似，但在凸出的平面部分进行了向内递减的处理，打开建筑楼面，让竖向通高空间与水平向各层空间形成了在视觉上的交流，结合连续的层层退让梯台式结构设计，使空间整体呈斜竖向连续的趋势，人与人的视线交流将不受阻隔，既可满足多功能活动需求，又形成多层次立面效果。

2. 结构奠定立面基础比例

酒店立面布置遵从结构逻辑与受力，根据框架的凹凸关系与尺寸在建筑表皮铺设：

纵深上根据结构的递推在平面竖起围栏，形成有层次感的通高空间；立面围护遵从结构摒弃冗杂的立面装饰，以简洁风格进行美化，建筑体量轮廓得到充分体现。在高宽比上，各面门窗洞口依据结构划分，运用大量玻璃覆盖立面，正立面为主要观赏面，根据框架形成约为 1∶1、1.5∶1 的比例关系，让立面拥有开阔的大空间格局。

3. 选取屋顶结构形式

作为坐落于自然风景之中的新时代建筑，将节能生态功能与设计结合是重要的一点；作为“建筑的第五立面”的屋顶，也是设计重点之一。酒店的建筑体块高低错落，屋顶也因此分散开来。除去露台部分，共有四处屋顶，其中三处采用双坡屋顶，一处采用平屋顶，如图 7-3-3 所示。这四处屋顶下方都是客房，4 个房间区块之间由露台通道连接，人在该层行走时，在屋顶的视觉引导下，容易感知相应房间的平面位置。

项目所在的云南大理是雨水较多的地区，因此坡屋顶能够起到良好的排水作用，将大量雨水迅速排出屋面；另外，不同于普通平屋顶，坡屋顶能在立面上看到形态，无论是倾斜的双坡屋顶的形态，还是屋面不同于建筑其他部分的青瓦材质，都为建筑立面增加了风采。而平屋顶也承担了特殊的功能——此处屋顶上设置有太阳能系统，利用阳光对日常生活用水进行加热，减少对其他化石燃料的依赖，节约能源，保护大理的生态环境。

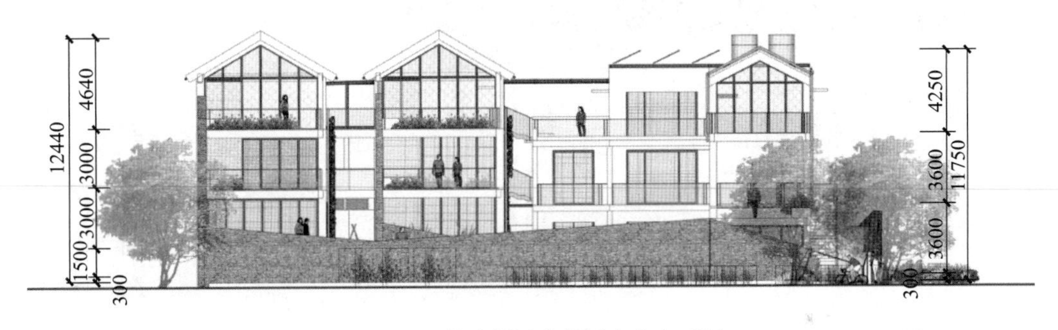

图 7-3-3　揽清慢屋度假酒店东立面图

7.3.3　以综合处理矛盾的思维推敲立面细部

设计过程中，通过假设使用者在此过程中的空间体验（如整体游线是否简洁、中庭院落的大致观感、空间是否易于识别、楼层的高度是否符合人的尺度、楼梯的位置与形式是否合适等），推导实际可能遇到的问题，并分析矛盾的双方，如在实际的空间体验中，平面空间的划分是否符合立面的功能需求和造型要求，以此为切入点提出解决问题的策略，从整体到局部、从大轮廓到细部设计，深化完善设计方案。

揽清慢屋度假酒店除了满足酒店建筑的基本功能外，还有观光、景观等功能，这需要平面和立面的协调配合，在这个过程中存在许多矛盾：外部环境与建筑单体的矛盾、建筑各部分之间的矛盾、使用要求和立面形式之间的矛盾。其中，我们会发现建筑立面的作用更为直观。

1. 外部环境和建筑单体的矛盾

建筑正立面以全玻璃幕墙突出虚的通透、轻盈。将眼界所及的繁花似锦、树木植物成荫、夕阳西下波光粼粼的洱海美景通过建筑的“虚”的设计，而让游客更好地感受其自然美。南北立面为带高窗的石墙，庄重、厚实，为项目空间与周围建筑划分了一个明显的边界，也阻隔了周边多余的视线，如图 7-3-4，7-3-5 所示。

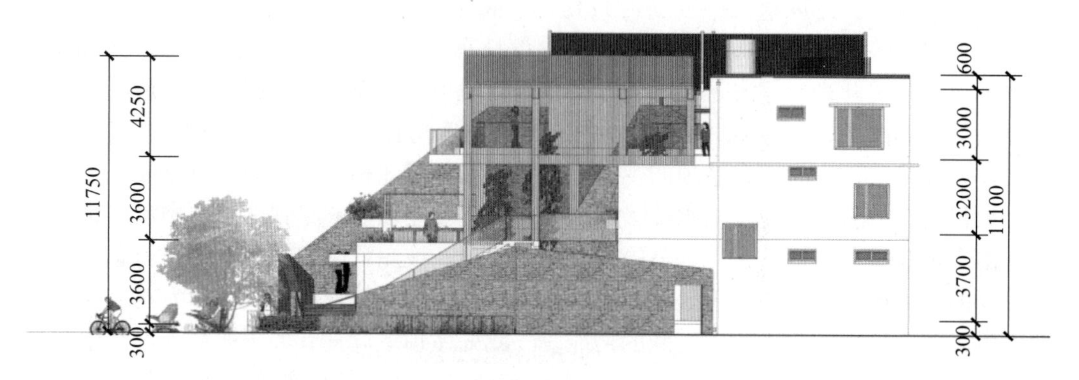

图 7-3-4　揽清慢屋度假酒店南立面图

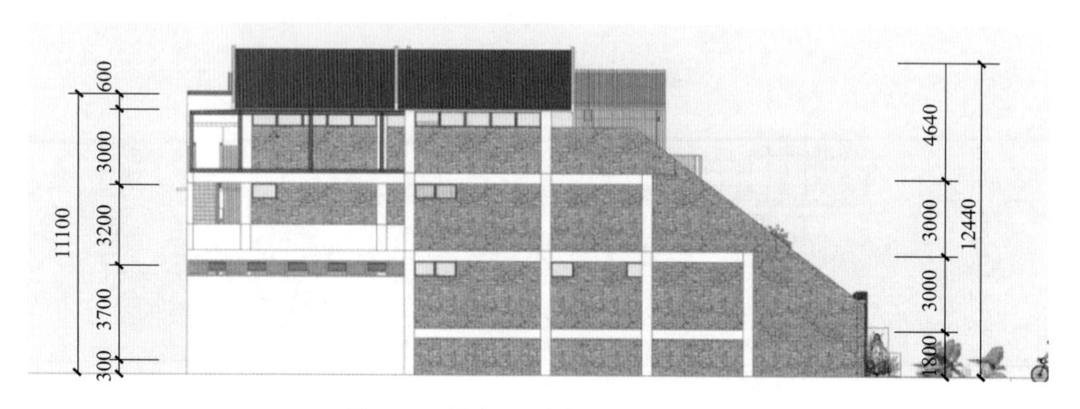

图 7-3-5　揽清慢屋度假酒店北立面图

2. 建筑内部各部分之间的矛盾

建筑内部各部分之间的矛盾包括外轮廓形式与建筑结构、墙面的凹凸、房间划分与结构体系等之间的矛盾，可以通过以下策略对应处理：

揽清慢屋度假酒店主要为垂直线与水平线，垂直线主要为窗框门框和侧面的栅格式的竹木表皮，还有部分柱子，拉升空间，使得视线向上延伸。水平线多借助连贯的带形窗与窗下墙构成虚实相间的水平带，同时借助屋外的水平露台与屋檐种植池及其产生的水平阴影共同强调水平线的作用。屋顶采用坡屋顶，有折线元素的融入，丰富了立面的节奏，打破直角关系，产生韵律美，如图 7-3-6 所示。

为了使建筑与人、自然景色以及周边环境构成最和谐的相互关系，酒店建筑整体并不是常见的体量巨大的别墅群，而是将较大体量的建筑化解为小体量建筑之和。在视觉上客栈是 3 个独立的体量，远远看去显得更加灵动、轻巧，充满艺术感，让人更加放松地与自然对话。

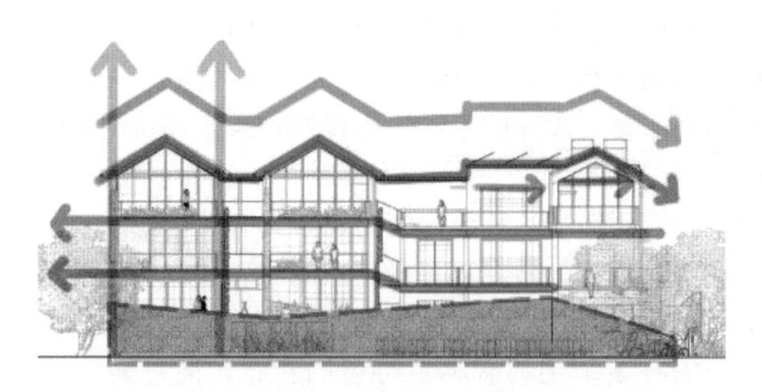

图 7-3-6　揽清慢屋度假酒店东立面图示意图

7.3.4　以合乎时宜的审美处理立面的艺术装修

1. 文化背景及审美思想

揽清慢屋民宿位于云南大理，这里自古以来便是少数民族的聚居地，白族是当地的主要民族。在当地的文化背景——特别是建筑文化中，白族民居是典型的建筑景观。在传统的建筑营建上，白族民居遵循以下几个特点：

在建筑朝向上，与当地典型景观格局“苍山—洱海”相契合，白族民居的主房一般按照东西轴线布置房屋。

在形式美感上，白族民居多为土木结构的砖瓦房，粉墙画壁、富于装饰，对称均衡、典雅庄重，有节奏韵律感。

在色彩上，白族尚白，以白为美，认为白色是纯洁和美丽的象征，这些在其建筑上有明显的体现。酒店融合吸收了白族传统民居中色彩、照壁以及院落空间等意象，这些元素在建筑的立面设计上体现得尤为明显。

2. 材质与肌理

不同材质都有其独特的肌理和质感，对材质的初印象一般是其色彩和材质之间的差异，而当人们贴近时才能观察其纹理、触摸其质感，注意到它与其他材质的区别等细节要素，从而更深层次地引起人的内在情绪变化。在处理立面装修时，可以充分运用材质、特性、色彩、肌理与质感语言，创造出该建筑独特的立面美感。

1）玻璃

玻璃作为现代新型建筑材料，具有轻盈、透明的质感，种类多样，功能丰富，可以满足采光、装饰和立面设计要求，符合现代建筑节能的要求，同时还能创造出打破常规的光影效果。

揽清慢屋民宿中，书吧是一处重要的室内活动功能区，在空间围合的基础上为了满足与后方火塘的通视，利用玻璃的透光性进行围合，使立面近乎完全通透，整体成为一个玻璃盒子，达到一种隔而不断的效果。在满足需求、丰富层次的同时，带来更好的采光效果和观景体验。

2）木材

木材取自天然，能与其他自然要素轻易融合，具有良好的稳定性和弹性。作为永恒的建筑材料，木材被广泛应用于建筑活动中，同时也被称为会呼吸的建筑材料，冬暖夏凉，创造出适宜居住的环境。

揽清慢屋度假酒店中，为了保证客房的私密性，同时还要保证客房与内庭院视线通畅，立面的木格栅就起到了相当好的分隔作用，为庭院创造了一个相对封闭和完整的空间界面。同时木材自身温暖、柔和的特性也为客栈带来亲和婉约的归家之感。

3）石材

石材是人类历史上应用最早的传统建筑材料，具有结构细致、抗压强度高、耐久性强等优点，大量应用于建筑上。同时其自身自然的纹理和或朴素或庄重的特点，让石材不受限于建筑的等级，能够堆叠出独特的艺术效果。

揽清慢屋民宿中的石墙采用具有本地特色的青石，通过高度的控制，起到隔声防噪、空间限定、疏通视线和引导方向等多种作用，保证其功能的同时通过自然的堆叠，更添乡土风韵，使其融入乡村古朴的环境中，以一种更加谦逊的姿态存在于建筑之中，为客栈文化、生活、景观氛围的营造服务。

4）混凝土

混凝土作为现代建筑材料，在当代建筑工程中有着非常重要的作用，具有坚固耐久、凝结力强、不透水等优良特性，同时由于其流动性，可以塑造成任意形状和尺寸的构件或形体，从而创造出丰富的立面效果，因此在建筑构造中占据着极其重要的地位。

揽清慢屋民宿中以混凝土作为建筑主体材料，总领整体风格，协调各类材质，将酒店内 3 个独立体量联系起来，在一定程度上保证了客栈的小体量融合体，营造出连续的空间流动感，引导着客栈内的流动路线，从而成就了这栋坚固而又具有包容的慢屋酒店。

3. 色彩与细部

色彩能够对人的视觉和心理产生影响，色彩在建筑外立面中的应用，能够凸显建筑风格和特色，彰显一定的地域文化；科学运用色彩，合理进行色彩明暗度、色调搭配，能够从整体上提高建筑物的美观性，还能够在一定程度上影响建筑物的价值功能。

揽清慢屋民宿，其最外围石头围墙选用当地的材料青石，其色彩给人一种质朴又不失大气的感受，提升了建筑的质感。建筑立面采用竹木，其暖色给人以平和温柔的感觉，营造出舒适休闲、轻松快乐的氛围，契合度假酒店的主题。其屋顶的色彩设计结合坡屋顶形式，选择青蓝色，与周边大理古城的建筑风格相协调。同时大面积的白色也契合了周围的环境——大理古城，大理白族崇尚白色，建筑也多为白色。

整个酒店选择白色作为主要的颜色（墙面），这种颜色能够给人一种清晰的视物感，再搭配暖色木质材料，现代时尚设计手法与传统建筑文化元素融合碰撞后，慢屋堪称一件充满生活温度的建筑艺术品。

揽清慢屋度假酒店的色彩搭配使其更好地融合于环境中：春夏里，天蓝日明海清时，整个村庄宁静秀美，酒店就在一侧，而它又是酒店的其中一景。正如项目负责人阐述的那样，这是一次“乡土建筑”的尝试，让建筑融于自然，用自然装饰建筑本身，让质朴纯粹的石头、水泥、钢筋、木质建筑在繁花绿景间成为浑然天成的存在。建筑设计的魅力之一，就是将外界自然成为建筑本身的一部分，也让设计构造成为自然界美的表达媒介。

7.4　完善总平面设计

总平面的完善可放在平、立、剖面完善之后。在方案设计之初，虽然已从选址及范围方面进行了考量，但总平面的设计依然需要对场地出入口的选择、场地内部建筑、道路、景观环境及其他内容进行设计与完善。

7.4.1　进行总平面的合理功能分区

总平面的设计应从系统的思维出发，首先要对场地内各功能要素进行合理分区。以人的行为准则、环境影响等现实因素作为分区规划的基础，规划各分区类型，确定各分区具体位置，布置路网将建筑入口与场地入口连接；将人行与车行的道路分流，保证安全；将工作人员与非工作人员的活动区域合理分区规划，设置员工通道与员工活动区域，减少干扰；将活动场地选择在视野开阔、光线较好的区域，休闲场地可选择较为安静、有一定私密性的空间。合理的场地空间分布，能高效地组织活动、连接空间，与建筑物构成统一的有机整体。在度假酒店的平面设计中，需要注意酒店与环境的适应，尺度要融入周边的环境，布局顺应景观朝向，场地保留原有要素。

如图 7-4-1 所示，慢屋·揽清酒店的位置在下关和大理古城之间的旅游线路上，东观洱海、西眺苍山，四周紧邻环海西路及民居民宿。场地内原有 1.5m 高差，总平面在进行整体功能考虑时，保留场地内部分植物及场地内原有的两层民居建筑；利用原有高差，沿红线新建建筑，通过主体建筑的形态变化围合出庭院空间；合理安排了客房区域及公共区域，形成明确的动静分区；同时为了降低紧邻的环海西路带来的噪声影响，将停车区域合理规划至道路旁、庭院前方便停车的同时形成了公路与度假酒店之间的缓冲带，弱化了噪声影响；白族爱茶，场地内也有一株古茶树予以保留，古茶树具有经济价值、文化价值，同时富有生活气息，与酒店打造的慢生活氛围契合，因此围绕古茶树可形成一个内庭院空间，如图 7-4-2 所示，供人观赏、游憩。

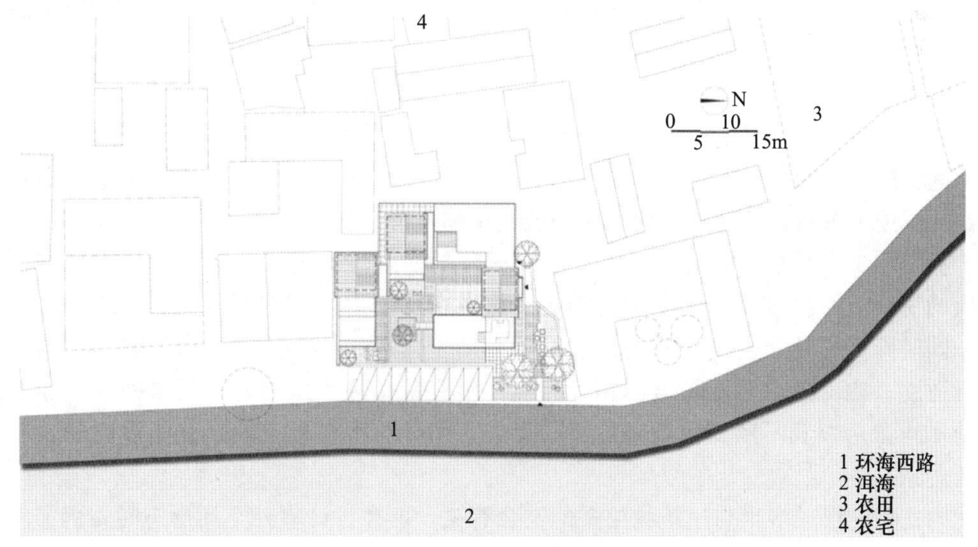

图 7-4-1　酒店总平面图

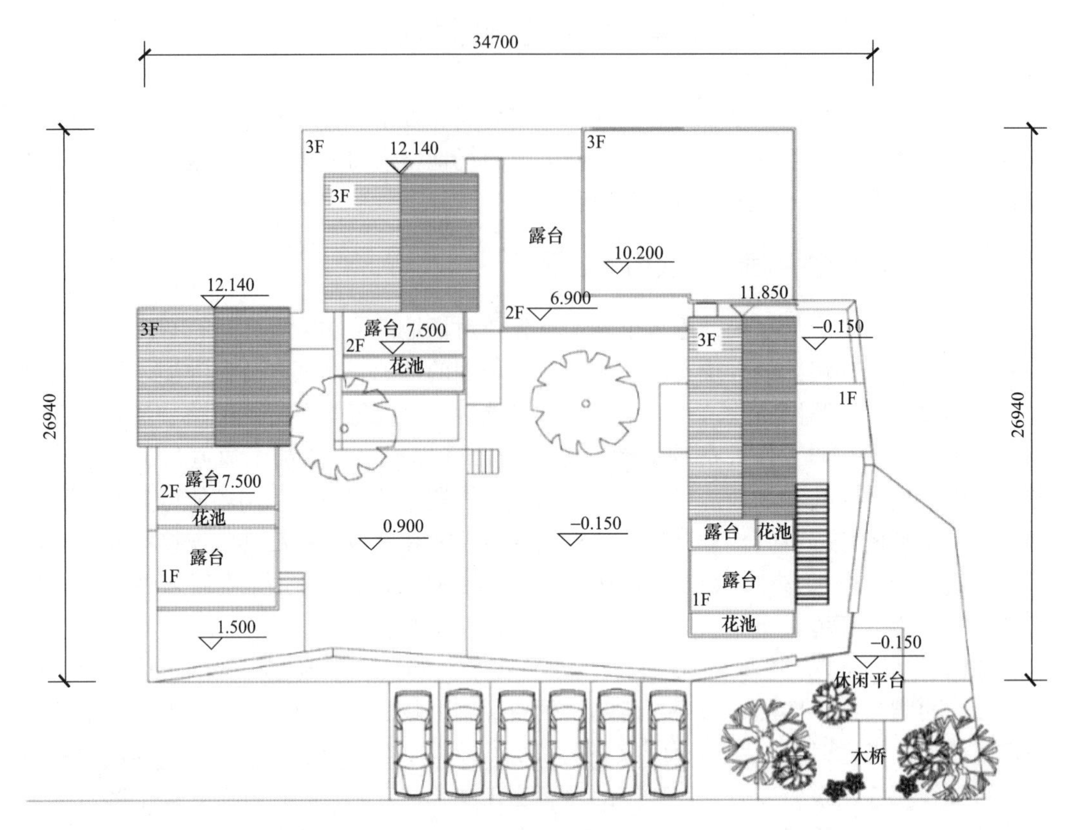

图 7-4-2　酒店屋顶平面图

7.4.2　推敲室外空间形态——室外环境设计

室外的场地受建筑形态、场地形状等条件的限制，仍需要界定范围，完善空间形态。在完善总平面的设计中，对室外环境的进一步设计，可以从平面及立面两方面进行思考。

以揽清慢屋民宿为例，从平面上进行思考，如图 7-4-3 所示，为了使旅客便于欣赏洱海美景，客房层层退台，确保每一个房间都拥有观景露台，同时建筑与石砌墙初步形成了酒店庭院的围合。但还可以进一步深化，可以通过在古树周围搭建木平台引水围合，既保护了古树，又通过古树感受当地文化和习俗。

从立面上进行思考，应考虑游人在内庭院的空间舒适度以及从客房露台观赏洱海美景的视线关系。客房的层层退台满足了旅客在不同房间都能拥有良好视线关系的条件，同时降低了建筑对内庭院的压迫感，有助于营造慢生活氛围，增加旅客在内庭院的舒适度；内庭院景观应与洱海相互呼应，不宜栽植高大植物遮挡观景视线，通过简约的水景营造以及不断变化的游走路径形式，引导旅客体验空间，感受洱海的自然气息与美景。

内庭院的形成多半与建筑物要素的围合有关，但在设计室外空间形态时，仍需考虑庭院的平面形状及空间形态。

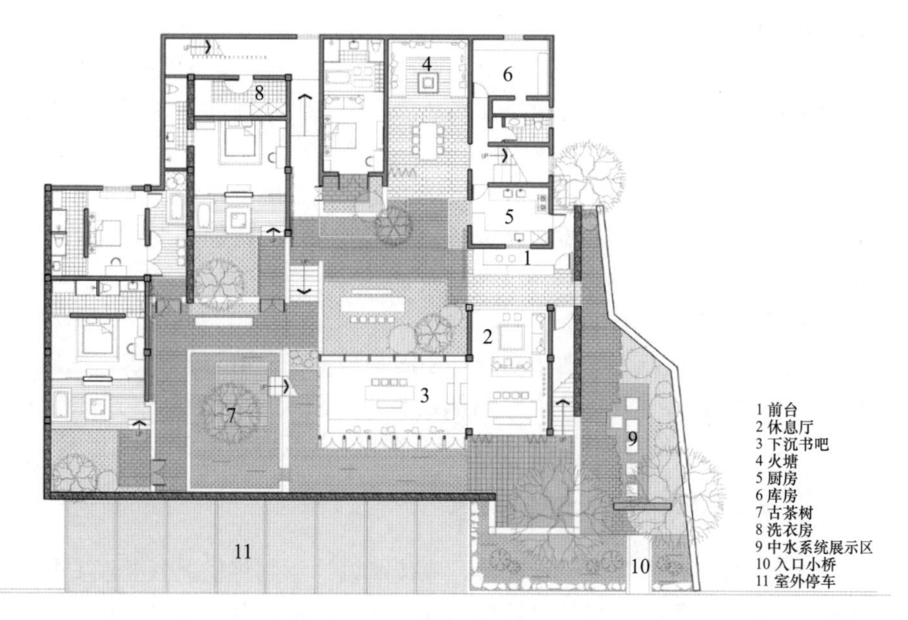

图 7-4-3　慢屋·揽清建筑一层平面图

庭院的平面形状与比例、尺寸问题有关，同时需要满足建筑设计的功能与规范要求。此外，内庭院的空间形态与周围建筑的高度有关，建筑物过高，容易给场地带来压迫感，还会遮挡阳光、影响视线，因此在室外环境设计时应注意庭院与周边建筑的关系。

7.4.3　完善总平面道路系统

总平面的道路系统可以从以下 3 个方面进行考虑。

1. 满足车辆、人行要求

对于场地内的车行道路而言，首先应该确定其进出口位置，在何处与城市道路衔接。一般而言，要远离城市交叉口，尽量避免与城市主干路衔接，以免与城市车流发生交错冲突。各个区域要求的规范也有所不同，在大中城市的交叉路口中，若是主干道与主干道交叉口，则主入口要相距交叉口至少 70m 的距离，若是主干道与次干道交叉口，则主入口要相距交叉口至少 50m 的距离。道路的宽度要根据功能要求而定，一般在园区内分为一级道路、二级道路、三级道路以及游步道。一级道路主要承载车行，二级道路与三级道路为一级道路分流，同时引导到园区与景点中。一般情况下道路不宜有尽端式道路，如无法避免的情况下则需要在尽端设置回车场。诸如此类的道路要求及其尺寸设计都应符合相关规范。

对于场地内的人行道而言，在满足行人安全、便捷、高效到达目的地的前提下，还应具备引导景观的功能，增添趣味性，引导行人视线，达到移步易景的效果。例如在揽清慢屋民宿中，通过主体建筑的形体变化以及酒店围墙的围合形成了院内的庭院空间，合理设置建筑与庭院之间的出入口，用内院来组织交通，与场地主入口产生连接，通过切割、转向、屏蔽等手法，以及人行道路形式的变化，如入口小桥与水景结合，增加通行趣味性的同时营造了自然、悠闲的氛围。

2. 满足功能联系

建筑物的地面层应有若干个对外出入口，以满足消防疏散的需要以及不同功能分区的需求。因此场地内的道路应将建筑及场地的各出入口串联起来，形成一套有机联系的道路系统来满足功能需求。

场地内的景观道路通常形式丰富、风格多变，例如庭院小径、绿地汀步，但是道路的布置并不是随机的，要与重要辅助房间、车库出入口、楼梯等发生联系，满足通行及赏景功能。

3. 满足消防要求

场地在满足使用功能与场地布局外，还需要满足安全消防的要求，在发生火灾时能保证建筑登高面内能及时消防扑火。例如建筑与道路距离不宜大于 160m，且预留的消防登高面不宜设置小品、乔木等，其消防道路宽度应不小于 3.5m 等。

7.4.4 完善总平面其他设计内容

为了使总平面设计内容进一步充实，应按照设计意图将场地各要素安排妥当，包括场地绿化、水体、构筑物、小品、灯柱、标识牌、宣传栏等。对这些场地构成要素的考虑，一是满足功能使用需求，二是满足环境美观需求。

思考题

1. 影响平面形状的因素有哪些？房间组合设计应满足哪些要求？
2. 引起空间渗透的剖面空间组织的方法有哪些？分别是如何让空间相互渗透的？
3. 请分别举例说明不同类型的建筑是如何通过满足功能性要求完善剖面设计的。
4. 建筑立面设计的前提与依据是什么？通常应做哪些方面的考虑？
5. 在构思建筑整体方案时，立面设计与平面功能的关系如何去把握？
6. 风景园林视角下的建筑立面设计有其特定的功能要求，应从哪些方面去考虑？
7. 完善总平面设计应从哪些方面入手？
8. 如同室内空间需要界面的围合一样，室外场地尽管没有顶界面也存在着空间形态的问题，如何从三维的角度判断室外的功能空间形态是否理想？

第8章

方案设计技巧

本章主要内容：在本章节中，主要介绍风景园林建筑方案概念生成与图纸表达的绘制技巧，从方案设计中的限制因素再到初步设计的图面表达，阐述了风景园林建筑各部分细节的联动过程。方案设计不是一个独立的设计步骤，而是一个循环往复、逐渐成形的过程，并与环境、各因素息息相关。

8.1 善于同步思维

风景园林建筑方案设计工作的核心就是解决设计矛盾，在设计中发现问题、解决问题的过程。但是由于风景园林建筑设计的复杂性和矛盾性，艺术性和技术性，又决定了在设计中出现的问题并不是“非此即彼”的问题，也不是相对独立的问题。正如文丘里所认为的，“建筑如果像维特鲁威所言，需要‘实用、坚固、美观’的话，那么其本身就是复杂和矛盾、二元对立的，体现着兼容的困难统一”。所以，想要解决这些矛盾，一定要从整体的角度，将所存在的矛盾联系起来去看。

事实证明，风景园林建筑设计进程的推进，也需要依靠这些矛盾的解决来实现。“矛盾”和“问题”会刺激风景园林建筑设计师在设计工作中的思维活动，迫使其合理地推进风景园林建筑设计，并且不断地进行反思。往往一个问题的结束也同时意味着下一个问题的开始，一个矛盾的产生也是由上一个矛盾的解决而导致的。这是一个连续的过程，是“发现问题—分析问题—解决问题—再发现问题……”这样一条思维路径，也是“问题导向”的基本设计方法，将风景园林建筑设计的思维方式有效地衔接在一起，保证了设计工作中思路的完整性与同步性。

再者，风景园林建筑是由人类发明且服务于人类的，纵观风景园林建筑发展史，不同时期有不同的风景园林建筑形式，不同地域也有不同的风景园林建筑特色，这些与人类文明的发展、哲学形态的不同、工艺与技术的革新是分不开的。因此，风景园林建筑方案设计对问题的思考势必会涉及多学科的交叉，这也决定了同步思维的必要性。

8.1.1 环境设计与单体设计的同步思维

环境设计是单体设计的前提。任何一个风景园林建筑设计都是从环境入手的，它们之间的关系是互为因果、紧密关联的，风景园林建筑单体设计是最终的目标。

首先，在方案初期应当以单体设计的目标作为依据进行场地设计，调整地形高差、梳理植物脉络、调整给排水路线等，这个阶段的环境设计是为单体设计营造出符合其风景园林建筑类型的室外环境空间，更偏向于概念性的设计。一旦进入到单体设计，环境设计的成果就转化为单体设计的限定条件，而最终成形的单体设计方案，又将成为后期环境设计的条件。这个阶段的环境设计更偏向于图面化，将前期所得出的概念性方案进行深化设计，综合考虑环境因子、景观朝向、人为活动等因素，是更为深入详细的总体平面设计方案。

例如，江南民居常会利用带有天井的四合院（图 8-1-1）来组织设计门窗的位置及朝向，因受到季风的影响，常会在南侧多开门窗及隔扇门，将南侧的水陆风引入室内；槛窗下的槛墙为增加通风面积，通常设有透空栏杆。这说明任何一个风景园林建筑方案在形成的过程中，都需要将其周边环境作为主要限定条件，风景园林建筑功能、构造方式和布局也应当与之相适应。正如梁思成先生所说，“建筑之始，产生于实际需要，受限于自然物理，非着意于创新形式，更无所谓派别。其结构之系统，及形式之派别，乃其材料环境所形成”。因此，单体设计正是将环境作为限定条件，又是环境设计本身的设计对象，环境设计始终围绕单体设计进行思考。最终单体设计方案又反过来影响环境设计，总平面设计方案就要因此做出局部调整和完善。

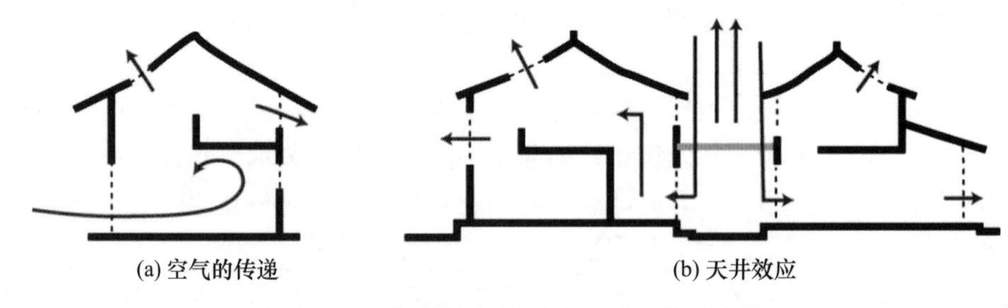

图 8-1-1　风景园林建筑内外气流交换示意图
（资料来源：吕圣东，《图解设计》）

环境设计与单体设计之间相互制约、相互完善，使环境设计方案能够适应气候条件、风景园林建筑要求、人为活动、地理环境等因素，而风景园林建筑设计方案反过来也应该与周边环境协调统一，并且能够满足特定环境下风景园林建筑使用者的使用需求。作为初学者，应当对单体和环境进行综合考虑，切不可一开始就从单体设计入手，只重视风景园林建筑自身的功能与形式，缺乏对周边环境的思考，设计出来的风景园林建筑作品或是“放之四海而皆准”，或是违背了场地的限定，导致风景园林建筑本身与周边环境条件格格不入。这样的设计，既不尊重场地，也不尊重使用者，是不合格的设计。

由此可见，环境设计与单体设计始终相互联系，偏向于单一设计只会顾此失彼。虽然在设计过程中一般会遵循环境设计—单体设计—环境设计的设计过程，但是在实际的设计过程中，对环境设计和单体设计的思考应当是同步进行的。在方案的设计过程中，既要对周边环境进行详细分析，并根据分析结果进行单体设计，同时又要根据单体设计结果进行环境设计的深化和细化。这是一个动态的设计过程，条件和结论不停地在进行转换，同时作用于风景园林建筑设计本身，直至逐渐完善，形成最终的方案。

例如，在环境设计中，地形、植物、水体等环境因子需要结合风景园林建筑空间组合方式、功能布局以及微气候等，而风景园林建筑单体设计又需要避免不利因子如西晒、劣质景观、污染水体等诸多问题，使得两者相互协调以产生最佳的设计方案。如图

8-1-2 所示，受市政道路、常年主导风向、风景园林建筑功能、场地地形地貌等因素的影响，风景园林建筑群的选址应当化不利因素为有利因素，进而使所设计的风景园林建筑蕴含与自然风景相呼应的形态与内在品质，通过限制单体风景园林建筑的朝向、出入口、选址、布局等，最终回归到单体风景园林建筑的设计上。而在进行二次环境设计时，又会因为风景园林建筑物功能、平面布局、日照、通风等要求，进行场地的深化设计，反复推敲才能使风景园林建筑和环境相融合，解决风景园林建筑与场地之间的矛盾。

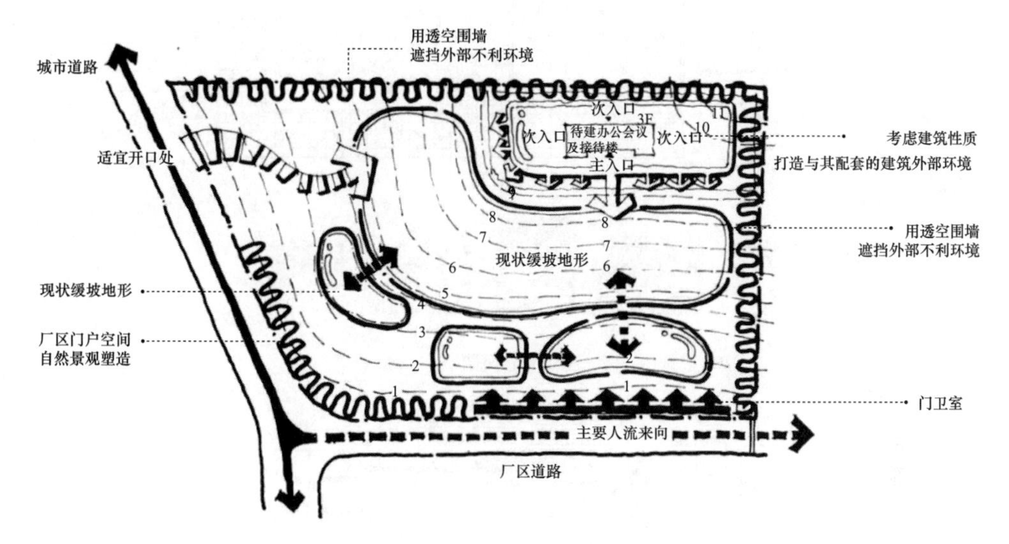

图 8-1-2　风景园林建筑位置选址

（资料来源：吕圣东，《图解设计》）

8.1.2　平面设计与空间设计的同步思维

风景园林建筑方案设计通常以平面功能设计作为切入点，通过对风景园林建筑平面功能关系的梳理，建立风景园林建筑空间的基本联系与风景园林建筑平面方案的框架。许多初学者在平面功能方案没有确定之前不去思考立面和造型的问题，导致平面设计完成后才发现立面和造型与自己的期望相差甚远，这个时候不得不否定或者修改自己花了很多时间完成的平面设计方案，导致方案设计效率低下。而以造型或立面设计作为设计的切入点时，又会经常性忽略掉平面设计的功能关系，从而过分强调形式而忽略了风景园林建筑最根本的使用功能要求，这就容易违背设计方法中的系统思维原则，使得空间内容形式缺乏联系、互相矛盾，得不到良好的解决。

平面设计与空间设计的同步进行需要设计师具备良好的二维平面与三维空间的转换能力。这个能力是初学者所不具备的，但是随着专业学习和经验的提升，是可以逐步增强的。但是在平时的设计工作以及学习过程中，需要设计师有意识地进行平面设计与空间设计的同步思维，可以平面设计为先导，同时思考形体与剖面形式，也可以在概念设计阶段，以风景园林建筑形体、立面、剖面设计为切入点，以平面功能关系为制约因素，使风景园林建筑体块推敲、形态的演变始终在平面形式的基本框架下进行，在反复推敲的过程中，逐步完善风景园林建筑平面功能和空间形态，如图 8-1-3 所示。

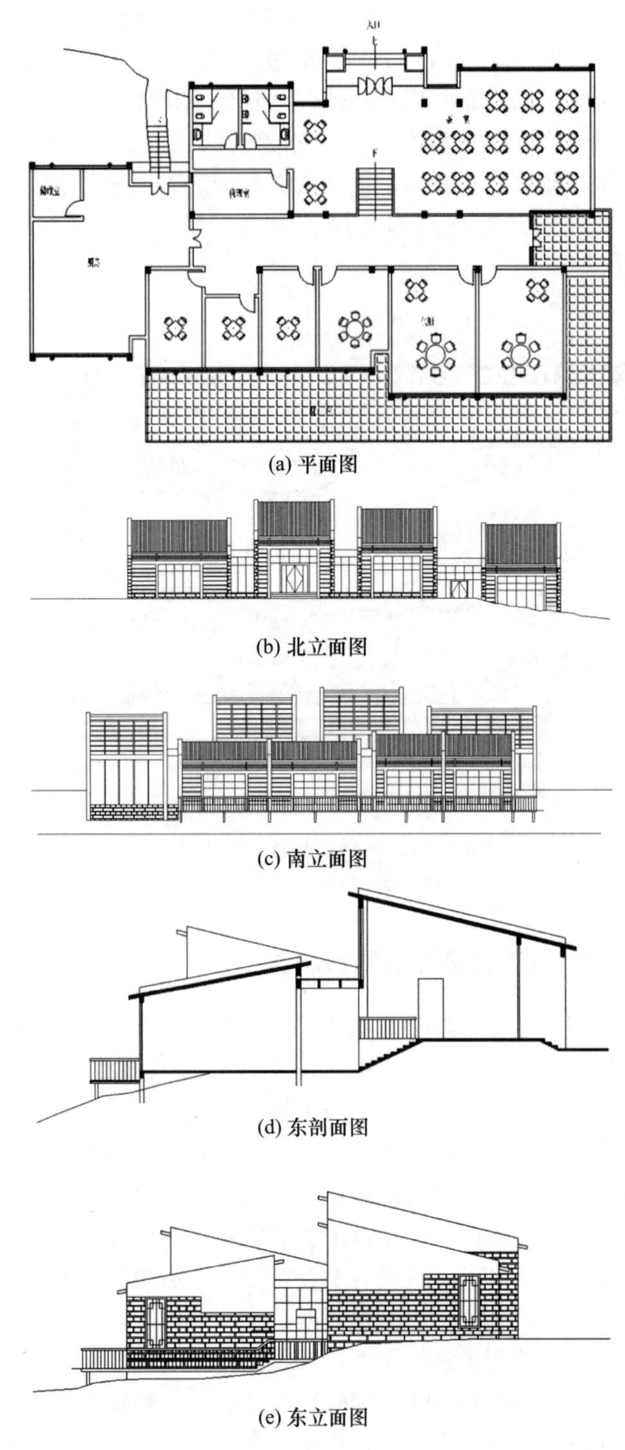
(a) 平面图

(b) 北立面图

(c) 南立面图

(d) 东剖面图

(e) 东立面图

图 8-1-3　某山地风景园林建筑平面、立面与剖面协同转换

（资料来源：花瓣网）

8.1.3　建筑设计与技术设计的同步思维

风景园林建筑设计在处理好环境、功能、空间、形式等之间关系的同时，也要考虑到结构、设备、建造、运营维护等各类技术问题。当然，设计师的能力是有限的，想要达到如此深度不是一年半载就能做到的，但这些技术性问题作为风景园林建筑中需要考虑的因素，也要尽早融入方案的思考中。

在风景园林建筑设计中，立面的线条虽然不要求精细到纹理，但至少要把大致骨架、形态与方案一一对应，如若脱离技术设计的同步思维，这些线条也就毫无意义，从而使方案失去真实性。比如从风景园林建筑结构和材料的技术角度来看，烧结砖的保温隔热性能决定了用其作为主要外墙围护和承重结构的砖混结构风景园林建筑，室内冬暖夏热，会更加舒适，但是结构特点决定了这类风景园林建筑无法建造得很高。框架剪力墙结构更加适用于对侧向刚度要求比较高的高层风景园林建筑，但是大面积的墙体也会导致在室内平面布局上人在里面感觉受到很大的限制。想要在平面和空间布局上获得更大程度的自由，可以选择框架结构的风景园林建筑，但是一排排的列柱也会影响到功能的使用和平面的布局。现代风景园林建筑中广泛应用的悬挑结构可以帮助设计师追求更具有艺术表现力的造型，获得更加开放的空间。正如 HENN 设计的沃尔夫斯堡汽车主题公园保时捷馆，如图 8-1-4、图 8-1-5 所示，风景园林建筑的整体造型与保时捷品牌完美契合，其流线造型以及入口外 25 米的大悬挑弧面，形成了一个适宜的外部空间，风景园林建筑内部、外部衔接流畅，其能够展现出这样的造型，就是得益于风景园林建筑设计与技术设计的同步思维，将风景园林建筑设计的造型通过技术手段完美地表达了出来。

图 8-1-4　沃尔夫斯堡汽车主题公园保时捷馆
（资料来源：ArchDaily）

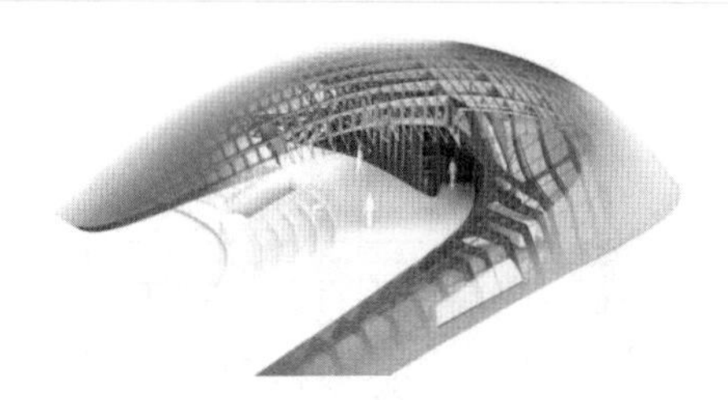

图 8-1-5　沃尔夫斯堡汽车主题公园保时捷馆结构示意图
（资料来源：ArchDaily）

8.2　把握平面、立面、剖面设计同步定案

风景园林建筑的平面、立面、剖面设计看似着重点不同，设计方式也有很大的区别，但其根本却又是相互联系、相互制约的。在一般情况下，设计师都是先着手进行平面设计，获得一个大致的平面功能布局方案；在此基础上，结合风景园林建筑的类型、造型要求及主要使用功能要求进行立面设计与材料的选择；而立面设计的落实还需要针

对构造做法进行剖面上的推敲与落实，但是无论立面设计还是剖面设计，都是以平面设计作为基本依据的，立面和剖面的设计完成并反馈给平面设计，也能反过来对平面方案进行验证和深化。因此，平面、立面、剖面三者相互联系、相互贯穿，在设计过程中不能顾此失彼，只能一起进行、同步推敲。

8.2.1 着手平面设计

在平面设计阶段，设计师可以把经过环境设计概念性方案所获得的数据置入制图软件，如图 8-2-1 所示，譬如 CAD、SU、PS 等，详细标注尺寸、层高、索引等，以此作为后续立面设计与剖面设计的依据来源，如图 8-2-2 所示。平面初步设计此时已完成任务，而一些具体的细节如门窗、栏杆、女儿墙高等则需要剖面图与立面图来表达。

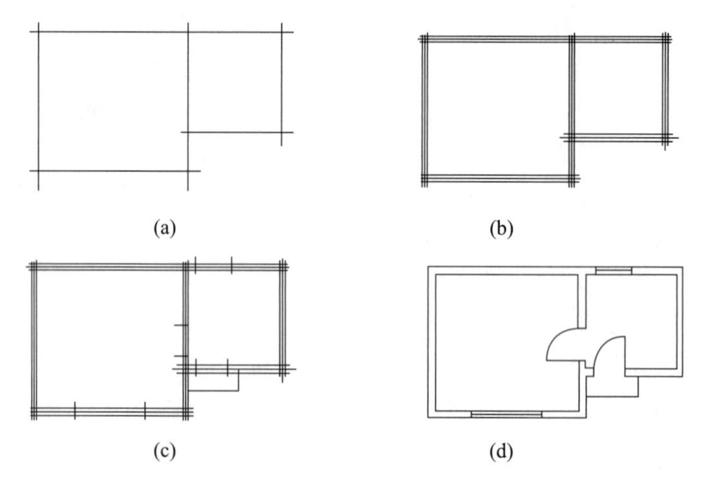

图 8-2-1　风景园林建筑平面设计步骤

（资料来源：花瓣网）

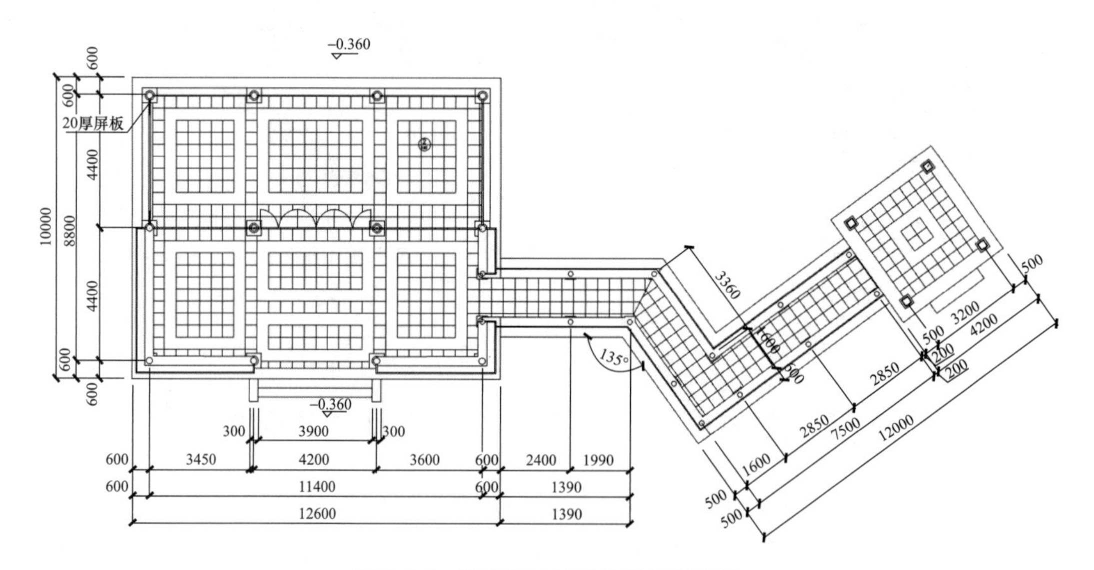

图 8-2-2　某茶室风景园林建筑平面图

8.2.2　开启剖面设计

以风景园林建筑平面设计为基础，以各房间、楼梯、走廊进深尺寸为依据，画出若干最具代表性的剖切位置，如图 8-2-3 所示。这些剖面的位置需要反映出风景园林建筑各层或者各个节点部位的标准空间形态。但以此作为平面设计的依据尚显不足，与此同时，还需要在剖面上将门窗洞口的尺寸、窗台高度、室内外高差，以及楼地面与层高标示清楚，以便为立面设计准备好条件，如图 8-2-4 所示。而到这个阶段点，剖面设计只是完成了主要内容的设计，还有一些细节如女儿墙高度、露天平台栏杆尺寸等，都有待立面设计来核准。因此，无论是平面设计还是剖面设计，都不能一步到位，还需要立面设计进行辅助深化。

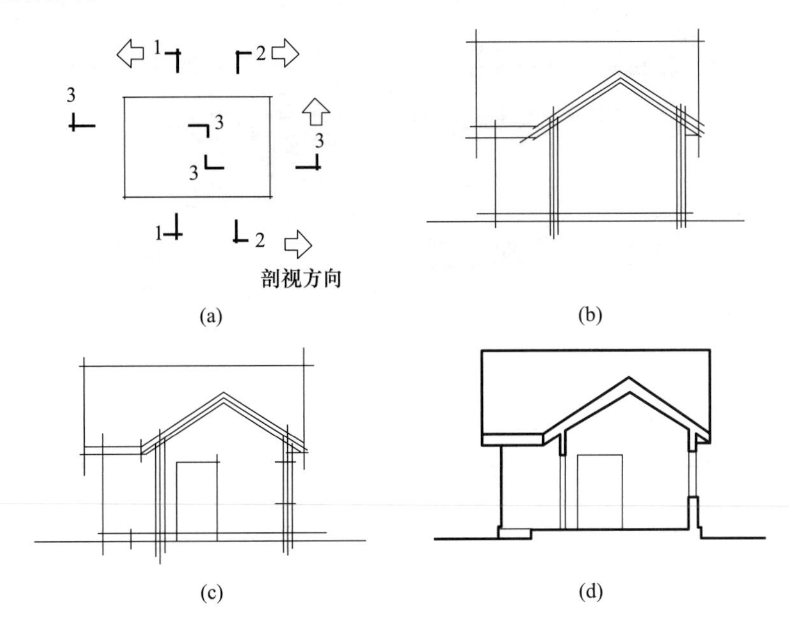

图 8-2-3　风景园林建筑剖面设计步骤

8.2.3　完成立面设计

立面设计需以平面方案、剖面设计、整体体量关系等作为参考条件，但其本身并不完全受到平面、剖面的限制，而且通过调整自身的形式美以反作用于平面、剖面，使三者之间同时满足功能、形式、形态、空间等需求。因此，立面的总长、门窗定位、女儿墙、露天平台等要依据平面设计尺寸而定；同时，风景园林建筑的天际线、门窗洞口高度、栏杆高度、层高以及立面的起伏变化要依据剖面外墙上的标高而定，如图 8-2-5 所示。风景园林建筑立面作为风景园林建筑直接的视线界面，在造型以及材质上都有自己的设计要求，当在立面有其特殊的要求时，这些要求需要反作用于平面和剖面，让其也随之改动，如图 8-2-6 所示。

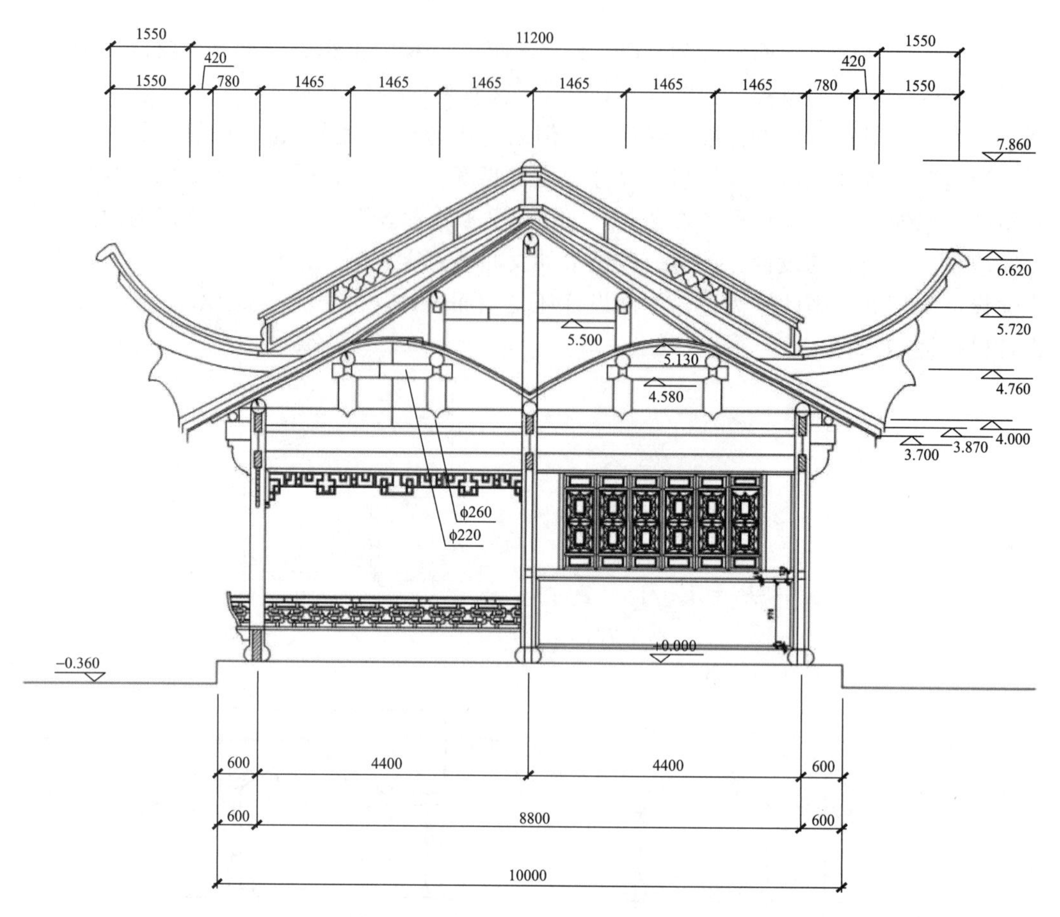

图 8-2-4　某茶室风景园林建筑剖面

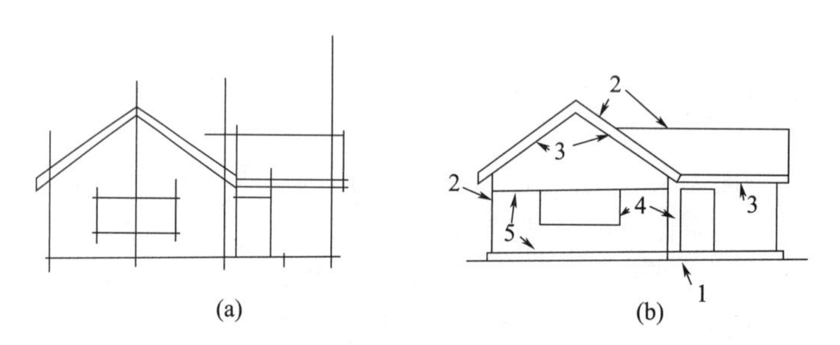

图 8-2-5　风景园林建筑立面设计步骤

（资料来源：花瓣网）

1—地平线；2—外轮廓线；3—檐口线；4—门、窗外框线；5—材料划分线

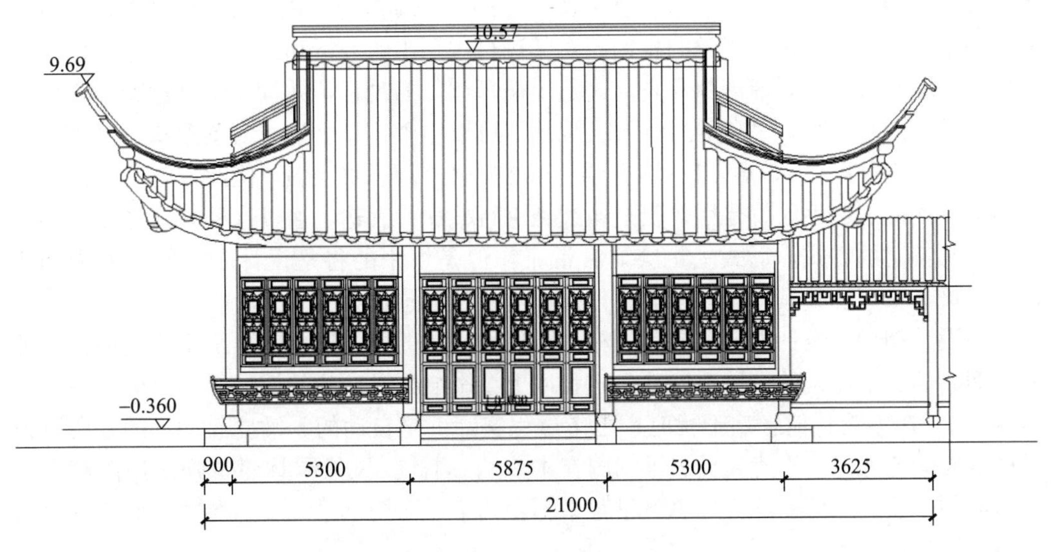

图 8-2-6　某茶室风景园林建筑立面

8.2.4　平面图最后调整定案

平面、立面、剖面设计相互推敲的过程，综合说明了三者之间是相辅相成、彼此联系的。因此，一个方案从雏形到成熟，从整体到局部、从大轮廓到细部完善都需要平面、立面、剖面彼此协同推进。方案从平面设计开始，再到平面设计结束，其间三者相互制约、互为因果、同步思考。只有当剖面、立面处理妥善后，才能将准确的数据尺寸反映在平面设计中，以此做必要的局部修改或添加细节，从而将风景园林建筑平面、立面、剖面设计同时定案，完成最终设计。

8.3　熟练掌握各种设计表达手段

设计师在进行风景园林建筑设计的各个阶段，需要借助不同的设计表达手段来展现自己的设计理念、设计思想，表达自己的设计内容。而这些手段是各式各样的，包括图示思维表达、设计草图推敲、工作模型研究、计算机辅助设计等。熟练掌握这些设计表达方式，是风景园林建筑设计师的必修课。它们可以帮助设计师在不同的阶段，更加高效便捷地完成自己的设计工作，并且实现与他人的意见共享、方案交流，以及设计可视化表达。

8.3.1　图示思维表达

图示思维（graphic thinking）是一种具象化与图形化的思考方式，是将视觉的思维性功能与图示表达结合在一起，从而进行思考和分析的思维方式。对设计方案来说，设计总要表达某种概念，在方案设计初期，这些概念存在于设计师的脑海中，随着方案思考的深入与设计阶段的推进，这些想法才一步一步变成清晰的、成形的理念或者主题。当“概念”还没有成熟之前，它可能是一团模糊的想法。这个时候就需要设计师借助图示思维表达的方式，将这些概念和想法及时通过图示的方式将其外向化和具体化。然后通过眼睛观察图形产生的视觉的反馈，对其进行进一步的分析和探索，使得原本模糊不清的概念和想法变得逐渐清晰完整。这是个循环往复的过程，并且在这个过程中，思考和图示最好同步进行，思考的过程可长可短，可以在画下整个设计对象形态之后再进行分析思考，也可以在你勾勒出一笔边界形态之后就进行思维反馈，因此，与这种思维方式最为匹配的表达手段就是用软铅笔粗线条进行概念的表达，通过这种方式形成的图形可以没有特定的方式，形式上也会非常混乱，但是换来的将是设计者当时脑海中的想法，尽可能快速使其具象化，不放过任何一丝设计灵感。

在设计初期，设计师提倡使用这种图示思维表达的方式还有一个很重要的原因，那就是间断的、不连续的设计手段从一定程度上会影响到设计师的设计思维，劳伦斯·库贝说过，“在不受其他影响干扰时，思考过程实际上是自动的、敏捷而冲动的，所以设计师需要学会如何不干扰人类思维的内在本能”。因此，风景园林建筑师采用图解思考速写必须是快捷、可变并且在思考过程中不受约束，而图示思维表达在这方面有它自身不可替代的优势。

比如美国的风景园林建筑师霍尔和李虎团队设计的深圳万科中心，如图 8-3-1 所示。在方案的设计中，霍尔的设计哲学——风景园林建筑与基地之间的联系是通过场地的自然融合，形成一种形而上学的连接和一种诗意的关系，这个主要的设计理念，就是通过凌乱的手稿记录了下来，最终贯彻在实际落成的方案之中。

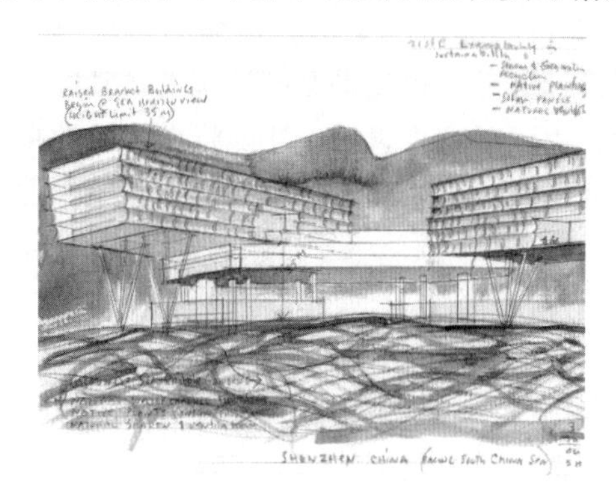

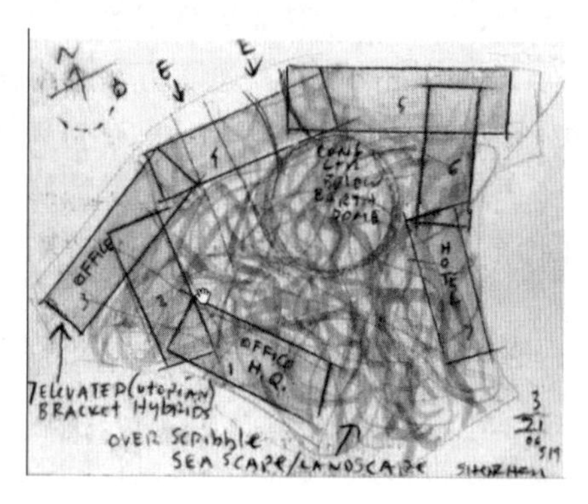

图 8-3-1　深圳万科中心设计手绘

（资料来源：Steven Holl 风景园林建筑工作室网站）

8.3.2　设计草图推敲

在完成了前期“概念—情感—形式”基本设计逻辑框架的搭建之后，设计师已经拥有了一个完整的设计框架结构。这个“框架结构”着重于方案的整体性、功能之间的衔接性以及完整性层面。如何进一步细化方案？此时就需要设计师对设计草图进行推敲。也就是设计师仍然需要用手绘的形式，将之前粗线条的、不确定的想法清晰地表达出来，就需要将风景园林建筑的平面、立面、剖面等信息表达出来，如图 8-3-2 所示。

如何进行设计草图的推敲呢？设计师可以通过以下几点来进行。

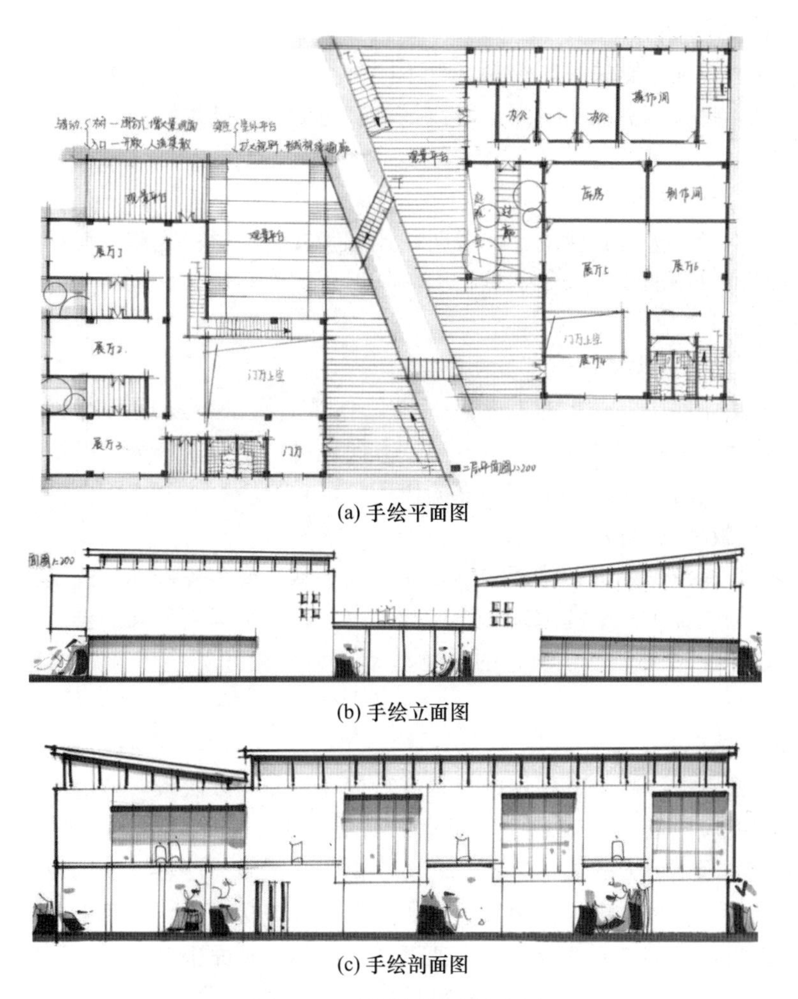

(a) 手绘平面图

(b) 手绘立面图

(c) 手绘剖面图

图 8-3-2　风景园林建筑草图

（资料来源：花瓣网）

1. 对不同解决方案的推敲

围绕一个问题，采用不同的解决方案进行推敲，寻求更多更优的解决方案。

2. 对设计对象的外观形态的推敲

针对设计对象的造型外观进行推敲，外观受限于功能结构和工艺等因素，在表达时，可以从对象的形态、色彩、材质、肌理等方面入手。

3. 对设计受众群体的预期

设计师设计东西是为人所用的，因此需要对设计对象在最终使用过程中的表现进行预期，并对主要受众群体进行评价，有针对性地进行特殊优化或者针对性设计。

设计草图该如何绘制？

1）注意辅助线的保留

即使在设计方案的深化阶段，设计师也不应当将其画得太“干净”，透视线、关系线等内容都是作画思考的痕迹，既是依据，也能给予设计者本身二次思考的机会，因此应当予以保留。

2）明确线性关系

根据空间透视和光影关系，绘制区分不同种类线条的粗细轻重关系，达到使画面具有空间感、立体感、节奏感的效果。可概括为：轮廓线＞结构线＞转折线＞剖面线、辅助线。

3）增加必要的说明文字

根据方案本身，进行必要的文字说明，比如功能性、材料工艺、设计要点、概念响应等。必要时可以添加线条和箭头进行引注，做到图文并茂，增强草图的说明性和信息传递的有效性。

4）添加必要的箭头指示

在具体的操作使用方式上进行箭头标注，使观者更加容易理解产品的操作使用方式，并引起重视。在推敲过程中，推导演变方向也可以使用箭头进行标注，不仅交代了思维逻辑方向，同时也能起到丰富画面的作用。

5）增加排版构图意识

在作图时，有意识地进行排版构图，或饱满丰富，或整齐排列，或层次错落，或空灵留白。每种构图都有其中的道理和设计师的思考，学会运用不同的排版构图方式增加画面的耐看性、趣味性，引导观者的视觉流动，突出设计的主体和思维逻辑方向至关重要。

6）上色与留白

在绘制草图阶段，就对其使用的材料进行探究，并加以表现，体现设计师应该具备的材料工艺熟练应用能力。表现上以概括的材质表现手法为主，不需要特别细致的刻画。可做细致刻画（放大图或爆炸图）和文字说明，记录并展示重要的设计信息。在单个物体上色时，可以故意增加留白，只对明暗交界线进行上色。快速采用同色系较少色号进行统一上色，增加画面的整体感和速度感。在整个画面中，可以有一些方案保持线稿，重要的选定方案进行上色，也能达到留白效果，突出主次关系。

8.3.3 工作物理模型研究

当方案推敲至风景园林建筑外观设计时，平面表达就难以描述风景园林建筑与外环境之间的细节与关系了，必须借助于物理模型或3D模型观测整体组合关系，可适当忽略掉造型上的色彩、纹理的细节，如图8-3-3所示。为此需要重点研究3个问题：一是初步风景园林建筑方案形成的模型在整体空间上的体量关系；二是反馈风景园林建筑模型与方案初步构思是否一致；三是要检查风景园林建筑细节部分，如西晒的处理、门廊的设计、大厅的外观设计等。模型制作过程通常非常耗费时间，局部细节也需要设计师着手处理，由于观察方向是俯瞰角度，有可能会出现误导现象，由于模型受到实际风景园林建筑环境的制约，细部的表现也有一定的难度。运用这种方法需要适当减少模型的复杂程度，即寻找易于弯曲、折叠、切割、裁剪的材料，例如泡沫板、亚克力板、橡皮泥、卡纸等，通过等比例缩放达到与真实尺寸比例一致，然后从风景园林建筑的体量、布局、形态、环境，在符合空间尺度下进行调整，以深化方案的细节并反馈到图纸中。在此需要注意的是，模型虽然可作为方案中的一部分，但不可独立作为设计成果，最终还是要以图纸表达为准，如果这个形体的功能布局和结构体系不合理，或者局部区域需要变动空间细节时，要重新审查方案框架的漏洞，修改图纸文件。对于某些注重意境的风景园林建筑而言，例如纪念性广场与纪念碑放置等，可先运用模型概念做一个设计构思与空间组合，并从各个角度研究体量组合、比例是否符合意境的需要，再满足大众的基本功能需求；又或者山地风景园林建筑中的高差设计，尤其是需要运用橡皮泥以模拟土壤，更好地进行土方平衡和调整，其中最关键的就是如何将风景园林建筑地基基础与场地贴合，是采用放坡形式还是设置阶梯，在处理局部细节时，这种研究方式的效率相比二维草图是较高的。

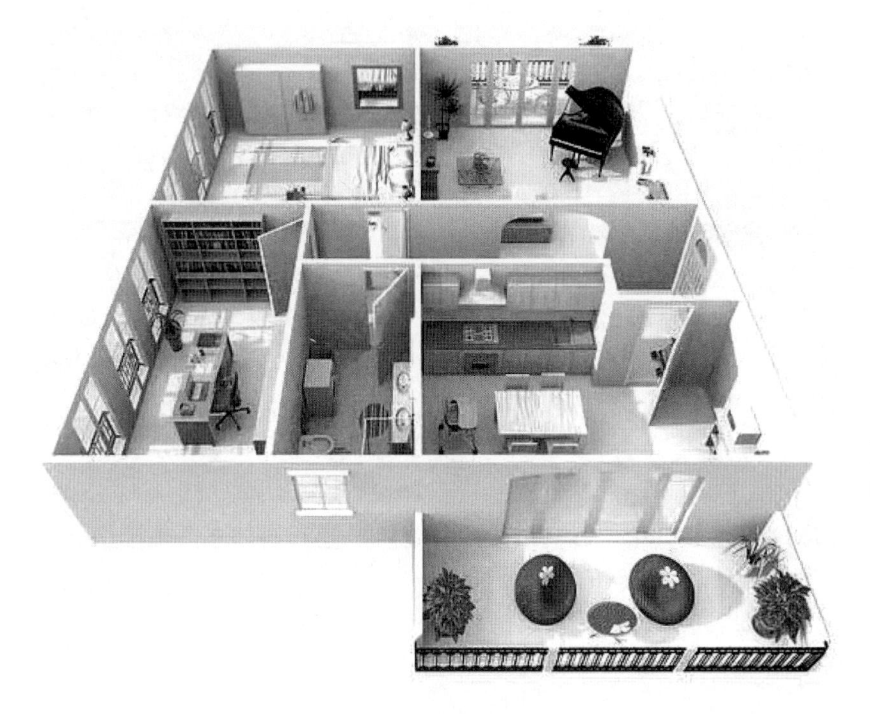

图 8-3-3　某风景园林建筑模型
（资料来源：花瓣网）

8.3.4　电脑辅助设计

随着信息时代的快速发展，计算机模型表现也在设计行业中大放异彩，为方案推敲表现增添了一种新的手段。计算机模型有草图表现和草模表现两种方式的优点，在很大程度上避免了自身的短板。例如它既可以在草模中进行更加细节的刻画处理，也可以从人的视角、蚂蚁的视角观察风景园林建筑，同时修改简单方便、不易失真。在综合体现风景园林建筑与周围环境的整体关系的同时，又能有效地杜绝模型过大而制作复杂的情况发生。

计算机模型最主要的缺点在于对计算机的配置要求较高，操作流程也需要进行相应的培训学习，具有一定的难度，如图 8-3-4 所示。

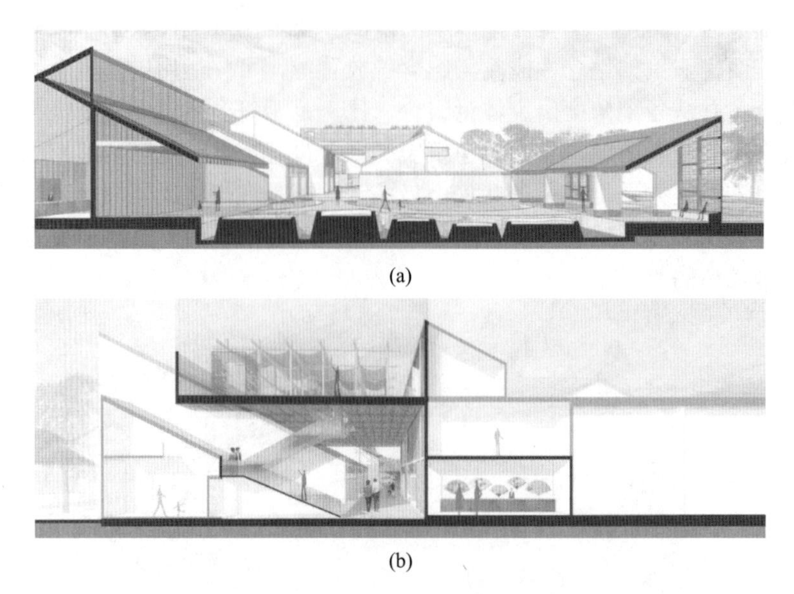

(a)

(b)

图 8-3-4　“草图大师”风景园林建筑模型
（资料来源：花瓣网）

思考题

1. 在前期的初步设计中，影响风景园林建筑空间布局的主要在于南北方的什么因素？具体体现在风景园林建筑的哪些特征上？

2. 风景园林建筑的平面、立面、剖面的设计流程是如何进行的？

3. 风景园林建筑设计步骤包括哪些部分？

4. 风景园林建筑设计有“先形式后功能”和“先功能后形式”两种设计方式，你更偏向哪一种？为什么？

5. 风景园林建筑空间是个极其复杂的抽象概念，与风景园林建筑形式（风景园林建筑外立面及饰面的装饰）相辅相成，但回归风景园林建筑本质，在当今如火如荼的风景园林建筑设计中，空间与形式哪一个更重要？请谈谈你的思考。

6. 地形分为几类？对于风景园林建筑而言，每个类别都有些什么特点？

7. 遇到各式各样的地形时，该如何进行场地的调整？

8. 不同层次的植物在平面上都有哪些表现形式？

第三篇

风景园林建筑设计案例

第9章

游憩类建筑

本章主要内容：具体介绍“点式”亭榭类、“线式”廊架类和“竖向延展”楼阁类等几种游憩类风景园林建筑类型，包括各类型的含义、分类、设计要点和案例解析 4 个部分。

风景园林建筑中有一类形体小巧、功能简单、形式丰富、数量众多，起驻足休息、观赏风景、点缀风景、引导视线等作用的建筑，称为风景园林游憩建筑，主要包括“点式”的亭榭类、“线式”的廊架类和“竖向延展”的楼阁类等几种类型。

游憩建筑作为风景园林的一个重要组成要素，在环境中常起到“画龙点睛”的作用，同时还要满足游人遮阳避雨、驻足休息等实用功能，并与园林环境密切结合，与自然融为一体，共同组成风景画面。总体而言，游憩建筑的设计应遵循“巧于因借，精在体宜”的总体原则。“因”，即因地制宜，从客观实际出发；“借”，即借景，借助周围的景色丰富其景观效果；“精在体宜”，即风景园林建筑与空间景物之间最基本的体量构图原则，休憩建筑应根据周围的环境确定其大小，力求在体量上合宜得体，并应尽可能精巧。

9.1 亭　　榭

9.1.1 亭榭的含义

1. 亭的含义

亭是我国重要的传统园林建筑之一，类型及数量众多，极具魅力。其历史悠久，在秦汉时期就有关于亭的记载，“十里一长亭，五里一短亭”，“十亭一乡”。所谓“亭者，停也。人所停集也”。可知亭最初的主要功能是供行人停留休息的场所；后来亭的功能逐渐丰富，发展成为园林景观的重要组成元素，它不仅可以供人停留赏景，还能划分空间，成为视觉焦点点缀风景；在现代园林中，“亭”的概念又得到了进一步拓展，更具实用功能的亭如小卖亭、售票亭、茶亭、展览亭等也纳入了亭的范围。现代亭已远远超越传统观念中“亭”的概念，有顶无墙、通透虚空、点式分布的小型园林建筑均可称为亭。它们在材质、造型、工艺、色彩等方面种类繁多，在设计上极富创意，突破了传统亭子的建筑局限性，更具时代感、科技感，更趋向于节能环保和可持续发展，也更加适应当代人的生活需求。

由于亭体量小巧、结构简单、造型别致、选址灵活，无论在我国传统园林还是现代城市园林中均涌现出大量各具特色的亭子，可以说无园不用亭。它们悠然而立，为自然山川增色、为城市园林添彩、为人民大众服务，其地位是其他园林建筑无法替代的。

2. 榭的含义

榭与亭一样，同属于点状单体建筑。《说文解字》对于“榭”的解释十分简洁，“台有屋也”。说明“榭”必须要附于“台”而存在。《园冶》记载，“榭者，藉也。藉景而成者也，或水边，或花畔，制亦随态”。说明榭是一种借助于周围景色而建造的园林游憩建筑，以“观景”为主要目的，因此柱间往往虚空。传统榭有花榭、水榭等之分。隐约于花间的称之花榭，临水而建的称之为水榭。现今的榭多是水榭，并有平台伸入水面，平台四周设低矮栏杆，建筑临水一侧开敞通透，以长方形平面为多。而在现代园林中建在水边或凸出水面的轻盈建筑，也越来越多地以“水榭”命名。

榭一般不作为园林内的主体建筑物，实用功能较弱，但对满足人们休息、丰富园林景观、丰富游览内容起着突出的作用。榭与亭一样，最主要的作用就是观景与点景。在建筑性格上也多以轻快、自然为基调，注意与周围环境的配合，尤其注重其与水面、池岸的协调关系。

水景是榭所依附的重要景色，也是榭观景最重要的对象。水榭所观景色有实景和虚景之分。实景包括水面、荷、游鱼等，虚景有月色、晚霞以及由于季节不同而形成的景色等。因为水本身除了是水榭的观景对象之外，水榭所观的其他景色也大多与水有关。园林中的水除了可以形成周围事物的倒影以外，还有很多其他功能，如植荷、养鱼、泛舟、垂钓、听泉等，增添了游览者在临水而建的水榭之中观水景的兴趣。

9.1.2 亭榭的类型

1. 亭的类型

随着亭的含义、功能、造型及工艺的拓展更新，如何界定“亭”并对其划分归类至今尚无统一标准，众说纷纭，现仅对常见的称谓进行划分。

1）按亭的造型分

亭虽体量不大，但建筑造型却丰富生动、灵活多样，不仅在平面形式上追求变化，而且在屋顶做法、整体造型、组合关系上均可进行创造，产生了许多绚丽多姿的形体。总的来说，平面形式是建筑造型的基础，亭的平面形式与屋顶样式、立面形式等有密切联系。

（1）按亭的平面形式分

传统亭的平面形式极为丰富，堪称中国古典建筑平面形式的集锦。传统亭的平面形式主要有单体式、组合式和与廊墙相结合的 3 类，具体细化为以下几种类型。

①正多边形

有正三角形（如杭州三潭印月开网亭）、正方形（如苏州留园濠濮亭）、正六角形（如苏州拙政园荷风四面亭）、正八角形（如北京颐和园廓如亭）、正五角形、正十字形（如承德避暑山庄如意湖亭）等，如图 9-1-1 所示。其特点为：各边相等，且具对称轴的规则形。

②不等边多边形

有矩形（如苏州拙政园绣绮亭）、扁八角形、扁六角形（如苏州留园至乐亭）、不等边的八角形、十字形（如承德避暑山庄的水流云在亭）、曲尺形等，如图 9-1-1 所示。其特点为：有对称轴，但各边不相等。

(a) 正三角形　(b) 正方形

(c) 正六角形　(d) 正八角形

(e) 正十字形　(f) 矩形亭

(g) 扁六角形　(h) 十字形

图 9-1-1　常用多边形单体亭

③曲边形

有圆形（如苏州拙政园笠亭）、梅花形（如北京紫竹院公园梅亭）、海棠形（如苏州环秀山庄海棠亭）、扇形（如苏州拙政园与谁同坐轩）等，如图 9-1-2 所示。其特点为：

具对称轴，各边均为曲线（除扇形为两直边外）。

(a) 圆形　(b) 梅花形

(c) 海棠形　(d) 扇形

图 9-1-2　常用曲边形单体亭

④半亭

有半方形（如苏州网师园冷泉亭）、半六角形、半矩形（如苏州拙政园别有洞天半亭）、半菱形、半圆形、半海棠形等，如图 9-1-3 所示。其特点为：完整平面之半。

(a) 半方形

(b) 半矩形

图 9-1-3　常用半亭

⑤组亭及组合亭

组亭是由相同平面的亭或不同平面的亭组成群组，一般不连成一体；而组合亭则由数亭连成一体，屋顶相连，亭身连成一体。如套方亭（北京天坛公园方胜亭）、双六角形（北京颐和园荟亭）、双圆形（北京天坛公园万寿亭）、组合亭（北京北海公园五龙亭），如图 9-1-4 所示。

⑥双亭

有双三角形、套方形、双六角形、双八角形、双圆形、双五角形等，如图 9-1-4 所示。其特点为：由两个相同的平面连成一体。

(a) 套方亭

(b) 双六角形

(c) 双圆形

(d) 组合亭

图 9-1-4　双亭、组亭与组合亭代表案例

⑦复合式多功能亭

亭与其他园林建筑相结合，如亭廊组合、亭与墙垣组合、亭与桥组合等。

(2) 按亭的立面形式分

①按亭的层数分

可以分为单层、二层、3 层（多层）以上，如图 9-1-5 所示。

中国传统亭一般为单层，两层及以上的应算作阁，但现代人们把一些二层及以上类似亭的阁也称之为亭，从造型、工艺和材料上也有很多创新。还有一些亭子为了与大高差地形衔接，特意做成二层处理。

(a) 单层亭

(b) 两层亭

(c) 多层亭

图 9-1-5　不同层数亭示例

②按亭的檐数分

可以分为单檐、重檐和三重檐等，如图 9-1-6 所示。

单檐亭的造型比较精巧，是最常见的一种形式。多檐亭则给人以端庄稳重之感，在北方皇家园林中较为多见。

重檐是在基本型亭顶重叠屋檐而形成，其作用是增添亭顶的高度和层次，增强亭顶的雄伟感和庄严感，调节亭顶和亭身的比例。重檐亭的地位要高于单檐亭。

(a) 单檐亭

(b) 重檐亭

(c) 三重檐亭

图 9-1-6　不同檐数亭示例

（3）按亭的屋顶类型分

屋顶是我国传统古典建筑造型上最为突出、最为精彩的部分，具有鲜明的东方色彩和民族特征。亭子的屋顶一般表现为活泼、轻巧、给人亲和之感，其飞檐翘角似展翅欲飞，突出园林亭活泼的特点，且传统亭屋顶的体量大，占全亭体量的一半左右。

就传统亭子屋顶而言，分为攒尖顶、正脊顶（庑殿顶、歇山顶、悬山顶、硬山顶等）、盝顶、盔顶、十字脊顶、组合顶、半屋顶。亭常用屋顶样式及代表案例见表 9-1-1。

表 9-1-1　传统亭常用屋顶样式及代表案例

类型	图示	名称	代表案例
攒尖顶	0　1　2　3m	网师园月到风来亭	

续表

类型	图示	名称	代表案例
尖套方顶	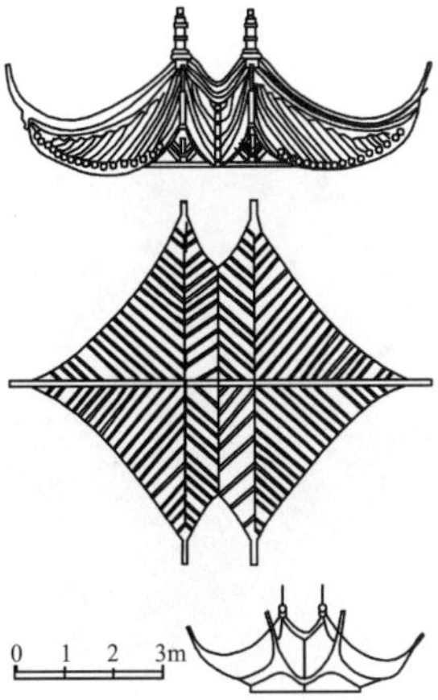 0 1 2 3m	天坛公园方胜亭	
重檐攒尖顶	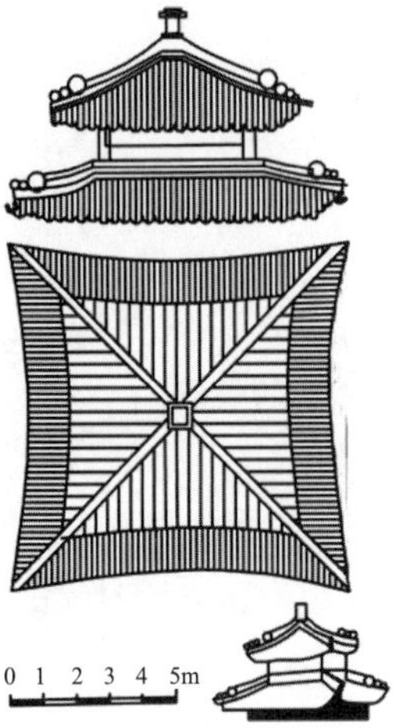 0 1 2 3 4 5m	颐和园知春亭	
尖山歇山顶	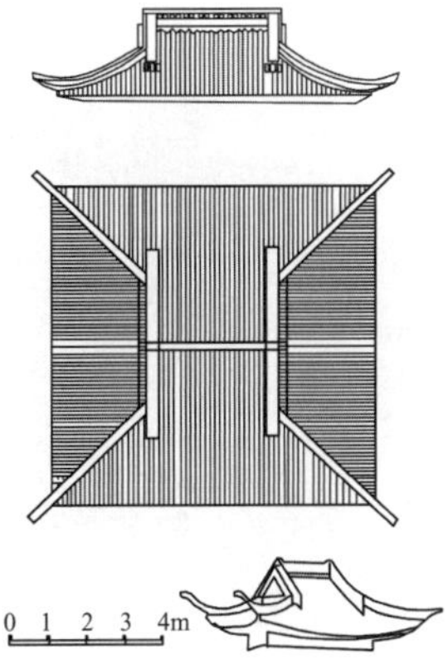 0 1 2 3 4m	琅琊山醉翁亭	

续表

类型	图示	名称	代表案例
盝顶亭	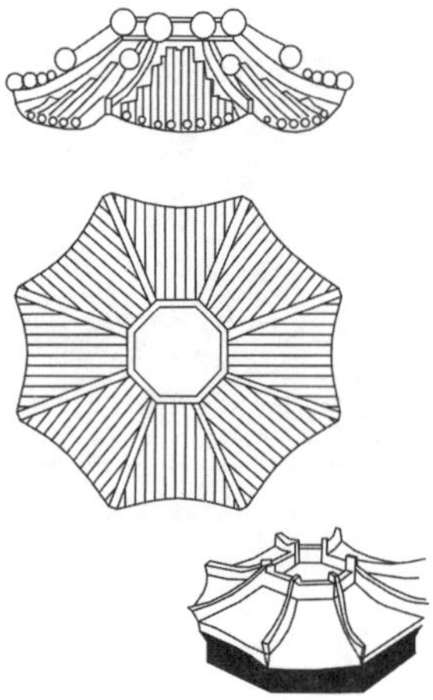	先农坛神厨井亭	
盔顶亭	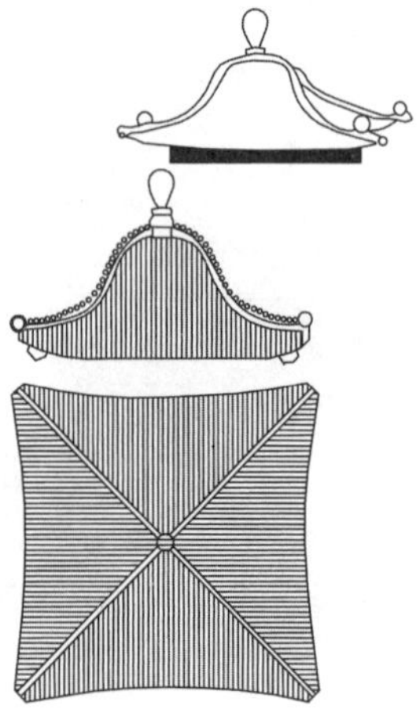	岳阳楼	
十字脊顶	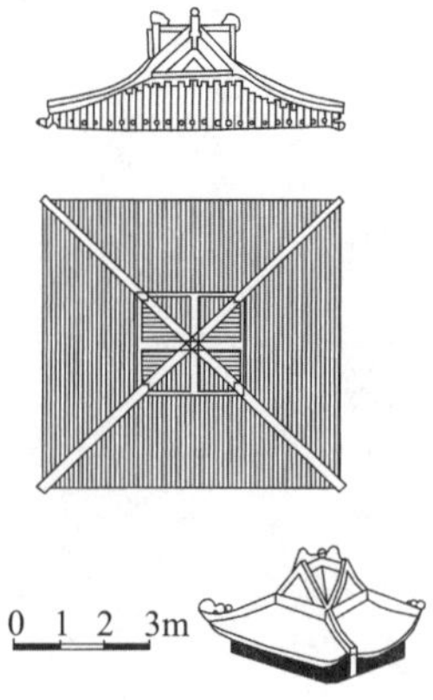	故宫角楼	

2）按功能性质分

根据亭的实用性功能，可把其大致分为路亭、桥亭、碑亭、井亭、流杯亭、钟鼓亭、乐亭和服务亭等。

（1）路亭

在传统古驿道和一些主要大路上，每隔十里八里便有跨路而建的路亭，专供过路行人歇肩、躲雨、乘凉，属于最传统实用功能的亭。有些路亭附近的居民还在亭内设置茶水，免费供行人饮用，俗称“施茶”，故路亭也叫“茶亭”。园林中的路亭一般建在路边游人需要驻足休息处，人们休息之余还可欣赏周围景观。路亭多建在交通岔口，起到引导指示作用，也称“指路亭”。

（2）桥亭

桥亭的主要特点是与桥相关，亭建在桥上，或在桥的两端，或桥的近旁，目的是突出桥的标志，丰富桥的造型，同样也供游人在桥上停留休息、赏景。扬州瘦西湖的五亭桥，是闻名的桥亭，为瘦西湖的标志，如图 9-1-7（a）所示。再如北京颐和园昆明湖西堤上由北向南四座式样各异的桥亭——豳风桥、镜桥、练桥、柳桥，既满足了游人游憩的需求，又为昆明湖带来别样的景观，如图 9-1-7（b）所示。

(a) 扬州瘦西湖五亭桥

(b) 北京颐和园西堤豳风桥

图 9-1-7　桥亭

（3）碑亭

顾名思义，为保护石碑而建造的亭子，属于纪念性亭。碑亭的特点是亭中有碑，或刻有某人、某事。有的碑则刻名人墨宝，建亭保护，园林中碑上更多的是篆刻景点题名。如图 9-1-8 所示为杭州西湖花港观鱼景区的碑亭。

（4）井亭

为保护水井而建造，以防井水受污染。但古人有信天之说：井水需承接自然雨露，承受日月照射，需见天日，因此井亭屋顶常开有天窗，为通天之亭。另在中国人的传统认知里水即为财，且水作为上天的馈赠，希望降雨之时能及时收集雨水流入井中，故也常把井亭屋顶做成“盝顶”，正中开露天洞口，形状随同井的平面，正对下面的井口，当然开天窗也有其实用功能，以便光线射入井中，照出水面深浅，如图 9-1-9 所示。

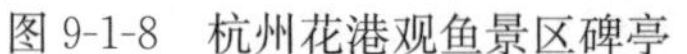

图 9-1-8　杭州花港观鱼景区碑亭　　　　图 9-1-9　北京故宫井亭

（5）流杯亭

流杯亭是我国园林中所特有的一种娱乐性建筑，是根据我国古代三月三“曲水流觞”的习俗而建造的。“曲水流觞”有两大作用：一是欢庆和娱乐；二是祈福免灾。流杯亭分为两种形式：一是在亭外布置流觞曲水，讲求自然天成之美；另一类是在亭内的石座上凿成水渠，这是明清时期流杯亭的基本形式。中国最有名的流杯亭是浙江绍兴的兰亭，东晋时期王羲之与友四十余人在兰亭“曲水流觞”，各作诗文，并结成集，由王羲之作序，这就是著名的《兰亭集序》。

北京的流杯亭现仅存四座，即中南海的流水音亭、故宫的禊赏亭、恭王府的沁秋亭和潭柘寺的猗玗亭，如图 9-1-10 所示。潭柘寺的流杯亭是北京地区唯一一处开办了“曲水流觞”娱乐项目的地方，在这里，游人可享受“曲水流觞”的乐趣，也可以此来祈福免灾，去不祥，求好运。

(a) 曲水流觞图案

(b) 李乾朗绘彩图

图 9-1-10　故宫禊赏亭

（6）钟鼓亭

亭中悬挂有钟或鼓，晨钟暮鼓作报时之用。现代的钟亭往往意义丰富深刻，如清华大学的钟亭，原为号令全校作息而设，亭内有大钟一口，径可四尺，钟声清脆，远及海淀。后为了纪念在昆明遇害的闻一多先生，特将此钟亭命名为“闻亭”，如图 9-1-11 所示。

（7）乐亭

属于亭式建筑的舞台，一般有后墙或三面有墙。原指用于演戏、吹奏乐曲用的娱乐性的亭，后发展为戏楼、戏台、表演台。

(8) 服务亭

随着现代亭功能的拓展，一些服务性、宣传性等实用功能亭层出不穷，如书报亭、售货亭、摄影亭、交通亭、展览亭、售票亭等，如图 9-1-12 所示。

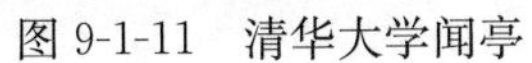

图 9-1-11　清华大学闻亭

图 9-1-12　某公园售货亭

3）按建筑材料分

任何建筑都是借助一定的材料被营建出来的，不同的材料有不同的性能，对建筑的造型风格都会产生影响，亭也不例外。设计师能够设计出一个成功的作品，多半是因为挖掘了材料的潜力，充分发挥了材料性能上的优势。

亭的建造材料不仅有木、竹、砖、石等传统材料，还有钢筋混凝土、钢材、玻璃、塑料、纸板、金属、薄膜、玻璃纤维等层出不穷的现代材料，材料的多样化使亭的形式和风格也更加多样化。

(1) 木亭

这是最常见的亭，传统亭多属于此类。木亭根据园林性质和地域风格不同而各具特色，如木亭在皇家园林中可富丽华贵，而在江南私家园林中可素雅精致，在山林中则为古朴自然。由于木材具有良好的亲近自然的特色，现代亭中依然常使用木亭，但工艺、造型和色彩等方面种类繁多，在设计上极富创意，更具时代感和科技感，如图 9-1-13 所示。

(2) 竹亭

在南方盛产竹子的地区极为常见，表现得清雅质朴，但因材料性质不能耐久，所以现代园林中常用钢筋混凝土或钢材作结构骨架，外包竹皮，外观上保持竹子的质感又可持久使用，如图 9-1-14 所示。

图 9-1-13　木亭

图 9-1-14　竹亭

（3）砖亭

砖材抗压能力强、抗剪能力弱，加上自重比较大，所以砖亭一般用砖垒砌亭身、发券拱门、发券屋顶，也有的砖亭屋顶用木材来代替，从而外观上显得粗壮有力，且减轻自重。

（4）石亭

石亭在盛产石材的地区极为普遍，石材坚固耐久，至今仍保存有唐代的石亭。石材在亭子的建造中有单独使用而成亭的，石柱、石椅、石栏板配以石桌、石凳，也可与其他材料搭配使用。简单的石亭造型粗犷有力，具重量感，而精细的石亭，基本上可按照木亭的造型精雕细刻而成，飞檐翘角、斗拱、挂落等极为精细，造型上丝毫不显笨重。

（5）钢筋混凝土亭

钢筋混凝土作为现代普遍使用的材料，施工工艺简单，造价经济且坚固耐久，为此常用于建造现代亭，例如上海延中绿地中的钢筋混凝土亭，如图 9-1-15 所示。钢筋混凝土亭在造型上十分灵活，既可建造仿古样式又创造出现代风格亭，如平顶、壳顶、折板顶等的亭。

（6）钢亭

钢材材质均匀，强度高，有良好的塑性和韧性，制造工艺简单，施工方便，工业化程度较高，可满足制造各种复杂结构形状的连接需要，为此现代亭经常使用钢材作结构，例如河北秦皇岛植物园中的不锈钢亭，如图 9-1-16 所示。且经常和玻璃材质或多种强度高的薄膜材料搭配使用，造型丰富的同时凸显现代简约风格，如图 9-1-17 、图 9-1-18所示。

图 9-1-15　钢筋混凝土亭

图 9-1-16　不锈钢亭

图 9-1-17　不锈钢＋玻璃亭

图 9-1-18　薄膜＋碳纤维亭

（资料来源：《现代景观亭设计》）

4）按地区风格分

由于历史上南北方地区文化、习俗、经济、技术上的差异，传统亭明显地表现出南北地区的不同造型风格，有南式亭和北式亭之说。北式亭更多地出现在北方皇家园林中，而南式亭则常出现在南方私家园林中，为了更和谐地融入周围园林环境，南、北式亭从风格、造型和色彩装饰方面表现出明显的差异。

北式传统亭在风格上雄浑、端庄，一般体量较大；在造型方面，屋面坡度不大，屋脊稍作弯曲，屋顶略陡，屋角起翘不高，柱子偏粗，造型上受制于礼制的约束，例如北京颐和园廓如亭，如图9-1-19所示；在色彩装饰方面，色彩浓烈、艳丽，装修华丽，多用彩画装饰，屋面常饰以彩色琉璃瓦。

南式传统亭在风格上活泼、轻巧，一般体量较小；在造型方面，屋面坡度大，屋脊曲线较大，屋顶陡峭，屋角起翘高，柱子纤细，造型富于变化，例如苏州沧浪亭的观鱼亭，如图9-1-20所示；在色彩装饰方面，色彩素雅、古朴，装修精巧，一般不施彩画，屋面常用青瓦或青灰筒瓦。

图9-1-19　北式传统亭

图9-1-20　南式传统亭

5）按亭的基址环境分

根据亭子选址环境的不同，可把亭分为山亭、水亭和平地亭。

山亭可选择山巅、山腰台地、山脚下、山洞洞口、山谷溪涧、悬崖峭峰等位置；水亭可选择临水的岸边、水边石矶、水中小岛、桥梁之上、泉瀑旁等位置；平地亭可设在广场、草坪、花间林下、园路旁、庭院一角等位置。

6）按亭的风格分

可大致分为传统亭和现代亭。

传统亭主要是指传统园林中的亭。现代亭是指更具时代感、科技感、可持续及现代人需求的现代园林中的亭。

现代亭有的是在传统亭基础上进行创造、革新的，有的则是颇具新意，别具一格。现代亭形式活泼、千姿百态，大致具有如下特点：其一，在造型上灵活多样，新结构、新材料、新技术提供了良好的物质基础，使其几乎不受约束地按设计意图塑造出各种形象，造型丰富、体态简洁、形式新颖，表现出更大的创造性，如图9-1-21所示。其二，更多地采用明快、轻松、鲜亮的色彩，使园林环境中亭的形象更为突出。其三，在材料及质感上，更多地采用各种新材料，常用的有各种人造石材、自然石材、玻璃、塑料、各种合金等，以及各种仿造材质，如仿竹、仿木、仿石等。其四，在环境设施上，新亭在设计中更多地考虑周围环境的设计，如平台、小广场、座椅、花池、灯柱、栏杆、小水池等，在环境的烘托下，利于亭内外空间的交融、延伸，使景观更丰富、活泼。

(a) 德国 自适应折叠凉亭

(b) 北京林业大学 树洞转亭

图 9-1-21　现代亭

（资料来源：筑龙学社 BBS，2019；公众号：黯哑，2017）

2. 榭的类型

1）按与水体结合的形式分

（1）按平面形式分

有一面邻水（如苏州网师园濯缨水阁）、两面邻水（如福州三坊七巷水榭戏台）、三面邻水（如苏州拙政园芙蓉榭）以及四面邻水，四面邻水者以桥与湖岸相连，如图 9-1-22 所示。

(a) 一面邻水　(a) 两面邻水

(a) 三面邻水　(a) 四面邻水

图 9-1-22　水榭与水体的平面关系

（2）按剖面平台形式分

有实心土台，水流只在平台四周环绕，如图 9-1-23 所示；有平台下部以石梁柱结构支撑，水流可流入部分建筑的底部，如图 9-1-24 所示；有的可让水流流入整个建筑底部，形成凌驾碧波之上的效果。近年来，由于钢筋混凝土的运用，常采用伸入水面的挑台取代平台，使建筑更加轻巧，低临水面的效果更好。

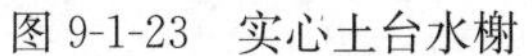

图 9-1-23　实心土台水榭

图 9-1-24　以石梁柱支撑水榭

2）按地区风格分

传统水榭按照传统园林地域分类可分为以下 3 种：

（1）江南私家园林水榭

江南私家园林之中因水面众多，水榭的数量也很多。但由于水池面积一般较小，为了与水面尺度相协调，榭的体量通常也不大，一般为一开间或三开间，常以水平伸展为主，一半或全部跨入水中，下部以石梁柱结构作为支撑，或者用湖石砌筑，让水深入到榭的底部。建筑临水的一侧开敞，设栏杆与鹅颈靠椅，方便游人在休憩时又可以凭栏观赏风景。屋顶大多数为卷棚歇山顶，四角起翘，显得轻盈。建筑整体装饰精巧、素雅。如苏州拙政园芙蓉榭、无锡寄畅园的知鱼槛、上海豫园的鱼乐榭、网师园的濯缨水阁等都是比较经典的实例，如图 9-1-25 所示。

（2）北方皇家园林水榭

北方皇家园林中的水榭大多借鉴了江南水榭的形式，除仍保持其基本形式外，又增加了官式建筑的色彩，风格显得相对浑厚，在建筑尺度上也相应进行了增大，显示着一种王者的风范。有一些水榭已经不再是一个单体建筑物，而是一组建筑群体，从而在造型上也更为多样化。如图 9-1-26 所示的北京颐和园“洗秋”“饮绿”水榭，以及承德避暑山庄的水心榭和北海公园的濠濮间水榭。

图 9-1-25　苏州网师园濯缨水阁

图 9-1-26　北京颐和园水榭

(3) 岭南园林水榭

在岭南园林中，由于气候炎热、水域面积较为广阔等环境因素的影响，产生了一些以“观水景”为主的“水庭”形式。有临于水畔或完全跨入水中的水厅、船厅之类的临水建筑。这些建筑形式，在平面布局与立面造型上，都力求轻快、通透，尽量与水面相贴近。有时还将水榭做成两层。如广东东莞可园的观鱼水榭、广东番禺余荫山房的玲珑水榭等。

9.1.3 亭榭的设计

亭榭类建筑的功能比较简单，主要是满足人们在游赏活动过程中驻足休息、纳凉避雨和极目远眺的需要，在使用功能上没有严格的要求。所以亭榭的设计主要应处理好“选址”和“造型”两方面的问题。

1. 亭的设计

1) 选址与布局

亭的位置极为灵活，几乎到处可用，但又不可随意而设，《园冶》记载“宜亭斯亭，宜榭斯榭”，说明在确定亭的位置时，会受到一定的制约，“适宜”就是亭位置选择的首要原则。

(1) 亭位置选择的影响因素

亭的位置与许多园林因素有关，其一，应从园林的总体布局出发，考虑其主次、疏密、动静关系、人流交通等，不能将亭看成各自孤立的单体，而是在园林整体环境中互相关联，通过视线、园路、互相借对等将单体亭联成网络。

其二，园林中的地貌、水体、植被等自然因素，以及富有特点的人文因素等，都是确定亭位置的重要依据。因地制宜，相辅相成，充分利用某一特色，构成符合场所的景观。

其三，亭的最基本功能应为点景、赏景、供游人休息及服务等。有的亭集多重功能于一体，但更多的亭在功能上各有侧重，应从主要功能出发，确定其位置。

最后，园林的性质、规模、类型以及园林布局形式等，也与亭的布局、位置有关。

(2) 亭在园林中最常见的布局方式

①散点均布全园的亭

从亭的休憩功能而言，最宜均布全园，以满足全园游人驻足休息；从景观及各种活动而言，则需在必要地段做疏密调整，以满足点景和赏景的需要，且便于容纳更多群体；从全园而言，散点分布更便于在视线上互相对应，形成视线网络，控制全园景观。拙政园中、西部亭子选址基本遍布全园，在景观精华处又相对集中布置，如中部湖中岛上布置的荷风四面亭、雪香云蔚亭、待霜亭及中、西园交界处的扇面亭（与谁同坐轩）、笠亭、宜两亭和别有洞天亭，以上亭均观景视野极佳，如图 9-1-27 所示。

②规则式轴线布局的亭

规则式布局的主要特点：规整、统一，空间端庄、严谨，中心主轴明确，以有形的轴线控制全园。亭常作为规则式园林（或局部规则式）景观的主体，其位置随轴线布局而确定。常见的有在中心主轴或局部主轴上设亭、在对称轴上设亭、在交叉轴上设亭和在转折轴上设亭 4 种。

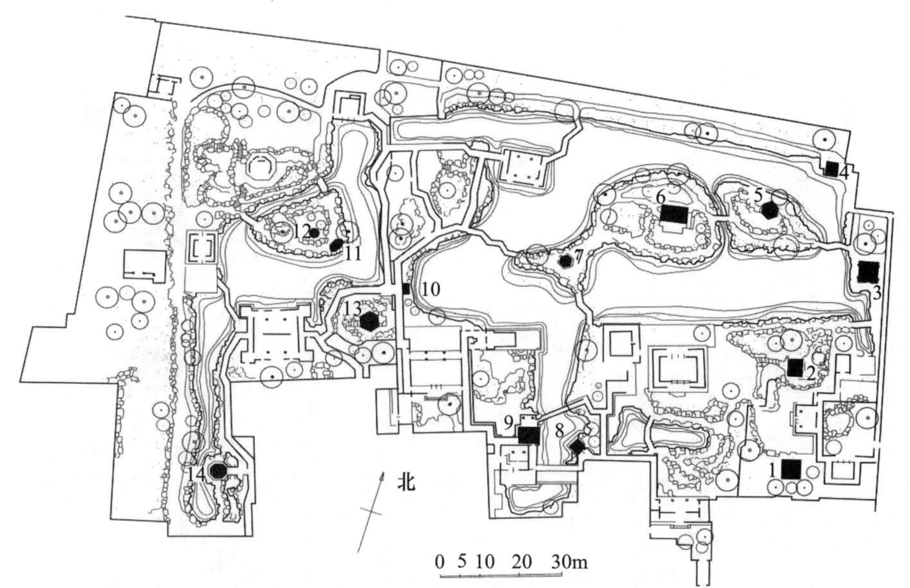

1 嘉实亭　2 绣绮亭　3 梧竹幽居亭　4 绿漪亭　5 待霜亭　6 雪香云蔚亭　7 荷风四面亭　8 松风亭
9 得真亭　10 别有洞天亭　11 与谁同坐轩　12 笠亭　13 宜两亭　14 塔影亭

图 9-1-27　拙政园中、西部亭子分布图

（资料来源：刘敦桢《苏州古典园林》，笔者改绘）

在中心主轴或局部主轴上设亭，常作为景观的中心、主体，可连续数亭，层层展开。北海公园琼华岛上沿对称轴连续布局四座亭子，如图 9-1-28 所示，涤霭亭与引胜亭对称，意远亭与云依亭对称，再经由逐渐抬高的场地，空间轴线的景观序列感逐步加强。

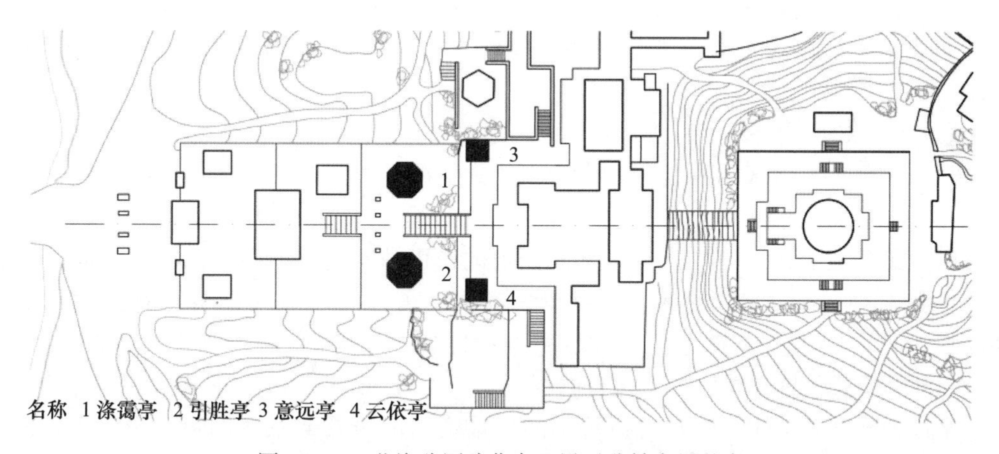

图 9-1-28　北海公园琼华岛上沿对称轴布局的亭

在主轴上建亭，亭子一般常作为轴线上的主体、中心景物，所以亭的体量就显得非常重要，通常亭子设置大体量以加强主轴的表现力，控制轴线中心乃至成为空间的主景。北京故宫御花园内沿轴线布置的千秋亭、万春亭、澄瑞亭和浮碧亭均属于此类大体量亭，布置于故宫中心主轴线两侧的对称次轴线上，成为御花园次轴线的空间主景，如图 9-1-29 所示。

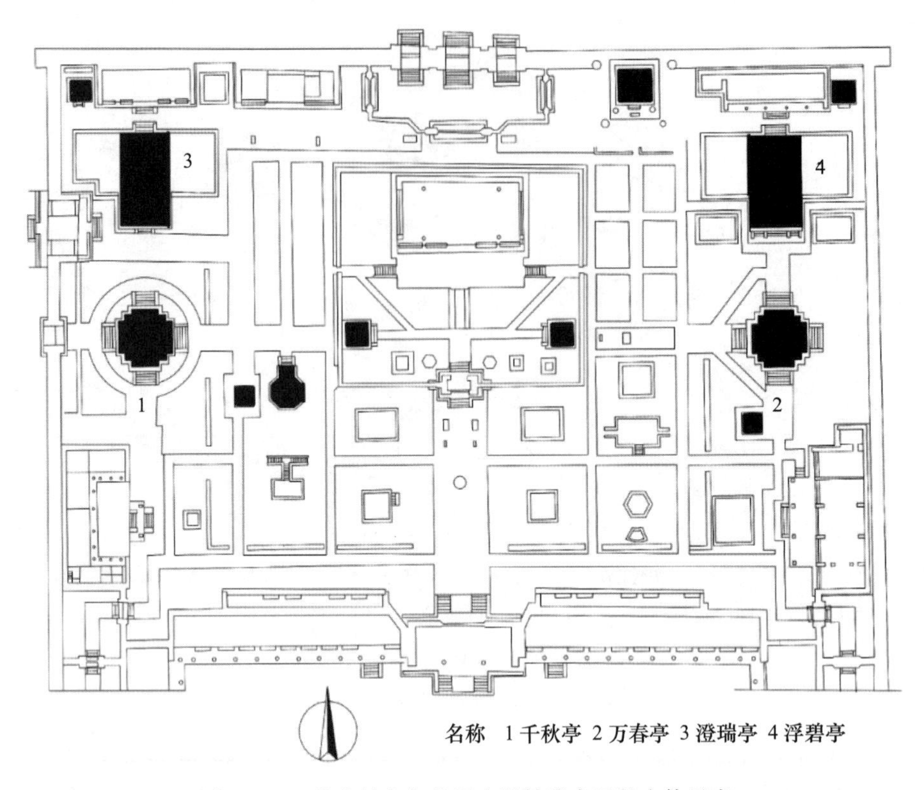

图 9-1-29 北京故宫御花园内沿轴线布置的大体量亭

亭的轴线布局，除了在规则式园林中常见外，在自然式园林的局部空间中更为常见，尤其是在园林的入口轴线上作主体景物，以强调主轴气势。另外，园林中轴线相交或转折的位置也常布置亭子作为交会点上的核心建筑，引导游人且提供休憩场所。

③园林入口区的亭

亭常被用于入口区的景观中，作为主体景物或标志性建筑。入口区亭常置于入口主轴线上，成为入口区的主景，或入口主干道的近旁，或入口区广场一端，或与入口的大门建筑连成一体。亭在入口区除景观上的作用外，还可给游人以游览方向的引导以及供游人出入园时，驻足休息、赏景、等候之需，故入口区设亭兼有景观及实用功能。

④园林主景位置或景区核心位置的亭

亭作为园林的主体景物，常被置于园中最突出的位置或景区的核心位置上，如山顶、水面、湖心、重要轴线以及园中多向视线的聚焦点等，都是主景亭的设置之地。北京景山公园五亭，如图 9-1-30 所示，作为北京城制高点，南北轴线居中的景山万春亭为一座三重檐的巨构，其高度不过 18m，不足景山高度的一半，为增强整体气势，又在万春亭两侧山脊上设置了 4 座亭辅助空间构图，辑芳亭、富览亭居西，观妙亭、周赏亭在东，五亭共同组合形成景山主体景物来控制局面。另苏州网师园月到风来亭、杭州花港观鱼公园牡丹亭等也是这一类的代表，如图 9-1-31、图 9-1-32 所示。

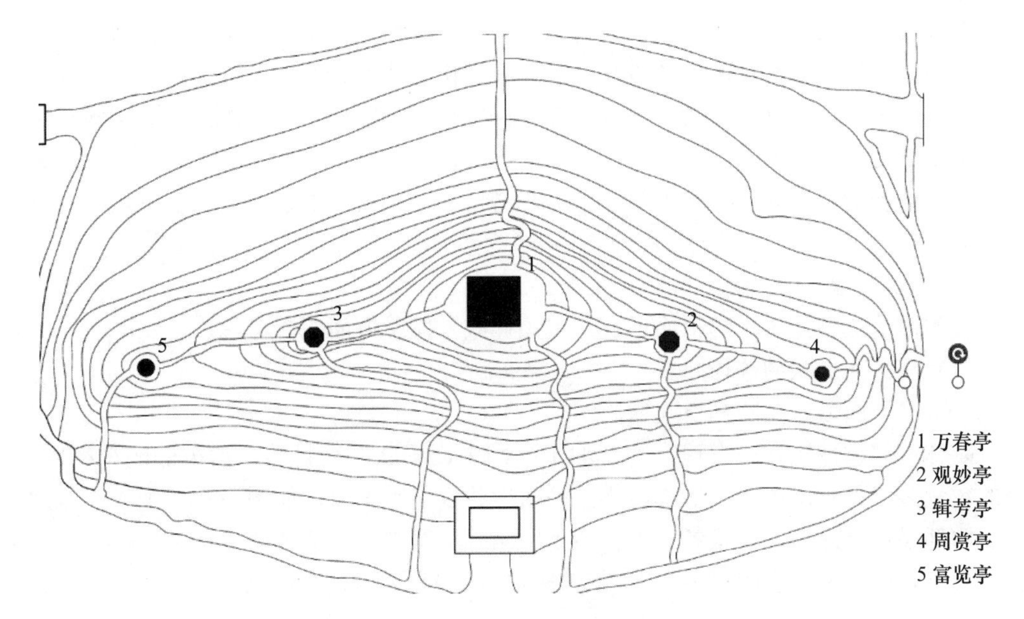

图 9-1-30　北京景山公园五亭

图 9-1-31　苏州网师园月到风来亭

图 9-1-32　杭州花港观鱼公园牡丹亭

⑤最佳赏景、点景位置的亭

亭在园林中集点景与观景于一体，所以园林中的亭要以优美的造型及适宜的体量与周围环境融合，游人在亭外观亭是一幅生动的画面，亭点缀于园林之中，为景观增色；游人从亭内看园林，由亭内散出各向观景视线，使得面面有景可观。

为使亭能体现出以上效果，在亭的位置选择上，首先要重视环境因素的选择，应有“因”景可借，创造景观；其次要有景可对，而且最好具有多角度的景物；第三要有畅通的视线，无论从外看亭或从亭内看景，都应具有毫无遮挡的视线。人们赏景的方式不同，在选择位置中涉及景观视线的组织。有的亭面对广阔、开敞的空间，或居高临下，适于远眺，尽赏江山秀色及园林诸景；有的亭却只有在某一特定方向的视线、在特定的角度和高度才能赏到某一奇景，这种独特的巧借更为难得；而有的亭则适于近赏，如庭院中的小亭，正适于近赏院中花木、山石、小水池。因此亭的位置与视线及景物的安排紧密相关。北京颐和园知春亭、苏州拙政园荷风四面亭均属于此类（详见传统亭案例部分）。

⑥引导游览位置的亭

在规模庞大的园林中，其景观较为分散，且连续性差，景点疏密不均，造成某些区域景观空白。有的自然景区中环境复杂、地形起伏、曲折迂回，尤其是在数条道路的交会处，难以选择，在这些位置设置亭能起到很好的导览作用。亭穿插点缀在各景区之间，可将分散、杂乱的景点连成有序的整体。所以在园林中，按游程距离及景点疏密的差异，在恰当的位置建亭，既可引导游览，又可丰富景观，加强节奏及连续韵律，并可供游人休息。

2）建筑造型

亭的建筑造型需从亭的平面形状、屋顶样式及体量方面综合考虑。

（1）亭平面形状的选择要点

①亭的平面形状与园林空间性质

园林空间的性质在很大程度上影响了亭的平面形状。在自然、活泼的园林空间中，亭的数量多，且布局奇巧、形式活泼，平面形状也丰富多彩，如图 9-1-27 所示，拙政园中、西部亭数量众多、形状各异。在庄重的园林空间中，亭的平面形状不仅单一，而且较为规整，以加强庄重的氛围，如图 9-1-29 所示北京故宫御花园内诸亭，布局规整，形式单一。

正方形平面的运用——在所有几何图形中，正方形具有最严谨、最规整的特点，故用于强调庄重、严肃的环境，更能表现其庄严的氛围。正方形不仅图形严谨，且中心轴线明确，宜布置在园林中轴线上，以强调其空间轴线中心。许多纪念亭、碑亭常用方形亭，以方形平面的规整、严谨来烘托整体环境的严肃性，如图 9-1-8 所示杭州花港观鱼碑亭。此外，在规则式的园林环境中常设以方形平面的亭，以求协调统一。

长方形平面的运用——长方形的图形较为狭长，具有通过性与联系性的特点。因此，它适于通过性、联系性的建筑，如桥亭等。桥本身就具有从此岸到彼岸的通过、联系的特性，故桥亭往往也顺其形，做成长方形平面，因此长方形的桥亭极为常见，如图 9-1-7（b）所示颐和园豳风桥亭。一般在平直的水岸，长向延伸的山体，均宜布置长方形平面的亭，以顺应环境。长方形的亭平稳、开阔，有时也适于在园林主轴线上作主体景物。

扇形平面的运用——扇形平面两边为直边，具有一条突出的曲线边，很适于在弯曲地段，如弯曲的池岸、拐弯的道路等处建亭。苏州拙政园的扇面亭——与谁同坐轩，建在水池岸边，有园路通入亭中，由于池岸及道路均为弧形曲线，故此处与扇形平面的亭极为相称，在平面上亭、池岸、园路三者完全吻合，显得自然、和谐，如图 9-1-33 所示。

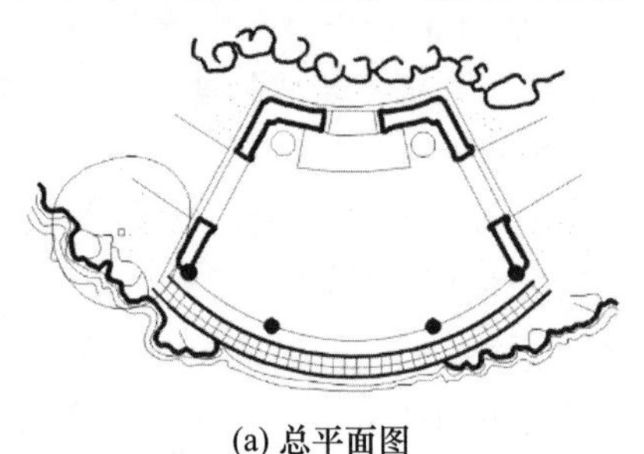

(a) 总平面图

(b) 外观

图 9-1-33　苏州拙政园与谁同坐轩

六角形、八角形、圆形等平面的运用——使其形状上具多边、多向的性质。因此，其可面对多方位的景物，多向观景。同样，也可集纳多向视线于一体。因而常建于多向视线交集处的山顶、湖心、小岛、突向水体的岸边、数条道路的交集点以及空间中的趣味中心等。如苏州拙政园的荷风四面亭。（详见 9.1.4 案例部分）

②亭的平面形状与体量

园林中亭的体量大小相差极为悬殊，一般在大空间中的亭体量大，如皇家园林、风景区、高大山体、宽阔水面中的亭，一般体量较为庞大；而私家古典园林以及当前的居民小区园林、街头小绿地等，亭的体量一般较小。而作为园林中主景、重点景物的亭，体量较大；作为园林局部小景的亭，体量则较小。如图 9-1-19 所示北京颐和园的廓如亭，是大体量的亭，其面积约有 $130m^2$，高度约 20m。而广州兰圃中的双柱亭，面积仅 1～$2m^2$，高度仅 3～4m。通常情况下，体量庞大的亭平面形状也复杂，廓如亭平面为八角形、三排柱。而小体量的亭平面形状简洁，如图 9-1-1（a）所示杭州三潭印月开网亭，平面为三角形；苏州古典园林中诸多半亭以及现在的许多蘑菇亭，均为平面简洁的小亭。

（2）亭的屋顶设计要点

屋顶是我国传统建筑造型上最突出、最精彩的部分，具有鲜明的地方特色，大屋顶在园林亭上表现出活泼、亲和、轻巧，很好地体现了园林亭的特点。且传统亭的屋顶体量较大，占亭体量的一半左右，所以亭子屋顶的形象是传统亭造型至关重要的一环。

屋顶样式众多，样式差异带来的造型及游人心理感受均不同，因此，屋顶样式如何与园林环境相得益彰，需要细化研究，详见表 9-1-1、表 9-1-2。

表 9-1-2　亭屋顶样式与平面形式、造型形象的关系

屋顶样式	适合平面形式	造型形象
攒尖顶	正多边形平面、圆形、梅花形	高耸向上
正脊顶（庑殿顶、歇山顶、悬山顶、硬山顶）	矩形及扁长形	端庄开阔
盝顶	各种平面	平稳简洁
盔顶	正多边形平面	向上感
十字脊顶	方形平面	线条丰富
半屋顶	半亭平面	灵巧
重檐顶		更明显的竖向上升感

①攒尖顶的应用

在形象上具有向上升起的趋势，适于表现高耸的气氛。因此，在高处建亭或在需强调向上感的环境中建亭，宜用攒尖顶亭。在山顶建亭，尤其是具尖形山顶或金字形的山顶，建攒尖顶亭更能增加山势的高峻，使山形轮廓更加起伏丰富。即使在山形平坦的山顶建以攒尖顶亭，也可使山形丰富，并可增加山体向上的态势。

②正脊顶的应用

歇山顶、庑殿顶、悬山顶、硬山顶等均为具正脊的屋顶，宜表现平远的趋势，在需强调水平延伸趋势的环境中，宜采用。正脊顶有平稳、开阔的特色，故在略具横向的空间，在正轴主景位置多设以正脊多开间亭。正脊亭一般具有横向的体形，有向两端联系的趋势，因此用作联系两岸之间的桥亭，以及两山之间、两亭之间、两座建筑体之间的连接。

③盝顶的应用

盝顶最宜用于井亭，因按以往民间习俗，希望井水能承受自然的阳光和雨露，而盝顶最便于在屋顶中央开天窗，有直接通天之利。

④十字脊顶的应用

十字脊顶造型奇巧，体形丰富、端庄，轮廓线丰富。常在屋顶两正脊的交叉点设以高大的中央宝顶，成为视线交集的中心，兼有攒尖顶与正脊顶的特色。亭具有一定的体量感，很适于作园林中心主景亭。如北京故宫的角楼，在开阔的高处，充分体现出其优美、轮廓丰富的体形及华丽的色彩装饰，详见表 9-1-1。

⑤重檐顶的应用

重檐顶亭的造型特点，一般体量较大，屋顶轮廓线丰富，具有更明显的竖向上升感，体量大的亭更显壮观，因而其体量足以引起人们的注意，在园林应用中应充分发挥其造型上的优势。

首先，重檐顶亭，因其体量较大，故常用于较大空间的园林中，与其相比，单檐亭一般体量较小，常用在空间较小的园林中。因而空间开阔的北京皇家园林，更多地采用重檐亭，如颐和园中的亭大部分为重檐亭；而空间狭小的苏州古典园林中的亭大部分为单檐亭。

其次，重檐亭具有更强烈的高耸感（尤其重檐攒尖顶），故适宜用于山巅、山脊上或较大山体的制高点，以利于突破山形轮廓，丰富天际线，增加高峻的山势。重檐亭同样适于设在多向视线的交集点，或在园林主体位置作为主景亭。处于中心主景位置的主景亭，采用重檐亭的例子屡见不鲜。如北京景山五亭，建在山顶及山脊，均为重檐亭，而其中主亭万春亭采用三重檐，如图 9-1-6（c）所示，以尽量大的体量突出其主亭的气势，以及集聚视线的特点，充分体现了大体量的重檐亭用作山顶亭及主景亭的优势。

其三，重檐亭的高大屋顶，更利于形成群组亭的主体中心。故在组亭中常用高大的重檐顶亭作为群体的主亭。如图 9-1-7（a）所示扬州瘦西湖五亭桥的主亭即采用重檐顶。

其四，在需强调横纵向对比的构图中，重檐顶亭又充分体现出其竖向体量的特点。在园林中的亭廊组合中，廊的水平线条与重檐亭的垂直线条形成了横纵向对比的构图，强调竖向上的高度与体量效果。如北京颐和园长廊中的重檐亭，在构图上均产生良好的对比效果。

其五，水边建亭，宽阔的水面平直横向延伸，湖岸线又加强了横向感，形成了鲜明的水平线条。在水体岸边，竖向体量的重檐亭可产生强烈的横竖向对比效果。桥亭因桥体的横向感明显，高大的桥其横向体量更为突出，故较大的桥亭常为重檐亭。如图 9-1-1（d）所示众所周知的颐和园十七孔桥东端的廓如亭，采用高大的重檐顶，以加强横竖向的体量对比。

2. 榭的设计

水榭的设计与亭有相似性，但比亭更为简单，需额外注意以下几个问题。

1）建筑与水面、池岸的关系

首先，水榭在可能的范围内宜突出池岸，造成三面或四面临水的形式。其次，水榭尽可能贴近水面，宜低不宜高。最后，在造型上，以强调水平走势为宜。

2）建筑与园林整体空间环境的关系

水榭在艺术方面的要求，不仅应使其比例良好、造型美观，还应使建筑在体量、风格、装修等方面都能与其所在的园林环境相协调和统一。

3）位置

宜选在有景可借之处，并在湖岸线突出的位置为佳。考虑对景、借景的视线。

4）朝向

建筑朝向切忌向西，避免西面的日晒。

5）建筑地坪高度

建筑地坪以尽量低临水面为佳，当建筑地面离水面较高时，可将地面或平台做上下层处理，以取得低临水面的效果。

9.1.4　案例

1. 传统亭榭

1）拙政园荷风四面亭

苏州拙政园中部水中由西向东有荷风四面亭、雪香云蔚亭和待霜亭三亭一字排开，形成了一高一低两座山岛、一座平地岛和三座亭模拟“一池三山”的布局，表达出神仙境界与隐逸思想，如图 9-1-34 所示。

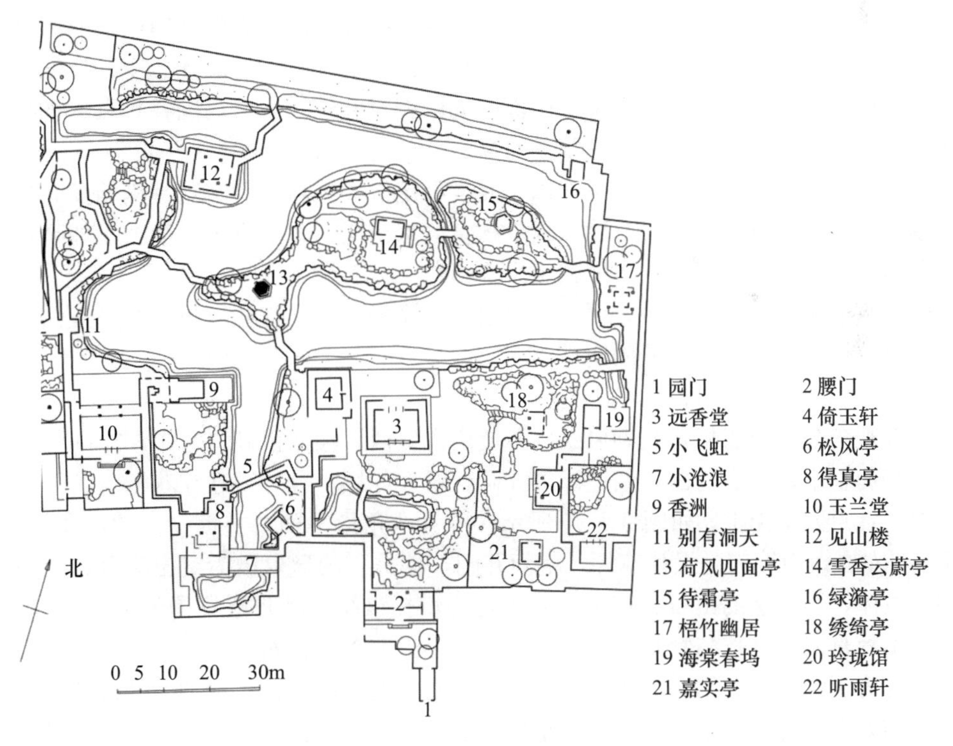

(a) 荷风四面亭周围景观平面图

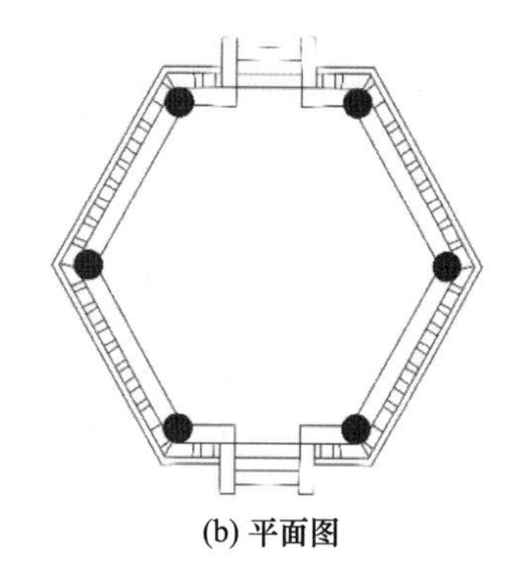

(b) 平面图

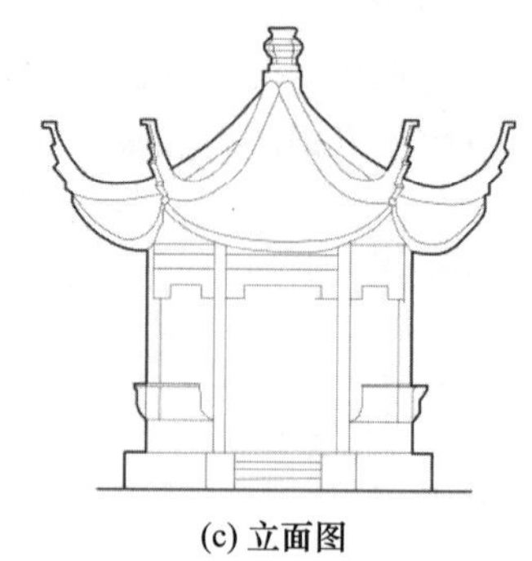

(c) 立面图

(d) 实景图

图 9-1-34　苏州拙政园荷风四面亭

荷风四面亭位于平地小岛的中央，岛由亭的西、南两侧曲桥与岸相连，牡丹亭成了交通汇聚之地，并且“一亭两桥”的设置使中部水面有了明显的分隔与层次。两侧曲桥栏杆低平，桥身通透，对视线分割性弱，这种似隔非隔的处理加强了水面的开阔和绵延，若没有此亭，两桥相接尺寸过长，就会显得水面相对狭小，而两桥间增加了此亭，打破了原有的建筑格局，点景的同时也成为最佳观景点。

亭四面临水，台基低平，每到夏季四周满塘荷花，为此得名“荷风四面亭”，横匾悬于正面屋檐下。亭为六边形，单檐攒尖顶，四围通透，柱间设有坐凳栏杆，自亭中四望，景观极佳，东望山上的雪香云蔚亭，西望与西园连接的别有洞天门，东西望可看到拙政园中部湖面及周围建筑的最大进深；南可见香洲、远香堂和倚玉轩，北可望见山楼，周围厅堂楼阁被垂柳虚掩。荷风四面亭周围相对开阔，来自周围各景点的视线也交会于此亭，所以亭本身也成为被观赏的对象。

荷风四面亭因荷花而得名，虽然以“夏亭”定位，但除了夏季观赏满塘荷花外，其余三季景观也十分宜人，春观垂柳飘摇、秋赏碧水清明、冬感青山空静，正如亭柱上的楹联所写“四壁荷花三面柳，半潭秋水一房山”。

若从高处俯瞰荷风四面亭，可见亭出水面、飞檐出挑、红柱挺拔、基座玉白，分明是满塘荷花怀抱着的一颗璀璨的明珠。

2）花港观鱼公园牡丹亭

花港观鱼公园位于杭州西湖风景区苏堤南段以西，在西里湖与小南湖之间的一块半岛上，三面临水、一面倚山，四周风景如画，游人如织。牡丹亭建在花港观鱼公园中地势最高的牡丹园山岗上，如图 9-1-35 所示。亭为八角形平面，重檐攒尖顶，体量较大，高 7.5m 左右。山坡前是大片草坪，空间开阔，牡丹亭的形象极为突出醒目，成为景区的中心主体，小山上的山石、花木、曲径均为烘托该亭。牡丹亭周围的植物精心配置，为了突出牡丹园主题，与牡丹亭相得益彰，在小山上采用自然石台的形式种植了大量牡丹，同时为了给牡丹遮阳，又稀疏配植了白皮松、鸡爪槭等疏枝树种。牡丹园的正立面没有运用高大的乔木，主要运用了鸡爪槭、羽毛枫、白皮松、梅等小乔木，构骨球、黄杨球、蜀桧球、刺柏球等能严格控制高度的耐修剪植物，以及杜鹃、芍药、迎春、南天竹、沿阶草、中华常春藤等低矮灌木或地被植物，以此来保证牡丹亭在主要赏景范围内不受遮挡，从观赏构图及位置上完全表现出牡丹亭的主体地位。

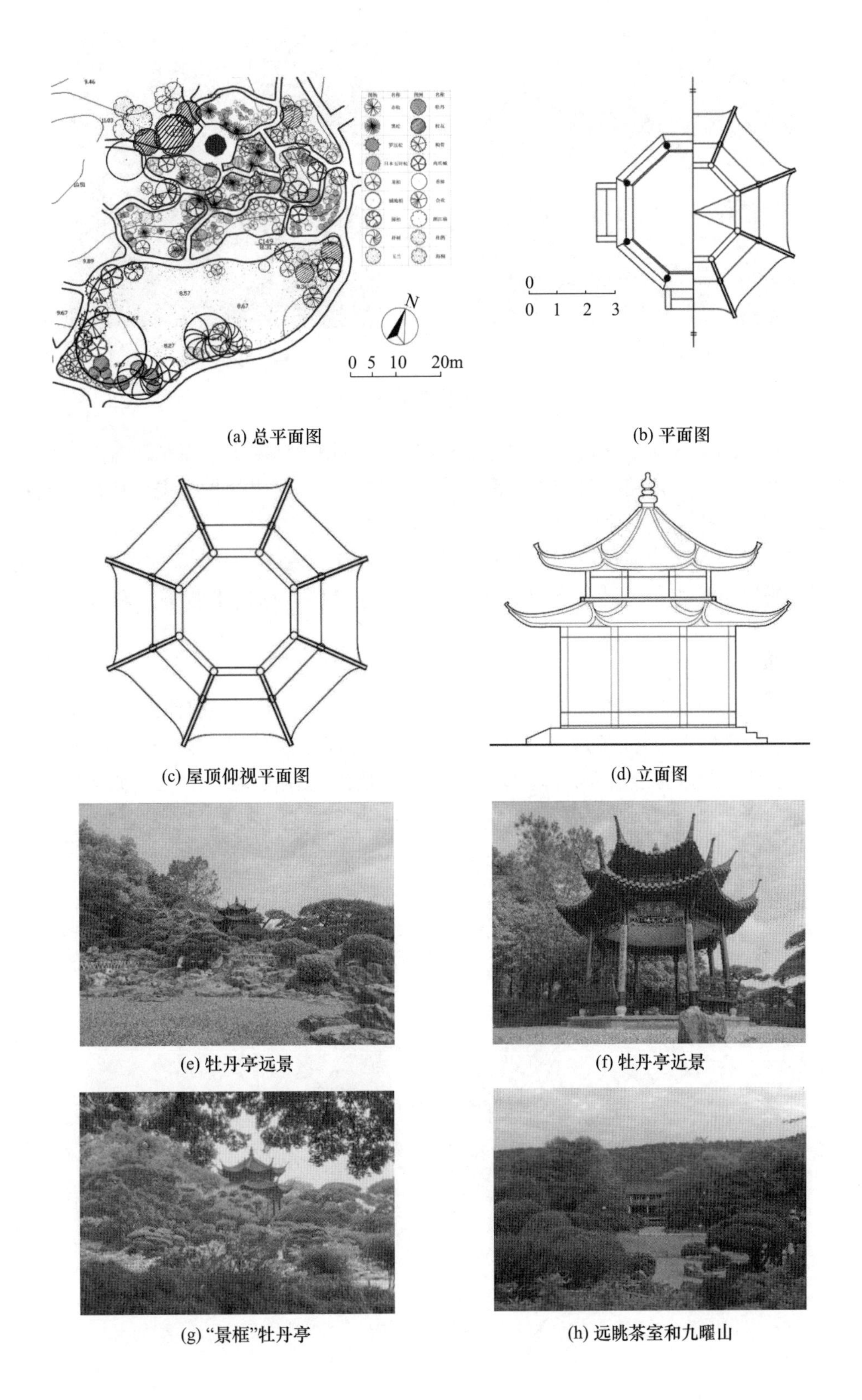

(a) 总平面图

(b) 平面图

(c) 屋顶仰视平面图

(d) 立面图

(e) 牡丹亭远景

(f) 牡丹亭近景

(g) “景框”牡丹亭

(h) 远眺茶室和九曜山

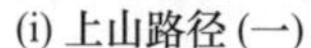

(i) 上山路径（一）

(j) 上山路径（二）

图 9-1-35　杭州花港观鱼牡丹亭

除此之外，该区域还通过上山道路迂回隐蔽、植物遮挡限定（控制）视线、山前草坪空间开敞半围合、道路前景植物搭配等多种造景手段，突出牡丹亭主体地位及最佳观赏视线的同时，丰富了整个牡丹园区域的空间层次。

经隐蔽的自然石阶通过不同路径迂回而上，来到制高点牡丹亭，回望整个牡丹园，景观尽在视野掌控之中，同时还可近借东侧红鱼池景区，远借南侧茶室和园外的九曜山，空间无限延伸。

3）颐和园知春亭

如图 9-1-36 所示，知春亭位于北京颐和园昆明湖东岸、玉澜堂前伸入水面的小岛上，是游人从宫殿区转入园林区的必经之地，面向广阔的昆明湖，空间开敞，沿湖游人均可赏到知春亭。建筑北以万寿山为屏障，南面又朝阳，所以得春较早。据传，“知春”二字源于宋代苏轼诗句“春江水暖鸭先知”。每年春天昆明湖解冻总由此处开始，故取名知春亭。

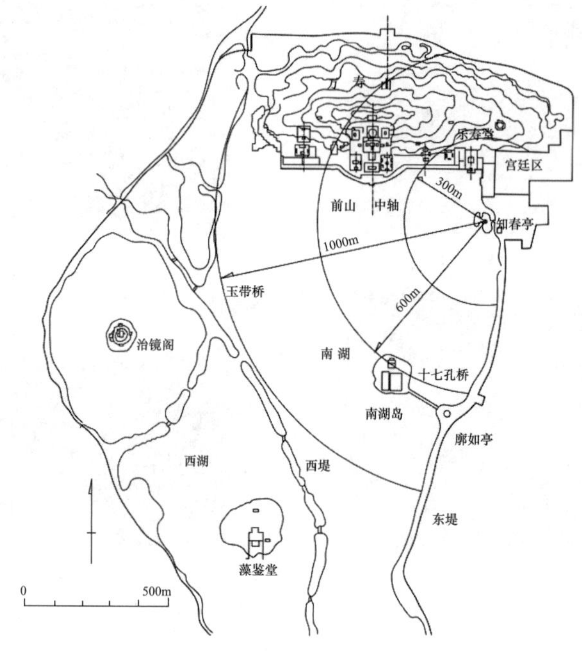

(a) 知春亭选址位置及视域平面图

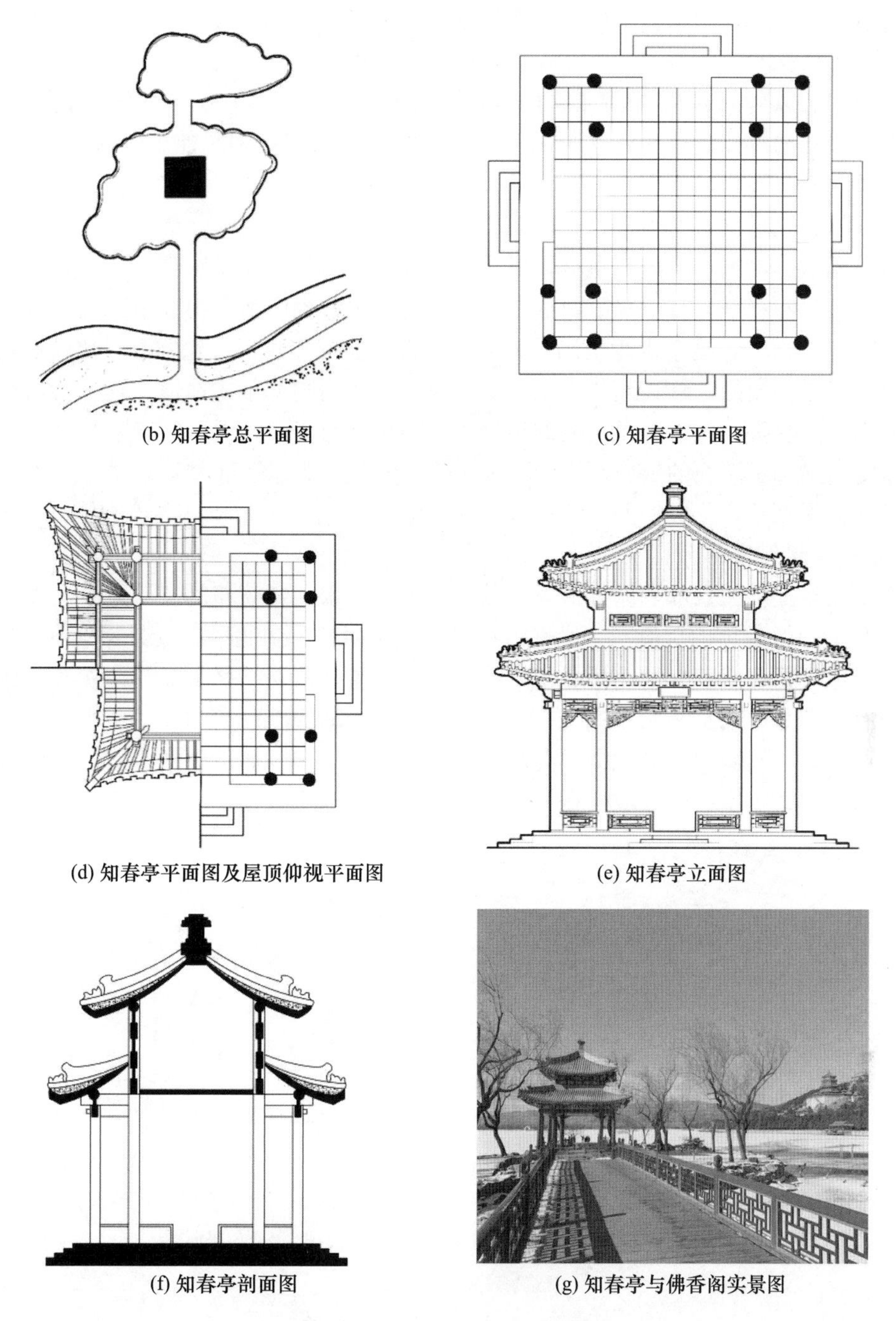
(b) 知春亭总平面图　(c) 知春亭平面图
(d) 知春亭平面图及屋顶仰视平面图　(e) 知春亭立面图
(f) 知春亭剖面图　(g) 知春亭与佛香阁实景图

图 9-1-36　北京颐和园知春亭

知春亭同时具有“点景”与“观景”的功能。从近处观赏知春亭，为重檐四角攒尖方宝顶，屋顶有吻兽垂兽，亭高 4.25m，建筑面积 104.84m²。内绘苏式彩画，井字（牡丹）天花。四面装修相同，有坐凳楣子与倒挂楣子，青石台基，四角抱角石，四面如意式青石台阶，悬挂慈禧书“知春亭”匾。从远景来说，知春亭与连接岛的木桥及东岸耸立的文昌阁，构成一组水陆相接的清爽景观。这一组景观使湖东北的天际线饱满丰富，疏朗中显得厚实。亭与北面的玉澜堂、夕佳楼、“水木自亲”等临湖建筑组成一个环抱式形式，给辽阔的昆明湖前湖水面平添了一种亲切祥和的气氛，亭的点景作用十分突出。

比起“点景”，知春亭“观景”的作用更为经典，无可替代。它为游人提供了一个远观全园风景的极佳视角。在这个位置上，大致可以纵观颐和园前山景区的主要景色。在180°甚至是270°视域范围内，从北面郁郁葱葱的万寿山前山区、佛香阁建筑群、秀丽的西堤六桥、玉泉山、西山，直至南面的龙王庙小岛、十七孔桥、廓如亭、铜牛，向北近观有玉澜堂、水木自亲等建筑群，形成了一幅长卷式的立体中国画。在与其他景点关系的处理上，知春亭也有十分重要的位置。知春亭距万寿山前山中部中心建筑群及龙王庙小岛 500～600m，这个视距范围是人们正常视力能把建筑群体轮廓看得比较清晰的一个极限，成了画面的中景，而作为远景的玉泉山、西山则剪影式地退在远方。从东堤上看万寿山，知春亭又成了丰富画面的近景。从乐寿堂前面向南看，知春亭小岛遮住了平淡的东堤，增加了湖面的层次。由此可见，无论是从“观景”还是“点景”来看，知春亭位置的选择都是十分成功的。

4）拙政园芙蓉榭

芙蓉榭是拙政园东部一座方形卷棚歇山顶单体临水观赏荷花的风景建筑，位于东部水池最东岸，如图 9-1-37 所示。水池近似矩形，东西长、南北窄，故芙蓉榭前有很深远的水景，尽头是两座蜿蜒的曲桥。水中种植成片荷花，荷花又名水芙蓉，在芙蓉榭的岸边还植有木芙蓉，当夏季水中荷花凋谢以后，木芙蓉就陆续开放了，“芙蓉榭”的名字即由此而来。拙政园中以荷花为主题命名的建筑还有很多，如远香堂、荷风四面亭、香洲等，这与拙政园是一座水域面积广、以水为中心、因水景见长的园林密不可分。

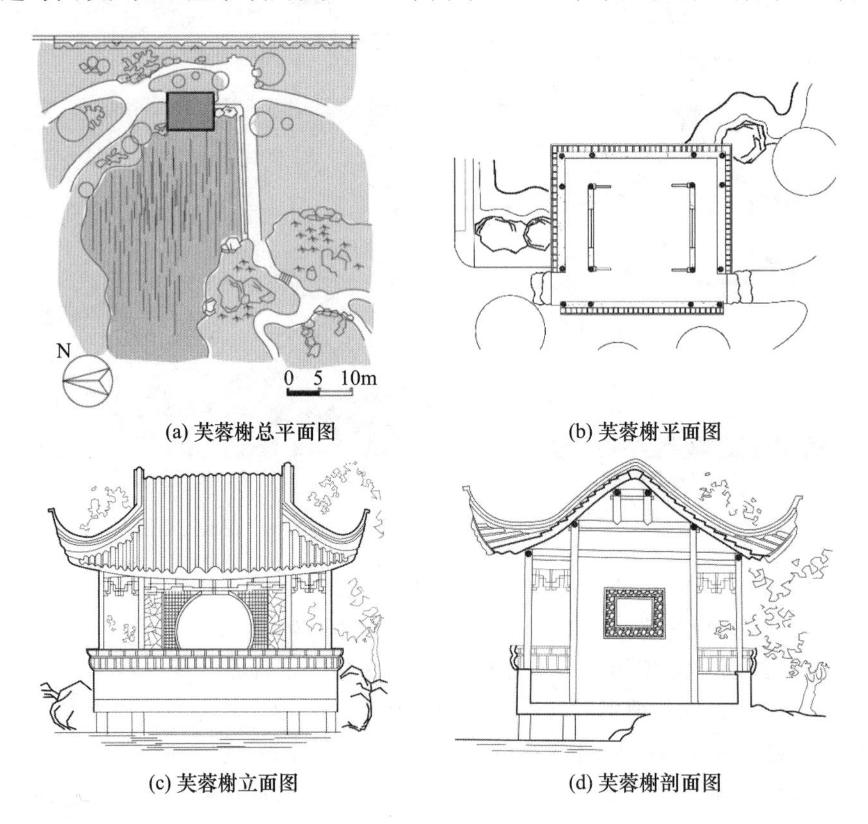

(a) 芙蓉榭总平面图

(b) 芙蓉榭平面图

(c) 芙蓉榭立面图

(d) 芙蓉榭剖面图

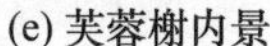
(e) 芙蓉榭内景

(f) 芙蓉榭外景

图 9-1-37　苏州拙政园芙蓉榭

建筑室内装修极为精美，颇有苏州园林建筑的古雅书卷之气。东西门框均设有雕花落地罩，东侧为圆光罩，西边小桥流水的风景正巧被罩在其中，像极了一幅精美的工笔画，这框景运用得恰到好处。而临水的西侧为方形。南北两墙则饰以精致镂空窗格，整体装饰雅致清秀，古色古香，更显建筑玲珑剔透。榭内一座湖石假山矗立其内，名曰“紫盖峰”。水榭四周设有回廊及美人靠，游人凭栏眺望，拙政园东部景观尽收眼底。面前一池碧水，背后一堵粉墙，一面开阔、一面封闭，尽显宁静。

在芙蓉榭中除了观赏荷花及木芙蓉外，也能静观池中锦鲤游来游去，还有那成双成对的鸳鸯戏水，欣赏起来也是别有一番意趣。

如果换个角度，立足于南侧岸边或西面正对水榭的曲桥之上向东看，则能欣赏到芙蓉榭建筑本身的优雅。水榭底部平台一半建在岸上，一半伸向水里，整座水榭仿佛凌驾于水波之上，屋角飞翘，秀美灵巧、玲珑剔透。

2. 现代亭榭

1）梁亭水榭

梁亭水榭位于河北省沧州市河间古洋河公园内，由原筑景观 2017 年设计，2018 年建造完成。古洋河在河间以东，是历史上河间环城古水道的一部分，近代来水道荒废，周边工厂和居住区排污严重，让古水道成为排水沟。古洋河公园是环城水系整治的重要环节，除具排洪泄洪功能之外，更成为居民运动休憩、融入自然的去处。

“梁亭”是古洋河公园里设计的临水亭榭，为公园景观提供了新的观看角度和体验方式，同时又可作为风景被观赏，顺利达成园林亭“点景”和“观景”的定位，如图 9-1-38 所示。

梁亭水榭分为南、北两组，虽然位置不同，但建筑外观及结构做法基本一致。这两组亭榭均是通过“梁”这个建筑构件，将“木头之间搭接形成框架”和“砖石重复砌筑形成体块”两种技艺上下叠合形成的。建筑分为两层，上层的构架支撑屋面，得以遮阳挡雨。下层的砌体墙具有双重功能，既提供边界、围合空间，促成空间开合，同时又通过梁的搭接承载上层屋架的质量。

方案中让“梁”成为屋架受力的核心结构表达。经过扩张后的大梁有 1m 高，跨越整个 12m 的面宽，但离地面只有不到 2.3m 高，几乎触手可及。挑高与跨度之间的悬殊比例让梁看上去似乎跨得更远。梁在外侧的出挑将近 4m，巨大的出挑一方面强化了梁的受力视觉表达，另一方面模糊了建筑的内外关系，让墙的内外两面都给人提供庇护。梁的设计灵感来自于斗拱对力的传递，梁顶上和柱头上的倒金字塔节点将屋顶的质量向下传递，由方钢管焊接而成，每一朵都四面通透，厚重的屋顶结构支撑在这一根根细小的钢管上，并沿着钢管的方向将质量汇聚至梁上的一点。它们让屋面与支撑结构脱开，让框架的搭接更加清晰。

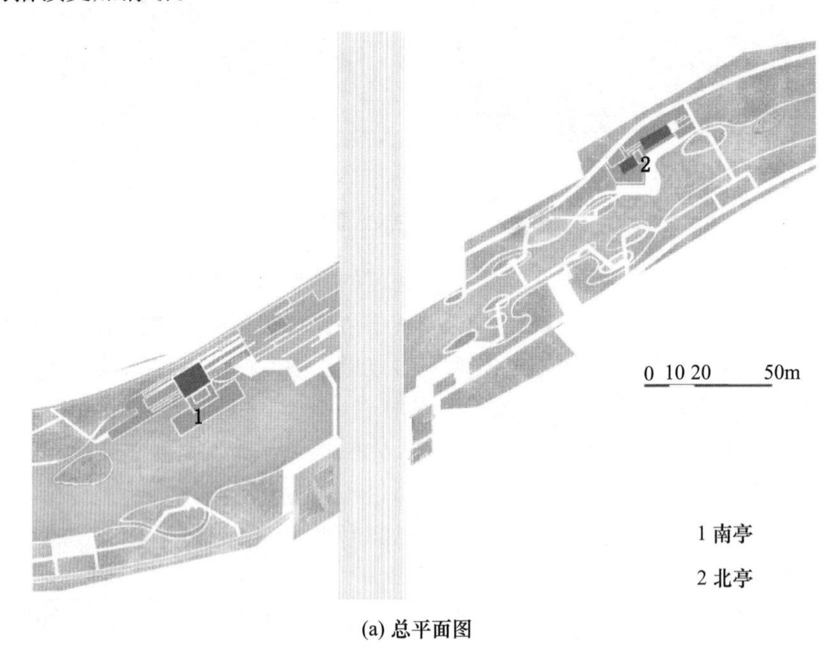

(a) 总平面图

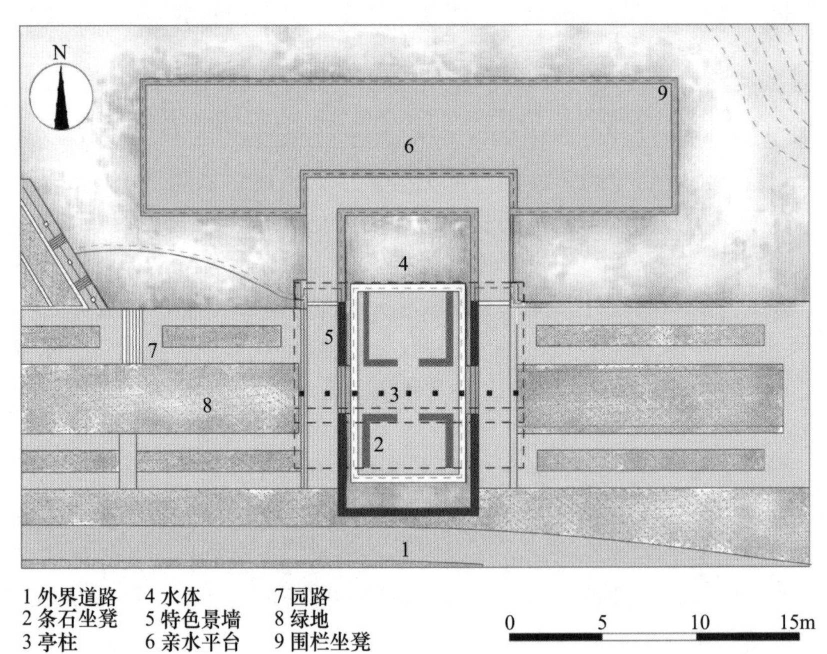

(b) 南亭平面图

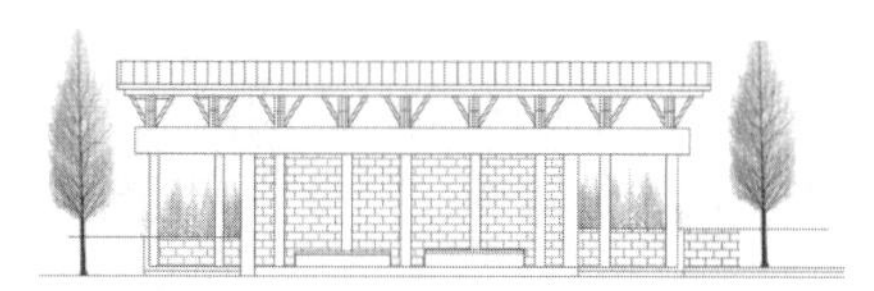

(c) 南亭立面图

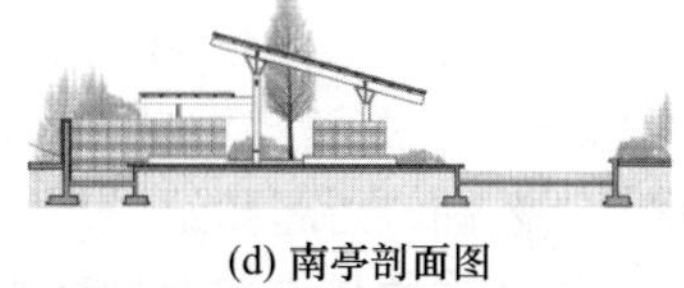

(d) 南亭剖面图

(e) 南亭实景

(f) 南亭梁下空间及结构

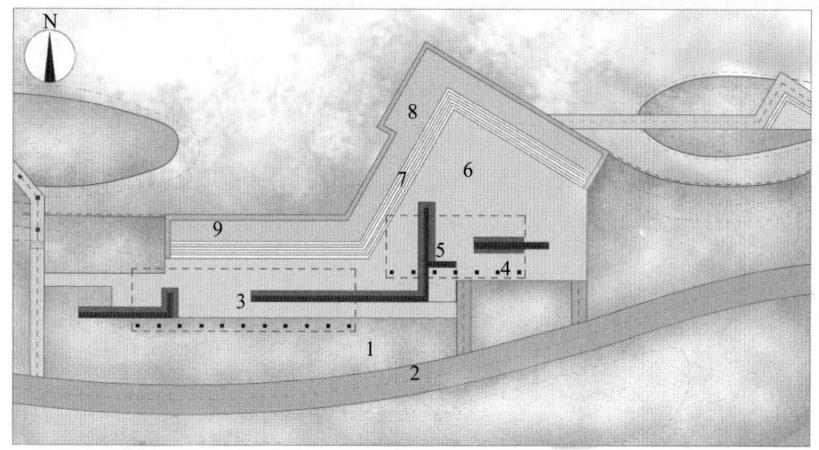

1 绿地　　　4 亭柱　　　4 台阶
2 外界道路　5 条石坐凳　5 亲水平台
3 特色景墙　6 活动场地　6 围栏坐凳

0　5　10　15m

(g) 北亭平面图

(h) 北亭立面图

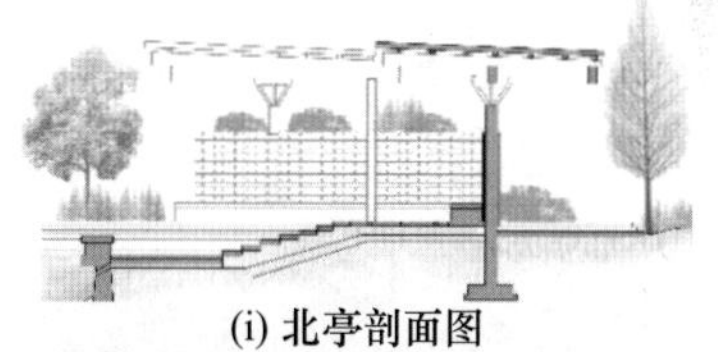

(i) 北亭剖面图

(j) 北亭实景

(k) 北亭滨水实景

图 9-1-38　河间古洋河梁亭

（资料来源：原筑景观官网）

压得很低的梁不仅给人一种紧迫感，同时也先于屋面限定了“内”与“外”。略高过头顶的大梁贯穿建筑始终。站在梁后，眼前是梁与地面限定而成的画框，向前漫步会完成在梁下的穿越。这是梁亭中最为独特的形式，是建筑构件与身体之间的美妙互动。

2）屏亭——湘湖定山岛驿站

“屏亭”是浙江省杭州市湘湖景区内最具典范的一个服务驿站，由杭州植田建筑室内设计工作室于2020年设计建造。

湘湖是杭州萧山区城市生活的核心风景区，是本地人社区生活的城市公园，家长会带着孩子来沙滩休憩、游玩，年轻人来骑行、夜跑，也有不少情侣来此散步谈心，是具有公共服务属性的驿站，让市民游客更好地休憩、纳凉、喝茶、读书。

如图9-1-39所示，驿站占地66m²，位于湘湖院士岛南面定山沙滩边，东西朝向，面朝湖水、沙滩，背靠山坡、道路，对面也有石拱桥、廊、亭立于水边，周围风景优美。为使游人融入环境，特采取了一种介于遮挡与开放之间“犹抱琵琶半遮面”式的建筑空间展现方式——利用8处“屏风片墙”作为“空间关节”，让建筑本体成为人与自然的媒介，呈现具有遐想和延展可能性的空间。通过屏的介入，打破建筑内外空间的界限，延展出建筑屋檐投影边界以外，以开放多样的形式向外部自然多角度延伸、出离、共生，半圆、整圆的屏框均使得这些“屏关节”在建筑、空间、环境、游人之间灵活切换，景观层次多变而有魅力。

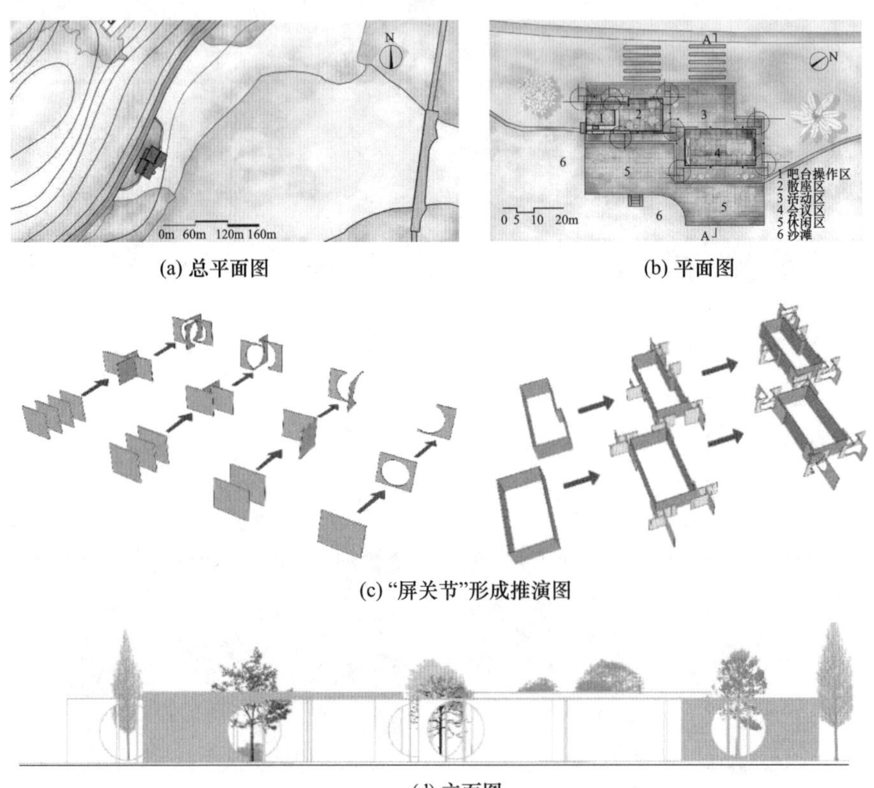

(a) 总平面图

(b) 平面图

(c)“屏关节”形成推演图

(d) 立面图

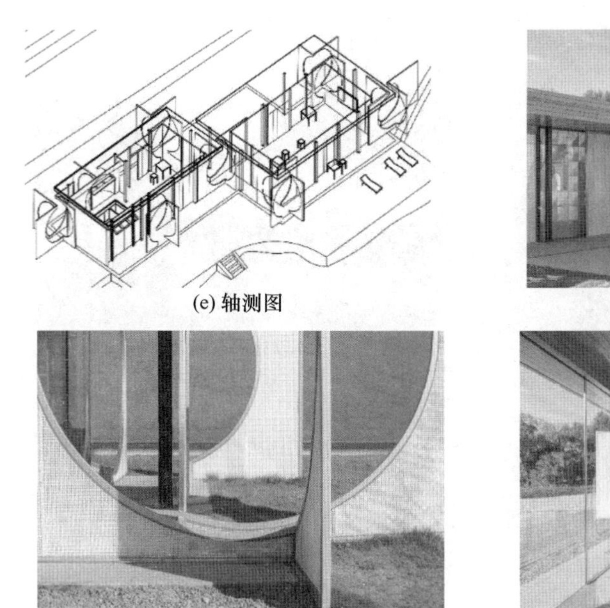

(e) 轴测图　　(f) 建筑外屏框

(g) 屏“关节”细部　　(h) 室内展示

图 9-1-39　湘湖定山岛驿站屏亭

（资料来源：谷德设计网，2020）

屏亭结构简单，由两个钢结构的建筑组成，通过简单材料来界定建筑屋顶和地板，形成了建筑明确的水平场域感。但在立面上则侧重用玻璃及半透明的藤织网板两种不同透明度的材料来界定空间的不同灰度，藤编材料的半透性使其在逆光和顺光环境下的感知完全不同，光的介入可以在不同的时间、不同的角度呈现不同的内部空间状态，让建筑具有了时间感及更多元的空间特征，便于界定不同功能空间。

驿站作为社交节点的社区公共属性，特在屏亭内配有小型活动室、会议室、茶饮吧和大量室内、外休息座位，以满足儿童亲子课程、团建活动、日常休憩的需要。此外，还配有如针对儿童沙滩的冲洗处、婴儿车停放处等更加人性化的设施。

3）英国伦敦蛇形美术馆 2012 展亭

英国伦敦蛇形画廊展亭（Serpentine Gallery Pavilion）设计是建筑界一年一度的重要事件。自 2000 年委员会邀请建筑师 Zaha Hadid 设计蛇形画廊开始至今，保持着每年邀请一位知名设计师或艺术家设计建造一个临时展馆的惯例。设计师在伦敦肯辛顿花园建成一座临时展亭，作为蛇形画廊的一部分，于每年 6—10 月间向公众开放。每年的建筑，拒绝静态与永久性，旨在让不同文化产生交集，激发更多出乎意料的碰撞与结果。Frank Gehry、Rem Koolhaas、Alvaro Siza 等世界建筑大师都曾为其进行过设计。

2012 年的第十二届展亭，是由国际著名建筑师 Herzog & de Meuron 和艺术家 Ai Weiwei 共同合作设计完成的。

如图 9-1-40 所示，设计师本能地避开了前 11 个展馆的建筑构成方式，将目光转向地下，采用了一种“隐遁无形、体量消隐”的方式来激发游客在公园的表面以下观看建筑，同时引导游客探索之前 11 个展馆隐藏的历史。建筑方案为一个下沉 1.5m、无四周围合的近圆形展亭，由代表过去展馆的 11 根柱子和代表当前结构的第 12 根柱子共同支撑起一个高出地面约 1.4m 的浮动的近圆形平台屋顶。

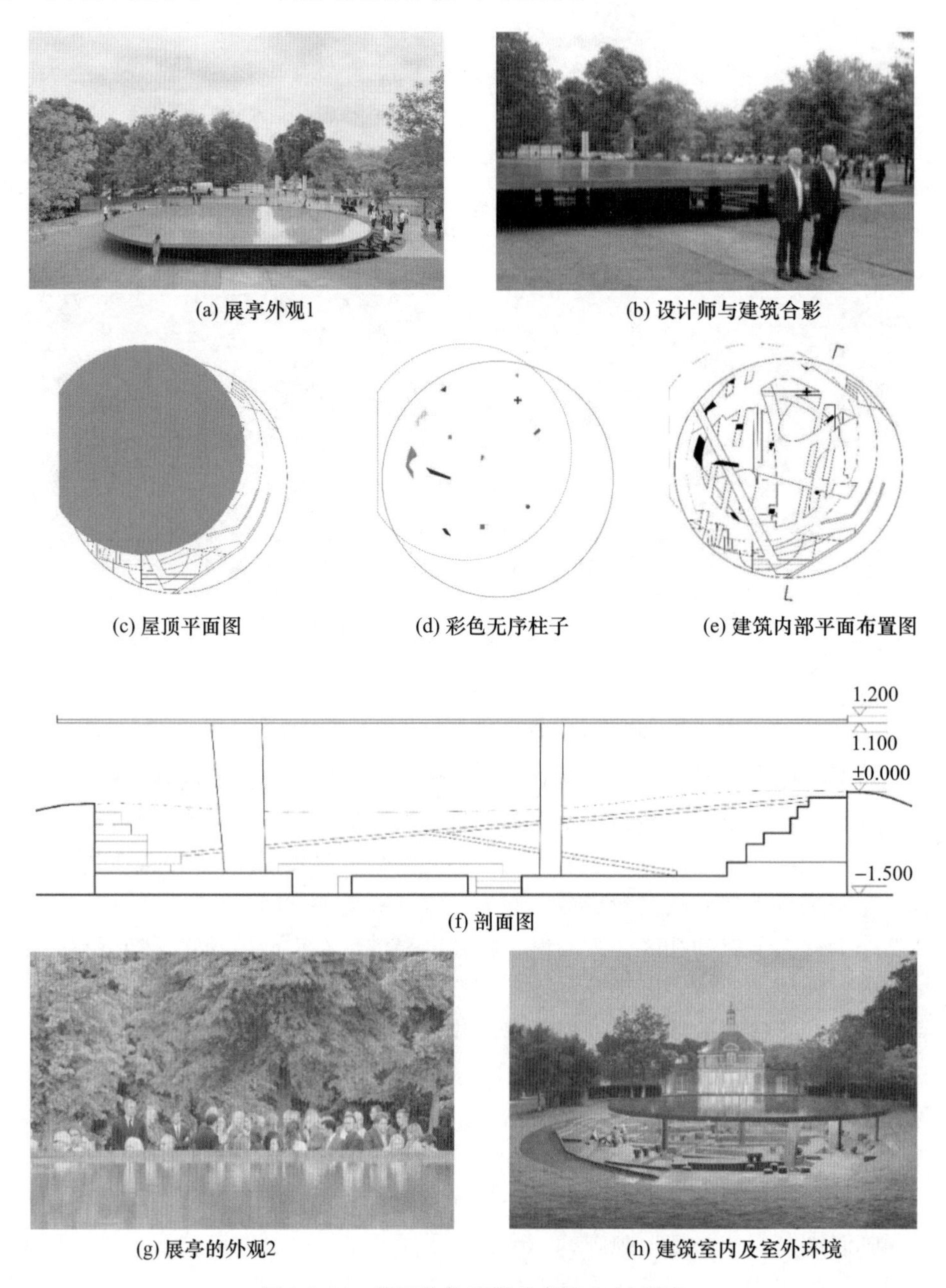

(a) 展亭外观1　(b) 设计师与建筑合影

(c) 屋顶平面图　(d) 彩色无序柱子　(e) 建筑内部平面布置图

(f) 剖面图

(g) 展亭的外观2　(h) 建筑室内及室外环境

图 9-1-40　英国伦敦蛇形美术馆 2012 展亭

（资料来源：Mooool 木藕设计网）

该屋顶是由钢板围合而成的浅水池，盛装着约 100mm 深的水，水池高度正好位于游客的胸前，让人能真实地接近它、感受它。圆形水面犹如一面明镜，用消隐的体量承接着外环境中的真实气息，建筑与环境彼此映衬、交融、渗透，同时该屋顶水池又是对伦敦多雨的城市特点的回应。每当下雨时，在展亭内部可以静听雨水落在屋顶的声音。建筑屋顶与地面在贴近蛇形画廊主馆的西侧有一月牙形缺口，恰如其分地指引出展亭入口空间。

展亭内部柱子及座椅、台阶的位置错综复杂，看似是杂乱无章地随意切分，其实是基于对之前展亭残留的基础构件及电信电缆的“考古挖掘”鉴定并确立下来的，最终生成 12 根形状不一、位置无序的立柱，其中有 11 根分别是之前 11 个展亭中某一根柱子的复原或延伸，第 12 根代表本展亭的结构，设计师巧妙地通过建筑的方式表达了与过去的衔接，及时间的延续。而座椅及地面高低层次的分隔均依据“考古挖掘”，一个看似无序、复杂编织的图案却呈现出了独特、灵动活跃的空间景观，人们在其中可坐、可倚、可躺，都能找到合适的位置和角度。

展亭内部从台阶、地面、柱、凳到桌椅，全部使用软木为材质，风格统一，浑然一体。软木天然本色与大地融合，以其温暖柔软的手感和树木的自然味道欢迎着人们，让人联想起葡萄酒瓶塞，更给空间增添了些许俏皮可爱的亲切感。

该方案充分调动了人们的视觉、触觉、嗅觉和听觉，并将所有感官体验通过建筑呈现出来。

4）Vinaros 海滨凉亭

Vinaros 海滨凉亭位于西班牙 Vinaros 镇的海滨处，由 Guallart 建筑事务所设计，2009 年建造完成，占地面积 360m²，该凉亭包含一个餐厅及休闲区。

如图 9-1-41 所示，建筑设计师开发了一个纯粹参数化的树状结构，其中所有的单元都是相似的：既有在地面上休息的结构，又有升起或排出烟雾或吸收光线的结构。建筑结构利用很容易切割和折叠的 3mm 涂漆镀锌钢板搭建成为一个连续、中空的结构，结构上的开口涂满了釉面和不透明的表面，上面安装了 LED 灯。

所有结构都采用了六边形图案，坐落在朝向海岸的底座上。整个结构的制造过程包括 1736 块不同构件的等离子切割，采用先进的制造系统，让建筑师能够利用参数化设计和脚本处理直接参与到项目元件的制造过程当中。

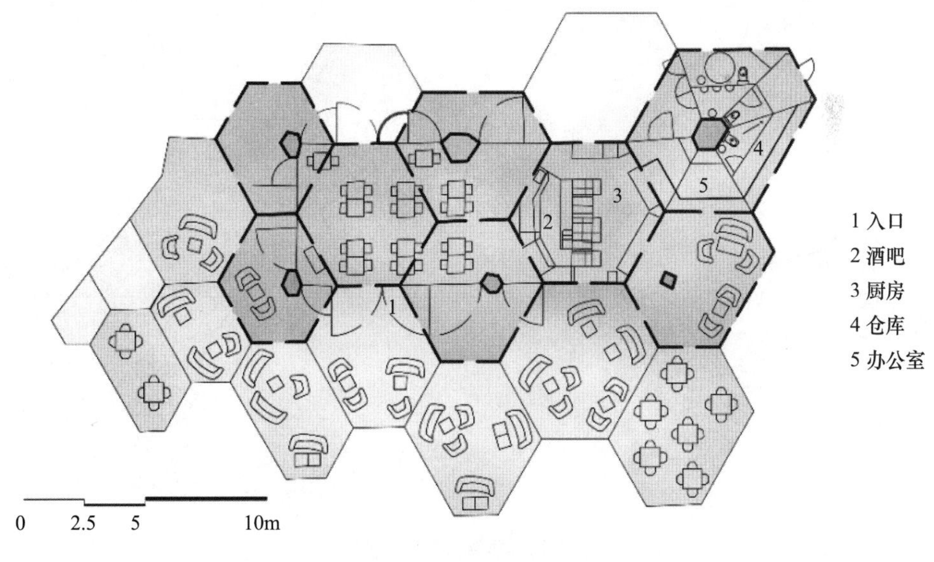

(a) 平面图

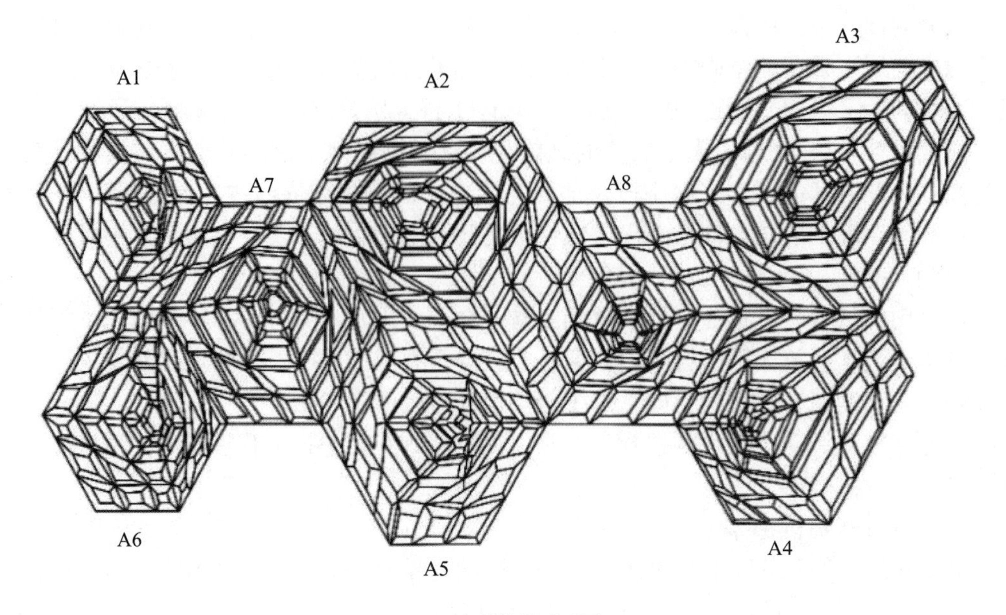

(b) 主体结构平面图

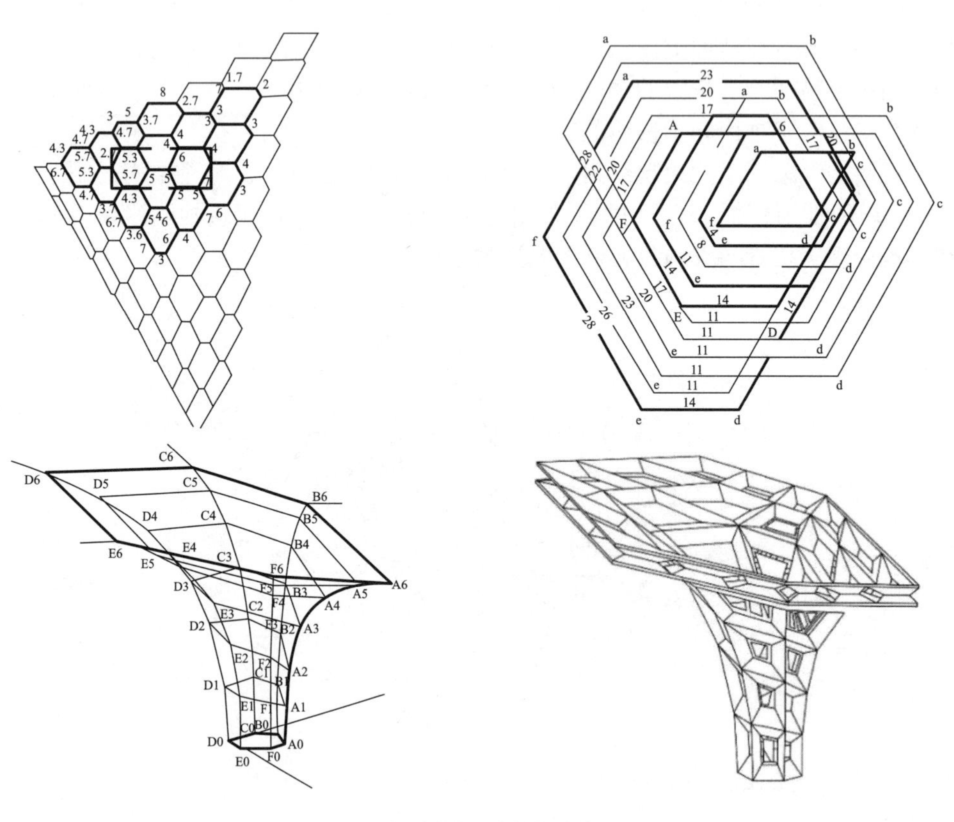

(c) 相似结构及参数化设计

(d)凉亭入口

图 9-1-41　Vinaros 海滨凉亭
（资料来源：卢克·瓦格纳《风景建筑》，2013）

9.2　廊　　架

9.2.1　廊架的含义

廊本来是应中国木结构的需要附于建筑周围，作为防雨防晒的室内外过渡空间，后发展为建筑与建筑之间的连接通道，通过廊、墙等把单体建筑组织起来，形成了空间层次上丰富多变的建筑群体。廊被广泛地应用于中国古典园林，无论是在宫廷、庙宇、民居中都可以看到这种手法的应用，这也是中国传统建筑的特色之一。廊一般有统一的模制，以“间”为单元组合而成；廊被应用到园林中以后，它的形式和设计手法就更为丰富多彩了，廊能结合园林环境布置平面，有富于变化的可能。亭、榭、轩、馆等建筑物在园林中可视作“点”，而廊、墙则是联系它们的“线”。通过这些线的联系，把各分散的“点”连接成为有机的整体。

在近、现代建筑中，廊不仅被大量地运用在园林中，还经常被作为“过渡空间”运用到一些公共建筑（如旅馆、展览馆、学校、医院等）的庭园内，有了这类“过渡空间”，庭园空间增加了层次，景观更为丰富。现代造园中，廊的概念还被扩展为花架廊（又名花架、绿廊、棚架）。

廊在园林中常有以下作用。

1. 联系单体建筑

在园林中用廊联系单体建筑，可以形成空间层次丰富多变的建筑群体。如山西太原的晋商博物院西花园，就是用廊连接四面建筑围成中庭水景的空间，如图 9-2-1 所示。在我国南方多雨的地区，如苏杭的园林，廊更为普遍地应用在园林建筑之间。如果将整个园林作为“面”，亭、榭、轩、馆等建筑单体作为“点”，通过“廊”的“线”将各分散的“点”连接成有机的整体，廊在其中起到通道与导游路线的作用，使人循廊而行，可将园内景区空间组织在连续时间的顺序中，使景色更富时空变化，达到移步易景的效果。

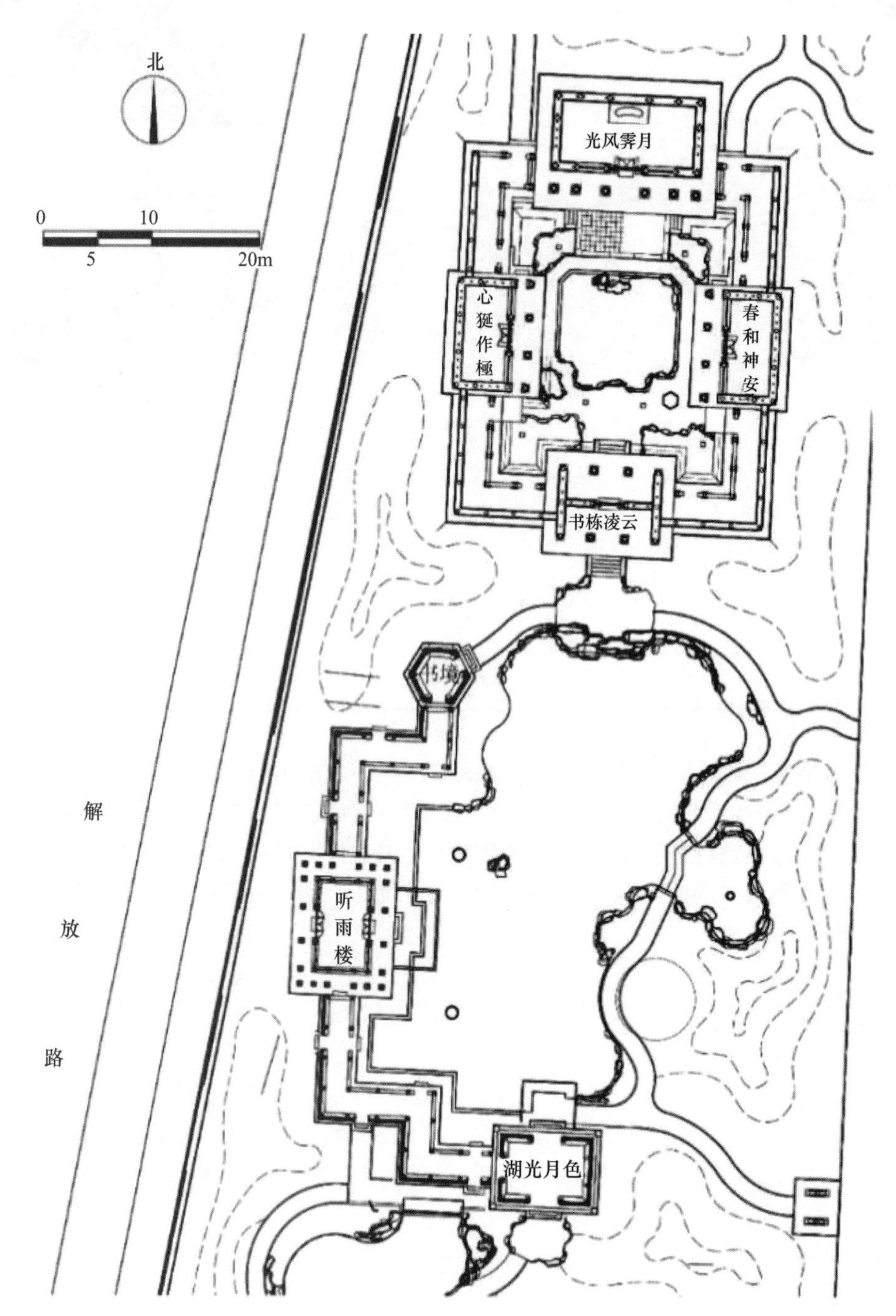

图 9-2-1　晋商博物院西花园局部平面图

2. 分隔并围合园林空间

用廊把单一的庭院划分为两个以上的局部空间，而且廊是作为一种较“虚”的建筑元素，廊侧的景观能互相渗透丰富空间景观的变化。我国的苏州园林常用曲廊增加空间变化，拙政园中园西侧的柳荫路曲以曲廊分隔水景与墙角大面积的种植空间，如图 9-2-2、图 9-2-3 所示。

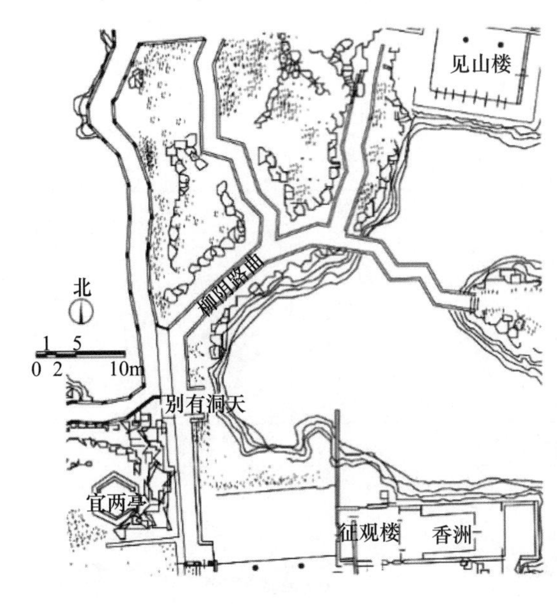

图 9-2-2　柳荫路曲平面图

图 9-2-3　柳荫路曲实景图

廊既可划分空间又可围合空间，并在围中有透，形成围透结合的空间效果。江南古典园林常用此法，巧妙地创造出各种室内外交融的小庭院，其空间流畅、生动。

3. 组廊成景

廊的平面能自由组合，本身通透开畅宜与室外空间结合。人在廊中可躲避日晒雨淋、休息赏景，近处又有坐凳，挂落自成框景。由外面向廊看，廊既有统一格调，又通透变化与园林环境协调，容易组成完整独立的景观效果。如圆明园的旧景万方安和就是用廊组成的景，现代公园中应用得更多。

4. 展览作用

廊具有系列长度的特点，能满足一些展出的要求。过去园林常在廊的一面墙上展出书法字画石刻。现代园林在廊的一面墙上开设橱窗展出工艺、雕塑、科普、模型。可用花格博古架形式展出花卉盆景等装饰品，也可利用廊的形式展出旅游商品等作为广告宣传。

9.2.2　廊架的类型

廊的类型丰富多样，其分类方法也较多。按平面形式分有直廊、曲廊、抄手廊、回廊；按廊的横剖面形式可分为单面空廊、双面空廊、复廊、暖廊、双层廊、单支柱廊等形式；按纵剖面形式又可分为平地廊、爬山廊、跌落廊、桥廊、水廊等，见表 9-2-1。

表 9-2-1　廊的形式

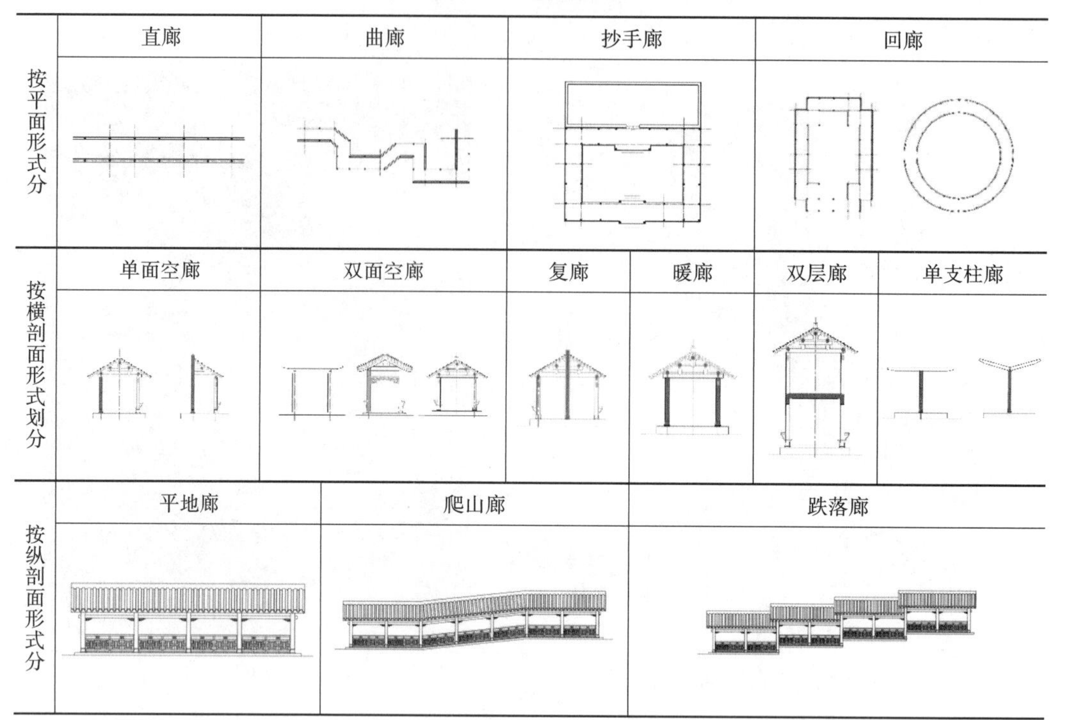

按平面形式分	直廊	曲廊	抄手廊	回廊		
按横剖面形式划分	单面空廊	双面空廊	复廊	暖廊	双层廊	单支柱廊
按纵剖面形式分	平地廊	爬山廊	跌落廊			

1. 双面空廊

只有屋顶用柱支撑、四面无墙的廊。在建筑之间起连接作用的直廊、折廊、回廊等多采用此种形式，在园林中既是通道又是游览路线，能两面观景，又在园中分隔空间，廊两边景色的主题可相应不同。如拙政园的柳荫路曲，一侧是掩映在柳荫当中的小空间，另一侧是开阔的水面景观。

2. 单面空廊

一侧为空廊，面向主要景色，另一侧沿墙或附属于其他建筑物，形成半封闭的效果。其相邻空间需要完全隔离时，可用实墙；否则可半封闭设置花格或漏窗，如《园冶》中所谓“俗则屏之，嘉则收之”。且单面墙也不一定总设在一面，还可左右变换，人在廊中有移步易景、空间变化的效果。

3. 复廊

复廊又叫双面廊，中间设分隔墙，形成两侧单面空廊的形式。这种复廊一般安排在廊的两边都有景物而景观特征又各不相同的园林空间当中，用复廊来划分和联系空间，中间墙上多开各种式样的漏窗，从廊的一侧可隐约看到另一侧的景色，两侧景色互为借景。如苏州沧浪亭临水一面的围墙就采用复廊的形式，如图 9-2-4 所示，使园内外景色都没有围墙的界限感。

4. 暖廊

暖廊是设有可装卸玻璃门窗的廊，既可以防风避雨，又能保暖隔热，适用于气温变化较大的北方地区及有保温要求的建筑，如为植物盆景等展出用的廊或联系有采暖空调的房间。

图 9-2-4　苏州沧浪亭复廊

5. 双层廊

双层廊又称阁道，廊分上、下两层，可为人们提供在上、下两层不同高度的廊中观赏景色的条件，也便于联系不同高度的建筑物或景点。因其富有层次上的变化，也有助于丰富园林建筑的体形轮廓，依山傍水、平地上均可建造，如北京北海公园的延楼，如图 9-2-5 所示。

图 9-2-5　北海公园延楼外观

6. 单支柱廊

近年来由于钢筋混凝土结构的运用，出现了许多新材料、新结构的廊。最常见的有单支柱廊，其屋顶有平顶或作折板，或作独立几何状连成一体，各具形状，造型新颖，体形轻巧、通透，在新建的园林绿地中备受欢迎。

9.2.3　廊的设计要点

1. 选址与布局

园林建廊与地形密切相关，由于廊的单元为“间”，可随地形变化自由组合。在平地、水边、山坡等不同地段均可因地制宜建廊，由于环境条件不同，其作用与要求也各不相同。

1）平地建廊

平坦的地形，廊应在形式上有所变化，但又不任意曲折；要以分隔景区空间为主，配合环境营造。

在园林中的小空间或者小型园林中建廊，常沿界墙及附属建筑物以“占边”的形式布置。形制上有在庭园的一面、两面、三面和四面建廊的，使得以廊、墙、建筑等围绕起来的庭院中部形成主要景观。如山西太原的晋商博物院西花园，就是用廊连接四面建筑围成中庭水景的空间，如图 9-2-6 所示。拙政园的柳荫路曲，同样也是在平坦地形上用廊分隔空间，组织游览路线。

图 9-2-6　晋商博物院中庭空间

2）水边及水上建廊

在水边或水上所建的廊，一般称为水廊，供欣赏水景及联系水上建筑，形成以水景为主的空间。水廊有位于岸边和完全凌驾于水上两种形式。

园林水体多做驳岸处理，正好可作为水边廊的基础，为了营造水上倒影与近临水面的效果，廊的高度要尽可能贴近水面，廊柱间的坐凳栏杆又恰好可以作为水边的安全防护设施。

凌驾于水面之上的水廊一般紧贴水面，临水景观效果更好。苏州拙政园西部水廊，两种方式兼有，高低起伏，人行其上如行在水波之上。

桥廊也是水廊的一种，除供休憩、游览之外，对丰富园林景观也起着重要的作用，能在水中形成倒影，还可作为框景联系廊两侧的景观。苏州拙政园的小飞虹就是一段跨越水面上的桥廊，如图 9-2-7 所示，形态轻巧优美，在划分空间层次、组织观赏路线上起着重要的作用。

图 9-2-7　拙政园小飞虹

3）山地建廊

山地建廊可供游人登山观景，也可将山地不同高程的建筑用廊连接成通道，可避雨防滑，同时又丰富了山地建筑的空间构图。廊因地形蜿蜒高低、地形坡度大，梁柱间不能保持直角正交，每间形成平行四边形，如北京北海公园琼华岛上的看画廊。坡度不是很大的地形，廊的结构为了仍可做成直角，也可分段建成高低廊的形式，如无锡锡惠公园中的高低廊。

2. 设计要点

1）运用廊分隔空间

要因地制宜，利用自然环境，创造出各种景观效果。平面曲折迂回可以划分大小不同的空间，增加平面空间层次。墙角尽处划出小天井使尽端有不尽之感，如图 9-2-8 所示。

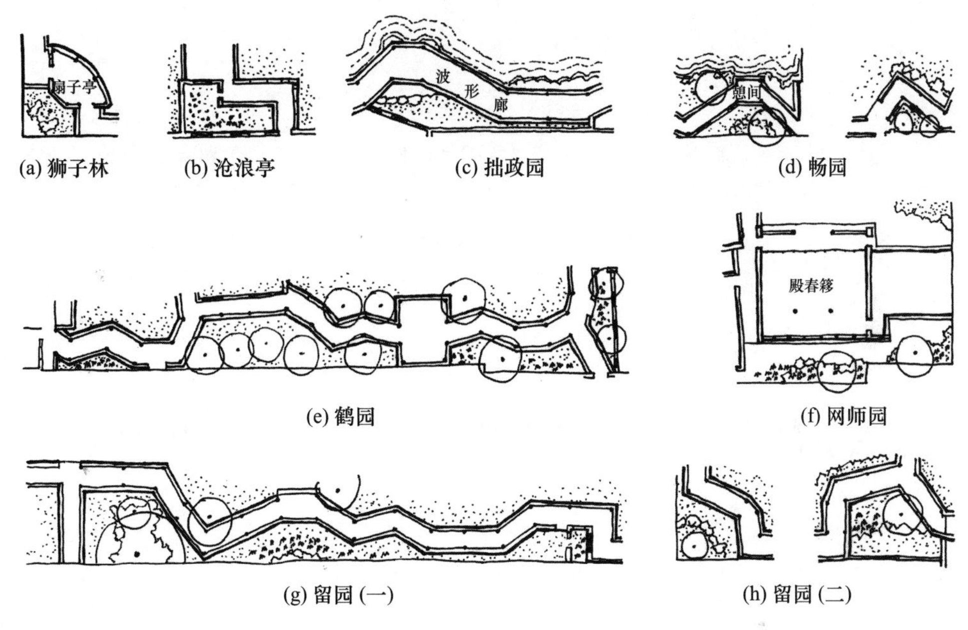

图 9-2-8　长廊平面实测图

2）出入口

廊的出入口是人流集散要地，常出现在廊的两端或中部某处，将其平面及空间做适当地扩大，以疏导人流及其他活动需要，在立面及空间处理上也应做重点强调，以突出其美观效果。

3）内部空间处理

廊内部空间设计是廊进行造型景致处理的重要内容。狭长的直廊，空间单调；多折的曲廊在内部空间上即可产生层次变化。此外，在廊内适当位置做横向隔断，也可以增加廊曲折空间的层次感及纵深感，廊内设以月洞门、花格隔断及漏花窗等均可达到同样效果。将植物种植到廊内、廊内地面上升等均可丰富廊内的空间变化效果。

4）廊的立面造型

亭廊组合是我国园林建筑特点之一。廊结合亭可以丰富立面造型，扩大平面重点区域的使用面积，设计时要注意建筑组合的完整性与主要观赏面的透视景观效果，使廊亭成为具有统一风格的整体。

5）“间”的灵活运用

廊以相同的单元“间”组成，但我国传统形制南、北方略有不同。北方传统以四檩卷棚屋架、筒瓦屋顶；廊内无天花，没有雕刻而多施苏式彩画；方柱抹角又称海棠柱。南方私家园林廊的形制不很统一，屋顶有一面坡、两面坡的小青瓦屋面；内部不施彩画但多做成砖棚顶，用料也比较细小，梁柱间有架撑木以增加其强度，如苏州拙政园柳荫路曲廊。廊一般每个开间3～4m长，进深2～3m宽，高度3m左右，按不同使用功能而略有增减，南方私家园林尺度较小，部分廊的剖面实测如图9-2-9所示。

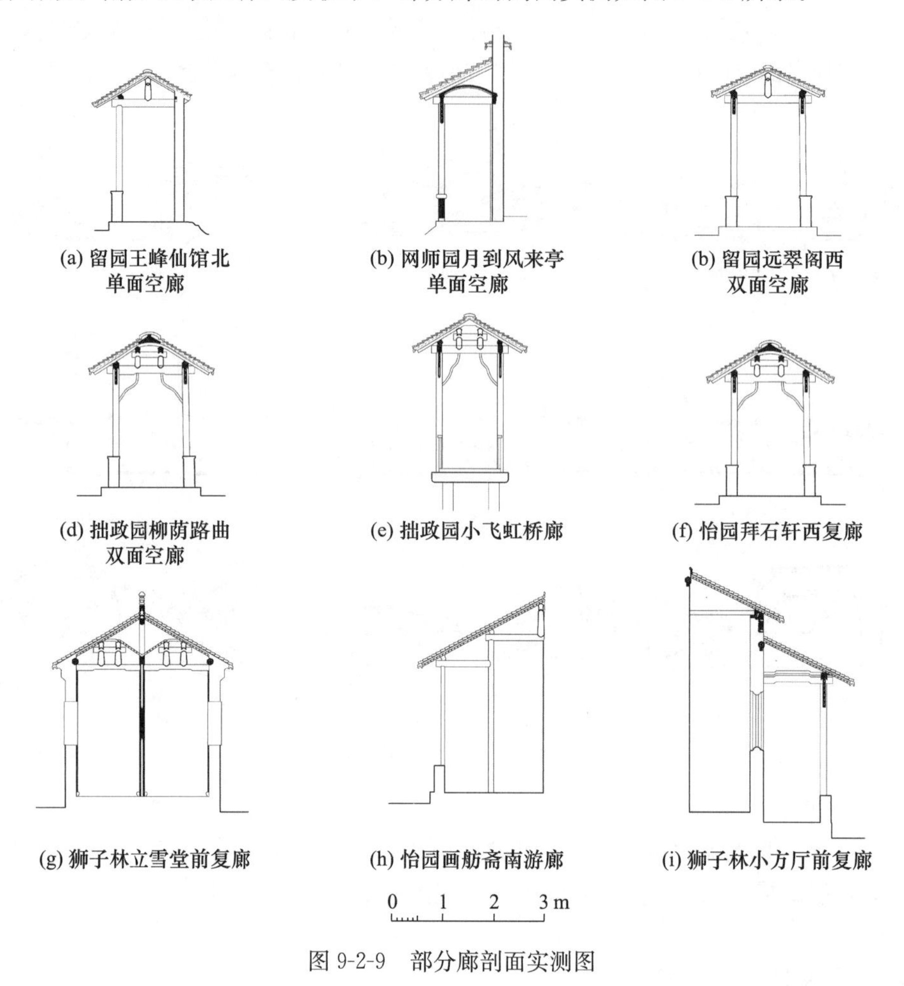

图9-2-9　部分廊剖面实测图

6）廊的装饰

中国建筑装饰是与功能结构密切结合的。廊当然也不例外。檐枋下有挂落，古式多用木做，雕刻精细；新式多取样简洁坚固、廊下布置坐凳栏杆，既能休息防护又与上面的挂落相呼应构成框景效果。在南方园林中，为了防止雨水溅入并增加廊的稳定性，将坐凳做成实体短墙。一面有墙的廊，在墙上尽可能开些透窗花格，获得取景、采光、通风的效果，为了晚间照明还可做成灯窗。

传统廊的色彩，南方与建筑配合多以深褐色为主的素雅色彩，而北方多以红绿为主色配合苏式彩画的山水人物丰富装饰内容。新建的廊多以新的水泥材料，以浅色为主，以取明快的色调。

7）材料与造型

新材料、新结构的使用为园林中廊提供了多样造型的可能。

用钢筋混凝土结构也可以做成古代的形式，但做成平顶更方便简洁，与近代建筑相匹配，可以不要装饰，梁也可以做在屋顶上（反梁）。平面可直也可以做成任意曲线。立面利用新结构可做成各种薄壳、折板等丰富多彩的造型。利用廊有统一单元性，钢筋混凝土结构可实现单元标准化、制作工厂化、施工装配化，创造很有利的条件。

此外，利用新的高强钢材与软塑料防水材料可以做成悬索、钢网架等结构的造型。因为廊只有防雨要求而没有保温要求，这给利用塑料做顶提供了便利条件，因此可以用塑料的易折性做成各种新颖美观的造型。

9.2.4 案例

1. 传统廊架

1）拙政园波形廊

在拙政园的西花园和中花园交界处有一道水廊，从平面看是波形，至水洞处宛如一个旋涡，从侧立面看也是波形，是一条柔美的波浪线，故被称为波形廊，如图 9-2-10 所示。

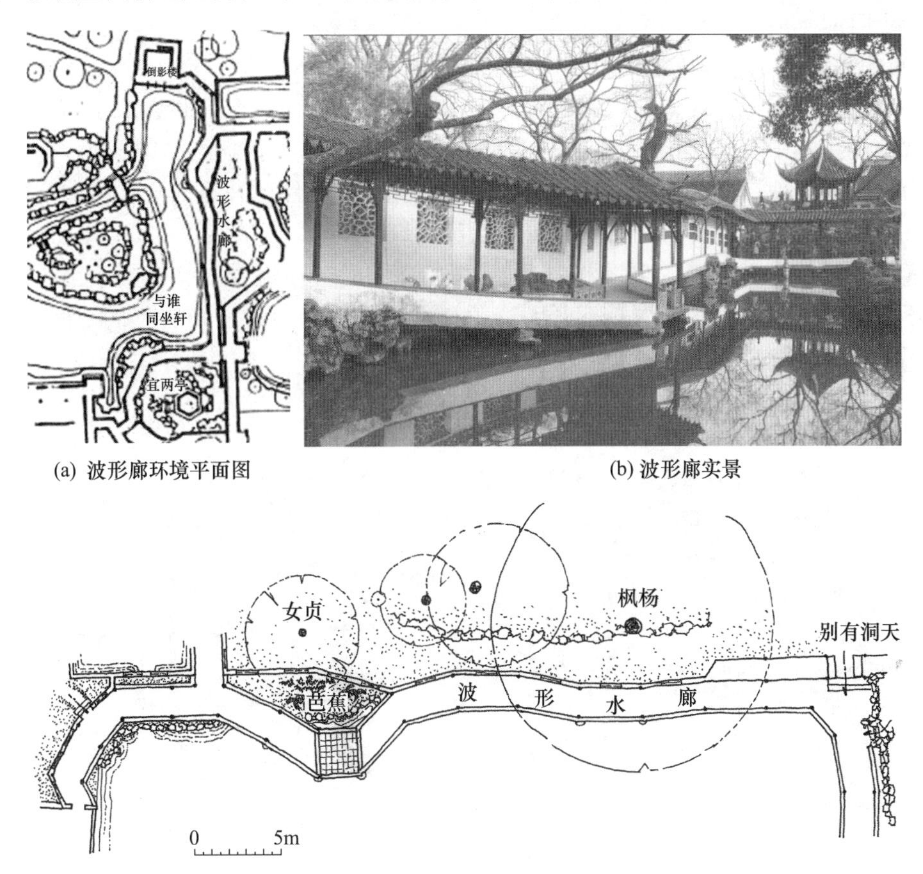

(a) 波形廊环境平面图　　(b) 波形廊实景

(c) 波形廊平面图

(d) 波形廊立面图

图 9-2-10 拙政园波形廊图

该波形廊平面曲折角度的变化缓急相间，于变化中求统一，既有左转右折之曲，又有高低起伏之曲，两者有着和谐的结合。廊的南段，转折委婉而微妙，似直而有曲，起伏平舒而自然，北段则有许多明显的转折，幅度极大，特别是折向倒影楼处近于急转弯，北段下边还通有一个水洞，因而廊的起伏也大于南段。整个曲廊在长波郁拂之间，有"缓案"、有"急挑"，使人如在舟中，给人以有弛有张、有伏有起的运动感。廊的屋顶部分也富有波形之美，不仅屋脊线随廊的起伏而轻拂徐振，而且屋顶也采用线条柔美如波的卷棚式。整个廊的造型，从南端看，它的动势导向于引人入胜的倒影楼；从北端看，曲廊和曲水更是相得益彰、辉映成趣。沿着波形廊散步，高低错落、上下起伏，犹如置身于舟船，能感受到风浪的起伏。

2）无锡锡惠公园垂虹爬山游廊

锡惠公园在无锡市西郊，以锡山、惠山命名，包括锡山的全部和惠山东麓及连接两山的映山湖。其中有条爬山游廊，名曰"垂虹"，长 32m，选址位于山脚处，建廊供游人登山，廊身随地形逐级上升，廊顶也随廊身渐陡处理成层层叠落的阶梯和曲线相结合的形式，阶梯有长有短、有高有低，自由活泼而有节奏感，如图 9-2-11 所示。爬山游廊在交通上联系了"天下第二泉"与"锡麓书堂"，同时，在组景上又是处于山麓上、下两个不同景区空间的界景位置，穿透、迤长、精巧的廊身引连了前后不同空间的景色，展现了惠山的雄姿，增添了景色的层次，设计巧妙。

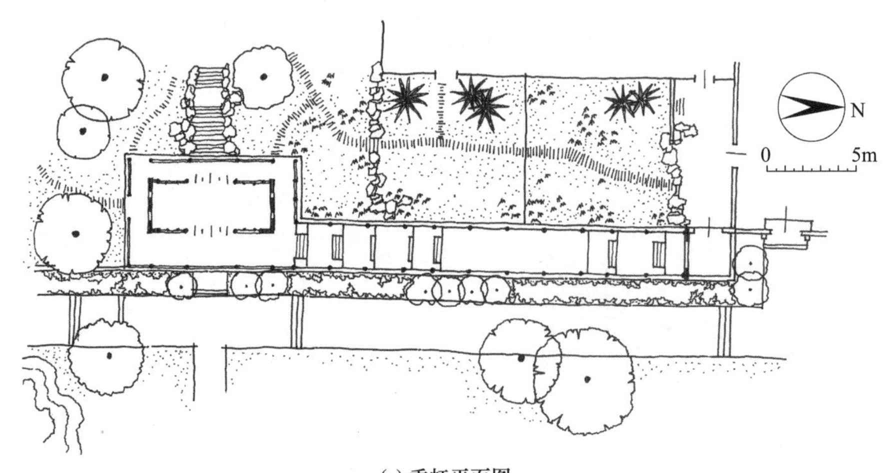

(a) 垂虹平面图

(b) 垂虹立面图

(c) 垂虹实景图

图 9-2-11　无锡锡惠公园垂虹爬山游廊图

2. 现代廊架

现代廊架一般保留了传统廊架的柱廊形式，但其形式不同于传统廊架的规则式柱间距，多采用不同线条形式，有流线式、有极简式；另外其建造材料也多样化，有钢材、木材、竹、混凝土等多种不同材料单独或者结合形成。

越南金兰国际机场停车场外廊架是典型的现代廊架，平面形式不同于传统廊架的矩形，以巨大的曲线形状看似随机地排列在场地上，却创造了一个非常通透的空间，如图 9-2-12所示。它的主要结构组成是由金属钢为材料建造，长廊顶部以及坐凳表面由竹子为主要材料。顶部不完全遮蔽，阳光在座位上投下各种不同的阴影，长椅总会有一部分会暴露在阳光下，无论何时何地，这些光影图案都会给人一种人在丛林当中的感觉，它能使人与场所之间产生更多的互动，是现代长廊的佳作。

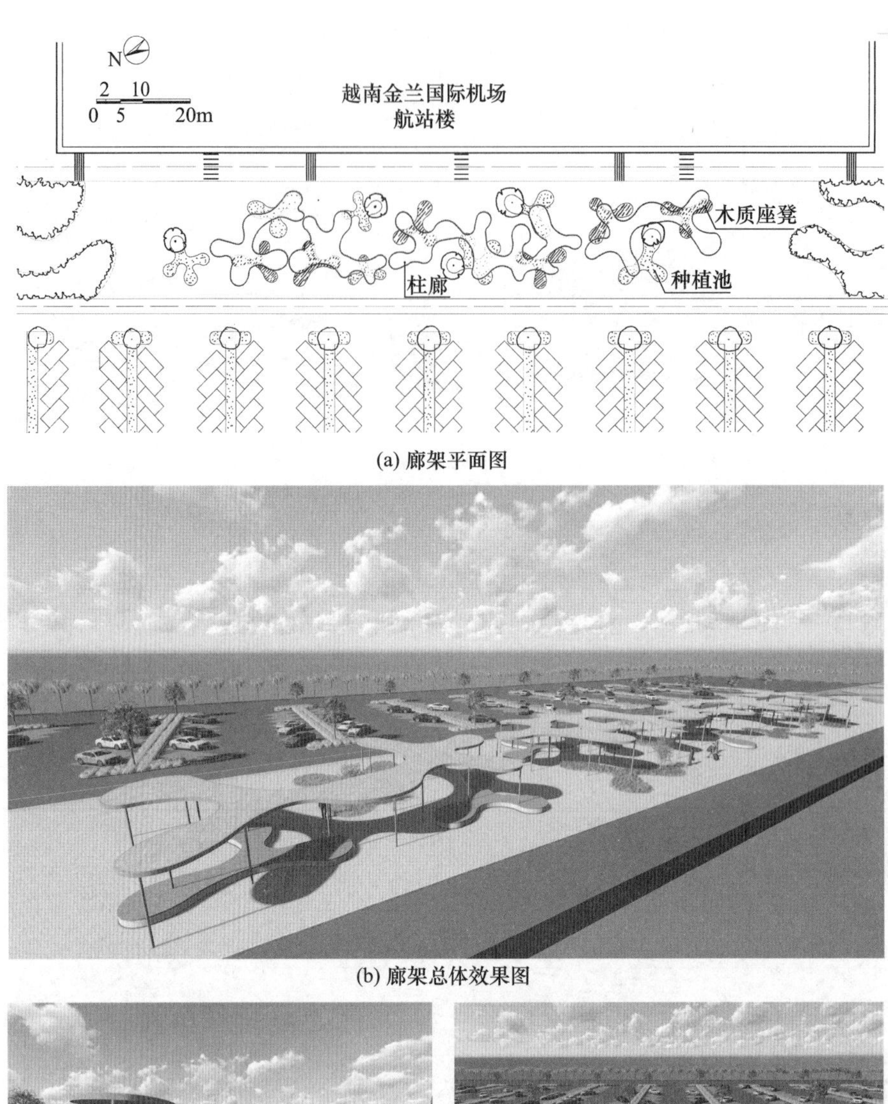

(a) 廊架平面图

(b) 廊架总体效果图

(c) 廊架局部效果图一

(d) 廊架局部效果图二

图 9-2-12　越南金兰国际机场停车场外长廊图

9.3 楼　　阁

9.3.1 楼阁的含义

楼阁在游憩类建筑中体量最大，而且造型丰富、变化多样，往往会结合一定的实用功能，是园林内重要的“点景”“观景”建筑。著名的楼、阁有湖南岳阳的岳阳楼、湖北武汉的黄鹤楼和江西南昌的滕王阁。

《说文》曰："楼，重屋也"，《尔雅》记载，"狭而修曲为楼"。因此，楼是长条形的，平面上可以有曲折的变化。楼的高度需根据建筑外部环境而定，如在小尺度私家园林中的楼一般为两层，而在大尺度皇家园林及风景名胜区中一般为多层。楼在平面上一般呈狭长形，面阔三间、五间不等，也可体形很长，曲折延伸。由于楼体量大，形象突出，因此在建筑群中既可以丰富立体轮廓，又可以扩大观赏视野。

阁与楼相似，也是一种多层建筑，但较小巧。《园冶》中有记载"阁者，四阿开四牖"。可以看出，其特点通常是四周开窗，设隔扇或栏杆回廊，有挑出的平座。阁在平面上常作方形或正多边形，一般为攒尖式屋顶，在造型上高耸凌空、轻盈、集中向上。楼与阁在形制上不易明确区分，后来人们也经常将"楼阁"二字连用，代表竖向延伸的建筑。

传统楼阁除具有登高临下远眺、休憩等园林功能之外，还有居住、读书、宴客、藏书、供奉等多种功能。

中华人民共和国成立后，楼阁的形式广泛地运用于新园林建筑创作之中。由于新材料与新结构技术的应用，建筑的造型与空间组合方式都更加丰富而有变化。在建筑功能上，楼阁广泛应用于茶室、餐馆、游赏、接待、展览等多种用途。

9.3.2　楼阁的类型

1. 按平面形式分

楼阁常用平面形式有长方形、方形、八角形、近十字形和凸字形等，具体形式及代表案例详见表 9-3-1。

表 9-3-1　楼阁常用平面形式

分类方式	类型	图示	名称	代表案例图片
平面形式	长方形		南京煦园夕佳楼	
	方形		昆明大观楼	

续表

分类方式	类型	图示	名称	代表案例图片
平面形式	八角形	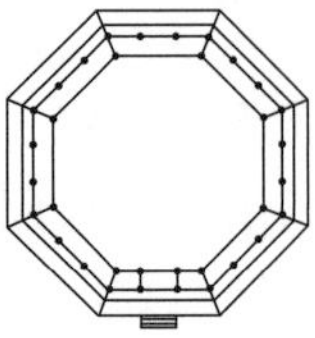	颐和园佛香阁	
	近十字形	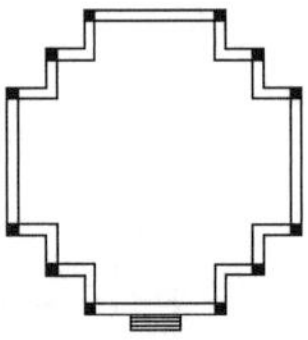	武汉黄鹤楼	
	“凸”字形	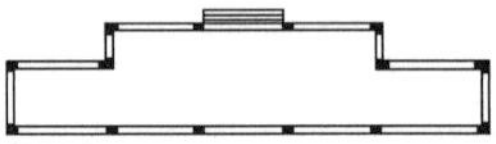	苏州留园冠云楼	

2. 按屋顶形式分

在楼阁的外形设计中，最被重视的是屋顶，通过屋顶形式来增加楼阁的“形”和“量”的气势。楼阁虽然内部构造方式相对固定，但却运用了丰富的屋顶形式，有歇山顶、攒尖顶（四角、六角、八角）、硬山顶（藏书楼）、盝顶等，而且运用了多变的组合：单檐、重檐、腰檐、平坐等，产生出适合于不同环境的楼阁建筑形象和特征。楼阁常用屋顶样式及代表案例详见表 9-3-2。

表 9-3-2 楼阁常用屋顶形式及代表案例

分类方式	类型	图示	名称	代表案例图片
屋顶形式	歇山顶		苏州拙政园见山楼	

续表

分类方式	类型	图示	名称	代表案例图片
屋顶形式	硬山顶		苏州留园明瑟楼	
	攒尖顶		四川成都望江楼	
	盔顶		湖南岳阳岳阳楼	

除按平面及屋顶形式分类外，从结构和材料上分，有木结构、砖石发券、琉璃，还有铜铁铸造的等，但大多为木结构。

9.3.3　楼阁的设计要点

1. 选址

在园林中，楼阁的选址位置一般需结合山、水环境来布置，详见表 9-3-3，称为因山建楼和因水建楼。

不同位置山的地势特征决定了楼阁的形态选择。山顶位置有利于四面借景，楼阁顺应山体轴线趋势，对原有形势有所增益，楼阁高调显露，作为区域环境的构图重心；山腰地势延绵，楼阁形态应与山体形态相呼应，起到填充和过渡的作用，完善山形整体轮廓线，楼阁宜依山就势，并融入环境之中；山麓地带楼阁建筑作为景观序列起点以障景蓄势，形态内敛低调，对整体形势影响较小。还需根据山体地域特色综合考虑，如北方的山高耸险要、草木稀少，楼阁则体量较小，作为点缀，色彩暗淡，与山色融为一体；南方少高山、多丘陵，山林葱郁，楼阁以高大体量控制区域景观，色彩鲜艳，成为景观视觉焦点。

因水建楼，楼阁大多作为水域的主导，统领水景中的其他要素。环水楼阁是水域空间的视觉焦点，体量不宜过大，且要能够控制区域环境。临水楼阁，竖向体量的动势与横向展开的水面构成一幅动态平衡、富有灵气的山水画。因水建楼，建筑气质应与水之形态动静相宜，碧波荡漾的湖边，楼宜轻盈优美；波澜壮阔的江海之畔，则需巨楼高耸。

表 9-3-3　楼阁常用选址位置示意图及代表案例

位置关系	选址	位置示意图	名称	代表案例图片
因山而建	山顶		承德避暑山庄上帝阁	
	山腰		峨眉山清音阁	
	山麓		承德普宁寺大乘阁	
因水而建	临水	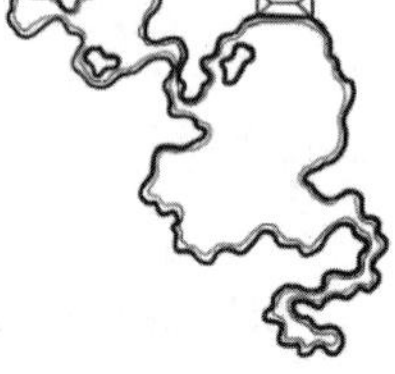	苏州留园明瑟楼	
	环水	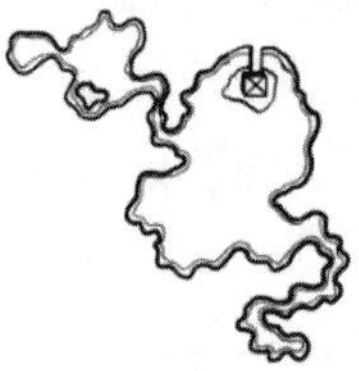	拙政园见山楼	

2. 布局

楼阁作为一种特殊类型的建筑形式，与其他建筑形式的单体有所不同。在设计中由于高低起伏搭配的需要，楼阁常与附属建筑直接联系，再加上所出抱厦、平坐，而成为介于团块组合和单体建筑之间的一种特殊形式。它给人的印象往往是一组丰富、多变的集团式建筑，而不是一个孤立的单体。

楼阁在环境中的布局大致可分为两种情况：

（1）高阁凌空

楼阁建筑代表了风景主要观赏面的形象，统领整个景区空间，是风景的主题。它常建于建筑群体的中轴线上，起构图中心的作用。同时楼阁也可独立设置于园林中的显要位置，成为园林中重要的景点。它的造型雄伟、华丽，体量、高度都明显地大于周围建筑。以楼阁建筑为中心，向外被外部空间及附属建筑所围绕、烘托，整个景区空间依楼阁而组织展开，如佛香阁就具有一定的气势，借助附属建筑的烘托而控制全局。

（2）朴实随宜

楼阁不是作为主体建筑，如出现在一些规模较小的园林中，常建于园的一侧或后部，既能丰富轮廓线，又便于因借园外之景和俯览全园的景色。此时楼阁的位置、体量、造型与周围建筑相差不大，是被作为一个组成部分，与其他附属建筑一样，被组织在空间序列中，随着空间序列的展开才能发现其存在。像颐和园的画中游建筑群中的配楼、藏书楼等，都是被用来作为整体环境空间中的重要附属建筑，造型也与它们随宜。

9.3.4　案例

1. 传统楼阁案例

1）留园冠云楼

如图 9-3-1 所示，留园冠云楼位于苏州留园东北隅，楼前南侧布置冠云峰。冠云楼平面呈凸字形，是一座二层楼房，由主楼和配楼组成，配楼位于两侧。主楼为歇山顶形式，配楼为硬山顶。主楼突出，配楼退后，构成既有变化而又主次分明、形式丰富的立面。

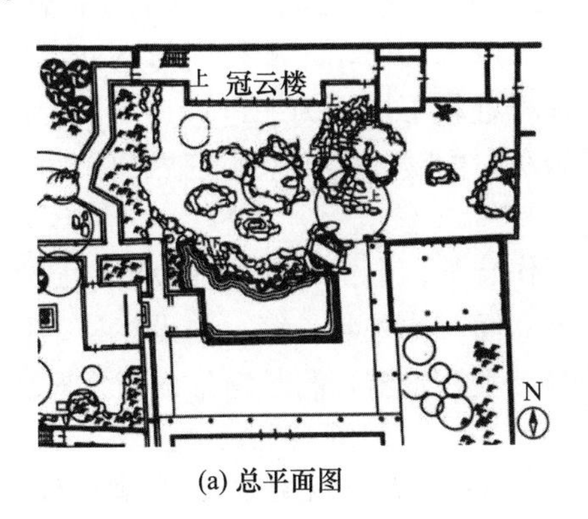

(a) 总平面图

(b) 实景图

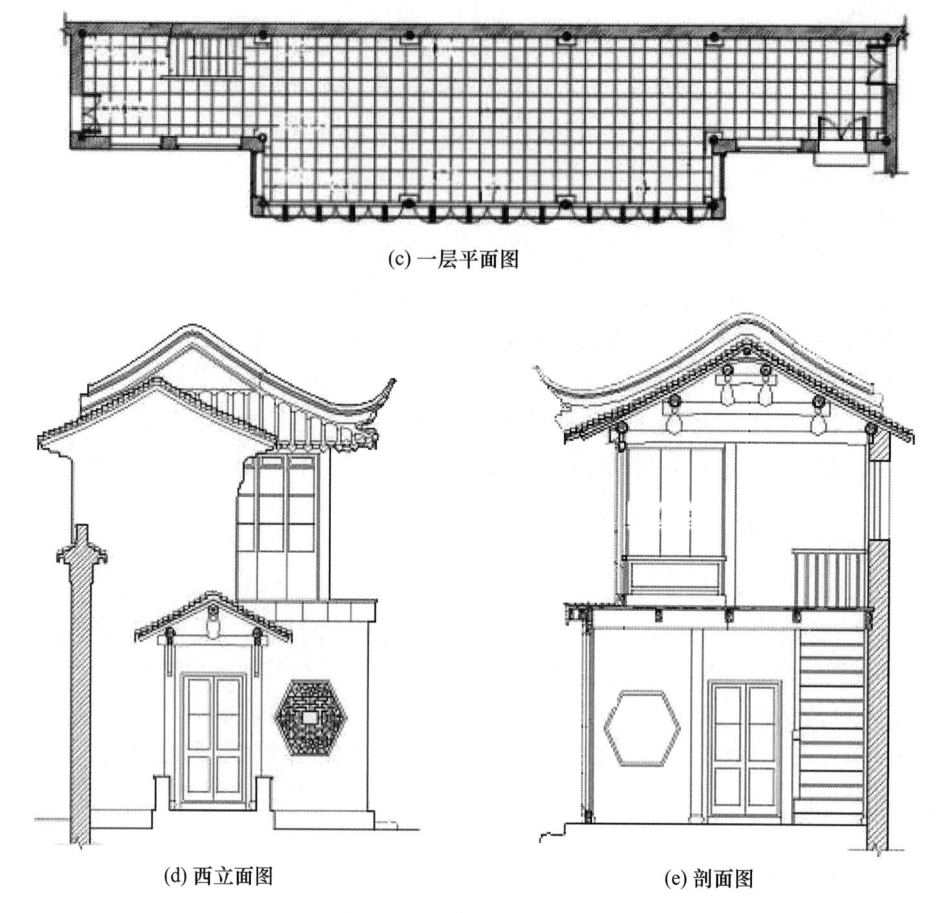

(c) 一层平面图

(d) 西立面图

(e) 剖面图

图 9-3-1　苏州留园冠云楼

（资料来源：《图解〈营造法原〉做法》）

冠云楼不设步柱，仅在楼前后各设檐柱一排，并且都隐藏于后檐墙内及长窗之内。所以楼内只见粉墙明窗，空间看上去宽敞，虽面积不大，却不觉狭小，建筑进深虽浅，也不觉太浅。冠云楼一层楼高 3.32m，楼面构架在前后檐柱之间，均设承重构件相连，以架格栅，格栅之上铺设楼板。在西配楼内设置一座木楼梯，东配楼则与室外盘旋而上的假山踏步相连。冠云楼上层檐高为 2.63m，前檐柱较下层稍为缩进。其中，主楼屋架采用五界圆作回顶，于屋内拔落翼，按歇山顶做法。配楼屋架则采用三界圆作回顶，两侧为硬山顶做法。

楼的前檐做硬挑头为阳台，阳台以砖细构件作装饰，上铺方砖，前设台口砖，下为挂枋。台口砖与挂枋立面简洁大方。冠云楼外檐立面，均外装长窗，内设栏杆，供人登高眺望。主楼底层也为长窗，而配楼底层为粉墙，上开景窗，与长窗形成虚实对比。

2）颐和园佛香阁

如图 9-3-2 所示，佛香阁是清代皇家园林——颐和园的主体建筑，建在万寿山前山高 20m 的方形台基上。佛香阁南对碧波千顷的昆明湖，北依建筑“智慧海”，殿宇亭台以它为中心对称地向两翼展开，形成万寿山前山众星捧月般的建筑群落，气势宏伟浩大。

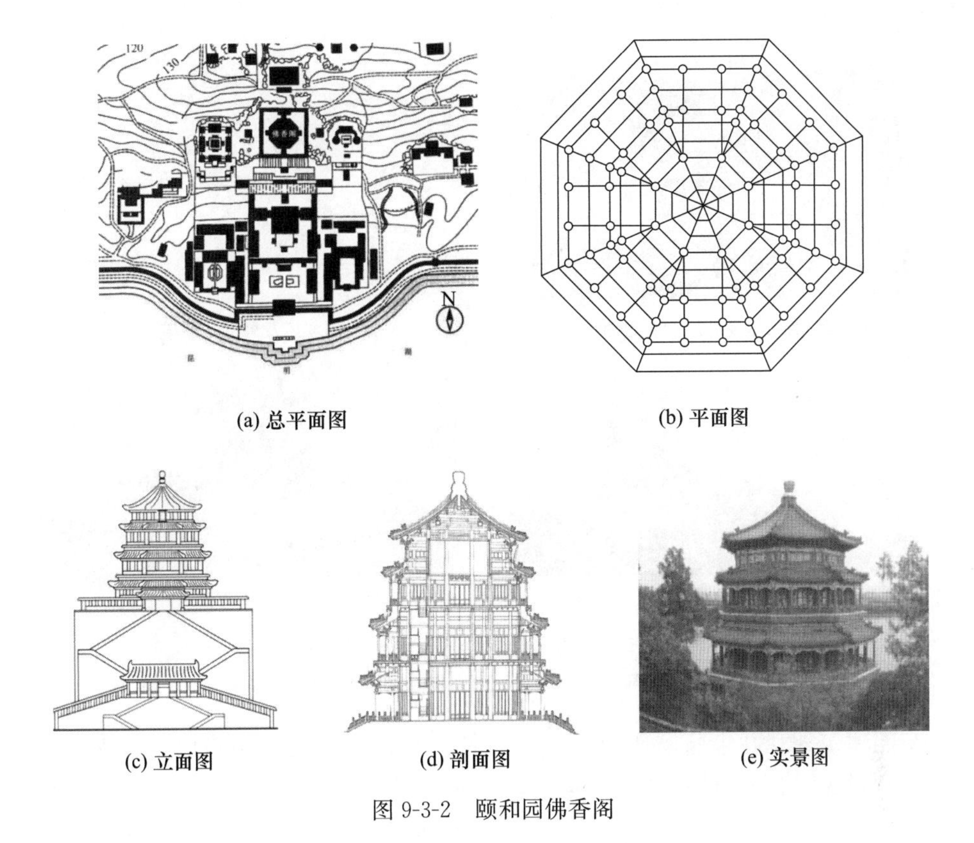

(a) 总平面图　(b) 平面图

(c) 立面图　(d) 剖面图　(e) 实景图

图 9-3-2　颐和园佛香阁

佛香阁 3 层八角四重檐攒尖顶，佛香阁本体高 37m，加上建筑下方高 20m 石造台基，把佛香阁高高托举出山脊之上。仰视有高出云表之概，随处都能见到它的姿影。建筑八面 3 层四重檐，内有八根坚硬的铁梨木巨柱支撑，结构复杂，独具匠心，高台矗立，气势磅礴。它将东边的圆明园、畅春园，西边的静明园、静宜园以及万寿山周转十几里以内的优美风景尽收眼底，把当时的“三山五园”巧妙地融为一体，使之成为一个大型皇家园林风景区。

2. 现代楼阁案例

1）北京世园会永宁阁

永宁阁是 2019 年中国北京世界园艺博览会园区中的地标性楼阁建筑，由北京林业大学园林学院董璁教授主持设计。相比世园会“四馆一心”等主要场馆建筑，永宁阁的功能相对简单，主要以景观营造和文化表征为主。“永宁阁”的名字取自延庆当地永宁古城，寓意政通人和、国泰民安，对于延庆百姓更是别有一层特殊的含义。

如图 9-3-3 所示，永宁阁耸立于园区中央的天田山顶，天田山高 25m，南侧坡度较缓，其余三面均为陡坡，根据天田山的体量和走势，将永宁阁的主要入口及承台置于山顶靠南一侧，游人从山脚下的文人园沿溪流拾级而上，即到达山腰处的承台起点，自山腰至山顶分为两级台面，上下台高差近 7m。低台高度近 8m，台面呈“T”字形，南北纵深达 40m，专供游人在此驻足留影。通往高台的台阶位于低台北端，沿着阶梯一路上山，即可抵达高台之上。山顶高台呈正方形，高台面积为 $64m^2$，合古尺 20 丈，永宁阁雄踞中央。

(a) 永宁阁本体及外环境实景图

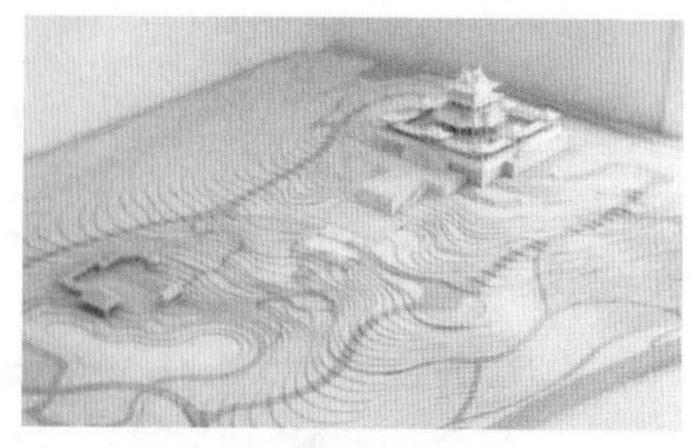
(b) 永宁阁本体及外部环境模型

(c) 永宁阁南北剖面图

(d) 永宁阁正面透视图

图 9-3-3　北京世园会永宁阁
（资料来源：北林园林资讯“学术声音丨 2019 年中国北京世界园艺博览会永宁阁”）

永宁阁建筑外观并未照搬历史上的某一特定楼阁，而是对中古时期几座历史名楼（包括绘画所见）的综合借鉴和灵活运用，既非盲目抄袭，也非凭空捏造，而是学有所本，仿中有创，是一次礼赞传统的重新创作。建筑采用了中国中古时期的建筑风格，建筑形象体现了阁类建筑的两个关键特征，即“平坐上建屋”和“四阿开四牖”。建筑设计将传统设计方法则贯穿于由平面部署到梁架结构，直至装修细项的全部过程。

建筑采用中国山水式宫苑建筑传统“高台阁院”式布局，整体意象可以概括为“花田错落，重台参差，回廊环绕，高阁耸峙”。建筑四周围以门庑、回廊和角亭。建筑整体形象为“楼阁四面，院落四方”，象征四海升平、国泰民安。方院回廊和楼阁深木色，基石白色。阁主体虽是木色，却不是木结构，是钢筋混凝土结构，颜色是油了五层漆才达到的木色效果。阁平面正方形，四向对称，屋身 4 个方向都开有窗户，阁体采用四出头歇山抱厦。南北东西四座门庑檐下分别悬挂海晏、河清、风调、雨顺匾额，台四隅各有一座角亭，门、亭之间缀以游廊，柱间遍布坐槛，可供大量游人在此休憩观景。承台东、南、西三面被门庑亭廊连续包围，唯北侧开辟为消防车出口，将左右两段游廊分别从中部断开，就势做成无障碍起坡斜廊，以便残障人士也可以进入廊庑内休憩观景。

永宁阁地下一层，地面以上明两层、暗一层。自承台地面至正脊总高 27.6m，建筑面积 2025m^2。自上而下，屋顶重檐歇山十字脊，“永宁阁”斗匾放置于南侧上下檐之间，匾高 2.7m。明二层为观景大厅，室内高堂邃宇，四周檐廊环绕，凭栏于此，可尽赏河山美景。二层平面正方形，殿身面阔、进深各三间，副阶周匝深半间。室内九宫格式平面，明间面阔 5.4m，次间面阔 3.6m，中央十字为开放空间，四面开门通往外廊，4 个角隅分别为两部楼梯、一部电梯和管理用房。室内净高 9.5m，半空高悬“其宁惟永”匾额，匾长 3.6m。平坐楼面比园区主路高出约 37m，游人在此不仅可以俯瞰全园，更可近览妫水，远眺群山，为全园观景最胜之地；平坐以下为暗层，暗层用作陈列厅；首层为入口大厅，用于人群集散，内设两部楼梯和一部无障碍电梯。底座为 1.2m 高的青白石须弥座，台边护以白石勾栏，台基四面均设踏道，北面东西两侧利用台基窝角加设无障碍坡道；地下一层为多功能厅，用于举办展览和小型活动。

2）广元市凤凰楼

凤凰楼坐落在四川省广元城中的凤凰山上，它与唐代女皇武则天密切有关。据可靠资料，唐武德七年（公元 624 年）武则天在广元出生，其母分娩时，一只凤凰绕房一周，然后向东山飞去。武则天的父亲（时为利州都督）当即便将东山更名为凤凰山。武则天 14 岁被唐太宗选入宫为才人，后来又做了皇帝，但武则天不忘家乡广元，时常怀念故土，因此凤凰楼只修了 14 层，而且凤头回望南方，象征武则天想念家乡。唐太宗死后，唐高宗继位，武则天执掌朝政 42 年，故凤凰楼高 42m。

凤凰楼始建于 1988 年，1989 年建成，如图 9-3-4 所示。建筑风格吸取了中国传统建筑宫殿和塔的要素，楼高 14 层、42m，与凤凰山连成一个整体，造型优雅而富有变化，远看形似一只凤凰回首。到夜间，楼阁上彩灯通明，又恰似一只闪闪发光的金凤凰。建筑主体钢筋水泥浇筑，头顶盖金黄色琉璃瓦，每层都有供游览观赏的瞭望台，四周装有铝合金茶色玻璃窗。既有传统建筑的古朴典雅，又有现代建筑富丽华贵的风格。凤凰楼顶厅和前短后长的卷棚尾顶，酷似凤头、凤啄和凤颈。朝北楼层的围栏，远眺恰似凤羽，色泽金黄光亮。楼内梯步呈方形，盘旋而上，直至楼顶。楼层分南北错落各半，因此从楼里下部仰视，凤凰楼则是 25 层，那自上而下逐渐由北而南翘起的檐角，形成既往北飞、又回首南望的姿态，给人以灵动飘逸的感觉。

凤凰楼虽建于当今，但它已成为广元的独特标记，很快就闻名遐迩。登楼观赏，广元全城历历在目，新城老城融为一体。滔滔嘉陵江、潺潺南河水像两条玉带从城中穿过，鳞次栉比的高楼玲珑别致、五彩缤纷，远处的群山，重峦叠嶂，似龙腾虎跃。登临凤凰楼，无不有“心旷神怡，宠辱偕忘”之感。凤凰楼不愧为当今造型独特、宏伟壮观的天下名楼。

(a) 建筑及外环境

(b) 夜景

图 9-3-4　广元市城区凤凰楼

（资料来源：广元市旅游网）

思考题

1. 游憩类建筑区别于其他园林建筑的特点是什么?
2. 简述亭的常用分类方法有哪些，都有哪些常用称谓。
3. 试论述现代亭榭与传统亭榭的有哪些区别。
4. 简述亭榭的设计要点，并举例说明。
5. 简述楼阁的设计要点。

第10章

接待类建筑

本章主要内容：本章包含游客中心、游船码头两个部分。分别介绍了这两类接待类建筑的定义、功能及类别划分、选址与布局原则和各功能空间的设计要点，以及部分具体设施布局等内容。结合规范和实例，为风景园林视角下的接待类建筑设计提供参考。

10.1 游客中心

无论是人文景观，还是自然景观，都有其文化价值与特征，建设成为旅游景区的目的也在于使游客对此充分地体验。而兴建游客中心的目的是提升游客的体验感受。正如《解说中心的历史、设计和发展》一书中讲到，“游客中心要建立在‘地方灵魂’最美的地方……游客中心能够将事件融入背景，让人们感觉一个地方的意义”。2003年出台的国家标准《旅游区（点）质量等级的划分与评定》（GB/T 17775—2003）中强调了游客中心建设的重要性。自此，游客中心成为旅游景区申报A级旅游景点景区的必要条件。

目前，《旅游景区游客中心设置与服务规范》（GB/T 31383—2015）中对游客中心（Tourist Center）的定义为旅游景区内为游客提供信息、咨询、游程安排、讲解、教育、休息等旅游设施和服务功能的专门场所，属于旅游公共服务设施，所提供的服务是公益性的或免费的。虽然“游客中心”这一叫法为大多数旅游景区所接受，但出于不同角度和不同的环境，游客中心还有其他多种叫法，如游人中心、游客信息服务中心、游客服务中心、旅游服务中心、旅游信息中心、旅游信息咨询中心、旅游集散中心等。

一方面，游客中心加强了旅游景区和游客的联系，承载诸如宣传、服务、管理的功能，因此需要充分顺应游客的习惯与需求；另一方面，游客中心在这样的环境下修建，势必对场地产生影响，因此需要充分尊重基地的特征，以重新建立一种平衡。此外，游客中心是观光旅游产业发展到一定程度的必然产物，其自身的定义、功能和特征也必然会随着观光体验方式、管理方式、信息技术等影响要素的变化而有所调整，因此设计中宜对未来使用进行一定的预设，空间上有一定的预留。

10.1.1 游客中心的功能

游客中心首先要满足游客物质上的需求，其次要提供信息上的支持与帮助，最后要向游客传达景区的独特魅力，令人具有敬畏之心。为了更好地支持游客的旅游体验，游客中心需要做到与游客进行有效沟通和交流，使其更加充分地了解该景区（地区）的自然、人文、历史等文化背景，得到在此开展的活动的相关信息，了解旅游设施的分布和使用方式，知晓旅行须知以及个人安全知识。根据具体的服务类型，游客中心通常具有引导、服务、游憩、集散及解说这五大功能。

1. 引导功能

游客中心一般位于景区主入口的位置，处于景区的前端，可以为游客提供咨询服务，使游客在进入景区之前对景区的区域环境、景点设置、分布位置、内部交通，以及现有问题等基本情况有一定的了解。

2. 服务功能

游客中心为游客提供休闲、餐饮、娱乐、交通、购物等服务，对景区的现有功能进行一定的丰富和补充。

3. 游憩功能

游客中心本身的景观风貌也是景区中的一部分，可以具有一定的观赏游憩功能。此外，游客中心内部涵盖展演、科普、交流、体验等多种功能空间，且可以组织和开展一些活动，因此游客中心可承担一定的游憩功能。

4. 集散功能

游客中心大多处于靠近交通的重要节点和主要景区，往往是景区内部交通的必经站点；本身具有一定的标志性，场地多样、出入便捷且配备多种服务设施，活动人流密集，因此容易成为游客汇集和疏散的地方。

5. 解说功能

游客中心可以提供信息咨询服务，也可以提供人工或电子的解说服务。如《解说中心的历史、设计和发展》一书中所说的："解说可被解释为教育和欣赏过程，使游客更直观地了解景区的自然和文化价值，这一过程沟通和交流的意义大于信息的传达意义，通过创造性、结合实际环境地向游客传达信息，使游客察觉其中的价值和意义，进而改变人们的理解、态度和行为。优秀的解说能够增加游客的经验、丰富游客的认知，使其对景区有更深刻的了解"。

虽然随着智能终端和网络服务的发展，很多信息可以不通过游客中心就能传递到游客，但人工现场解说本身是一种立体而丰富的交流和互动过程，价值难以被取代。

根据《旅游景区游客中心设置与服务规范 》(GB/T 31383—2015) 的相关要求，可以将游客中心涵盖的功能分为必备功能和指导功能两类，见表 10-1-1。旅游景区游客中心应具备必备功能，可根据实际情况科学合理地引入指导功能。

表 10-1-1　游客中心功能分类

必备功能	指导功能
·旅游咨询（为游客提供相关的咨询服务，包括景区及旅游资源介绍、景区形象展示、区域交通信息、游程信息、天气询问、住宿咨询、旅行社服务情况问询及应注意事项提醒） ·基本游客服务（厕所、寄存服务、无障碍设施、科普环保书籍和纪念品展示） ·旅游管理	·旅游交通 ·旅游住宿 ·旅游餐饮 ·其他游客服务（包含用品的售卖和租借、信息的传播和接收、提供公共电话和网络资源、纪念品售卖和邮寄、提供医疗救护服务、储备常用的急救设备和药物等）

10.1.2　游客中心的规模与分类

1. 规模

游客中心的规模不一，服务范围十分广泛，面对的游客需求多样，因此游客中心也需因时因地进行多样化设计。游客中心的规模主要包括占地面积、建筑面积、建筑密度、层数和建筑风格等内容，同时还要考虑不同旅游景区级别的面积要求和实际需求的关系。

根据《旅游景区游客中心设置与服务规范》（GB/T 31383—2015）的规定，可将游客中心划分为以下 3 种：

①大型游客中心：5A 级旅游景区中年服务游客量 60 万（含）人次以上的游客中心；建筑面积应大于 $150m^2$。

②中型游客中心：4A 级和 3A 级旅游景区中年服务游客量 30 万（含）～60 万人次的游客中心，建筑面积不应少于 $100m^2$。

③小型游客中心：2A 级和 A 级旅游景区中年服务游客量小于 30 万人次的游客中心；建筑面积不应少于 $60m^2$。

游客中心在功能齐备且满足各项规范的情况下，面积有较大弹性，规模能够高达上万平方米、低至几十平方米。一般游客中心的一层为游客集中空间，二层以上游客较少进入，因此一层面积可考虑为旅游旺季的游客提供瞬时客流人均占地 1 平方米来计算。

任何一个场地的规模设置，都需要考虑其人类活动的容量限制。游客中心的游客容量计算除考虑满足不同服务级别所对应的建设规模外，还应综合考虑到风景旅游区及场地内的资源敏感性、生态承载能力、土地再生能力、活动开展以及相应的游客的使用需求。

2. 分类

除按照景区的级别和规模进行简单分类外，按照游客中心的服务和定位不同位置，可以将其划分为客源地型游客中心和目的地型游客中心。

典型的客源地型游客中心在国内有上海旅游集散中心、北京旅游集散中心、杭州黄龙旅游集散中心等。这一类型的游客中心主要集中于旅游消费能力较强的大城市，面向当地城市游客由此出发的短、中途出行需求，与城市公共交通衔接紧密，有较为便捷通达的旅游巴士等，此外还提供如周边旅游信息咨询、酒店和门票的预订购买、旅游纪念品的展销等服务。

相对应的目的地型游客中心，服务偏重接纳，往往设立于旅游目的地（有些直接设置在景区内），主要功能是交通接驳、提供停车和临时休息场所、酒店和票务预订购买、旅游信息咨询、旅游组织和导览服务。

此外，并非所有的游客中心都有交通集散功能，其所在的位置也有城区与景区之分，在功能上也有区分，有些游客中心面积小，仅提供基础服务；有些游客中心囊括更多的展演、体验和购物空间，可以为游客提供更大的驻留空间。由此可见，在不同层面上游客中心有多种分类，在此不再赘述。

10.1.3　游客接待中心选址与布局

规划、开发、管理和运营是游客中心能够发挥自身价值的4个重要元素，4个元素之间积极的相互作用的过程也是景区、游客与游客中心不断磨合、逐渐融洽的过程。过程的初始需要对游客中心场地的情况进行评估、分析和选择，细节设计开发以及进行施工方式和材料选择，基地往往以自身的形态和条件成为制约设计的限定因素。

游客中心的选址，需要对基地的地理位置、人文背景、地形、地貌、日照、气候、植被资源、生态环境、景观风貌等多方面进行考量。选址与布局应与已批复的景区总体规划协调，不破坏景区景观，符合国家现行的有关法律、法规和强制性标准的规定。

1. 选址要素

1）基础工程条件

游客中心应设置在能直接进入主要景区的位置。游客中心的场地内应具备相应的水、电、能源、环保、抗灾等基础工程条件，避开有自然灾害和不利建设的地段，便于接入基础设施，或能够依托现有设施条件满足游客中心的建设与运营。游客中心的配建设施应与其服务质量等级相对应。

2）交通环境

游客中心的建设应符合旅游景区总平面布局要求。其作为景区内的核心建筑，优先选址在景区的入口附近（建议与景区大门距离保持在50m以内），为游客必经之路，邻近游客的活动密集区域，位置鲜明、方便醒目。例如位于九寨沟沟口一侧的九寨沟游客接待中心，作为游人进入景区的必经之地，将票务、参观、休息、购物等功能进行一体化统筹。游客中心选址最好靠近城市的重要交通节点，便于与其他城市公共交通的衔接。尤其是具有交通集散功能的游客中心，人流量基数较大，随着节假日和旅游高峰期的影响，人流的波动也大，因此在游客高峰期的交通压力须迅速排解，场地外交通环境的便捷和通畅就显得十分必要。但也有部分项目将游客中心集中在核心景点附近，不但通过优美的造型加强了景点的标志性，也因邻近核心景点，充分发挥了游客中心的咨询、展演与讲解效果。例如，美国国立恐龙国家公园采石场游客中心，将自然裸露的岩石剖面作为室内展陈的一部分，直接构筑在游客中心的建筑之内，为建筑空间带来了真实而震撼的效果。

游客中心在整体空间体系中作为重要承接和引导节点出现，选址须适应项目自身的条件、特征和经营理念。恰当的选址有助于更好地处理游客中心与景点之间的关系、游客中心外围交通空间与景区入口的关系、停车场对入口附近的使用影响以及风貌影响，以保证其在使用上的充分和高效。作为城市内的游客中心，要与城市交通体系紧密关联，充分考虑城市内以及城市周边区域旅游体系的规划，以为游客提供最为便捷、舒适的旅行体验。

3）人文自然资源

不同项目有着不同的人文背景、气候环境、地理特征，因此呈现出各自的特点与优势。这种独特的人文资源和自然资源是风景旅游区能够得以兴建的基础，是游客中心进行地方性设计的重要灵感来源，但往往也是游客中心规划设计中的难点和挑战。

在选址和布局上应充分考虑这些难点与挑战，权衡成本和实施难度。在地形方面，尽量选择地质稳定、地势平坦的场地；在植被环境方面，避免对名木古树的影响，规避对天然环境植被的影响，酌情考虑废旧建筑场地的再利用，减少对景区的自然生态影响和人文景观破坏。在气候条件的分析和利用方面，要确保景区受到极端天气候（高温、寒流、风暴、干旱、洪水等）的影响最小，并保证游客的舒适体验。

2. 布局原则与形式

1）布局原则

游客中心的规划和设计需做到视觉兼容、文化兼容、生态兼容，因此在场地的布局中需坚持以人为本原则、地域性原则、生态可持续性原则。

以人为本原则在游客中心的规划中体现为根据项目的定位对游客需求进行充分调研与分析，在功能和设施的提供上更加充分，在使用流线上简明快捷，在造型上符合大众美感需求，空间上易于识别，方便出入聚散。

地域性原则是一个具有普遍意义的设计法则，要求规划和设计游客中心时扬长避短，充分尊重场地信息和乡土风情，保存和凸显人文和自然资源的优势特征，巧妙应对条件的制约和影响。

生态可持续性原则是指有效缓和人与自然之间的矛盾，保持生态的完整性，减少对原有资源环境的干扰和浪费，使游客中心的建设对周边环境的影响降到最低。很多情况下，风景旅游区的自然环境十分脆弱，在游客中心的设计中须充分分析当地的生态承受能力，避免因过度建设造成的景观破坏和生态影响。

在人文信息的挖掘上，需要充分理解当地的文化传统、居民风俗、历史脉络、情感记忆，构建一种沉浸式的设计形态，以游客中心作为游客与当地文化发生连接的重要节点。

在资源的挖掘和凸显上，游客中心应充分对现有的自然环境中的一切有利要素加以利用，令建筑物、构筑物的造型和材料具有一定的地域特点，达到与周围环境的融合，做到适当的“藏”与“露”，让建筑物、构筑物充分融入自然景观，和谐一体。

巧妙利用地形，尽可能地减少土方挖掘；合理改造和利用废旧场地，不仅可以减少对景区土地资源的再次占用，还可以延续和丰富场地的人文信息；顺应当地的气候环境，利用阳光、风和水资源，保证游客的舒适体验；在材料选择上，尽量坚持低碳节能环保材料，考虑材料的回收和处理，利用当地的石材、土壤或者植被作为建筑材料，既可以在形态上充分顺应环境的特质，又可以减少一定的运输加工成本；在建造工艺上，尽量选择对环境干扰较小的施工，利用智能建造和智能管理系统，控制项目的成本，追求社会效益、环境效益和成本效益的平衡，以最为简化的功能和空间设置来满足游客舒适安全的使用；运用生态智能技术，充分利用资源，降低游客中心的能耗和废物、废水排放。

2）布局形式

游客中心建筑可独立设置，也可与其他建筑合设，但应拥有独立的单元和出入口。独立式较为常见，在布局形式上，分为集中式和分散式两种，主要布局内容包括建筑主体、户外景观环境、辅助设施三大部分。

集中式常布置在景区内空间较为充裕、地势较为平坦的场地内，场地内综合布置各种服务管理空间。分散式一般将空间裂解为多个点，顺应景区的整体规划布局，考量地形地貌等场地要素分散布置于景区内。

集中式的游客中心体量较大，用地集中，对整体环境的影响较小。如位于英国巨石阵西侧2.4公里的新巨石阵游客中心。其内部由3个功能体块组成，最大的体块用于陈列和服务的空间，外面覆盖板栗木；第二大的体块包含教育基地、咖啡厅、零售设施，采用玻璃材质包裹；最小的一个体块是包着锌皮的售票处。3个体块的上方被一个由211根钢柱支撑起来的锌屋顶所覆盖。建筑功能集约，形态简约轻盈，屋顶低平略有起伏，以呼应当地的地貌，低调映衬远处雄壮有力的巨石阵风貌。

分散式游客中心分布形式灵活多样，可以适应较为特殊的景区建设条件。此外，单个建筑体量较小，可以较好地与环境相融合。

瑞典的Tåkern游客服务中心包含3个建筑单体，3个建筑单体中，其中一个承担了游客中心的核心功能，另外两个作为辅助和观景空间。建筑选用了传统的建筑材料，选择了几何切割作为建筑的造型语言，形状简约朴拙。3个建筑单体分散在河岸一侧，在植物的映衬下形体鲜明，但能够低调地与环境融为一体。

游客中心的布局需紧密结合场地要素，做到与周围环境的和谐，各个部分的设计风格统一，室内与室外环境的功能互补，使用流线以及空间衔接顺畅。

10.1.4 游客接待中心设计要点

游客中心建筑的主题和风格应顺应景区主题和周边条件。周边的条件包括自然要素和人文要素两个部分。综合了景区的整体定位以及周边条件后，在具体的空间营造中需要考虑建筑在场地中的具体方位、与周围环境的视觉关系、建筑和场地的主要出入口位置、建筑的朝向、室内空间和户外空间的衔接、具体空间的功能布置与活动举办、商品的展示与销售，以及设施设备的安置等。

应充分考虑其建筑界面与相邻建筑和景观所产生的视觉效果；充分考虑基地客观自然条件及人文景观，做到与周围环境相协调、与环境共生共存，对景区环境影响降到最低。有效利用自然地形，不仅能减少土、石方工程量，节省投资，而且能因地制宜，创造出错落有致、富于变化的建筑空间。

1. 主要空间和功能类型

根据《旅游景区游客中心设置与服务规范》（GB/T 31383—2015），游客中心应包括服务区、办公区和附属区，游客中心分区类型详见表10-1-2、游客中心建筑内部功能空间与相应设施见表10-1-3。

表10-1-2 游客中心分区类型

服务区	服务区应包括咨询处、临时休息处、展示宣传栏和信息查询设备、书籍和纪念品展示处及公共厕所。服务区建筑面积不应少于游客中心建筑面积的60%。公共厕所的设置标准，应符合《旅游厕所质量要求与评定》（GB/T 18973—2022）中一星级厕所的规定
办公区	办公区为工作人员办公、休息和资料储存提供相应的空间。办公区不对外开放，与服务区应相对分离，既有联系又互不干扰
附属区	附属区应包括室外铺装、绿地和室外设施

表 10-1-3　游客中心建筑内部功能空间与相应设施

功能	活动内容	功能空间	配套设施
服务功能	问询、导游服务	门厅、活动大厅	咨询台、宣传栏、显示屏、电子查询终端
	了解景区信息、路线	展览厅、陈列室、多功能厅	陈列柜、图文介绍、多媒体播放设备、沙盘模型
	休息、餐饮、娱乐	休息室、咖啡厅、茶室、餐厅等	桌椅、卫生间、饮用水、 自动贩卖机、餐厅配套设备
	购买必需品、 特产、纪念品	商店或结合其他功能空间	柜台、货架、收银台、自动贩卖机
	存包裹	寄存处或结合其他功能空间	柜台、储存柜
	邮寄服务	邮局或结合其他功能空间	柜台
	存取款	银行或结合其他功能空间	ATM 存取款机
	医疗急救	急救室	医疗器械、休息设施
	住宿	旅馆	床、桌椅、电视、卫生间等
办公及辅助功能	行政管理	售票间 办公室、会议室、值班室等	办公设备、休息设施、卫生间等
	储藏能源动力	仓库、配电房、空调机房等	相关设备

注：游客中心满足游客基本需求的必要功能空间和设施均应满足无障碍设计标准，详见表 10-1-1。

2. 主要功能空间设计要点

游客中心的便捷性居于游客体验评价的首位，须通过精准分析游客需求以及行为习惯来进行布局，以令其迅速找到满足自身需求的功能空间和服务设施。以下是具体空间的设计与安排要点。

1）入口和道路

入口处的道路应该符合周围环境的风貌特征，结合当地的地形和景观特质进行营造。道路和入口的标识应该与项目的整体风格保持一致，并传达游客中心的主题定位。停车场到游客中心的道路标识应醒目，且辅以明确的导引标识，以方便游客及时定位自身并迅速前往游客中心。入口的设计最好能够让驶入的车辆减速慢行，并且提醒游客关注周围景观，注意相关标识。

通往游客中心和景区场地的道路规模需要结合游客容量、规模等因素综合考虑，同时还要符合当地的无障碍设施设计标准。

2）停车场

游客中心作为景区内主要的信息咨询和服务设施的所在场地，往往成为游客必经的地点。因此，停车场的面积需结合景区游客规模和观览方式，以及游客中心的功能定位综合考虑。

停车场须有通往游客中心的便捷通道。这一通道应当具有较强的可见性，或者给予游客清晰明确的指示。在场地的布局中，停车场的位置应在便捷的基础上，避免对游客中心建筑形象的破坏。可在停车场周围以绿化的手法进行一定修饰，保持其与场地其他地方的风貌一致。可以将服务与紧急出入口及通道遮挡起来，或者将其修建在尽可能不影响游客视觉体验的位置。

为提高游客在恶劣气候下上下车和等候的舒适感，主停车场需要为游客提供适当遮阴设施，如种植遮阴树木等，以及夜晚提供场地内的照明。停车场的照明灯光应当适度，在满足使用的基础上，减少光污染以及能源浪费。场地内停车场照明也可以适当结合太阳能发电装置。

应当考虑为乘坐客车或行动不便的游客设置环形可循环落客区，无障碍机动停车场应当安置在距离无障碍入口最近的无障碍道路处，还可以考虑为满足不同类型的残障人士需求而设置不同的停车设施通道。

3）咨询台和大堂

游客中心的咨询台和大堂是人流最为聚集的地方，也是游客中心建筑风格的重要展示面，设计风格宜明亮、开阔、宏大。咨询台尤其需要醒目，且便于到达。大堂内的空间引导及标识设计需选择容易被发现的地方，且设计要鲜明简单，甚至略大于日常标识尺寸，以便于游客迅速找到自己需求的功能空间和设施，减少不必要的滞留和相互之间的干扰。注意使用国际通用的符号来为游客提供指示。

鉴于人声嘈杂，地板、墙壁和天花板的表面材料应当采用吸声材料，减少噪声污染。地面材料需考虑防滑以及减少眩光的材料，也可进行一定的引导性图案和符号的设计来辅助游客行进。

设计中应充分考虑无障碍设施设计，并提供相应的设施服务；并考虑适当设置游客自助查询信息、取阅宣传手册、租借讲解设备、寻找讲解人员、购买景点门票和交通车票的设施。

此外，作为景区内的重要服务空间，游客中心的大堂及周边的户外空间可以考虑增加开展临时活动的场地布置需求。

4）休闲设施区域

游客中心可以为游客提供休憩放松的空间。游客中心的必要功能是提供洗手间和饮水服务，其次是能够进行休息的座椅。因此，此类空间应选择较为方便寻找和到达的地方，且与其他区域保持较近的空间联系。

休闲设施的类别要考虑不同人群的使用需求，如临时等候和长时间的休憩所需场地有所不同；老人、小孩以及成年人的设施需求有所差异；在不同景区、不同游览方式下，游客对休闲设施的需求也不同。因此，需要考虑不同需求，并进行多样化设计，以供游客选择。

休闲设施区域可以考虑提供餐饮服务。为此可能需要进行餐饮制作空间、游客用餐空间，以及相关设施的完善。

5）宣传展示空间

游客中心具有宣传和展示的功能，但具体的活动场地建造应根据游客中心的功能定位和规模来制订方案。规模较大且有所需要的情况下，游客中心可以涵盖展陈空间、活动礼堂、讲解教室、会议中心和多功能体验空间等。展陈空间需要迅速吸引游客的注意，比如在大堂有鲜明的入口标识，以及在醒目位置摆放海报进行项目宣传。在空间设计上，结合自身资源和条件可以进行创新型的展览空间氛围营造。在流线设计上，尽量以流动空间的形式进行引导，但不限于游客固定方向进行活动，因此要有引导明确但连通灵活的展陈空间。可适当选择可移动调整的展示设备，为展览布局的调整做准备。在空间尺度的控制上，须考虑旅游高峰期和高峰时段游客拥挤的情况。美国内华达州莫哈维沙漠中的红岩峡谷游客中心强调红岩峡谷本身的特点，将室内、室外环境进行良好的穿插和过渡，使游客脱离被隔离的室内环境，能够在室外进行展示场景、景观风貌和雕塑艺术品的欣赏，并为他们接下来亲身探索国家保护区做一定的准备。

游客中心可设置一定空间用于产品的展销。展销空间可以独立固定设置，也可以根据主题活动灵活拓展，还可以将展陈空间与产品销售空间进行较为紧密的联系，让游客在情境中购买纪念品和工艺品，得到更有趣的消费体验和更高的纪念价值。

游客中心的活动礼堂最好设置固定的座位，多功能房间选择可移动座椅以满足不同活动的使用需求。

6）办公和管理

办公区为工作人员办公、休息和资料储存提供相应的空间，不对外开放，与面向游客的服务空间相对分离。两者之间需有明显的界定关系，既有联系又确保内外有别、互不干扰和使用安全。因此应有各自分区的独立通道和出入口。

每个旅游景区都要设立相应的内部管理机构，对内部的各种设施、工作人员以及游客进行必要的管理和服务，以保证旅游区接待工作的正常运营。

内部管理设施体系主要包括办公设施、旅游区养护设施、员工宿舍、员工食堂、安全设施、游客接待室和售票室等。

旅游景区内部管理设施的区位设置、外观设计要合理，需特别注意的是，不要对景区内景观环境造成影响。一般认为，内部管理设施应设于旅游景区的入口处，并相对隐蔽，既便于对旅游景区的管理，又便于开展工作。

7）户外空间

游客中心的户外空间是建筑内部空间和功能的延伸和补充，建筑的世界也需要与周围环境相协调。游客中心场地内的户外空间承担了诸如休憩、活动、观景、集散、体验的许多功能。如红岩峡谷游客中心将户外体验空间作为游客中心的主要展示空间，充分挖掘场地讲解的真实感，并以此环节作为游客进一步实地体验考察的过渡。

在一些气候相对温和的地区，建筑灰空间和露天环境可以营造更为宜人的休闲活动场地。建筑内部空间与户外空间可以在建筑体块构成上有所联系，例如界面的连接与延续、覆土建筑的屋顶利用、建筑负空间作为庭院使用等。两者也可以拉开一定距离，通过观景空间、广场或小路进行联系。

户外空间的设计需要配套设施来方便游客的使用，活动的举办以及空间的舒适。如饮水设施、照明设施、卫生服务设施、遮阴避雨设施、休憩设施、无障碍设施，或者降温设施等。可以配合使用具有一定趣味性、装饰性的户外家具。

户外空间可以增设一定的趣味探索空间、艺术装置等，丰富游客的旅行体验，强化游客中心的主题和风格。

8）流线梳理

设计需组织好人流、交通和车流流线，在满足便捷要求的基础上避免相互干扰，加之各部分有单独开放的出入口，因此统筹组织交通流线显得格外重要。人流路线应当短而便捷，在出入口前面应预留出一定用地作为集散缓冲所需的空间。从某种意义上讲，交通流线设计的好坏会影响平面布局的合理性、功能空间的经济性以及空间使用的满意程度。因此，合理安排人流活动的顺序极为重要。

游客中心常常是城市与风景区、景区内部与外部之间的枢纽，所以在设计游客中心交通流线时，一定要将室内与室外统筹起来，合理规划好从游客下车的一刻直到正式进入景区内部的所有交通流线。游客中心的选址一般靠近景区的停车场，这样可以保证游客在最短的时间内快速进入景区。同时游客中心的流线最好结合集散广场进行，因为在旅游高峰期，游客的数量会远远超过平时，景区入口处人口密集度会有显著增加，这就需要设置集散广场来缓解游客中心的接待压力。集散广场可集观景、展演等功能为一体，既可以增加游客的参与性，又有助于提高空间的利用率。

游客在进入游客中心之后，要求各种活动和信息获得都要快捷、便利，因此，游客中心的内部流线要清晰连贯、不能迂回。游客中心从功能上可以划分为门厅、展厅、管理办公三大部分，通常门厅、展厅设计为大空间，巧妙地结合在一起，满足游客集中式的需求。门厅主要集中引导、服务、休憩几大功能，活动内容包括问询接待、售票、导游服务、行李寄存、医疗急救、旅游购物、存取款、娱乐、餐饮等，是游客活动最为丰富的空间，也是人流最为集中的空间，所以一定要规划好各功能之间的相互联系，尽量避免人流的交叉。展厅是为游客提供信息的场所，方便游客获取关于景区的信息，可以通过网络、多媒体、全景沙盘等设施来直观地向游客展示景区的基本概况。管理办公主要是内部使用，包括办公、会议、贵宾接待、库房等辅助空间，在流线上要做到与游客人流分开，最好设置单独的出入口。总体来说，游客中心应该为游客提供一条连贯的路线，方便游客从停车场→集散广场→门厅→展厅入口→出口一系列活动快速高效地进行，使游客能够在办理购票、获取信息之后快速地进入景区，避免人流高峰期的拥挤，为游客节省宝贵的时间。

3. 应对环境要素的设计考量

1）气候条件

气候条件中对人的活动和体验影响最大的首先是温度。虽然现代科技手段在一定程度上可以使建筑内环境舒适宜人，但通过建筑设计改善建筑环境仍然是非常必要且节能环保的手段，对于游客中心这种服务大量人群的较大体量建筑来讲尤为必要。

气温的过冷和过热都是建筑设计中的不利因素。

在气温较低的地区，首先考虑加强建筑材料的保温性能，选择较为紧凑的建筑形式。其次，需尽可能地吸收太阳光带来的热量，如选用较为深色的建筑立面，以更多地将光能转化为热能。通过墙体、耐寒植物，或者选择避风的地形，或者迎风面较少的建筑形态来减少冬季风的影响强度，减少建筑热量的散失。通过缩小建筑背阳面和迎风面的门窗面积，加强建筑的密封效果，利用密封条、密封胶、挡板等减少空气流动带走的热量。

在气温较高的地区，采取与以上方法相反的思路进行设计。如何选择浅色建筑立面，选择吸热较少、散热快的建筑材料；增加门窗面积、增加建筑的迎风面积、减少植被墙体等对风的阻挡、营造风道、增加建筑立面的透气性等；增加建筑空间的通透性、减少空间的迂回、选择较为分散的建筑格局，以方便热量的散出。

除此之外，加强建筑内空间和庭院的联系，利用水体和植被营造较为舒适的局部小气候。加强植被对建筑朝阳面的荫蔽，适当增加户外的遮阴设施，或者采用半地下或地下空间的形式来进行空间的营造。

以上说明了温度和风的重要关联。在庭院设计中，根据气候特点设置避风场所及通风走廊；在建筑设计中，巧妙利用自然通风来调整建筑温度。

此外，在某些面临飓风影响的地区，防风的设计往往是保证建筑安全的重要部分。如 1996 年兴建的美国佛罗里达大沼泽地国家公园新游客中心总部，吸取了 1992 年该地区受到飓风袭击的经验和教训，选择了能够较好抵抗飓风袭击的尖顶。

除此之外，湿度过高也会给人带来不适感，比如在寒冷天气，空气中的湿度会加强寒冷的体感温度；在气温较高的状态下，湿度太大则会降低皮肤的汗液蒸发，影响了热量的散发，让人觉得闷。

风对湿度的影响也会直接改变人的身体感受。干热的风会影响人体水分流失，因此在建筑设计中需在这一层面上也有所考虑。传统园林环境中，对于干热风，选择营造迂回风道，或增加遮蔽来减小其风速，使其经由山涧或水体降低温度，增加空气湿度。对于湿热环境，需加快空气的流速，提升建筑界面的通透性和空间的通畅性。

除了完善建筑的设计，在活动的安排上也可以结合气候条件变化做相应调整。例如夏天天气炎热，清晨和夜晚气候最为舒适，适合组织安排户外活动。

2）水文条件

场地内天然的水文条件包括地下水的补给、埋藏、径流、排泄、水质和水量等。

一方面，水文条件影响项目的选址与设计。例如，河流为最常见的地表径流，河水的水位变化、冲击和沉降都是场地内的变化因素，因此在游客中心选址时便需要对水文条件进行分析。在不同地区有着不同的降雨情况，设计师需要结合场地的地质环境，合理规避风险。

此外，场地开发会影响原有的水文条件，尤其是地表径流和水的排放。而在选址和设计的时候要尽可能减少项目对天然水文系统的影响。

另一方面，水资源是场地中重要的自然资源。除用于日常运营使用外，游客中心建筑和景观的营建可以充分利用场地内的水资源进行造景。建筑顶部可以做雨水的收集，并充分利用场地内的雨水进行植物的灌溉养护。建筑内可以设置水资源过滤循环系统，减少对水资源的摄取，也减少污水的排放。户外可以采用透水铺装，提高土壤对水资源的涵养。此外，从水面上吹来的风可以作为调整环境微气候的重要元素，亦可映出建筑倒影营造美感。

3）地形地貌

游客中心作为服务性的建筑既要做到形态鲜明，又要融于整体的空间环境之中。地形地貌是很多风景区具有代表性的风貌元素。地形地貌的恰当利用有助于场地内视线的引导，也有助于营造建筑群落的错落与秩序感，还可以突出和强调代表性的建筑和设施。

地形也影响着场地内的水文和植被条件。合理处理建筑与地形的关系，可以减少场地特色、天际线、植被、水文情况和土壤的干扰，减少用于地形改造的高额成本，避免不必要的维护和加固工程。

建筑外形可以选择顺应地形的形态，如河南省信阳市光山县殷棚乡神山岭生态观光园项目的综合服务中心，依山面水，以退台形式形成与基地一侧山体呼应的建筑形态。其立面上横向线条的强调，使建筑外形稳固且具有层次感。层层退让的空间也形成广阔的视野和开阔的户外活动空间。

建筑实体也可以采用与地形穿插结合的形态，如重庆云阳滨江绿道游客服务中心，将建筑主体的一部分嵌入江岸，保持屋顶与路面的齐平，充分利用江岸和水面的高差，既突出岸线简单有力的建筑形体，又营造了平整宽阔的活动场地，吸引人临江远眺。

建筑还可以在形态和肌理上与地形地貌相互呼应。例如，敦煌莫高窟游客中心的造型和色彩从当地的沙丘吸取灵感，形成了建筑和场地的巧妙融合。

4）地质条件

地震、滑坡、泥石流等地质灾害是需要在游客中心选址之前便进行详细分析的。首先要做到选址科学，从根本上回避地质危险。若地质条件仍然不够稳定，则需采用防震墙、适当的建筑措施以及防震支撑结构。

5）野生动植物

设计中需尊重和保护生物的多样性，在项目选址时，就需要考虑野生动物的迁徙、繁衍等生存的需求。项目选址和建筑设计尽量避免对野生环境的干扰和影响，也尽量减少对其影响剧烈的施工方式。

另一方面，野生动植物是自然环境中的重要资源，可以适当考虑为游客提供观察欣赏野生动植物的环境，也为景区的讲解提供真实的场景。

4. 应对文化资源的设计考量

设计与场地的和谐关系，一方面体现在对场地自然资源和现有形态的尊重，另一方面则需考虑对当地文化的理解和兼容。文化资源有助于游客中心挖掘和塑造自身的特征。此外，文化资源也是很多风景区的主要旅游资源，这类风景区中的游客中心更有义务对当地丰富的文化资源加以凸显。

文化资源可以涵盖考古资源、地域性建筑资源、历史资源、民风民俗和特有的艺术与手工艺文化等。

1）考古资源

围绕考古资源建立的历史保护区和遗址公园为其游客中心提供了最为直接的设计灵感来源。游客中心的宣传、讲解是丰富游客对考古资源进行深刻体验的重要手段。游客中心也是相关主题活动的主要开展空间，因此设计中需基于对周围环境氛围的保护来进行建筑造型的定位，结合考古资源进行建筑个性的体现，通过深入理解该考古资源的价值与意义，配以适宜的空间营建增强游客中心的功能性。

例如，摩洛哥 Volubilis 考古遗址游客中心选择一种消隐的方式进行营建，以保护古罗马遗址的风貌，一方面，选址在遗址一侧的山地，借用地势和植被消解自身形态；另一方面，选择用木材和混凝土营造低调的建筑质感。建筑采用现代简约的造型语言，来形成游客体验上的鲜明对比，以加强对遗址历史的感受。又如以色列 Ein Keshatot 遗址的游客中心，利用开阔的建筑幕墙为游客提供了从室内欣赏遗址风貌的良好视角，又利用玄武岩制成的粗犷巨柱来构成建筑的主要支撑要素。建筑裸露的混凝土、粗犷的玄武岩以及锈蚀钢板，不仅让建筑融入了周围环境，还给人带来一种原始质感和历史沧桑感。

2）地域性建筑资源

地域性建筑是当地居民生活发生的场地，是人居环境的重要部分，更是当地文化的一种外显。研究和挖掘地域性建筑风格、建筑系统和建造材料，就可以了解到当地文化中对自然环境进行改造的哲理和方式，也能了解到当地文化中对天人关系的理解。此外，相对于其他文化语言，传统建筑语言十分便于嫁接和融入新的建筑设计之中，也更容易被人接受。因此，对于游客中心文化要素的体现可以重点考虑对当地地域性建筑语言和营建思路的分析和理解，在开发和施工过程中也尽可能使用本土建筑材料、手工艺匠人和技术。

例如，位于泰国的萨拉游客中心，充分利用了当地传统建筑人字形的坡屋顶外观，砖、竹、藤、木等传统建筑材料，以及灵活运用了该地区广泛使用的传统被动降温方式。又如，位于世界上最干旱的沙漠中的品塔多斯游客中心，围绕场地内唯一的大树，运用传统的砌筑方式，营造一个“Tambo”（即从前西班牙时代起就被普遍用作朝圣道路上为旅行者提供临时服务的场所）。

3）历史资源

对场地内历史资源的处理上，优先考虑对其有形空间的结合和利用，尽量重新利用老建筑。一方面，这可以对老建筑进行保护；另一方面，历史遗迹中传达的历史信息和岁月痕迹是难以通过构筑手段进行模拟的，其带给观者的临场感和真实感是难以被取代的。位于比利时的 Villers-La-ville 修道院遗址游客中心，利用了场地内一座建筑进行改建，充分利用了原有建筑的墙体和屋顶营造了室内展陈空间独特的历史气息，并通过户外环境中的长廊、小径以及桥的串联，尝试恢复遗址原有的空间格局。又如位于奥地利的自然公园游客中心，将农庄的历史建筑进行改造，内部进行自然保护展，历史建筑的拱形结构，砖的古朴质感，与展陈环境相互映衬，形成鲜明的对比。

4）民风民俗与手工艺

现存的民风民俗是一种依托于当地居民的活态文化资源。因此，在设计中首先要考虑当地人是否接受这一元素在建筑中的体现方式，这就要求建筑师需要深入理解当地的文化背景。另一方面，考虑民风民俗的体现是否能够被游客所接纳，因此对于其中某些不雅、不当的元素需要进行回避。

在游客中心进行恰当的民风民俗的体验可以突出当地的文化特征，增强当地居民的认可感，以及游客的融入感。

手工艺是当地居民生活智慧的一种体现，传达了真实的生活气息。因此在进行游客中心设计，以及其室内布置时，可以考虑结合本土艺术品、手工艺品的表达方式，也可以尝试以传统工艺进行建造，或为其设置一定的展陈和宣传空间。

此外不只手工艺品可以作为作品进行欣赏，或作为商品进行售卖，民俗表演和手工艺制作过程也具有一定的欣赏价值，因此在游客中心的设计中可以为当地手工艺品和表演艺术提供展示的机会和空间。

10.1.5 案例

1. 案例一：澳大利亚摇篮山游客中心

澳大利亚塔斯马尼亚州著名的摇篮山（Cradle Mountain）国家森林公园因原始雨林、广阔草原和众多珍贵动植物资源，吸引了越来越多的游客前来。摇篮山游客中心为前来的游客提供了信息咨询、休憩集散等服务功能，涵盖向导中心、商业服务基地、穿梭巴士候车亭和巴士中转中心等，也为园区管理提供了办公场所。

雕塑感强烈的建筑形体抽象于当地的自然景观。极具现代感的建筑立面使用了金属镂空材质，并营造出一种褶皱感。建筑内部空间几何式的营造语言与建筑外形相统一，但在材料上选择大面积使用木材饰面。建筑外形的冷峻和建筑内部的温馨形成强烈的对比，如图 10-1-1 所示。

建筑外饰面和围合空间的墙体之间形成了开放围廊，屋檐的悬挑营造了丰富的灰空间，成为建筑与户外环境之间的重要过渡，如图 10-1-2～图 10-1-5 所示。

图 10-1-1 项目实景

（资料来源：《岩石下的珍宝澳大利亚摇篮山游客中心及穿梭巴士停靠站》）

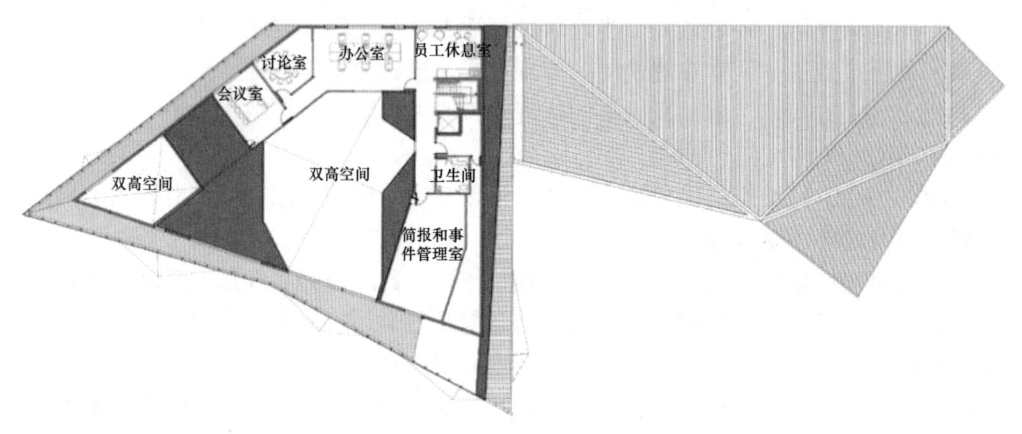

图 10-1-2 游客中心二层平面图

（资料来源：根据《岩石下的珍宝澳大利亚摇篮山游客中心及穿梭巴士停靠站》资料绘制）

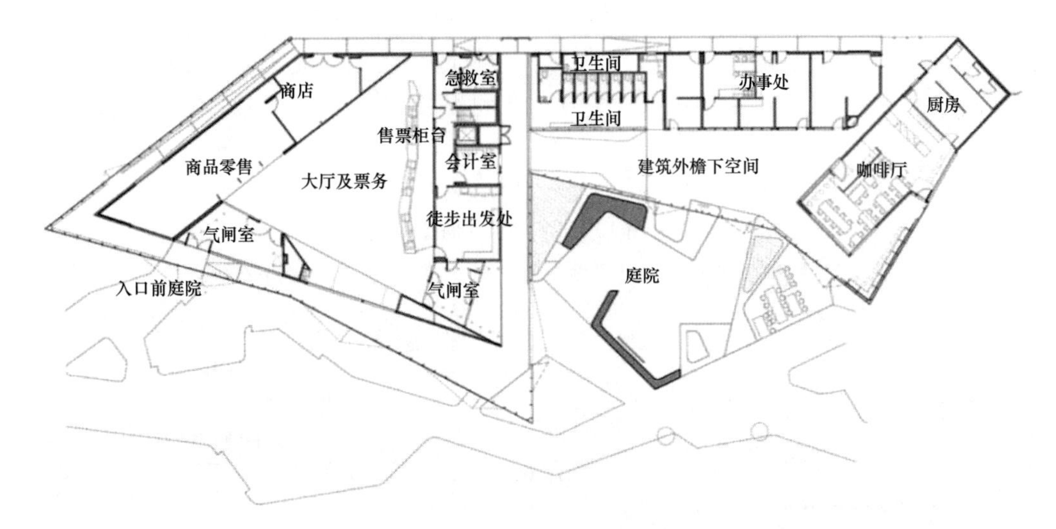

图 10-1-3　游客中心底层剖面图

（资料来源：根据《岩石下的珍宝澳大利亚摇篮山游客中心及穿梭巴士停靠站》资料绘制）

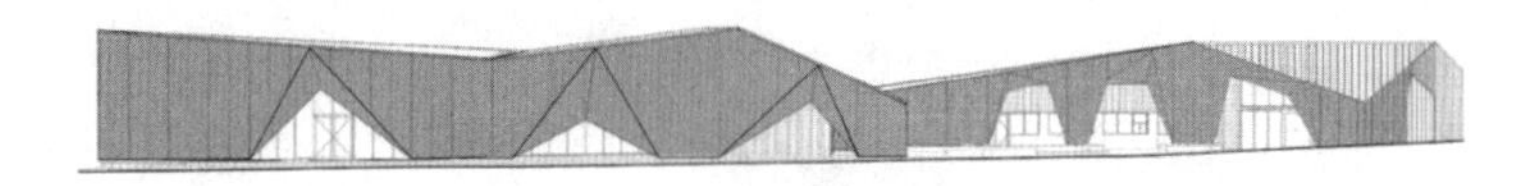

图 10-1-4　游客中心西北立面

（资料来源：根据《岩石下的珍宝澳大利亚摇篮山游客中心及穿梭巴士停靠站》资料绘制）

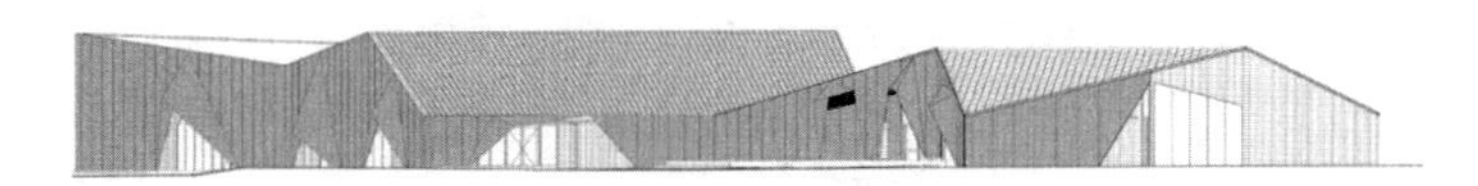

图 10-1-5　游客中心西立面

（资料来源：根据《岩石下的珍宝澳大利亚摇篮山游客中心及穿梭巴士停靠站》资料绘制）

2. 案例二：海龙屯遗址谢家坝管理用房改造

贵州播州海龙屯遗址位于贵州省遵义市老城北约 30 里的龙岩山东麓、湘江上游，是中国西南地区历史最久、规模最大、保存最完整的土司城堡之一。从五代到明朝，杨氏土司在这里构筑关隘城堡，建造宫殿园林，统御着黔北的土地与人口，具有重要的历史价值，2015 年被列入《世界遗产名录》。本项目为原谢家坝管理用房，现改造成为集文物展示、游客服务及办公管理于一体的游客中心，也是进入遗址的唯一门户。

项目由中国建筑设计研究院一合建筑设计研究中心 U10 建筑设计工作室设计。改造中利用竹墙将建筑遮蔽并围合停车场和庭院等户外空间，使原有的长方体的混凝土建筑更好地融入周围的山野景观。入口大厅整合了游客服务功能，通过建筑体块和交通空间的暗示将游客引导至二楼的博物馆进行内部观览，后进一步引导游客进入 3 层的茶室和屋顶平台休憩和远眺，如图 10-1-6～图 10-1-9 所示。

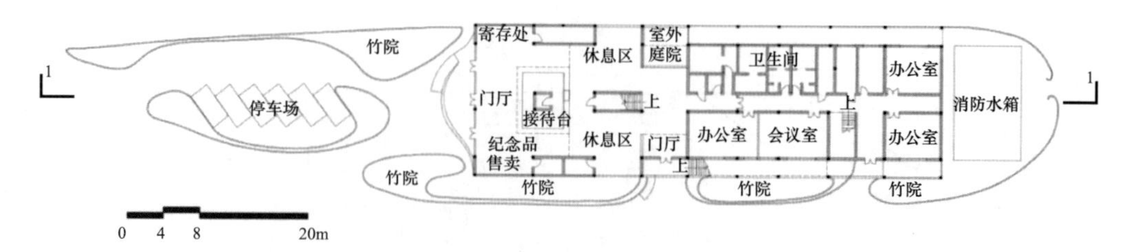

图 10-1-6 一层平面图

（资料来源：根据《遵义海龙屯遗址谢家坝管理用房改造》资料绘制）

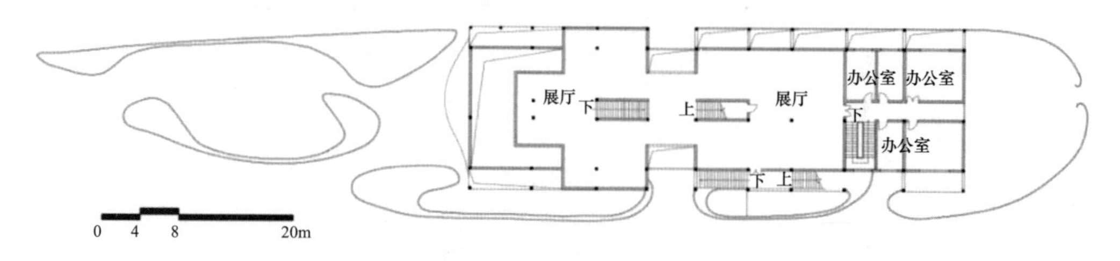

图 10-1-7 二层平面图

（资料来源：根据《遵义海龙屯遗址谢家坝管理用房改造》资料绘制）

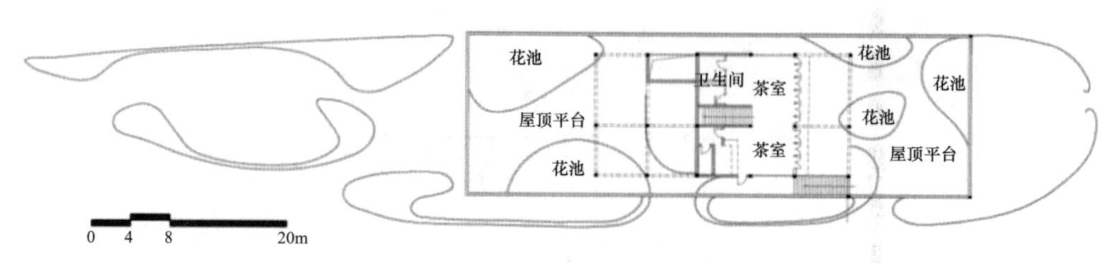

图 10-1- 8 3 层平面图

（资料来源：根据《遵义海龙屯遗址谢家坝管理用房改造》资料绘制）

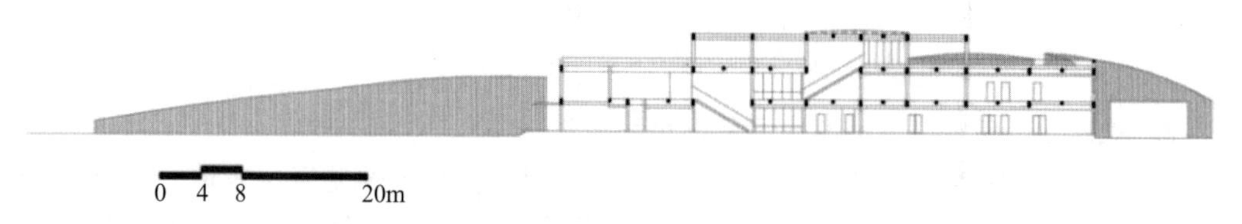

图 10-1-9 1—1 剖面图

（资料来源：根据《遵义海龙屯遗址谢家坝管理用房改造》资料绘制）

10.2 游艇码头

游艇码头（也常被称为游船码头）是水陆交通的枢纽，能够提供游艇停靠，还能够为旅客提供游览船，并且配备有港池与陆地配套设施的水工建筑物。目前最为常见的游艇码头主要服务公众，以旅游客运、水上游览体验为主，还作为景观环境中自然、轻松的游览场所，又是游人远眺湖光山色的好地方，因而备受游客的青睐，曾广泛出现在拥有宽阔水域的公园景区内，如杭州西湖、云南滇池、武汉东湖、无锡太湖等。乘坐游艇不仅可以体验从水面观赏岸边景色的趣味，还可以去探索水域中间的岛屿和胜迹。此外，有一些游艇码头的设计是附属于私人宅院或服务于游艇俱乐部的，除了能够为使用者提供丰富的游览体验，游艇码头的自身造型也可对景观环境起到美化和点缀的作用。

随着人们消费水平的提高和旅游方式的转变，与大海亲密接触的体验式旅游逐渐成为旅游热点项目。国内一些风景优美的海滨城市，如大连、青岛、厦门、珠海等都建成了供游艇停靠的专用码头，提供海上观光游、海上垂钓、潜水、海上会议等旅游项目。水上游览与体验的项目种类也越来越丰富，表 10-2-1 所列是国内外不同码头的活动开发形式。

表 10-2-1　国内外不同码头的活动开发形式

码头名称	经营者	简介	经营项目	对外交通	周边业态设置
美国夏威夷火奴鲁鲁港 8 号码头	Star of Honolulu	8 号码头位于美国夏威夷火奴鲁鲁港，毗邻著名的历史性地标建筑 Aloha 塔	海上观鲸游览、海上婚礼、海上餐饮娱乐表演、海上会议、主题派对、海上夜游	公交	商业餐饮 娱乐酒店
美国西雅图港 69 号码头	Clipper Vacations	69 号码头位于美国西雅图港，是从西雅图前往周边 Victoria 市和 San Juan 岛的游艇聚集地	西雅图—维多利亚 3 小时旅程，欣赏沿途美景、普吉湾、Juan de Fuca 海峡以及海上观鲸； 西雅图—San Juan 岛 3.5 小时旅程，欣赏沿途美景、San Juan 岛风光以及海上观鲸	公交	金融商业 餐饮 娱乐 酒店
悉尼环形码头	新南威尔士州政府	环形码头位于美丽的悉尼海湾，介于岩石区和悉尼歌剧院两大旅游名胜之间，是悉尼渡船和游艇的集散中心	到悉尼知名的观光景点的轮渡服务，如 Manly 海滨、野生动物园、奥运会场和伊丽莎白农庄等，另外还提供环绕悉尼港的巡航旅程	公交 地铁	金融商业 餐饮 娱乐 酒店
厦门轮渡码头	波赛东海上旅游有限公司	厦门轮渡码头位于厦门鹭江道，鼓浪屿对岸海域	金厦环鼓游、海湾休闲游、餐饮娱乐游、新潮婚宴游、金厦海域游、鹭江夜游、快艇环鼓游	公交	商业餐饮 娱乐酒店

资料来源：张文玉．游艇码头规划探讨［J］．港工技术，2016，53（02）：31-33.

随着围绕游艇码头的服务项目的逐步多样，游艇码头的游客需求也在变化，设计内容也随之丰富。游艇码头停靠的可以是交通游览船、游艇、水上单车和碰碰船，也可根据环境选择竹筏、水上摩托等水上体验项目。

10.2.1　游艇码头的功能及分类

1. 游艇码头的功能

在空间布置上，游艇码头前方为船舶停靠、驶离码头和转头的水域，港内的水流须稳定，避免有较大的风浪出现，且具有满足需求的港内水深，以保证其使用安全。陆地配套设施主要包括游艇陆上保管设施、码头服务设施、港区交通设施、人行栈道、下水坡道等。

游艇码头的设计功能根据实际需求会有很大不同，因此在功能设定、空间划分上可繁可简。例如在大型游艇所停靠的大型游艇港的设计中，面对的功能布置相对复杂，且整体规模较大，在设计中优先考虑其平面布置的合理性、便捷性。而对于在风景区水路入口或游览线路上的大型游艇港，除满足以上要求之外，还需要对其造型进行详细的考究与设计，将其作为周围环境中的重要点缀风景建筑来对待。而在公园和一般景区中，我们面对的设计常常是规模较小的中小型游艇码头，也是本章节重点进行分析和介绍的项目类型。其大体由售票室、管理室、储藏室、休息等候区、码头区等功能空间组成。

在有些项目中，游客的接纳量较大，因此对码头的规模要求较高，其较重的接纳任务需要根据实际功能需求增加职工休息室、卫生间等，或是增设访客接待室、餐饮空间、售卖空间和其他便民服务设施等。但在实际项目的规模较小、游客的数量不大、港口的管理使用需求不高的情况下，也可对其功能适当简化，通过简洁的空间和形式来完成游艇码头的使用功能。如在古村落中沿用原有码头形式，或巧妙利用临水的亭台楼榭进行游船停泊。这种设计小巧别致，能够很好地与周围环境相融合，登船流程和路径也相对简洁，能够让游客的游览体验不因上下船的环节而被割断。

一般景区和公园内的典型码头各组成部分的功能如下。

1）售票室

一般售票室紧邻办公室，服务窗口较大，若直接连接户外则容易有阳光长时间照射，因此须注意开窗方向（尽量避免西向开窗），可适当对阳光和风雨进行遮挡，且保持高温环境下的通风透气，以及低温情况下的保暖防风。

现场购票除在人工售票窗口，还可以通过自助售票机完成。随着网络和手机终端的发展，游客还可在网上购买电子票。但人工窗口可以更好的应对老年人、儿童和残障人士的购票需求，更好完成咨询服务以及押金的及时退还，因此售票室仍有存在的必要。

2）检票室

检票室在人流较多时维护公共秩序极有必要，可以进行人工检票，也可以采用闸机检票。检票室也可简化为方便、灵活且造价较低的检票口。检票口的设计应考虑对不同使用人群的通过需求，满足无障碍设计的相关要求，需考虑在游客高峰期、人流拥挤情况下的安全应急疏散，以及是否进行顶棚覆盖，或者与其他建筑空间相结合，以提升排队等候的空间感受的同时兼顾建设成本。

3）办公室

办公室的位置应选择在和其他各处有便捷联系的地方，方便进行码头管理、应急事件的及时处理，以及对外的交流和接待。作为管理部分的主要房间，要注意其室内空间的宽敞，通风采光应较好，并应设有办公用的家具，如沙发、办公桌椅等。

4）员工休息室

员工休息室主要设置在规模较大的游艇码头。作为休憩空间，窗口应有较好的朝向，通风采光较好，宜选择在较僻静处。在交通流线上，注意与其他管理空间和办公空间的便捷联系。

5）管理室

管理室可布置日常播音通知、视频监控管理、工作人员值班等对外联系的功能，在没有单独的物品管理空间的时候也可以存放一般物品。

6）卫生间

卫生间可分为面对游客的公共卫生间和面对职工内部使用的卫生间。前者应满足城市公共卫生间的相关管理和要求，注意规模和卫生要求；后者应选择整个码头建筑较为隐蔽的空间，并且在交通流线上方便工作人员从其他管理空间前往。

7）维修储藏间

维修储藏间主要面对的是对码头及游艇的维修和维护，因此应该尽可能地靠近水边的码头，以便于进行上下水作业。但由于这类空间一般主要面对工作人员和特定使用需求的游客，因此在设计中应考虑与其他管理空间之间的交通便捷，且应避免无使用需求的游客误入。

8）游客休憩等候空间

游艇码头背靠陆地、面对水面的空间特征为休憩等候空间的设计提供了较大的发挥空间。设计中应充分分析现有的资源基础，以创建一个在满足基本休憩等候功能基础上，拥有良好视野和独特风貌的空间。

如在传统建筑环境中，中小型游艇码头可以更好地和场地内的亭、廊、榭等园林游憩建筑相组合，充分利用传统园林中的内庭设计，将管理空间和休憩等候空间分离，将码头停泊空间和休憩等候空间的视线相联系。其中可以点缀水池、假山石、花坛或汀步，丰富整体空间的景观层次，营造具有意境的景观视野，也能够适当隔绝视线和噪声的干扰，营造更好的休憩等候空间氛围，将休憩和等候作为游览体验中重要的环节。

9）服务售卖空间

服务售卖是游艇码头重要的使用功能。一方面能够拓展游客的活动内容，丰富游览体验；另一方面，可以增加码头的经营管理类型，为其提供更好的经济收益。如在本章节的开头提到的，现代游艇码头种类繁多，已经从传统游艇码头的单一提供游客游览体验，拓展到提供各种餐饮、售卖、活动组织、游览线路服务功能的场所。因此可以根据园区特色、码头的规模、经营管理定位等进行具有自身特色的服务售卖空间营造。服务售卖功能可结合智能设施，利用紧凑高效的空间，打造小则精巧的服务售卖空间。

10）码头区

码头区主要为游客候船的露台，供上下船用。在设计中应严格根据船只大小、数量、使用方式和服务人群进行规模、面积、形态的设计。除满足对游客上下船的使用需求外，还要考虑船只的管理、日常检修以及面对极端天气时，船只和港口的安全问题。在游客的使用体验上，码头与水面距离 30～50cm 会有较好的亲水体验。游艇码头港内的功能水域一般由港池、航道、游艇回旋水域以及系泊水域等部分组成，鉴于游艇自身的特点，通常情况下会忽略乘潮因素的影响。

11）集船柱桩或简易船坞

集船柱桩或简易船坞的设计目的主要是使游艇停靠方便，并且具有遮风避雨的保护功能。可根据项目需求，酌情进行设计，并注意与码头整体造型的结合。

除以上典型功能外，码头还可以结合其他休闲娱乐项目及场地进行开发，也可以通过规划游览航线串联周围景点，从而在体验形式上更加丰富，并加强周围景点的体系化，提升整体的游览体验。

2. 公园游艇码头的分类

1）按码头的不同平面布置形式分类

（1）外突式码头

外突式游艇码头是凸出于陆地岸边，将全部泊位置于水体之上。由于没有更多的缓冲和保护，这种形式适合于没有风浪或者风浪较小的水域；也由于其凸出岸边的形式，使其泊位上的活动与陆上的活动互不干扰、交通流线分离，亦能提供足够的水域观赏空间。此类码头为公园和一般景区中最为常见的一种码头形式。

（2）嵌入式码头

嵌入式游艇码头是指将码头置于人工形成的港湾的凹进部分，可以形成三面环路、一面进出的格局。码头嵌入港湾的内部，方便为游艇提供更加便捷的日常维护和更好的波浪缓冲保护。因此此类码头更适用于风浪较大的水域。

（3）半凹入式码头

半凹入式的游艇码头将泊位置于水、陆之间，因此可以既拥有嵌入式码头的便捷性，又拥有外突式码头的开放视野和相对独立的活动流线安排，也能如嵌入式码头对停泊船只提供一定的保护，主要适用于风浪不大的水域。

（4）内陆式码头

内陆式游艇码头是将全部游艇泊位置于陆域港湾内，具有非常强的抗击风浪影响的能力，游艇通过人工水道进入陆域港湾内部。由于其四面环路，故具有较强的安全性。

2）按码头和陆地的不同垂直关系分类

（1）驳岸式

驳岸式码头是直接结合驳岸进行构筑的码头，是公园中最为常见的码头形式。人工驳岸是很多公园、人流密集的岸边以及滨水建筑和广场周围常常使用的岸线处理方式。驳岸可以使游客较为充分地使用滨水游览空间，实现岸上和水面的快速过渡。这种码头适用于水体面积不大的情况，可以使用台阶和平台处理陆地和水面的垂直落差。由于距离岸边较近，须进行水深的控制，适当进行岸底的处理。

（2）伸出式

对于水域较大的项目，可以使用伸出式码头，直接将码头伸挑到水中。一方面，不需要进行岸边的驳岸营建；另一方面，直接伸入水域提供良好的观赏视角和足够的游览步道。此外，拉大了岸边和船只停靠的距离，能够灵活进行水深的控制，是节省成本的码头营造形式。

（3）浮船式

浮船式码头主要由堤岸、活动联系桥、浮动码头等组成。对于水库风景区等水位变化较大的风景区特别适用，游艇码头可以适应不同的水位。由于依靠趸船浮力平衡于水面，因此码头总能和水面保持合适的相对高度，在使用和管理上较为方便。但在有较大波浪的湖泊、水库和海域建造浮船式码头时，应考虑波浪的作用，并采取有效的防浪措施。在有台风的地区，应考虑防台风措施。

3）按游艇的不同泊位方式分类

有游艇与栈桥在形态上保持垂直的垂直式码头，游艇与栈桥在形态上呈平行状态的平行式码头，以及栈桥在水域中呈环形、游艇垂直于栈桥围绕呈环形停靠于码头的环式码头。

10.2.2　游艇码头选址要求

游艇码头选址应符合港口总体规划、城市总体规划、海洋功能区划、江河流域规划等相关规划要求。游艇码头选址应考虑游艇码头建设区域的社会经济发展水平、项目规划定位与服务对象，以及自然环境因素。水域的波浪条件与陆上的地质条件是自然因素中的重要考察对象，它们直接影响并决定了建设的可行性及建设投资。

游艇码头首先需要保证游艇有足够的活动水域，能够减少游艇之间以及与其他船舶的相互干扰，满足通航、停泊的安全要求。由于游艇码头受波浪影响较大，因此应选在掩护条件良好的水域。在开敞的海域和急流河段建设游艇码头，需考虑水流风浪的情况多变，应在进行技术经济论证后考虑。此外，游艇码头在冰冻地区建设需考虑气温影响，并采取一定防冻措施。

1. 沿海游艇码头选址原则

游艇码头宜选在有天然掩护，波浪、水流作用较小，泥沙运动较弱且天然水深适宜的水域。在泥沙运动较强的地区，建设游艇码头应充分考虑泥沙运动的影响。

此类游艇港池水深多为 3～5m，通常位于波浪破碎带附近，泥沙运动活跃，易出现港池淤积的情况。此外，由于浮桥锚碇系统多选择定位桩和锚链等结构，完工后不便维护疏浚，因此港址应尽可能选择泥沙运动较弱的地区。

2. 内河游艇码头选址原则

本节中内河指江河、湖泊、水库、渠道和运河等的总称。游艇码头应选在河势稳定、河床及河岸相对少变、泥沙运动较弱、水深适宜的顺直河段或凹岸；也可选在急流卡口上游的缓水区、顺流区，或多年冲淤基本平衡、流态适宜和漂浮物较少的回流沱或支汊河段。游艇码头与桥梁、渡槽等应留有适当的安全距离。游艇码头选址应考虑泄洪、饮用水源保护的要求。

根据《河港总体设计规范》（JTS 166—2020），考虑到码头船舶作业对桥梁、渡槽的安全影响，规定码头在桥梁、渡槽上游时，码头与桥梁、渡槽的安全距离应不小于 $4L$（L 为码头设计船型或靠泊船队的实际长度），码头在桥梁、渡槽下游时，码头与桥梁、渡槽的安全距离应不小于 $2L$。

“游艇码头与桥梁、渡槽等应留有适当的安全距离”，是指考虑到一般游艇远小于河段的设计代表船型，根据实际情况，适当考虑游艇码头与桥梁、渡槽等的安全距离。若游艇设计船型与该河段设计代表船型相接近时，参照《河港总体设计规范》（JTS 166—2020）的有关要求留有适当的安全距离。同时，考虑游艇体积较小、质量较轻，在桥梁、渡槽附近建设游艇码头时，出于游艇自身安全考虑也需要留有一定的安全距离。

虽然选址原则可以根据沿海或内河的不同水域环境进行区分说明，但公园内的游艇码头作为吸引游客前来进行水上观光体验的重要节点，需选择在交通比较便利的场地，在主要游览线路中位置明显、临近出入口或主要景点为佳，建筑易被发现，且有较高的辨识度。选址与布局需考虑风、日照等气象因素对码头的影响，并注意利用季节风向，避免因风口船只停靠不便和夏季高温，避免因夕阳的低入射角光线的水面反光，对游人眼睛产生强烈刺激，导致游艇的使用不便。

游艇码头的选择需考虑具体的水体条件，包括水体的大小、水流、水位情况。水面较大的情况下，建议将码头设置在湖湾之内，以寻求较为平稳的风浪环境。在水面较为局促的情况下，选择将码头设在较为开阔的地方，高效利用水体，也利于更好地营造水体构景。在水体流速较大的情况下，码头和泊位的设计应尽量避免或减少水体对船体的正面冲击。

公园内的游艇码头选址不只需要考虑自身的功能需求，还需要作为公园整体风貌营建的一部分、滨水景观中的重要节点来考虑。因此在设计中，首先需要统筹整个水域游览线路的安排。第一，希望能够将更多的游客吸引至游艇码头。如传统园林中，游船观光线路往往从某个主要的景点开始，达到很好的陆地和水上游览线路的过渡和连接。第二，要能够使游客在水上观光游览到尽可能多的景致、欣赏到最好的水上景观、经历到最为丰富的水上游览体验，防止游人走回头路。如天津水上公园将码头选在主要入口的一侧，统领了整个水上观光体系，承担了组织水上交通的作用。第三，游艇码头自身的风貌也为景观中的重要节点，因此要选择与之相称的背景环境，突显码头的独特风貌，通过对景呼应，将水体沿线和水中节点整合成为完整的景观构架。

10.2.3 游艇码头设计要点

游艇码头总平面布置应根据使用要求，按照节约岸线和用地资源、近期建设与远期发展相结合、适当留有发展余地的原则进行。

设计应考虑下列因素：城市、交通、防洪、水利、水电、通航枢纽的现状及规划；公园自身以及城市景观体系的规划。如在公共海域以及内河设置，应考虑港口、航道、通航建筑物现状及规划，以及跨海（河）桥梁、电缆、管道、隧道和取水等建筑物、构筑物现状及规划。

游艇码头需要根据码头的未来经营形式拟定船只的类别、大小和数量。其中代表船型应根据市场需求、建设条件、已有船型及未来发展趋势综合确定。此外，由于技术手段、船只造型以及使用需求的不断变化，需预留一定的发展变化空间。

游艇码头的波浪超过系泊允许波高或港口冲淤严重时，应采取必要的防护措施。游艇码头建设应设置港口水域交通管理设施。有出入境服务需求时，应设置口岸设施。沿海游艇码头港池设计水深的起算面应采用极端低水位，进港航道水深的起算面宜采用设计低水位。内河游艇码头港池设计水深的起算面宜采用设计最低通航水位。

在具体的空间和流线设计中需要考虑以下几个方面。

1. 空间布局及交通流线

在场地的利用上，需充分结合周边的道路交通，以及片区的整体景观风貌要求。除码头内部空间安排外，可按照使用需求设置停车场。港内道路设计中应考虑拖车车宽的要求，转弯半径宜取 9～12m。

在做游艇码头的空间布局时，应注意将整个码头各个空间作为一个整体考虑。在平面布局的格局打造上，整体空间须有较好的构成关系，富有理性和秩序性，做到在统一中有所变化；空间之间有合理的联系和适当的隔离。具体的小空间布局上符合人的使用特性、设备的安装条件，或者物品的存储搬运要求，在满足使用的前提下，进行合理的交通空间串联。需合理布置空间的动静分区，区分对内空间和对外空间的环境营造，考虑视线的引导和空间的暗示，并适当补充灰空间，满足适用人群的弹性需求。

流线组织方面，管理区工作人员流线和游人游览活动路线避免交叉和影响。水域航道和码头部分的设计须根据不同船只的出入和停泊形式进行线路的规划和停泊位的合理布局，避免相互之间的干扰，也能够做到高效快速分流游客。

1）工作人员和游人的人流组织

通常码头平面按功能进行分区，大的方面可以分成 3 个大区：管理区、游客活动区、码头区。一般分区设置，如图 10-2-1 游艇码头功能类型与分区中所示，空间布局时应注意避免工作人员和游人的活动路线相交叉，以免互相干扰，有的情况下管理区可单独设置入口。管理用房之间应有紧密的联系，空间上也应以紧凑集中为佳，减少工作人员在各个功能空间之间不必要的行走距离；办公管理区应和游人休息区有方便的联系，以便管理；在功能更为复杂和综合的码头中会有更多商业服务、游线咨询介绍以及休憩体验空间，须在不干扰码头管理的基础上进行合理的空间安排。

2）游人上下船的路线组织形式

设计需保证游客休憩等候、购票登船、停泊下船和游览观光的流线通畅连贯。用于公园和景区观光游览的游艇码头往往面对的是一般游客，因此，购票登船是最常见的游人上下船形式。一种是上下船人流不进行分流，凭票上下船。作为一种开放型的管理方法，对码头的设计要求简单，并且能够节省管理工作人力，但因上下船人流混杂而容易在人流较大时产生混乱和不安全因素。另一种是上下船人流分开，一方上船，另一方下船，需设检票处或检票设备，人流管理相对有序。检票之后，在游人上下船过程中会有人流拥挤集中的问题出现，在候船平台上对游客尽快地疏散。有序的管控十分必要，合理设置登船口、平台适宜的朝向、人流的明确引导、休憩设施的设置和适宜的遮阴避暑环境的营造能够改善游客的等候环境。

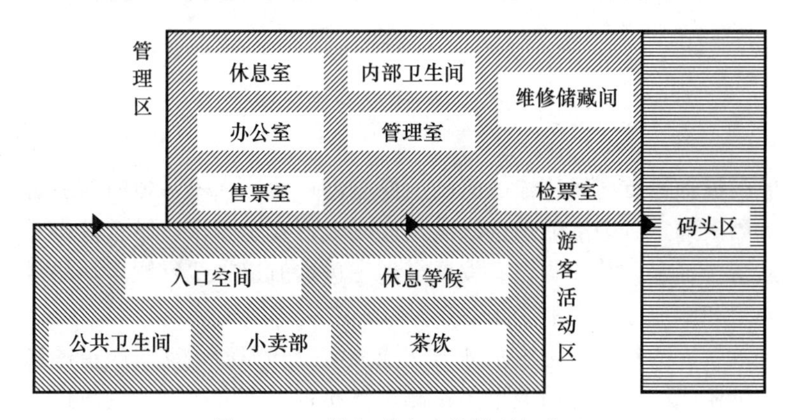

图 10-2-1　游艇码头功能类型与分区

此外，需将游人活动线路和工作人员的活动线路分离开，减少不必要的干扰。

还有一部分游艇码头主要服务于私人和游艇俱乐部，游艇类型、活动形式多样，因此上下船方式更为多变，设计中需根据具体的管理组织形式进行场地的营建，在此不再赘述。

3）水域及航道布置

一般规模较小、船只出入较少的码头不用特别考虑船只的运行航道。但码头类别逐渐丰富，规模多有变化，船只的数量和种类都有显著增加，为安全有序地管理船只，必要情况下也须对水域和航道进行规划与设计。

游艇码头水域及航道包括进港航道、内航道、内支航道、系泊水域和锚泊水域等，如图 10-2-2 所示。各个水域应根据使用要求合理布置。受强台风影响频繁的地区，大型泊位宜按单泊位布置；离岸式泊位宜布置于掩护良好的开阔水域；港内水域可根据船型大小分成若干不同水深的区域。

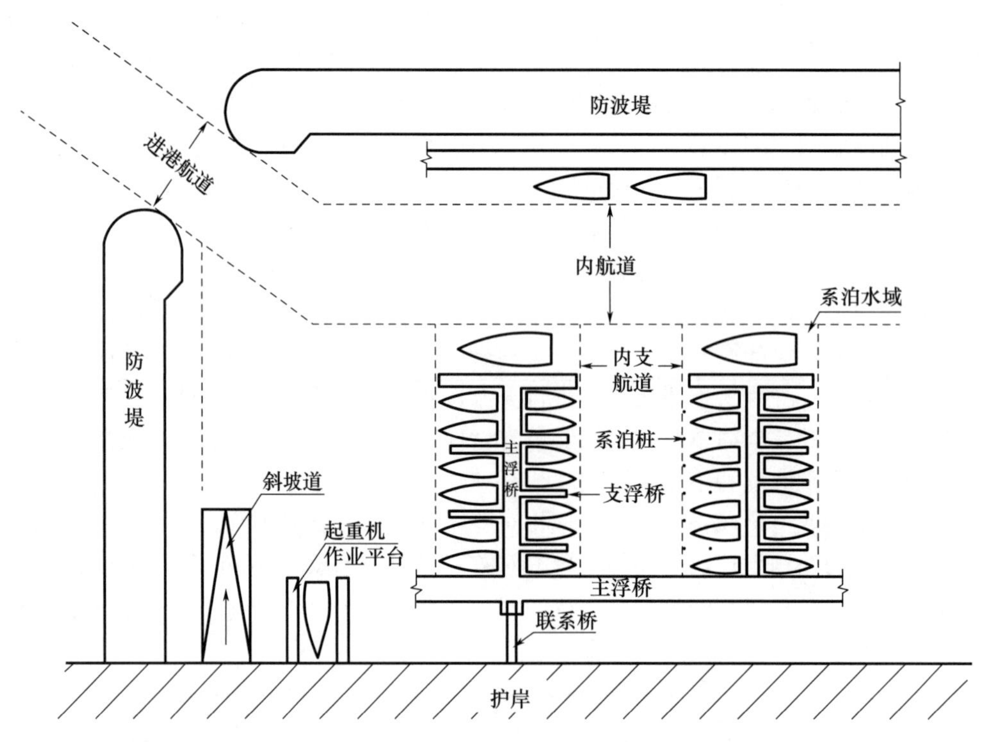

图 10-2-2　游艇码头水域布置图

（资料来源：《游艇码头设计规范》JTS 165-7—2014）

停泊游艇的纵轴线宜与风、浪、流的主导方向一致，当不一致时，纵轴线应主要根据控制性影响因素确定。进港航道选线满足船舶航行安全要求，结合港口总体规划、自然条件等因素综合确定，并适当留有发展余地。进港航道轴线宜顺直，尽量减小航道轴线与强风、强浪和水流主流向的交角。

浅滩段进港航道的布置应考虑水动力、浅滩演变和泥沙运动对航道的影响。有整治工程时，航道轴还应结合对整治效果的预测进行布置。进港航道、内航道和内支航道有效宽度可参考表 10-2-2。

表 10-2-2　航道有效宽度

类别	有效宽度
进港航道	6 倍通航设计船宽
内航道	1.75 倍通航最大设计船长
内支航道	

注：①计算宽度大于 45m 时，且通航最大设计船型的通航密度较小，经论证进港航道的有效宽度可适当缩窄；
②港内水域条件较好时，内航道和内支航道宽度经论证可适当缩窄，但不得小于 1.5 倍通航最大设计船长。

4）码头平面布置

码头的平面布置主要考虑人的活动路线和游艇活动线路的交叉，游艇码头可根据使用要求设置游艇上下岸泊位、燃料补给泊位、污水收集泊位和工作船泊位等辅助泊位。游艇上下岸泊位宜布置在不影响游艇航行的水域。

此外，鉴于安全和便捷，燃料补给泊位宜独立布置，并应位于游艇进出方便的水域，尽量靠近港池入口，内河则宜设于下游。污水收集泊位可布置在主浮桥端部，集中收集生活污水和含油污水。主浮桥宽度应根据其服务的长度确定，但不应小于表 10-2-3 中的数值。

表 10-2-3　主浮桥最小宽度

主浮桥服务长度（m）	最小宽度（m）
＜100	2.0
100～200	2.5
200～300	3.0
＞300 或行走电瓶车	4.0

支浮桥宽度应根据系泊水域长度确定，但不应小于表 10-2-4 中的数值。支浮桥长度宜取 1 倍设计船长；在保证系泊安全的情况下，长度可适当缩短，但不应小于 0.8 倍设计船长。

表 10-2-4　支浮桥最小宽度

系泊水域长度 L_b（m）	最小宽度（m）
$L_b \leqslant 12$	1.0
$12 < L_b \leqslant 24$	1.5
$L_b > 24$	2.0

联系桥的净宽应根据其服务的泊位数量、交通工具和人员流量确定，且不宜小于表 10-2-5中的数值。

表 10-2-5　联系桥最小净宽

服务泊位数量 N（个）	最小净宽（m）	
	行人通行	电瓶车通行
$N \leqslant 10$	0.9	2.0
$10 < N \leqslant 60$	1.2	
$60 < N \leqslant 120$	1.5	
$N > 120$	1.8	

如图 10-2-3 所示，联系桥坡度设置除应根据工艺和使用要求确定外，在设计低水位时尚应满足下列要求：

步行坡度不宜陡于 1∶4，无法满足时应考虑活动踏步；无障碍通行坡度不宜陡于 1∶8；电瓶车通行坡度不宜陡于 1∶12；联系桥陆侧顶面高程沿海游艇码头可取极端高水位加 0～1.0m 富裕超高，内河游艇码头可取最高通航水位加 0～1.0m 富裕超高。

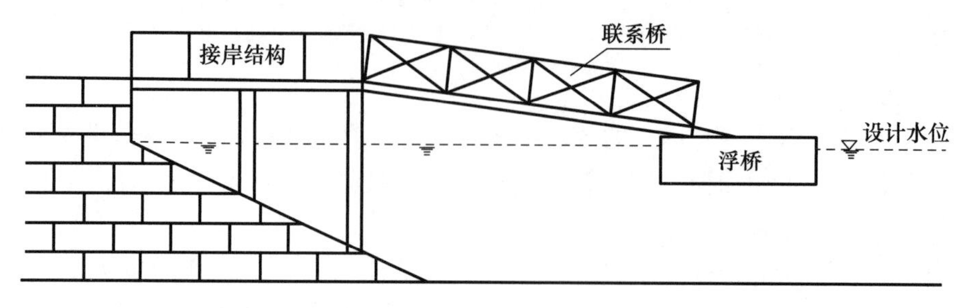

图 10-2-3　联系桥坡度

（资料来源：《游艇码头设计规范》JTS 165-7—2014）

2. 立面及竖向设计

由于游艇码头的特殊位置，往往使其成为滨水景观的重要节点，因此游艇码头具有风景建筑的重要装饰特点。立面为码头主要的展示界面，在造型上需有较为丰富的考虑。可以结合使用需求和周围环境的天际线进行建筑比例关系的拟定和轮廓线的推敲，进行具有创造性的立面材质、肌理和色彩的设计，充分利用建筑体块的高低错落和体块加减，形成建筑丰富的视觉层次。

建筑地坪层远高于地面，则可以利用台阶坡道和平台营造从陆地到水面的错落空间和丰富的观景休憩空间，或者参考山地建筑设计方式，形成逐层递减的建筑空间来缓和高差，营造趣味空间。如美国 Bunny Run 小船码头利用原有河岸的高差，从岸边平直探出的长栈道直通建筑的上层休憩观景空间，建筑的下层刚好和水面临近，成为船舶停靠以及人的亲水空间。

建筑地面临近水面能够形成亲和宜人的滨水氛围。在水位变化明显的场地，游艇码头的空间形态也会随着水位的涨落发生丰富的变化。因此要了解水位的标高，最高、最低水位，以确定码头平台的标高，并考虑不同水位状态下的建筑风貌。

立面设计是建筑风貌的重要体现方面，要强调风格的塑造。

3. 风格塑造

游艇码头作为具有代表性的滨水建筑，需要在与周围环境协调的基础上打造自身的特色与可识别性，塑造其特有的动感、轻盈的建筑特质，保持其与“水”的特质关联。

可以结合不同船体的特征进行造型设计，如屋顶做成帆形、折板顶或圆穹顶等，或选择与周围自然环境相融合的形态、建筑材料和色彩。如美国 Bunny Run 小船码头，建筑体量小巧，分为两层，建筑使用丰富的木材与周围密布的树木融为一体，空间十分通透；色彩鲜明的彩绘图案使整个空间轻盈灵动、别具风情。

游艇码头也可以结合周边环境进行统一的建筑风格定位。如杭州西湖和扬州瘦西湖的码头，多结合周围传统建筑风格和传统码头形式进行设计，不仅彰显了传统的滨水建筑风貌，凸显了传统文化中游船赏景的文化氛围，而且结合周边的环境形成了新的景致。

此外，码头还可以通过新颖的建筑空间形态、材料和色彩的设计，以及趣味性的装置艺术的营造，形成具有独特欣赏价值的建筑空间。如由 Martín Lejarraga 设计的哥伦比亚的新建邮轮码头工程——卡塔赫纳港。设计师不仅将这里设计成为邮轮乘客和市民休闲活动场地，还通过设计塑造了码头自身的独特魅力。建筑整体呈平行于岸边的 L 形长带状，设计师通过弧线和圆洞进行建筑顶面的切割和镂空，形成整体上建筑的流动感，同时形成丰富多变的廊下空间。屋顶设计了抽象于海洋世界意象的马赛克花纹装饰，与周围的海域和船舶的色彩十分融洽。其覆盖了休憩区、具有良好观景视野的活动区、展示海底物种信息的知识长廊、进行海运交通出入控制的控制区和展示城市信息的旅游信息区。建筑空间极为通透，内部通过具有秩序感的金属细柱和弯曲的透明薄板进行分隔。薄板上印刷着介绍海洋景象的图案和文字，光线照射的时候，空间和地面形成了丰富的光影变化。

4. 安全防护

由于码头建筑的临水性，各个年龄阶段的人都可能参与使用，在特定时间容易发生人群拥挤的情况，受风暴和波浪的影响较大，因此安全隐患较多。故而游艇码头设计须首先考虑人的安全性，应设置足够的告示栏、栏杆、护栏等安全宣传保护措施。

首先，游艇码头区宜设置围网，泊位区入口宜设置门禁；宜设置陆上、水上周界防入侵系统；主浮桥上应设置救生圈和应急救生箱，间距宜取 40m；浮桥干舷大于 50cm 时应设置安全梯；联系桥应设置栏杆。

其次要考虑船体的保护。一方面游艇及码头会受到风暴、洪水等自然灾害的影响，日常也会受到波浪的推动导致撞击和损害，需在设计中考虑并预留空间，或完善设施以固定和缓冲。此外，在游艇系泊于航道附近的码头时，如果航道中船舶的航行速度较快，该船舶距系泊船的距离又比较近时，船行波可能会引发系泊船的激烈摇摆运动，严重时可能导致系泊船的船体受损或缆绳绷断而造成安全事故。因此，可以考虑进行防波堤的布置，以及进港航道口门段的缩窄。

最后要考虑港池护岸的安全防护。在其结构形式的选择上，要综合考虑不同水域面积的设计需求、波浪影响以及周边景观风貌的营造要求。在潮差较大或波浪较大的水域，采用直立式护岸无法做到波浪的缓冲和消解，对港池水域的平稳有不利影响，并且在低潮时，水面和陆地的高差显著增加，直立式护岸会增加港内人员的压抑感。因此，在这种情况下，斜坡式或半直立式护岸是更加适宜的选择。

10.2.4 案例

1. 案例一：白莲泾 M2 游船码头

白莲泾 M2 游船码头东靠白莲泾公园，南部为城市主干道世博大道，西侧为亩中山水园，北临黄浦江，位于上海世博会旧址的核心地带。该项目由同济原作设计工作室设计。

码头与东西两侧的公园进行了衔接，融入了城市整体的滨江景观体系内，承担了一部分的滨水休闲游憩功能。此外，设计采用顶面覆土连拱的方式，上层解决交通问题，将北侧城市腹地的人流快速引到码头，并充分利用码头的开放视野和水平延展的空间，营造了开阔的滨江漫步观景空间，下层为候船大厅提供足够的使用空间，如图 10-2-4、图 10-2-5 所示。东西向的城市观光体系的打通、南北向视线和人流的打通，使得整个场地与周围环境密切结合，并巧妙地将码头的功能融入其中，如图 10-2-6 所示。

受限于垂直层高的要求，建筑顶面采用了一种“混凝土壳屋盖＋钢索框架＋屈曲约束”的轻薄结构体系，如图 10-2-7 所示。为达到抗震要求，采用屈曲约束支撑搭接在棱柱上，使垂直与水平方向的结构成为一体。这种结构形式不仅解决了建筑使用空间的问题，还形成了一种平行于江岸的独特纵深空间。脱离墙体的支撑，具有舒展的空间延伸，使整体建筑空间看起来通透轻盈。混凝土的木纹肌理变化结合拱形的纵深空间，无意间营造了一种独特的氛围，如图 10-2-8 所示。

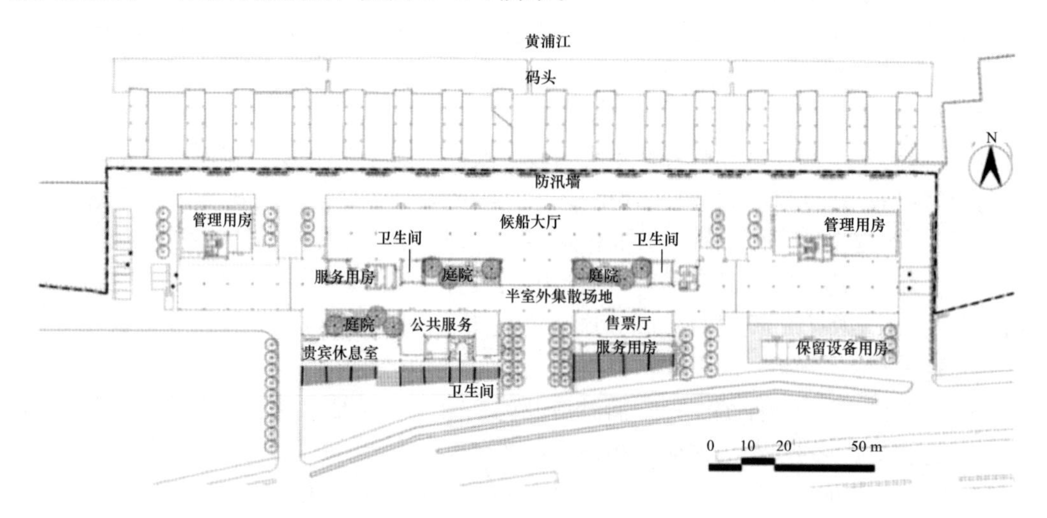

图 10-2-4　一层平面图

（资料来源：根据张洁、章明、孙嘉龙，《城市水岸边的“弧”步舞——上海白莲泾 M2 游船码头的形式解读》资料绘制）

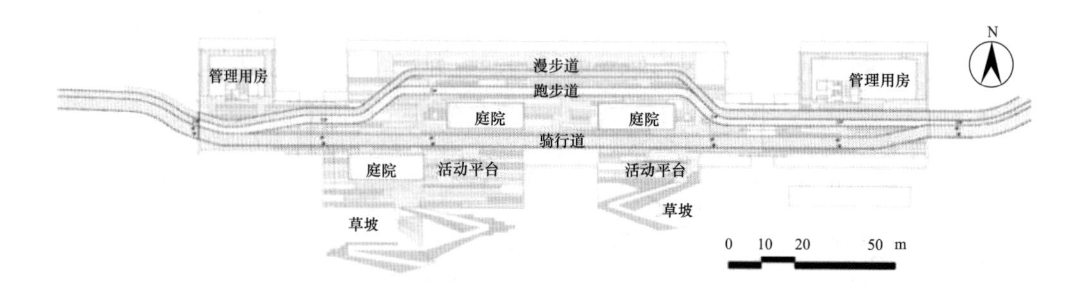

图 10-2-5　二层平面图

（资料来源：根据张洁、章明、孙嘉龙，《城市水岸边的“弧”步舞——上海白莲泾 M2 游船码头的形式解读》资料绘制）

图 10-2-6　码头鸟瞰照片

（资料来源：张洁、章明、孙嘉龙，《城市水岸边的“弧”步舞——上海白莲泾 M2 游船码头的形式解读》）

图 10-2-7　码头现场照片一

（资料来源：张洁、章明、孙嘉龙，《城市水岸边的“弧”步舞——上海白莲泾 M2 游船码头的形式解读》）

图 10-2-8　码头现场照片二

（资料来源：张洁、章明、孙嘉龙，《城市水岸边的“弧”步舞——上海白莲泾 M2 游船码头的形式解读》）

2. 案例二：伦敦皇家码头

位于泰晤士河畔的皇家码头项目（Royal Wharf Pier），由来自伦敦的 Ne×事务所设计完成。长达 130 米的码头目前是泰晤士沿河最长的码头。码头与皇家码头社区相邻，由 4 部分组成。观赏平台将公共长廊与泰晤士河游船停靠点的舷梯及浮桥划分开来，如图 10-2-9 所示。公共长廊和舷梯的衔接处设置有一个观景平台。

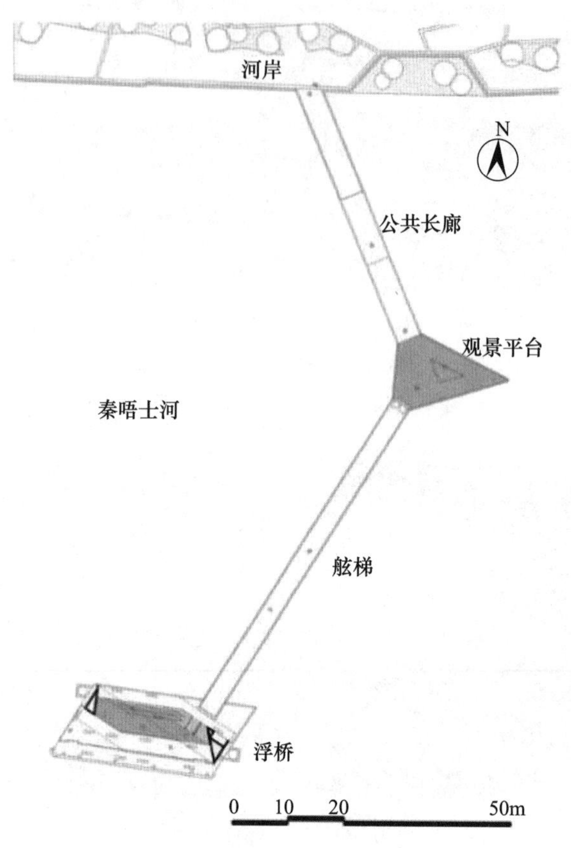

图 10-2-9 码头平面图
（资料来源：根据谷德设计网资料绘制）

码头的公共空间延伸至离岸 40 米处。全年开放的公共长廊为伦敦的游客和居民提供了一个悬浮于河面上的独特场所。观景平台面积有 162 平方米，四周为无遮挡的超清玻璃护栏，中间设有座椅，为游客提供了足够的休憩停留、观景游玩的水上开放空间。夜间栈道上有内嵌的灯光照明，减少了不必要的光污染，且光线柔和散发，使其成为欣赏泰晤士河夜景的漫步空间。65 米长的舷梯随着水波上下起伏，为了形成连贯统一的空间氛围，其沿用了公共长廊所使用的木材和铝制板条，营造出半封闭的廊道空间，为游客提供了遮风避雨的场所。

浮桥的平面呈平行四边形，一边平行于舷梯，将游客的视线引向对岸的金丝雀码头和城市壮丽的天际线。进入浮桥后，游客可以顺利地在右侧找到具有良好视野的休憩阶梯座椅，以及可以环绕四周的围廊。阶梯座椅的对面安装了超清玻璃幕墙，减少了游客视野中不必要的遮挡。

浮桥的材料上以饰面钢材为主要结构，保证了良好的耐候性，并继续沿用木材和铝制板材提升内部空间的使用体验，如图 10-2-10 所示。整个码头选用了统一的材料和温暖配色，使码头呈现出独特的亲切之感，也使其拥有较长的路径，但未被多个节点和空间划分割裂。

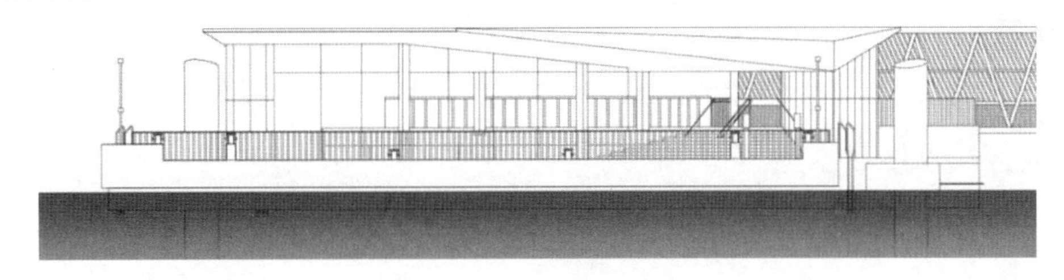

图 10-2-10　浮桥立面图

思考题

1. 游客中心对于城市和风景区的功能与意义是什么？
2. 游客中心应如何提升该区域（自然及文化层面）的价值？
3. 游客中心的选址需要考虑哪些方面？
4. 进行设计时如何运用科技手段提高游客中心的节能与环保性能？
5. 游艇码头的选址需考虑哪些问题？
6. 游艇码头设计主要考虑哪些功能分区和流线安排？
7. 游艇码头应如何选择适合的设计风格和造型语言？

第11章

博览类建筑

本章主要内容：在介绍博览建筑的发展历程、主要功能、空间组成及总体布局的基础上，结合案例及图示化的语言，进行博览建筑的平面设计、功能空间及陈列室的详细设计、辅助空间设计及造型设计的详细分析说明。

11.1 概　　述

11.1.1 博览建筑的发展历程

1. 西方博览建筑的发展

西方早期的博览建筑是用来供奉女神的殿堂。公元前285年在埃及修建的亚历山大宫是最早的博览建筑。早期博览建筑藏品只限于教皇、君主、贵族、富豪的艺术品和珍品。西方博览建筑的发展可大致分为以下4个时期：

①中世纪时期：教徒对教皇遗物的崇拜，对大量美术品建立了专门的房间，组织陈列展出。

②文艺复兴时期：对古代藏品进行了保存展览、比较研究，从普及文化到科学研究，各国开始建立陈列馆、美术馆、博物馆。

③19世纪工业革命时期：自然科学的普及与发展，对科学资料的搜集、保管、整理、陈列展出等形成了科学体系，使美术馆、博物馆得到较好的发展。

④近代时期：新技术的出现与发展，近代博览建筑的展出方式改进较大，平面布局、功能组织、空间组合等也有较大的变化。

2. 中国博览建筑的发展

中国作为世界文明古国，博览建筑可追溯到商周时代，很早就有皇家或私人的文物收藏所。隋炀帝时在洛阳建造的妙楷台藏书法、建宝迹台藏名画，宋代专建的稽古阁、博古阁、尚古阁，“以储古玉、印玺、诸鼎彝礼器、书法、图画”，都是我国博物馆建筑的萌芽形态。

中国近代的博览建筑是在鸦片战争以后形成和发展起来的，帝国主义的文化侵入使西方近代博览建筑在中国兴建，但由于近代战争，中华人民共和国成立以前的博览建筑发展缓慢且发展过程中不断受到毁坏。1949年中华人民共和国成立之后，中国博览建筑的发展可以分为3个阶段：

①第一阶段：1949—1965年，对旧博物馆进行整顿、改造的同时建设新馆，响应发展的政策。兴建各类博物馆以及美术馆，建筑风格明显受到西方国家建筑风格的

影响。

②第二阶段：1966—1978 年，博览建筑停滞时期，遭受了空前的劫难，许多博物馆建筑被撤销或停办，或与图书馆、文化馆合并，博览建筑主题多为历史或英雄人物纪念馆。建筑造型简单朴素，文化内涵较少。

③第三阶段：1979 年至今，博览建筑发展良好，类型增加，数量、规模均有扩大，各地竞相新建博物馆、科技馆、文化馆等。

11.1.2　博览建筑的功能概述

博览建筑的主要功能一般有收藏保管、科学研究、文化教育 3 类。

1. 收藏保管

收藏保管是博览建筑最核心的功能，该功能区应设单独的藏品出入口，且出入口的选择有利于藏品的运输，与陈列展出区既有分隔又联系方便，与行政办公区有一定联系。

2. 科学研究

科学研究是博览建筑的功能之一，部分博览建筑有供专业人员进行学术研究的空间，其部分进出流线是围绕陈列展出与展品运输而运行的，与陈列、运输流线有明确的划分。

3. 文化教育

博览建筑是我国公共文化服务体系的重要组成部分，在陈列展出的同时，还具有一定的文化教育功能，有利于文明的传承。

11.1.3　博览建筑的分类

博览建筑涵盖了博物馆、美术馆、陈列馆、展览馆、纪念馆、水族馆、科技馆、民俗馆、博物园、博览会展中心等类型，其目标都是收集藏品，研究、陈列，为大众提供参观学习的机会。

根据藏品性质、陈列目的的不同，博览建筑的规模和组成各有侧重，主要分为以下几种类型。

1. 按建筑规模分类

博览建筑按照规模可分为特大型博览建筑、大型博览建筑、中型博览建筑、小型博览建筑和展览馆（陈列室）五类，如表 11-1-1。

表 11-1-1　博览建筑按规模分类

类别	规模	级别	举例
特大型博览建筑	50000m^2 以上	属于世界和国家级的博览建筑	中国国家博物馆、世界博览会、法国卢浮宫博物馆等
大型博览建筑	10000～50000m^2	属于国家和省、自治区、直辖市的博览建筑	上海博物馆、甘肃省博物馆、陕西历史博物馆、河南省博物馆等
中型博物馆	5000～10000m^2	属于省、厅、局直属的博览建筑和专业性的各类博览建筑	西安半坡博物馆、北京鲁迅博物馆等

续表

类别	规模	级别	举例
小型博览建筑	1000～5000m²	一般属于市、地、县的博览建筑	雷锋纪念馆
展览馆（陈列室）	1000m² 以下	一般多位于公园、文化中心和附设于不同类型的建筑中	公园中的展列室、工艺美术馆等

资料来源：《博览建筑设计手册》。

2. 按功能性质分类

博览建筑按照功能性质可分为博物馆、展览馆、美术馆和陈列馆 4 类建筑，见表 11-1-2。

表 11-1-2　博览建筑按功能性质分类表

类别	功能	举例
博物馆	征集、典藏、陈列和研究代表自然和人类文化遗产的实物的场所，对馆藏物品分类管理，为公众提供知识、教育和欣赏的文化教育的机构、建筑物、地点或者社会公共机构	自然博物馆、历史博物馆、艺术博物馆、科技博物馆、综合博物馆等
展览馆	作为展出临时陈列品之用的公共建筑，其通过实物、照片、模型、电影、电视、广播等手段传递信息，促进发展与交流	综合性展览馆、专业性展览馆等
美术馆	保存、展示艺术作品的设施，通常是以视觉艺术为中心，其主要目的是提供展示空间，但有时也会用作举办其他类型的艺术活动	画院、工艺美术馆、绘画馆等
陈列馆	一般作为单纯的陈列展出，有的设立于建筑的一角，有的是独立的建筑，其中多为陈列实物，以供人们参观学习	商品陈列馆、建筑材料陈列馆、工艺美术陈列馆

资料来源：《博览建筑设计手册》。

3. 按展出性质分类

博览建筑按照展出性质可分为专业性展览馆和综合性展览馆两种，见表 11-1-3。

表 11-1-3　博览建筑按展出性质分类表

类别	展出性质	举例
专业性展览馆	展出内容局限于某类活动范围的公共建筑，包括工业、农业、贸易、交通、科技、文艺等	北京农业展览馆、桂林技术交流展览馆
综合性展览馆	可供多种内容分期或同时展出的建筑	北京国际展览中心

资料来源：《博览建筑设计手册》。

11.1.4　博览建筑的空间组成

博览建筑的空间组成大致包括陈列空间、观众服务空间、藏品库区、技术用房和学术研究用房和行政办公用房。

1. 陈列空间

陈列空间是博物馆的基础，主要是对展品的陈列展示，一般包括基本陈列室、特殊陈列室、临时展室、室外展场、门厅、报告厅、接待室等。

2. 观众服务空间

观众服务空间是为参观者提供问询、售卖、休息、寄存等服务的公共空间，一般有停车场、售票、问询处、小件寄存、纪念品销售、书店、餐饮、小卖部、休息处、厕所等。

3. 藏品库区

藏品库区一般包括藏品库、珍品库、藏品暂存库、缓冲间等。

4. 技术用房

博览建筑的技术用房一般包括编目室、鉴定室、熏蒸室、实验室、摄影室、修复室、标本制作室等，且应设单独出入口。

5. 学术研究用房

工作人员使用的空间，设单独出入口，一般包括研究室、技术实验室、图书资料室、开放库。

6. 行政办公用房

工作人员使用的空间，一般包括管理办公室、消防监视控制中心、行政库房、值班室等。

11.2　博览建筑的总体布局与平面设计

11.2.1　博览建筑的总体布局

设计是一个"意在笔先"的过程，立意之后需要落笔。创意的落笔首先需要从总体着手，先落实在建筑的总体布局，再将形体构想、平面布置、空间架构等诸多方面一一落实。同时博览建筑是具有博览功能的载体，不只是建筑形式与艺术随心所欲地表达，因此建筑功能与创意的落实是一个从总体入手再逐步细化的过程，也是从宏观到微观功能空间与表现形式间的矛盾反复协调的过程。除此之外，建造环境对总体布局的影响、城市规划对总体布局的要求以及博览建筑功能在总体布局中的体现，都是设计需面对和遵循的原则。

1. 场地概况

1）总体布局与建造环境

博览建筑的设计是在客观环境中进行的，设计过程也是一个认识环境、利用环境、改造环境、创造环境的过程，建筑设计既依赖环境因素的衬托又在一定程度上受到环境条件的限制。建造环境可分为自然环境与人造环境，如图 11-2-1 所示。

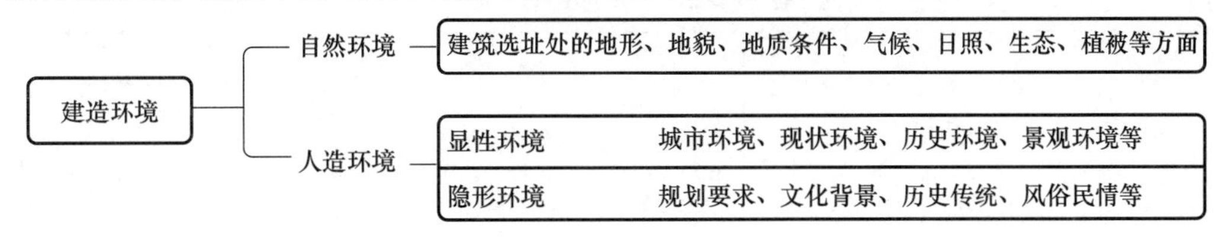

图 11-2-1　建造环境分类示意图
（资料来源：《博物馆建筑设计》）

不同的自然环境、人造环境以及不同场所的文化背景对博览建筑的总体布局都有不同程度的影响，设计中需分清主次，区别对待。

2）总体布局对外交通联系

博览建筑在城市规划中应占有显著的地位，交通便利性是其选址的重要条件。在选址时应考虑交通的便捷性。确定选址后，首先根据城市道路级别与交通组织确定可作为出入口的方位，再根据博览建筑与交通的联系细化出入口方位。

博览建筑的交通联系可分为两个方面：一方面是藏品的接收、展品的运输；另一方面是需要满足大量的人流吞吐量。博览建筑的展出周期较博物馆、陈列馆短，人流量大，所以在规划设计时对人流应区别对待，根据这两方面的联系确定博览建筑总体布局的交通设计。

3）总体布局与规划政策

博览建筑的总体布局需注意符合当地城市设计规定的退红线、绿线、蓝线、限高以及容积率、绿化率、建筑密度和开口位置等一系列规划要求，响应区域的发展政策。这些规划要求是设计时必须遵循的原则。

2. 场地的功能分区

博览建筑设计场地的功能分区有对外和对内两部分，见表 11-2-1。对外开放部分包括入口、室外展场区、地上或地下停车场、绿地景观区、室外休憩区；对内则是藏品储存、陈列展出、科学研究、技术加工、群众服务、行政办公六个功能部分，视博览建筑的性质各有侧重，一般陈列部分和群众服务部分为主要部分。可根据设计需求选择对外功能区与博览建筑功能区组合后与交通流线串联，反复协调后获得场地总体布局平面图。

表 11-2-1　场地功能分区

设计场地功能分区	组成
对外	入口、室外展场区、地上或地下停车场、绿地景观区、室外休憩区
对内	藏品储存、陈列展出、科学研究、技术加工、群众服务、行政办公

3. 博览建筑总体布局分析

博览建筑有计划地利用各种材料和布局形态对自然进行围合和框定，形成有一定开阔性和边界感的空间，通过调节布局形式和围合程度使观众产生不同的游览体验。

1）总体布局基本形式

总体布局基本形式见表 11-2-2。

表 11-2-2　总体布局基本形式

布局形式	示意图	特点
集中式		建筑各部分作为独立的个体在水平方向展开，每个建筑单体具有独立的出入口，设计需考虑各个建筑的排布与流线的和谐关系，使参观具有连续性与顺序性。建筑易形成一定的规模，有助于加强建筑群的表现。根据所在地段与博览建筑的性质，可以组织成对称或不对称的布局

续表

布局形式	示意图	特点
集团式		不同的博览建筑从总体上进行全面安排，适当考虑其间的呼应与相互关系，在不断的发展过程中，各部分逐渐联系为一个整体
组群式		根据博览建筑陈列室与其他各个部分的建筑面积，将建筑分为若干不同单元进行组织而形成总体上的规模与气势
院落式		根据环境条件、河湖及绿化设施，建筑与环境相融合，构成院落形式，使建筑与环境达到和谐状态，丰富参观者的休憩环境
成片式		这类博览建筑系将各部分组合为一体，在使用功能和形式上大体一致。凡是大的交易会、展览中心、展览馆都可采用这种布局方法
滨水式		多临海湾、水面进行修建，利用水面，使之作为展览陈列或海兽表演的一个组成部分，建筑平面组合较为开放自由
埋藏式		博览建筑的埋藏式布局，系根据开挖现场的面积、范围，因就地势进行覆盖，有的为成片式覆盖
街区式		当博览建筑内容较多，很难统一时，需采取街区布局的方式，既有大的分区，又有相互的联系，使之在内容繁杂的情况下，达到一定的秩序

2）总体布局的交通组织

（1）出入口设置

①出入口类型

可根据服务对象的不同分为参观者入口、工作人员入口、藏品运输入口，见表 11-2-3。参观者入口是博览建筑的主要入口，中型或大型博览建筑可设置 1～2 个，主入口宜设置在城市主干道上，当场地面临多个方向的干道时，根据人流量判断将主入口设置在人流量最大的方向。工作人员入口及藏品运输入口一般设置在次要入口，要与主入口有区分。

表 11-2-3　出入口类型

出入口类型	设计原则
参观者出入口	博览建筑的主要出入口，一般可设置 1～2 个，主入口宜设置在城市主干道上，当场地面临多个方向的干道时，根据人流量判断将主入口设置在人流量最大的方向
工作人员出入口	一般设置在次要入口，要与主入口有区分
藏品运输出入口	

②出入口交通组织

按照交通组织方式的不同，场地出入口可以是人行、车行和人车混行 3 类。出入口的组织方式可根据博物馆的规模、服务对象、与城市的关系而定。人车分离的出入口可以避免人车之间的互相干扰，易于形成良好的步行入口空间，此方式适用于人流量大、人流集中、以城市交通为主的博览建筑。

（2）车行交通

车行交通首先要考虑交通工具的类型、数量以及所需的交通规模，根据交通工具的不同特征进行路线安排及停车场设置。

（3）人行交通

人行交通可分为人行通道和景观性步道。

①人行通道

主要考虑交通的便捷性，如何连接出入口、停车场与活动场地。单向人行通道宽度不小于 1.5m，双向宽度不小于 2.5m，可根据人流量判断道路宽度。

②景观性步道

通常设置在室外展区、游憩区与活动区，可为参观者增加创新的游览体验，设计要素较为丰富。

（4）停车场

停车场应尽量靠近建筑的主入口，要方便参观者进入博览建筑又不能影响整体布局的景观性。藏品和管理用停车场应与参观服务的停车场区分开。停车场的规模可根据建筑规模以及人流量设计。

3）总体布局的流线分析

（1）组织原则

博览建筑总体布局的流线十分重要，它涉及博览建筑对外的联系、广场的位置、人流的集散、出入口位置，这些都关联到博览建筑内部的功能组织。总体布局的平面流线组织原则如下：

①具有明显的出入口，以便接纳大量的人流、车流。

②具备较为宽大的入口广场，保证进出车流的回转空间与人流集散或联系各个展馆。

③广场与停车场要具备一定的联系，但不要因为停车场而影响建筑整体的景观性。

④主、次入口应有明显区分，不同展馆区也应有不同标志，同时注意总体的和谐统一。

（2）流线组织

总平面的流线主要有 3 条，即观众流线、展品流线和工作人员流线，三者需明确区分，又不相互交叉干扰，并力求安排紧凑合理，避免不必要的迂回。

①观众流线

观众流线一般是以广场作为接纳人流的基点，然后分散进入各陈列室参观。也可由广场进入门厅或序厅，再进入各个陈列部分，如图 11-2-2 所示。

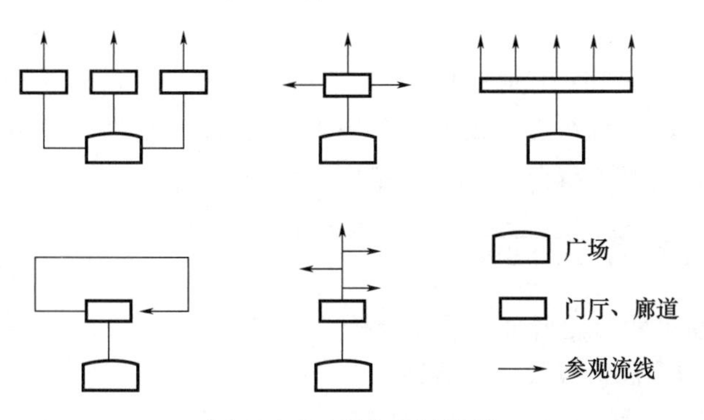

图 11-2-2　观众交通流线

（资料来源：《博览建筑设计手册》）

②展品流线关系到展品的运输，为避免与观众流线交叉，应设置单独的出入口，若限于广场进出，运输流线应在观众流线外围。大型展品通常在建筑后设有单独的运输通道，而一般博览建筑则在建筑侧后方增设入口为展品运输服务，为方便展品运输车辆停放，需考虑停车位置与面积。

③工作人员的功能区层高较低、空间小，不宜与陈列空间并列，需单独处理。

4. 特殊空间布局

1）入口

博览建筑的入口一般尺度宽大、位置显著、引人注目，可通过植物设计、入口处标志物设计或设置雕塑等来达到强化入口的效果。

2）室外展场

①室外展场的面积大小与位置可根据博览建筑的规模和性质而定。

②一般大型博览建筑，如工业展览馆、文物博物馆、雕塑陈列馆都需要较大的或集中的室外展场，小型的博览建筑多与陈列展出空间相结合，以便陈列展出的内外延伸。

③室外展场包括大型机械、雕刻、盆景、车辆（汽车、火车、大型机车）、兵器（大炮、坦克、飞机）、水中机械（有时临时设水池），以及临时搭建的展出现场等。其场地应具有良好的承载力与耐磨损的地面（一般多铺装花岗石），设有运输轨道和锚固装置。

④农业展览馆要设置土培植物时，因其培养的周期较长，又有浇灌、施肥、培养过程，多设在博览建筑的角落或边缘。

⑤建筑展览或博物馆中的民居、民族建筑，无论是移置的还是复制的，都需要一定的室外场地。

3）广场

广场除了对人流、车流的集聚，运转、再分配外，对于观众来说，应考虑其所站位置对建筑必要的视角与视距，广场的大小，应保证有关角度的需要。观察主体建筑时，视觉的垂直视角以 18°～27°为宜；观察建筑物的主入口，其垂直视角不宜大于 45°。

广场除了人流、车流频繁运转之外，多加以铺装，有时还间有花坛、小品的点缀。当广场较大，需要再次分划时，在中心地带常设有不同形状的水池喷泉，以便组织人流、车流。

4）庭院景观

博览建筑伴随着陈列展出的内容，结合观众在参观中的游憩和交谈，都需有良好的环境和必要的庭院、绿化设施。庭院、绿化中的装饰、小品、垃圾箱、灯具、座椅、凳、栏杆等的安排和设置，都应与主体建筑取得协调。

11.2.2 博览建筑的平面设计

1. 博览建筑的平面功能划分及设计分析

1）博览建筑的平面组成及功能概述

博览建筑的基本功能分区为藏品储存区、陈列展出区、科学研究区、技术加工区、群众服务区和行政办公区，见表 11-2-4，各组成部分关系示意图如图 11-2-3 所示。

表 11-2-4 功能分区表

名称	设计要点
藏品储存区	应有单独的藏品出入口，且出入口的选择有利于藏品的运输，同时与陈列展出区既有分割又联系方便，与行政办公区有一定联系。若库房中有一部分为开放库房，则还应注意与科学研究区的联系
陈列展出区	应与群众服务区有直接联系，使观众易于进入和疏散，同时与藏品储存区联系紧密且又区分明确
科学研究区	可设置独立出入口，也可与其他内部人员共用出入口，视其规模大小而定
技术加工区	应与藏品储存区联系紧密，利于藏品加工或展览制作时藏品的运输。与行政办公区及科学研究区也应有一定联系
群众服务区	是博览建筑中的主要对外部分，设计时应强调与外部联系的紧密性，同时应考虑部分区域在建筑非工作时间能对外开放
行政办公区	可设置单独出入口，或与其他内部人员共用出入口。应同时与其他各部分有较为顺畅的联系，以满足对博览建筑整体管理和控制的需要

资料来源：《博物馆建筑设计》。

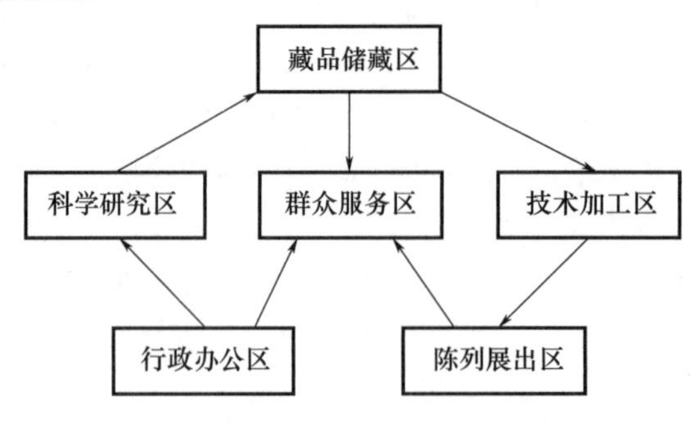

图 11-2-3 组成部分关系示意图

（资料来源：《博览建筑设计手册》）

2）博览建筑各功能区平面设计分析

（1）陈列展出区设计要求

①设计要满足展品陈列的要求：根据展品特点合理设计空间尺度、展厅朝向和展出的参观路线。

②设计要满足参观要求：合理组织人流，避免路线迂回、交叉、堵塞等。适当安排休息场所，避免展厅连续不断导致观众参观过于疲劳。

③设计要满足管理要求：工作人员流线尽量不与参观路线交叉，空间设计便于工作人员清场和保卫工作。

（2）藏品储存区设计要求

藏品库应具有检查、晾晒的空间和场地。藏品门类较多时，应按不同的保存要求加以保存。平时不常陈列展出的文物，宜设专门的库房加以保存。

（3）科学研究区

①为便于研究工作的开展，科学研究用房应与藏品库有直接的联系。

②为便于文化、历史、艺术等门类研究工作的开展，应在设计上创造安静的环境条件。

（4）技术加工区

一般加工制作用房要求较小、设备精细。而有的如古生物化石，对化石的剥出与组装，需要较大的房间。

（5）群众服务区

①陈列展出中为满足对观众的讲解和宣传，陈列室中应设有讲解室、宣传服务活动室，在门厅处设置接待室、休息室外，除此之外根据需求设置放映厅、复制摄影室、技术交流室、群众教育室、阅览室、咨询室等。

②为满足观众生活的需要，博览建筑中常附设小吃、茶水、冷饮、咖啡座等。

③根据展线的组织和长度，应在适当的部位设置观众休息室和卫生间。

（6）行政办公区

行政管理包括陈列组、保管组、美工组和行政办公室。

2. 博览建筑平面各功能部分面积分配

1）根据博览建筑的性质与用途，对博览建筑的各部分面积进行分配

博览建筑各部分面积分配见表 11-2-5。

表 11-2-5　面积分配表

陈列用房面积占比	库房面积占比	服务设施面积占比
50%～80%	10%～40%	10%

资料来源：《博览建筑设计手册》。

2）观众作为博览建筑的使用对象，是建筑设计的核心

在《人类动机的理论》中，马斯洛提出“人类从高到低的需求层次分别为生理需求、安全需求、社会需求、尊重需求和自我实现五类需求”。

①在博览建筑中，满足观众最基本的生理需求，营造舒适的游览氛围，包括休息、餐饮需求等。

②博览建筑中所有活动的开展都需要在安全的环境下进行。因此，安全的游览环境是十分必要的，应分配必要的空间用于交通、道路标识、安全通道等。

③观众在博览建筑中的主要行为是参观展品，观览的过程中在陈列室参观的时间占比最大，故在空间分配上应配合设置有序完整的展示空间和过渡空间。

④博览建筑一般坐落在幽美的自然环境中，在空间分配时，应有必要的自然绿地，引入自然元素形成有放松作用的绿色开放空间。

（1）根据观众不同的行为模式进行空间和时间的分配。博览建筑观众行为模式见表 11-2-6。

表 11-2-6　博览建筑观众行为模式

<table>
<tr><th>行为</th><th>场所</th><th>时间分配</th><th>空间分配</th></tr>
<tr><td>参观</td><td>室内外陈列</td><td>60%</td><td>40%</td></tr>
<tr><td>休息</td><td>广场、绿地</td><td rowspan="2">>20%</td><td>20%</td></tr>
<tr><td>行走</td><td>广场、步道、交通</td><td>25%</td></tr>
<tr><td>进餐</td><td>—</td><td>—</td><td>—</td></tr>
<tr><td>冷饮</td><td>—</td><td><20%</td><td>15%</td></tr>
<tr><td>购物</td><td>—</td><td>—</td><td>—</td></tr>
</table>

资料来源：《博览建筑设计手册》。

（2）陈列面积分配。陈列面积与建筑容积率和博览建筑性质密切相关，根据观众密度分析，一般博览会偏大，而博物馆偏小。每人所占建筑面积见表 11-2-7。

表 11-2-7　陈列面积分配

博览建筑	陈列面积（m^2/人）
博览会	5～8
临时展览	10
博览馆	15
博物馆	20

资料来源：《博览建筑设计手册》。

博览建筑所在城市的地段不同，容积率也有所不同。依据实际情况，容积率（建筑面积与用地面积之比）以 1～3 为宜，其覆盖率应不高于 40%。容积率的相关要求见表 11-2-8。

表 11-2-8　容积率

博览建筑所处地段	远郊区及风景区	都市近郊区	城市中心区
建筑面积与用地面积之比	1∶1	2∶1	3∶1

资料来源：《博览建筑设计手册》。

修建在都市中心地带的博览建筑由于用地紧张，可以适当提高建筑层数，但最大容积率应不超过 5。以上数据是针对博览建筑的独立修建而言，至于与其他建筑组合在一起综合性开发时，则另当别论。

3. 博览建筑平面组合设计分析

1）平面组合原则

①博览建筑的平面组合体现了建筑独有的气质。平面组合中的核心问题是流线、视线、光线问题。通过对建筑平面的组合，建立具有水平性、垂直性、外向性、连续性、地域性等特点的流线组织，将空间有机地结合、排序。

②观众流线要有连贯性和顺序性，并且不阻碍、不干扰、不漏看、不逆行。

③观众流线要简洁通畅，人流分配要考虑聚集空间的面积大小，并有导向性。

④内部陈列空间应根据不同博览建筑的要求，使用恰当的空间尺度。

⑤观众流线在考虑顺序性的同时，还应有一定的灵活性，以满足观众不同的要求。

⑥工作人员流线与展品流线和观众流线应做到区分明晰，不能相互交错干预。

⑦观众流线不宜过长，在适当地段应分别设观众休息室和对外出入口。

⑧室内陈列与外部环境有良好的结合。

⑨建筑布局紧凑，分区明确，一般博览建筑的陈列室应为主体、位于最佳方位。

⑩自然环境与建筑通过串联或并联的方式衔接，使流线、自然环境和建筑自然地穿插过渡，营造丰富的游览体验。

2）平面组合流线类型与空间模式

平面组合流线类型与空间模式见表 11-2-9。

表 11-2-9　平面组合流线与空间模式

流线类型	空间模式	特点	图示
独栋串联流线	渗透空间	各个展览空间相对独立，形成单一的展览单元，单元间以廊道或空间节点过渡的方式来连接，参观者参观时可由一个展览空间通过过渡空间到达其他空间	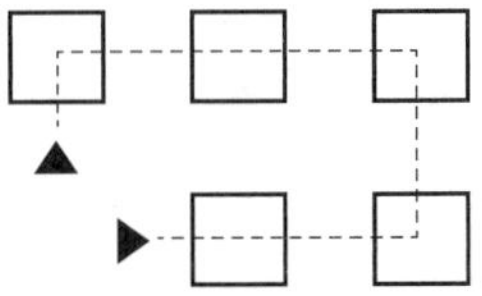
单元回游式流线	核心空间	展示空间分为几个单元，各单元间不直接联系，围合出起点空间，展示的活动路线通过回游的方式返回起点	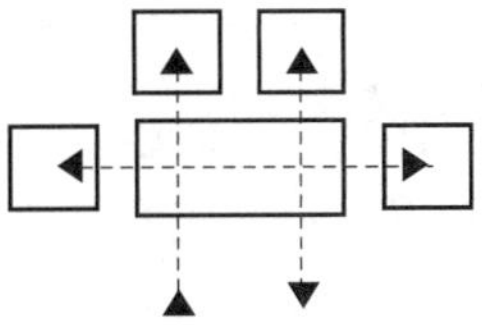
空间接续式流线	流动空间	展示空间前后连续，空间对参观者有一定引导性	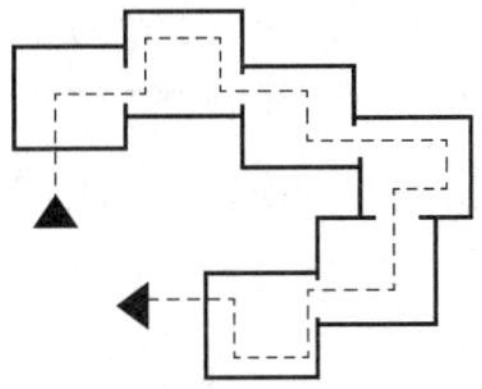
		匀质空间中，以多种元素分隔展览空间，空间引导性不强，参观者可选择多种参观路径	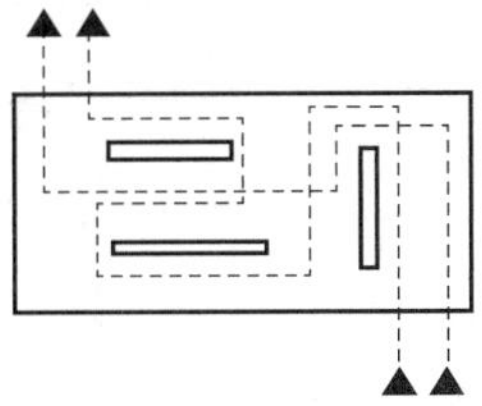

续表

流线类型	空间模式	特点	图示
层积连续式流线	环绕空间	模糊水平方向和垂直方向动线间的界限，空间序列反映了运动—空间之间的抽象关系，关注人在空间中的运动方向性和序列问题。表现为螺旋状线性空间和闭合空间两种形态	

资料来源：《园林建筑设计》。

3）平面组合类型

（1）串联式平面组合

各陈列室首尾相接，顺序性强，无论单线、双线或复线哪一种陈列形式，人流都由陈列室一端进入，再由另一端离开，参观路线连续紧凑，虽可减少人流交叉但不够灵活，不能有选择性地进行参观，人流在中间会出现拥挤现象，对建筑的朝向也有一定的限制。

串联式平面组合流线的基本形式如图 11-2-4 所示。

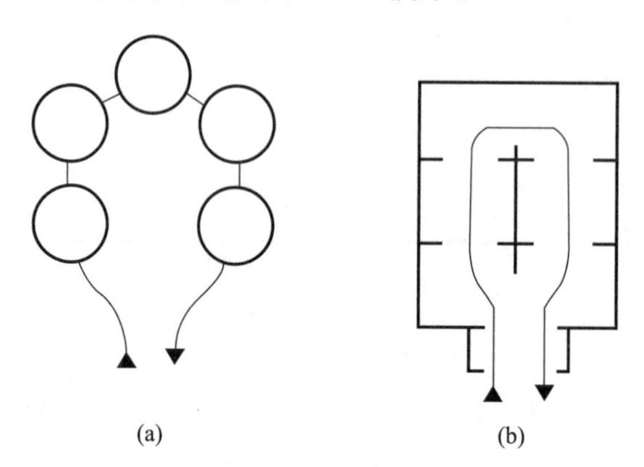

图 11-2-4　串联式平面组合流线的基本形式

（2）并联式平面组合

以走道、过厅或廊将各陈列空间联系起来，既保证了各陈列空间的相对独立性，又能满足参观的连续性和选择性。能将观众休息室结合起来加以组织，陈列室的大小较灵活，全馆的流线既可分为不同单元，又能闭合连贯，但仅适用于空间形态较为相似且没有明确主从关系的建筑，对建筑的空间设计有一定局限性。

并联式平面组合流线的基本形式如图 11-2-5 所示。

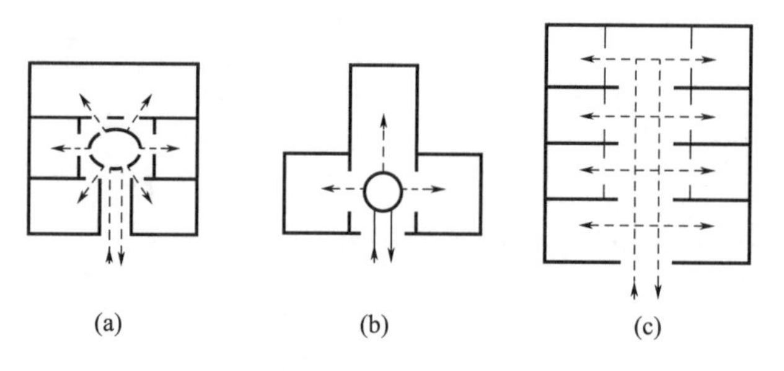

图 11-2-5　并联式平面组合流线的基本形式

（3）大厅式平面组合

大厅式平面组合是通过大厅组织陈列空间，以人群流线相对聚集，有视听等使用功能的较大空间为主，其他不直接联系的辅助空间为辅进行展示的平面组合。展览流线以回游的方式最终回到起始的位置。可以根据展品的特点进行不同的分隔，灵活布置，交通路线短，布局紧凑；但同时由于交通路线紧凑，导致人流的通行不够通畅、安全，导向不够明确。故一般大厅过大时，各分隔部分设有单独疏散口或休息室。

大厅式平面组合流线的基本形式如图 11-2-6 所示。

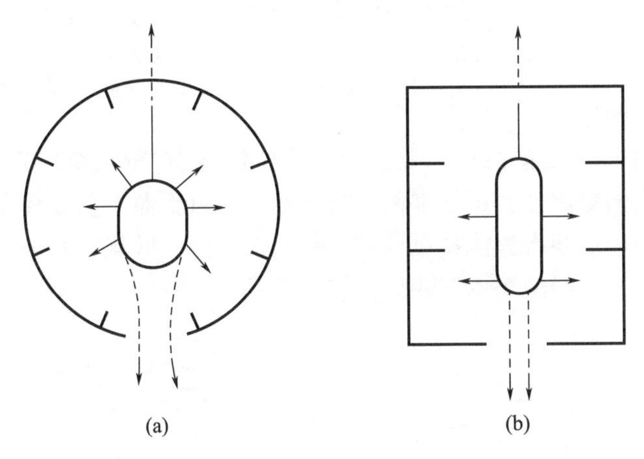

图 11-2-6　大厅式平面组合流线的基本形式

（4）放射式平面组合

陈列室通过大厅联系而形成整体，人流通过大厅进行分配、交换、休息。各展示空间功能相对集中，便于管理，陈列室的方位易于选择，采光、通风容易解决。参观路线一般为双线陈列，参观路线过长时可采用此种布局方式，但注意参观路线过长会导致参观路线不连贯而出现漏看的情况。

放射式平面组合流线的基本形式如图 11-2-7 所示。

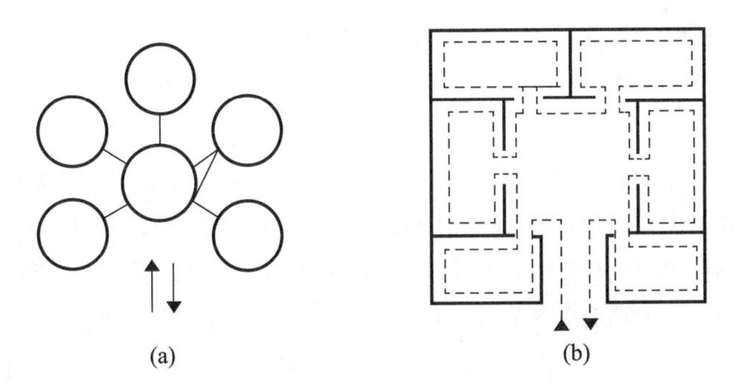

图 11-2-7　放射式平面组合流线的基本形式

（5）并列式平面组合

利用水平交通干道联系各陈列空间，在人流线路的经路上安排不同的陈列室，其体量、形状可根据需要进行变换。人流组织是单向进行的，出入口分开设置，以免人流逆行，空间之间联系紧密，具有较强的连贯性，但交通空间占比较大，存在空间浪费的问题。参观秩序感不强，各陈列空间联系不紧密。

并列式平面组合流线的基本形式如图 11-2-8 所示。

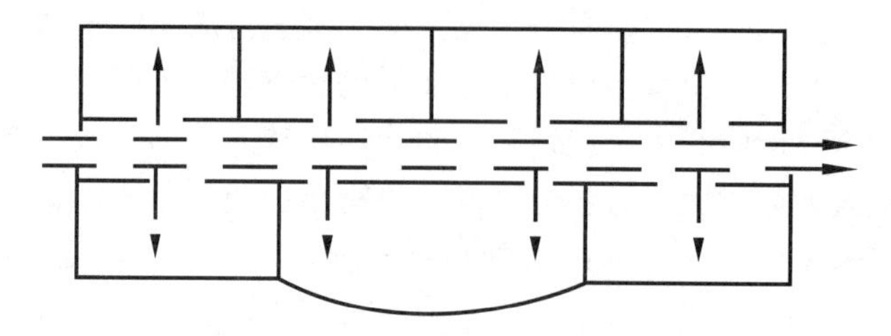

图 11-2-8　并列式平面组合流线的基本形式

（6）螺旋式平面组合

螺旋式平面组合的人流路线，系按立体交叉的方式进行组织，将参观流线立体化。人流路线具有较强的顺序性，可从平面，自上而下或自下而上引导观众进行参观，节约用地，布置紧凑，但参观者只能按设计顺序行进，灵活性低且不利于紧急疏散。

螺旋式平面组合流线的基本形式如图 11-2-9 所示。

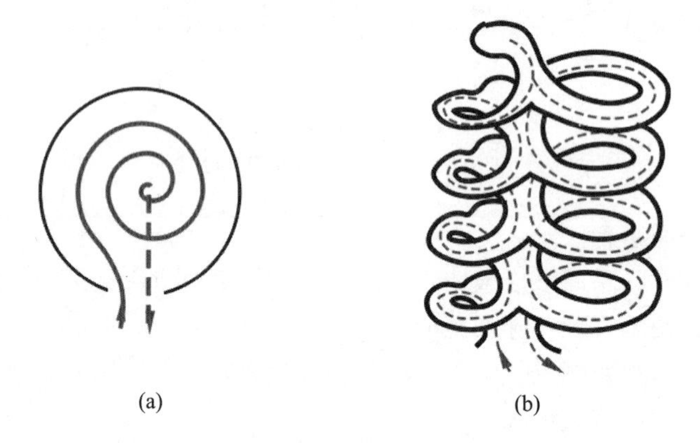

图 11-2-9　螺旋式平面组合流线的基本形式

4. 博览建筑交通空间设计

博览建筑的交通空间指位于建筑内部，以交通联系为主要功能，负责连接同一水平维度或垂直维度各功能区的建筑空间，这些空间成为建筑的“骨架”和“脉络”。由于博览建筑的特殊性，整个建筑可以说是“行走的空间”。此处论述的内容为展览空间之外，起功能空间联系作用的走道、楼梯（包括电梯）、自动扶梯以及坡道等独立式交通空间。

独立式交通空间根据有无装饰性可分为一般交通空间与特色交通空间。

①一般交通空间：空间的空间架构以功能为主，室内设计简洁。

②特色交通空间：具有一定的装饰性、趣味性、艺术性，虽然它可以成为博物馆建筑空间序列中的一个小惊喜，但它在空间序列中的作用应恰到好处。

交通空间根据连接维度可分为平面交通空间、垂直交通空间。

①平面交通空间：平面交通空间包括门厅及走道，走道大多是一般交通空间，它以直线、曲线、折线等多种线性空间的形式出现。走道将观众自水平方向引导进入展室。有时将走道加以放宽、收窄等变化，或展出少量展品，从而改变线性空间过长时的单调。

②垂直交通空间：垂直交通空间包括楼梯、电梯、自动扶梯以及坡道。

11.3　博览建筑的详细设计

11.3.1　陈列室详细设计

陈列室是博览建筑的主要空间，面积占总建筑面积的 50%～80%，面向观众，专供展品陈列展出，其设计得好坏将直接影响展出效果。本小节主要介绍陈列室设计的原则与要求，包括面积组成、空间设计、视觉环境营造、游人需求和防护设计。

陈列室设计要求如下：

1）面积组成

陈列室展品不同，其面积差别也较大，设计时可参考常见陈列品及陈列橱柜的占用面积进行面积规划。一般的陈列密度为 1［展品件数/陈列面积（m^2）］，大件为 0.5，小件为 1.5。

展览馆的陈列室要求有大面积的陈列空间，应进行单独的设计，若陈列室面积不足以满足陈列要求，就需要设室外场地来做补充。小型的展品陈列室面积一般为 20～30m^2。

2）空间设计

（1）人的视觉条件

物象的可见度和清晰度取决于视觉条件的满足，陈列室空间设计尺度可根据观察展品的距离远近与角度大小而确定所需空间的大小。通常水平视角采用 45°，平面最小进深为 360cm，垂直视角通常为 27°，综合多种影响因素后将陈列空间总高度 360cm 定为最低尺度。

（2）平面形式

陈列室平面形式主要由展品的性质与自身特点以及自然采光与照明要求来确定，一般多用方形平面、矩形平面、角形平面、圆形平面及其他自由形的平面。常见陈列室平面形状比较见表 11-3-1。

表 11-3-1　常见陈列室平面形状比较

平面形状	陈列室的特点
正方形	陈列室容易布置、排列整齐，走道便捷，参观路线明确，灯光布置有利于组成天棚图案，渲染展厅气氛，陈列形式丰富
长方形	陈列空间利用最充分，走道通畅便捷，占用面积少 陈列空间照明容易结合走道布置 陈列形式容易调整
圆形	陈列布置富于变化，走道布置适当，便于参观 陈列室一般照明与走道方向相呼应 较难陈列，布置缺乏灵活性
多边形	陈列布置受限制，走道方向便捷，不影响观众视线 陈列室主要注意整体照明 陈列多利用边角布置

续表

平面形状	陈列室的特点
自由形	陈列布置自由灵活，走道方向不受限制 注重整体照明 陈列要根据平面形式进行特殊设计

资料来源：《博览建筑设计手册》。

（3）流线组织

陈列室内的人流布置要具有灵活性，顺应人的活动，同时各部分衔接要自然、通畅，便于相互联系。入口与出口分别在不同的方位，有利于人流顺向通过。陈列室入口的数量和位置直接影响陈列室内人流的流向。根据其特点，人流线路主要分为回流线路、顺流线路、自由线路、随意线路。

3）视觉环境营造

（1）陈列室内视觉条件

根据不同展品的尺度与性质，考虑不同的视觉条件。

（2）陈列室的空间环境

①注意空间处理、色调选择、室内装修、家具陈列、设备布置等一系列的问题。

②选择适当的背景烘托展品，以加强陈列效果，力求简洁明快，同时使展品更加醒目。

③室内环境处理包括空间、天棚、地坪、陈列橱柜等，都应做到规律性与秩序感，可以与整个展览内容相协调，便于集中观众的注意力，达到更好的展示效果。

④空间环境氛围宜清新淡雅，无须过于华丽的装饰。

4）游人需求

观众参观时可能会进行记录、休息、问询、洽谈等活动，因此陈列室内需设置便于观众使用的设备。

5）防护设计

（1）陈列室内的展品，应考虑防火、防潮、防尘、防晒、防盗及其他必要的防护措施。

（2）机器设备的展出，须做好安全措施，以免发生意外。

（3）陈列室内一些相应的设备和构造处理，都需严格进行管理，以确保展品安全。

（4）个别展品的陈列展出，还要考虑防辐射与电屏蔽措施。为防止风化要进行特殊处理。

11.3.2 辅助空间设计

1. 藏、展品库房设计

1）藏品库区组成

藏品库区一般包括藏品库房、藏品暂存库房、缓冲间、保管设备储藏室、管理办公室等。

2）藏品库区基本设计要求

①藏品库区的位置应靠近展品出入口及展厅，库内每间库房都要单独设门，且不与

其他房间相通。

②藏品库区面积约为展厅面积的1/10。在决定藏品库房的开间或柱网尺寸时，要充分考虑藏品进出通道及保管设备的排列，且保管设备的布置要成行地垂直于有窗的墙面。

③藏品库区宜南北向布置，尽量少开窗，窗地比一般不超过1/20，避免西面日晒及外界阳光直射和温度湿度变化过大。

④藏品库房的净高应不低于2.4m。若有管道或梁等凸出物时，其底面的净高应不低于2.2m。

⑤藏品库房的耐火等级不低于二级。设在普通藏品库区内的珍品库房要采取严格的防火、防盗及分隔的措施。

3）藏品保护

藏品防护主要包括藏品库房的温度和湿度要求、防潮防水、避光、防烟尘及空气污染、防盗、防火防灾等。

库房内的相对湿度一般不超过75%，且日较差要控制在3%～5%之间。温度一般应控制在20～30℃之间。普通库房内温度的年较差控制在10℃范围内，日较差控制在2～5℃范围内。藏品库房要单独设空气调节系统，不能与其他部分混用。地下室及半地下室、藏品库房及陈列室、不同标高建筑相连处，如通风口、外窗、采光高窗等都需要安装防盗设施。

藏品库房及陈列室的耐火等级应不低于二级。无窗藏品库房若面积超过1000m^{2}应设排烟设施。

2. 观众服务用房设计

观众服务用房主要是为观众服务而设的公共用房区域，一般包括售票处、报告厅、接待室、休息处、卫生间、学习研究室、图书资料室。

①售票处：为便于参观者购票，应设在主要入口处。

②报告厅、接待室：应设在主要出入口附近。报告厅可直接设一单独出口，便于及时疏散人流。报告厅及接待室面积定额见表11-3-2。

表11-3-2　报告厅、接待室面积定额

规模	报告厅		接待室面积（m^2）
	座位数（人）	每座占据面积（m^2）	
大型馆	200	1.0～1.5	150
中型馆	100	0.5～1.0	100
小型馆	—	—	100

资料来源：《公共建筑设计》。

③休息处：可设在展厅或门厅附近，便于参观者使用。

④卫生间：应与展厅及休息处联系方便，且相对隐蔽。应设前室，防止异味发散到展厅区域。卫生间设置定额见表11-3-3。

表 11-3-3　展览区卫生间设置定额

卫生间	数量（个）	洁具				服务区域	
		大便器（个）	小便器（个）	洗脸盆（个）	污水池（个）	陈列室	层数
男	1	2	4	1	1	$1000m^2$	一层
女	1	2	—	1	1		

资料来源：《公共建筑设计》。

⑤学习研究室、图书资料室：设在相对安静的区域，可直接设一单独出口。

3. 技术用房设计

博览建筑的技术用房一般包括减菌消毒室、修理室、消防控制中心、监盗控制室、装卸车间、实验室、标本制作室等。

①减菌消毒室：应设在便于运送展品、自然通风且采光良好的位置。

②修理室：应设在与库房及展厅联系方便、自然通风及采光良好的位置，且窗地面积比应不小于 1/4。

③消防控制中心：为方便进出，且有利于室内外联系，应设在建筑底层且靠近次要出入口的位置。

④监盗控制室：为联系方便，应设在办公区附近。

⑤装卸车间：设在便于展品快速装卸及运输的位置。

11.3.3　采光照明设计

展览空间光环境设计如下：

在展览空间设计中，光是人们观赏的基础条件，只有让人们感受到不同光的变化效果，才能感受到空间设计的丰富与美感，同时还要考虑光对展品的影响。

1）展示空间的光环境设计分类

根据光源不同可以分为天然光和人工照明。

（1）天然光

光源分为直射日光与天空光，可以展现某些展品的真实状态，不易产生视觉疲劳，有利于节能，但温度、照度变化较大，具有不确定性与不可控性。

（2）人工照明

主要是以各种人工电光源为主。人工照明具有可控制性，能达到丰富多样的照明效果。但人工照明对某些展品不能良好地体现其真实状态，且耗能较大，容易造成资源浪费。

综合而言，在博览建筑设计时将天然光与人工照明结合起来，各取所长，创造出设计合理、节能且充满艺术性的展示空间。

2）展示空间光环境设计的基本功能要求

展示空间的光环境设计要满足不同展品的陈列要求以及观众的观赏视觉要求。具体包括照度水平适宜、照度均匀度合适、亮度环境舒适、避免眩光、避免紫外线辐射。

（1）照度水平适宜

考虑到不同展品的光线敏感度，展示空间的基本照度要根据具体展品而定，避免紫外线或者照度水平过高或时间过长，对展品造成破坏，同时要兼顾观赏者的观赏习惯。

展示空间照度标准以《建筑照明设计标准》（GB 50034—2013）中所规定的数值为依据，见表 11-3-4。

表 11-3-4　博物馆建筑陈列室展品照明标准值（设计不应大于此表规定标准值）

类别	参考平面	照度标准值（lx）
对光特别敏感的展品：纺织品、织绣品、绘画、纸质物品、彩绘、陶（石）器、染色皮革、动物标本等	展品面	50
对光较为敏感的展品：油画、蛋清画、不染色皮革、角制品、骨制品、象牙制品、竹木制品和漆器等	展品面	150
对光不敏感的展品：金属制品、石质器、陶瓷器、宝石玉器、岩矿标本、玻璃制品、搪瓷制品、珐琅器等	展品面	300

资料来源：《博物馆建筑设计》（蒋玲）。

（2）照度均匀度合适

展示空间采用人工照明时，可能存在因光源本身或灯具设置不合理而产生照度不均匀的现象，此时需要通过更换灯具或增加辅助照明设备来进行改善。

（3）亮度环境舒适

在展示空间设计时，合理布置照明的范围与采光设计，要突出展品，放置展品的位置亮度要更高一些，才能吸引观赏者的目光。

（4）避免眩光

展示空间设计时要避免眩光干扰，由于设计眩光的存在会影响观众的视觉体验导致无法看清展品，从而影响整个展示空间的效果，难以达到展陈的目的及意义。

（5）避免紫外线辐射

紫外线辐射对一些光敏感展品有一定的损害，因此，展示空间设计在利用天然光时应尽量避免使用直射光，而使用北向开窗引入的、比较柔和的天空漫射光，或采用一定的遮蔽措施来阻止直射日光的进入。同时利用人工光源时也应尽量使用紫外线含量较少的白炽灯等光源。

3）天然光采光设计

天然光采光是博物馆展示空间光环境设计的首要选择，一是能使展品更具有真实性，二是充分节能。在设计中应该将建筑的空间组织与立面造型相结合，设计出技术与艺术完美结合的方案。

展示空间的天然光采光设计主要包括不同的采光口位置、大小与形式，主要有侧窗采光与天窗采光等方法。

（1）侧窗采光

侧窗采光是最基本的天然光采光方式，根据开窗位置可分为普通侧窗和高侧窗两种。

①普通侧窗：即在侧墙人的视野高度上设采光口，一般用于进深较小的展厅。

优点：构造简单，造价低，参观者在参观的同时还能欣赏室外景色，有利于缓解视觉疲劳，调节参观者的情绪。

缺点：易引起采光室内照度不均匀的问题，造成近窗处的照度较高而远窗处的展品照度不足的现象。

普通侧窗需要通过设计调整光源及展品布置来避免眩光，设计应保证展品的上边沿与窗口的下边沿所形成的保护角大于14°，如图11-3-1所示。

②高侧窗：是将普通侧窗的位置提高而形成的侧窗。

优点：高侧窗因位置较高，近窗处照度降低，能在一定程度上改善照度的均匀度，且增加展示面积。

缺点：由于其高度较高增加了建筑层高，窗户面积较小导致照度水平降低，因此高侧窗多用于空间较大且层高较高的展示空间。

高侧窗防眩光设计应保证展品的上边沿与窗口的下边沿所形成的保护角大于14°，如图11-3-2所示，或者提高展品照度等。

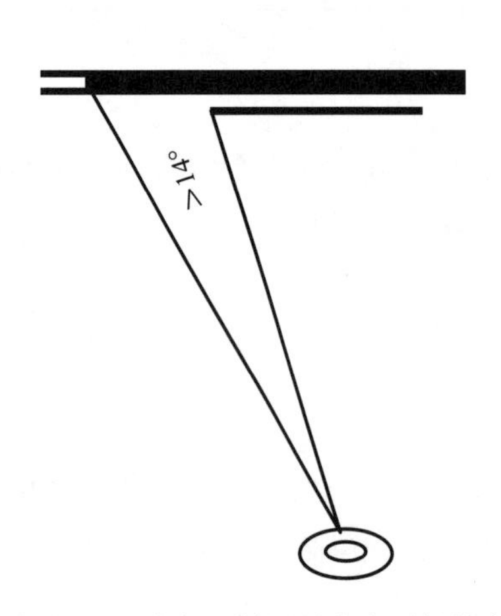

图11-3-1 窗与悬挂展品的水平保护角
（资料来源：《建筑物理》）

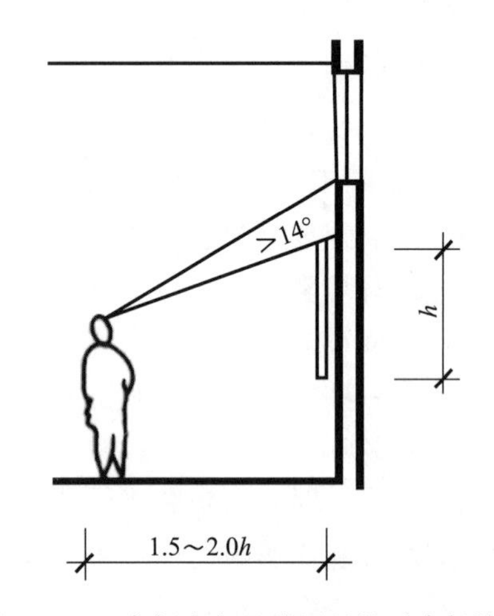

图11-3-2 高侧窗与悬挂展品的垂直保护角
（资料来源：《建筑物理》）

（2）天窗采光

天窗采光是在顶棚上开窗，使光线由上方进入室内的采光方法。其照度均匀度好，能够避免直接眩光的问题，且增大了墙面展示面积。多用于单层展厅或位于顶层的展厅。

天窗一般分为3种：矩形天窗、锯齿形天窗和平天窗。

①矩形天窗：构造简单，比较常见，但展室中间部分（观众区）照度高于墙面，可能导致反射眩光出现。

②锯齿形天窗：室内照度均匀度较好，将开窗方向面对北向可以避免直射日光进入室内对展品造成损害。

③平天窗：照度均匀度较好，是采光效率最高的采光口形式。但直射日光不利于展品保护与节能，会造成室内温度上升，导致温室效应。在采暖地区，窗户玻璃还容易结霜。

（3）利用天然光的其他方式

①在多层展厅或跨度较大展厅中引入中庭或采光井，可独立设计，在适当的位置设置从屋顶通向下层的天井，为下层空间提供顶部采光。

②在体量上采用退台式或错落式设计，留出一定面积的外墙来设侧窗或天窗采光。

③采用新型产品来提供天然采光，可以更高效地利用天然采光。例如光导管和光导纤维，在屋顶上设置太阳光收集器，再通过连接的管线将自然光引入室内，可以更高效地利用天然采光。

4）展示空间光环境设计的艺术性

空间中的光环境不仅需要满足基本的照明条件，还需考虑光线分布，整体构图以及光对物质的质感、色彩表现等。将光环境设计与室内空间的形态设计、展品的布局及自身特点结合起来，互相配合，才能创造出满足观赏要求且富于变化有特色的展示空间。

11.4　博览建筑造型设计

博览建筑的内容组成、规模大小各不相同，所在地区条件及民族习惯也有差异，故在建筑造型上具有多样的反映。因此设计师在进行博览建筑的造型设计时，要协调功能等方面的限制因素，在强大的灵活性与可变性的前提下，平衡各项极端因素，充分发挥想象力以及创造力进行规划设计。

1. 建筑造型空间设计

建筑形体与周边环境景观构成要素进行空间组合，既可以展示博览建筑收集、教育、展示、研究的功能特点，满足游客的需求，又能使建筑与外部的多样空间成为一个整体。外部环境则涉及广场、绿地、停车场、庭院、室外展场等。建筑的多种功能特点与周边丰富环境结合的空间设计使建筑外部空间设计具有多样性、连续性和互动性。

1）多样性

博览建筑的外部空间具备内外交互、动静结合、多元化的特点，空间功能形态的不定性和多样性导致在外部空间中观众的行为有一定的随意性。此外，博览建筑外部空间的另一个基本功能是作为一个开放的公共空间，要满足参观者的日常活动、交流与休息。因此，外部空间具有多样性，以满足观众的多样化需求。

例如民俗园展馆，如图 11-4-1 所示，园区围绕土家族的“衣”“ 食”“住”“行”的特色来展开，重点突出土家族人民热情好客、能歌善舞的特点，强化景区愉快的氛围，真切地展现在人们面前，并且提供了游客参与的项目，通过活动给旅游过程增加印象。

图 11-4-1　民俗园展馆

（资料来源：https：//www.zhulong）

2）连续性

通过连续的空间布置，塑造视觉上的连续感和空间的序列感，利用过渡空间使建筑与外部大环境自然过渡。适当的空间距离和形态或利用空间的物质元素与自然环境结合，使外部空间成为自然环境的延续。

例如贝聿铭先生设计的日本美秀博物馆，如图 11-4-2 所示，基地位于一片自然保护区中，该馆所在的山脊非常秀丽，因而设计时将整个建筑大部分埋入土中，建筑对传统的歇山式屋顶进行提炼，江户时代的农舍的轮廓显现在建筑主体大框架出挑处，从远处眺望，露出地面部分的屋顶与群峰的曲线相接，好像群山律动中的一波。

图 11-4-2　美秀博物馆

（资料来源：https：//www. zhulong）

3）互动性

建筑永远不会单独存在，需要与其外部环境、场地有互动。在博览建筑的外部环境设计时会和场地周围其他元素产生一定的互动性，往往通过形体或空间联系加强这种互动性质，这是博览建筑特有的文化性、教育性等性质所决定的。

位于杭州的良渚博物馆，如图 11-4-3 所示，博物馆建筑外观非常简洁，从整体上看宛若雕塑，错落有致，远远望去，就像一个巨大的几何体。建筑总体布局顺应基地周边

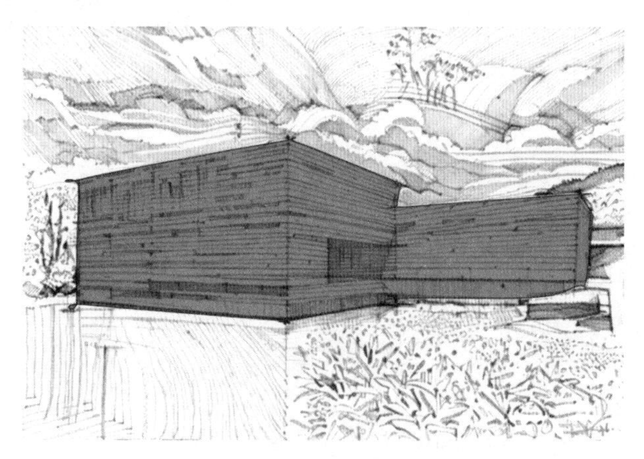

图 11-4-3　良渚博物馆

（资料来源：https：//www. zhulong）

水体形态，利用水系的自然流动之感让立于水边的博物馆更加灵动，与周边环境相映成趣。体现了其设计理念“散落地面的一把玉石”，远看建筑犹如玉质般散落地面，与周边山水浑然一体。

2. 建筑造型与环境结合

1）地形

建筑根植于大地，建筑的造型与地形的紧密关系不言而喻。博览建筑往往因地制宜，通过建筑外部的自然环境与建筑造型的有机结合，产生更加丰富的空间层次感。而建筑与环境的融合并不是简单地把建筑放置于地形环境之中，而是要对地形地貌的一些显著特征进行提炼，然后通过建筑空间回应这些特征，让建筑与地形地貌环境相互契合。

国家植物博物馆，如图 11-4-4 所示，与地形等高线完美融合，将室内外融为一体，达到与自然最和谐的状态。日本大阪飞鸟博物馆，如图 11-4-5 所示，设计总结了自然环境空间与博览建筑之间的共性，顺应场地的地形坡度建造大台阶与景观塔，面向自然水体景观打开，同时两者作为空间中竖向与横向空间的对比，形成强烈的视觉冲击效果。项目选址于大阪一处古墓冢众多的山林之中，场地地势较为低洼，设计师安藤忠雄顺应场地的坡度，利用半嵌入地下的体量，营造一个大台阶式广场作为建筑屋顶与大地延伸为一体，营造出人工环境与自然对话的相容效果。广场顺势而下是一片自然水体，与周边郁郁葱葱的树木和朴素的清水混凝土形成了软硬疏密的对比，使建筑与环境相互呼应。

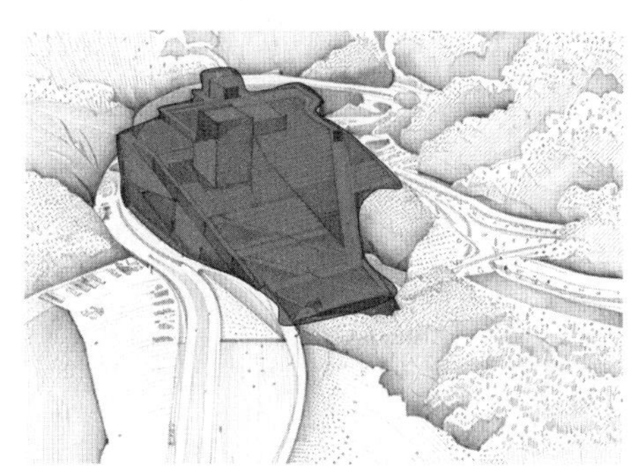

图 11-4-4　国家植物博物馆

（资料来源：https：//www. zhulong）

图 11-4-5　飞鸟博物馆

（资料来源：https：//www. zhulong）

2）地物

建筑的造型应该因地制宜，设计时应尽量减少对原有地物与环境的损伤或改造，并且注意场地原有地物与建筑的融合、交错、过渡等。

位于苏州老城的苏州博物馆，如图 11-4-6 所示，为了尊重古城的历史风貌，博物馆新馆的建筑采用地面一层、地下一层的格局，高度未超过周边的古建筑。新馆分三大块：中央部分为入口、前庭、中央大厅和主庭院；西部为博物馆主展区；东部为次展区及行政办公区。这种以中轴线对称的东、中、西三路布局，与东侧的博物馆旧馆忠王府相互映衬，十分和谐。

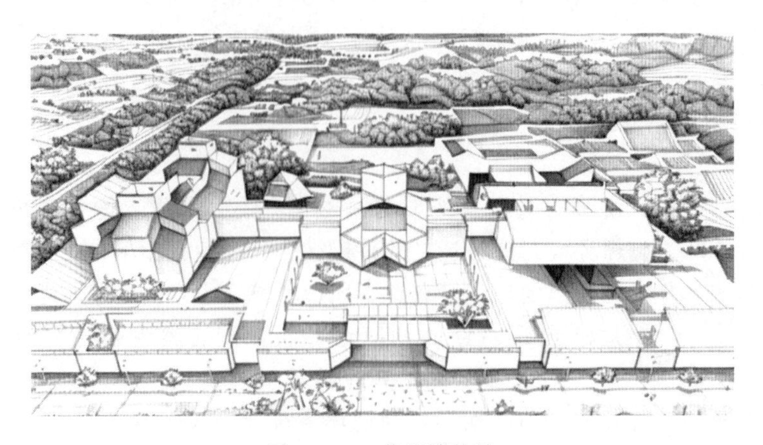

图 11-4-6　苏州博物馆
（资料来源：https：//www. zhulong）

11.5　展览建筑案例

11.5.1　沙丘美术馆

项目地点：中国秦皇岛
项目年份：2018 年
建筑面积：930m²
用途：当代美术馆，鸟瞰图，如图 11-5-1 所示。

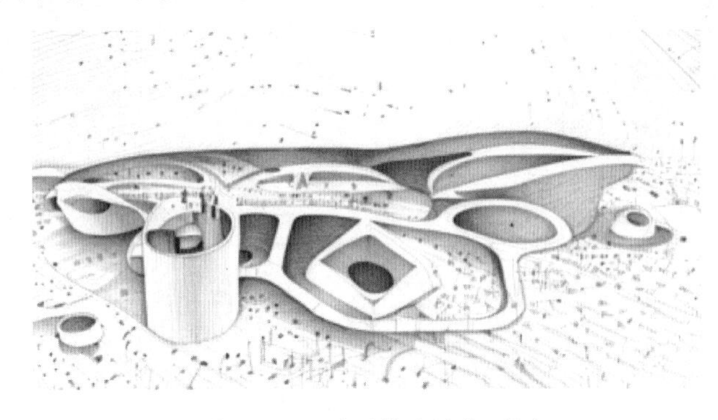

图 11-5-1　沙丘美术馆鸟瞰图
（资料来源：https：//www. archdaily. cn）

1. 建筑师背景

OPEN 是一个国际化的建筑师团队，由李虎和黄文菁创立于纽约，2008 年建立北京工作室。其相信建筑以其创新的力量，可以影响和改变人们的生活方式，同时在建造与自然之间达成平衡。

2. 设计理念

建筑师希望从沙丘内部挖掘，创造出一系列形态各异的“洞穴”，因为洞穴既是人类最原始的居住形态，也是最早的艺术创作场所。建成后的沙丘美术馆将与自然融为一体，成为人与艺术一个隐匿的庇护所。

3. 建筑图纸

1）平面图

平面呈现为一系列细胞状的连续空间，构成了沙丘美术馆里丰富的功能，包括大小各异的展览空间、艺术家工作室、艺术书店、咖啡厅等，如图 11-5-2、图 11-5-3 所示。

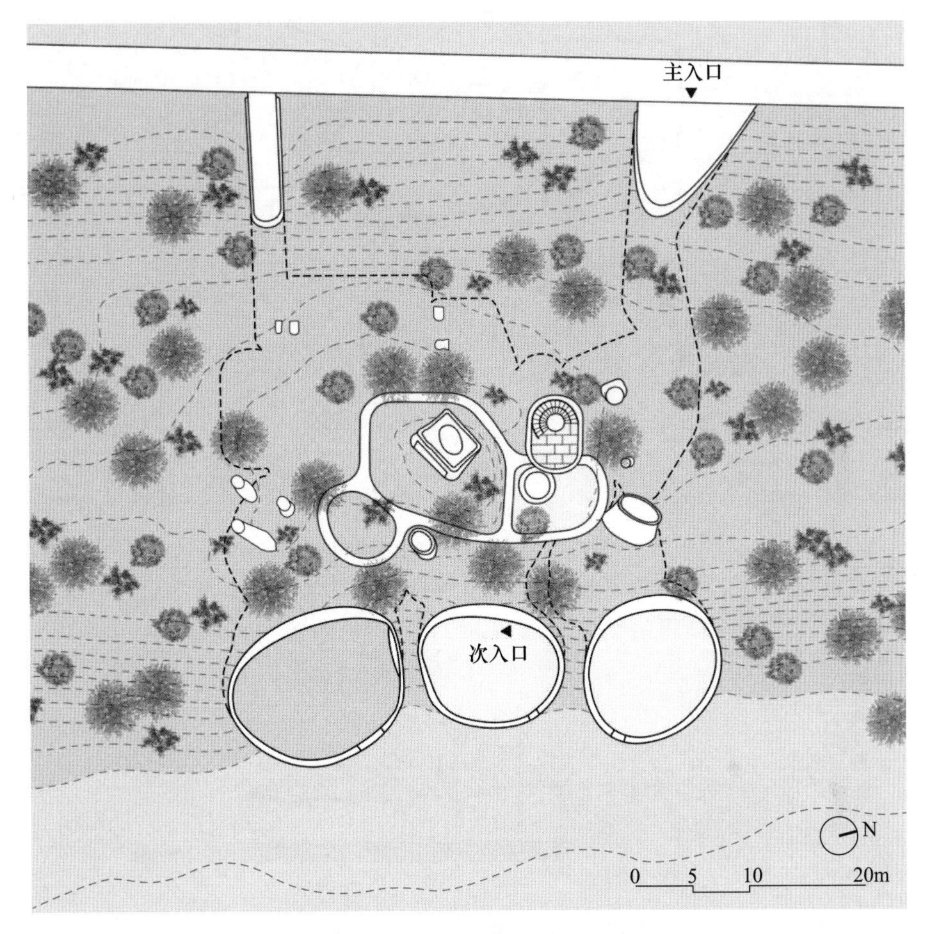

图 11-5-2　沙丘美术馆总平面图

（资料来源：https：//www. archdaily. cn）

2）剖面图

建筑的主入口是嵌入沙丘里的一个隧道般的洞口。经过长长的、幽暗的隧道，进入到一个圆顶有柔和天光的接待厅，然后空间豁然开朗——人们步入中央展厅，一束光线从高高的穹顶上倾泻而下，光线在墙壁与地面间跳跃折射，空间弥漫着静谧而神圣的精神光辉。剖面图如图 11-5-4 所示。

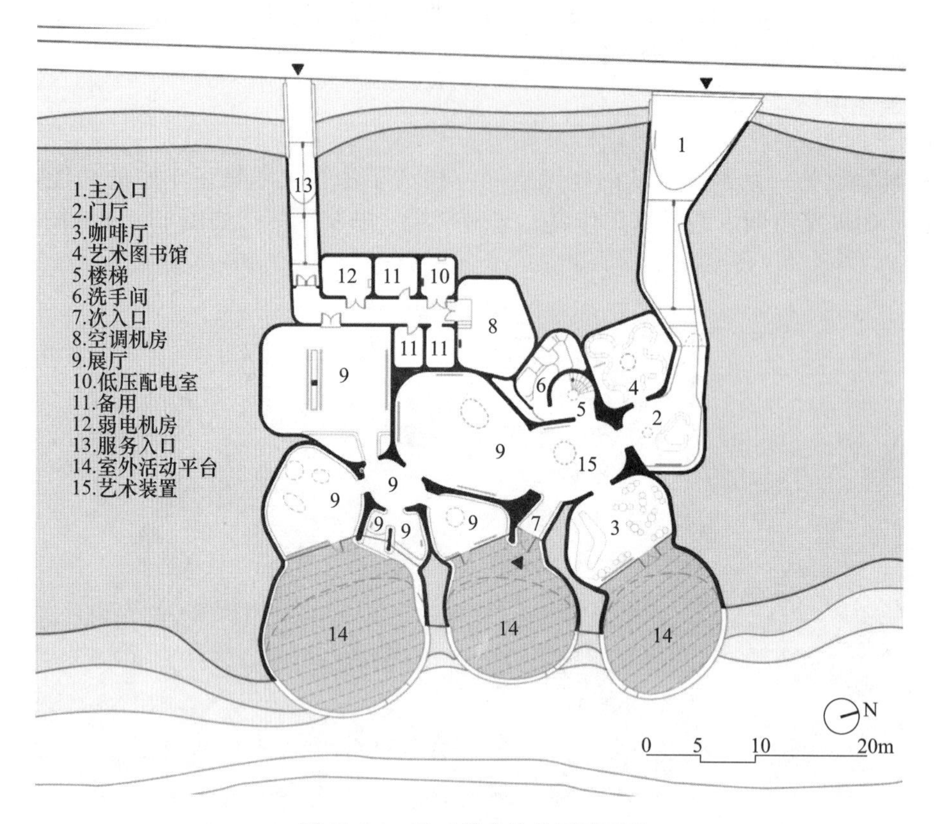

图 11-5-3　沙丘美术馆首层平面图

（资料来源：https：//www. archdaily. cn）

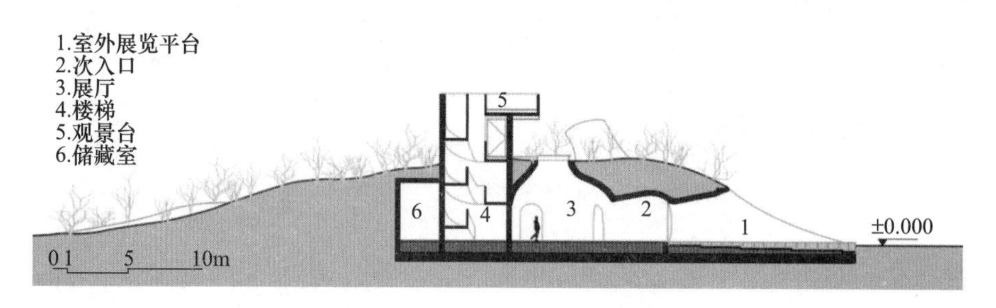

图 11-5-4　沙丘美术馆剖面图

（资料来源：https：//www. archdaily. cn）

4. 景观设计

海岸沙丘经历了漫长的时间累积和风沙推移而自然形成，并被原生低矮灌木深扎的根系固化下来。将美术馆选址于沙丘之下，既是对自然的敬畏，也是一种保护，因为沙丘美术馆的存在，这片沙丘将永远不会人为“被推平”，从而维护了千百年累积下来但也十分脆弱的沙丘生态系统。

从沙丘美术馆内部看海，透过不同的洞口、在不同的时间里，大海都是不一样的风景。一部通往沙丘顶部观景平台的螺旋楼梯，引领人们从洞穴的暗处循着光线拾级而上，直到突然置身于天空与大海的广袤之间。在永恒的沙与海之间，建筑营造了一个隐匿的庇护所，将人的身体包裹其中，聆听自然与艺术的回响，如图 11-5-5 所示。

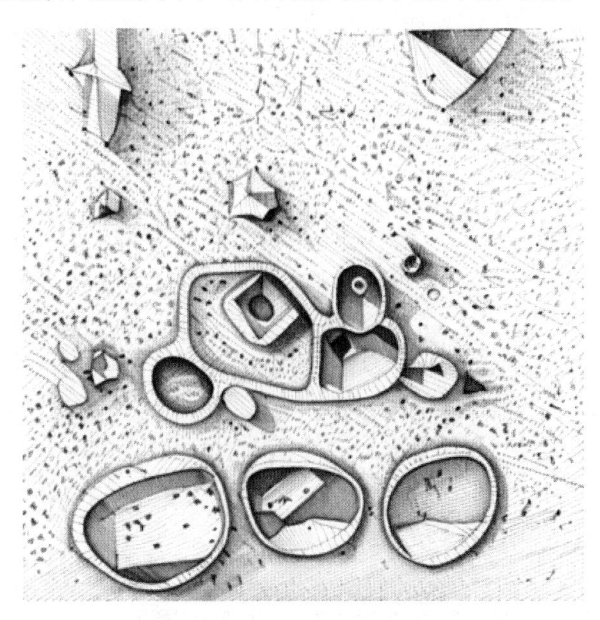

图 11-5-5　沙丘美术馆景观设计
（资料来源：https：//www.archdaily.cn）

5. 建筑材料

沙丘美术馆复杂的三维曲面壳体，是由秦皇岛当地擅长造船的木工，用木模板等小尺度线性材料手工编织出的模板定型，并用混凝土浇筑而成。建筑师保留了混凝土壳体上留下的不规则甚至不完美的肌理，让手工建造的痕迹可以被触摸、被感知。

除此之外，沙丘美术馆里突破常规形态的门窗、接待台、吧台、卫生间洗手台均为手工打造，甚至连咖啡馆里的 8 张桌子也由建筑师依照各个展厅不同的平面形状而设计定制。

11.5.2　崇明东滩湿地科研宣教中心

项目地点：上海市崇明岛东端的鸟类保护区

项目年份：2019 年

建筑面积：4092m²

用途：举办科研会议，开展公共教育活动，效果图如图 11-5-6 所示。

图 11-5-6　崇明东滩湿地科研宣教中心效果图
（资料来源：https：//www.gooood.cn）

1. 建筑师背景

致正建筑工作室成立于2002年，是一个立足于上海的小型的跨领域的设计实践团队，其工作涵盖城市设计、建筑、室内和景观设计，并在尺度差异巨大的不同项目中探讨一种不以特定形式风格为目标的、开放的、内省的工作方式。致正建筑工作室由张斌和周蔚两位建筑师主持。

2. 设计理念

20世纪80年代，配合人工围堤，当地引入了北美洲的互花米草固化泥滩，加速滩涂生长。但互花米草的繁殖力、排他性太强，很快密布在20km^{2}的滩涂上，水面消失，芦苇生态系统被破坏，鸟类失去了落脚和进食的空间，造成了严重的生态危机。2013年上海市推动东滩生态改良，控制互花米草，恢复芦苇滩和水塘。东滩湿地科研宣教中心就是这个生态修复项目的科研交流和公众展示界面，建筑面积4000m^2，属于水利工程的配套项目。

3. 建筑图纸

1）总平面图

为了在从建造到使用的全过程中最小限度地侵扰现有的生态系统，建筑体量化整为零、错落布局，成为一组以桩柱平台架空漂浮于水面之上、掩映于芦苇丛间的水上聚落，并用一条曲折蜿蜒的水上栈桥将会议展览、食堂、研究室和宿舍这5栋大小差异的建筑联系起来。同时，通过原型的转换和尺度的操控去创造能够回应天空、湿地、芦苇、飞鸟这些环境特质的室内外空间氛围，如图11-5-7所示。

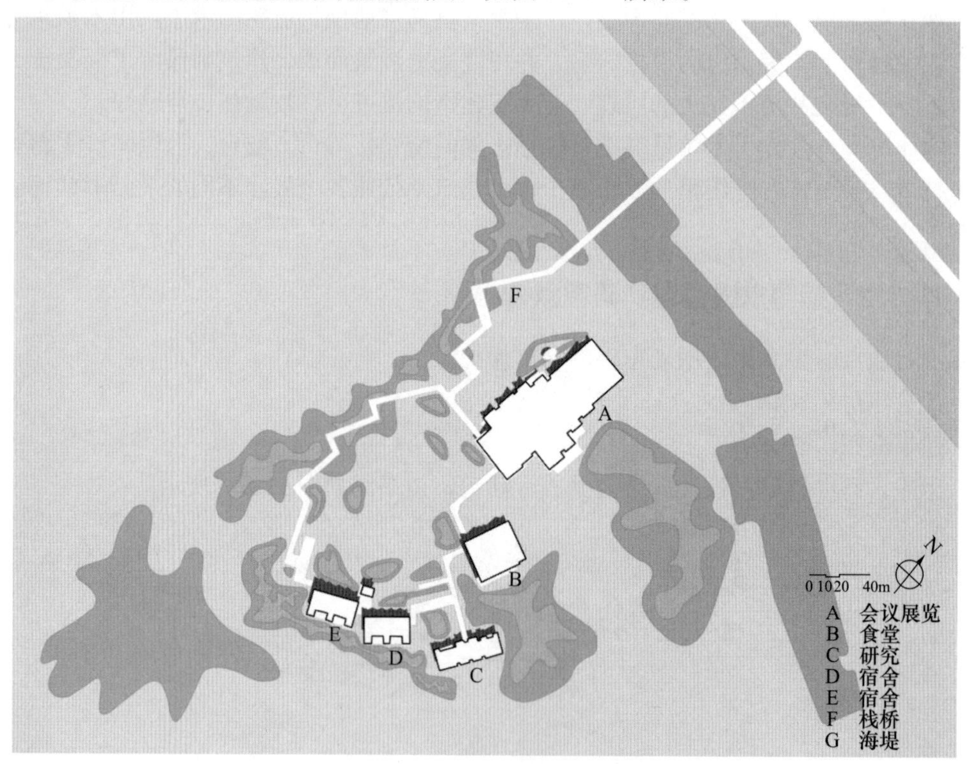

图11-5-7 崇明东滩湿地科研宣教中心总平面图

（资料来源：https：//www.gooood.cn）

2）平面图

项目分为五栋楼。会议展览楼是主体建筑，其中设置了一个多功能厅和一个常设展厅，可以举办科研会议，也可以开展公共教育活动。配合多功能厅还设计了一个会间休息用的咖啡厅。食堂设有一大两小 3 个就餐空间，大餐厅可以容纳二十人左右，也可以兼容会议用途。食堂只有在研讨或公共教育活动需要的时候才会投入使用，一般是配送半成品到厨房进行烹饪，没有粗加工流程。研究栋是驻场人员的工作空间，相当于两个办公室。另还有两栋宿舍供驻场科研工作者驻留，如图 11-5-8、图 11-5-9 所示。

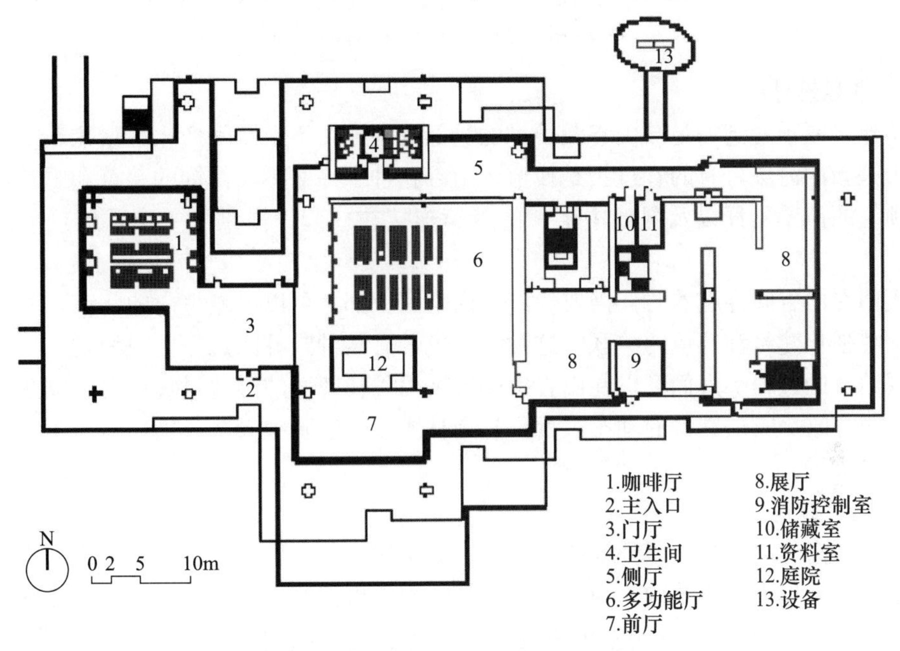

图 11-5-8　崇明东滩湿地科研宣教中心会议展览栋一层平面图

（资料来源：https：//www. gooood. cn）

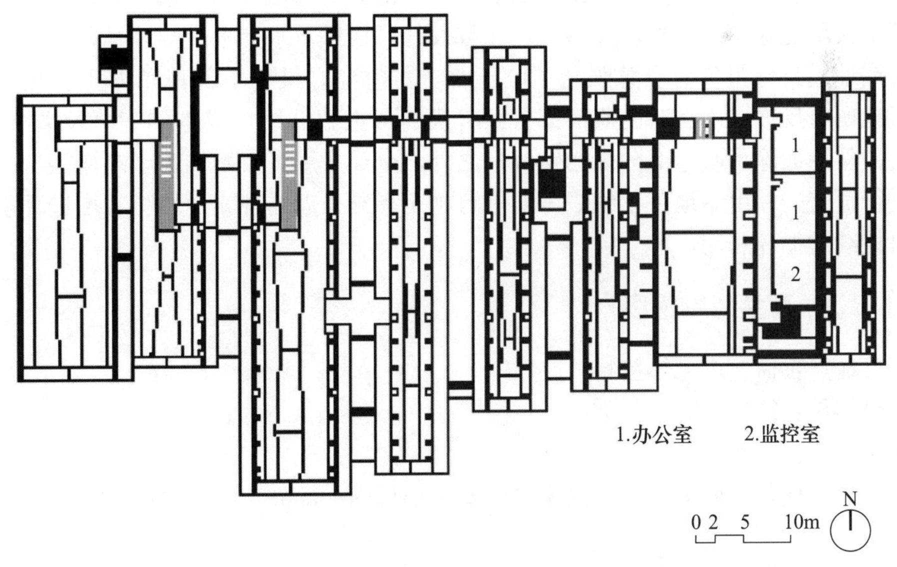

图 11-5-9　崇明东滩湿地科研宣教中心会议展览栋屋顶层平面图

（资料来源：https：//www. gooood. cn）

3）立面图

如图 11-5-10 所示。

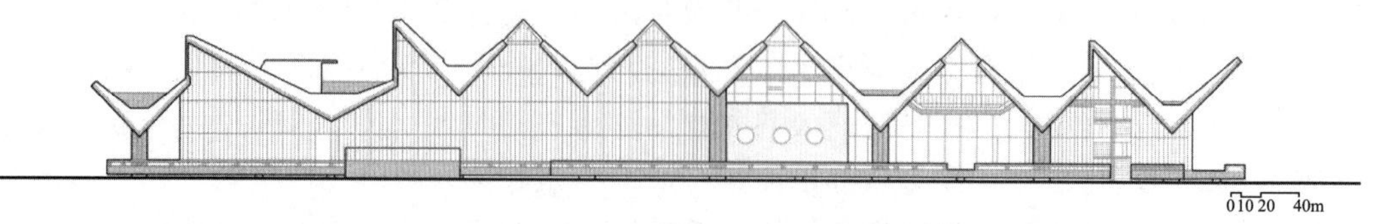

图 11-5-10　崇明东滩湿地科研宣教中心会议展览栋立面图

（资料来源：https：//www.gooood.cn）

4. 景观设计

从建筑屋顶看到的是被山谷裁剪过的局部的湿地，不经意间产生了聚焦。有的山谷看过去是新的海堤，有的看过去是栈道。山谷上种了一些不加修饰的茅草和野花，与铺在屋顶上的芦苇秸秆以及湿地中生长的芦苇连接在一起，提供了一个重新理解湿地的维度。

人们在山谷间穿越的时候需要经过室内空间上部，可以俯瞰室内的状态，并通过空间的交替强化建筑和环境的关联。这种游览也带有某种园林的意味，因为它是一个动观与静观结合的过程。人们可以在山谷中凝视被山谷裁剪过的湿地景观；也可以在穿越时体会一明一暗、收放交替的动态过程，与园林或江南宅院中天井一进一出、明暗交替的体验比较接近。

5. 建筑材料

考虑到高湿高盐与大风环境的耐候与维护挑战，并未采用钢、木等轻质结构，而是以钢筋混凝土作为主体结构。为了让混凝土结构以粗犷的方式存在于湿地环境中，设计师采用了 30 厘米宽的长条松木模板清水混凝土工艺来获得强烈的自然木纹模铸效果。而非结构的围护及分隔墙体的内外表面全部采用中剖翻新后的回收木模板，以求得一种材质表达上的同构性。由于深远出檐的庇护，大部分的外墙采用了带垂直格栅的落地玻璃，既最大限度地引入风景，又对飞鸟比较友好。栈桥及水上平台的现场预制混凝土条板留缝铺地用自然粗犷的质感强化了临于水上的感觉，又为下部芦苇的生长预留了空间。屋顶所有反坡“山谷”的底部都有微起伏的覆土和低维护成本的芒草及灌木种植，而所有的斜屋面除了收边部分采用钛锌板之外，全部采用了收割加工于东滩湿地的芦苇秸秆进行覆盖，并由本地芦苇编织工匠进行施工指导，以体现就地取材、增进环境融合度和可持续的循环利用。

11.5.3　荷兰博物馆岛

项目地点：荷兰多德雷赫特

项目年份：2015 年

建筑面积：1300m^2

用途：当代艺术展览空间，国家水源安全项目的一部分，效果图如图 11-5-11 所示。

图 11-5-11　荷兰博物馆岛外观造型

（资料来源：https：//www.gooood.cn）

1. 建筑师背景

Marco Vermeulen 是一家从事建筑、城市设计、景观和设计研究的设计事务所。位于鹿特丹中心马斯河沿岸的一个外堤位置。

2. 设计理念

水源安全是 Biesbosch Museum Island 开发的主要原因。作为国家水源安全项目的一部分，4450 公顷的 Noordwaard 泽地已经变成一块水源保护区，Biesbosch 博物馆两侧的土壤被挖开，从而形成一座新的小岛。

对于大多数游客来说，Biesbosch 博物馆是游览 Biesbosch 国家公园的起点。但老的博物馆已经过时且没有能力服务越来越多的游客，餐饮设施尤其缺乏，而且展览本身也需要更新。

3. 建筑图纸

1）总平面图

为了避免不必要的材料和能源浪费，老博物馆六边形的结构被保留，且在它的西南部加盖了一座 1000m^2 的新建筑。新建筑以其大面积的开窗为特征，面向岛上的花园开放。其中包含一家可以欣赏周围美景的有机餐厅，以及临时展览空间，如图 11-5-12 所示。

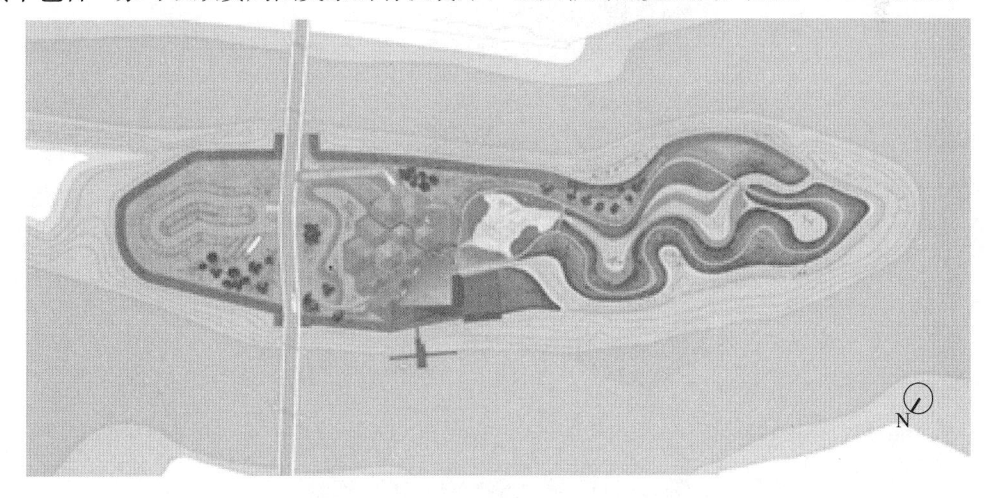

图 11-5-12　荷兰博物馆岛总平面图

（资料来源：https：//www.gooood.cn）

原有建筑内的功能空间包括常设展厅、图书馆、多功能剧场以及包括接待和博物馆商店在内的入口大厅。在那里，游客可以获得游览 Biesbosch 国家公园的相关信息，购买进入博物馆的门票以及租用电动船。新开的天窗为荷兰林业委员会和公园理事会的工作人员提供了办公室采光。

2）平面图

荷兰博物馆岛平面图如图 11-5-13～图 11-5-15 所示。

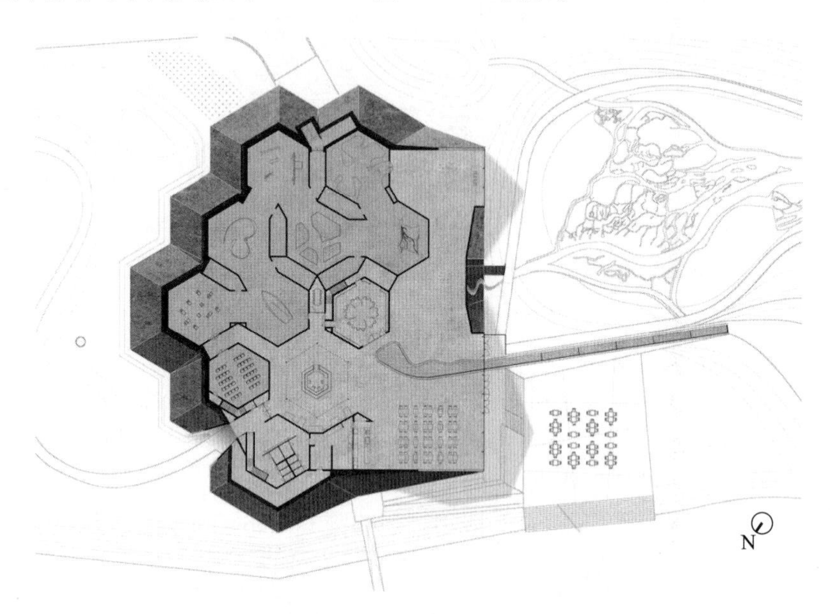

图 11-5-13　荷兰博物馆岛一层平面图

（资料来源：https：//www. gooood. cn）

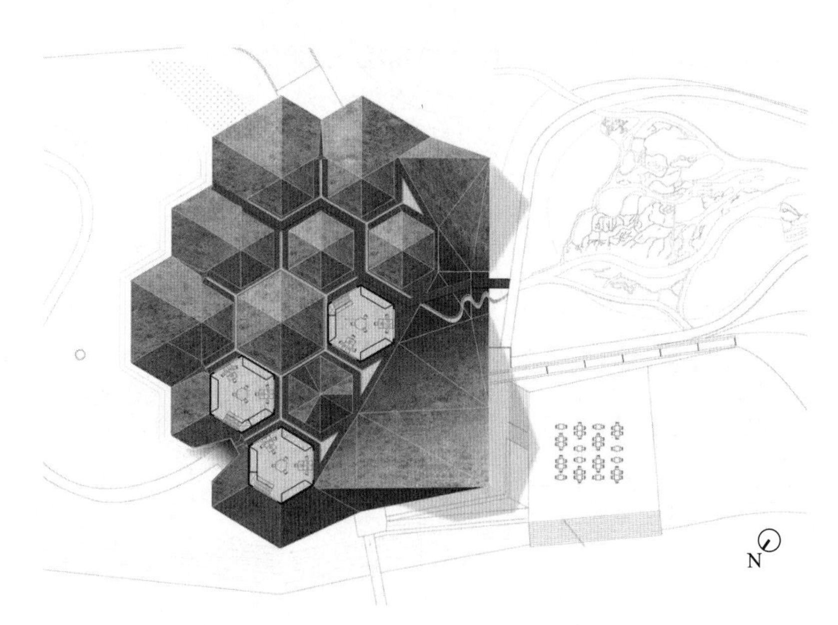

图 11-5-14　荷兰博物馆岛二层平面图

（资料来源：https：//www. gooood. cn）

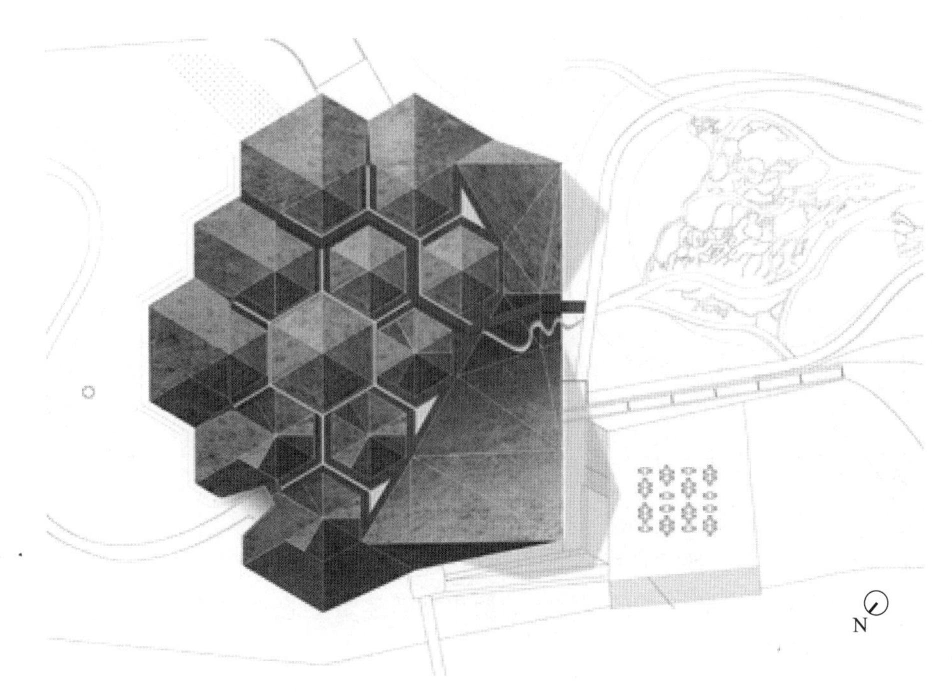

图 11-5-15　荷兰博物馆岛屋顶平面图
（资料来源：https：//www. gooood. cn）

3）立面图

荷兰博物馆岛立面图如图 11-5-16 所示。

图 11-5-16　荷兰博物馆岛立面图
（资料来源：https：//www. gooood. cn）

4. 景观设计

博物馆岛在 2016 年的春季竣工，淡水湿地公园从新挖开的小溪中引水。潮汐和季节性的水位变化可以在小溪倾斜的岸边清晰地察觉到。同时，倾斜的溪岸也创造了丰富的动植物多样性。蜿蜒的通往小岛的小路，由于水位的变化也在不断变化当中，如图 11-5-17 所示。

博物馆岛的新老建筑被周围的景观所环绕，屋顶也种植了各种花草。增加了大楼在该地区的生态价值，为其营造了可以称为“大地艺术”的雕塑，同时也使自身在环境中凸显出来。起伏的屋顶上建有一条险峻的小路，通向屋顶观景台，如图 11-5-18 所示。

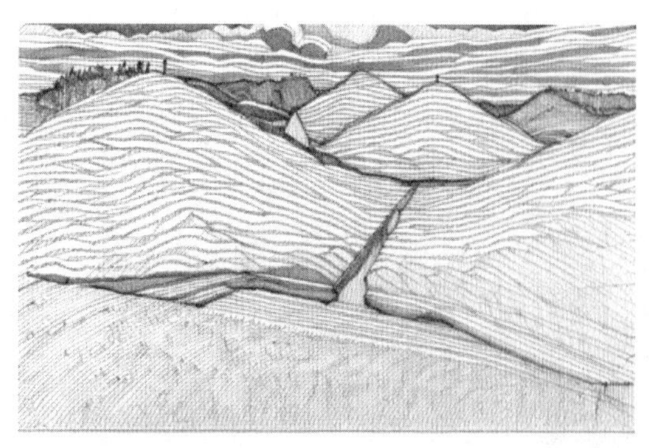

图 11-5-17　荷兰博物馆岛外部绿化
（资料来源：https：//www. gooood. cn）

图 11-5-18　荷兰博物馆岛外部景观图
（资料来源：https：//www. gooood. cn）

5. 建筑材料

新老建筑在设计时都将能耗减少到了最低。大面积的玻璃采用了最先进的隔热玻璃，而无需使用百叶窗。西北侧的土方工程和绿色屋面同时起到隔热和保温的作用。

Biesbosch 有着丰富的加工自然材料的历史。新建筑中的博物馆的艺术空间，全部使用当地出产的自然材料。

思考题

1. 博览建筑主要有哪几种功能？
2. 结合博览建筑总体布局需要考虑的因素，谈谈与平面设计的联系。
3. 平面组合的类型主要有哪几种？并举例说明各种类型的适用范围。
4. 结合陈列室设计要求，总结陈列室的设计原则。
5. 举例说明博览建筑的人流组织有哪几种方式。
6. 在博览建筑设计时，对藏品保护的设计措施有哪些？
7. 简要说明在进行博览建筑的造型设计时，需要考虑哪几个方面对造型的影响。

第12章

餐饮类建筑

本章主要内容： 本章在介绍餐饮类建筑基本知识的基础上，重点从餐饮建筑不同类别、选址、功能板块、流线、空间、家具与陈设等方面阐述其设计原理；并以大量实例讨论不同类型餐饮建筑的设计特点，为风景园林视角下的小型餐饮建筑设计提供参考。

12.1　餐饮建筑的主要类别

餐饮建筑是指加工制作、供应食品并为消费者提供就餐空间的公共建筑。餐饮建筑按照经营方式、饮食制作方式及服务特点可分为餐馆、快餐店、饮品店、食堂等建筑类型；餐饮建筑的规模按照建筑面积、餐厅座位数或服务人数可分为小型、中型、大型及特大型；餐饮建筑的布局类型按照建设位置可分为沿街商铺式、综合体式、旅馆配套式和独立式；餐饮建筑按照选址位置可分为街边店、社区店、购物中心店、校园店和景区店。而在风景园林建筑中，餐饮建筑不仅可为人们提供就餐空间，还可提供一定室内外的休憩及活动空间等。本书探讨的餐饮建筑类型主要包括餐厅和茶室，建筑规模在中型及以下。

随着时代的发展，风景区、园林或特色风貌街区中的餐饮建筑逐渐成为一项重要的设施。从景区“以园养园”的角度看，餐饮建筑也是一项重要经济收益来源。此外，如今人们生活水平提高，传统饮食消费习惯逐渐变得多元化，不断改进的休假制度也使人们的休闲需求不断增加，无论是城市、郊野，还是风景区内的游客都需要各类餐饮建筑为其提供便利。因此，风景园林视角下的餐饮建筑的类型与功能也应灵活地适应、满足环境与使用者的需求。

12.1.1　餐厅

餐馆、食堂中的就餐部分通常统称为餐厅，在风景园林建筑中，涉及的餐饮建筑主要指一般的餐馆和快餐店（包括中式和西式）。餐馆指接待就餐者零散用餐，或宴请宾客的营业性中、西式餐馆，包括饭店、酒楼、风味餐厅、旅馆餐厅、旅游餐厅及自助餐厅等。餐馆可附属于另一场所，如住宿或接待类风景园林建筑，以完善其功能和增加整体收入。快餐店指销售品类有限、可快速制熟的菜肴，且提供快速服务的餐饮类建筑，一般规模较小。快餐店根据销售菜肴种类、就餐方式等分类，主要包括中式快餐店和西式快餐店。

餐饮建筑无论其类型与规模，其内部功能都应遵循分区明确、联系密切的原则，通常由用餐区域、厨房区域、公共区域、辅助区域四大部分组成。

用餐区域主要包括桌席区、包间区、表演区，是建筑内餐饮活动的主要区域，面积常占总面积的一半左右；伴随着大量人群集散，活动流线较为复杂，且与其他 3 部分联系紧密。厨房区域主要负责承担菜肴加工、就餐用具清洗消毒等，是流线组织中的重要组成部分。公共区域主要包括门厅、过厅、公用卫生间、收款处等，起到联系过渡各个空间、提供服务等作用，是餐饮空间流线组织的重要一环。辅助区域则主要由食品库房、办公用房、工作人员更衣间等部分组成，承担餐厅内餐饮活动的基础环节。在具体的各功能流线组织上，一般餐馆、中式快餐店、西式快餐店流线如图 12-1-1～图 12-1-3 所示。

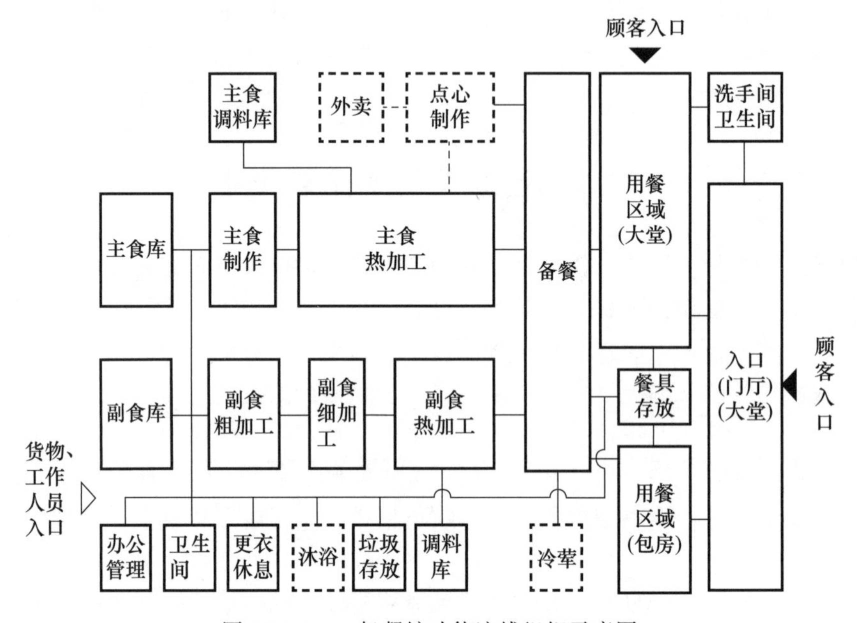

图 12-1-1　一般餐馆功能流线组织示意图

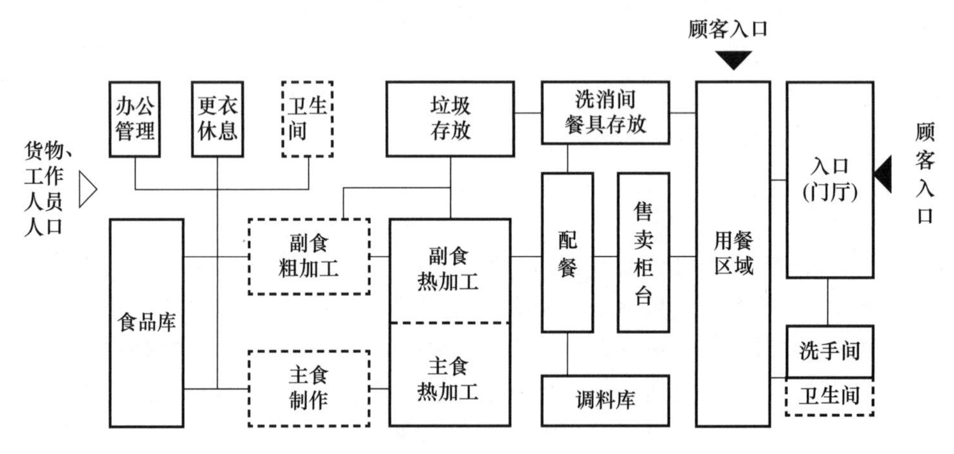

图 12-1-2　中式快餐店功能流线组织示意图

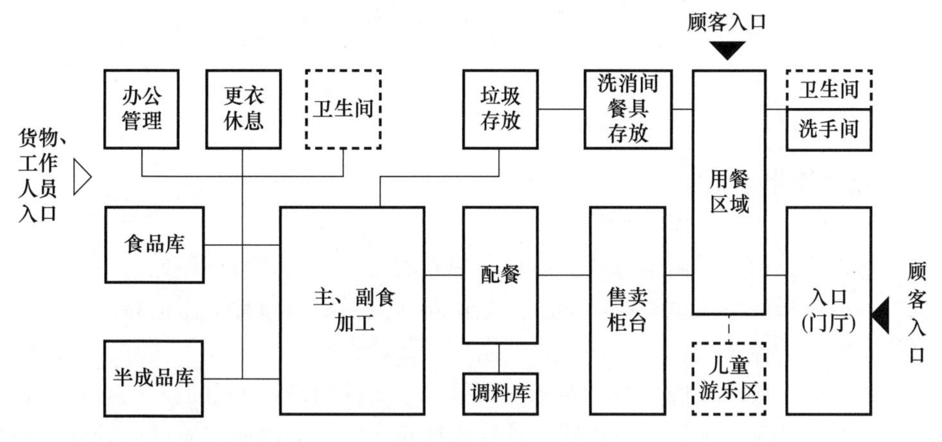

图 12-1-3　西式快餐店功能流线组织示意图

12.1.2　茶室

“茶室”一词可追溯至唐朝，指举办茶会的房间，也称本席、茶席或者只称席。中国茶文化兴于唐，盛于宋，糅合佛、儒、道诸派思想，独成一体，也融入了民众的生活中。“茶室”这一类建筑也沿袭下来，在现有餐饮建筑中自成一类，因此茶室常带有传统文化的底蕴及色彩。

当代的茶室也称茶馆、茶肆、茶坊等，两广地区多称为茶楼。在不同地区，茶室因为当地茶文化的不同而建筑形式、规格、布局各有不同。时代发展至今，各地的茶室脱离了传统格调，风格逐渐趋于多元化。因此在茶室建筑设计过程中，除了考虑当地的茶室建筑文化，也要多方面结合在地客群来进行设计。

茶室的室内功能流线与餐饮建筑中的饮品店流线相似，如今城市中的茶室多设有棋牌、冷食饮品售卖，甚至表演等功能。其功能流线组织示意图如图 12-1-4 所示。

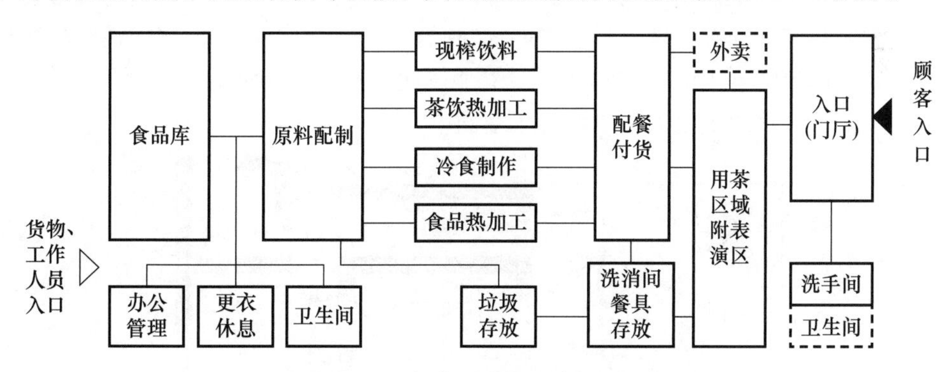

图 12-1-4　一般茶室功能流线组织示意图

12.2 餐饮建筑的设计要点

12.2.1 选址

1. 餐饮建筑分布情况

1）街边店

位于城市道路两边的店铺总是拥有更多的人流量，根据城市道路的一、二、三级道路等划分，街边店的特点也有所不同。一级道路即主干道，通常车流量较大，人流量较大，其优点在于人流量大、展示机会多，店面形象就显得尤为重要——不仅可以服务进店客人，还犹如广告牌一般可展示给来往人群，标志性的设计可增强人们对餐饮店的品牌印象。二级道路通常连接一级道路，往往人比车多，各类商业布局也比较多，易形成美食街或美食区，具有规模效应，更容易吸引周边就餐人群。在二级道路店铺的选址中应充分考虑人群的流动方向及店铺在街道所处的位置。三级道路则常连接二级道路和居民区、城中村、写字楼等，一般小餐饮类的店铺较多。

街边店案例：251Clinton St. Bakery&Café ，成都。

该项目是一间坐落于成都老街区的美式品牌烘焙店，包括了面包售卖及用餐等空间。店铺位于府南河和望平街区之间，与居民楼共处。随着城市更新，从艺术城一店搬至望平街区。望平街作为成都市旧城更新中复兴的商业街区，新兴业态与街边店面设计增加了与年轻人、周围居民更为亲近的交互机会。其平面图如图 12-2-1 所示，立面外观如图 12-2-2 所示。

作为街边店，餐饮店的外部设计考虑了如何融入 20 世纪 90 年代的街边居民楼，既能在白天全时段服务于周围邻居，又能在如今市区最热闹的打卡地望平街区受到年轻人的喜欢。店铺位于居民楼的一层，室内共分为 4 块竖向无窗空间，由通道连接；为保护建筑的承重结构，其室内墙体均未拆除或开门洞，因此设计者将原建筑里光线最暗的区域作为厨房，将其余拥有自然光斜照进来的空间作为餐厅及面包房，空间动线呈环线分布；如此使空间流线自由流畅的同时也保留了彼此的有效“私密距离”；设计力求在空间服务于人的设计理念下使人可以沉浸于空间中，感受到舒适与趣味性。

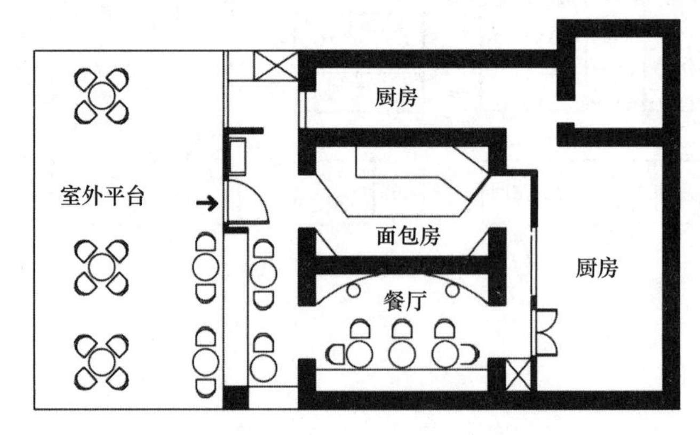

图 12-2-1　Clinton St. Bakery&Café 成都店平面示意图

图 12-2-2　Clinton St. Bakery&Café 成都店正立面外观

2）社区店

一般在一些大型社区内部的商业街或者步行街以及小区配套的门面房里开的店面称为社区店。社区店又分为住宅小区附近及办公区附近的餐饮类建筑。在使用情况上，住宅区附近店主要承担一周内的早晚餐及周末的早午餐；办公区附近的餐饮店铺一般承担早午餐，晚餐相对较少；但具体情况应根据具体建筑项目区位进行调研确定。社区店的开设及设计均须首先对餐饮类型进行定位，根据社区顾客的消费习惯以及消费时段，进行合理的选址。

3）购物中心

近几年随着线下其他实体行业的逐渐式微，餐饮业逐渐成为购物中心的主力。大型的购物中心一般会开设餐饮区，并进行统一招商和管理。购物中心环境好、业态丰富，吸客能力强，但对于小餐饮企业来说进驻购物中心依然难度较大、成本较高，如果缺乏特色影响力，将很难存活。

4）城中村店

城中村店现多出现在二、三线城市，业态以小餐饮店为主。设计时可按照街边店进行设计，其功能更为基本，以解决基本餐食需求为主，多以“前店后厨”的基本功能模块进行布局，流线相对单一。

5）校园店

校园餐饮店包括配套的餐饮区、美食街或者对外承包的食堂等。

校园店案例：清华大学教师餐厅，北京。

清华大学教师餐厅位于清华校园核心区位，南区学生食堂的顶层。项目最初的定位是给老师们提供一个跨院系学科交流的独特的就餐场所。这个近 1000m^2 的空间，被设计成兼具人文氛围和自然格调的开放式大厅；不仅为教师们供应餐点和咖啡，还提供了远眺清华校园和西山的窗景，更是为学者们提供了一个见面交流、思想碰撞的场所。如图 12-2-3 所示。

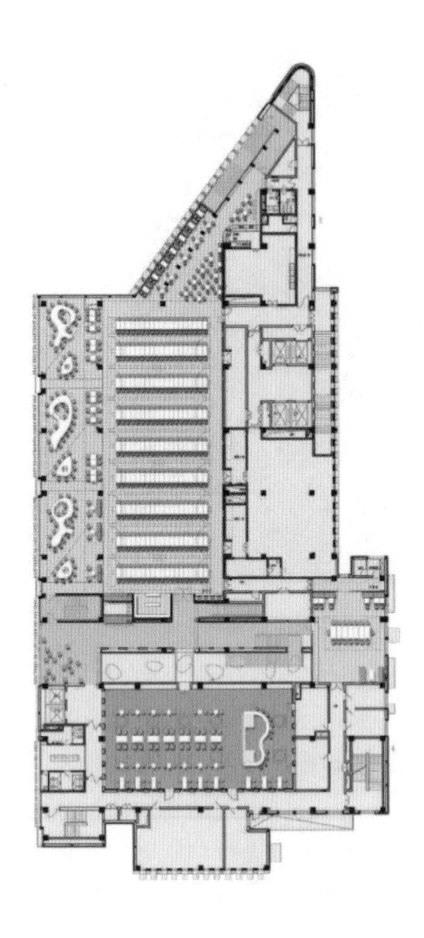

图 12-2-3　清华大学教师餐厅
（资料来源：Archdaily，素朴建筑工作室）

校园店顾客固定，人流量大，各功能区布局明确，涉及自行收拾餐盘和用餐厨余垃圾的情况，食堂餐厅需特别考虑其交通流线。稍小的食堂同样可根据使用者情况进行用餐区域多样化的设计。如今许多校园内餐厅提供餐饮的种类更多，格调风情更加丰富，为学生和教师提供了更丰富的就餐环境体验。

6）景区店

风景园林建筑中餐饮店的选址，还有一类最特殊的区域——车站、旅游景点及高速服务区，它们统称为景区店。其特殊性在于占据着巨大的流量，拥有得天独厚的条件，但很难拥有多次光临的“回头客”。与景色交融的环境体验、快速便捷与良好的性价比是景区内餐饮的诉求点，同时景区店也应打造与景点环境相匹配协调的室内外空间环境。

景区店案例：南昆秘境艺术餐厅，惠州。

项目位于南昆山国家森林公园一个海拔 800 米的山谷之中。场地原有 5 栋建于 20 世纪 90 年代的砖木结构度假别墅，以极低密度的布局方式平衡建筑与自然之间的关系。作为艺术民宿聚落中的公共空间，这个特别的餐饮建筑在景区中需承担艺术策展、品牌发布、餐饮聚会等活动。建筑的内部空间和外部造型是同步完成的，多向变化的屋面形成内部既连续又变化的空间。旋转楼梯在整个平面的中心联系起上下两层空间，成为空间中的一处焦点。连绵起伏的天花空间，以其艺术肌理质感，在室内营造出自然洞穴般的空间氛围，与景区的自然原始感形成呼应。如图 12-2-4 所示。

图 12-2-4　南昆秘境艺术餐厅

（资料来源：Archdaily，城外建筑）

景区店更偏重建筑设计中景观资源的利用、建筑与景观的融合，建筑的造型风格以及形式需要结合周围自然环境，顺应周围地势地形；同时，也应注重为游客提供幽美的室内外就餐环境，增强室内外空间体验的连续性和完整性。此外，也可利用较为开阔的空间打造别致的室内景观焦点，令游客留下深刻印象，以口碑吸引更多客源。景区店尤其需考虑货物出入口、员工流线以及餐厨垃圾处理途径，这些流线不仅需要与游客流线分开以保证游客的体验感受，还应结合景区既有的交通状况规划专门的室外货运和垃圾运输动线，以及时处理餐厨垃圾，保证环境的干净卫生和餐饮店的正常运转。

2. 餐饮建筑选址影响因素

影响餐饮建筑选址的因素一般包括地区经济、区域规划、文化环境、交通状况和景观环境等。

1）地区经济

一个地区人们的收入水平、物价水平都会影响到餐饮的消费与价格。一般当收入增加时，人们更愿意支付更高价值的产品和服务，尤其在餐饮消费的质量和档次上会有所提高，因此，餐饮店选址应充分考虑所在地的消费力、经济发展速度等地区经济因素。

2）区域规划

餐饮建筑的定位与选址首先需遵循上位规划，在此基础上，还应关注区域规划所涉及的片区发展趋势。盲目选址可能会使餐厅遭遇拆迁或环境变动而导致经济损失或失去原有区位条件优势。同时，充分解读区域规划，可根据不同的区域类型，确定不同的经营形式和经营规格等，并以此为依据确定建筑类型与规模。景区内的餐饮建筑尤其应注意上位规划对建筑规模、形态，经营活动范围及施工方面的要求，并应在风貌上与景区风貌相协调。

3）文化环境

文化教育、民族习惯、宗教信仰、社会风尚、社会价值观念和文化氛围等因素构成了一个地区的社会文化环境。这些因素影响了人们的消费行为、消费方式、饮食观念与习惯，同时也影响了餐饮建筑的经营规格、规模、功能与外观设计等。因此文化环境也是餐饮建筑选址考虑的重要因素。

4）交通状况

餐饮类建筑周围的交通条件既在一定程度上影响餐饮店的布局、规模，也影响客源状况。景区内的餐饮店还需注意与既有交通要道的衔接，尽量减少在景区内增设道路或交通改造等情况。

5）景观环境

风景园林建筑中的餐饮类建筑基本都是在风景资源较为丰富的区域，需要为用餐者和游客提供环境幽雅的室内外就餐场所及活动场所，此时建筑外环境的营造就显得极其重要。在建筑选址时，应严格遵循区域内上位规划所提出的相应要求与限制，考虑风景园林资源的保护、整合与利用。因此，景观环境也是餐饮建筑选址的重要因素之一。

3. 餐饮建筑选址原则

餐饮类风景园林建筑类型众多，应在考虑以上选址影响因素的基础上，通过环境影响评估、技术能力水平认证、效益核算等综合评价，结合所选位置的利弊权衡及所经营的餐饮类型和规模进行综合考量，以确定其选址。

除此之外，餐饮建筑的选址还应遵循以下原则：

①选址应选择地势干燥、有给水排水条件和电力供应的地段。

②严格执行当地环境保护和食品药品安全管理部门对餐饮店与粉尘、有害气体、有害液体、放射性物质、其他扩散性污染源及与其他有碍公共卫生的开敞式污染源的距离要求的相关规定。一般规定距离污水池、露天垃圾场（站、房）、非水冲式公共厕所、粪坑等污染源 25m 以上。

12.2.2 布局

1. 餐饮建筑布局影响因素

餐饮建筑无论类型、规模，其内部功能都应遵循分区明确、联系密切的原则，通常由用餐区域、厨房区域、公共区域、辅助区域四大部分组成，如图 12-2-5 所示。

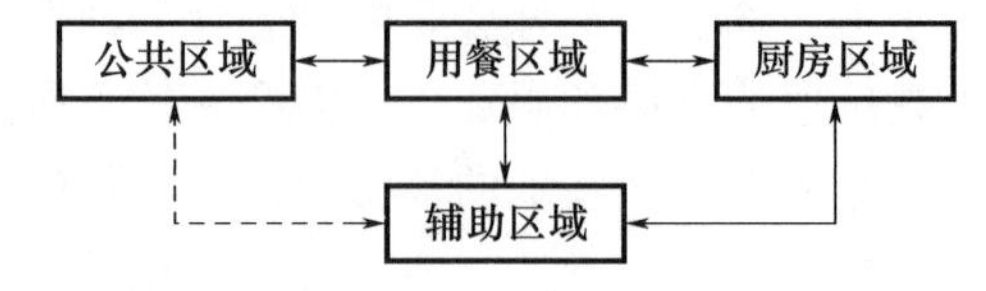

图 12-2-5　餐饮建筑四大组成部分示意图

建筑内各区域房间繁多，用餐区域包括了宴会厅、各类餐厅、包间等；公共区域包括门厅、过厅、等候区、大堂、前台、休息厅等；辅助区域包括了食品库房、非食品库房、办公用房及工作人员更衣室、淋浴间、卫生间、清洁间、垃圾间等；厨房区域因餐馆、快餐店、食堂或饮品店等不同类型而承担了差异性的功能。详细房间构成见表 12-2-1，各区域面积比例及布局要求见表 12-2-2。

表 12-2-1　餐饮建筑区域与房间划分

<table>
<tr><th colspan="2">区域划分</th><th>房间构成</th></tr>
<tr><td colspan="2">用餐区域</td><td>宴会厅、各类餐厅、包间等</td></tr>
<tr><td rowspan="2">厨房区域</td><td>餐馆、快餐店、食堂</td><td>主食加工区（间）[包括主食制作、主食热加工区（间）等]、副食加工区（间）[包括副食粗加工、副食细加工、副食热加工区（间）等]、厨房专间（包括冷荤间、生食海鲜间、裱花间等）、备餐区（间）、餐用具洗消间、餐用具存放区（间）、清扫工具存放区（间）等</td></tr>
<tr><td>饮品店</td><td>加工区（间）[包括原料调配、热加工、冷食制作、其他制作及冷藏区（间）等]、冷（热）饮料加工区（间）[包括原料研磨配制、饮料煮制、冷却和存放区（间）等]、点心和简餐制作区（间）、食品存放区（间）、冷荤间、裱花间、餐用具洗消间、餐用具存放区（间）、清扫工具存放区（间）等</td></tr>
<tr><td colspan="2">公共区域</td><td>门厅、过厅、等候区、大堂、休息厅（室）、公用卫生间、点菜区、歌舞台、收款处（前台）、饭票（卡）出售（充值）处及外卖窗口等</td></tr>
<tr><td colspan="2">辅助区域</td><td>食品库房（包括主食库、蔬菜库、干货库、冷藏库、调料库、饮料库）、非食品库房、办公用房及工作人员更衣间、淋浴间、卫生间、清洁间、垃圾间等</td></tr>
</table>

表 12-2-2　餐饮类建筑各区域面积比例及布局要求

<table>
<tr><th>类型</th><th>规模</th><th>食品处理区与用餐区域面积比</th><th>副食细加工、主食制作、热加工面积之和</th><th>冷荤间面积</th><th>厨房区域独立隔间</th></tr>
<tr><td rowspan="2">餐厅</td><td>小型</td><td>≥1∶2.0</td><td>≥食品处理区面积的 50%且≥8m^2</td><td>≥5m^2</td><td>加工、餐用具清洗消毒</td></tr>
<tr><td>中型</td><td>≥1∶2.2</td><td>≥食品处理区面积的 50%</td><td>≥食品处理区面积的 10%</td><td>粗加工、热加工、餐用具清洗消毒等</td></tr>
<tr><td rowspan="2">茶室</td><td>小型</td><td>≥1∶2.5</td><td>≥8m^2</td><td>≥5m^2</td><td rowspan="2">加工、备餐</td></tr>
<tr><td>中型</td><td>≥1∶3.0</td><td>≥10m^2</td><td>≥5m^2</td></tr>
<tr><td rowspan="2">食堂</td><td>小型</td><td>食品处理区面积不小于 30m^2</td><td rowspan="2">≥食品处理区面积的 50%</td><td rowspan="2">≥5m^2</td><td rowspan="2">备餐、其他参照餐馆相应要求设置</td></tr>
<tr><td>中型</td><td>食品处理区面积在 30m^2 的基础上按服务 100 人以上每增加 1 人增加 0.3m^2</td></tr>
</table>

2. 餐饮建筑布局要点

①考虑实际需要设计各流线，避免门口和通道发生拥挤；

②洗手间设备应齐全；

③采用反差较大的颜色或材料；

④保证通道有足够的宽度，方便服务人员上菜和饮料；

⑤地板、墙壁和家具应该选择易清洗的材料；

⑥根据承办宴会的规模调整餐桌的大小及其位置；

⑦安装内部通信联络系统，方便餐厅和服务人员的信息传递；

⑧消防设施以及其他安全设施应置于显眼的位置；

⑨从店内各主要地点都应轻易看见洗手间标志；

⑩可以用墙、盆栽以及装饰面板将较大的空间分隔为较小的、隐蔽的空间；

⑪合理安排食物和饮料的自助取点，应尽可能少打搅顾客；

⑫当天气较冷时，应准备足够的家具设备以存放顾客的衣物。

12.2.3 相关规定

餐饮建筑的设计应遵循现有相关规范与标准。保障人身安全和食品安全是餐饮建筑设计的重要方面，设计除应符合《饮食建筑设计标准》（JGJ 64—2017）外，还应执行现行国家标准《建筑设计防火规范》（2018 年版）（GB 50016—2014）及其他相关标准的规定，并应满足国家及地方食品药品监督管理局的相关要求。

1. 餐饮建筑的一般规定

①餐饮建筑选址应选择地势干燥、有给水排水条件和电力供应的地段，不应设在易受污染的区域，必须远离污水池、露天垃圾场（站、房）、非水冲式公共厕所、粪坑等污染源 25m 以上。基地四周应避免有害气体、放射性物质等污染源。

②总平面设计中，建筑布局应分析所在地风向条件和主要人流动线因素，降低厨房的油烟、气味、噪声等对邻近建筑的污染。营业性的餐饮建筑入口位置应明显、易达，室外设置停车位。餐饮建筑基地的人流出入口和货流出入口应分开设置。顾客出入口和内部后勤人员出入口应分开设置。

③建筑设计应从实际出发，结合项目定位，考虑平面功能的合理性、经济性，按不同餐饮建筑类型及规范要求，合理分配各部分面积比例。餐饮建筑的功能空间可划分为用餐区域、厨房区域、公共区域和辅助区域等 4 个区域，区域的划分及各类用房的组成应符合表 12-2-1 的规定。餐饮建筑平面布局分为公共区域、用餐区域、厨房区域、辅助区域，各分区间应功能明确、联系方便，避免相互干扰。用餐人流、食品流线、工作人员流线应组织合理。公共区域和用餐区域应充分考虑人的心理体验和就餐需求，平面布置和功能安排动静分区合理；辅助区域应结合项目情况和周边条件确定适合的功能内容。

④厨房区域应按照原料进入、原料处理、半成品加工、成品供应的流程合理布局，食品加工处理流程宜为生进熟出单一流向。厨房应在满足流线合理的前提下，尽量紧凑，充分利用空间，立体布置，提高使用效率和面积利用率。

⑤另需注意，100 座及 100 座以上餐馆、食堂中的餐厅与厨房（包括辅助部分）的面积比（简称餐厨比）宜为 1∶1.1，食堂餐厅比宜为 1∶1，餐厨比可根据餐饮建筑的级别、规模、经营品种、原料储存、加工方式、燃料及各地区特点等不同情况调整。

⑥餐饮建筑有关用房应采取防鼠、防蝇和防其他有害昆虫的有效措施，并处理好防水、防潮等。

⑦餐饮建筑设计应符合现行国家标准《无障碍设计规范》（GB 50763—2012）的规定。

2. 用餐区域的相关规定

①用餐区域室内净高应不低于 2.6m，设集中空调时，室内净高应不低于 2.4m。

②设置夹层的用餐区域，室内净高最低处应不低于 2.4m。

③用餐区域采光、通风应良好。天然采光时，侧面采光窗洞口面积应不小于该厅地面面积的 1/6；直接自然通风时，通风开口面积应不小于该厅地面面积的 1/16；无自然通风的餐厅应设机械通风排气设施。

④用餐区域的室内各部分面层均应采用不易积垢、易清洁的材料。

⑤食堂用餐区域售饭口（台）应采用光滑、不渗水和易清洁的材料。

⑥常见包间空间类型与尺寸可参考表 12-2-3。

表 12-2-3　常见包间空间类型与尺寸

类型	普通 8 人包间	带休息区 10 人包间	豪华 24 人包间	带休息区 20 人包间	带休息区、备餐间和卫生间的 12 人包间
示例	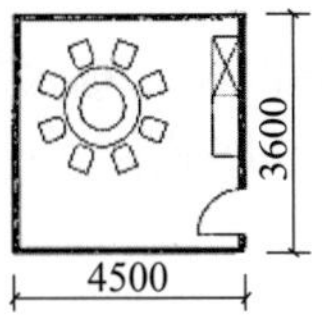 3600 4500	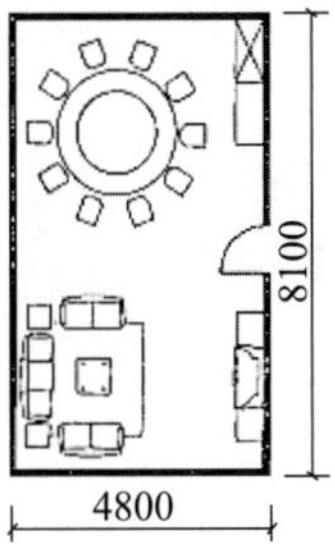 8100 4800	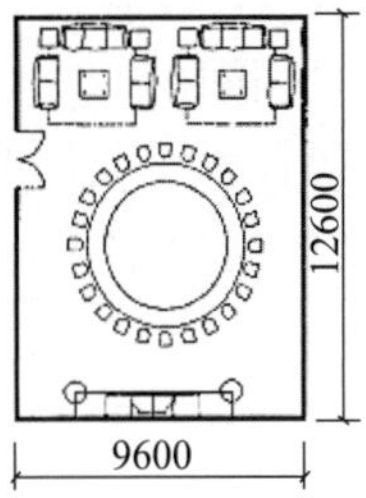 12600 9600	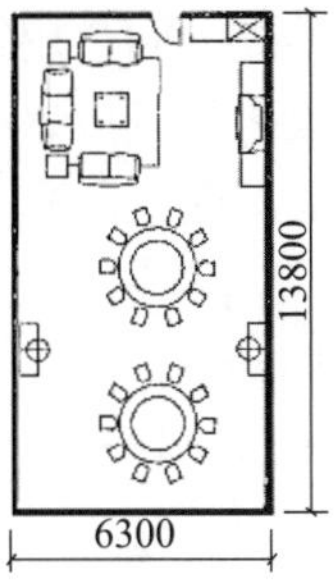 13800 6300	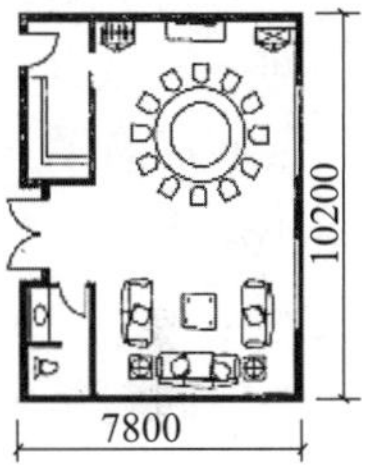 10200 7800

3. 厨房区域的相关规定

（1）餐馆、快餐店和食堂的厨房区域可根据使用功能选择设置下列各部分：

①主食加工区（间）——包括主食制作和主食热加工区（间）。

②副食加工区（间）——包括副食粗加工、副食细加工、副食热加工区（间）及风味餐馆的特殊加工间。

③厨房专间——包括冷荤间、生食海鲜间、裱花间等，厨房专间应单独设置隔间。

④备餐区（间）——包括主食备餐、副食备餐区（间），食品留样区（间）。

⑤餐用具洗涤消毒间与餐用具存放区（间），餐用具洗涤消毒间应单独设置。

（2）饮品店的厨房区域可根据经营性质选择设置下列各部分：

①加工区（间）——包括原料调配、热加工、冷食制作、其他制作区（间）及冷藏场所等，冷食制作应单独设置隔间。

②冷、热饮料加工区（间）——包括原料研磨配制、饮料煮制、冷却和存放区（间）等。

③点心、简餐等制作房间的内容可参照餐馆、快餐店规定的有关部分。

④餐用具洗涤消毒间应单独设置。

（3）厨房区域应按原料进入、原料处理、主食加工、副食加工、备餐、成品供应、餐用具洗涤消毒及存放的工艺流程合理布局，食品加工处理流程应为生进熟出单一流向，并应符合下列规定：

①副食粗加工应分设蔬菜、肉禽、水产工作台和清洗池，粗加工后的原料送入细加工区后不应反流。

②冷荤成品、生食海鲜、裱花蛋糕等应在厨房专间内拼配，在厨房专间入口处应设置有洗手、消毒、更衣设施的通过式预进间。

③垂直运输的食梯应原料、成品分设。

④使用半成品加工的餐饮建筑以及单纯经营火锅、烧烤等的餐馆，可在前文厨房区域相关规定的基础上根据实际情况简化厨房的工艺流程。使用外部供应预包装的成品冷荤、生食海鲜、裱花蛋糕等可不设置厨房专间。

⑤厨房区域各类加工制作场所的室内净高应不低于 2.5m。

⑥厨房区域各类加工间的工作台边或设备边之间的净距应符合食品安全操作规范和防火疏散宽度的要求。

⑦厨房区域加工间天然采光时，其侧面采光窗洞口面积应不小于地面面积的 1/6；自然通风时，通风开口面积应不小于地面面积的 1/10。

⑧厨房区域各加工区（间）内宜设置洗手设施；厨房区域应设拖布池和清扫工具存放空间，大型以上餐饮建筑宜设置独立隔间。

⑨厨房有明火的加工区（间）上层有餐厅或其他用房时，其外墙开口上方应设置宽度不小于 1.0m、长度不小于开口宽度的防火挑檐，或在建筑外墙上下层开口之间设置高度不小于 1.2m 的实体墙。

⑩不同餐馆类型的厨房特征见表 12-2-4。

表 12-2-4　不同餐馆类型的厨房特征

<table>
<tr><th colspan="2">分类</th><th>主要布局特点</th></tr>
<tr><td rowspan="5">餐馆</td><td>中餐厨房</td><td>1. 主、副食加工流线分工明确，功能齐全；
2. 主、副食品种较多，需设置冷荤间及各种专间</td></tr>
<tr><td>西餐厨房</td><td>1. 加工流线明确，厨房用具种类繁多，用途单一；
2. 半成品原料较多，厨房面积比中餐略小，部分厨房为开敞式布局</td></tr>
<tr><td>自助餐厨房</td><td>1. 冷荤制作和拼配间面积较大，热加工间和副食粗加工间面积较小；
2. 经营品种单一的自助餐厨房，厨房面积较小</td></tr>
<tr><td>风味餐厅（日餐、韩餐等）厨房</td><td>1. 主、副食粗加工面积较小，大部分为半成品原料；
2. 用于存放食品和物品的空间较大</td></tr>
<tr><td>火锅、烧烤店厨房</td><td>1. 主、副食热加工面积小，洗涤和消毒部分空间大，冷藏和冷库区面积较大；
2. 配料和摆盘等需要较大操作空间和存放空间</td></tr>
<tr><td rowspan="2">快餐店</td><td>中式快餐厨房</td><td rowspan="2">1. 半成品较多，自动和半自动设备较多，厨房面积相对较小；
2. 西式快餐厨房空间多向立体化发展，操作流程简单，工作效率较高</td></tr>
<tr><td>西式快餐厨房</td></tr>
<tr><td rowspan="3">饮品店</td><td>咖啡店</td><td>1. 冷食和热食加工程序联系紧密，洗消空间较小；
2. 食品库可不分类，制作和储存食品卫生要求较高</td></tr>
<tr><td>酒吧</td><td rowspan="2">1. 以酒类、饮料、茶水为主，厨房面积较小，一般占餐厅面积的 10%～20%；
2. 空间布置紧凑，厨房开放布置时操作台须面向顾客；
3. 热加工间单独设置</td></tr>
<tr><td>茶室</td></tr>
<tr><td rowspan="2">食堂</td><td>学校食堂厨房</td><td>厨房布局特点同中餐厨房，需要较大的售卖空间</td></tr>
<tr><td>单位食堂厨房</td><td>厨房布局特点同中餐和自助餐厨房</td></tr>
</table>

⑪厨房区域功能组成及流线如图 12-2-6 所示。

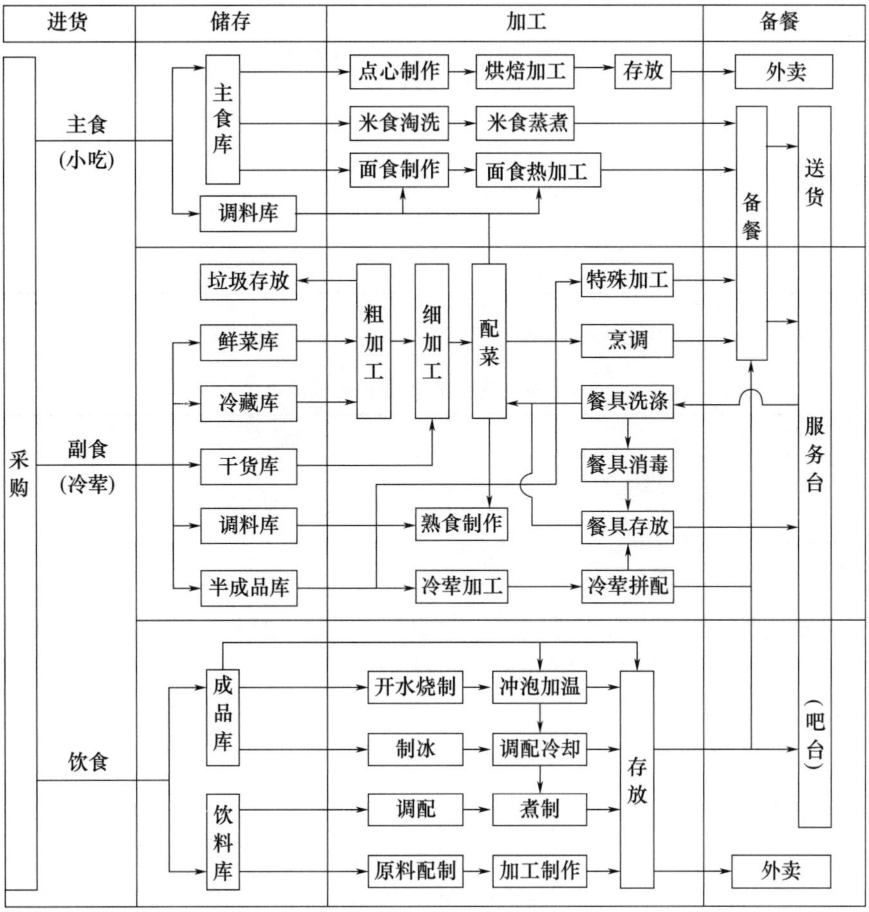

进货
储存
加工
备餐
采购
主食
(小吃)
主食库
调料库
点心制作
烘焙加工
存放
外卖
米食淘洗
米食蒸煮
面食制作
面食热加工
备餐
送货
副食
(冷荤)
垃圾存放
鲜菜库
冷藏库
干货库
调料库
半成品库
粗加工
细加工
配菜
特殊加工
烹调
餐具洗涤
餐具消毒
餐具存放
熟食制作
冷荤加工
冷荤拼配
服务台
饮食
成品库
饮料库
开水烧制
冲泡加温
制冰
调配冷却
调配
煮制
原料配制
加工制作
存放
(吧台)
外卖

图 12-2-6　厨房区域功能组成及流线示意图

⑫3 层以上餐饮建筑宜设置乘客电梯或自动扶梯。

⑬公共区域设置专门的点菜区，能给顾客以直观的感受，并能展示餐饮建筑的经营特色。点菜区一般位于餐厅与厨房之间，其交通一般以环路设计为宜，避免人流反复、交叉，通道宽度根据所服务人数设计，净宽一般不小于 1.8m。

4. 其他相关规定

（1）公共区域的卫生间设计应符合以下规定：

①公共卫生间宜设置前室，卫生间的门不宜直接开向用餐区域，洁具应采用水冲式；

②卫生间宜利用天然采光和自然通风，并应设置机械排风设施；

③未单独设置卫生间的用餐区域应设置洗手设施，并宜设儿童用洗手设施；

④卫生设施数量的确定应符合现行行业标准《城市公共厕所设计标准》（CJJ 14—2016）对餐饮类功能区域公共卫生间设施数量的规定及现行国家标准《无障碍设计规范》（GB 50763—2012）的相关规定；

⑤有条件的卫生间宜提供为婴儿更换尿布的设施。

（2）餐椅布置应符合以下规定：

①每座最小使用面积应符合表 12-2-5 的规定。

表 12-2-5　餐饮建筑每座最小使用面积

等级	类别	
	餐馆餐厅（m^2/座）	饮品店餐厅（m^2/座）
一	1.30	1.30
二	1.10	1.10
三	1.00	

②餐桌布置间距见表 12-2-6 的规定。

表 12-2-6　餐饮建筑餐桌布置间距

净距	通行方式		
	仅就餐者通行（m）	有服务员通行（m）	有送餐车通行（m）
桌边到桌边	≥1.35	≥1.80	≥2.10
桌边到内墙边	≥0.90	≥1.35	—

③餐桌布置时需注意家具尺寸、使用者的人体尺寸、家具近旁尺寸及用餐者所需和服务所需通道的预留。餐桌使用空间尺寸如图 12-2-7 所示。

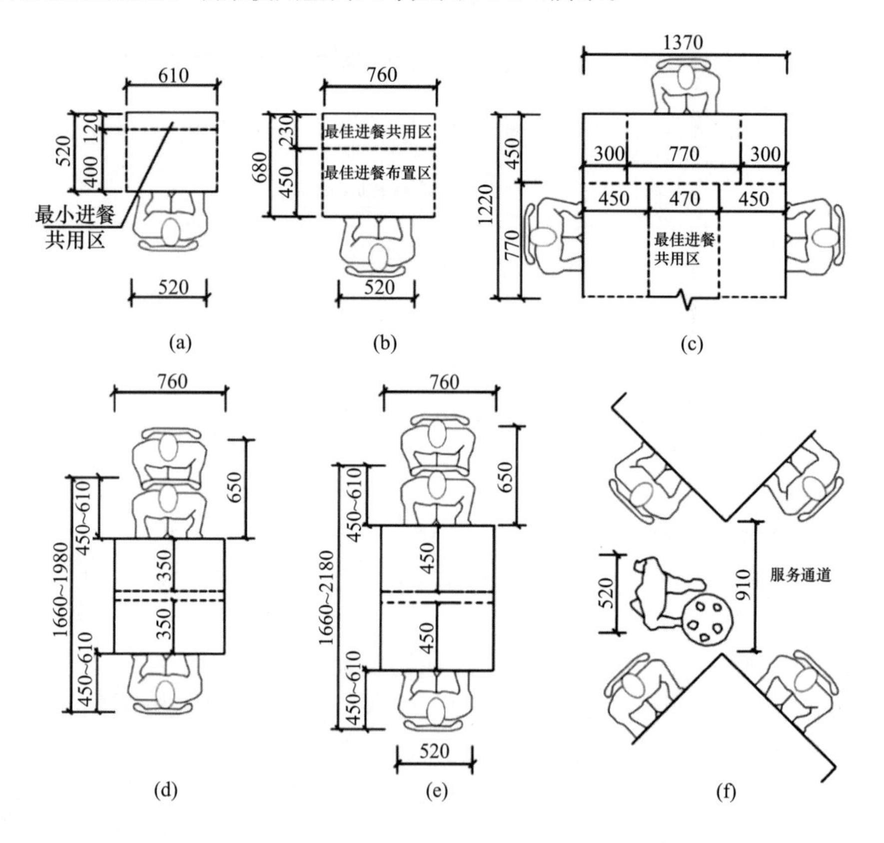

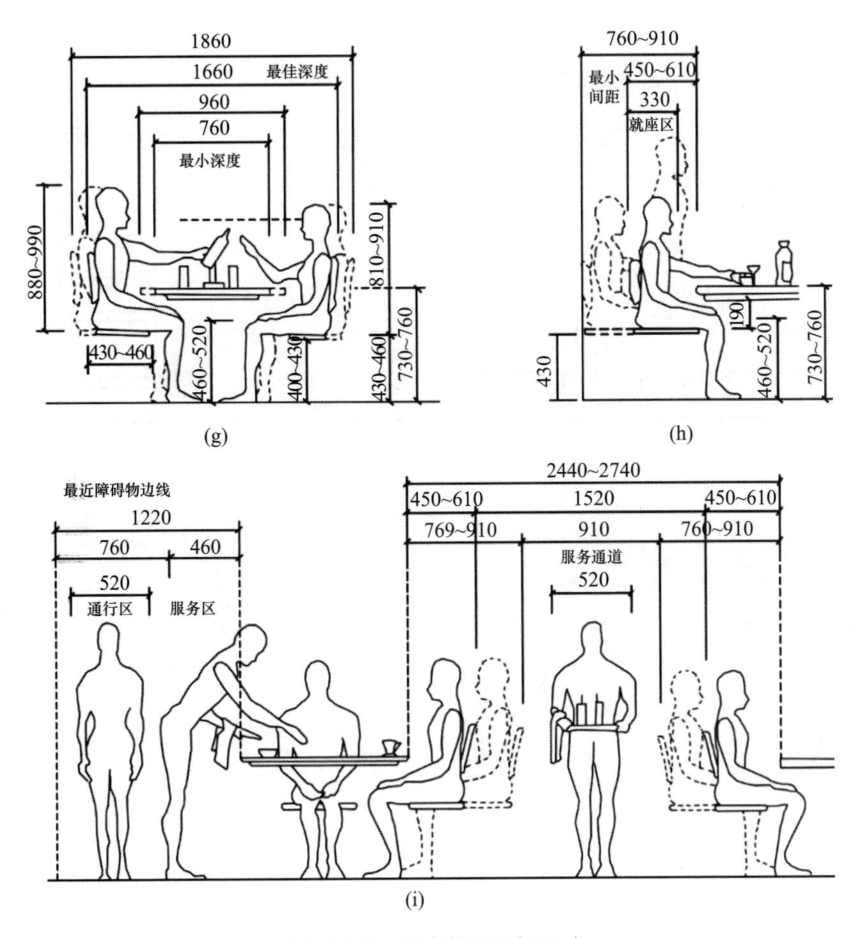

图 12-2-7　餐桌使用空间尺寸

(a) 单人最小进餐尺寸；(b) 单人最佳进餐尺寸；(c) 公共最佳餐桌宽度；
(d) 两人最小进餐尺寸；(e) 两人最佳进餐尺寸；(f) 服务通道距离；
(g) 最小就座距离；(h) 最小与最佳深度及垂直距离；(i) 服务通道与座椅之间的距离

④餐桌布置方式：餐桌宜结合餐饮室内空间布局成团成组布置，组团间留出公共通道和服务通道。组团规模不宜过大，以方便服务到达每个座位。餐桌布置方式如图 12-2-8 所示。

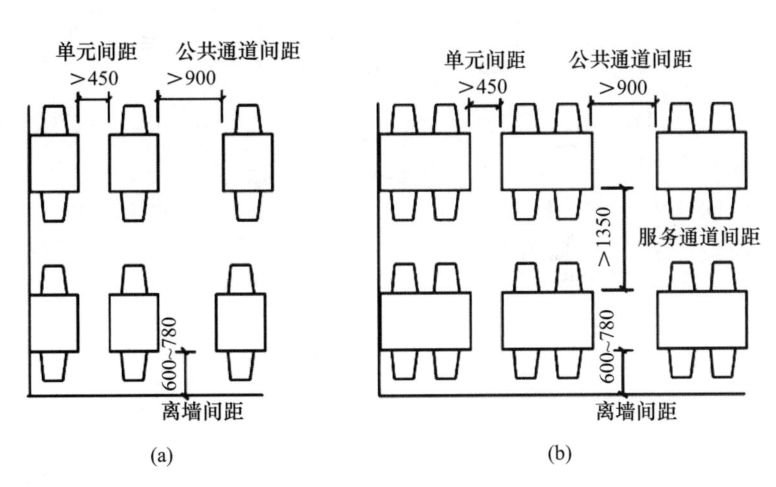

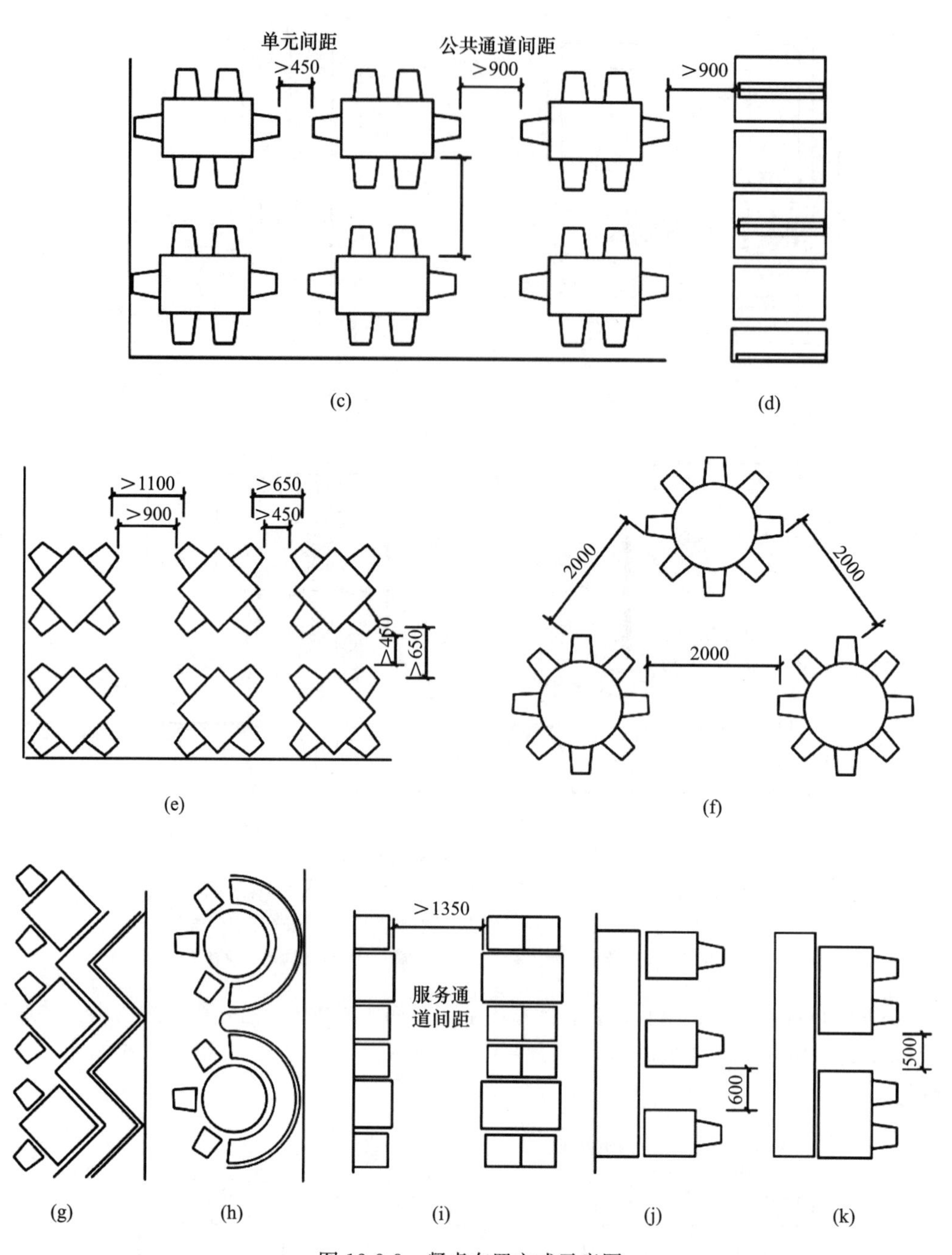

图 12-2-8　餐桌布置方式示意图

（a）双人桌布置；（b）四人桌布置；（c）六人桌布置；（d）火车座桌布置；
（e）方桌斜向布置；（f）圆桌布置；（g）方桌斜向靠墙布置；（h）圆桌靠墙布置；
（i）桌椅侧靠墙布置；（j）单人桌椅背靠墙布置；（k）双人桌椅背靠墙布置

12.3　餐饮建筑案例

12.3.1　北京“THE CORNER 顺源里十四号”日式酒吧餐厅

项目地点：北京市朝阳区

项目年份：2020 年

建筑面积：$100m^2$

用途：休闲餐厅、日式酒吧，如图 12-3-1 所示。

图 12-3-1　北京 THE CORNER 酒吧餐厅外观

（资料来源：Archdaily）

1. 建筑师背景

木答答木（MDDM STUDIO）建筑事务所坐落于北京，在中国大陆与欧洲均有建筑及室内设计项目开展，在国际上获得了广泛认可及奖项。MDDM STUDIO 建筑事务所的设计项目于 2012 年获得了“年意大利年轻建筑师”三等奖，赢得了很多国际性的设计竞赛，并多次在欧洲、中国和俄罗斯等竞标中进入最后名单。

木答答木建筑事务所主要进行关于木建筑的设计，这一次方案的设计团队包括了：Margret Domko、Momo Andrea Destro、Amirlin Sunderiya。

建筑师 Momo Andrea Destro 创建了 MDDM STUDIO 建筑事务所，他与董事兼设计师 Margret Domko 致力于融合德意建筑风格，将新颖的手法与高新的技术结合在一起。

2. 设计理念

该建筑位于繁华的十字路口，办公大楼和低层住宅单元的交汇处。与周围的建筑相比，该建筑的体量规模较小，因此设计简单而又显眼。该建筑只保留了之前建筑的结构元素，2020 年这里是一个酒吧和餐厅。

建筑的规则体量与相邻分界线齐平，实心和半透明材料的交替形成表面的韵律。只有一个突出的深色的钢板围合成一个盒子标志着入口。通过一种对应的方式，几个不透明的方形体量通过玩味地摆放形成内部功能和流线。

3. 建筑图纸

1）一层平面图

如图 12-3-2 所示，在一楼，空间围绕着 3 个主要的材料体量进行布置：作为入口的钢制体量和日式花园、作为洗手间的白色水磨石体量，最后是区分了威士忌吧台和接待区的木质体量。这些体量与天花板分离，即清水混凝土天花板。柔和的座位区不仅拥有百叶立面提供的私密性，并且可以看到街景。百叶窗和玻璃立面之间的小花园丰富了休息室一角的景观，同时增加了与繁华街道的物理距离。

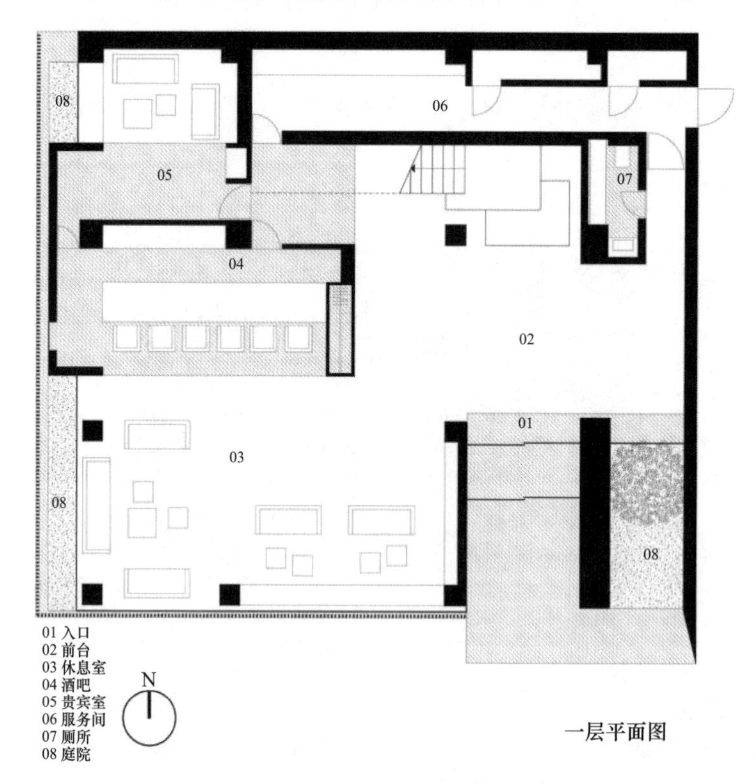

图 12-3-2　北京 THE CORNER 酒吧餐厅一层平面图

（资料来源：Archdaily）

2）二层平面图

如图 12-3-3 所示，二楼的空间组织采用了两个同中心的方形布局：内侧方形是一个木质的功能核，作为厨房和餐厅使用；外侧方形是白色石材外立面，引导顾客到寿司吧和贵宾室。

3）立面图

如图 12-3-4 所示，立面设计通过木质百叶窗与实心白石的不断交替，控制了室内空间的私密性，而入口处的钢箱则隐藏了一个秘密的日式花园，在二楼的石板上坐拥着一个日式花园。

4. 景观设计

如图 12-3-5 所示，二楼日式花园是给寿司吧的客人准备的意外享受。从内向外看，既能欣赏到花园的美景，又能欣赏到被外墙木质百叶窗过滤后的繁华都市景观。

吧台设置在木箱内，私密性因此更是上升了一级。舒适的座椅和低矮的柜台传达出轻松的环境。

图 12-3-3　北京 THE CORNER 酒吧餐厅二层平面图
（资料来源：Archdaily）

图 12-3-4　北京 THE CORNER 酒吧餐厅立面设计
（资料来源：Archdaily）

图 12-3-5　北京 THE CORNER 酒吧餐厅室内景观图
（资料来源：Archdaily）

5. 建筑材料

建筑材料是实心与半透明的材料相结合，能够形成表面的韵律。百叶窗和实心白石不断交替，既能控制空间的私密性，又能使建筑内的人不感压抑。

材料：石材、水磨石、木材、金属、钢、混凝土、清水混凝土。

12.3.2　大木山茶室

项目地点：中国浙江省松阳县

项目年份：2015 年

建筑面积：478m^2

用途：茶室，如图 12-3-6 所示。

图 12-3-6　大木山茶室外观
（资料来源：https：//www.gooood.cn）

1. 建筑师背景

DnA Design and Architecture 事务所（多维度建筑事务所）于 2002 年成立于美国，是由具有美国哈佛大学和清华大学建筑教育背景、具备境外大师事务所设计实践经验的主创建筑师领导的国际建筑师组成的团队。

DnA Design and Architecture 的建筑实践着眼于当代社会，关注各个领域学科，跨越不同尺度。DnA 认为文脉（context）、功能（program）以及这二者之间的相互作用是决定设计（Design）、诠释建筑（Architecture）的基本元素，即建筑的基因“DNA”。由此展开的研究和讨论，不仅激发每一个项目独特创新的理念，也使得设计充分适应并融合到当代多样与复杂的社会，最大限度地参与社会变革。

2. 设计理念

茶室处在相对围合的局部区域，有明确的在地性和具体的功能、场地条件以及景观指向。建筑必须顺应狭长的地块形状，梧桐树、水面、阳光、茶田，周围环境里的自然元素，都成为茶室构建起来的重要场地条件。业主对茶室的期待也是明确而综合的：茶室是茶园里第一个接待游客（散客或团队）的营收场所，也是一个公共交流空间，以及体验自然的茶文化空间。

大木山茶室是整个茶园生产劳作和景观内容的延续和提升；茶室之于茶园，并不是一个孤立的个体，而是系统的一个中心点、位置上的中心，也是游客动线、景观、功能等的中心点位和目的地，类似茶的精神空间的功能。茶室的氛围，从茶园、水面、梧桐树一直延伸铺垫。

松阳县对大木山茶园景区的规划操作并不只着眼于新建，而是借助景区发展的机会，对散落在茶园里大大小小的几个村落也进行串点连线，修缮闲置民居植入新功能，让茶园里的骑行路线穿过这些村庄，类似“针灸”的点位激活，带动村庄民宿和旅游经济。

3. 建筑图纸

1）总平面图

如图 12-3-7 所示，水库南北两侧是拦水堤坝，西侧是自然的山坡地形种植茶树；东侧临水区低于道路相对独立，已建有一处传统坡屋顶休憩长廊和临水平台，长廊北侧还有一块平坦狭长的地块，五棵梧桐树和堤坝另一端的两棵梧桐树构成对景；这里建设茶室，提供给游客停留、休息的室内空间的同时，也构成沿水库周边一圈连贯的游览路线。

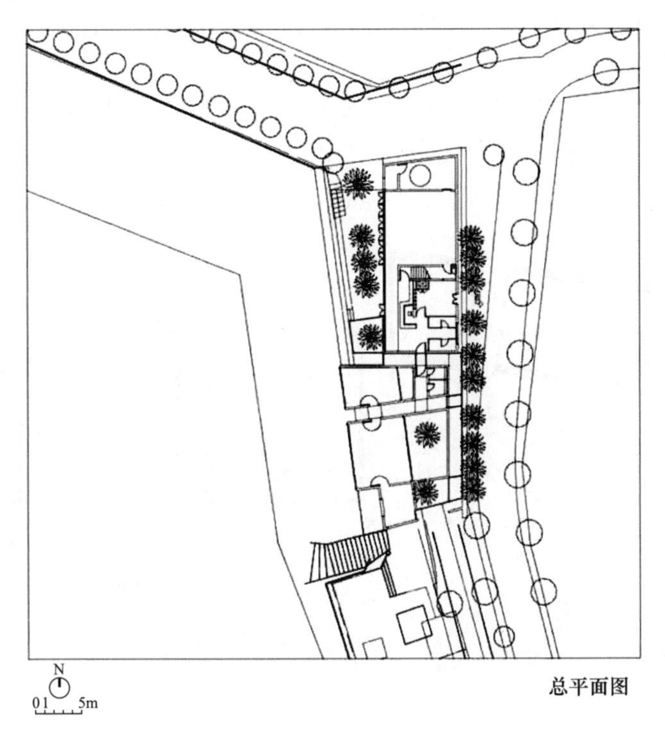

图 12-3-7　大木山茶室总平面图

（资料来源：https：//www. gooood. cn）

2）一层平面图

如图 12-3-8 所示，功能包括：北侧的公共茶空间，作为开放式的休息茶水简餐和定期茶艺培训教学空间，包括一个通高的开放空间、前台及后勤服务区、二楼 3 个小茶室；南侧两个庭院茶室，提供团队游客预约以及茶艺雅集等交流活动场所，各带独立的室外景观庭院。

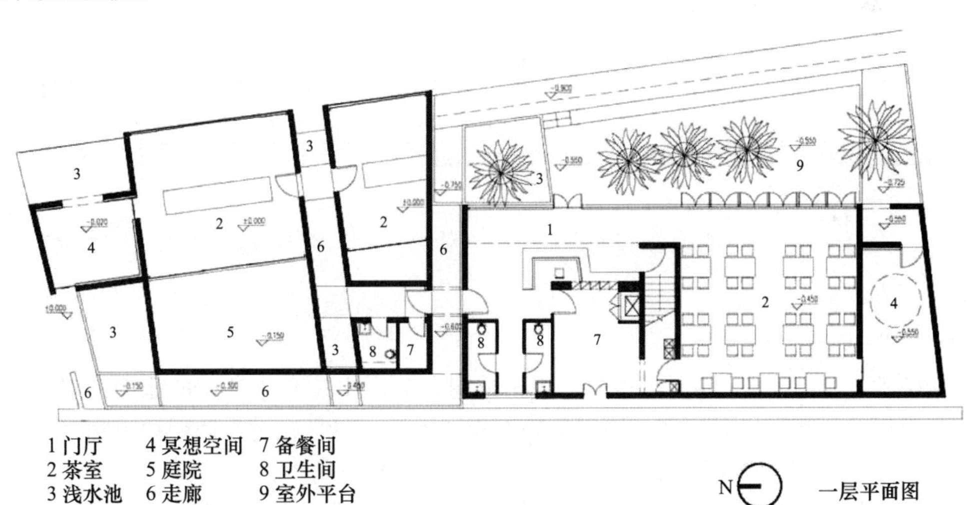

图 12-3-8　大木山茶室一层平面图

（资料来源：https：//www. gooood. cn）

五棵高大的梧桐树形成了挑高的公共空间西晒的自然遮蔽；北侧的附属空间可以作为品茶庭院，屋顶圆洞的投影和其间的树影，构成了动和静的对比。

3）二层平面图

如图 12-3-9 所示，公共空间和二楼的私密小茶室之间，由闭合的楼梯间和水平走廊转换空间属性。二楼三间小茶室可以席地而坐，透过建筑的玻璃幕墙俯视水面再次打开视野。

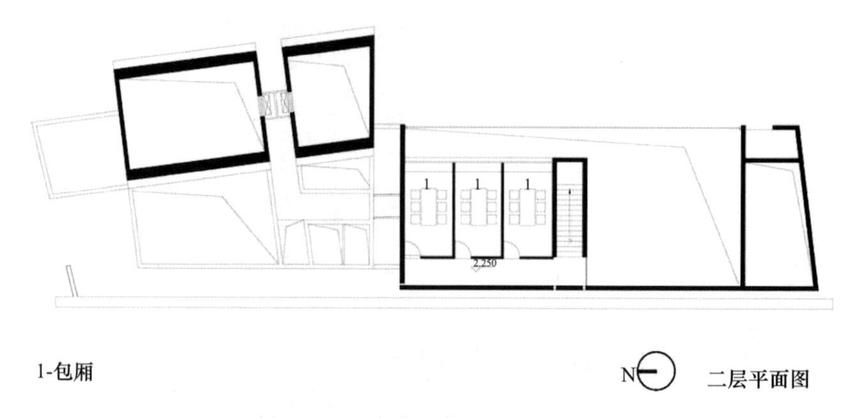

1-包厢　　N　二层平面图

图 12-3-9　大木山茶室二层平面图

（资料来源：https：//www.gooood.cn）

4）立面图

建筑形态延续场地现有长廊的坡屋顶，并未做过多形式上的操作。北侧的公共区退让到五棵梧桐树之后留出树荫下的活动区域，南侧两个庭院茶室则出挑水面，与长廊构成连续的线性流线的同时弱化茶室自身建筑体量和形式语言。屋顶切出线性天窗，将光线和树荫引入室内，回应空间，提示节奏。深色的混凝土墙面和屋顶作为结构和材料的统一表达，有效增加了线性场地的空间使用率，作为连续的空间背景，营造氛围，如图 12-3-10所示。

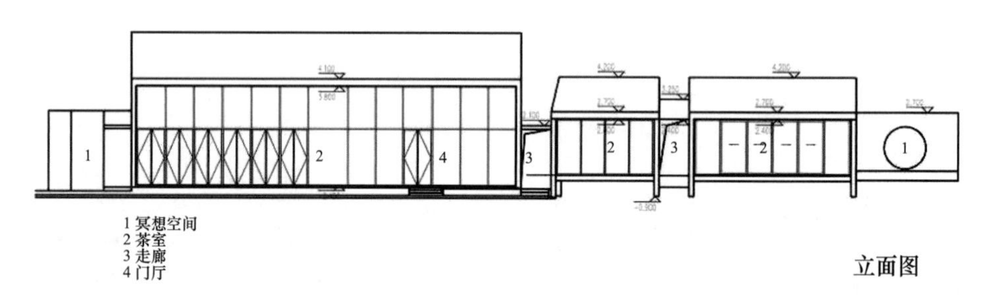

1 冥想空间
2 茶室
3 走廊
4 门厅

立面图

图 12-3-10

4. 景观设计

如图 12-3-11 所示，隔岸相望的两组梧桐树，无形中拉开了湖面的张力。对两处的树下做了相互关联的景观处理，同样的碎石板的铺嵌，只是在对岸两棵梧桐树下部分置换为“镜面＋花岗岩石板”，通过红叶石楠的围护强调树荫下的空间感，让人在茶园的行走中保留某种记忆、某种印象，甚至某种错觉，这样就开始了景观空间的酝酿。

图 12-3-11　大木山茶室外部环境

（资料来源：https：//www.gooood.cn）

从北区的公共区到达南区的庭院区，正好和室外的公共步道产生交点。顶部两条缝隙，屋面的爬藤垂挂下来；太阳的轨迹，会让光线像刀片一样旋切过这条步道，提示两侧入口的区域。

而南侧两个庭院茶室从一条刻意压暗的走道开始，只有尽头的光亮提示前行的方向。这里的室内外的界定是模糊的，左手的小水池是一个停顿，水底碎片式的镜面在这个建筑的深处又唤起了梧桐树下的记忆。而右侧尽端的水池向湖面延展，叙述现实场景，又有种走向远方的错觉，如图 12-3-12 所示。

图 12-3-12　大木山茶室水池

（资料来源：https：//www.gooood.cn）

如图 12-3-13 所示，独立茶室内，东西对称的玻璃推拉门可以完全打开，成为一个亭子或者廊桥。西边，建筑如同画框一般将外面的自然山水框定，引入室内；东侧以一个抽象的庭院与西侧的具体景观形成对比。

图 12-3-13　大木山茶室室内环境

（资料来源：https：//www. gooood. cn）

如图 12-3-14 所示，南端尽头的小空间面向西侧湖面，既可以作为庭院茶室的延伸，又可相对独立，圆形开口是向外观景的景窗，更是一个借入自然的转换器：下午太阳及其在水里的反射，通过圆洞会形成两个投影光圈。随着夕阳西下，两个光圈顺着太阳的轨迹慢慢交汇，直到光色渐暖，终于暗去。

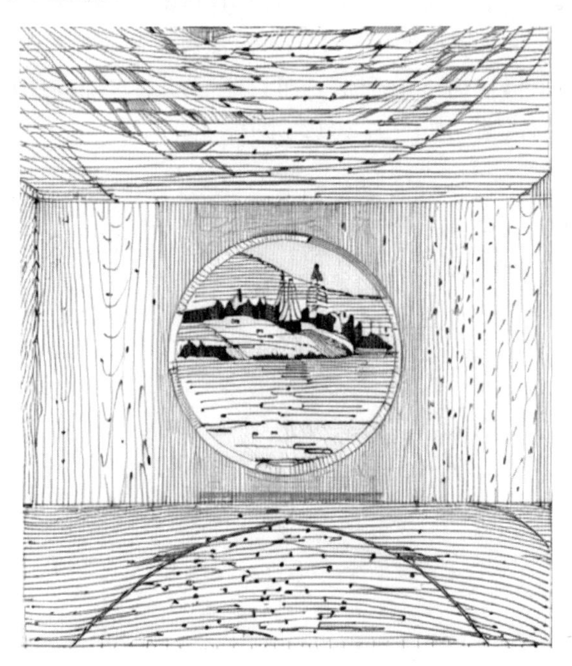

图 12-3-14　大木山茶室景窗

（资料来源：https：//www. gooood. cn）

5. 建筑材料

建筑材料主要是由“实”的深色混凝土和“虚”的透明玻璃组成，虚实结合，玻璃带来的轻盈感，在一定程度上消解了深色混凝土的厚重沉闷感。

材料：石材、木材、金属、玻璃、清水混凝土。

12.3.3　陆方茶室

项目地点：中国江苏省常州市

项目年份：不详

建筑面积：$6m^2$

用途：茶室，如图 12-3-15 所示。

图 12-3-15　陆方茶室外观

（资料来源：https：//www.gooood.cn）

1. 建筑师背景

成立 12 年的设计机构 UAO 瑞拓设计（以下简称 UAO），隐身于武汉汉口江滩公园内。其创始人李涛、梁海峪没有选择高大上的办公环境，而是将办公室设在公司的第一个大型项目——尺度巨大的江滩公园中的一个小小的管理用房里，这一做法暗合了 UAO“大景观、微建筑”的设计理念，也令到访者印象深刻。作为一个中小型设计事务所，UAO 一直扎根于华中地区，低调践行着景观、建筑融合的设计理念。在这个喧嚣的时代冷静地发出自己的声音，怀着对设计的满腔热情，希冀在迷雾重重的世界里开创一个属于理想者的未来。

陆方茶室只有 $6m^2$ 的大小，是 UAO 主持设计师李涛设计的最小建筑。茶室的景观设计也由 UAO 负责。

2. 设计理念

一个半封闭、半下沉的盒子，进入它要从室外地面往下走 60cm，进去后，视线只是在露出室外地面 30cm 处无遮挡，30cm 以上高 170cm 的部分均为竹子百叶半遮挡住；人要看风景，需要俯下身，表达了对茶和风景的敬畏之情。

喝茶的人需要向下走方能进入，只能在仅存的缝隙里看到外面的水面——墙面会反射外部水面的波光，品茗者围坐在下沉中心茶桌边，只看到有限的风景和反射的波纹，内心只有这壶茶。

3. 建筑图纸

1）总平面图

如图 12-3-16 所示，茶室地处公园北侧池塘边，另一侧是下塘河，两边的风景都很优美。

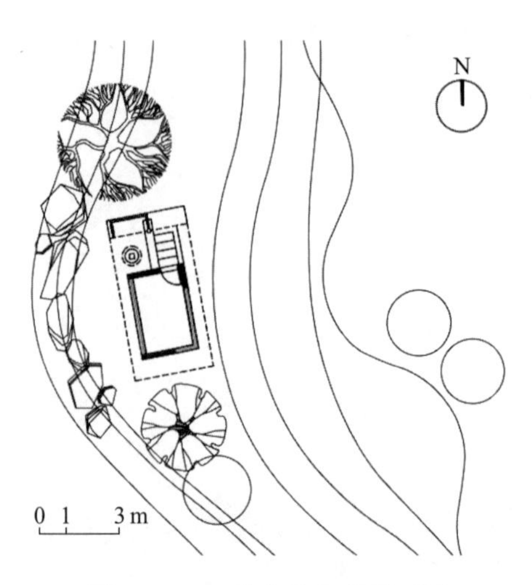

图 12-3-16　陆方茶室总平面图

（资料来源：https：//www. gooood. cn）

2）平面图及立面图

如图 12-3-17 所示，设计将传统的中国古建筑坡屋顶的形态简化，中间起坡刚好形成东向通风高窗。

在屋顶中间设计有一凹槽收集雨水，顺着入口处的钢丝流向入口台阶，并引流至石磨周围平铺的石子。利用自然界的光线、雨水，在小小的方寸间与建筑元素共用，有点向斯卡帕致敬的意思。

老房子的一对门板，改造后一块做了茶室的门板，一块做了茶室内的茶桌。门口檐板的高度，刚好能让人低头进入，心绪随之平静。

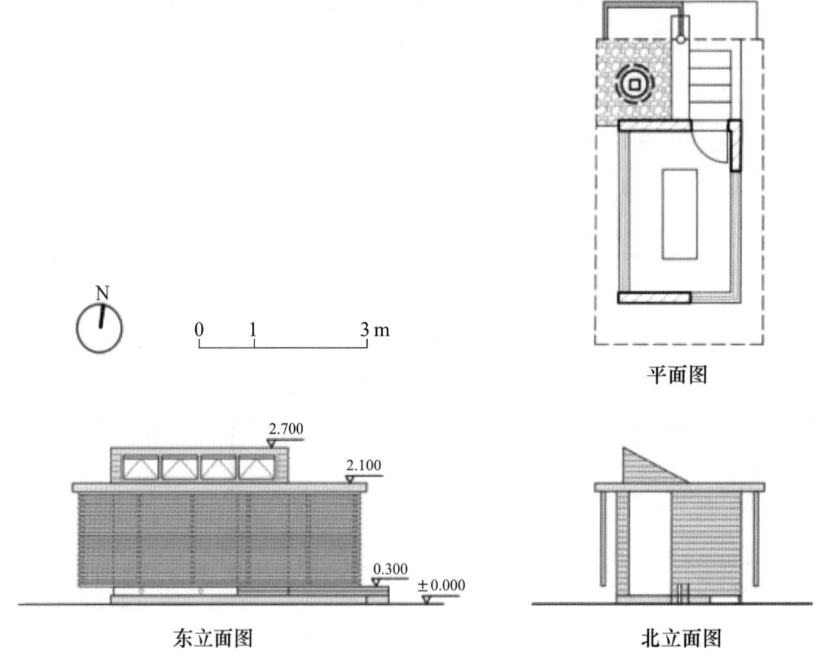

图 12-3-17　陆方茶室平面图及立面图

（资料来源：https：//www. gooood. cn）

4. 景观设计

如图 12-3-18 所示，设计师引导一条蜿蜒的碎石子小路到茶室南侧，并在南北侧种植了一棵紫薇、一棵朴树，北侧入口的朴树倒向水面，枝条在空中又弯回茶室，与茶室的混凝土墙面形成刚柔对比。

图 12-3-18　陆方茶室外部环境

（资料来源：https：//www. gooood. cn）

茶室的坡面朝向西边池塘，会在池塘对岸黑松林里看到其倒影。这种坡屋顶小亭子倒映于水面的意象，原型指向苏州拙政园的“与谁同坐轩，清风明月我”。

如图 12-3-19 所示，北侧入口的挑檐挖了一个圆形洞口，将茶室名字“陆方”焊接在洞口一侧，一年中只有在夏日午后阳光的照射下，入口墙面上才会很短暂地显示“陆方”两个字的影子。

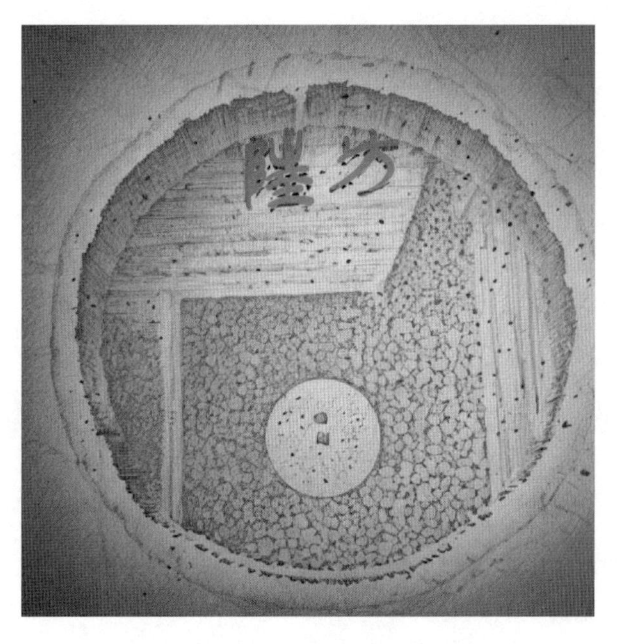

图 12-3-19　陆方茶室圆洞与石磨

（资料来源：https：//www. gooood. cn）

5. 建筑材料

茶室由三片木纹混凝土结构墙支撑起水平挑檐横板，没有其他结构梁出现。三片结构墙刻意对茶室内的人的视线做了限制，将视线范围控制在两边的水面之内。

如图 12-3-20 所示，木纹混凝土外表皮刷了清漆做保护，使建成后的木纹混凝土摆脱了生水泥的颜色，显得厚重。外挂竹百叶经过水煮处理，颜色也趋近木纹混凝土最后的颜色。

图 12-3-20 陆方茶室表面刷漆处理

（资料来源：https：//www.gooood.cn）

如图 12-3-21 所示，阳光将竹百叶的影子投射到茶桌和木纹混凝土的墙面上，于方寸斗室间摩挲这清水木纹的墙体，给人安全感。

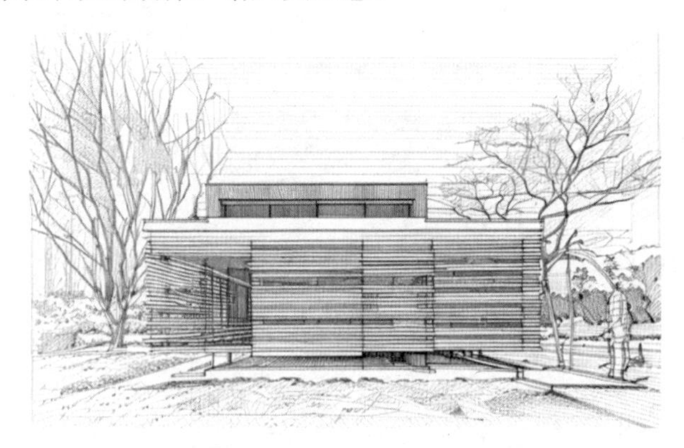

图 12-3-21 陆方茶室立面效果

（资料来源：https：//www.gooood.cn）

思考题

1. 餐饮建筑的功能板块通常由哪些部分组成？
2. 餐饮建筑的流线组织主要从哪些方面考虑？
3. 厨房区域与用餐区域的设计要点主要有哪些方面？
4. 风景园林视角下的餐饮建筑可以从哪些方面体现建筑与环境的对话？

第13章

住宿类建筑

本章主要内容：本章针对风景园林建筑中的住宿类建筑，在介绍该类型建筑基本知识的基础上，重点从独立式住宅及旅馆民宿的选址、布局、流线、空间等方面阐述设计原理；并结合实例讨论不同类型住宿类建筑的设计要点，为风景园林视角下的住宿类建筑设计提供参考。

13.1　独立式住宅

独立式住宅是一种独门独户的单栋住宅，既包括完全独立的住宅，如一户一院的独栋别墅等；也包括左右有相邻住宅的情况，如国外常见的街旁独立式公寓等。

独立式住宅有以下几种基本特征：

①建筑层数较少，住宅上下层之间联系方便，私密性较强。

②功能倾向于生活居住或休闲度假，相对比较简单，通常具备日常起居、下厨用餐以及相应的辅助空间。

③内部面积较大，讲究舒适方便；整体造型特色突出，能反映居住者的个人风格和追求。

13.1.1　功能

独立式住宅大多只具备基本功能，包括起居室、餐厅、厨房、卫生间、卧室以及必要的储藏空间。而较完善的独立住宅，其主要功能可以基本分成4类，即起居空间、卧室空间、交通空间和辅助空间。这4类中，每一类都是一个功能元素簇，统领着相应的使用功能。起居空间是居住者日常动态生活的空间，空间气氛比较活跃；卧室空间是居住者的休息空间，需要保持安静、一定的私密性；辅助空间主要包括独立式住宅所必需的服务设施；而交通空间把以上三者联系成为一个有机的整体。其功能示意图如图13-1-1所示。

1. 主要空间功能分析

从独立式住宅内部的空间组成来看，核心空间一般由下列几种功能空间组成——起居空间、卧室空间、交通空间和辅助空间。起居空间包括起居室、早餐室、餐厅、图书馆、音乐室、游戏室、艺术室、读书室等；卧室空间包括儿童卧室、客房、佣人卧室和主卧室（主卧室还相应附带相应配套设施，如主浴室、藏衣室等）；交通空间包括主入口和主楼梯，以及辅助入口和楼梯；辅助空间包括车库、厨房、卫生间，储藏室，以及洗衣房、酒窖、机械室、防空洞、游泳设备室、游戏设备室、园艺工具室等。

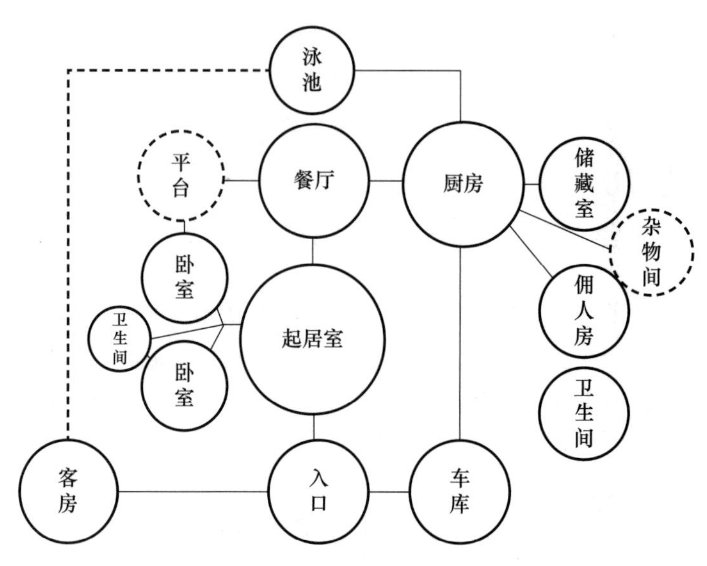

图 13-1-1　独立住宅基本功能示意图

1）起居空间

（1）起居室

起居室是家庭团聚、休息、娱乐和接待的空间，是独立式住宅中最具综合性和公共性的部分，是使用频率最高、使用人数最多的区域，也是主人经济实力、社会地位和个性修养的体现和象征。

在面积较大的独立式住宅中，由于功能的进一步细化，客厅和起居室通常分开设置。它们的区别在于：客厅是接待客人或进行社交活动的场所，起居室则是家庭成员日常的、非正式的休息娱乐场所。起居空间并不是客厅空间的简单重复，通常与餐厅、书房、儿童游戏室或厨房结合布置。其布置示意图如图 13-1-2 所示。

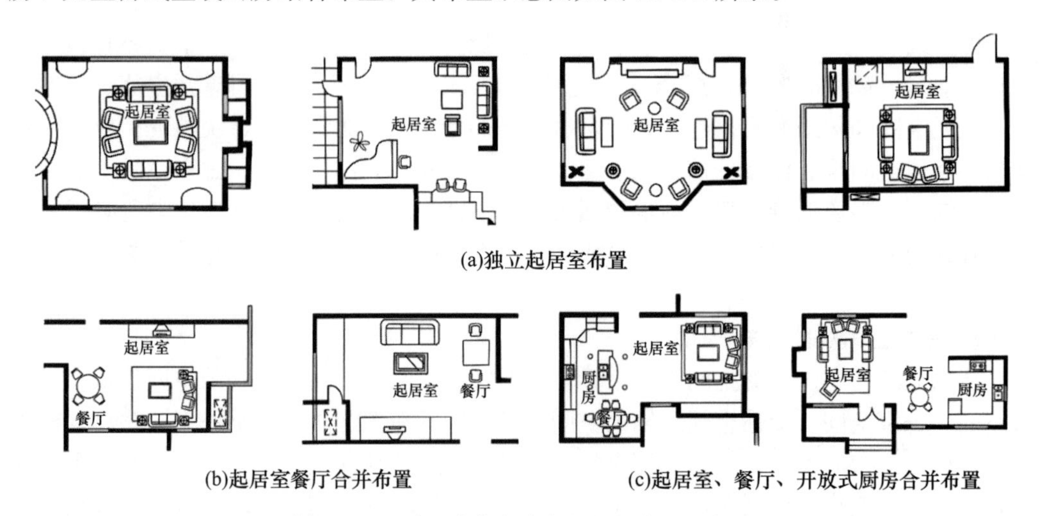

图 13-1-2　独立式住宅中起居室的布置示意图

(2) 餐厅

餐厅是独立式住宅的进餐场所，与客厅一起成为家居生活中重要的公共活动空间。其主要功能为就餐，也承担家务、儿童学习、休闲等功能，主要家具为餐桌、餐柜，有的还包括吧台。餐厅应与厨房空间联系紧密，若住宅规模较大，餐厅与其他生活空间可设有一定距离。餐厅在住宅中的位置示意如图 13-1-3 所示。

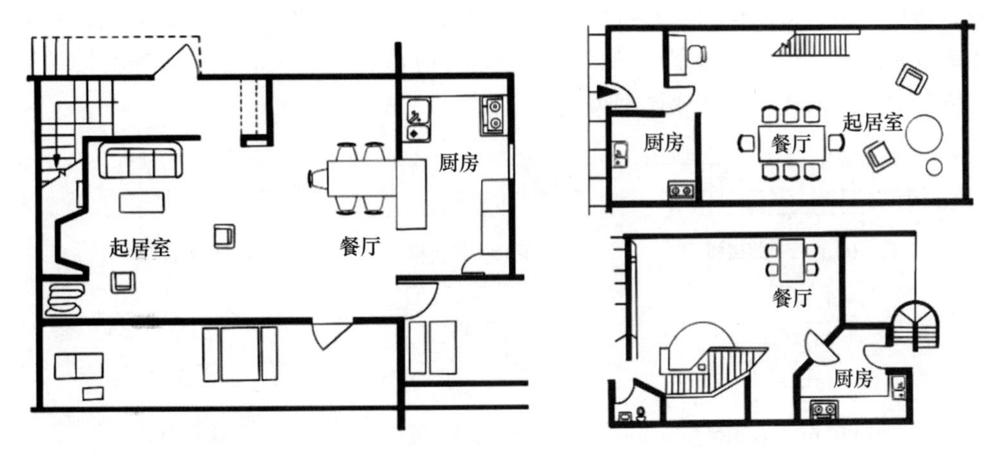

图 13-1-3　餐厅在独立式住宅中的位置示意图

餐厅的空间尺寸取决于用餐家具的类型、尺寸和布置情况及必要的交通空间，另可适当考虑接待客人情况下扩大就餐区的需求。因此，就餐人数是影响餐厅空间大小的基本因素。一般情况下，不同规模的家庭应根据固定进餐人数设计相应规模的餐厅。

(3) 书房

书房是家庭工作、学习的空间，承担着书写、阅读等功能。

2) 卧室空间

(1) 主卧

主卧一般是指家庭主人的卧室，其功能不仅限于睡眠，同时还包括储藏、更衣、休憩、学习等。作为个人活动空间，主卧室的私密性要求较高。

(2) 次卧

次卧与主卧室的功能类似，主要为睡眠，兼有学习、储藏、娱乐等方面。但由于家庭结构、生活习惯的不同，住户对次卧室有不同的安排。次卧室一般用作子女用房、老人房或客房，也有用作保姆用房的。

(3) 佣人房

佣人房是为家庭雇佣的家务工人居住的空间。佣人房的家具布置较为简单，主要为床和储藏空间。面积允许的条件下，应尽可能在保姆室内设置专用的卫生间，既方便使用，又能避免卫生用具的交叉使用，保证住户的舒适度。

3) 交通空间

(1) 门厅、过道

门厅是户外进入室内的过渡空间，是联系户内外空间的缓冲区域。其功能是换鞋、更衣、整装以及存放等。过道是户内各房间联系的纽带，其功能是避免因房间穿套而造成空间之间的穿插与干扰。过道能便捷地连接各个功能空间；其面积要求经济性，设计时应尽量提高过道的利用率；过道连接多个门时，应注意通风及其私密性。

（2）楼梯

楼梯的位置既要方便上下，又不能对其他空间产生影响。套内楼梯可以单独设置在楼梯间内，也可以与起居室、餐厅等公共空间结合。根据其位置的不同，独立式住宅内的楼梯有多种形式，如图 13-1-4 所示。如直行单跑楼梯、直行多跑楼梯、弧形楼梯、平行双跑楼梯、折行多跑楼梯、转折楼梯及螺旋楼梯等。独立在一个空间设置时，可采用单跑或双跑形式；当与起居室、餐厅等空间结合时，多采用弧形楼梯、螺旋楼梯等形式，既可节省空间，又能变成视觉焦点。

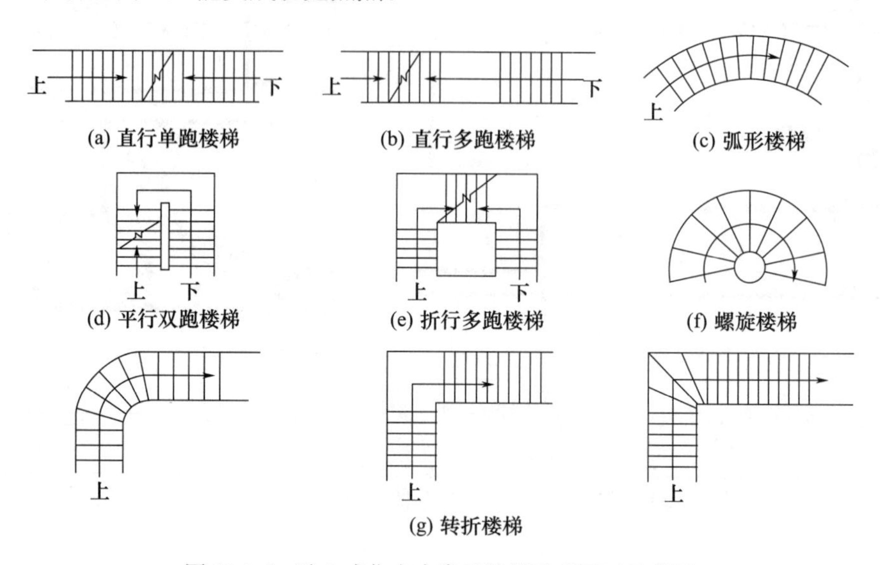

图 13-1-4　独立式住宅内常用楼梯形式平面示意图

4）辅助空间

（1）厨房

厨房的基本功能是配制、烹饪食品。但随着现代化生活的发展，厨房功能趋向多样化。现代厨房不单是家庭制作食物的工作间，还具有一定社交的功能，厨房操作者和家庭其他成员在此交流。厨房通常与餐厅紧密相连，作为相对固定的组合，二者之间有着多种连接方式：根据住宅空间的空间大小、流线组织、使用人群因素，可将其分为非紧密连接式、并联式、串联式、餐厨合一式等 4 种类型，见表 13-1-1。

表 13-1-1　餐厅与厨房常见组合类型

类型	非紧密连接式	并联式	串联式	餐厨合一式
图示				

续表

类型	非紧密连接式	并联式	串联式	餐厨合一式
特点	1. 适用于小面积户型； 2. 占用面宽资源少	1. 厨房、餐厅均有直接通风采光； 2. 占用面宽资源较多	1. 餐厅空间的稳定性不如并联式，餐厅要通过厨房间接通风采光； 2. 较为节约面宽资源	1. 适合以西式烹调为主的家庭，有利于操作人员与家庭成员互动； 2. 中式烹饪，油烟气味散溢可能污染其他房间

（2）卫生间

卫生间是住宅中供家庭卫生和个人生理卫生的专用空间，包括排便、洗浴、盥洗、家务和储存等功能。

（3）其他

除此以外，随着人们对各种不同功能空间的需求，出现了影视厅、宴会厅、健身房、酒窖等更多的功能空间。这些功能空间并不一定在每一栋独立式住宅中都出现。由于每个案例的具体情况不同，在进行建筑设计时应针对不同群体的需求进行独立式住宅功能和空间的设计。

2. 各功能空间的联系与组合

独立式住宅现多选择单一功能的空间而非功能复合的空间，从而达到高质量的生活水准。住宅内部空间的组织应既符合人们的生活习惯、生理、社交及其他各使用功能的要求，又与社会经济发展相适应。独立式住宅的功能分区有内外分区、动静分区和洁污分区。

1）内外分区

独立式住宅中，卧室和卫生间等为较为私密的区域，不仅对外有私密性要求，本身各部分之间也需要有适当的私密性，这是内外分区中的第一层次。儿童教育、家务和家庭娱乐等活动对家庭成员之间无私密性要求，但对外仍有私密性要求，这是第二层次，也称半私密区。由会客、宴请、与客人共同娱乐、客用卫生间等空间组成的第3层次空间（也称为半公共区），是家庭成员与客人在家里交往的场所，公共性较强，但对外仍具有一定私密性。第4层次主要为公共性最强的入口空间。空间布置时应考虑其内外层次，将私密性较高的空间置内，公共性较高的空间靠外设置。

2）动静分区

以居住行为模式为出发点，住宅内部空间可按动、静分区。人们活动比较频繁、活动产生的声响和对其他空间影响较大的属于动区范围，如门厅、客厅、起居室、餐厅、厨房、儿童游戏室等。而卧室、书房、卫生间等属于静区。在确定动静分区以后，各空间应以此为依据进行限定和组合，使静区保持相对的独立性，以避免动区对静区产生干扰和影响。

独立式住宅中卧室往往被布置在较高楼层，保姆房则一般布置在底层；一般情况下，卧室的穿套是绝对禁止的，除非有充足的理由；浴厕的布置则要靠近卧室，方便出入和使用。此外，在今后套型设计中，也可将父母与孩子的活动空间分区，从某种意义上来讲，也可算作动静分区。这在国外高标准的套型中已有先例。

3）洁污分区

住宅套型中的洁污分区，实际上体现在用水和非用水活动空间的分区。由于厨房、浴厕、洗衣需要用水，相对而言不易清洁，而且管网较多，厨房可为卫生间供应热水，因此集中处理较为合理。应尽可能使上下楼层的卫生间对齐，与其他空间适当分开，而厨房和浴厕之间需再做分隔。楼层的卫生间一般不应布置在餐厅、客厅、起居室等重要空间的上方，以免管道布置影响下部空间或引起不良感受。由于厨房、卫生间的功能差异，有时又会分别布置在内、外两个区域。

13.1.2 选址与布局

1. 独立住宅分布情况

1）郊野别墅

郊野别墅一般建在山上、水边、林中等处。由于环境特殊，通常建筑体量小巧、空间布局灵活、造型丰富，且要求建筑空间形态因地制宜，与自然环境整体融合，以保护自然生态环境。

2）城市中的独立式住宅

（1）城市别墅

城市别墅有别于郊野或风景区的别墅，结合了城市的便利和独立享有生活空间环境的特点，相比之下城市别墅能享受更多的城市便利：城市别墅拥有友好的城市人文环境、完善的配套设施和更为便利的交通，可满足使用者对就学、医疗、购物等方面的需求，是城市中改善型住宅的代表。

（2）街旁独立式住宅

街旁的独立式住宅常夹在左右的排屋之中，有独立的出入口直接与街道连接。

案例：千里园之家。

基地位于日本丰中市的一个安静的街区，街区周围是葱郁的树林和毛石。其建筑面积为 230m^2，总平面图如图 13-1-5 所示。为了避免对树林的视线遮挡，首先沿基地路边建一面毛石墙以平衡视觉景观，并以门和墙限定建筑的室外空间，其立面图如图 13-1-6 所示。

图 13-1-5 千里园之家总平面图

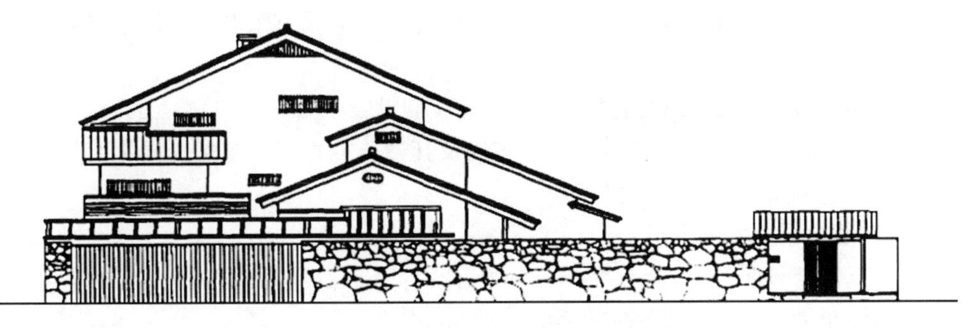

图 13-1-6　千里园之家室外立面图

2. 独立式住宅选址的影响因素

1）地缘脉络

（1）地形地貌

当坡度较大、基地各部分起伏变化较多或地势变化较复杂时，地形对场地设计的制约就十分明显。独立式住宅的定位、场地内交通组织方式、道路的选线、停车场等室外设施的定位和形式，以及工程管线的走向、场地内各处标高的确定、地面排水组织形式等，都与地形的具体情况有直接的关系。因此，地形地貌为独立式住宅选址应考虑的首要因素。此外，地貌条件也对景观设施的基本配置和具体设计细节有直接影响。

（2）地质

地质情况包括地面以下一定深度的土壤特性、土壤和岩石的种类及组合方式、土层冻结深度、基地所处地区的历史地震记录，以及地上、地下的一些不良地质现象。土壤和岩石的不同种类、特性和组合方式直接影响地基承载力的大小，并会影响独立式住宅位置的选择及其基本形态的确定。

（3）水文

水文情况包括河、湖、海、水库等各种地表水体和地下水位的情况。选址应考虑到地表水体的水位情况，河湖等的淹没范围，海水高低潮位，河岸、海岸的变化情况等。

2）景观环境

景观环境也是独立式住宅选址的重要影响因素。中国传统造园中常用的借景和对景手法，也可用至风景园林视角下的独立式住宅的景观分析中。“借景”是将环境中的景观因素组织成为建筑景观的一部分，可扩大空间与丰富景观；“对景”是通过建筑的洞口或围合限定景框，使环境景观中的特定因素成为建筑视野中的重点，建筑与景观相互呼应且相互衬托。

景观分析时，可在设计之初确定所选的借景或对景物，例如瑞士建筑师马里奥·博塔（Mario Botta）于 1971 年设计的独户住宅。其建在圣乔治山山脚，与鲁甘诺湖对岸的古老教堂隔岸而立，由一座红色的桥从外界通往建筑的主要入口，从门厅处回眸望去，桥体如同一个红色的画框，将对岸的古老教堂映入其中，使古老与现代产生了视觉上的呼应关系，通过如此对景，完成了风景园林视角下建筑与景观的对话。这种建筑与环境的呼应，必然是建立在建筑与环境分析上的。又如美国建筑师弗兰克·劳埃德·赖特（Frank Lloyd Wright，1867—1959）的许多住宅作品依山而建，在选择建筑位置时就分析了建筑物对山体形态的影响。赖特认为住宅不宜建于山顶，而应该选择山腰的位置，这样一方面可使建筑融于自然，另一方面又不会破坏山体形态，做到了顺应自然与尊重自然。

3. 独立住宅布局的影响因素

城市的地缘脉络影响着住宅建筑的布局及其建造方式，而自然气候则直接影响建筑朝向、通风遮阳所采用的技术措施。

1）自然气候与朝向通风

（1）气候与日照

①场地布局（尤其是建筑物布局）

应适应当地的气候特点，要考虑寒冷或炎热地区的采暖保温或通风散热的要求。一般寒冷地区的独立式住宅以集中式布局为宜，其比较规整聚合的平面形态可减小建筑物体形系数，利于冬季保温。炎热地区的建筑多采取分散式布局，较疏松伸展的平面形态更有利于散热和通风的组织。

受基地及其周围环境的一些具体条件（如地形、植被状况、周围的建筑物情况等）的影响，基地内的具体气候条件会在地区整个气候条件的基础上有所变化，形成基地特定的小气候。从节约能源、保护生态出发，场地设计应采取与基地气候和小气候条件相适应的形式，并努力创造更好的场地小气候环境。例如，独立式住宅的布局可考虑入户活动场所、庭院等室外活动区域的向阳或背阴的需要，考虑夏季通风路线的形成；适当的绿化配置可有效防止或减弱冬季冷风对场地的侵袭；水池等人造水景可调节空气的温湿度，改善局部微气候。

②日照

对于独立式住宅而言，充足的日照有助于提高室内环境的舒适度，也有益于人的身心健康。在场地中有多栋建筑时，住宅的布局应考虑到日照的需求，根据当地的日照标准合理确定日照间距。设计时，独立式住宅的内部也应努力为房间争取良好的日照条件。主要房间如起居室、主卧室、老人卧室等，应优先考虑布置在日照充足的位置，并应结合日照情况的地域性特点和季节性变化考虑房间的进深尺寸。对于我国西北高寒地区的独立式住宅，日照还可作为房间蓄热取暖的手段之一。

（2）朝向与通风

①朝向

独立式住宅的朝向对其内部房间的采光、通风、得热有很大的影响。主体朝向采取南北向有利于冬季获得更多日照，同时也可防止夏季西晒；主体朝向迎向夏季的主导风向有利于取得更好的夏季通风效果，同时避开冬季主风向，可防止冬季冷风的侵袭。少数用地位于太阳高度角较高地区，或受到地形、气候等因素制约，或用地周边有较好的景观资源，或考虑集约用地的需求，住宅建筑的朝向可根据需要综合考虑，灵活应用。主要房间如起居室、主卧室、老人卧室也应尽可能争取有较好的朝向。

②通风

在我国的独立式住宅当中，自然通风一直是人们最喜爱的通风方式。住宅的平面空间组织、剖面设计、门窗位置、方向和开启方式，应有利于组织室内自然通风。我国不同地区的气候条件差异较大，居民对住宅通风的需求也有所不同。南方空气较为潮湿，夏季气温较高，可考虑适当减小房间进深，扩大开窗面积，加强自然通风，卫生间也力求直接对外开窗；而北方住宅为维持室温，其外窗在冬季往往处于长期关闭的状态，因此北方住宅的自然通风量略低于南方。对于卫生间，宜设置排风扇，以确保冬季关窗时卫生间可以通风换气。

2）周围环境

场地布局应先考虑将周围环境中具有价值的树木、水体、岩石等加以保护，再选择基地中的“空地”来组织这些后添加的人工内容。

（1）植被与景物

在独立式住宅设计时，应对植被的生态效应和美学功能有所考量，通过确定基地上树种的选择、色彩搭配和布置方式，与建筑布局、场地内构筑物布置相协调，以形成优美的外部环境和良好的小气候。

例如，对原有的大片树木、草地、水面等，可考虑以此为基础构成集中的庭院绿地；对局部的大树、岩石等，可考虑利用它们构成一些点状的独立景观等；基地上无法移动的巨石、不能砍伐的古树也可能成为建筑设计的点睛之笔。如某独立式住宅平面围绕一棵参天大树展开，以之作为庭院中的视觉焦点、空间序列的高潮，既不失自然造物的天然情趣，又使设计与基地的固有特征有机融合。

（2）地形处理

一般来说，较为平坦的建筑场地应保证不小于3%的自然排水坡度，而起伏较大的场地要特别注意错层后地面各层出入口与地面高程的关系。

场地平整方式和地面的连接形式有3种：平坡式、台阶式和混合式。不同高程地面的分隔可采用一级或多级组合的挡土墙、护坡、自然土坡等形式，交通联系通过台阶、坡道、架空廊等。

（3）特定选址布局

①规避不良因素

对于某些特定的选址，环境有时不尽如人意，建筑师为避免杂乱的景物进入住宅的视野而需要做出标定，以利取舍。尤其在建筑密集的城市地段，基地周围的建筑往往已经建成，基地处于这样的缝隙中，就必须考虑与周围建筑的关系，如与相邻建筑山墙的关系、周围建筑对独立式住宅造成的影响，以及独立式住宅对邻里建筑的影响等。这些影响包括建筑间对日照、主导风向的遮挡、视线之间的干扰，以及独立式住宅自身及邻里建筑的风格对街景的影响等。

日本建筑师安藤忠雄（Tadao Ando）的“住吉的长屋”建于大阪市中心的狭长基地上，其总平面图如图13-1-7所示。周围环境嘈杂混乱，多为凌乱的多层建筑，没有建筑师所需要的天光云影、湖光山色。为了避开不利的环境条件，建筑师将建筑外墙完全封闭，除了入口，不开其他的出口，同时在建筑中心设计一个庭院，如图13-1-8所示，以改善建筑内部采光问题，同时将四季的景色引入生活空间。

②参考场地形状

场地的形状极大地限制了平面形态的发展，如基地处于城市中心地区的密集社区中时，在周围建筑的包围之下，基地被周围建筑所界定，此时基地的形状可能不太规则，而特定的基地形状将限定独立式住宅平面的形态。

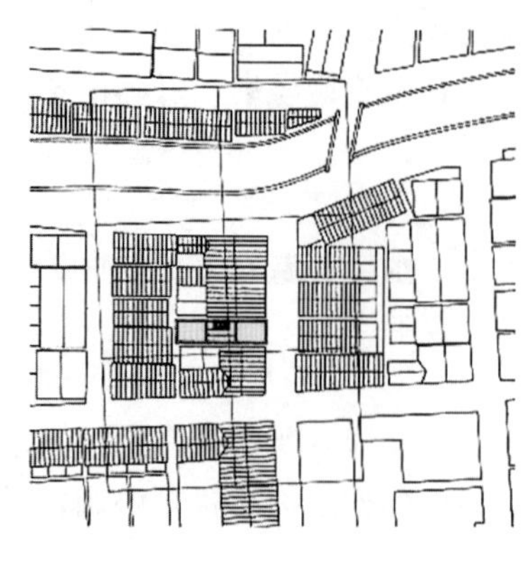

图 13-1-7　住吉的长屋总平面图

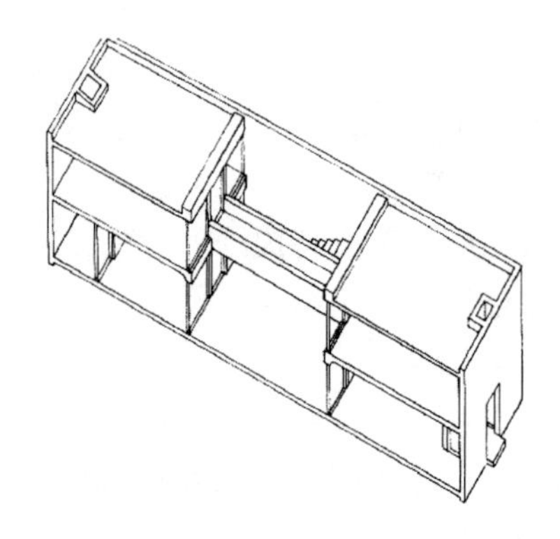

图 13-1-8　住吉的长屋庭院位置示意图

3）功能动线

（1）基地周围的动线分析

基地周围的交通方式和动线特征是基地周围动线分析的重点。首先需要对基地周围的道路情况进行标注，并且对不同宽度和通行等级的道路进行分类，以分别确定人和车辆从外界到达独立式住宅的最佳方式。独立式住宅的庭院入口一般不宜选择在车速较快、交通流量较大的城市道路上。同时，从外界到建筑的到达方式也影响着具有主要表现力的建筑体量和造型形态的布局位置，通常独立式住宅的造型设计重点就是从外界易于看到的部分。

（2）基地内部的动线分析

基地内部的动线分析是指在基地范围内对使用者和车辆可能的运动轨迹进行分析。一般独立式住宅的使用者包括业主、客人和保姆。他们往往使用建筑的不同入口，以期方便不同人群直接到达不同性质和使用功能的空间，而流线互不干扰。同时，基地内私人轿车进入车库的方式、转弯半径、道路宽度等也需仔细设计。通常轿车需要设计成以最直接、便捷的方式进入独立式住宅的车库。然而当基地的车行入口在南面时，为了避免车库占据采光效果最好的南面，而把车库设计在北面或西面，则需要在基地内部设计比较复杂的车行道路。有时基地内的车行道会结合儿童游戏空间、洗车地以及硬质铺面的室外空间进行布置。在相对狭窄的建筑基地上，有时不易满足轿车转弯半径所要求的尺寸，因而在车库的平面位置选择上就必须反复调整，以求最优方案，甚至有时不得不架空建筑的一层，以在基地内部满足车行路线的要求。

（3）基地的交通组织

交通组织分动态与静态两个方面。其中动态交通组织是指组织好进出人员与车辆的运行，做好内部场地与城市道路之间的动态运行路线分析，确定人与车从基地外到达基地内部的最佳到达方式。一般独立式住宅基地入口不宜设在车速快，交通量大的城市道路上，当用地周围有两个以上方向均有车行道时，独立式住宅基地出入口应尽量选择设在次干道上。同时，应按照场地情况及现行相关规范设计基地内人员的步行路线及车辆进入车库的方式、转弯半径、道路宽度等。车库与住宅空间组合及设计要点如图 13-1-9 所示。需要注意入口与车库的相对位置越直接越好，车库入口与人行入口最好设在一个朝向上。

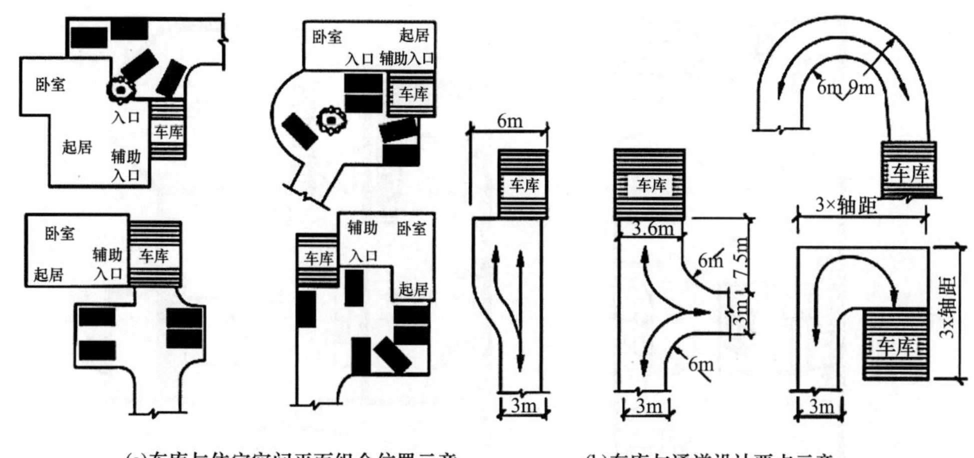

(a)车库与住宅空间平面组合位置示意　　(b)车库与通道设计要点示意

图 13-1-9　车库与住宅空间组合及设计要点示意图

另一方面是静态交通组织，则主要指停车设施。根据现行相关规范，停车场要求道路宽度（即行车道路的净宽度），单车道 3.5m、双车道 6～7m；考虑机动车与非机动车共用时，单车道 4m、双车道 7m。尽端道路应设回车场，其尺寸不应小于 12m×12m。小型停车场停车位参考尺寸为 3m×5m；机动车转弯半径不应小于 6m；人行道宽度一般不小于 1m。单台自行车按 2m×0.6m 计，其停放方式及停车尺寸按单向排列、双向错位、高低错位及对向悬排而有所不同，车辆排列既可垂直，也可斜放。

13.1.3　设计要点

1. 居住空间

1）卧室（主卧、次卧）

（1）一般规定

卧室空间往往设于二层以上。主卧室通常由 3 部分组成；即主人卧室、主人卫生间、更衣储藏室（即衣帽间），有时主卧也可自带阳台和独立休息室，有时也可与书房相通，如图 13-1-10 所示。由于主卧室在独立式住宅中是比较重要的使用空间，通常设于采光、景观条件比较好的位置，并争取做到相对独立。次卧室，条件允许时在低层设一间，既可作客房，也可供家里老人或其他成员上楼不方便时使用。

（2）主卧设计要点

①主卧室的床一般采用一面靠墙、三面临空的布置方式。参考家具基本尺寸，并结合家具近旁尺寸及交通空间，主卧室开间宜在 3600～3900mm；当面积紧张需要压缩主卧室开间时，可适当减小主卧室的开间，但不宜小于 3400mm。

②一般情况下，主卧室的使用面积不应小于 $12m^2$。在含 2～3 个卧室的较大户型中，主卧室的使用面积宜控制在 $15～20m^2$ 范围内。如主卧室面积过大，会造成空间空旷、私密性较差、缺乏归属感等问题。平面布置时可将整个空间进行功能分区，如睡眠区、交谈区、储藏区等。

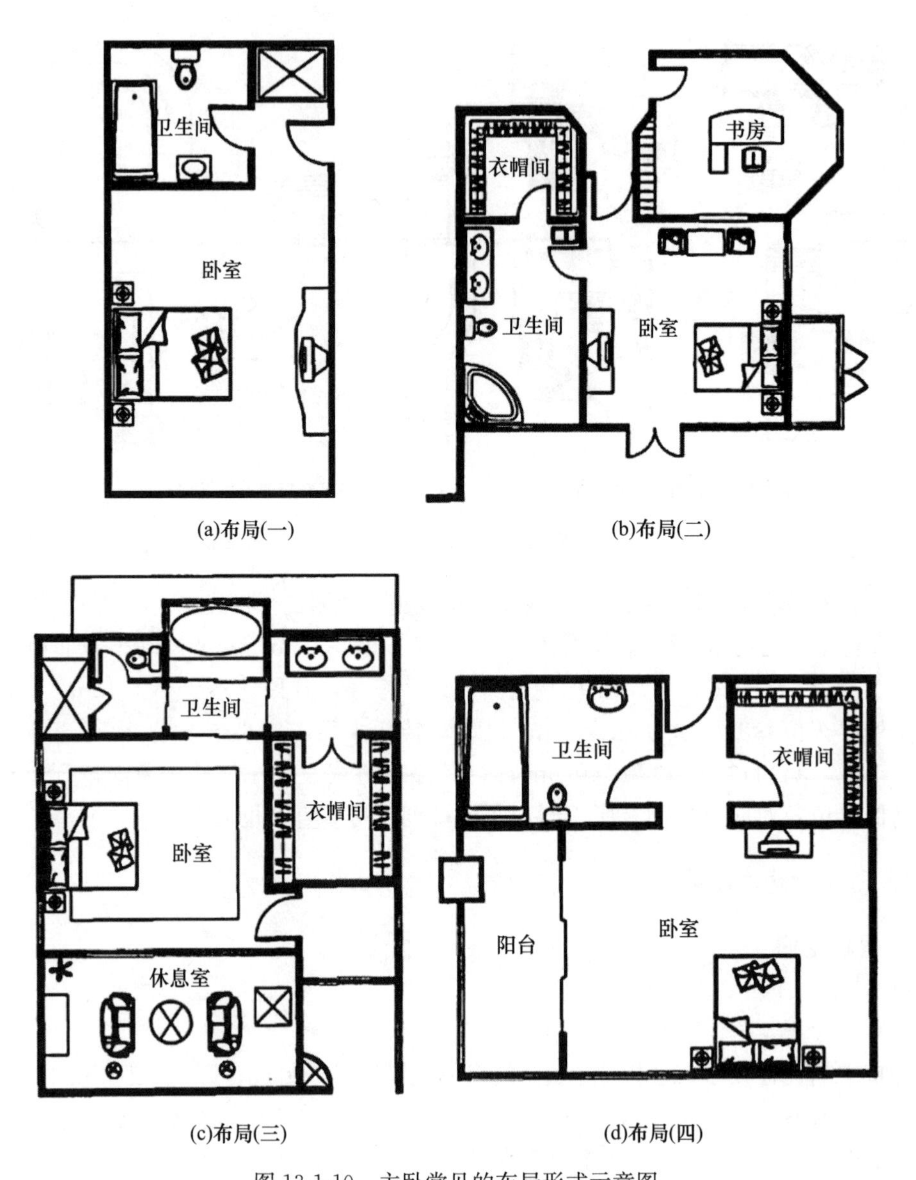

图 13-1-10 主卧常见的布局形式示意图

（a）自带卫生间的主卧；（b）自带卫生间、更衣间的主卧，也可与书房相通；

（c）自带卫生间、更衣间和休息室的主卧；（d）自带卫生间、更衣间、阳台的主卧

（3）次卧设计要点

①由于次卧室功能用途的多样性，在设计时要充分考虑多种家具的组合方式和布置形式，一般认为次卧室的开间尺寸不要小于 2700mm，面积不宜小于 $10m^2$。

②当次卧室安排老年夫妻或两个小孩共同居住时，房间面积应适当扩大，开间不宜小于 3300mm，面积不宜小于 $13m^2$。

③当次卧室要考虑轮椅使用时，开间不宜小于 3600mm。

次卧室常用平面尺寸如图 13-1-11 所示。

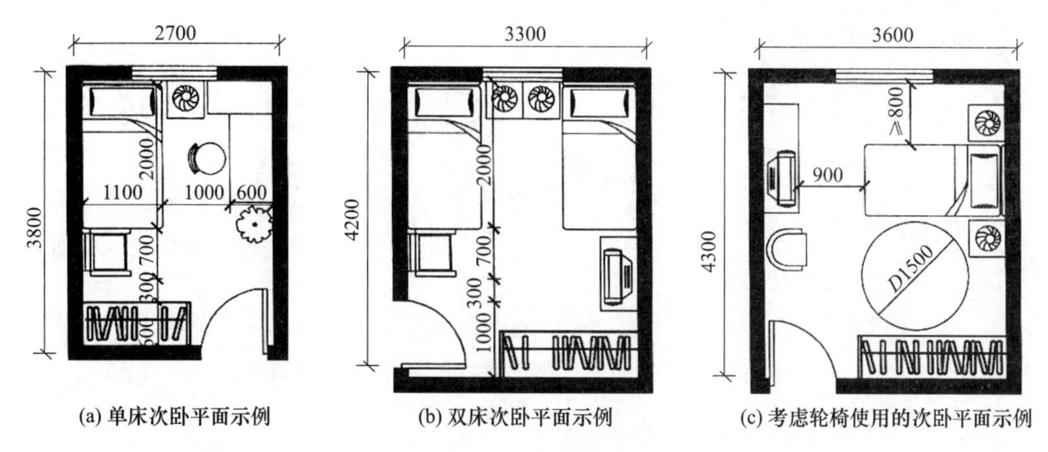

(a) 单床次卧平面示例 (b) 双床次卧平面示例 (c) 考虑轮椅使用的次卧平面示例

图 13-1-11 不同功能次卧室常用平面尺寸示意图（单位：mm）

2）起居室、客厅

起居室用于家庭内部生活聚会，客厅用于会客。两个房间可以合二为一，也可以分设。当合二为一时，其位置多靠近门厅；当分设时，起居室多设于靠近后面比较隐蔽的地方，并接近厨房，利于家庭内部活动和方便用餐。

起居室/客厅应有直接的采光和自然通风，直接开向起居室门的数量应减少，考虑布置家具，其进深直线长度应大于 3m，大型起居室约在 20.1～25.7m^2。空间净高方面，卧室、起居室（客厅）的室内净高不应低于 2400mm；局部净高不应低于 2100mm；局部净高的面积不应大于室内使用面积的 1/3。利用坡屋顶内空间作卧室、起居室（客厅）时，其 1/2 使用面积的室内净高不应低于 2100mm。

3）餐厅

餐厅应与厨房相近，且方便到达起居室。厨房与餐厅的布局关系见表 13-1-1。

一般情况下，餐厅短边净尺寸不宜小于 2100mm。中型餐室平面尺寸宜在 10.4～14.9m^2；大型餐室平面尺寸宜在 14.9～16.0m^2 之间。

餐厅的大小与餐厅内家具的布置有着密切关系，餐桌椅组合方式如图 13-1-12 所示，餐桌椅布置与墙面或其他家具的距离如图 13-1-13 所示，餐厅空间内适宜的活动尺寸如图 13-1-14 所示。

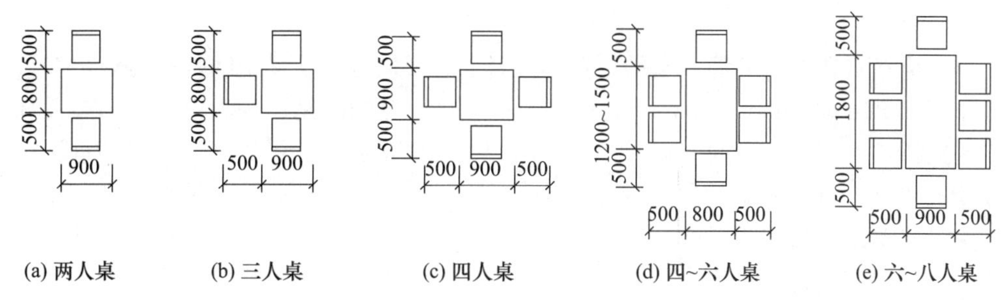

(a) 两人桌 (b) 三人桌 (c) 四人桌 (d) 四~六人桌 (e) 六~八人桌

图 13-1-12 餐桌椅组合方式与相应尺寸示意图（单位：mm）

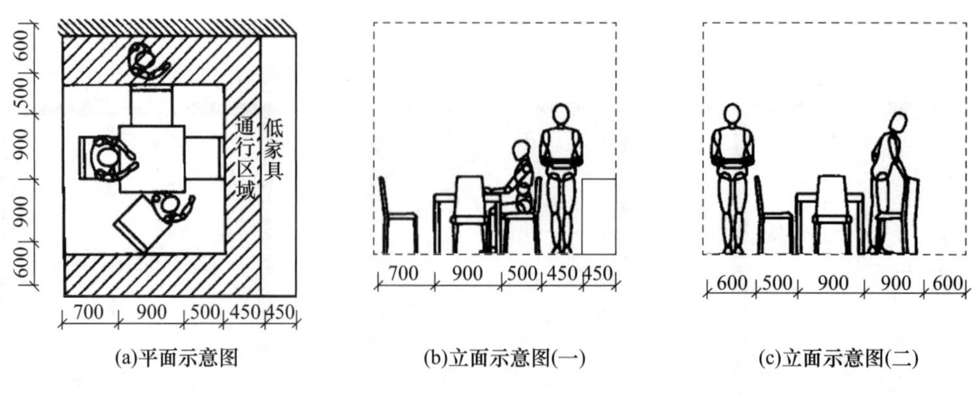

图 13-1-13　餐桌椅布置与墙面或其他家具的距离示意图

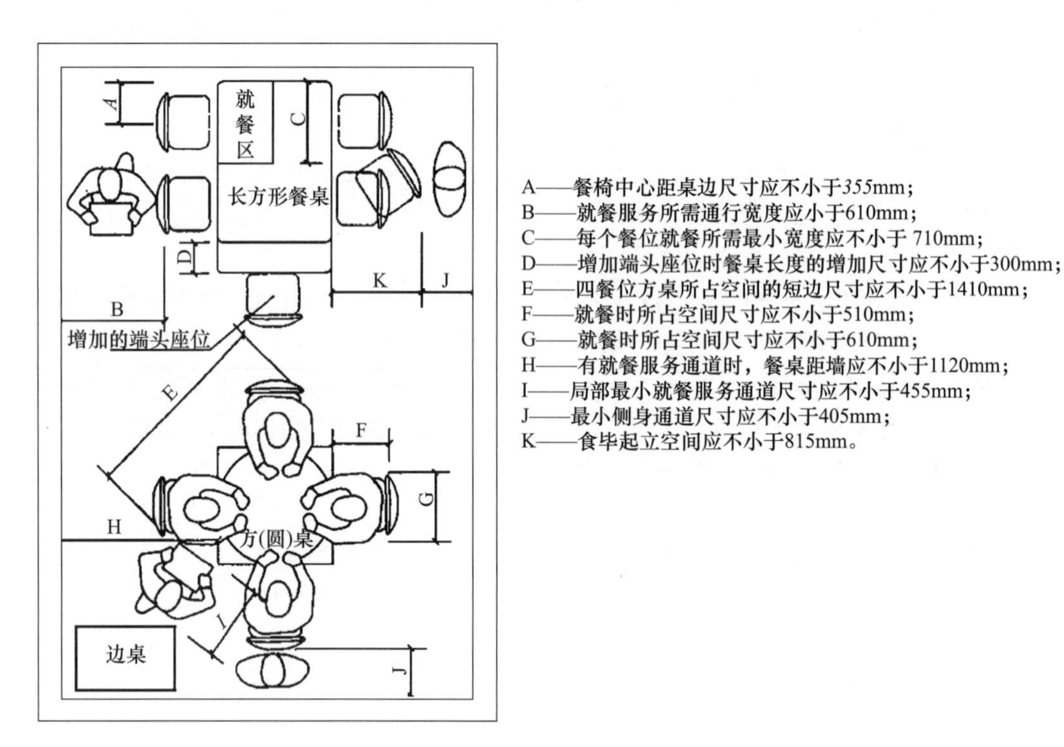

图 13-1-14　餐厅空间活动尺寸示意图

4）书房

书房应布置在相对安静私密的位置，以远离主要的公共活动空间；书房短边净尺寸不宜小于 2100mm。由于受到住宅套型总面积、总面宽的限制，并考虑家具的布置和整个空间的风格，书房的开间一般在 2600mm 以上。考虑到采光的因素，书房的进深一般在 3000～4000mm 之间。另外，受结构对齐的要求及相邻房间大进深的影响，如起居室、主卧室等进深均在 4000mm 以上，并为使书房保持合适的进深，书房常与其他空间如阳台、储藏间结合。书房内家具的摆放与书房尺寸的确定有直接的关系。考虑到光线的方向，不宜将工作台正对窗（特别是电脑显示器正对窗）布置，以免强烈的光线影响工作。另外，书架一般应靠墙布置以求稳定，并应方便使用者就近拿取所需的文件书籍。书房常见布置形式如图 13-1-15 所示。

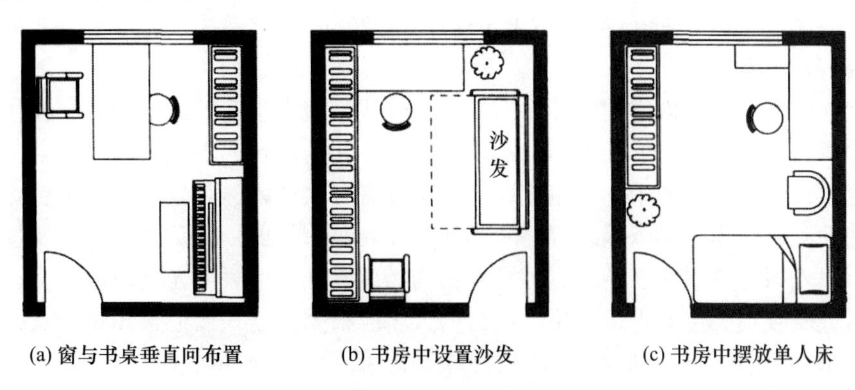

(a) 窗与书桌垂直向布置　(b) 书房中设置沙发　(c) 书房中摆放单人床

图 13-1-15　书房常见布置形式

2. 厨卫空间

1）厨房

厨房与餐厅的布局关系可参考表 13-1-1。厨房应有直接的采光和自然通风，通常与起居空间紧密相连，并与辅助入口直接联系。厨房的形态应充分考虑各种设备的布置以及操作的方便。目前按照家具设备的布置方式，可分为单排型、双排型、L 形、U 形等，厨房形态也因此而不同：单排布置设备时厨房净宽不小于 1500mm，双排布置设备时厨房净宽不小于 1800mm，两排设备的净距不应小于 900mm。

2）卫生间

一般独立式住宅需设至少两个卫生间，卫生间的位置要尽可能地上下对应。楼上的卫生间应不直接设在楼下主要空间如餐厅、客厅、起居室等的上方。无前室的卫生间的门应不直接开向起居室或厨房，尽量直接对外采光通风。

3. 交通及辅助空间

1）门厅

独立式住宅宜设门厅，门厅应该与起居空间有最直接的联系，同时也需要从门厅比较容易找到主要楼梯，除设一个主要出入口（与门厅相连）外，可加设一个辅助出入口，并多与厨房、工人房、车库、洗衣房等房间相连。

2）走道

通往卧室、起居室的过道净宽不应小于 1000mm，通往辅助房间的走道净宽不应小于 900mm。走廊和公共部位通道的净宽不应小于 1200mm，局部净高不应低于 2000mm。

3）楼梯

楼梯是重要的垂直交通联系元素，对独立式住宅空间序列的展开和表现同样具有重要作用。设计时的重点在于楼梯的位置和楼梯的形式。

楼梯位置宜靠近入口；单独设楼梯间，使用便利、干扰少，但所占面积较大；若设在起居室内，既节省面积，又能取得较好的装饰效果，缺点是上下楼的人需穿行起居室，使用有干扰。常见独立式住宅中的楼梯形式如图 13-1-4 所示。

住宅内部的楼梯，当梯段两边为墙时，梯段净宽不应小于 900mm，其他情况下，梯段净宽不应小于 750mm；楼梯踏步宽度不宜小于 220mm，高度不宜大于 200mm；扇形踏步距内侧扶手边 250mm 处，宽度不应小于 220mm，楼梯扶手高度不小于 900mm。

4）阳台

住宅中的阳台是室内空间延伸后形成的室外或半室内半室外的平台，起初住宅设计中并不是每户都有阳台，但随着居住品质的提高，如今阳台的功能已成为住宅中常见的组成部分。在独立式住宅中，卧室或起居室常设有专供休闲、观景的生活阳台，厨房旁也常设辅助阳台，作为晒衣及其他家务杂用。阳台本是居住者接收光照，吸收新鲜空气，进行户外锻炼、观赏、纳凉、晾晒衣物的场所，现已作为阳光室、健身房、储藏空间及书房等复合功能空间进行使用。阳台的大小应根据独立式住宅整体布局及其用途进行考虑，阳台需设栏杆，低层阳台栏杆净高不低于 1050mm；栏杆的垂直净距应小于 110mm。

13.1.4 案例

1. 流水别墅（1939）

1）项目背景

流水别墅位于宾夕法尼亚州的熊跑溪自然保护区，该处 1298 英尺海拔的瀑布跌水高达 30 英尺。1939 年，美国建筑师弗兰克·劳埃德·赖特（Frank Lloyd Wright）为周末回家的业主埃德加·考夫曼（Edgar Kaufmann）先生一家设计了这个非凡的建筑，它重新定义了人和建筑之间的关系。

2）设计理念

流水别墅的“流水”意指其坐落的瀑布，该瀑布是考夫曼家珍藏了十五年的景点，他们委托赖特设计住宅时，希望住宅建在瀑布的对面，能够从房间里看到瀑布。然而赖特却把建筑架在了瀑布之上，使其成为建筑的一部分，成为考夫曼一家生活的一部分。这个设计中体现的思想源于人与自然的和谐，这个建筑尊重地缘特征和自然环境，瀑布与建筑呈现出戏剧化的关系。人们不仅可以通过视觉，更可以通过声音去感知瀑布的力量，整座建筑中也可以听到源源不断的落水声。

3）图纸与细节

流水别墅由两部分组成：客户的主屋建于 1936—1938 年之间，客房完成于 1939 年。原来的房子包含赖特本人简单的房间和家具，一楼是开放的客厅和厨房，紧凑的 3 个小卧室位于二楼，三楼是考夫曼儿子的书房和卧室。所有的房间都与自然环境有联系，客厅甚至直接连接到瀑布的下部。其每层的平面示意图如图 13-1-16～图 13-1-19 所示。

建筑入口的部分通道是暗窄的，如图 13-1-22 所示，通过这种方式，人们可以体会到空间的对比和变化。房间的天花板被压得很低，将人们的视线限定在户外。悬臂的露台空间使自然得以扩展。

流水别墅的外观是强有力的水平线条的体块和平台。立面上的窗户也很讲究，在角落开窗，打破了房子的束缚，打开了广阔的户外。所有这些细节造就了这个建筑，即使由于结构和地理位置的问题需要定期维护，但毫无疑问，这是一个杰作。大胆的悬臂、角窗的细节，以及最重要的——瀑布的声音，展现了人与自然的和谐。其立面及外观如图 13-1-20～图 13-1-23 所示。

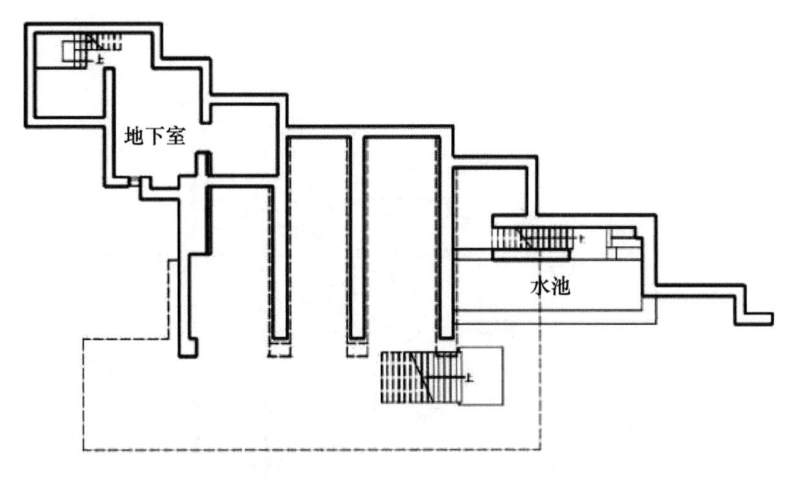

图 13-1-16　流水别墅地下室平面图

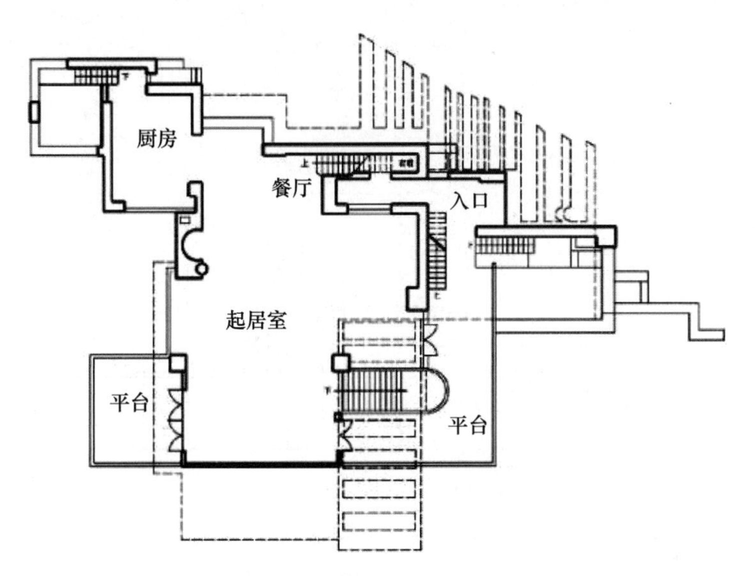

图 13-1-17　流水别墅一层平面图

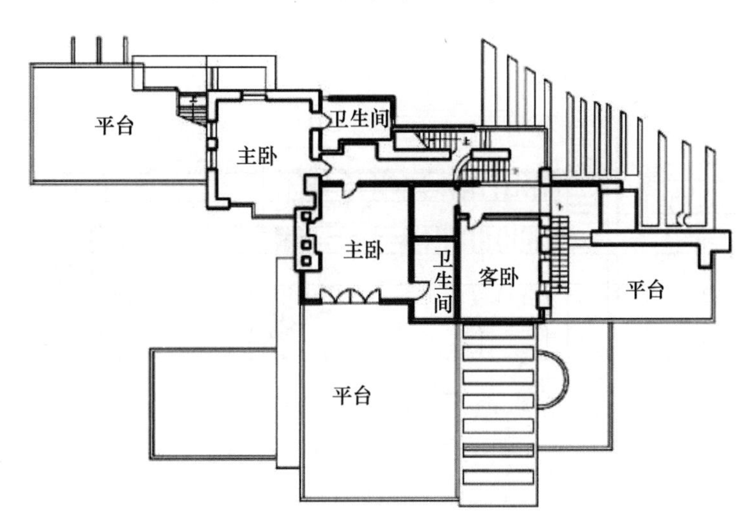

图 13-1-18　流水别墅二层平面图

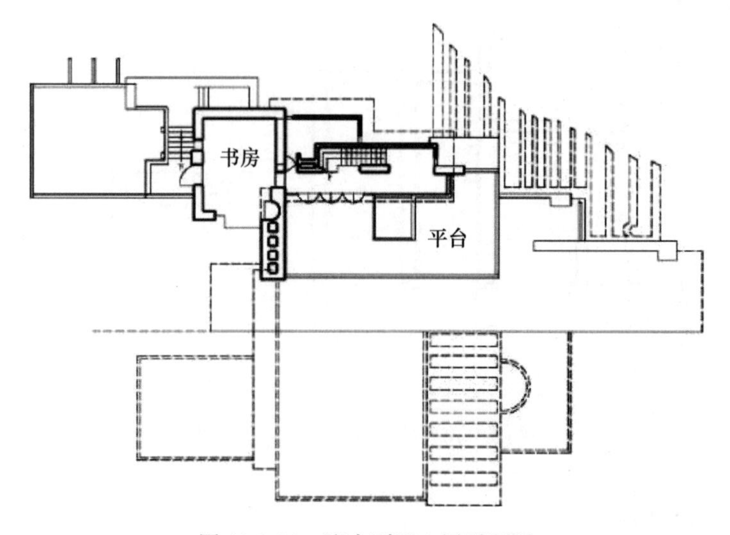

图 13-1-19　流水别墅 3 层平面图

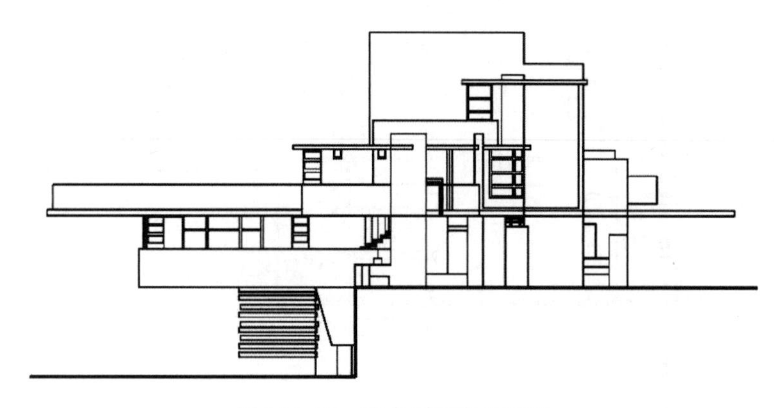

图 13-1-20　流水别墅东立面图

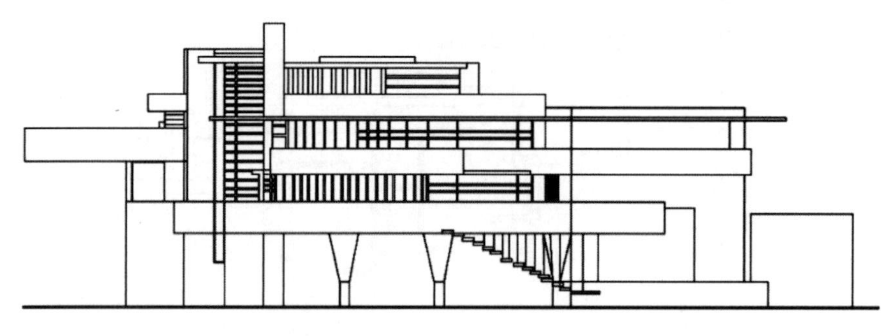

图 13-1-21　流水别墅南立面图

图 13-1-22　流水别墅入口

图 13-1-23　流水别墅外观

2. 何多苓工作室 · 独立住宅（1997）

1）项目背景

何多苓工作室是建筑师刘家琨的早期作品之一，该建筑设计于 1995 年，并于 1997 年建设完成，是艺术家何多苓的独立工作室，也兼合了住宅的功能。

2）设计理念

刘家琨于 1997 年在《建筑师》杂志第 78 期发表了他重回建筑界的第一篇文章《叙事话语与低技策略》，介绍了他的“艺术家工作室”系列，这个为好友何多苓设计的工作室兼独立住宅也是一个能够展示他对“叙事话语与低技策略”尝试的早期作品。绝对的白色调、不加装饰的砖材、几何结构、强烈的叙事性、突出的空间感与光线设计，受现代主义影响又植入了建筑师对地域性和建筑空间的认知与重构表达，何多苓工作室以纯洁的形式和灵巧变化的空间展现在人们面前，并引起了广泛讨论。

3）图纸与细节

何多苓工作室的基本构成是一个金石印章般外形简单、内部繁复的正方形体，采用砖混结构，略显粗劣的砖材和白色抹灰作为立面重要的语汇被建筑师看做是本乡本土的产物。围合的主题由于建筑处理得以强化：封闭的立面、防卫性的厚墙，以及墙与墙之间的间隙；孔孔相套的窗洞强调出内部的空间层次感，使室外的风景变成一方如画的平面；狭长的缝隙与其说是为了表现光线的明亮，不如说是对比出室内的阴翳。最主要的光源都来自上方的天空，这幢建筑不是为了风景的流通，而是引导从内向外的窥视。

与围合相对应，一条线路环绕围封天井的外壁盘旋而上，在投影即将闭合时的一个空中小庭院处骤然转折，进入突现的天井，一条飞廊凌空斜穿而过，并从上空折返回刚才经过的房间，迷宫化的空间和线路由于观察角度的突变而顿时变得清晰，使人明白刚才身在何处。这条使人进入非常状态的飞廊是整幢建筑的机锋所在，它破解了稳定严谨的正方形体，所到之处焕然一新。公案就是这样：先以一个循序渐进的叙述引领我们自然而然地进入，突然间机锋一转，截断惯性，使人一步踏空，于反常中有所省悟。

建筑的另一个关键因素是中心天井。与民居中的天井不同，这个天井的基本目的并不是为了功能性的中心采光。天井四壁封闭，特意拔高，对外成为物质性的主体，对内则强化了空无。这个天井是为空间的存在性和东方精神而设置，在这个天井中，人们对难得留意的天空、对壁端的阳光、对飞廊的投影变得敏感起来。其外观、平面图、剖面图、立面图如图 13-1-24～图 13-1-30 所示。

图 13-1-24　何多苓工作室·住宅外观

图 13-1-25　插入建筑和中庭的飞廊

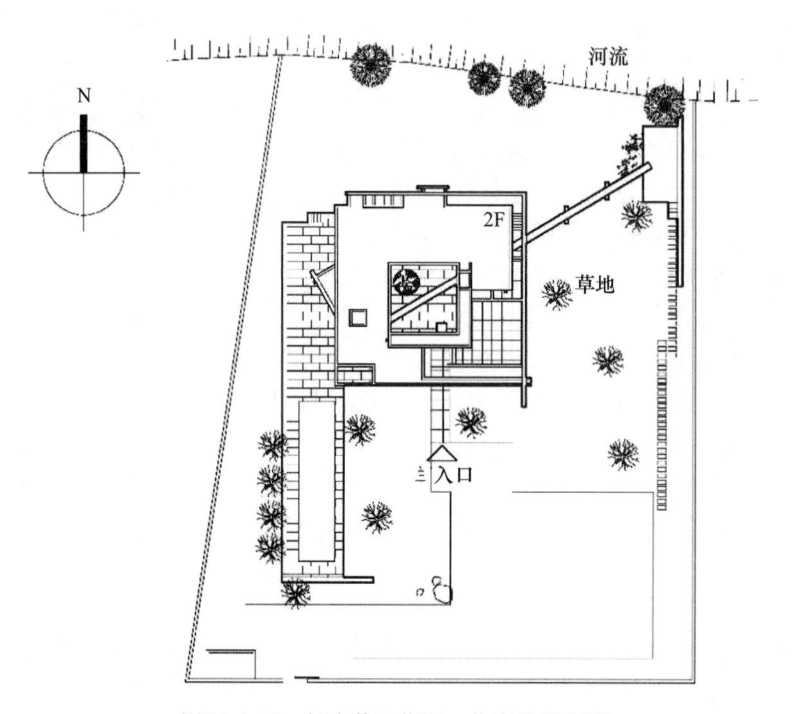

图 13-1-26　何多苓工作室·住宅总平面图

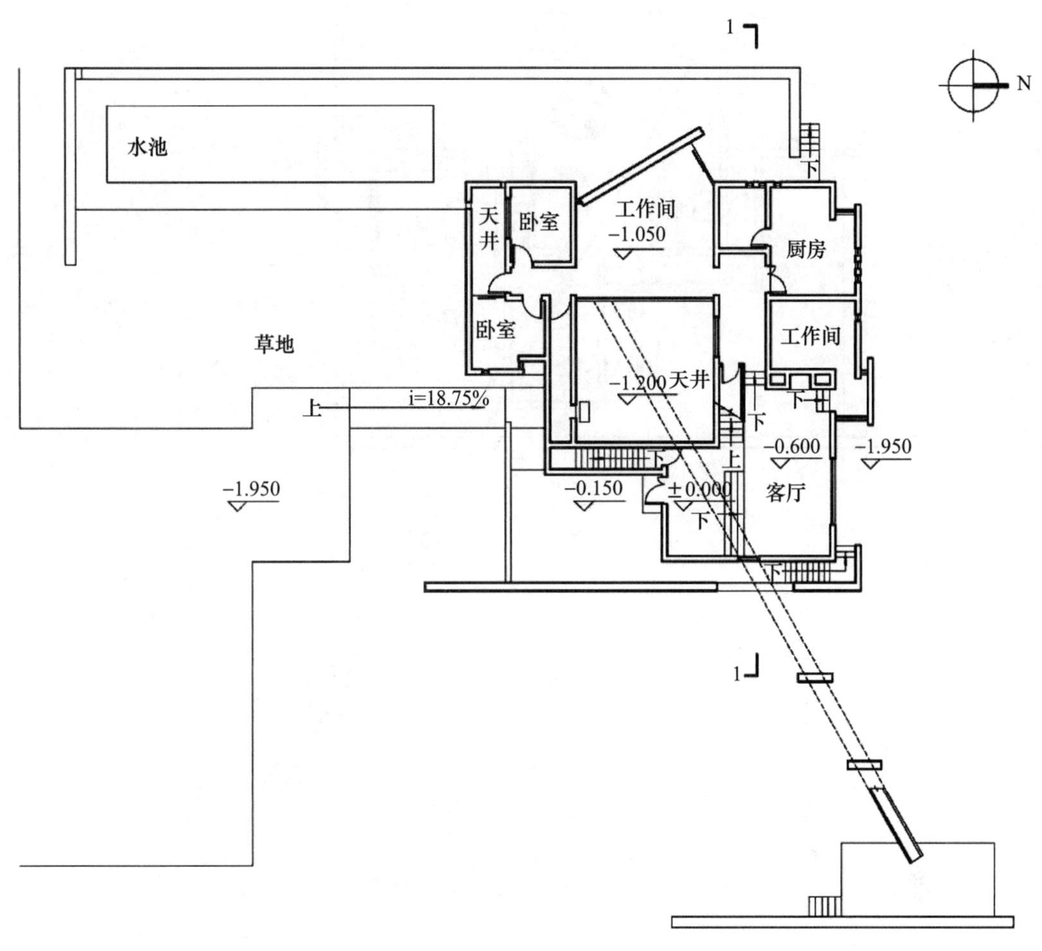

图 13-1-27　何多苓工作室·住宅一层平面图

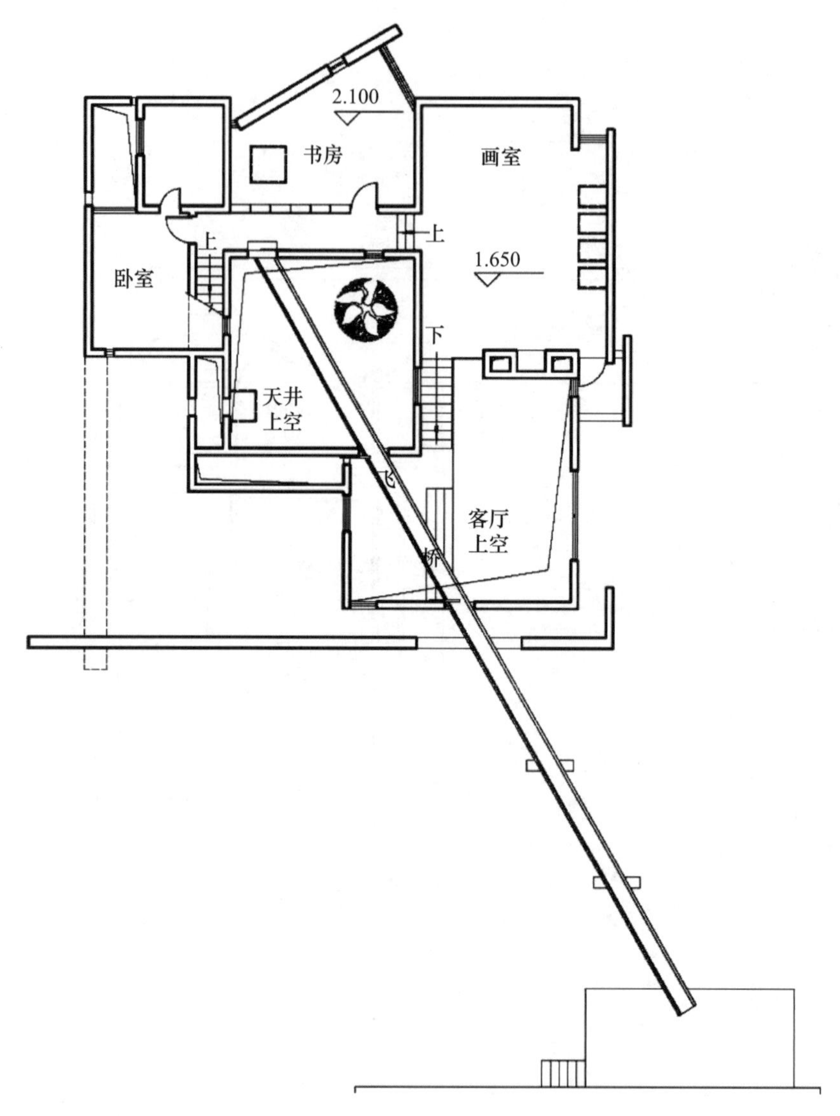

图 13-1-28　何多苓工作室·住宅二层平面图

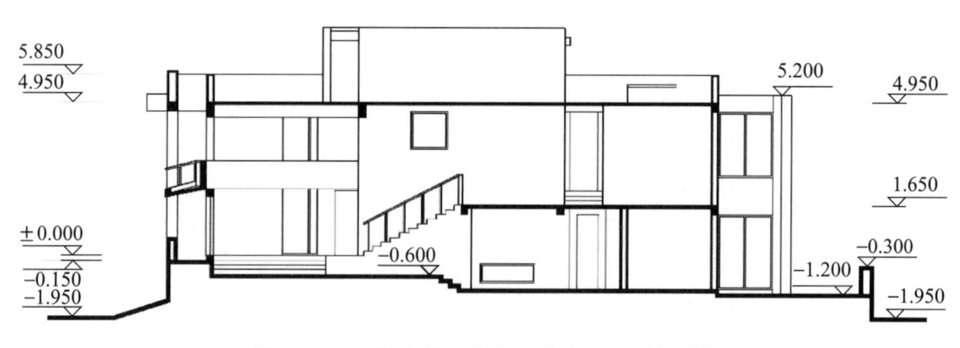

图 13-1-29　何多苓工作室·住宅 1—1 剖面图

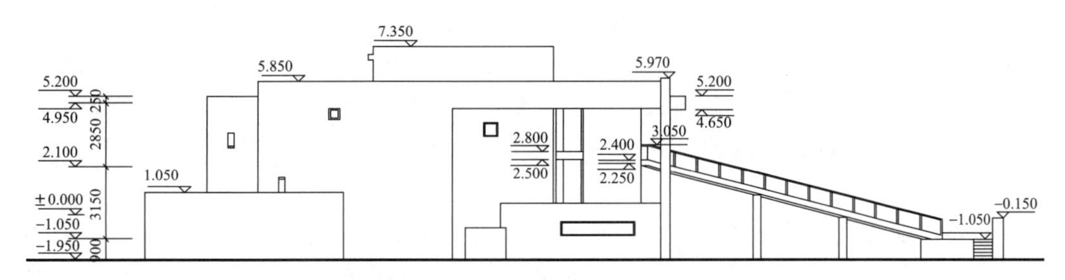

图 13-1-30　何多苓工作室·住宅南立面图

13.2　旅馆与民宿

旅馆是指为旅客提供住宿、饮食服务以至娱乐活动的公共建筑。旅馆类型可分为旅游旅馆、假日旅馆、会议旅馆、汽车旅馆和招待所等。民宿最初是指利用自用住宅空闲房间，结合当地人文、自然景观、生态、环境资源及农林渔牧生产活动，为外出郊游或远行的旅客提供的个性化的住宿场所。如今的民宿不仅涵盖民宅，一些依托风景旅游资源的休闲中心、农庄、农舍、牧场等都可归纳其中。

13.2.1　发展背景

1. 社会背景

1）旅馆和民宿的起源

从 19 世纪起，一些国家旅馆的设备已相当完善。第二次世界大战后，由于交通日益发达，国际交往日渐频繁，旅游业迅速发展，世界各地兴建的旅馆越来越多，逐渐遍布世界各大城市和旅游胜地。二战后欧洲发生的一系列转变也为民宿的萌芽提供了契机——国家系统地辅助社会完成农业转型，政策上为农庄民宿提供补助款项以及多元化的经营管理措施等，转型中保存了传统农业文化，催生出民宿行业。

以英国为例，民宿大量成长于二战后。援英的美军在等待重返故土的空当时机产生了观赏游览英国风土人情的情况大量发生。很多英国人民则借机在家接待美军以获得收入用来购买战争期间不易采买的物品，接待也包含介绍当地特色的餐饮或有趣的景点，由此早期的民宿经营模式逐渐产生。此后英国则迎来了那些战时未能前往的“美国游潮”，进一步兴起了民宿。在英国民宿的发展中可以看到，民宿实际上是社会变革影响下人们日常生活方式转变的缩影。后来，民宿发展转为向政府寻求支持，在获得认证之后民宿主人可挂牌经营，有一系列的监管政策。

2）我国旅馆和民宿的发展

我国旅馆和民宿的发展主要得益于 21 世纪以来经济的快速发展，以可持续发展观为指导的生态旅游的兴起和乡村振兴的政策引导。

在旅馆民宿业以生态旅游为特色出现在大众视野之前，和生态旅游相结合的青年旅馆更早具有国际范围的影响力。1907 年，青年旅馆在欧洲兴起，10 年中迅速发展到亚洲、非洲、拉丁美洲，风靡世界。1998 年，我国广东率先建立了青年旅馆，是国际青年旅馆运动开始向中国大陆发展的重要标志。

随着新时代生活水平的提高和文化旅游的勃兴，依托生态旅游的民宿旅游业逐渐发展蓬勃。民宿旅游是指依托当地特色的资源，为度假者提供住宿、餐饮、农业体验和文化交流的区域小规模旅游服务业态。依托风景资源，我国民宿旅游方兴未艾，滇西北、长三角、浙闽粤地区由于口碑、自然景观、服务体验等优势，成为我国民宿旅游的热门目的地。

此外，随着我国社会的发展和农村经济形式的改变，乡村民居成为我国当前农村发展中的一种主要形式。近几年全国各地尤其是西南地区的民宿数量激增，形式也越发多样化。虽然民宿最初的含义是经营者利用自家的闲置房间进行出租，但民宿产业的不断发展也衍生出多种不同的经营模式，如今民宿也出现了城镇与乡村并存、连锁化经营、扩展为特色旅馆、业务多元化和创新发展等新态势。此外，“互联网+”时代，现代旅馆民宿还在一定程度上反映了时代特征，无论是建筑功能还是后期的经营管理，都未忽略在社会生产力和科技发展日益多元化的今天旅馆、民宿与时代的接驳。

综上，我国的旅馆民宿业在国民经济水平稳步提高、乡村振兴等政府决策的加持下，以生态旅游为核心、乡村旅游为特色、城镇文脉为牵引、传统生活形态为介质，与时俱进快速发展，旅馆民宿设计也迎来新的契机与挑战。不仅要做好合理规划布局，还要考虑如何利用当地特色因地制宜，形成文化传承、促进环境保护、社区发展、环境魅力增加、旅游、经济等诸要素之间的良性循环。

2. 特性

旅馆和酒店在产品形态上具有一定的相似性、规模化、标准化，以设计师设计为主导，变化空间和幅度相对较小。住房城乡建设部发布的行业标准《旅馆建筑设计规范》(JGJ 62—2014）明确规定了旅馆的设计规范。而民宿属于非标准住宿行业的一种。根据 2019 年 7 月实施的《旅游民宿基本要求与评价》（LB/T 065—2019）中对旅游民宿的界定：“利用当地居民等相关闲置资源，经营用客房不超过 4 层，建筑面积不超过 800m^2，主人参与接待，为游客提供体验当地自然、文化与生产生活方式的小型住宿设施。”可以看出，民宿并不局限于利用自用住宅空闲房间，结合当地人文、自然景观、生态、环境资源及农林渔牧等生态生活，以家庭副业方式经营，提供旅客乡野生活之住所。此定义诠释了民宿有别于旅馆或饭店的性质，也不是传统农家乐的升级版，而是“慢生活”“家服务”“趣体验”等新特点的承载体。

旅馆主要是提供适宜的旅宿环境，具有较强的旅游接待特性、使用便捷性和设计的标准性。而民宿设计往往在遵循旅馆基本设计规则的基础上，具有如下不同的特性。

1）生活属性

民宿往往能为旅行中的消费者提供具有家庭氛围特色的接待服务，使游客融入当地的环境中。民宿的特点并不限于一般旅馆所营造出的舒适空间感与精致的室内装修，而应展示当地主人的生活特点与理解。同时，民宿常包含着“主人家”这层含义，并非一般提供客房服务的酒店，在经营与空间设计上，均可向旅客明晰主人与客人之间、城市生活与主人生活可以重叠的活动空间与界限。如此生活属性下，民宿的特性具体可包含氛围的日常性、共享的参与性和使用的便捷性。

（1）日常性

民宿的日常性呈现为有“烟火气”的市井氛围以及有沉浸感的家庭氛围。这种日常性包含城市日常和主人日常两个方面。民宿是生活与交往的集合，不同于真正私有的家庭，其空间设计与运维涉及建筑社会学、解决邻里关系、使用者之间的互动等，需要与城市生活节奏和方式有一定的纳入。而建筑内部的空间还需要提供给使用者安全感，若民宿有主人共同使用，主人的生活会和空间氛围共同作用，引发宿客身处其中时对自我日常的思考。

（2）参与性

民宿的参与性来源于主人对日常生活和特色活动的分享。民宿不同于酒店的一种特别的吸引力就在于能够参与他人的生活，主客或客人之间通过交流、人与空间的互动，可分享生活经历与智慧，进而实现展现生活、共享生活的多种可能性。

（3）便捷性

民宿的便捷性主要体现在区位选址和服务接待的人性化上。一方面，民宿往往在地铁站点、公交车站聚集的生活区，自身的可达性高，便于到达，同时也为宿客旅行出行提供方便的交通选择；另一方面，民宿所在区域往往有相对完善的服务设施，靠近商圈、景区或者生活区等，便于宿客参与到当地生活中。此外，民宿主人可为宿客的生活和旅行提供建议，便于初到外地的旅客从本地人的视角便捷地了解到生活在此地更为详尽的信息。

2）旅游属性

世界旅游组织对旅游者的定义表明，旅游的目的包含休闲、度假、运动、商务、会议、学习、探亲访友、健康或宗教等。旅行者的行为主要考虑食、住、行、游、购、娱等六大方面。民宿满足住宿需求是首要任务，作为旅游住宿形式的一种，有助于旅游体验所涉及的方面都要着重考量。在提供旅居环境的视角下，民宿具有人文性、趣味性、逃离性和非标准性。

（1）人文性

民宿空间环境常结合当地风土人情和地缘文脉设计，让人产生一种文化与情感共鸣，满足宿客和主人的物质与精神需求。民宿应在一定程度上展示场地的记忆，或记录城市进程、传承在地文化；设计应通过场景营造影响人们的感知、思维以及行为，从而使宿客获得较为强烈的人文体验感。

（2）趣味性

民宿的趣味性来源于空间体验的趣味性和活动交往的趣味性。对于空间体验的趣味性，民宿设计应着力于塑造空间特征，给人以耳目一新的旅居体验。活动交往的趣味性在于民宿建筑空间中，能提供比旅馆更多的主客间、宿客间及邻里间人际交往的可能性。

（3）逃离性

民宿的“逃离性”表现为对城市快速生活和快餐文化的避世感。民宿可提供与自然更接近的生活方式或更密切的公共交往机会，重拾传统生活中人与人间交往密切的亲切感，民宿的营造提倡慢节奏、更加本真或更具风情与品质的生活态度，从而暂时脱离生活节奏快及重复性高的城市生活。

（4）非标准性

民宿呈现丰富的多样性，以满足不同出游人群的组成结构和旅宿需求。一个良好的民宿旅居空间本身应具有较强的识别性，和酒店的标准化不同，民宿本身往往就是一处旅游景点，拓展了旅游的时间和方式。民宿强调其非标准性，比起一般旅馆，应因地制宜拥有更加多样的建筑风格、生活方式、居住形态和交往活动。

3. 功能要素

旅馆与民宿的功能设计，从其历史发展与经验来看，都包含对功能的选择、重构和对功能的组织 3 个方面。旅馆与民宿的功能选择需要考虑所在城市或乡镇、资源及客源人群；功能重构则是依据旅馆民宿的定位与需求，对功能空间的内容进行重新定义；功能的组织则指旅馆民宿内部空间的布局。不同的旅馆与民宿在其定位与空间布局上大不相同，但总的来说，旅馆的内部空间始终围绕客房、公共区域与后勤办公区域展开，民宿的空间则往往围绕主人生活与客房、公共区域与后勤办公区域展开。利用住宅开设的家庭式民宿受住宅本身布局的影响较大，独立式民宿的设计则与旅馆设计原理相同，下面就主要针对我国当今独立式民宿的设计要点展开梳理。

13.2.2 选址与布局

1. 旅馆民宿的选址

首先，旅馆民宿建筑的选址应符合当地城乡规划的要求，尤其在城市风貌特殊的地段或风景区内，应严格服从上位规划要求。旅馆民宿的选址还应根据不同的类型，结合周边自然环境及文化氛围进行综合分析。

其次，旅馆民宿建筑的选址应符合下列规定：

①应选择工程地质及水文地质条件有利、排水通畅、日照条件且采光通风较好、环境优美的地段，并应避开可能发生地质灾害的地段；

②应避开有害气体和烟尘影响的区域内，且应远离污染源和储存易燃、易爆物的场所；

③宜选择交通便利、附近的公共服务和基础设施较完备的地段。

另外，旅馆民宿建筑的选址需要考虑交通便利性，尤其身处交通枢纽地段的旅馆和民宿，更需要与机场、车站等交通设施联系方便，而类似度假旅馆民宿的类型则可选择相对僻静的地方，但仍需要考虑方便到达。旅馆民宿建筑的选址不仅要考虑有一个适宜的环境，还要充分考虑利用周围服务设施和现有基础配套设施的可能性，使其具备最佳使用条件。

总的来说，旅馆民宿的选址在宏观上更依赖于城市经济、旅游资源和社会人文。在满足宏观选址因素的前提下，主要包括城市型选址、度假型选址和两者兼具型选址。

1）城市型选址

旧建筑改造的旅馆或民宿一般选址于历史街区或特色风貌区域，并在设计理念上一定程度地贴合了当地的历史背景与风貌特色。新建旅馆民宿常选择城市特色风貌区域或商业区，选择商业区的旅馆民宿与城市功能互补，其既可为商业中心提供住宿条件，又可借商业中心的巨大客流提高入住率。

2）度假型选址

度假型选址常位于景观资源丰厚的风景名胜区，或是别具地域特色的乡村小镇，注重环境和自然景观视线，并且交通易达。旅馆民宿与风景名胜区的结合，一方面，应符合以旅游为目的的消费特征；另一方面，旅馆民宿的主题可取自景区文化并借此塑造与室外风景相关的室内主题体验，使服务体验与自然景观相辅相成。

3）两者兼具型选址

在旅游资源发达的城市如北京、上海等，部分旅馆民宿往往兼具了城市型和度假型选址的双重特征。尤其是一些成规模的历史保护街区，作为城市的重要地段，兼具商业和度假功能，也可成为旅馆与民宿较好的选址地点，可借助选址构建“大隐隐于市、小隐隐于野”的氛围特征。

如北京颐和安缦酒店地处颐和园东门，毗邻皇家园林颐和园。酒店在原有部分历史建筑的基础上进行修复和扩建，外形风貌上汲取北方传统官式建筑院落的特征，与颐和园内的古建筑融为一体，如图 13-2-1 所示。

图 13-2-1　北京颐和安缦酒店实景图

（资料来源：颐和安缦官网）

2. 旅馆民宿的布局

旅馆民宿总平面布局随基地条件、周围环境状况、旅馆等级和类型等因素而变化，根据客房部分、公共部分、餐饮部分及行政后勤部分的不同组合，可概括为表 13-2-1 中的几种布局方式。

表 13-2-1　旅馆民宿建筑总体布局方式

布局方式	示意简图	布局特点	基地面积	类型与总体特点
分散式	□□□ ▨▩ (平面)	客房、公用、后勤各部分相对分散，各自单栋独立	大	郊野、景区、乡村的旅馆民宿，低层客房与公共部分掩映在庭院绿化中

续表

布局方式		示意简图	布局特点	基地面积	类型与总体特点
集中式	水平集中	(平面)	客房、公用、后勤各部分相对集中，在水平方向连接	适中	旅馆民宿客房部分设在多层或高层建筑，低层为公共部分，以廊连接，并围合成庭院
	竖向集中	(剖面)	客房、公用、后勤各部分集中在一栋楼内，上下叠合	小	城市旅馆，客房部分设在多层或高层建筑，总体绿化面积较少
	水平、竖向相结合	(剖面)	客房部分集中于多层或高层，公用、后勤部分集中在裙房	较小	城市旅馆，客房部分设在多层或高层建筑，裙房外有庭院绿化，裙房内可设中庭或小庭院
分散、集中相结合		(平面) (剖面)	客房部分相对分散，公用、后勤部分相对集中	较大	城市或城郊旅馆民宿，高低、多层建筑相结合

图例：客房部分 公用部分 行政后勤部分

1）分散式布局

总平面以分散式布局的旅馆，基地占地面积较大，客房、公共、行政后勤部分等不同功能的建筑可按功能分区分别建造，多数为低层建筑，建造工期短，投资较为经济。其各幢客房楼可按不同等级采取不同标准，有广泛的适应性。

但分散式布局也存在设备管线长、服务路线长、能源消耗增加、管理不便等问题。同时，按小楼配备服务员与工作模数相差较多，还需增加服务员人数，不够经济。

2）集中式布局

（1）水平集中式

市郊、乡村或风景区的旅馆民宿总体布局常采用水平集中式。客房、公共、餐饮、行政后勤等部分各自相对集中，并在水平方向连接。按功能关系、景观方向、出入口与交通组织、外观设计等因素有机结合，庭院穿插其中。用地较分散式更为紧凑。

各类用房可按不同的结构体系、跨度、层高设计，分别施工。客房楼多数为低层、多层建筑，便于化整为零，吸取当地建筑传统进行新的外观设计创作。客房与公共部分有良好景观与自然采光通风条件。一般水平集中式的交通路线和管线仍然较长。

（2）竖向集中式

适于城市中心、基地面积较小的多层、高层旅馆民宿，其客房、公共、行政后勤服务部分在一幢建筑内竖向叠合，垂直运输靠电梯、自动扶梯解决。竖向集中式由于结构的限制，对公共部分大空间的设置有一定难度。

(3) 水平与竖向结合的集中方式

此即高层客房楼带裙房的布局方式，是国际上城市旅馆普遍采用的总体布局方式，既有交通路线短、结构紧凑、经济的特点，又不像竖向集中式那样局促。随着旅馆与民宿规模、等级、基地条件的差异化，裙房公共部分的功能、空间构成也有许多变化。

3）分散与集中相结合的布局

当旅馆民宿基地面积较大、对客房楼高度有某种限制、对客房数量又有一定需求时，常采用客房部分分散、公共部分集中这一分散与集中相结合的总体布局方式。如一些风景区内的旅馆民宿，环境要求客房楼体量要避免过于庞大而破坏景区风貌，常采用客房部分分散、并于首层与公共部分连成一片的分散与集中相结合的布局形式，采用此方式可形成丰富变化的庭院，朝向内部的客房因借景于庭院还可以欣赏到较好的景观。

13.2.3 设计要点

1. 总平面设计

1）总平面组成

①旅馆民宿的总平面通常由建筑用地、广场用地、道路、停车场、庭院绿化用地与户外活动场地等组成，如图 13-2-2 所示。

图 13-2-2 总平面功能组成示意图

②总平面组成可随基地条件、旅馆等级、规模、性质等的不同而变化。根据需要，还可考虑设置露天茶座、网球场、游泳池及高尔夫球场等。其交通组织示意图如图 13-2-3 所示。

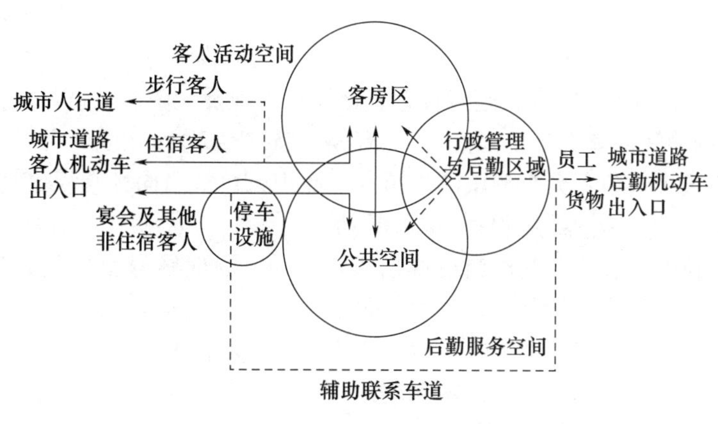

图 13-2-3 交通组织示意图

2）总平面设计要求

（1）满足城市规划与城市设计的要求

新建的旅馆民宿总体设计应首先满足城市规划与城市设计的要求，设计构思与约束条件结合。同时，充分解读上位规划中区域的发展，调研分析周边环境及使用人群，并对其进行定位。

（2）争取良好景观，提高环境质量

无论是城市、乡村还是风景区，旅馆与民宿的总体设计均需充分考虑景观资源，包括自然景观、人文习俗、历史文化、名胜古迹与各种建筑物、构筑物形成的视觉形象。即使在城市中，错落有致的低层建筑屋顶、镶嵌其中的小庭院绿化和高层建筑的天际线也构成充满活力的城市景观。总体设计时，旅馆民宿的客房和主要公共活动部分应朝向良好的景观方向，尽量避免杂乱无章的场所映入眼帘。建于山坡、水边的旅馆民宿则应为尽可能多的客房纳入优美的湖光山色。

位于风景区内的旅馆民宿拥有得天独厚的自然景观资源，在进行总体设计时还需遵循的另一条原则是：尽最大可能保护自然景观，严格遵守相关上位规划对自然资源的保护。在总体设计中，基地内的古树、山石、古迹等尽量保留，对基地附近的名胜古迹尽量维持最佳观赏视角，旅馆民宿的外观设计应与自然环境相融合，建筑本身也可作为景观而生成更多层次。

总平面设计时应注意建筑与外部环境的相互作用，如对各部分的噪声状况做分区处理；注意防止外部和旅馆内各种设备的噪声、烟尘、废气等对公共部分和客房部分的影响；同时尽可能减少旅馆设备产生的噪声、烟尘、废气及污水对外部环境、邻近建筑的影响。

（3）区分客人及服务出入口

①出入口种类

旅馆的流线设计应首先注意客人流线与服务流线的互不交叉，以保证主次与效率。据此，在总平面设计中也需严格区分旅客的活动区、出入口，职工活动区、职工与货物的出入口，如图 13-2-4 所示。

a. 旅客出入口：最主要的出入口，宜在主要道路旁、建筑中最突出、最明显的位置，用于乘车及步行到达的旅客进出，需有车道与停车位，一般旅馆车行道宽至少 5.5m ，以便两辆小客车通行，车行道上部净空一般应高于 4m ，以保证大客车通过。当室内外高差大时，除台阶外，还应设置行李搬运坡道及无障碍坡道，轮椅坡道一般为 1∶12 ，坡道的净宽度宜大于 1.35m，无障碍坡道转弯部分净宽度应大于 1.5m。

b. 宴会客人出入口：大中型城市旅馆常设此出入口。当向社会提供宴会等服务时，大量非住宿客人人流不会影响住宿客人的活动。

c. 团体旅客出入口：大型旅馆设此出入口，便于及时疏导集中的人流，减轻其他旅客入口的人流压力。

d. 员工出入口：位于内部工作区域；位置隐蔽，不让客人误入，使用时间较集中，有的小型旅馆将职工与物品出入口合并使用。

e. 货物出入口：应靠近仓库与厨房部分，远离旅客活动区。一般旅馆需考虑货车停靠、出入及卸货平台；大型旅馆需考虑食品冷藏车的出入，并应注意将食品与其他物品的平台与出入口分开，以利清污分流。另外，还应分设垃圾、废弃物出口，其应位于下风向，与食品、物品出入口和平台分开。

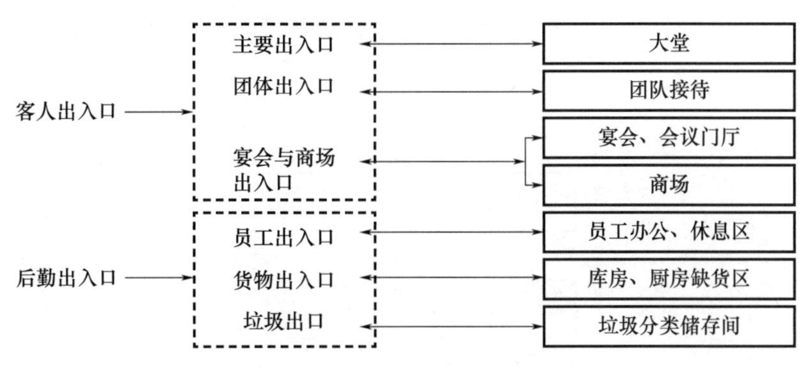

图 13-2-4　出入口组织示意图

②出入口位置

为保证步行至旅馆的客人的安全，旅馆总平面应在旅馆入口道路靠近建筑一侧，与城市步行道相连，并在旅馆入口处放宽。如步行道与城市人行道必须隔断，应将间断处选在离入口较远的位置。步行道不应穿过停车场，需避免与车行道交叉。

2. 流线设计

流线应是科学地组织、分析功能的结果，旅馆民宿的流线组织也是其服务水平的直接反映，其优劣直接影响其经营效果。流线设计除了需明确表现各部门的相互关系，使客人和工作人员都能流畅使用，还应体现主次关系和效率。旅馆的流线从水平到竖向，可分为客人流线、服务流线、物品流线和情报信息流线四大系统。流线设计的原则是：客人流线与服务流线互不交叉、客人流线应在便捷合理的基础上考虑所营造的空间感受、服务流线紧凑短捷、情报信息高效而准确。

1）客人流线

旅馆的客人流线可分为住宿客人、宴会客人、外来客人 3 种。为避免住宿客人进出旅馆及办手续、等候时与参加宴会的人群流线交叉，需将住宿客人与宴会客人的流线分开。无宴会厅的中小型旅馆、民宿客人流线示意图如图 13-2-5 所示，设有宴会厅的大型旅馆客人流线示意图如图 13-2-6 所示。

（1）住宿客人流线

住宿客人有团体客人与零散客人之分，大中型旅馆为适应团体客人的集散需要，常在主入口边设专供团体客车停靠的团体出入口，并设团体客人休息厅。

（2）宴会客人流线

大型旅馆设有宴会厅，承担相当的社会活动功能，需单独设宴会出入口和宴会门厅，小型旅馆民宿则不必单独设置。宴会出入口应有过渡空间，与大堂及公共活动、餐饮设施相连，避免各部分单独直接对外。

（3）外来客人流线

外来客人一般指进入旅馆的当地人士，除住宿外也可让访客进入餐饮及公共活动场所。多数旅馆对外来客人如同住宿客人一样，也从主入口出入。若设有一定规模的对社会开放的餐厅、商店等，出入口也可单独设置。

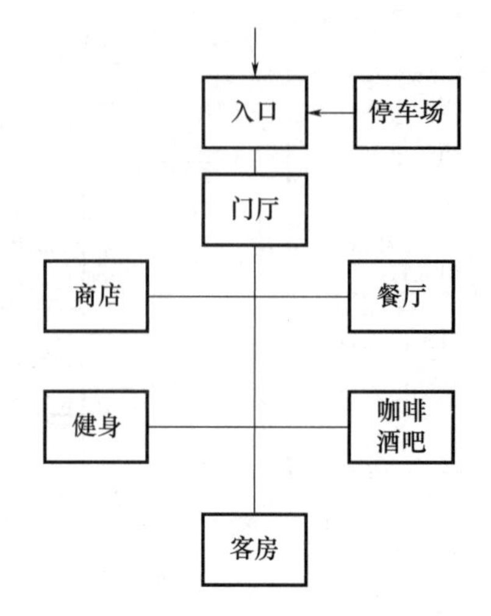

图 13-2-5　中小型旅馆、民宿客人流线示意图

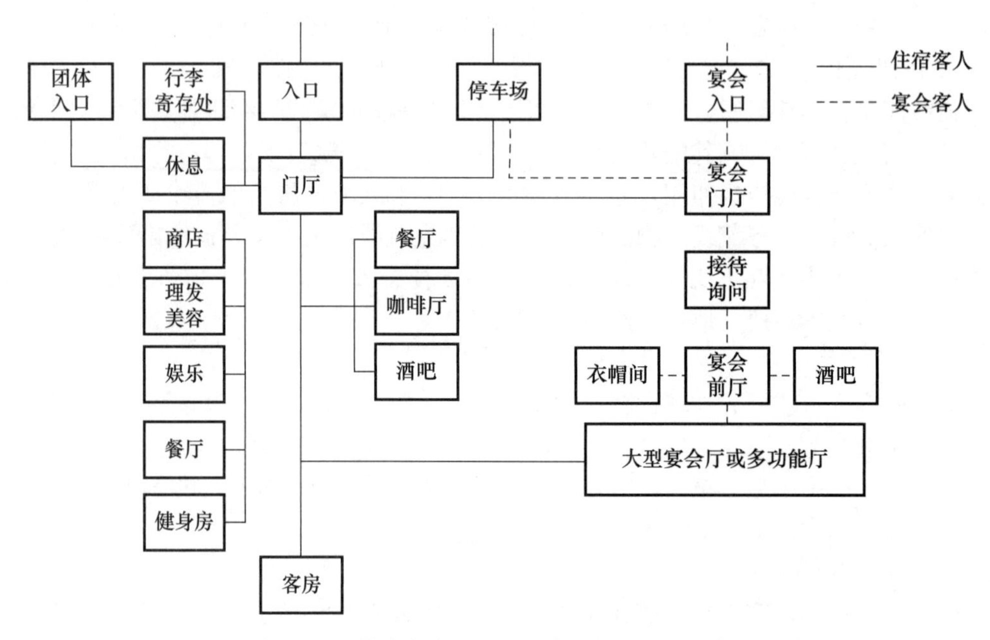

图 13-2-6　设有宴会厅的大型旅馆客人流线示意图

2）服务流线

现代旅馆民宿的管理与服务质量水平和我国传统旅馆的区别之一就是客人流线与服务流线的严格区分和避免交叉，应提高服务质量与后台运作效率。工作人员从专用的出入口进出，首先更衣，待穿好制服自服务梯进入各自岗位，既可给旅客留下良好印象，也是不同员工团队进行高效管理的基础，更是厨房员工统一人员卫生标准的有效方式之一。服务流线分析示意图如图 13-2-7 所示。

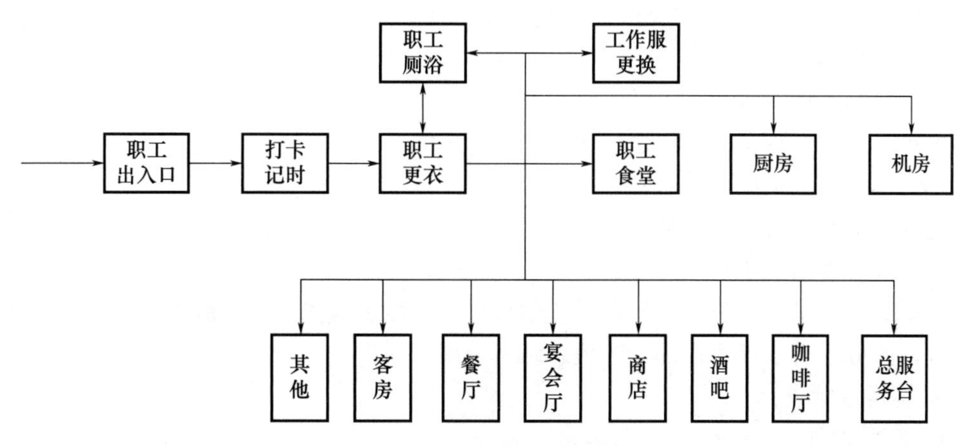

图 13-2-7　服务流线分析示意图

3）物品流线

为了提高工作效率、保证清洁卫生，大中型旅馆均需设计物品流线，其中以布件进出量最大，若旅馆本身无洗衣房更需每日进出大量的干净与脏污布件；饮食品也需每日补给，其流线应严格遵守卫生防疫部门的规定，清污分流、生熟分流。旅馆应及时清理垃圾及废弃物，从收集、分类、清洗或冷冻到处理的路线需避免对清洗的其他部门的干扰。物品及垃圾处理流线分析示意如图 13-2-8 所示。

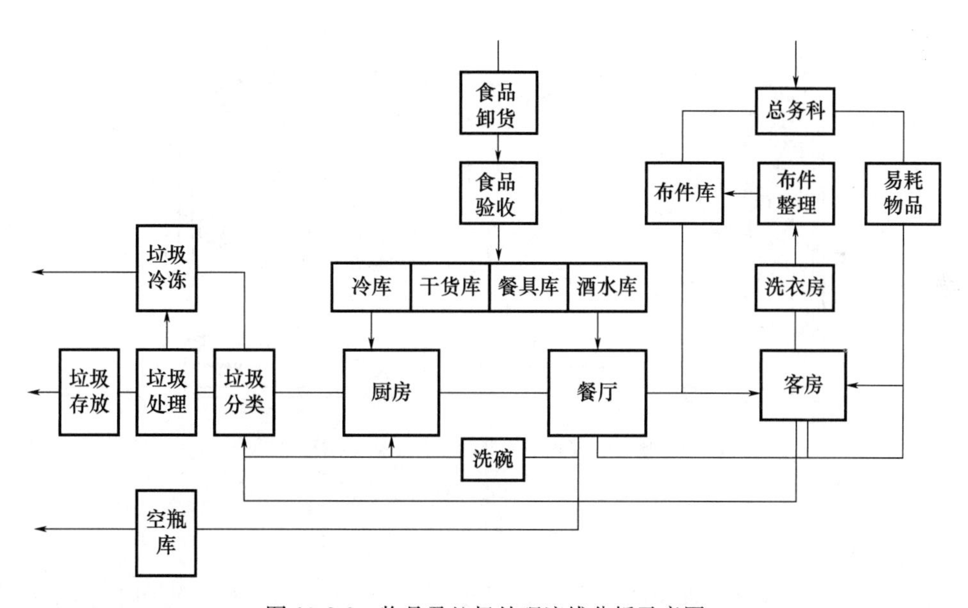

图 13-2-8　物品及垃圾处理流线分析示意图

4）情报信息系统的流线

在大、中型旅馆中，情报信息系统是由电脑、各场所的终端机及连接两者的通信电缆构成的，电脑是该系统的中心，用以提高旅馆的管理水平、效率。

情报信息系统主要由以下系统组成：

（1）总服务台系统

处理总服务台业务和客房状况显示，随时掌握客房的状况，如“有客”“正在打扫”“已预约”“待租”等。

（2）冰箱管理系统

冰箱内饮料、酒类被动用之后自动记账管理的系统。

（3）办公管理系统

处理各类财务报表等业务。

（4）设备控制系统

对电、气、水、消防、电梯等设备运行情况的显示与监控。一般小型旅馆常采用人工管理、服务，有条件者在部分管理系统中采用电脑。

3. 客房区域设计

1）客房设计

旅馆客房类型有标准单床间、标准双床间、行政套房、豪华套房和总统套房等。不同类型旅馆房型配置不相同，一般旅馆只设单间（大床房）、标准间（双床房）和少量套房，多数套房仅占2%～5%的比例；高星级旅馆会设置总统套房。

一间标准的客房主要由睡眠、起居、电视、书写、卫浴、储藏等几个功能区域组成，如图13-2-9所示。客房的设计要求尺度适宜，长宽比不宜超过2：1，平面尺寸应适合家具的布置。客房净高应≥2.4m，卫生间净高应≥2.2m，客房内过道净宽应≥1.1m，客房入口门的净宽应≥0.9m，门洞高度应≥2.1m。

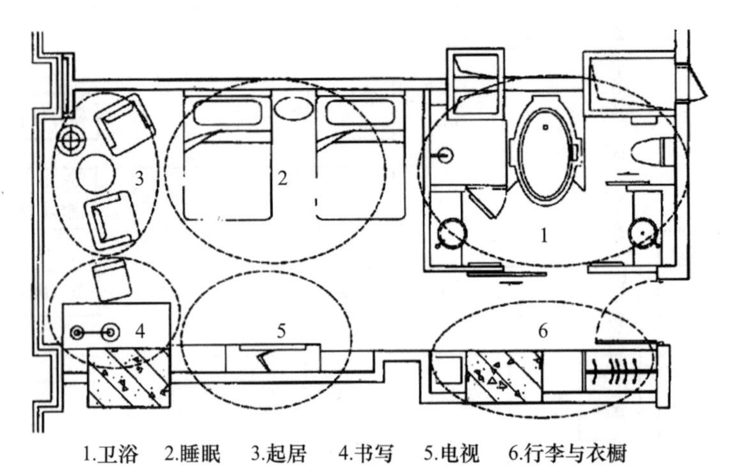

图13-2-9 客房功能区域构成

（1）标准间

在一个自然间内满足客房的基本功能要求，形成一个包括住宿空间和卫生间的独立空间，称为标准间，标准间构成了客房层的基本单元。标准间放一张大床为标准大床间，放两张单人床为标准双床间，如图13-2-10所示。不同等级、类型的旅馆标准间的类型也不同，见表13-2-2。

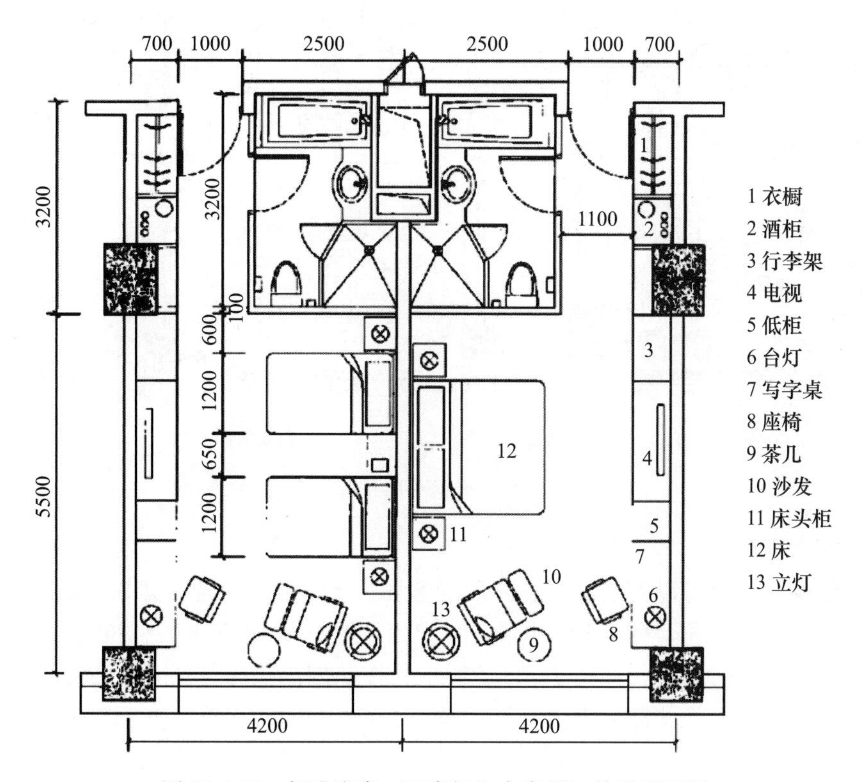

图 13-2-10 标准客房（双床间和大床间）单元平面图

表 13-2-2 客房标准间类型参考

类型	睡眠区		卫生间		露台		合计面积	
	面宽×进深（m）	面积（m^2）	长×宽（m）	面积（m^2）	长×宽（m）	面积（m^2）	面宽×进深（m）	面积（m^2）
经济	3.8×4.5	14.85	1.8×1.5	2.70	—	—	3.3×6.0	19.80
舒适	3.6×5.1	18.36	1.8×2.1	3.78	—	—	3.6×7.2	25.92
中档	3.9×5.7	22.23	1.8×2.7	4.86	—	—	3.9×8.4	32.76
高档	4.2×6.0	25.20	2.1×2.7	5.67	—	—	4.2×8.7	36.54
豪华	4.5×6.6	29.70	2.4×3.4	8.16	—	—	4.5×10.0	45.00
度假 A	4.5×6.0	27.00	2.7×3.6	9.72	4.5×2.0	9.0	4.5×11.6	52.20
度假 B	5.0×6.0	30.00	3.8×4.0	15.20	5.0×2.0	10.0	5.0×12.0	60.00

注：表中“面宽×进深”“长×宽”所示尺寸为墙中心线间距。

（2）套房

将起居、活动、阅读和会客等功能与睡眠、化妆、更衣和淋浴功能分开设置，由两个或 3 个自然间布置成套房，套房平面布置示意图如图 13-2-11 所示。

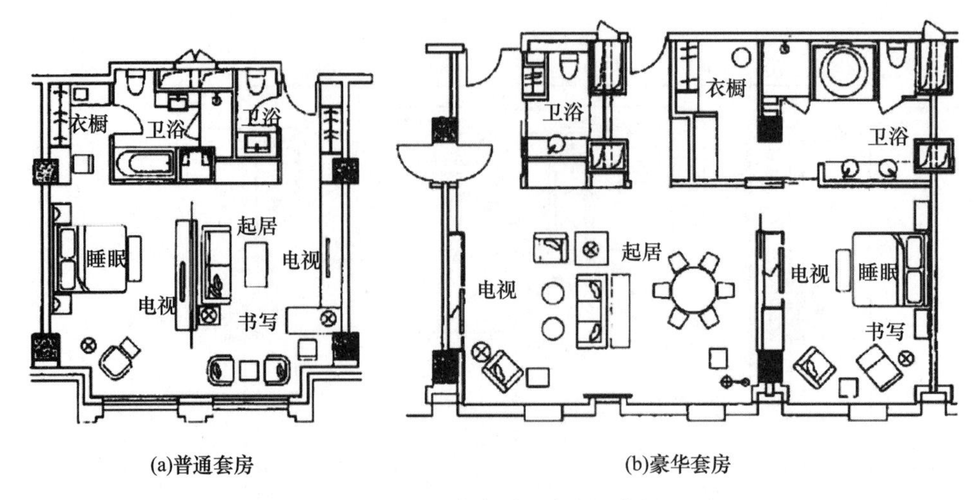

图 13-2-11　套房平面布置示意图

（3）客房卫生间

客房卫生间设计应以方便使用、体现舒适和易于清洁为原则，并根据旅馆的等级和类型确定卫生间的面积、标准和洁具配置，见表 13-2-3。最基本的标准配置由洗漱台、坐便器、浴缸和淋浴组成，如图 13-2-12 所示。按照国内旅馆等级，一、二级旅馆洁具数量不应少于两件（坐便器与洗手盆），三级以上旅馆洁具数量应在三件及以上（坐便器、洗手盆及盆淋浴），其布置如图 13-2-13 所示。客房卫生间门洞宽度应≥0.70m、高度应≥2.0m；地面及墙面应选择耐水易洁面材，地面应做防水层，并有泛水和地漏。浴缸和淋浴区域的墙面进行防水处理。无障碍客房卫生间的空间要求与设施配置要求，以及细部尺寸设计，应按照《无障碍设计规范》（GB 50763—2012）要求规定，并参照相应的国家建筑设计标准图集。同时应满足旅馆品牌的相应标准。

表 13-2-3　客房卫生间设置及器具配置要求

旅馆等级	内容
一星	客房内应有卫生间或提供方便宾客使用的公共卫生间，客房卫生间及公共卫生间均采取必要防滑措施
二星	至少 50％的客房内应有卫生间，或每一楼层提供数量充足、男女分设、方便使用的公共盥洗间。客房卫生间及公共盥洗间均采取有效的防滑措施
三星	客房内应有卫生间，装有抽水马桶、梳妆台（配备面盆、梳妆镜和必要的盥洗用品）、浴缸或淋浴间。采取有效的防滑、防溅水措施，通风良好。采用较高级建筑材料装修地面、墙面和顶棚，照明效果良好；有良好的排风设施，温湿度与客房适宜；有不间断电源插座；24h 供应冷、热水
四星	客房内应有装修良好的卫生间。有抽水马桶、梳妆台（配备面盆、梳妆镜和必要的盥洗用品）、有浴缸或淋浴间，配有浴帘或其他防溅设施。采取有效的防滑措施。采用分区照明；有良好的低噪声排风设施，温湿度适宜。有 110/220V 不间断电源插座、电话副机。配有吹风机。24h 供应冷、热水，水龙头冷热标识清晰。所有设施均方便宾客使用

续表

旅馆等级	内容
五星	客房内应有装修精致的卫生间。有高级抽水马桶、梳妆台（配备面盆、梳妆镜和必要的盥洗用品）、浴缸并带淋浴喷头（另有单独淋浴间的可以不带淋浴喷头），配有浴帘或其他有效的防溅设施。采取有效的防滑措施。采用豪华建筑材料装修地面、墙面和顶棚，色调高雅柔和。采用分区照明且目的物照明效果良好。有良好的无明显噪声的排风设施，温湿度与客房无明显差异。有 110V/220V 不间断电源插座、电话副机。配有吹风机，24h 供应冷、热水，水龙头冷热标识清晰。所有设施均方便宾客使用
白金五星	不少于 50％的客房卫生间淋浴与浴缸分设；不少于 50％的客房卫生间干湿区分开（或有独立的化妆间）；所在套房供主人和来访客人使用的卫生间分设等

注：本表摘自《旅游饭店星级的划分与评定》（GB/T 14308—2010）。

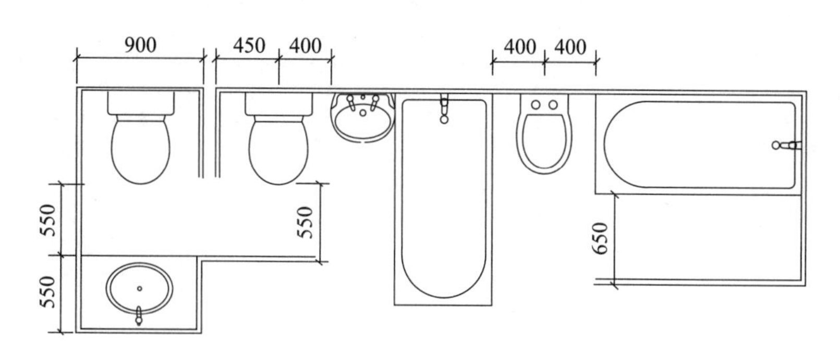

图 13-2-12　卫生间洁具平面尺寸示意图

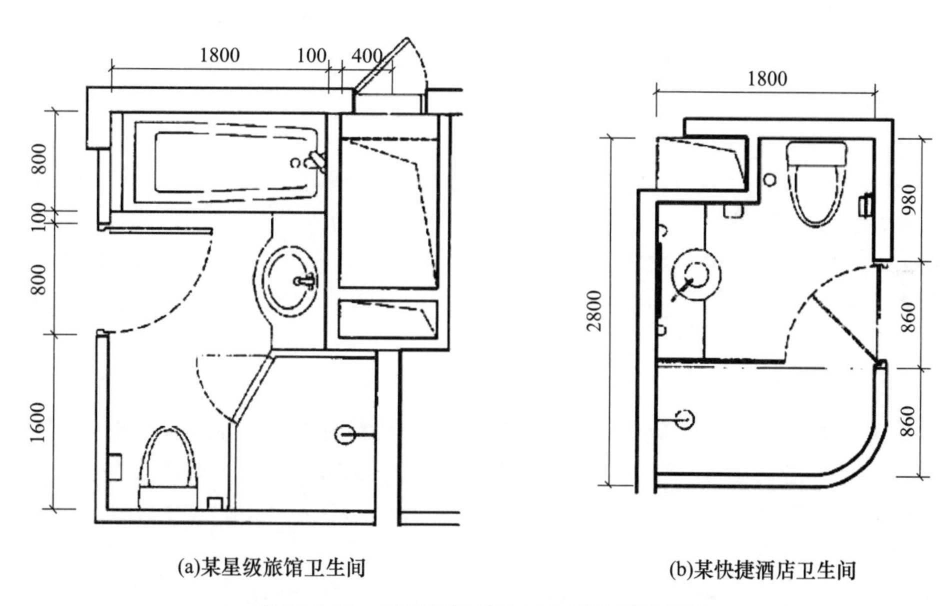

图 13-2-13　不同等级旅馆卫生间平面示意图

2）客房层空间组合设计

旅馆的客房楼层布局灵活多变，但基本原则还是充分利用景观朝向。无论是新建或是改建，在总平面设计时都要通过“借景”与“造景”的手法，以使客房价值实现最大化。常见的客房楼层布局按客房布置形式有单排式、双排式、外环式、内环式、院落式、分散式和混合式，见表 13-2-4。

表 13-2-4　常见的客房楼层布局形式

单排式	双排式	外环式	内环式
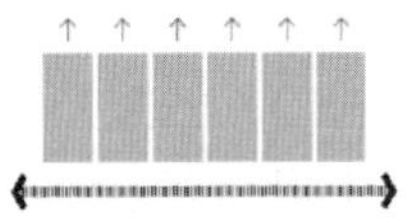	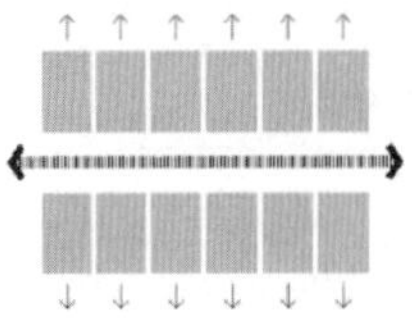	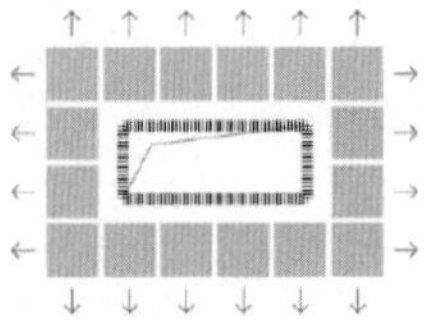	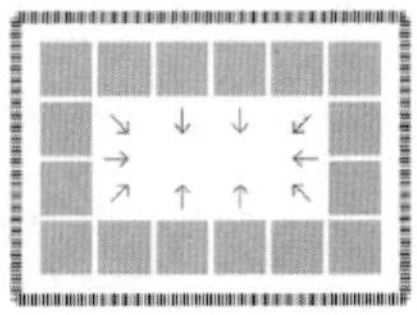

院落式	分散式	混合式
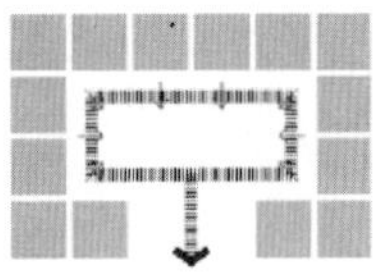	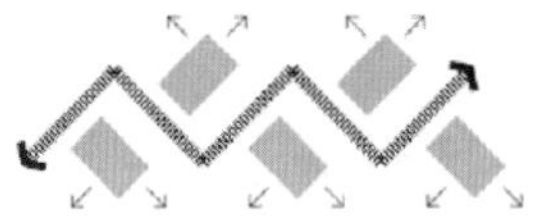	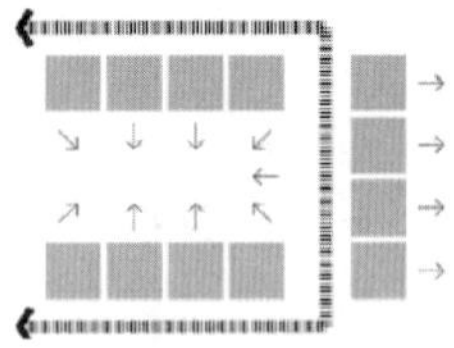

4. 公共休闲区域设计

旅馆民宿在设计中发掘一切可利用的空间价值，不仅扩大了建筑使用面积，而且通过赋予其一定的休闲功能，使之成为可供宾客驻足、休憩、社交、观景的空间，常作为旅馆民宿的一大亮点。

1）屋顶平台

现代城市中的旅馆和民宿常因基地狭小而绿化覆盖率不足，近年来逐渐发展为以垂直绿化和屋顶花园作补充。如有的旅馆把绿化、山石、水体引上屋顶，或在裙房顶设屋顶花园，使与花园同层的公共部分如同围合庭园，景致优雅。屋顶花园内除了花坛绿化，还常设有游泳池、池边酒吧、咖啡茶座等。设计屋顶花园需因地制宜，特别要注意气候的影响，有水体的还需妥善解决防渗漏问题。

2）中庭和天井

无论是新建还是改建的旅馆民宿，中庭和天井都是改善环境景观、提升空间整体体验的常见设计手段。中庭和天井是对建筑体量的一个立体切割，为客房或公共区域的采光和视线创造了条件。

3）民宿共享厨房

现在的民宿大多配备了厨房，由民宿主人亲自下厨或擅长烹饪当地食物的厨师制作，有的民宿则让住客自由使用厨房而形成共享厨房。在共享厨房中，烹饪活动成为串联起民宿主人和住客之间感情的桥梁，此时的厨房也成为了增进民宿归属感的重要场所。共享厨房可设于家庭式民宿的套房内，也可在分散式布局的民宿中择一栋建筑，将底层打造为共享厨房与餐厅空间，如图 13-2-14 所示。

图 13-2-14　香港赛马会摩星岭青年旅舍共享厨房

5. 后勤区域设计

为保证旅馆经营正常运作，旅馆内各类管理与服务区域统称为后勤区，主要包括货物和员工进出口、库房、厨房、行政办公室、人力资源部与员工用房、客房部与洗衣房、工程部与设备机房以及垃圾站。

后勤区的功能配置和标准是根据旅馆经营而确定的。在满足旅馆品牌要求的前提下，有的旅馆将洗衣服务采取外包方式；而民宿不设餐饮服务，只设共享厨房，则其配置可以更加简化。后勤部分面积根据旅馆星级标准不同而有所增减，大中型旅馆一般控制在总建筑面积的 15%～20%。其主要用房分类及参考指标见表 13-2-5。

表 13-2-5　后勤区主要用房分类及参考指标

部门类别	面积参考指标
厨房、食品库房	厨房：1.0～1.3m^2/座；食品库：0.37m^2/间客房
布草库、洗衣房、客房部	布草（棉织品）库：0.2～0.45m^2/间客房； 洗衣房：0.65m^2/间客房；客房部：0.2m^2/间客房
卸货区、垃圾间、总库房	卸货区：0.15m^2/间客房；垃圾间：0.07～0.15m^2/间客房； 总库房：0.2～0.4m^2/间客房
工程部	工程部：0.50～0.55m^2/间客房
行政办公用房	约占总建筑面积的 1%，1.15m^2/间客房
人力资源部和员工用房	约占总建筑面积的 3%，3.5m^2/间客房
设备机房	占总建筑面积的 5.5%～6.5%

1）后勤区流线

后勤区流线设计必须满足国家消防、卫生防疫、燃气等专业设计规范，且合理、便捷、清晰，满足酒店管理公司的标准和使用要求。

后勤区流线复杂，包含员工上下班流线、内部服务人员流线、厨房进出货和送配餐流线、垃圾清运流线、洗衣房流线等。后勤服务流线应避让客用流线，避免交叉或重叠。高层旅馆的后勤区域通常布置在地下层或半地下层，除对消防要求较高的功能外，一般将高层的裙房底层尽量都作为旅馆的商业经营用途。

后勤区大多采用集中布置。临近货物进出口布置装卸平台、库房、厨房以及垃圾站；临近员工进出口布置人力资源部与员工用房；工程部与设备机房宜布置在整个旅馆的负荷中心。旅馆的货物和员工进出口应尽量隐蔽，避免对旅馆主入口和外部形象造成影响。如图 13-2-15 所示。

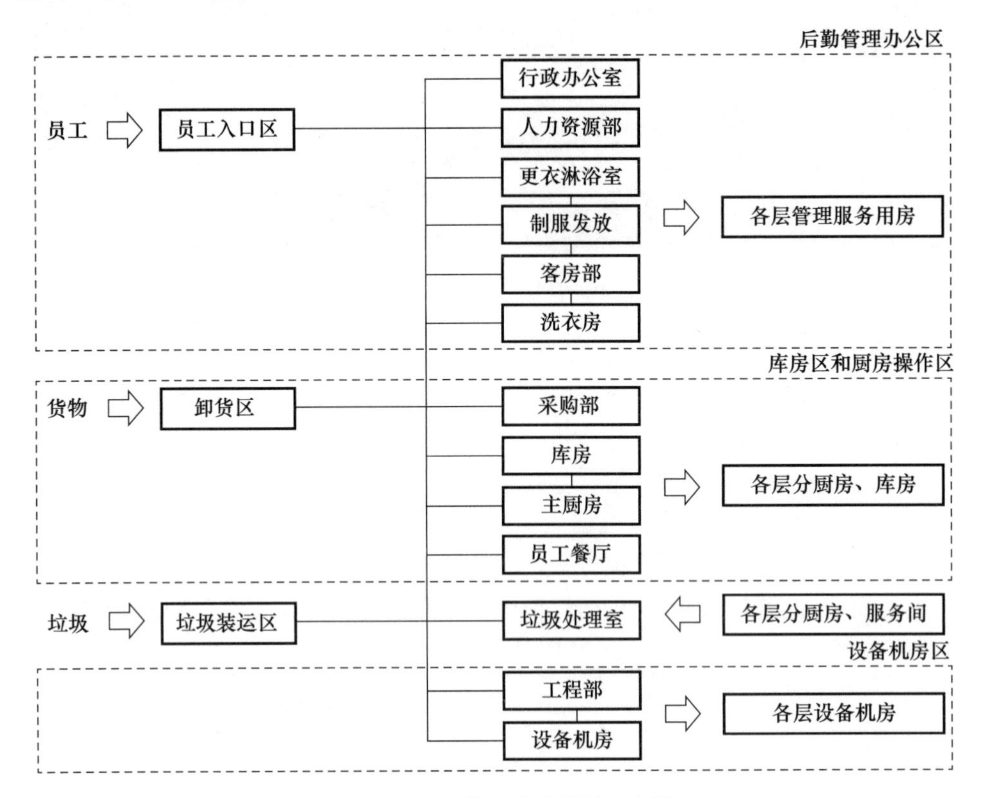

图 13-2-15　后勤区流线设计示意图

2）行政办公区

小型旅馆民宿只需设置部分办公室，大中型旅馆行政办公区由总经理室、市场营销部、前台部、财务部、会议室等构成。市场营销部内设销售部、公共关系部、会议服务部、宴会部、广告部等部门；前台部处在酒店的大堂区，其与行政办公区必须保持密切联系，通常会设专门的通道或楼（电）梯与行政办公区联系；前台办公须与前台紧密联系。通常情况下行政办公区可围绕前台周边或上下楼层设置。

3）人力资源部与员工区

人力资源部包括接待面试室、办公室和培训教室。员工区的主要构成包括入口区、男女更衣淋浴区、制服间、员工餐厅和员工餐厅厨房、员工活动室。大中型旅馆宜设医疗室，为员工服务兼小型急救室，并配置供排水点位和专用男女公用卫生间。员工更衣淋浴区应尽量靠近酒店员工出入口处，包含员工私人物品存放、更衣和淋浴、卫生间等用房。更衣室的设计应确保不必通过淋浴区即可到达，应考虑视线遮挡。卫生间要满足从员工通道直接进入，不必穿过更衣间即可到达。人力资源部与员工区联系紧密，平面上应整体布局。同时，员工区与洗衣房、制服间之间应有便捷的联系。

4）洗衣房

洗衣房一般由污衣间、水洗区、烘干区、熨烫、折叠、干净布草存放、制服分发、服务总监办公室和空气压缩机加热设备间构成。污衣滑道（槽）必须与污衣间紧密联系，直通洗衣房。不设污衣滑道时，由服务员各层收集后送至洗衣房。一些城市酒店不设洗衣房或简易洗衣机，采取外包清洗。

洗衣房位置必须贴邻或靠近酒店服务电梯和污衣槽。洗衣房不应布置在宴会厅、会议室、餐厅、休息室等房间的上、下方，应做好设备的减振降噪、房间的隔声和吸声处理。洗衣房会使用洗涤剂、去污剂等含有气味或有毒化学品，应有良好的通风排气装置。

5）客房部/布草间

客房部又称管家部，负责客房打扫、清洁和铺设等工作，并提供洗衣熨衣、客房设备故障排除等服务，其位置应与洗衣房紧密相连。为方便从员工更衣室到达，客房部必须与服务电梯直接相邻。小型酒店与采用分散式客房布局的酒店的客房部一般采用集中式管家服务与布草管理。大中型酒店采用非集中式管理，在各客房层或隔层设服务间与布草间，邻近服务电梯。

6）后勤货物区

后勤货物区包括卸货平台、收发与采购部、库房3个紧密联系的部分，还包括垃圾清运平台。

7）厨房

若旅馆民宿内单独设对外营业的餐厅，厨房最好与餐厅在同一层紧邻布置，传菜便捷，并且不应与客人流线交叉。厨房与餐厅分层设置时，可将粗加工的主厨房布置在下层，并设专用餐梯送往各餐厅厨房，同时设垃圾梯收集垃圾运出。

厨房的面积与旅馆餐厅的规模大小、类型定位有直接关系，一般不少于餐厅面积的35%，或按0.7～1.2平方米/餐座计算。

主厨房也称中央厨房，集中将各类原材料粗加工成半成品，提供给各餐厅厨房使用，同时还承担面包糕点的制作，配备主厨办公室和存放食品、酒水、餐具、桌布等的库房和橱柜。大型旅馆除主厨房外，还为宴会厅、全日餐厅、中餐厅、风味餐厅等配备分厨房或备餐间，形成一个完整的厨房系统，全力满足各区餐饮服务。

厨房内部一般分为准备区、制作区、送餐服务区（备餐间）和洗涤区4个功能区块。其中备餐间是厨房与餐厅的过渡空间，在中小型餐厅中，以备餐间的形式出现；在大型餐厅以及宴会厅中，为避免餐厅内送餐路线过长，一般在大餐厅或宴会厅的一侧设置备餐廊；若仅是单一功能的酒吧或茶室，备餐间又称作准备间或操作间。

13.2.4　案例

1. 大理慢屋·揽清度假酒店

1）项目背景

“慢屋·揽清”（下文简称慢屋）是一个基于原有农宅的改扩建项目（改造前面积300m^2，改造后面积1000m^2）。从最初草图至施工结束共花了两年半时间，设计团队从选址策划、建筑方案及施工图设计、室内及景观设计全程把控，从策划、建造到建筑的使用都进行了思考。

慢屋位于大理洱海环海西路葭蓬村，葭蓬村是环洱海最小的自然村，村庄周围环绕着独有的自然景观——海西湿地，杨柳垂荫，芦苇飞絮，水鸟游弋，天蓝海清。整个村庄宁静秀美，五六间小客栈沿湿地岸线散布，慢屋就是其中之一。

2）设计理念与构思

慢屋的建筑师同时也是设计师，角色的转换使得这座酒店的设计更加注重使用者的感受、建筑本身的功能与空间的对话、环境的营造及社会责任。设计团队从精心策划，考虑使用者的体验，并在相对较低的建造成本情况下及在大理相对落后的施工技术条件下考虑空间品质，到社会责任感：在洱海环路市政管网不健全的背景下、在有限的投资成本下，花数十万元为项目配置中水系统，污水处理后可作为庭院景观用水，不向洱海排放任何污水——正是慢屋拥有着朴素的设计出发点："不做标新立异的建筑，而是一次'当代乡土'的尝试，让建筑真正地属于这个场地。"才能尽力去做到尊重自然环境与地域人文，注重设计的新旧关系，注重创新、设计创造价值，注重生态策略及环保——以此完善了建筑、人与环境之间的融合。

3）功能布局与建筑图纸

建筑在布局上控制尺度，多个坡屋顶与周围农宅的尺度相呼应。场地周围用取自本地的石头围墙作为边界，满足隔断作用的同时又使场地与周围保持着联系。

在建筑内部有着多层次的公共空间，与洱海隔着一条马路的场地条件让设计者采用下沉庭院和挑出二层平台的设计方式，实现了慢屋与洱海不同维度的连接。酒店内一共设有 13 间客房，每间客房都拥有独特的景观；共有 10 个不同的房型，通过设计创造多样性的体验。酒店与原有建筑交接处在结构处理和空间功能处理上都注重了自然与形态的延续。

在造价及当地施工条件限制下，慢屋关注现代建造与传统的关系，在常规的框架系统下用石头墙砌筑界面（当地工匠的一种成熟做法），用质朴材料营造客房度假氛围。家具陈设使用当地拆除的老木房梁改制，体现了时间的痕迹——如此来体现低技策略与旧物利用的在地性语言。

此外，慢屋也通过使用太阳能热水系统，充分利用当地气候优势，设置 10 吨级的中水处理系统，而不向洱海排放一滴污水；自净回用作为景观用水，以负责的态度强调着作为建筑设计的社会责任感；并且在客栈主入口设置了中水系统的展示窗口，以便客人传递环保设计理念。

其建筑外形、室内实景及建筑图纸如图 13-2-16～图 13-2-24 所示。

图 13-2-16　慢屋揽清外观实景
（资料来源：Archdaily，存在建筑）

图 13-2-17　慢屋揽清室内实景
（资料来源：Archdaily，存在建筑）

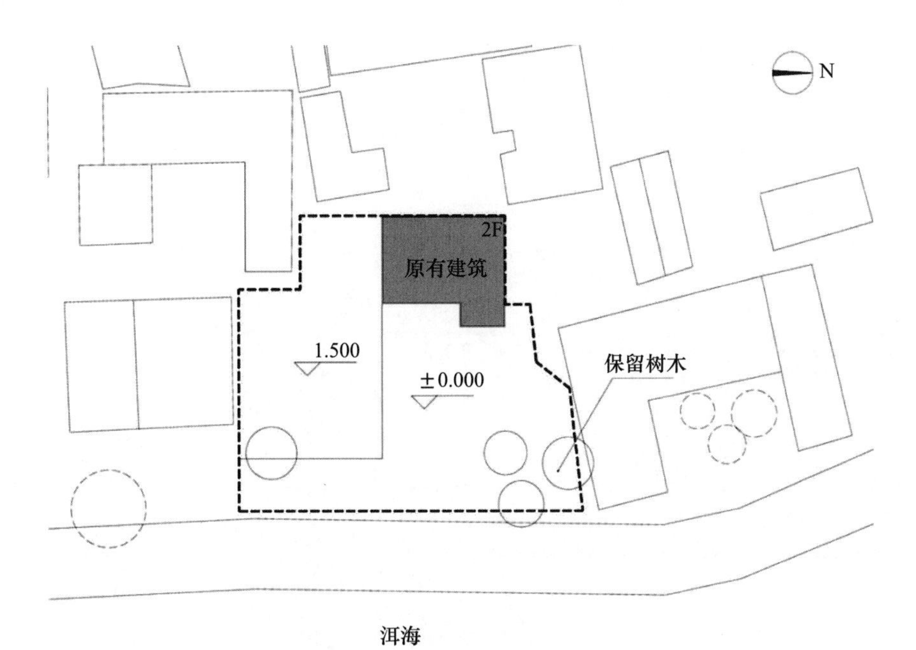

图 13-2-18　慢屋揽清场地状况示意图
（资料来源：Archdaily，元象建筑）

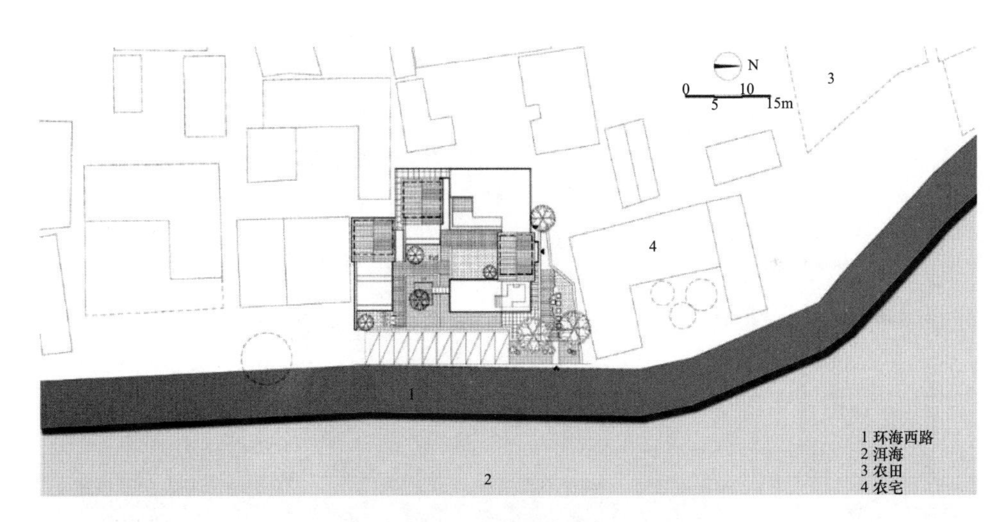

图 13-2-19　慢屋揽清总平面图
（资料来源：Archdaily，元象建筑）

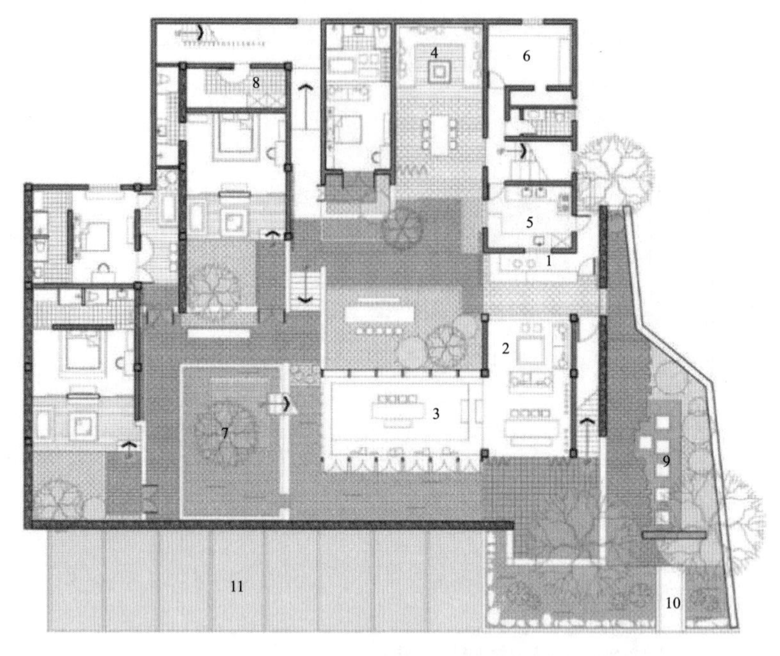

1.前台
2.休息厅
3.下沉书吧
4.火塘
5.厨房
6.库房
7.古茶树
8.洗衣房
9.中水系统展示区
10.入口小楼
11.室外停车

图 13-2-20　慢屋揽清一层平面图
（资料来源：Archdaily，元象建筑）

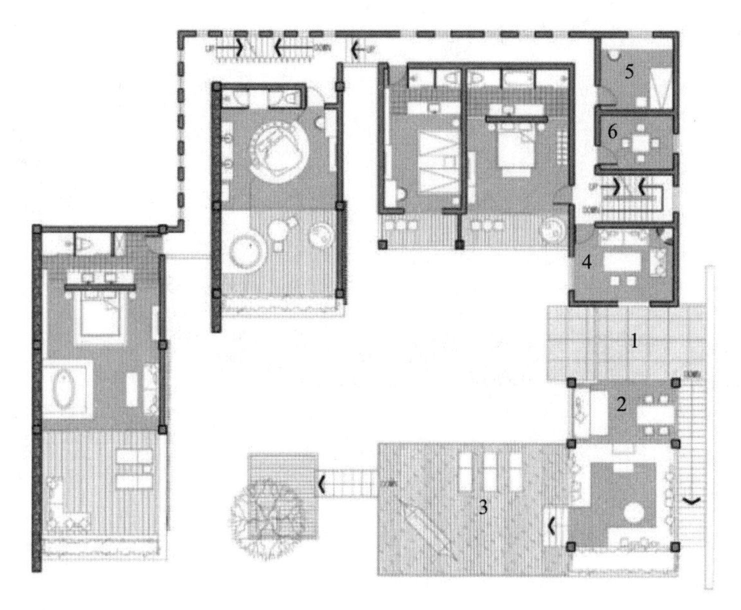

1.玻璃地面
2.休闲厅
3.户外平台
4.茶室
5.员工休息
6.棋牌室

图 13-2-21　慢屋揽清二层平面图
（资料来源：Archdaily，元象建筑）

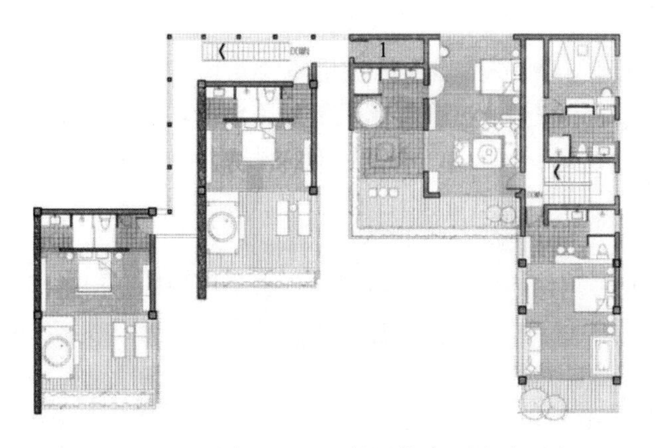

图 13-2-22　慢屋揽清 3 层平面图

（资料来源：Archdaily，元象建筑）

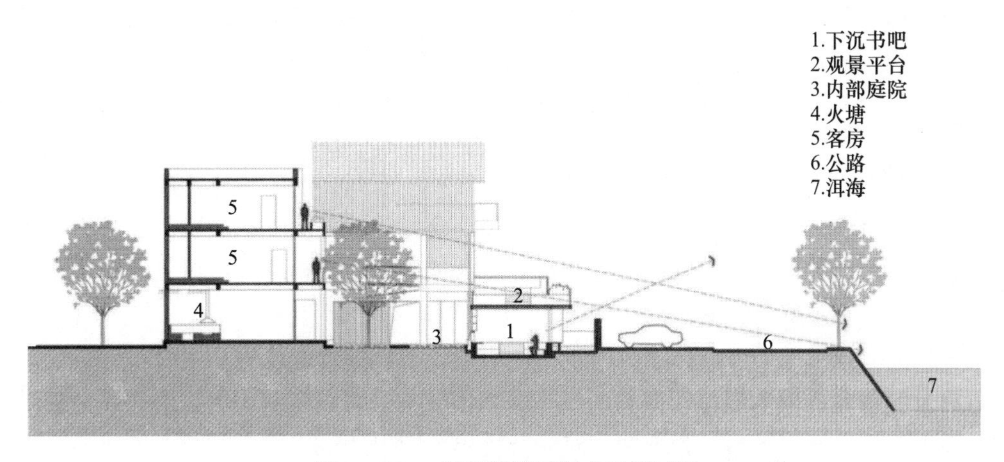

图 13-2-23　慢屋揽清下沉书屋剖面图

（资料来源：Archdaily，元象建筑）

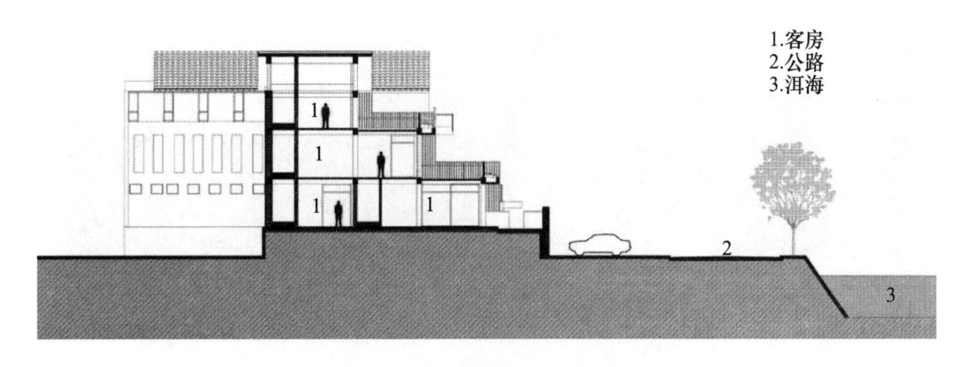

图 13-2-24　慢屋揽清退台客房剖面图

（资料来源：Archdaily，元象建筑）

2. 雅安茶岸精品民宿

1）项目背景

“茶岸”精品民宿位于四川雅安市名山区红星镇骑龙场。当地以茶山闻名，南观万亩茶田，北望川藏铁路。茶岸民宿身处高低起伏的丘陵之间，拥有超过 270°的良好景观面。项目包括公共空间、客房空间、后勤及会议空间 3 个功能体块，共计 1700 余平方米。

2）设计理念与构思

在四周都是景观资源的优越环境中，茶岸民宿不再采用内向化院落的传统郊区民宿的空间设计手段，而采用了大穿插、大面积透明化的外向型体量，使客人置身于建筑这一美景的观察容器，将人对自然的体验与融入最大化。

3）功能布局与建筑图纸

3 个体块以雪花形的方式穿插叠加，使除后勤空间外的每一功能单元有超过 120°的景观面。3 个体量的交点是整个建筑内核中的空间枢纽，设计师将其掏空为三角形户外中庭。围绕这一空间，形成高低、宽窄、收放、封闭与敞开的一系列空间变化，整座建筑的交通枢纽也从这里展开。代替了完全透明的玻璃盒子，局部的玻璃幕墙处理形成每个景观面的“取景框”，有选择地将不同的景观体验赋予到每一处空间中。

民宿内公共空间的设计强调塑造空间的多变与节奏：前台以两层通高空间开始，使客人率先感受到大尺度空间的疏朗；之后进入上空带有连桥的一段细走廊，逐渐将内部空间映入眼帘；进入中庭空间时，则通过室内室外、不同高度的平台，形成立体的高空间，体现项目最丰富的一面；之后的水景与多功能厅前厅再次收窄走廊，为最终的酒廊空间进行高潮前的铺垫；酒廊空间完全打开，与坡地阅读区相结合，让空间极简化，毫无遮挡地最大化其取景框的作用，如图 13-2-25 所示。

建筑外立面是简洁的白色加玻璃幕墙，与绿色的田野相得益彰，如图 13-2-26 所示。一层客房结合建筑形态设置错落的私密内院，餐厅外设置开放院落。泳池浮于茶田之上，南侧采用玻璃池壁，将翠绿的茶海、起伏错落的山丘、一望无际的天空以及炊烟袅袅的村落都纳入其中，达到风景与建筑内外的交融。

其建筑图纸如图 13-2-27～图 13-2-29 所示。

图 13-2-25　雅安茶岸民宿阅读区

（资料来源：谷德，使然建筑）

图 13-2-26　雅安茶岸民宿外观

（资料来源：谷德，使然建筑）

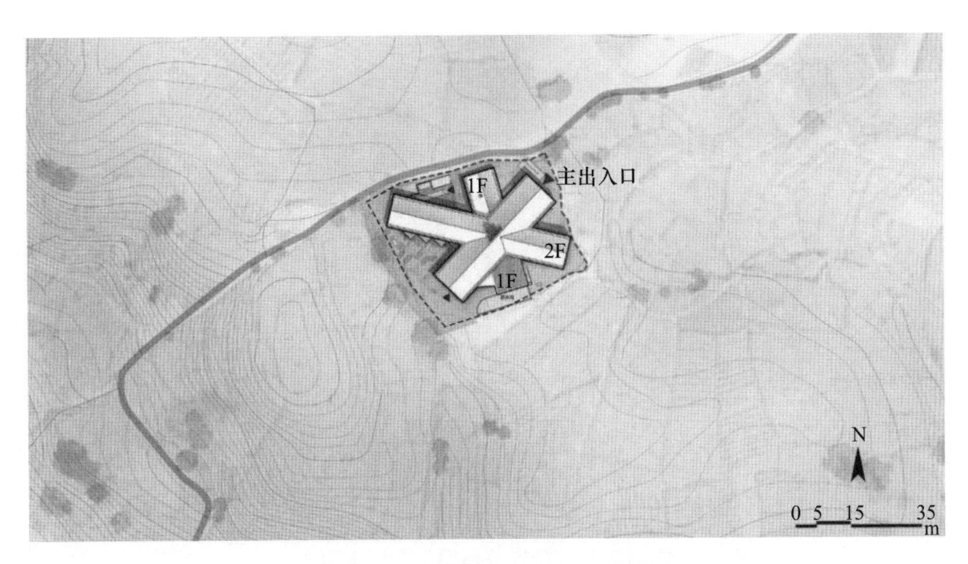

图 13-2-27　雅安茶岸民宿总平面图
（资料来源：谷德，使然建筑）

图 13-2-28　雅安茶岸民宿一层平面图
（资料来源：谷德，使然建筑）

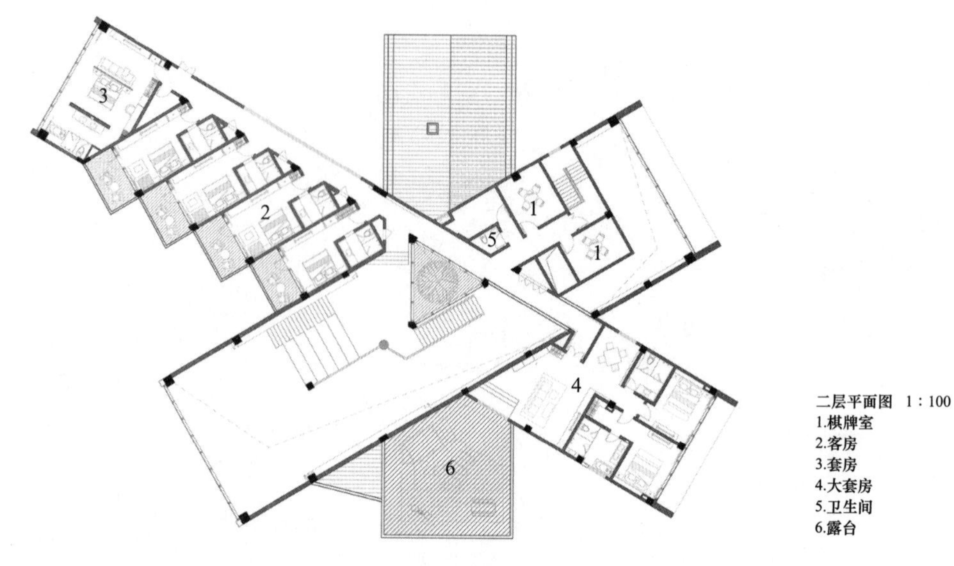

图 13-2-29　雅安茶岸民宿二层平面图

（资料来源：谷德，使然建筑）

思考题

1. 独立式住宅的功能板块通常由哪些部分组成？
2. 旅馆类建筑的流线设计主要从哪些方面考虑？
3. 思考民宿与旅馆的相同与不同之处分别体现在哪些方面。
4. 风景园林视角下的旅馆民宿类建筑可以从哪些方面体现建筑与环境的对话？

第14章

设施类建筑

本章主要内容：本章主要围绕设施类建筑中的公共厕所、园区管理用房和智慧化设施进行阐述。内容包括公共厕所的发展历程、功能属性、类型划分、选址和布局要求，以及具体的功能与空间布置、交通流线梳理和设施完善等；园区管理用房的功能和分类、选址和布局以及设计要点；智慧化设施的定义、常见类别和设计要点。

14.1 公共厕所

公共厕所是城市建设的重要组成部分，是公共活动空间中必不可少的设施之一，也是构成整体城市风貌的重要元素之一，其对城市发展起到不可取代的作用。

公共卫生贯穿于人类的文明发展史。早期欧洲暴发的“黑死病”通过飞沫和排泄物传染蔓延整个欧洲大陆，足以证明城市发展和人类生存与公共卫生环境的紧密联系。

公共厕所属于服务类建筑，是公共卫生环境的重要组成部分。对公共厕所的合理化设计有助于减少公共卫生的整体投入，改善卫生环境，提高人们的生活质量。因此，公共厕所的设计规划需要考虑其功能的合理、空间的适宜、设施的完善、体验的舒适，处理好内部各个空间的公共性与私密度。另外，独立的公共厕所可以列入景观小品类建筑，其对公共环境的风貌提升具有重要的价值，其造型设计需与周围环境相协调，并具有一定的地域特征。

14.1.1 公共厕所的功能属性

公共厕所的建设情况往往成为反映一个城市经济发展的重要指标。公共厕所的设计和完善也体现了一个国家的文化素质和一个社会的文明发展水平。随着我国经济的飞速发展、市政建设的完善，以及居民生活水平的逐步提高，公共厕所的设计理念发生了巨大的变化，公共厕所的功能属性也得到了不断完善和延伸，在使用属性、心理属性、社会属性以及表达属性方面都提出了更高的营建要求。

1. 使用属性

满足人们排泄的生理需求是公共厕所最为核心的功能。除此之外，现代公共厕所还往往具有其他的多种清洁设施，以满足人们的其他卫生需求。排泄与清洁，是现代公共厕所的基本功能。虽然从农耕时代起，排泄物便作为一种资源用于耕种，但在人们一般的印象中，厕所往往与细菌滋生、病毒传播等联系更为紧密。随着现代科学技术的发展、城市公共卫生管理系统的完善，以及居民素质的提升，公共厕所已逐步摆脱原有的负面印象，能够越来越好地兼顾清洁与排泄两大重要功能，并在原有基本功能的基础上拓展了诸如化妆、休息、等待等使用功能。例如，由小原贤一、深川礼子设计的“木之露台”厕所。设计师意在将其设计成为面朝樱花树，拥有开敞的视野、充足的采光的休息驿站。其兼具了休息空间、自行车站、活动场地等功能，夜晚充足的照明也为行人路过和休息提供了方便。

除此之外，随着公共厕所的人性化发展，满足不同人群、不同使用功能的空间形态与设施设计更加全面。公共厕所的设计中除更加细致地区分男女不同的性别的使用特点外，还兼顾了母婴、老人、儿童和残障人士等特殊群体的使用需求。

2. 心理属性

公共厕所无论是以附属形式还是以独立形式存在，均以实际的空间环境对人产生影响。其外部造型、内部环境、设施布置、管理状态都潜移默化地左右着人们的心理状态。公共厕所设计在满足人们生理需要的同时，也需考虑人们心理上的感受。

私密的“如厕”行为发生在公共空间内，共用者大多也是陌生人，如不能处理好空间的私密性，将会增加使用者的不适感。这种心理感受会在使用空间的局促、环境的昏暗污浊、有视线以及声音的干扰、自身生理上的紧张焦灼，以及有使用者排队等候等情形下加重。许多设计便为满足这些心理需求而产生。例如合理设置隔断减少视线干扰、关门后显示正在使用的标识来对等候者进行提醒等。又如，在日本很多女性为回避“如厕”时发声音导致的尴尬，会通过多次冲水来掩盖。有公司通过在厕所安装模拟冲水声音的拟声器，解决了这一问题。

以性别进行使用区域的划分在现代公共厕所中十分常见，但这种单一形式忽略了性别认知障碍人群的使用心理需求；而男女共用的无性别厕所解决了以上问题且满足了很多受限场地的使用需求，却也有多数女性使用者表示对其使用体验不佳。

公共厕所的心理属性映射着不同文化、不同身份、不同情景状态下人的心理需求，是进行人性化设计的重要研究内容。

3. 社会属性

公共厕所将人们原本隐秘的排泄和清洁活动压缩在一个共用的空间内，这增加了空间本身的社会属性。此外，由于公共厕所空间的公共性与相对隐蔽，促成了更多的社交活动在此发生。如罗马时代，某些商贸发达地区的公共厕所坑位紧邻，之间没有遮挡，人们可以一边上厕所一边聊天，厕所也因此变成了一个社交的场所。又如日本很多公共厕所中设立的“化妆室”，已经成为女性社交和展示交流的重要场所。

公共厕所内的行为变得更加社会化，公共厕所也拥有了更加丰富的社会功能。公共厕所的使用倾向体现了公众对其社会功能的理解、接纳以及更高的期待与要求。

4. 表达属性

一方面，优美的公共厕所外观设计可有效改善城市户外空间的视觉品质，提升城市整体风貌，甚至成为城市的象征要素之一；另一方面，公共厕所的良好使用体验和优美的形象不仅能够体现城市的人文关怀和文化底蕴，而且可以凸显城市良好的社会氛围。其表达属性主要体现在形象塑造、信息传播两个方面。

1）形象塑造

公共厕所无论是在外观还是在内部环境的营建上，都具有丰富的表现力。

结合文化和自然要素，运用巧妙构思，塑造独特的公共厕所形象，可以巧妙地体现该片区的地域特色，营造环境氛围。如新西兰马塔卡纳（Matakana）象征着当地造船业的船型公共厕所（ship-shaped cubicles），以船的甲板造型结合抽象雕塑的创作手法将厕所设计成为一个景观焦点。又如日本由Future Studio设计的以纸飞机为造型灵感的广岛公园公厕，轻盈独特的造型结合17种明快的颜色，装饰点缀了环境，烘托了公园活跃的气氛。

科学技术的发展和新型材料的运用，能够极大拓宽公共厕所的造型表现手法，突破公共厕所的固有形象，增强其艺术的表现力和使用的趣味性。如2003年设计师莫妮卡·邦维尼奇（Monica Bonvicini）在伦敦泰特美术馆（Tate Gallery）外设计了一个由单向镜面围合的公共厕所（don't miss a sec）。使用者可以窥探外面的街景，而行人却看不到厕所内部，这种趣味性的体验巧妙利用了新的材料与“如厕”行为本身的私密特点，营造了独特的使用体验。又如日本东京由坂茂设计的代代木深町小公园（Yoyogi Fukamachi Mini Park）中由彩色玻璃围合的公共厕所，其在未使用状态下四周墙面完全透明，当使用者进入并锁上门后，玻璃则会呈现磨砂状态而隔绝了视线。

2）信息传播

公共厕所本身的功能决定了其适用人群的广泛性、流动性。公共厕所空间的私密性和公共性互相融合穿插，因此具有丰富的空间类型，能够传递丰富多样的信息。因此以公共厕所作为媒介可以较为便捷地进行信息的传播。巧妙利用公共厕所的空间，结合装饰和装置进行趣味化的营造，可以形成极为广泛的信息传播。如天津大悦城利用裸眼3D地贴、墙体手绘以及投影互动技术营造的江豚主题公共卫生间，打造了独特的水下视觉环境，引起人们对生态环境问题的关注。

14.1.2　公共厕所分类

公共厕所应分为固定式公共厕所和活动式公共厕所两种类别。固定式公共厕所包括独立式公共厕所和附属式公共厕所。公共厕所的设计和建设应根据公共厕所的位置和服务对象按相应类别的设计要求进行。

公共厕所建筑形式应以固定式公共厕所为主、活动式公共厕所为辅；公共厕所建设形式应以附属式公共厕所为主、独立式公共厕所为辅。公厕按冲洗方式分类，可分为水冲式公厕和旱厕两类。

1. 独立式公共厕所

独立式厕所是指不依附于其他建筑物的固定式公共厕所。其主要特点是分布灵活且可以有效避免其与其他场地的活动产生相互干涉。

根据《城市独立式公共厕所》（07J920），独立式公共厕所按建筑类别应分为3类。各类公共厕所的设置应符合下列规定：商业区、重要公共设施、重要交通客运设施、公共绿地及其他环境要求高的区域的公共厕所不低于一类标准；主、次干路及行人交通量较大的道路沿线的公共厕所不低于二类标准；其他街道及区域的公共厕所不低于3类标准。独立式公共厕所二类、3类分别为设置区域的最低标准，见表14-1-1。

根据《城市公共厕所设计标准》（CJJ 14—2016）的规定。独立式公共厕所平均每厕位建筑面积指标（以下简称厕位面积指标）应为：一类5～7m^2；二类3～4.9m^2；3类2～2.9m^2。

表 14-1-1　独立式公共厕所类别

设置区域	类别
商业区、重要公共设施、重要交通客运设施、公共绿地及其他环境要求高的区域	一类
城市主、次干路及行人交通量较大的道路沿线	二类
其他街道	3类

注：独立式公共厕所二类、3类分别为设置区域的最低标准。

2. 附属式公共厕所

附属式公共厕所是指依附于其他建筑物的固定式公共厕所，一般为其他建筑的一部分，可以在建筑内部，也可以在建筑物临街一面独立设置出入口。其特点是管理与维护均较方便，适合于不太拥挤的区域设置，应按场所和建筑设计要求分为一类和二类，见表 14-1-2。附属式公共厕所二类为设置场所的最低标准。

表 14-1-2　附属式公共厕所类别

设置场所	类别
大型商场、宾馆、饭店、展览馆、机场、车站、影剧院、大型体育场馆、综合性商业大楼和二、三级医院等公共建筑	一类
一般商场（含超市）、专业性服务机关单位、体育场馆和一级医院等公共建筑	二类

3. 活动式公共厕所

活动式公共厕所为能整体移动使用的公共厕所，可以满足固定或临时的使用需求。其主体一般由板材装配而成，占地面积较小，移动便捷，可不用设置固定的上下水配置，因此能够灵活应对使用需求的增减变化，以及较好地适应较为艰苦的布置环境，如河岸、沙滩等不宜修建固定式公共厕所的地段，是固定式公共厕所的重要补充。

当布置地点为商业区、重要公共设施、重要交通客运设施、公共绿地及其他环境要求高的区域时，设计中应配备一个第三卫生间。其他地点应至少配置一个无障碍厕位。根据使用需求可以设置管理间和工具间。管理间面积宜不小于 4m^2，工具间面积宜为 1～2m^2，以满足管理要求。

14.1.3　公共厕所的选址与布局

公共厕所的区位选择要根据片区的整体规划要求，结合地形和交通条件，顺应使用者的习惯，配合场地的整体格调进行拟定。优质的公共厕所不仅能够充分满足人们的生理需求和使用习惯，还能与场地内其他要素和谐共处，甚至在造型上能够起到对环境的装饰和优化作用，进而在心理上给使用者以及观者以愉快的感受。良好的区位选址能够为公共厕所的设计与建造提供适宜的客观条件和营造空间，能够最大限度地规避其负面影响，体现其正面价值。

应以“合理布局、附建为主、寻找方便”为原则进行公共厕所的规划设计。根据《环境卫生设施设置标准》（CJJ 27—2012）的规定，城镇中居住区内部公共活动区、城镇商业街、文化街、港口、客运站、汽车客运站、机场、轨道交通车站、公交首末站、文体设施、市场、展览馆、开放式公园、旅游景点等人流聚集的公共场所，必须设置配套公共厕所，并应满足流动人群如厕需求。在公园、大型公共绿地、广场等附近的公共厕所，原则上设置为独立式。

公共厕所的建设是为了满足人们的使用需求。而“如厕”这一使用需求的应急性，必然要求公共厕所方便到达。而作为城市重要的建筑设施，其建设和维护都需要一定的人力与资源。因此，合理地拟定公共厕所的间距，有助于在实现人们良好使用体验的同时避免资源的浪费。

根据《环境卫生设施设置标准》（CJJ 27—2012）的相关规定，城市公共厕所设置间距宜符合的规定见表 14-1-3。而不同的适用人群的生理感受、使用特点和行动能力各有不同，不同的时间段、人群密度、气候环境下人们对公共厕所的需求程度也不同，因此须进一步根据具体情况进行分析。

在具体的空间选择上，避免设立在主轴线的风貌营造区域内，与主要游览路线保持一定的空间距离，一般来讲其位置不宜过于突出，但要保证便于到达与发现。虽然现有技术可以较大程度地改善公共厕所气味的影响，公共厕所的造型设计也日渐丰富，不少公共厕所摆脱了以往的负面印象，甚至成为了小环境内的视觉焦点，但设计中依然需要严肃考虑这一问题，尽量在建筑密度较大的区域将公共厕所设置在主要建筑和重要节点的下风向，酌情利用周围的树木花草、山石和构筑物进行掩映。此外，一般固定式厕所的修建位置要便于粪便排入排水系统或便于进行机械抽运，移动式厕所要考虑其运输、装配、拆卸及其卫生管理。

在不同的设置位置，面对不同的使用需求，公共厕所有着不同的设置间距。对于风景区来讲，人流聚集的区域、游客服务中心以及景区主要交通出入口附近应配备公共厕所。

表 14-1-3　公共厕所设置间距指标

类别	设置位置		设置间距	备注
城市	城市道路	商业性路段	<400m 设 1 座	步行（5km/h）3min 内进入厕所
		生活性路段	400～600m 设 1 座	步行（5km/h）4min 内进入厕所
		交通性路段	600～1200m 设 1 座	宜设置在人群停留聚集处
	城市休憩场所	开放式公园（公共绿地）	≥2hm^2 应设置	数量应符合现行国家标准《公园设计规范》（GB 51192—2016）的相关规定
		城市广场	<200m 服务半径设 1 座	城市广场至少应设置 1 座公共厕所，厕位数应满足广场平时人流量需求；最大人流量时可设置活动式公共厕所应急
		其他休憩场所	600～800m 服务半径设 1 座	主要是旅游景区等
镇（乡）	建成区		400～500m 设 1 座	可参照城市相关规定
	有公共活动区的村庄		每个村庄设 1 座	—

注：1. 公共厕所沿城镇道路设置的，应根据道路性质选择公共厕所设置密度：
①商业性路段：沿街的商业型建筑物占街道上建筑物总量的 50%以上。
②生活性道路：沿街的商业型建筑物占街道上建筑物总量的 15%～50%。
③交通性道路：沿街的商业型建筑物在 15%以下。
2. 路边公共厕所宜与加油站、停车场等设施合建。
3. 表格内容参考《环境卫生设施设置标准》（CJJ 27—2012）。

14.1.4　设计要点

1. 规模要求

一般公园的公共厕所规模根据其规模的大小和游人数量而定。根据规模计算，公共厕所的建筑面积一般为每公顷 6～8m²；游客较多时可提高到每公顷 15～25m²；根据人口的数量可按照 15～30m²/千人的指标统筹考虑。

公共厕所中男、女便器数量的比例拟定主要考虑不同性别如厕时间的差异。厕位的服务人数可根据表 14-1-4 做估算。可酌情结合不同生活习俗和气候环境等条件下人的不同使用习惯综合考虑。

表 14-1-4　公共场所公共厕所厕位服务人数

公共场所	服务人数［人/（厕位・天）］	
	男	女
广场、街道	500	350
车站、码头	150	100
公园	200	130
体育场外	150	100
海滨活动场所	60	40

根据《城市公共厕所设计标准》（CJJ 14—2016）的相关规定，在人流集中的场所，女厕位与男厕位（含小便站位，下同）的比例不应小于 2∶1。

在其他场所，男女厕位比例可以按照下面公式进行计算：

$$R=1.5w/m$$

式中　R——女厕位数与男厕位数的比值；

1.5——女性与男性如厕占用的时间比值；

w——女性如厕测算人数；

m——男性如厕测算人数。

由于性别不同，对公共厕所的使用需求和使用方式有所不同，因此男女厕位的不同分类（坐位、蹲位和站位）之间的数量比例也有所区别，以下是《城市公共厕所设计标准》（CJJ 14—2016）的相关规定，见表 14-1-5、表 14-1-6。

表 14-1-5　男厕位及数量　（单位：个）

总数	坐位	蹲位	站位
1	0	1	0
2	0	1	1
3	1	1	1
4	1	1	2
5～10	1	2～4	2～5
11～20	2	4～9	5～9
21～30	3	9～13	9～14

表 14-1-6　女厕位及数量　（单位：个）

总数	坐位	蹲位	站位
1	0	1	—
2	1	1	—
3～6	1	2～5	—
7～10	2	5～8	—
11～20	3	8～17	—
21～30	4	17～26	—

注：表中厕位不包含无障碍厕位。

2. 功能与空间布置

1）功能与空间类别

功能与空间布置需尊重不同年龄、性别、身体状况、风俗习惯人群的多种需求，坚持从人性化的角度进行分析和构思。

公共厕所的主要功能区由盥洗区（可适当增加化妆间）、小便区、大便区 3 部分构成。辅助功能有管理间和设备间（工具间），其设置的必要性和面积的大小可以根据具体厕所的管理方式以及建设条件进行权衡设置。现如今人们的生活水平提高，生活方式发生了变化，公共厕所的功能也随之变化。需根据规定进行无障碍设施以及第三卫生间的设计（详见无障碍设计与第三卫生间章节）。除以上必要使用空间外，公共厕所还可以酌情考虑添加休憩空间、物品寄存空间、售卖空间等。

作为核心的男女厕所间内各有不同功能区划分和设施要求。男厕所间内应设置小便池区、大便蹲位区、无障碍坐便区、洗手区、男儿童大小便区。女厕所间内应设置蹲位区、无障碍坐便区、化妆区、婴儿护理区、儿童大、小便区。公共厕所的男女厕所间应至少各设一个带坐便器及安全抓杆、方便行动障碍者进出和使用，且有隔间隔断的无障碍厕位。

城市公共厕所为了便于管理，一般都布置有管理间及设备间，其面积无须太大，但必须实用。管理间一般设置在厕所入口，便于管理者办公及休息。独立式公共厕所管理间的面积应视条件需要设置，一类宜大于 $6m^2$，二类宜为 $4～6m^2$，3 类宜小于 $4m^2$。设备间，也称为工具间，一般布置在男女厕所内，主要摆放日常厕所维护的各类清洁设施。二类以上公共厕所应设置不小于 $2m^2$ 的工具间，便于放置清扫工具、卫生用纸等。

2）流线与视线组织

流线安排需依据人的使用习惯并顺应视线遮蔽的需求，做到引导明确、简单易达、适当隔断、保障隐私。

入口处设置门或通过过道的两三次弯折达到视线屏障，避免外界看到内部厕位。考虑到公共厕所的私密性和卫生要求，应尽量考虑无接触的设计与无接触的卫生设备。因此，在通道的设计中尽量少使用门，而采用弯折通道达到视线屏蔽。

过道的弯折次数不宜太过复杂，须保证进出厕所线路的一致。过道屏蔽的程度可以分为在厕所门外完全不能看到厕所内的任何设施及正在使用设施的人的全屏蔽，以及在厕所门外完全不能看到厕所内的任何厕位及正在使用该厕位的人，但可以看到盥洗设施和使用盥洗设施的人的半屏蔽。

全屏蔽通道一般有五种形式，分别为L形、P形、U形、倒P形和Z形。这五种形式适用于各种平面布置在全屏蔽通道设计上的需要，如图14-1-1所示。

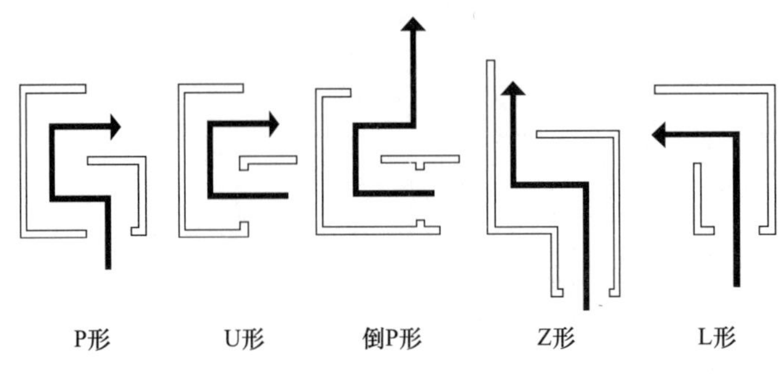

图14-1-1　全屏蔽通道形式

半屏蔽通道能够防止大、小便厕位暴露于厕所的外视线范围内。它的设置方法同样可以采用全屏蔽的五种形式，只是原来全屏蔽通道墙体的某一墙面可以用来放置洗手盆等盥洗设施，或者将盥洗设施全部放到男女厕所间外的公用场所，在盥洗间与厕所间之间设置全屏蔽通道。半屏蔽相较于全屏蔽牺牲了一定的隐私性，但流线更为简洁，空间更为节约，更加适用于厕所面积较小、人流密集、使用强度较大的情况。

设置厕位间隔断，避免厕位之间互相的视线干扰；设置带门厕位，避免人群视线对厕位使用的影响。蹲位间2m高的隔断可以满足一般的视线隔绝，男厕小便池之间1.5m高的隔断可以有效隔绝视线。为方便清洁及通风，隔断下沿可以悬空地面一段距离。

3）设施要求

公共厕所大门应能双向开启。当男、女厕所厕位分别超过20个时，应设双出入口。公共厕所以平坡入口在使用上最为安全便捷，在用地紧张时，可考虑使用坡道。坡道的设计应依照相关规定，满足坡面宽度不小于1200mm、坡度不大于1/12的要求。

宜将大便间、小便间、洗手间分区设置，且每个大便器应有一个独立的厕位间。公共厕所应至少设置一个清洁池。固定式公共厕所应设置洗手盆。洗手盆应按厕位数设置，洗手盆数量设置要求应符合表14-1-7的规定。洗手盆的设计应考虑儿童与无障碍使用。

表14-1-7　洗手盆数量要求

厕位数（个）	洗手盆数（个）	备注
4以下	1	1. 男、女厕所宜分别计算，分别设置； 2. 当女厕所洗手盆数 $n \geqslant 5$ 时，实际设置数 N 应按下式计算：$N=0.8n$
5～8	2	
9～21	每增加4个厕位增设1个	
22以上	每增加5个厕位增设1个	

注：洗手盆为1个时可不设儿童洗手盆。

除以上功能区的安排，还可以考虑根据实际需求设计储物隔断、储物柜、储物架、衣帽钩等存储置物设施。

公共厕所内的墙面应采用光滑、便于清洗的材料；地面应采用防渗、防滑材料；门及隔板应采用防潮、防划、防画、防烫材料；厕位间应设置装置以显示有无人正在使用。

4）常用尺寸规格

根据现有规范，内、外开门的蹲便器厕位分别不应小于 0.90m（宽）×1.40m（深）和 0.90m（宽）×1.20m（深）。内、外开门的坐便器厕位分别不应小于 0.90m（宽）×1.50m（深）和 0.90m（宽）×1.30m（深），如图 14-1-2 所示。

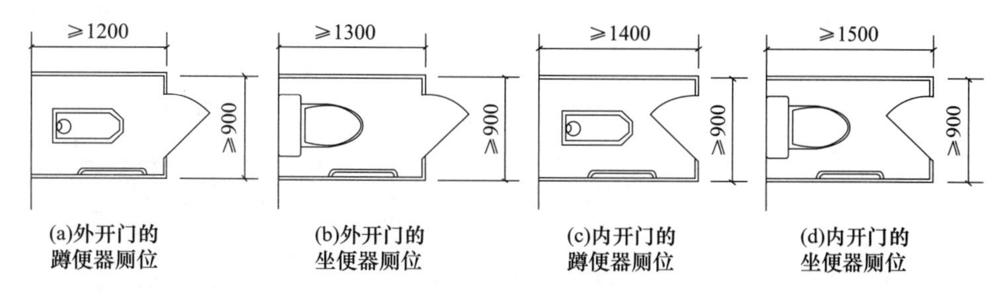

图 14-1-2　厕位尺寸

外开门的双侧厕位隔间之间的净距宜为 1.50～2.10m，内开门的双侧厕位隔间之间的净距不应小于 1.10m，如图 14-1-3 所示。厕位隔间内若考虑放置行李，可将深度再拓宽 0.35m。

内、外开门的厕位隔间至对面小便器或小便槽外沿的净距分别不应小于 1.10m 和 1.30m，如图 14-1-4（a）、（b）所示。内、外开门的厕位隔间至对面墙面的净距分别不应小于 1.10m 和 1.30m，如图 14-1-4（c）、（d）所示。

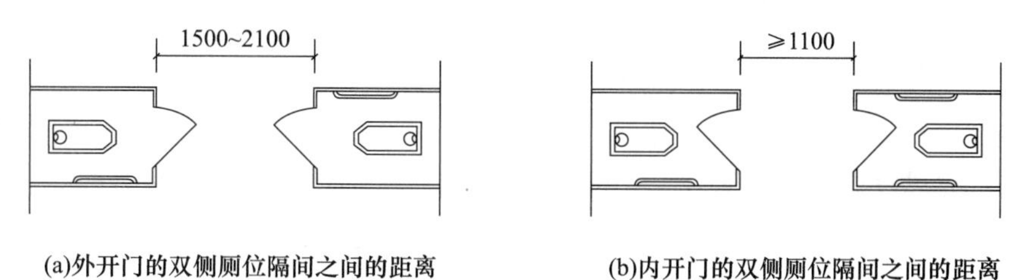

图 14-1-3　厕位隔间之间的距离（单位：mm）

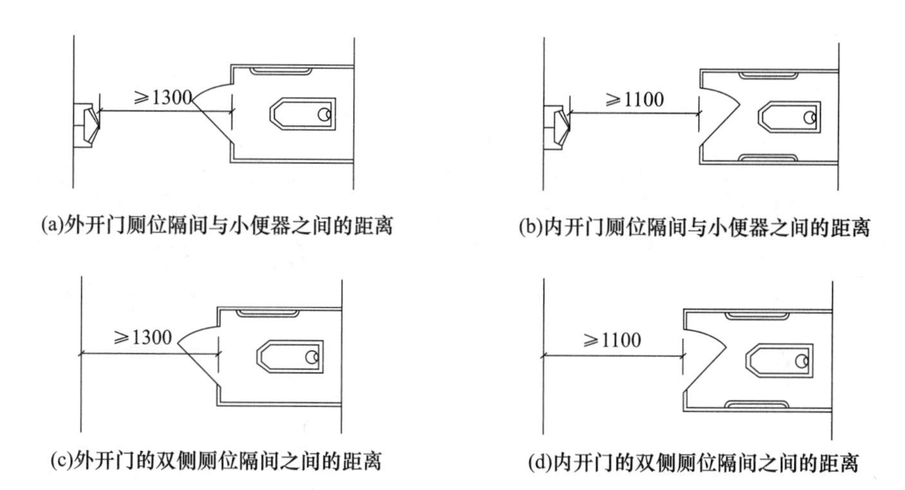

图 14-1-4　厕位隔间与小便池、对面墙之间的距离（单位：mm）

公共厕所蹲便器、坐便器、小便器、烘手器和洗手盆需要的人体使用空间最小尺寸应满足图 14-1-5 所示要求。并列小便器中心距离不应小于 0.70m，宜为 0.80m。小便器之间应加隔板，小便器中心距离侧墙或隔板距离不应小于 0.35m，宜为 0.4m，如图 14-1-6 所示。单侧并列洗手池外沿至对面墙的净距不应小于 1.25m，如图 14-1-7 所示，双侧并列洗手池外沿之间的净距不应小于 1.80m，如图 14-1-8 所示。厕内单排厕位外开门走道宽度宜为 1.30m，不应小于 1.00m；双排厕位外开门走道宽度宜为 1.50～2.10m。

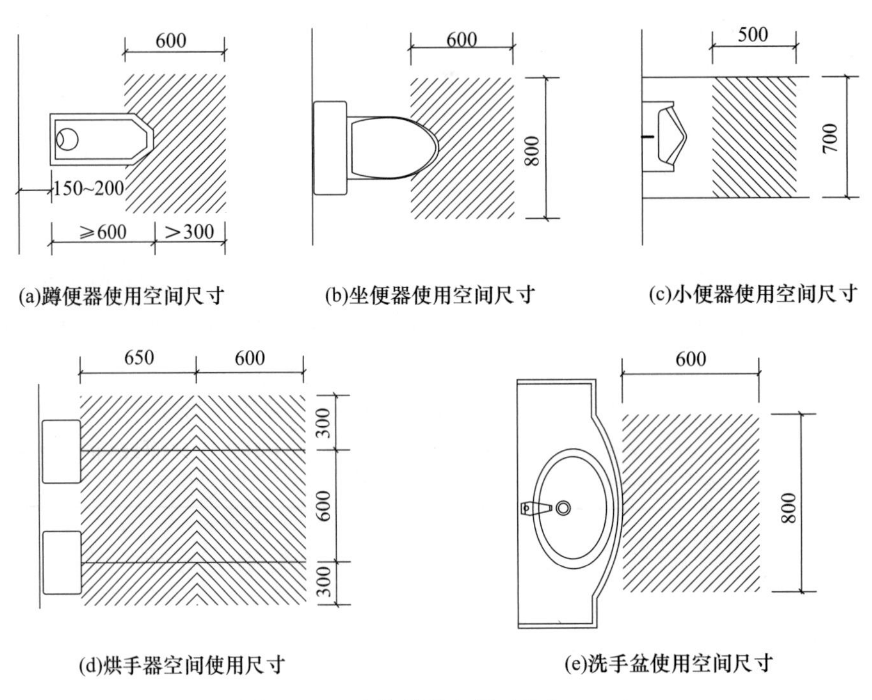

(a)蹲便器使用空间尺寸　(b)坐便器使用空间尺寸　(c)小便器使用空间尺寸

(d)烘手器空间使用尺寸　(e)洗手盆使用空间尺寸

图 14-1-5　人体使用空间（单位：mm）

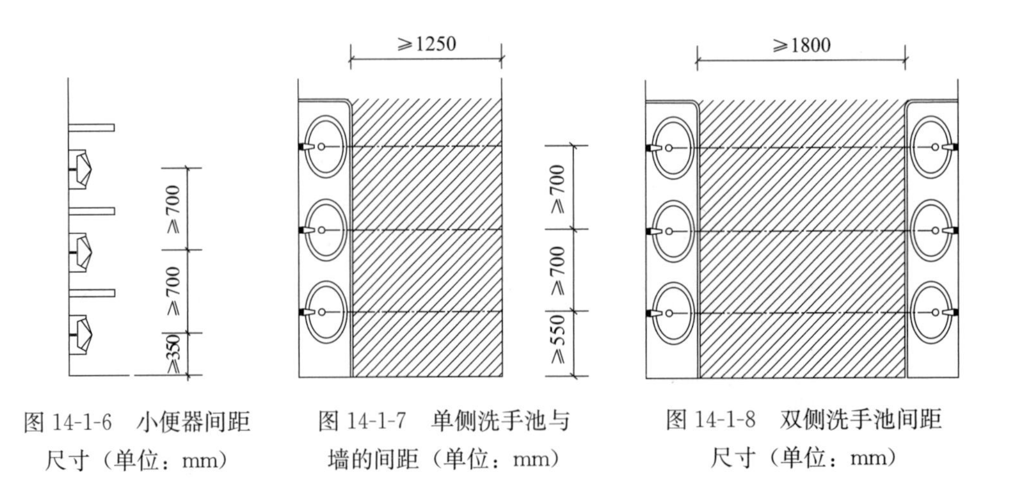

图 14-1-6　小便器间距尺寸（单位：mm）

图 14-1-7　单侧洗手池与墙的间距（单位：mm）

图 14-1-8　双侧洗手池间距尺寸（单位：mm）

独立式公共厕所室内净高不宜小于 3.5m（设天窗时可适当降低）。室内地坪标高应高于室外地坪 0.15m。一层蹲位台面宜与地坪标高一致。厕位间的隔板及门应符合下列规定：隔板及门的下沿与地面距离应大于 0.10m，最大距离不宜小于 0.15m；隔板及门的上沿距地面的高度：一、二类公厕不应小于 1.8m，3 类公厕不应小于 1.5m；独立小便器站位应有高度为 0.8m 的隔断板，隔断板距地面高度应为 0.6m。

多层公共厕所的无障碍厕所间应设在地坪层。厕位间宜设置扶手，无障碍厕位间必须设置扶手。宜将管道、通风口等附属设施集中设置在单独的夹道中。入口处空间应较为通畅，可略高于地表，但不宜有太多高差变化。厕所的地面应采用防滑材料，并设置 1%～2%的坡度避免积水。

5）无障碍设计与第三卫生间

无障碍设施是保障残障人士走出家门、参与社会生活的基本条件，也是方便老年人、妇女、儿童和其他社会成员的重要措施。所有公共厕所均应考虑无障碍设施的建设，应在设计和建设公共厕所的同时设计建设无障碍设施。

无障碍设计需重点考虑坐轮椅的人的使用。根据现行国家标准《无障碍设计规范》（GB 50763—2012）的相关规定，进出口和设施的设计应符合下列规定：

女厕所的无障碍设施包括至少 1 个无障碍厕位和 1 个无障碍洗手盆；男厕所的无障碍设施包括至少 1 个无障碍厕位、1 个无障碍小便器和 1 个无障碍洗手盆；厕所的入口和通道应方便乘轮椅者进入和进行回转，回转直径不小于 1.50m；门应方便开启，通行净宽度不应小于 800mm；地面应防滑、不积水；无障碍厕位应设置无障碍标志。

无障碍厕位的设计应符合下列规定：无障碍厕位应方便乘轮椅者到达和进出，尺寸宜做到 2.00m×1.50m，不应小于 1.80m×1.00m；无障碍厕位的门应采用自动门，也可采用推拉门、折叠门或平开门，不应采用力度大的弹簧门（自动门净宽不小于 1m，推拉门、折叠门、平开门和小力度弹簧门净宽均不小于 0.8m）；门宜向外开启，如向内开启，需在开启后厕位内留有直径不小于 1.50m 的轮椅回转空间，门的通行净宽不应小于 800mm，平开门外侧应设高 900mm 的横扶把手，在关闭的门扇里侧设高 900mm 的关门拉手，并应采用门外可紧急开启的插销；厕位内应设坐便器，厕位两侧距地面 700mm 处应设长度不小于 700mm 的水平安全抓杆，另一侧应设高 1.40m 的垂直安全抓杆。无障碍小便器下口距地面高度不应大于 400mm，小便器两侧应在离墙面 250mm 处设高度为 1.20m 的垂直安全抓杆，并在离墙面 550mm 处，设高度为 900mm 水平安全抓杆，与垂直安全抓杆连接；无障碍洗手盆的水嘴中心距侧墙应大于 550mm，其底部应留出宽 750mm、高 650mm、深 450mm 供乘轮椅者膝部和足尖部的移动空间，并在洗手盆上方安装镜子，出水龙头宜采用杠杆式水龙头或感应式自动出水方式；安全抓杆应安装牢固，直径应为 30～40mm，内侧距墙不应小于 40mm；取纸器应设在坐便器的侧前方，高度为 400～500mm；距地面高 40～50mm 处应设求助呼叫按钮，如图 14-1-9 所示。

除公共厕所中的无障碍设计，在城市公共建筑中也需按要求进行无障碍专用厕所的设计，设计要求见表 14-1-8。

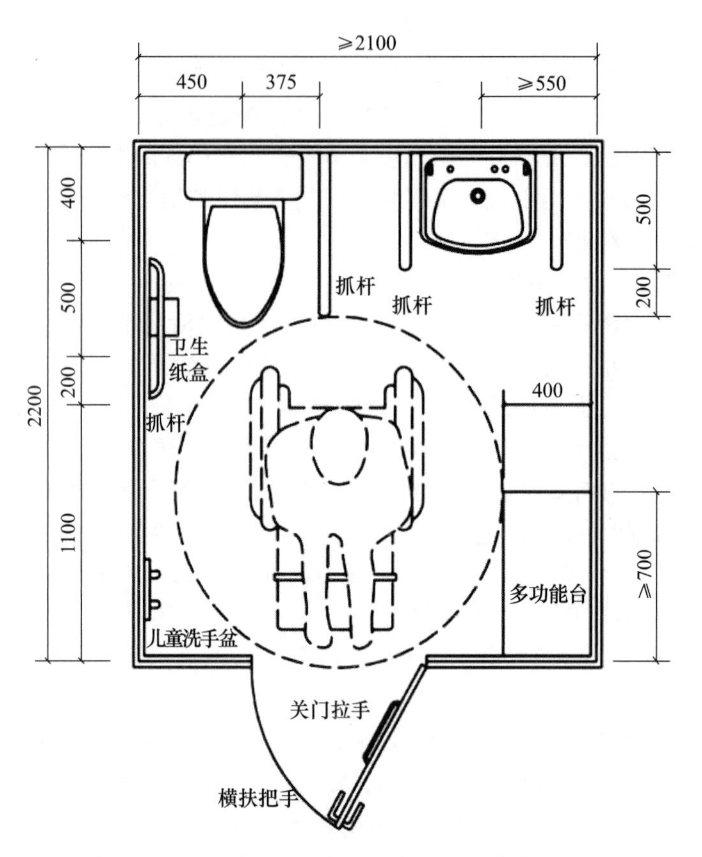

图 14-1-9　无障碍卫生间平面布置图（单位：mm）

[资料来源：参考《无障碍设计规范》(GB 50763—2012)]

表 14-1-8　无障碍厕所设计要求

公共建筑	建筑类别	设计要求
办公、科研建筑	·各级政府办公建筑 ·各级司法部门建筑 ·企、事业办公建筑 ·各类科研建筑 ·其他招商、办公、社区服务建筑	县级及县级以上的政府机关与司法部门，必须设无障碍专用厕所
商业建筑	·百货商店、综合商场建筑 ·自选超市、菜市场类建筑 ·餐馆、饮食店、食品店建筑	设有公共厕所的大型商业与服务建筑，必须设无障碍专用厕所
服务建筑	·金融、邮电建筑 ·招待所、培训中心建筑 ·宾馆、饭店、旅馆 ·洗浴、美容美发建筑 ·殡仪馆建筑等	

续表

公共建筑	建筑类别	设计要求
文化建筑	·文化馆建筑 ·图书馆建筑 ·科技馆建筑 ·博物馆、展览馆建筑 ·档案馆建筑	设有公共厕所的大型文化与纪念建筑，必须设无障碍专用厕所
纪念性建筑	·纪念馆、纪念塔、纪念碑等	
观演建筑	·剧场、剧院建筑 ·电影院建筑 ·音乐厅建筑 ·礼堂、会议中心建筑	大型观演与体育建筑的观众厕所和贵宾室，必须设无障碍专用厕所
体育建筑	·体育场、体育馆建筑 ·游泳馆建筑 ·溜冰馆、溜冰场建筑 ·健身房（风雨操场）	
交通建筑	·空港航站楼建筑 ·铁路旅客客运站建筑 ·汽车客运站建筑 ·地铁客运站建筑 ·港口客运站建筑	交通与医疗建筑必须设无障碍专用厕所
医疗建筑	·综合医院、专科医院建筑 ·疗养院建筑 ·康复中心建筑 ·急救中心建筑 ·其他医疗、休养建筑	
学校建筑	·高等院校 ·专业学校 ·职业高中、与中、小学及托幼建筑 ·培智学校 ·聋哑学校 ·盲人学校	大型园林建筑及主要旅游地段必须设无障碍专用厕所
园林建筑	·城市广场 ·城市公园 ·街心花园 ·动物园、植物园 ·海洋馆 ·游乐园与旅游景点	

第三卫生间是在公共卫生间中专门设置的，除男厕和女厕之外多配备的一个具备多功能性质的卫生间。除了残疾人之外，主要用于协助老、幼及行动不便者使用的厕所间，方便如母子、父女、夫妻、异性服侍行动不便者等如厕时获得照顾而使用。第三卫生间除具有无障碍专用厕所的卫生设施外，还增加了化妆、休息、整理、婴儿台及儿童座椅等设施，如图 14-1-10 所示。一般用男、女、孩子加轮椅作为标识。2017 年 2 月，当时的国家旅游局发布通知，明确要求所有 5A 级旅游景区必须配备第三卫生间。

公共厕所第三卫生间应在下列各类厕所中设置：

①一类固定式公共厕所；

②二级及以上医院的公共厕所；

③商业区、重要公共设施及重要交通客运设施区域的活动式公共厕所。

《城市公共厕所设计标准》（CJJ 14—2016）规定：第三卫生间的位置宜靠近公共厕所入口，方便行动不便者进入；轮椅回转直径应不小于 1.5m；内部设施应包括成人坐便器、成人洗手盆、多功能台、安全抓杆、挂衣钩和呼叫器、儿童坐便器、儿童洗手盆、儿童安全座椅；使用面积不应小于 6.5m²；地面应防滑、不积水；成人坐便器、洗手盆、多功能台、安全抓杆、挂衣钩、呼叫按钮的设置应符合现行国家标准《无障碍设计规范》（GB 50763—2012）的有关规定。多功能台和儿童安全座椅应可折叠并设有安全带。儿童安全座椅长度宜为 280mm、宽度宜为 260mm、高度宜为 500mm、离地高度宜为 400mm。

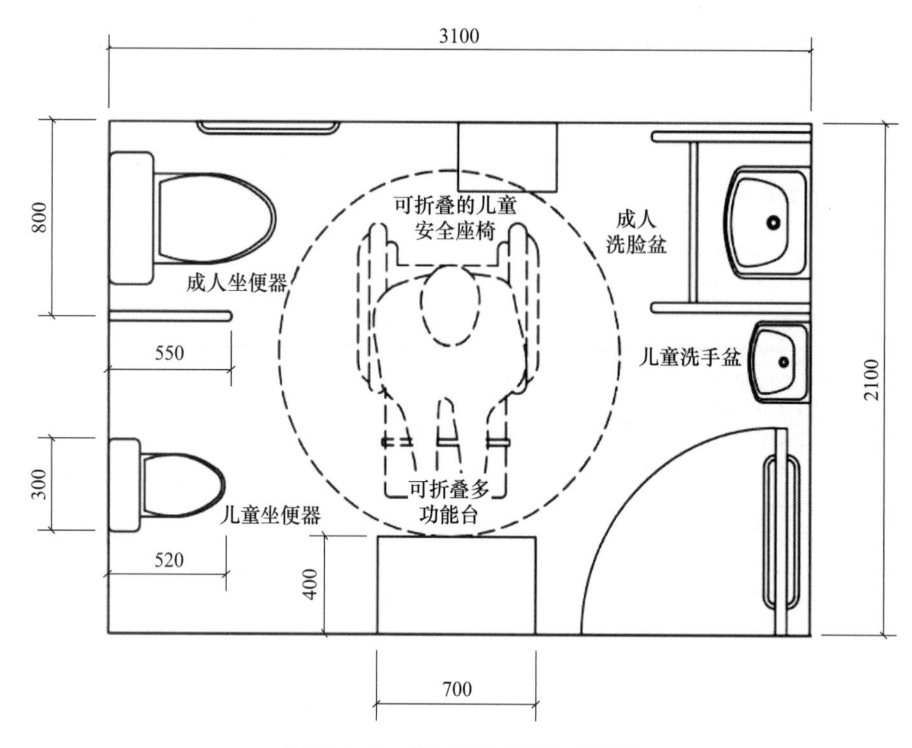

图 14-1-10　第三卫生间平面布置图

6）通风与采光

以往公共厕所给人的印象主要体现在乱、脏、暗、臭 4 个方面。其中乱、脏的现象可以通过完善细节设计、加强卫生管理，以及改良设施设备进行改善。首先，在设计阶段积极参考清洁工人的意见，了解清理过程中的常见问题，减少不必要的窄沟和狭缝的设计，选择利于清理的设备与管道，合理规划专门存放清洁工具的储藏间等。另外，宜选择健康环保、不易发霉、不易藏污纳垢且利于清洗厕所内部的材料。在管理方面，除了公共厕所内部，其附近的废弃物也需及时清理，以免产生“破窗效应”。此外，适当地进行墙面和门的装饰和美化可以在一定程度上减少广告粘贴和随意的涂画。

从暗、臭两点可以看出，气味和光线是影响公共厕所使用体验的重要因素。对气味的主要处理方法为及时彻底的清理，以及有效的通风换气。公共厕所的通风设计中应优先考虑自然通风，必要时辅以机械通风，并结合不同空间类型进行通风量的计算。寒冷、严寒地区大、小便间宜设附墙垂直通风道；机械通风的通风口位置应根据气流组织设计的结果布置。为提供良好的自然通风条件，独立式厕所的纵轴宜垂直于夏季主导风向。厕所周围宜种植一些芳香植物，通过通风将厕所外植物的香气引入室内。

照明设施直接影响厕所使用的安全性和便捷性，需要全面考虑白天和夜晚的不同照明要求。公共厕所的光线一般有两个来源：自然照明和人工照明。自然照明，主要引入阳光以供应室内的使用，受时间和天气影响；人工照明一般采用灯具照射进行光线营造，需考虑节能环保。

自然光线可以从窗洞、门洞、过道引入。窗的开设需充分考虑周围的视线环境，以充分保护使用者的个人隐私。传统开窗形式主要有普通高窗、百叶窗、天窗，如图 14-1-11～图 14-1-13 所示。新的技术和材料直接拓宽了厕所窗户和墙体的设计形式。公共厕所的开窗形式不拘一格。如位于伦敦的 Wembley 公共厕所，在高于人视线的金属墙面上打满菱形小孔，在阳光照射下形成了斑斓的光影效果，满足厕所的自然光线照明以及良好的通透性，夜晚其透过墙体的灯光也让建筑变得醒目生动。独立式厕所的建筑通风、采光面积之和与地面面积之比不宜小于 1∶8，当外墙侧窗不能满足要求时即可增设天窗。此外还可以利用能够阻挡视线但可以透光的材料，如单向透光玻璃、磨砂玻璃、电控玻璃等。

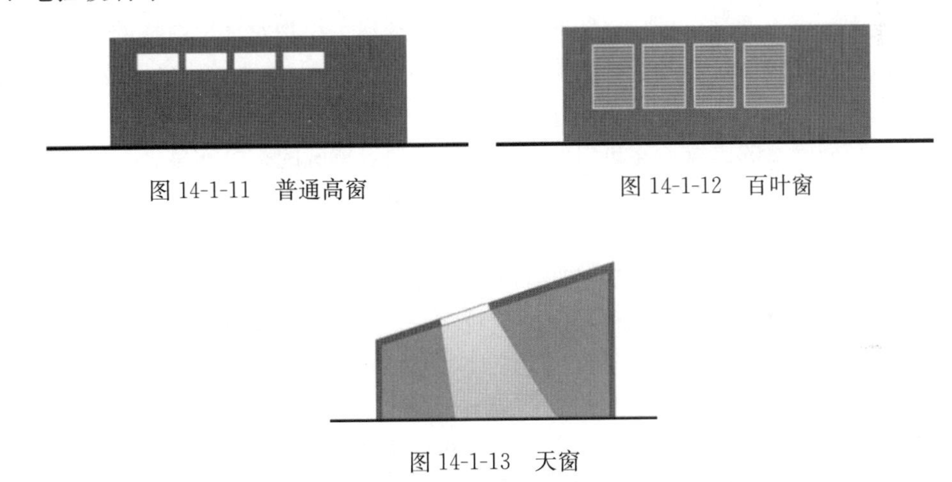

图 14-1-11　普通高窗

图 14-1-12　百叶窗

图 14-1-13　天窗

人工照明主要由吸顶灯、镜前灯、壁灯等组成。顶部灯具为公共厕所的核心活动空间提供了主要照明，目前使用吸顶灯较多。另外在洗手池、化妆间等需要进行细节操作的场地内可以配置镜前灯、壁灯加以辅助。此外，照明灯具的造型也可以起到一定的装饰作用。

强光直射，色彩对比过于强烈、明暗差别过大、图案色彩过于眩目都会令人产生视觉错觉或不适的情况。光线不足，色彩差异过小又容易降低辨识性，产生安全隐患。此外，人的视觉难以适应过于剧烈的光线明暗变化，室内外之间以及室内过道与隔间之间的光线过渡需温和自然。

由于老年人的视力不好，其对光线的感应较弱，因此针对于老人的使用空间照明需要适当提高室内光照度、局部色彩的对比度，增加物品的可识别性。此外，在使用色彩进行标识和区分时应注意考虑色盲、色弱等视觉障碍人群的使用需求。

出于节能环保的目的，可以充分利用太阳能，并适当进行人工灯光控制或设置自动感应照明系统；也可以运用较为明亮的室内颜色来改善照明效果，营造干净清爽的视觉效果。

7）风貌营造和城市美化

公共厕所的外观设计影响着周围环境的风貌打造，是营造和展示城乡面貌的重要窗口，也是评价城乡建设成效的重要方面。

公共厕所与周围环境的关系处理需要考虑“藏”和“露”的平衡得当。适当地“藏”以回避其既有形象等造成的负面影响，适当地“露”让使用者寻找便利，不仅满足使用需求，达到与周围环境关系融洽、风格协调，还尽可能地发挥公共厕所对环境产生的积极作用。

可将公共厕所作为城市文化符号的传播媒介进行设计。

一方面，可以融入周围的文化环境。例如在重要历史街区，公共厕所可以结合其周围建筑环境的文化历史风格进行设计与建造，在重要展览场地周围可以结合其主题进行构思和创新等。例如，由日本 Tato Architects 设计的小豆岛公共厕所，基于当地传统建筑的形式和材料进行构思和创新，在尊重当地建筑风貌的基础上营造了轻松而古朴的空间意境。

另一方面，可以通过自身独立新颖的设计，体现建筑小品对环境独特的点缀与装饰作用。如建设在挪威风景名胜区赫尔格兰斯滕沿线的 Ureddplassen 休息区的公共厕所，造型简约、线条优美，恰当结合场地环境，波浪形的建筑轮廓呼应环海的远山，混凝土的灰色融入布满碎石的山坡，建筑内的温暖灯光点缀着挪威的荒野和冬天。休息区为游客和当地居民提供了休憩和观赏壮丽自然景观的场所，而该无障碍公共卫生间成为了休憩平台上标志性的建筑。

公共厕所的造型应以适宜与实用为基础，结合地形特征，在色彩的使用和材料的选择方面可以结合周围环境的特质和当地的建筑特征，并考虑到后期的保养和维护工作。此外，可以充分利用公共厕所周围的空间进行风貌的提升，如种植一些具有香气的花草树木，不仅可以遮掩一部分厕所散发的气味，还可以适当遮挡，既提高了厕所的隐私性，又达到了美化建筑立面的效果。南方可以种植栀子花、茉莉花、白兰花、蜡梅等，北方可以种植丁香、珍珠梅、合欢、玉簪花和月季等。

8）间距与标识

公共厕所的建设是为了满足人们的使用需求。而“如厕”这一使用需求的应急性，必然要求公共厕所的方便到达与便捷使用。

合理地拟定公共厕所的间距，有助于在实现人们良好使用体验的同时避免资源的浪费。根据《环境卫生设施设置标准》（CJJ 27—2012）的相关规定，城市公共厕所设置间距指标详见表 14-1-3。

无论是在城市街道中，还是在公园广场内寻找独立式公共厕所，或是在机场、火车站等交通枢纽内寻找附属式公共厕所都需要借助指示牌等进行标识和导航。指示牌一般有 3 个主要的功能：引导人们找到厕所、引导人们进入厕所、引导人们快速发现所需设施。设计中应考虑整个标识系统的可识别性和引导的连续性。

在引导人们找到厕所这一层面，根据国内部分城市的建设经验，公共厕所的指示牌位置最好设置在距离其 50～200m 范围内，并设置在便道上。手机电子地图和相关软件的普遍使用，使寻找公共厕所的难度有一定程度的降低，公共厕所的维修和停用等信息也能够及时更新。但鉴于地图导航的精确度有限，准确的方位识别还需要依赖实际的标识系统。

在引导人们进入厕所这一层面，公共厕所入口和内部可利用图案、文字和色彩相结合的形式进行不同性别和功能区域的详细标识，使人能够快速地进行识别区分。

在引导人们发现所需设施这一方面，可利用图案、文字和色彩等手法对功能区和设施进行具体的标识和引导。此外，还需考虑在隔间门关闭的情况下让人对其中设施信息进行了解，以提前选择适合自己的隔间。

除了 3 个主要功能以外，在厕所这种相对封闭的场所内紧急情况提示也十分重要，需考虑如何兼顾听力障碍、视觉障碍人群对信息的接收，如何让人在隔间内也及时了解到紧急情况，如何对其进行疏散和引导等。

在标识的设计中常使用图案、文字和色彩 3 个要素相结合的手法。图案较为直观，且传达的信息丰富，但需考虑不同文化背景下人们对图案的认知习惯。标志的图形符号应符合现行国家标准《环境卫生图形符号标准》（CJJ/T 125）的有关规定；文字传达的信息准确十分必要，但需要使用者有识别文字的能力，如部分儿童和外国人对文字有认知障碍；色彩丰富、灵活，具有装饰性，能够很巧妙地提升厕所环境的可识别性，而且色彩的使用可以世界通用的较为普遍的认知习惯和使用习惯加强暗示的效果。如日本厕所中惯用蓝色标识男厕所，惯用红色标识女厕所。

但以上 3 个要素均有视觉的依赖性，因此还需通过语音的提示、地面的凹凸、墙面的盲文标识等方法来解决残障人士或使用不便者对指示信息的接收问题。

14.1.5　案例分析

1. 案例一："北山栖鸢"——深圳莲花山山顶公共卫生间

1）项目简介

莲花山山顶公共卫生间升级项目位于深圳莲花山公园，是在原山顶公厕拆除后进行的重建项目，由深圳华汇设计，建筑面积约 950 平方米。该公共卫生间与莲花山山顶展厅和小平铜像广场共同组成山顶建筑群，刚好位于深圳福田中心区中轴线上，其位置有很好的观景视线。卫生间邻近主要交通道路金桂路，人流量较大，周围植被丰茂，景观极佳。

2）整体布局

莲花山山顶公共卫生间融合了休憩与观景功能，努力将建筑与周围自然环境进行结合，并通过休息长廊将西侧道路与东侧山林相连通。在竖向空间上，以吊脚楼的形式将一部分建筑架空于原有的山坡地形之上，极大地减少了对周围环境的干扰，并营建出一种较为舒展轻盈的建筑形态。以休息长廊为中轴线，男女卫生间居于其左右，母婴室、无障碍卫生间及第三卫生间被安排在靠近中部的位置，方便出入，如图 14-1-14 所示。

3）流线和视线安排

建筑内的流线和视线安排紧密结合休息长廊。游客从西侧道路沿休息长廊行走，可

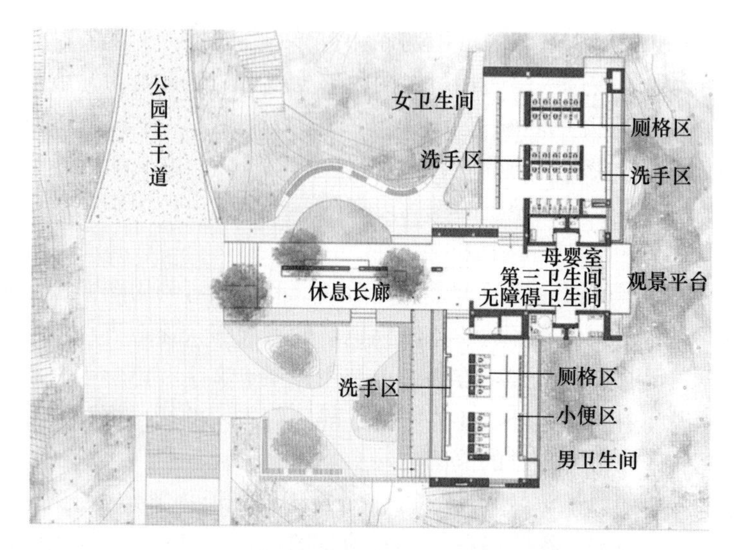

图 14-1-14　深圳莲花山山顶公共卫生间平面布局

（资料来源：根据谷德设计网资料绘制）

以观赏长廊两侧景致，在长廊的尽头可以通过观景平台欣赏东侧的山坡自然景观以及不远处的城市景观。男女厕所的设计充分利用了东侧的景观资源，主体空间均靠东侧布置并采用全开敞的处理，在满足隐私和便捷的基础上，尽可能地使游客在行走、排队、盥洗甚至如厕的过程中欣赏到优美的景色。

在隐私空间的营造上，一方面，充分利用东侧山体高差形成的天然隐蔽性；另一方面，将小便区、厕格区、洗手区的私密性进行排序和合理组合；此外，以镂空的金属网帘以及户外植被进行遮挡和围合，加强了部分空间的私密性。

4）通风透气和采光

公厕位于山顶开阔地带的地理优势，有较好的风环境和白天的自然采光条件。公共卫生间层高 4.5 米，外墙较为开敞，隔断材料通风透气，并在建筑顶部上设天窗，较为充分地利用了现有资源，营造了具有良好的自然采光和通风的室内环境。此外，用顶光结合内壁灯的方式进行人工照明的补充，并利用排风管井机加强了空气的流通，从而加快厕格内的空气流通和保持地面的干燥。

5）设施布置

在设施设置方面，为均衡男女使用的需求，将男、女厕卫洁具比例设置为 2 ∶ 3，为男厕布置 16 个卫生洁具，女厕布置 25 个洁具，尽可能地提高厕所的整体服务效能。厕所内设有吊扇、灭蚊灯、应急照明等设施，厕格上设有空置提示灯。

厕所提供了方便老、弱、病、残、孕等不同人群使用需求的各种设施。如适当区域采用平移式自动门，方便推婴儿车、轮椅的人群使用。在母婴室内为游客提供纯净水机、温奶器、护理台、洁污分离双水池、儿童安全座椅等设施。第三卫生间的布置也考虑了多种情况下，多层面的家庭如厕需求。

2. 案例二：开平塘口镇祖宅村景观厕所

1）项目简介

开平塘口镇祖宅村景观厕所项目位于碉楼之乡开平市塘口镇祖宅村，建于旧公厕原址，由竖梁社建筑设计有限公司设计。建筑主体采用了地景化的处理手法，保留了原址树木，将隐蔽的公共厕所和开放的户外活动平台相结合，并且巧妙地利用了原公共厕所的建筑材料，最终使得项目融合成为大地景观中的一部分。

2）整体布局

项目的整体空间布局可以分为公共卫生间的主体功能空间、建筑阶梯座椅和建筑顶部的休憩观景平台，以及建筑周边的景观活动空间 3 个部分。设计通过垂直方向上的错位叠加、水平空间上的石笼墙的视线阻隔，以及多重景观矮墙的空间拉伸，平衡了私密性和便捷性的双重要求。具体平面布局如图 14-1-15、图 14-1-16 所示。

建筑对场地原有植物的保留和退让，减少了其自身的突兀之感，并且与景观环境形成更加紧密的连接。

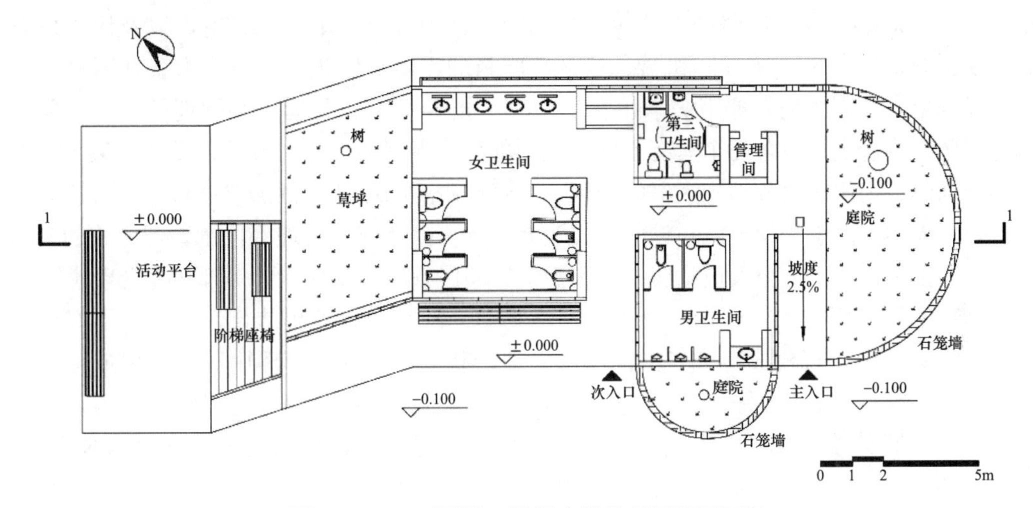

图 14-1-15　开平塘口镇祖宅村景观厕所平面图

（资料来源：根据谷德设计网资料绘制）

图 14-1-16　开平塘口镇祖宅村景观厕所 1—1 剖面图

3）材料的使用

项目充分运用了原建筑中拆下来的材料，一方面通过石笼墙的形式将其固定，减少了对其承重强度上的要求，丰富了材料拼叠的样式和形态，延续了传统建筑的色彩和质感；另一方面，将日常使用的旧物，如陶罐、花盆、碗碟等也陈列于此，在原有建筑材料的基础上叠加了更为丰富的历史信息。古树、原址、旧物融合成的新的村民活动场地，承载了历史的记忆，增添了更多人文气息。

14.2 园区管理用房

园区配套建筑包括各种游憩建筑、服务建筑和管理建筑。其中，管理建筑指用于园区管理，不对游人开放、服务的建筑，包括园区管理人员使用的办公室，以及用于放置养护所需物品、材料、工具、机械、药剂、肥料的库房等建筑，也被称为管理用房。

理论上，公园中的管理用房承担着工作人员指导整个公园运作和管理的工作空间需求。园区的管理规划包含几个具有不同功能的部分：规划、运营、维护以及活动策划。对于不同规模、定位，服务不同人群的园区，在管理用房的设计上都需要进行综合分析，并进行长远规划。由于“管理”一词的定义较为宽泛，以及现有管理手段、管理方式的多样化，一般把传达室、办公人员宿舍、社区建筑、园区餐厅、多功能厅等都归为管理建筑。

在中小型园区内，管理用房可选择与博物馆、游客中心等相结合，以利于更好地集中管理。甚至限于规模成本或者方便协调管理，有一些园区将管理用房与门房或宿舍相结合。但在我国的自然保护区、国家公园，或者博览园等规模较大的园区范围内，管理人员和大量职员通常要完成规模较大、内容复杂的管理事务，如记录和管理园区现状、维护修缮园区设施、对园区进行长远规划与设计等。因此要求有独立的管理用房，甚至管理中心建筑群的设计和建设，以满足功能要求相对单一的较大空间使用。由此可知，管理用房的规模、功能布置和设计形式需根据项目的类别和规模进行调整。根据《公园设计规范》（GB 51192—2016）的相关规定，管理用房在公园中的用地比例见表 14-2-1。

表 14-2-1　管理建筑在公园中的用地比例　（单位：%）

陆地面积 A_1（hm^2）	公园类型					
	综合公园	专类公园			社区公园	游园
		动物园	植物园	其他专类公园		
$A_1<2$	—	—	<1.0	<1.0	<0.5	—
$2\leqslant A_1<5$	—	<2.0	<1.0	<1.0	<0.5	<0.5
$5\leqslant A_1<10$	<1.5	<1.0	<1.0	<1.0	<0.5	<0.3
$10\leqslant A_1<20$	<1.5	<1.0	<1.0	<0.5	<0.5	—
$20\leqslant A_1<50$	<1.0	<1.5	<0.5	<0.5	—	—
$50\leqslant A_1<100$	<1.0	<1.5	<0.5	<0.5	—	—
$100\leqslant A_1<300$	<0.5	<1.0	<0.5	<0.5	—	—

注：“—”表示不作规定；上表中管理建筑的用地比例是指其建筑占地面积的比例。

其中，展览温室应按游憩建筑计入面积，生产温室应按管理建筑计入面积。历史名园应设与游人量相匹配的管理建筑和厕所。

14.2.1　园区管理用房的功能和分类

园区管理用房维系了公园各项管理工作的开展，一般为了方便，独立设置管理用房，但公园的类型和规模多样，其管理形式也各有不同，因此也有很多公园将管理空间和其他功能空间合并设置，如公园的餐饮、住宿、售卖或者公共厕所等。

一般来讲，公园管理的基本任务是：科学、美观地配置建筑、水体、山石、树木花草和游憩设施。

在卫生管理过程中，要保证设施放置有序，各类物资及时进行整理和收纳，废弃物及时清运，按一定频次对园区道路、广场、入口进行清扫，对座椅、垃圾箱、洗手池、园灯、指示牌、沉沙井、明沟、围栏及时清洗，维持厕所的良好卫生环境。

在植被管理过程中，要保证按照公园总体规划和植物配置设计，实施植物的栽培、调整和管护，达到并保持规划设计的景观效果。

在设施管理过程中，要维护设施完好无损，确保其艺术和历史价值，发挥其景观功能和使用功能，保持园内设施整洁、清新、美观、完好。

在文化活动管理方面，通过开展多种形式的文化、娱乐、展出活动，扩大公园的社会效益和经济效益，完成公园精神文明建设的重要任务。

除此之外，《公园设计规范》（GB 51192—2016）规定，动物园应有适合动物生活的环境，供游人参观、休息、科普的设施，安全、卫生隔离的设施和绿带，后勤保障设施；植物园应创造适于多种植物生长的环境条件，应有体现本园特点的科普展览区和科研实验区；历史名园的内容应具有历史原真性，并体现传统造园艺术；其他专类公园，应根据其主题内容设置相应的游憩及科普设施。由此，我们可以了解到公园的自身类别和功能的多样性，使得支持其开展诸多管理工作的管理用房会有不同的功能设置和建设要求，很多公园管理用房的功能已不仅限于基本的办公管理空间。

根据《植物园设计标准》（CJJ/T 300—2019），对植物园的设施项目设置的相关要求见表 14-2-2；根据《动物园设计规范》（CJJ 267—2017），关于动物园常规设施项目中建筑类管理设施设置的要求见表 14-2-3。

表 14-2-2　植物园的设施项目中建筑类管理设施设置

设施类型	设施项目	用地面积 A（hm^2）		
		$A>100$	$40\leqslant A\leqslant 100$	$A<40$
管理设施（建筑类）	科研试验用房	应设	应设	可设
	引种生产温室	应设	应设	可设
	隔离检疫温室	可设	可设	可设
	标本馆	可设	可设	可设
	种子库	可设	可设	可设
	植物信息管理用房	应设	应设	应设
	办公管理用房	应设	应设	应设
	生产管理用房	应设	应设	应设
	仓库	应设	应设	应设

表 14-2-3　动物园常规设施项目中建筑类管理设施设置

设施类型	设施项目	建设规模		
		大型	中型	小型
管理设施（建筑类）	动物保障设施建筑	应设	应设	可设
	管理办公用房	应设	应设	应设
	园务设施用房	应设	应设	可设

在动物园的园区管理区中除应设的办公区外，还可设环园园务隔离带，在设计中应酌情考虑。

结合实际设计中有些园区的管理用房与其他建筑等进行了合并，如游客中心、园区大门、温室展厅等，因此可以将其分为独立型和附属型两种。独立型能够更好地与游客密集区域进行空间隔断，有更好的私密性；附属型能够更加高效、灵活地利用园区建筑空间。

建筑师 Carreño Sartori Arquitectos 设计的动物园管理大楼，一层布置了储备动物饲料的仓库，以及加工准备空间，二层为管理人员、兽医团队和不同专家的办公场地，建筑还为游客安排了指定的休息点以便观察动物和眺望城市风光。坡道成为建筑中联系原有山坡地形和现有建筑空间的重要元素。轮椅、担架或员工餐厅的手推车都可以通过坡道较为便捷地进入宠物医院。建筑一侧的观景平台也是主要通过坡道来引导游客。

14.2.2　选址与布局

管理用房的选址和布局需遵循园区的整体规划框架和功能区划分。以公园为例，其功能分区一般可包括入口区、管理区、安静休息区、运动健身区、娱乐活动区、主题游赏区等。管理用房建于公园管理区，选址应隐蔽又方便使用。为防止游客误入，可以通过高大植被与园区游憩环境进行分离。如北京植物园管理处被设计在园区的东南角，有独立出入口，并临近植物园的主入口，位于主要观赏流线的一侧，虽有道路与主要园路连接，但有植被用作视线上、空间上的隔离。若园区的管理用房与其他功能用房进行综合设计则需为其选择较为隐蔽的方位，并单独设置出入口，内部空间和流线需与游客的活动空间和流线相隔离。

园路分类系指步行游览路、机动车游览路、自行车游览路、生产管理专用路等，分级系指主路、次路、支路或小路。生产管理专用路宜与主要游览路分别设置，不宜交叉。管理用房需在紧密联系生产管理专用路的同时，保持到达园区主干道的通畅性。不同的园区类别下对管理用房和管理专用园路的要求各异。例如，动物园的管理专用园路宜连接专用出入口与园务管理区、动物保障设施区，具备大型动物或饲料运输、消防车通行能力；管理专用园路宜沿动物园围墙建设形成环回路线；园路与管理专用园路之间应有连接路相通；管理专用园路的最小转弯半径不应小于 10m；管理专用园路最小纵坡坡度不应小于 0.2%，最大纵坡坡度不应大于 10.0%，坡长不应大于 200m；严寒地区最大纵坡坡度不应大于 8%，坡长不应大于 150m。植物园的管理道路属于科研生产专用园路，宽度为 4～6m。

在条件允许的情况下，公园会为园区的管理养护设置专用出入口。专用出入口的位置与城市道路交叉口的距离应符合城市道路交通规划设计相关规定，应满足机动车通行需要，多选择在公园管理区附近或较偏僻不易为人所发现处，但对外交通必须畅通、方便，从而满足公园日常生产、管理的需求，不供游人使用。

14.2.3　设计要点

园区管理用房需考虑管理人员的工作方式和使用习惯，尽可能地为管理工作提供适宜的空间。除了为办公、监控、值班、接待、休息、更衣、清洁、储藏等活动提供基本的使用空间外，针对多种管理功能复合的管理用房还需按照相关规定增添相应的建筑空间。园区管理用房服务的园区性质各有不同，如城市综合公园、城市植物园、动物园、风景区等，因此使用园区管理用房的工作人员的工作类型、工作方式、工作习惯均有较大差别。此外，规模较大的园区会有多个不同的功能分区，在不同分区内分设不同的园区管理用房。因此，在设计中要根据园区的特点，进行整体规划定位，并对园区管理用房具体服务的人群使用特点进行详尽地分析和总结。此外，管理用房也可能会与其他建筑在功能和空间上相互补充或结合，在设计中需在满足园区管理工作的基础上，进行灵活适当的空间组织。

园区管理用房的风格、位置、高度和空间关系，以及与园路、铺装场地的联系，应根据自身包含的功能、园区整体的景观风貌要求和市政设施现有条件确定，遵守相关的设计规范和要求。在整体风格上应做到与整体园区风格和谐统一，但为避免游客误入，在造型上、高度上不宜过分突出，且与主要的游览空间保持一定的空间距离。若建筑会在游客的视野范围内出现，则需对环境有一定的优化点缀的作用。

根据《公园设计规范》（GB 51192—2016）的规定，管理设施和服务建筑的附属设施，其体量和烟囱高度应按不破坏景观和环境的原则严格控制；管理建筑不宜超过 2 层，室内净高不应小于 2.4m。

园区管理用房应符合公园建筑物设计要求，其位置、规模、造型、材料、色彩及其使用功能应符合公园总体设计的要求；应与周围环境要素统一协调，有机融合；可根据项目所在地区的气候环境和场地内的原有条件优化建筑形体和空间布局，促进天然采光、自然通风，合理优化围护结构保温、隔热等性能，降低建筑的供暖、空调和照明系统的负荷。可以考虑借鉴当地特有的建筑风格和院落格局，采用当地的建筑材料，选用与环境融合较好的色彩体系，以及顺应地形的造型形态等。如美国亚利桑那州菲尼克斯（Phoenix）南山都市公园的管理建筑，沿用了印第安人村落的传统建筑材料和形式。卡萨・格兰德（Casa Grande）国家纪念碑管理建筑运用了当地传统的土坯房的建筑形式，保持了建筑形体的平面延伸，与美国西南部地区平坦的地形形成了呼应，在平面上也体现了对功能的有序组织，如图 14-2-1 所示。如江门北园公园的汲古山房，其兼具公园管理、文化展陈和市民休憩的功能，位于园区山丘谷底，围绕北门窑址遗迹，并与新会学宫相望。建筑采用坡屋顶，外部形态延绵起伏，与周围山体的气韵相合；利用红砖和琉璃绿瓦与新会学宫的风貌相呼应；内部空间错落，以混凝土仿造穿斗式建筑，引导人行进的方向；庭院和建筑空间穿插，流线丰富，曲径通幽，达到了和场地环境的恰当融合。

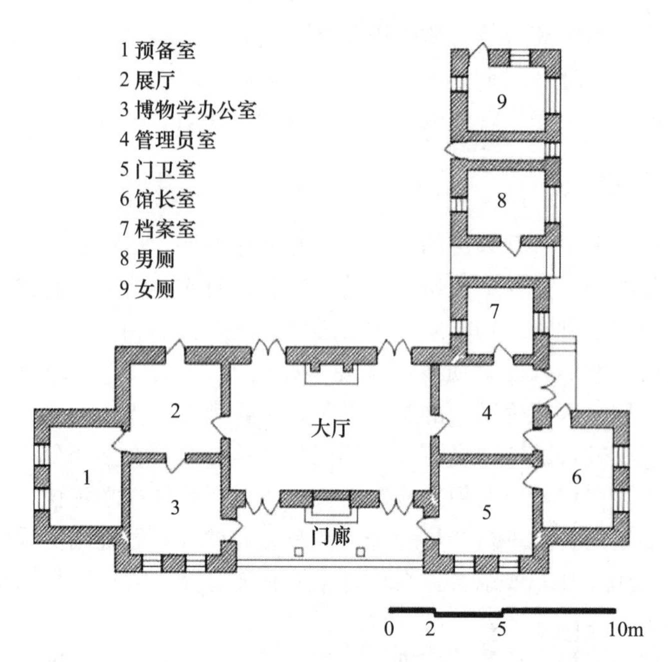

图 14-2-1 卡萨·格兰德国家纪念碑管理建筑平面图
（资料来源：根据迈克尔·格罗斯，罗恩·齐默尔曼《解说中心的历史、设计和发展》资料绘制）

此外，在管理用房设计时，应考虑对建筑物使用过程中产生的垃圾、废气、废水等废弃物的处理，防止污染和破坏环境。严寒和寒冷地区经常有人员长期停留的建筑物内，应设置供暖设施。

由于公园建设资金投入巨大，在管理用房的设计、建设过程中，需尽量节约成本，控制工程造价，同时建筑、设施的功能设置要合理，并尽量使建成后的建筑、设施减少运营维护成本。

14.2.4 案例分析

案例：妫河建筑创意产业园区综合管理用房。

该项目位于距北京城区西北方向 70 公里外的北京延庆妫河建筑创意产业园，由胡越工作室设计。该创意产业园位于北京市延庆区妫河北岸，总占地面积约 20 余公顷，意在建设一个集创作、培训、科研、成果展示、文化交流等功能于一体的文化创意产业聚落，进而提高延庆的整体人文环境。综合管理用房为园区内的物业管理人员提供办公、宿舍和餐厅，同时还为访客提供住宿服务。作为管理用房和宿舍餐饮相结合的案例，在空间布局和流线安排方面相对于单一功能的管理用房更为复杂综合。其办公空间与宿舍空间相互独立，餐饮和服务空间部分共享。

建筑位于园区北侧主入口的东边，面对一片空旷的场地，北面是园区的围墙，墙外是一条公路，建筑南侧则是园区以及远处的湖面和森林公园。为烘托园区艺术氛围，建筑选用了明度较高的黄色和灰色进行搭配，形成明快动感的立面色彩。建筑的形态，是在 L 形和长方形体块组合的基础上进行了多个小几何体块的穿插、扭转，进而形成动态的空间序列，如图 14-2-2～图 14-2-4 所示。这种简洁而具有活力的建筑风格奠定了创业产业园区的基调，也为进入园区的游客带来直观鲜明的感受。

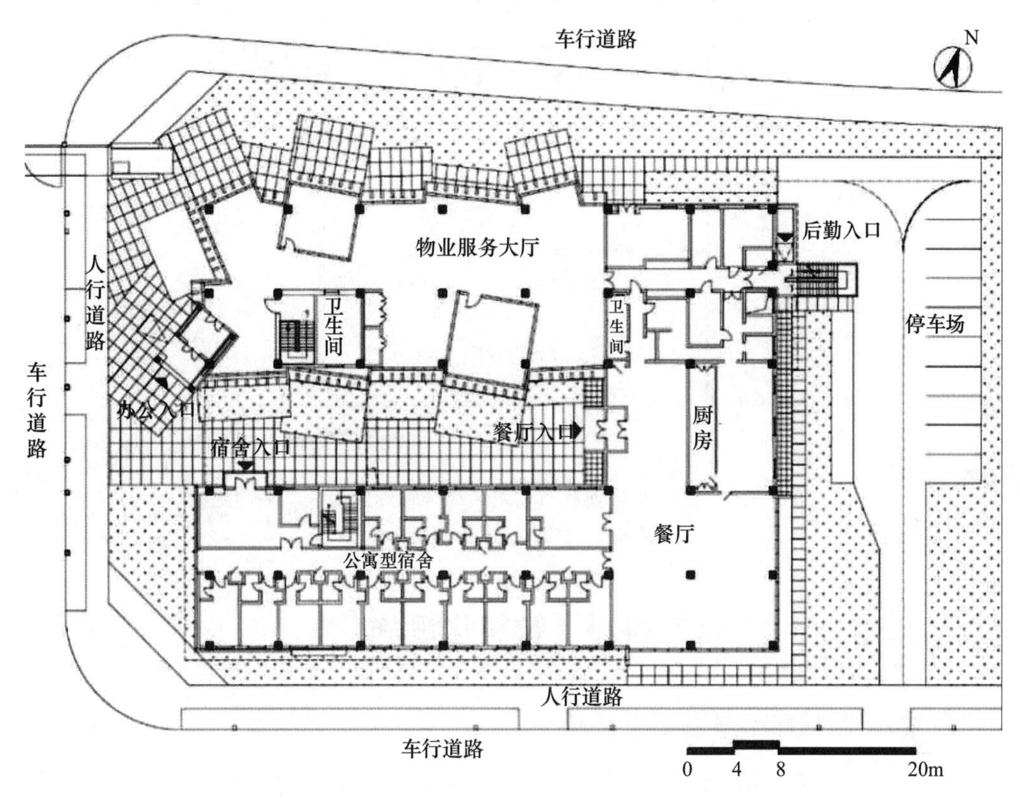

图 14-2-2　妫河建筑创意产业园区综合管理用房一层平面图

（资料来源：根据谷德设计网资料绘制）

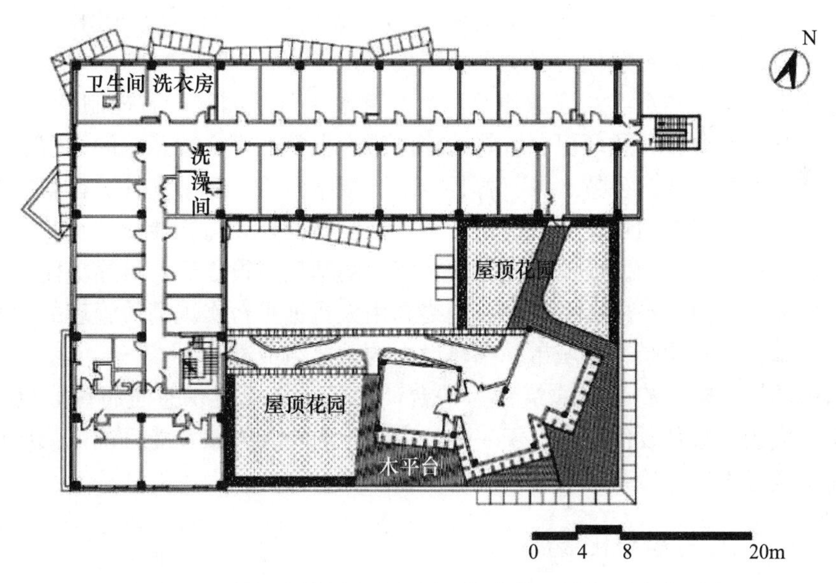

图 14-2-3　妫河建筑创意产业园区综合管理用房二层平面图

（资料来源：根据谷德设计网资料绘制）

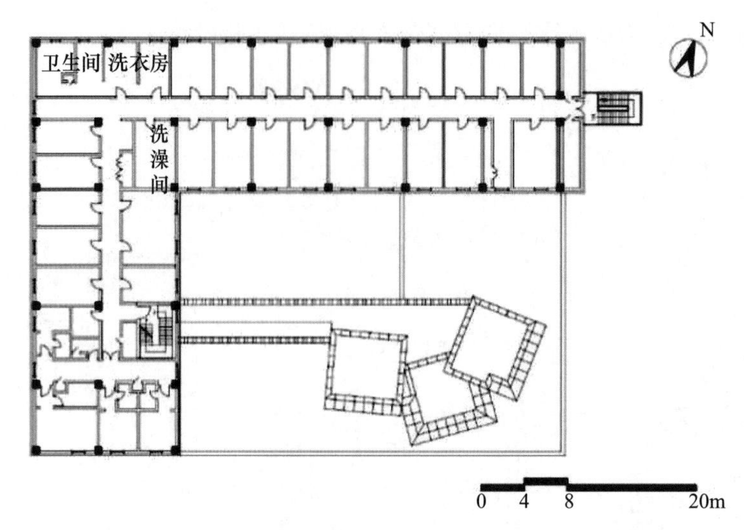

图 14-2-4 妫河建筑创意产业园区综合管理用房 3 层平面图
（资料来源：根据谷德设计网资料绘制）

14.3 智慧化设施

14.3.1 智慧城市与智慧化设施

人类已迈入信息化时代，开启了以网络为中心，以信息主导、体系支撑、融合共享为主要特征的新型智慧城市建设。根据经国务院同意，国家发改委、工信部等八部委印发《关于促进智慧城市健康发展的指导意见》（发改高技〔2014〕1770 号），智慧城市是运用物联网、云计算、大数据、空间地理信息集成等新一代信息技术，促进城市规划、建设、管理和服务智慧化的新理念和新模式。

智慧城市的业务体系涉及智慧建筑、智慧社区、智慧园区、智能制造、智慧交通、智慧物流、智慧能源、智慧环保、智慧医疗健康、智慧教育、智慧旅游、智慧政务、智慧零售、智慧安全应急、智慧水务、智慧金融、智慧信用、智慧农林、智慧媒体社交等相关内容。而智慧城市的建设本质上是城市基础设施的建设与智能化，及其对人们生活方式等层面的作用、影响。城市需在完成智能化的基础建设之后，再逐步完成各个行业相互融合的完整大数据平台体系建设，最终利用大数据平台实现高效管理的智慧城市建设目标。设施的智慧化是智慧城市基础建设中的重要组成部分。

本书中的智慧化设施为以建筑物为平台，对各类智能化信息进行综合处理，集架构、系统、应用、管理及优化组合于一体，依托互联网和人工智能系统，为所居人类提供各种具有良好人机环境系统交互体验的专项或综合服务的设施的统称。

14.3.2 常见的智慧化设施

1. 智慧健康小屋

智慧健康小屋是政府相关部门设立的为群众提供自助健康检测和健康教育的场所，它能促进居民养成自我健康管理意识，更加注重对慢性病的防控与自身健康状况的改善。随着我国人口老龄化的加速、生活水平的提高，居民对慢性病的防控需求也越来越多，健康保健意识逐渐增强，全国各地纷纷开始设立智慧健康小屋。

1）功能设置

常用医疗仪器包括血压计、心电仪、血糖仪、血氧仪、骨密度仪、肺功能仪、体温监测仪、人体成分分析仪、身高体重仪等。实际设计中也需要根据智慧健康小屋服务的人群特征以及使用特点来进行功能的调整。

智慧健康小屋除了能向居民提供以上体检功能以外，还可以起到向居民提供健康指导信息以及传播健康知识的作用。

2）设计要点

智慧健康小屋的空间布局需以“人”为中心，综合考虑不同人群的功能使用需求、行动流线、空间尺度和气候环境要素。一般来讲，检测项目的顺序、咨询服务需求、结果等候和分析以及日常健康知识宣传是最常见的功能安排，均可影响体检的使用流线。

除此之外，不同年龄、不同性别、不同身体状况下的使用者的适应性，操作便捷性，以及心理体验都需要在空间营造中加以分析和回应。此外，智慧健康小屋中还需考虑现场工作人员的活动空间。

空间流线需简明易懂，明确区分工作区、宣传区和设备检测区，让使用者迅速找到所需功能空间，如图 14-3-1 所示。环境光线充足、标识文字鲜明，以方便有一定视觉障碍的人群使用。整体色调清雅纯净，一方面营造较为宁静的空间氛围，一方面避免强烈视觉刺激减少设备标识的识别度，如图 14-3-2 所示。

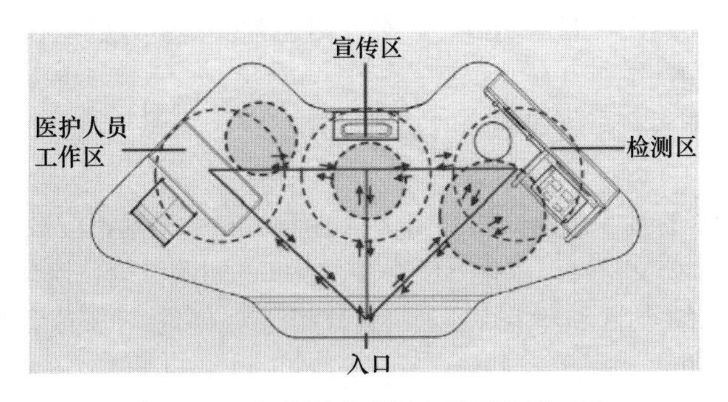

图 14-3-1　智慧健康小屋布局设计平面图

（资料来源：《健康小屋空间布局设计研究》）

图 14-3-2　智慧健康小屋效果图

（资料来源：《健康小屋空间布局设计研究》）

2. 智慧公交站

智慧公交站的设计依赖于智慧城市中公交系统的智慧化，而智慧公交系统附属于智慧交通系统。

智慧交通是在智能交通的基础上，在交通领域中充分运用物联网、互联网、云计算、人工智能、自动控制、移动互联网等技术，对交通管理、交通运输、公众出行等交通领域全方面以及交通建设管理全过程进行管控支撑，使交通系统在区域、城市甚至更大的时空范围具备感知、互联、分析、预测、控制等能力，以充分保障交通安全、发挥交通基础设施效能、提升交通系统运行效率和管理水平，为公众畅通出行和可持续的经济发展服务。

智慧公交系统是结合了 GPS 全球定位系统以及无线通信技术，并利用了大数据手段将信息整合利用，实现对公交系统的智能化调度，实现车辆运营的可视化和信息化服务，对乘客功能服务进行完善。智能化的调度指挥管理，不仅使各信息网络之间的信息得到极大的共享，而且为推动智慧城市下的智能交通和低碳环保出行做出了贡献。

智慧公交站则是智慧公交系统的重要交互终端，是营造城市公交良好体验的重要组成部分。

1）管理功能设置

智慧公交站作为智慧公交系统的重要组成部分，是信息采集和输出的重要终端。为支持指挥交通的管理功能，一方面具有信息及图形采集存储功能，信息上传至城市控制中心存储和分析，做到及时统计和上报乘客的候车信息，为智能调控提供相关资料；另一方面定位并检测行驶车辆，监控并反馈其运行状态；此外，还能检查并发现故障后及时上报控制中心，节省了大量人力物力，使车辆时刻保持良好的运行状态。

2）服务功能设置

以下功能为智能候车亭针对乘客的功能设置：

（1）候车功能

保留公交候车亭的基本功能，如遮阳、避雨等功能；配置相应数量供乘客休息的座椅；配置一个或多个公交信息站牌；方便乘客在夜间的照明设施，使乘客在夜晚也能查清出行路线。可根据所在地区和环境特征，设置智能送风、降温喷雾或者避风保暖等功能。

（2）信息获取功能

为使乘客可以了解实时交通情况，如公交车实时位置查询、到站信息查询，甚至可以包括周边旅游信息及购物娱乐生活信息的查询，智慧候车亭可设置便民查询设备，通过语音咨询、触摸查询、信息播报等方式完成信息的查询。如天津中新生态城智慧公交站有两个交互式触摸屏查询系统，在满足基本路线查询功能的同时，还集合了交通查询、旅游、酒店、美食、购物、生态教育、便民服务、电子书等功能。车站两端还各配有一台 65 寸触摸信息显示屏，能够准确显示途经当前站点的公交车到站情况，便于乘客掌握公交车位置，增加了乘客的人机互动性，如图 14-3-3 所示。此外，智慧公交候车亭可以与相应移动设备的 App 交互使用，更方便获取信息。

（3）其他服务设施

除（1）、（2）提到的功能外，智慧公交候车亭为满足现代居民的使用需求，还可适当增设自动售货机、便民手机充电站、自动调温装置、雨伞租用等。设计要根据候车亭的设置地点、服务人群、实际尺度和公交候车亭的站点级别而具体考虑。

图 14-3-3　天津中新生态城智慧公交站

（资料来源：《智慧公交站设计与应用》）

3）设计要点

空间安排方面，根据规模及与道路的关系，设计中须考虑公交候车亭内人的活动空间以及公交车上下客的流动空间。候车亭内空间布局须使公交车停泊位置与上下客位置相呼应，做到上车乘客可以提前预知，及时准备，下车乘客可察觉到站，快速疏散。候车亭内须设计使乘客在座椅上休憩、查询信息、站立观察等候时与候车亭内的动态人流不相互干涉。

安全方面，避免乘客探身于车行道，减少上下车与非机动车道的线路交叉，在候车亭内靠近机动车道一侧的狭窄空间设置扶手和警示标识，以免发生拥挤和碰撞。

无障碍设计也应考虑在公交候车亭的设计之中。如无障碍坡道的设计、上车点与公交车门的齐平设计、公交信息的语音播报功能、设施标识中的盲文设计、查询设备的AI 语音识别功能等。

在外形方面，公交车候车亭的设计要醒目，可适当结合当地风貌和特征进行设计，体现出该城市、该站点周围的特征元素，一方面，成为道路景观的重要点缀，提升市容市貌；另一方面，彰显该区域的特征，提高站点识别性，甚至成为该区域的地标性建筑，如图 14-3-4 所示。

3. 智慧公园设施

“智慧公园”是基于“智慧城市”建设提出的一个概念，智能化、信息化与互联网等现代智慧技术的引入优化了城市公园现有的管理系统和服务系统，如图 14-3-5 所示。智慧公园相对于传统公园具有更强的空间体验维度，能够更好地体现城市开放空间的人文性、历史性、生态性，实现服务的人性化、多样化、趣味化。

图 14-3-4　天津中新生态城智慧公交站实景

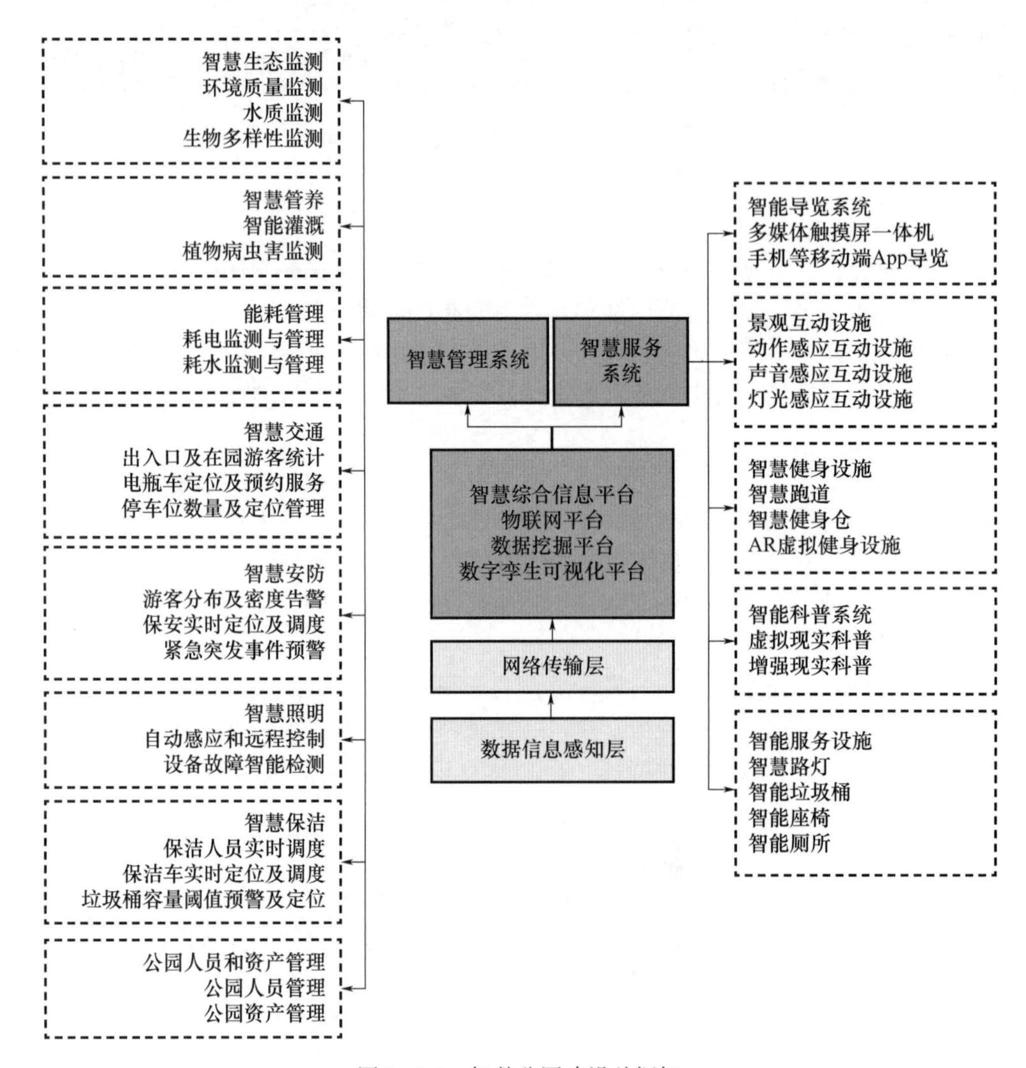

图 14-3-5　智慧公园建设总框架

（资料来源：《智慧公园建设框架构建研究——以北京海淀公园智慧化改造为例》）

2012 年建成的英国伦敦奥林匹克公园为实现场地的可持续发展，不仅为奥运会提供服务，还可为居民和游客提供良好的休闲观光场所，充分利用智慧公园的管理体系，针对原场地内的垃圾处理、生态营造、环境监管、人群管理、社区建设进行了智慧集成系统的开发和试验。

智慧公园中的一些具有智能化、信息化与自动化功能的公园设施是改变公众体验的重要基础。随着技术的不断革新，公园设施在美观性、实用性上都得到了极大的拓展。智慧技术在公园设施方面的应用具备丰富的探索空间，智慧公园的发展也因此具有很大的潜力。以实现的公园设施功能进行归纳，智慧设施可以有以下类别。

1）智能导览设施

公园的导览导视系统一直是设施中的重要内容。传统导览图文结合的方式表达信息的形式较为单一，且要求游客有文字和地图的识别理解能力，并不能满足部分老人、小孩及外国游客、视力障碍等人群的使用需求，也不能定制具有个体化的导引方案。智慧公园通过设备的智能化以及网络的信息联系，拓展出多种语言的触屏查询、手势交互、AI 语音识别问询、AR 虚拟游园和实时导引等功能，协同园中其他设施和游客手机客户端进行多样化的导览服务。

2）智能讲解系统

公园景点原有的讲解大多限于文字介绍、语音播报、导游讲解等手法。智慧讲解系统增加了人机交互体验，通过真实环境和虚拟现实相结合、视觉和听觉相结合、设施与移动设备相结合等多层技术手段使游客拥有沉浸式体验。如北京海淀公园基于虚拟现实 VR 技术对畅春园进行虚拟重建，借助古建筑交互式搭建互动体验，科普古建筑榫卯结构的构造原理，并植入畅春园交互式的历史文化信息，让历史、文化信息以一种趣味体验的形式被传播。植物园和动物园可通过定位游客位置，向游客提供植物和动物的详细讲解信息和虚拟现实影像，将科普知识融入观赏过程中，也增加了景点的信息趣味性和可读性。

3）趣味互动设施

公园设计了多种类型的景观互动设施，通过对游客行为的即时反馈，形成人与景观之间有趣的互动，提升场地的活力。如游客通过手势动态感应的方式控制喷泉高度的感应交互水景装置，如图 14-3-6 所示。天津甘露溪生态公园中的地面装置，可以通过踩踏产生不同的声音，多人共同操作还可合奏。

图 14-3-6 北京海滨公园雨水花园展示区的景观互动喷泉

（资料来源：《智慧公园建设框架构建研究——以北京海淀公园智慧化改造为例》）

4）智能运动设施

公园是城市户外运动的最佳场所，智慧化的运动设施具有丰富运动类型、进行身体信息的测评、监控运动强度以及提供运动指导信息等功能。在一定程度上增加了运动的科学性、便捷性和趣味性，起到引导居民运动健身的作用。智慧跑道是其中重要的类型。公园可以通过人脸识别系统或定位手机终端位置信息，实时记录游客跑步的单圈速度、最快速度、累计运动时长、累计运动里程以及卡路里消耗等数据。此外，可以设施趣味性的服务项目，如北京海淀公园设置了“博尔特速度”“大学生速度”“小学生速度”等竞速模式；深圳莲花山公园的智慧跑道可以记录市民的跑步信息，并在终端屏幕上显示运动达人的日排名、月排名等。

5）微环境调节设施

户外微环境是影响游客体验的重要因素，对微环境具有调节功能的设施能够直观改善人们的观览体验，如针对冬季寒冷的特点，北京海淀公园设置了具有加热功能的座椅。针对夏日酷暑的问题，重庆礼嘉智慧公园智慧秀林的步道旁设置了智能喷雾降温系统，可根据过路游客的体温喷洒水雾，帮助游客解暑的同时，营造梦幻的空间氛围。

6）其他服务设施

此外，通过传感器和机械智能化，诸多设施都具有更强的人性化设计，如具有监控能力的智能公厕，具有感应延时功能的智能路灯，增设手机有线、无线充电功能、蓝牙音响、一键报警功能的智能座椅（图 14-3-7），能够自动开闭和辅助物品分类的智能垃圾箱（图 14-3-8），以及无人售卖亭、自动售卖和送货车辆（图 14-3-9）等服务设施。

以上简单介绍了不同类型的智慧公园设施。智慧设施种类丰富，设计方式不拘一格，在设计过程中须充分了解智慧公园的信息管理机制以及最新的人机交互机制，充分分析和挖掘人们的户外活动需求，根据实际情况，营造更加舒适且具有趣味性的公园环境和使用体验。

图 14-3-7　智能座椅

图 14-3-8　智能垃圾箱

图 14-3-9　深圳香蜜公园无人售货车

（资料来源：《深圳香蜜公园打造“5G+”智慧公园》）

思考题

1. 公共厕所的采光方式有哪些？
2. 公共厕所有哪些必要的视线引导和隔断？
3. 简述第三卫生间的主要服务人群和功能设置。
4. 如何改变人们对公共厕所的刻板印象？
5. 公共厕所中的无障碍设计需考虑哪些方面？
6. 园区管理用房的主要功能是什么？
7. 园区管理用房在选址上有哪些关键要点？
8. 举例说明园区管理用房与其他园区功能空间相结合进行设计的形式。
9. 智慧设施在风景园林中的运用体现在哪些方面？
10. 设想一下在智慧城市不断发展的未来，对设计师有哪些新的要求。
11. 智慧设施对我们的生活方式有哪些改变？

参考文献

[1] 郭煜．建筑与自然环境协调是建筑规划设计的根本原则［J］．四川建筑科学研究，2003，29（2）：105-106.

[2] 王辉．浅析风景园林建筑设计中应考虑的几个自然因素［J］．城市建筑，2012，102（15）：125.

[3] 覃事妮．风景园林建筑与建筑之比较［J］．山西建筑，2010，36（4）：3-4.

[4] 谭嘉伟．浅析建筑设计风格与环境的协调性［J］．城市建设理论研究：电子版，2013（16）：1-2.

[5] 邹芊．建筑设计中的人文因素［J］．建筑与设备，2010（1）：16-17.

[6] 蔡正坤．试论建筑与环境的关系［J］．中华建设，2017（6）：116-117.

[7] 张令．浅析影响建筑设计的各种影响因素［J］．农家参谋，2016（29）：59-61.

[8] 刘福智，佟裕哲，等．风景园林建筑设计指导［M］．北京：机械工业出版社，2006.

[9] 田大方，杨雪，毛靓．风景园林建筑设计与表达［M］．北京：化学工业出版社，2010.

[10] 黄华明．现代景观建筑设计［M］．武汉：华中科技大学出版社，2008.

[11] 周向频．中外园林史［M］．北京：中国建材工业出版社，2014.

[12] 周维权．中国古典园林史［M］．北京：清华大学出版社，2008.

[13] TOM TURNER. 世界园林史［M］．林箐等，译．北京：中国林业出版社，2011.

[14] 张祖刚．世界园林史图说［M］．北京：中国建筑工业出版社，2012.

[15] 中华人民共和国住房和城乡建设部．民用建筑设计统一标准：GB 50352—2019［S］．北京：中国建筑工业出版社，2019.

[16] 中华人民共和国住房和城乡建设部．建筑设计防火规范：GB 50016—2014（2018 年版）［S］．北京：中国计划出版社，2018.

[17] 同济大学，西安建筑科技大学，东南大学，等．房屋建筑学［M］．5 版．北京：中国建筑工业出版社，2016.

[18] 徐哲民．园林建筑设计［M］．2 版．北京：机械工业出版社，2014.

[19] 田大方，杨雪，刘洁，等．风景园林建筑造型设计［M］．北京：化学工业出版社，2015.

[20] 李必瑜，王雪松．房屋建筑学［M］．5 版．武汉：武汉理工大学出版社，2014.

[21] 樊振和．建筑结构体系及选型［M］．北京：中国建筑工业出版社，2011.

[22] 杨海荣，冯敬涛．建筑结构选型与实例解析［M］．郑州：郑州大学出版社，2011.

[23] 中国建筑学会．建筑设计资料集：第 1 分册：建筑总论［M］．3 版．北京：中国建筑工业出版社，2017.

[24] 中国建筑学会．建筑设计资料集：第 2 分册：居住［M］．3 版．北京：中国建筑工业出版社，2017.

[25] 中国建筑学会．建筑设计资料集：第 4 分册：教科・文化・宗教・博览・观演［M］．3 版．北京：中国建筑工业出版社，2017.

［26］ 黎志涛．建筑设计方法［M］．北京：中国建筑工业出版社，2010.
［27］ 高立人．《结构概念和体系》（第二版）简介［J］．建筑结构，1998（10）：60.
［28］ 张青萍．园林建筑设计［M］．南京：东南大学出版社，2010.
［29］ 许光．论建筑创作的立意构思［J］．山西建筑，2008，34（13）：41.
［30］ 王飒，李东辉．从建筑构想的角度看建筑设计的基本功［J］．沈阳建筑工程学院学报，2000，16（4）：243-246.
［31］ 宋晓宇，颜勤．VR 虚拟现实：建筑设计空间认知迭代［M］．北京：机械工业出版社，2019.
［32］ 王育林．地域性建筑［M］．天津：天津大学出版社，2008.
［33］ 世界华人建筑师协会地域建筑学术委员会．永恒的反叛：当代地域建筑创作方法［M］．武汉：华中科技大学出版社，2010.
［34］ 杨丽．绿色建筑设计：建筑节能［M］．上海：同济大学出版社，2016.
［35］ 曾旭东，谭洁．基于参数化智能技术的建筑信息模型［J］．重庆大学学报（自然科学版），2006（6）：107-110.
［36］ 赵明成．建筑数字化设计与建造研究［D］．长沙：湖南大学，2013.
［37］ 劭韦平．“数字”铸就建筑之美　北京凤凰国际传媒中心［J］．时代建筑，2012.（5）：90-97.
［38］ 王喜彬．色彩在建筑造型中应用的研究［D］．郑州：郑州大学，2007.
［39］ 王俊，朱亚红．风景园林建筑结构与构造设计方法探讨［J］．许昌学院学报，2015，34（2）：119-121.
［40］ 吴妮丹，嵇立琴．基于建筑设计下环境要素的限制性研究：以安藤的建筑设计为例［J］．建材与装饰，2018（48）：98-99.
［41］ 张啸，程习聪．建筑设计与园林景观设计的融合方法［J］．居舍，2020（28）：131-132.
［42］ 李学山．谈园林景观建筑设计的方法与技巧［J］．中国建筑装饰装修，2020（1）：86-87.
［43］ 聂磊．建筑设计与园林空间形态研究［J］．建筑结构，2020，50（9）：153-154.
［44］ 冯冠青．当代建筑剖面研究设计［D］．哈尔滨：哈尔滨工业大学，2012.
［45］ 李超．小型度假酒店空间氛围营造研究［D］．重庆：重庆大学，2016.
［46］ 司培．试析园林景观建筑设计方法与技巧关键研究［J］．建材与装饰，2019（26）：107-108.
［47］ 诺曼·K. 布思．风景园林设计要素［M］．北京：北京科学技术出版社，2018.
［48］ 吴戈军．园林制图与识图［M］．北京：化学工业出版社，2016.
［49］ 吴泓洁，商艳上，庞琪，等．园林建筑小品的种类及用途［J］．现代园艺，2021，44（12）：164-165.
［50］ 楼庆西．亭子［M］．北京：清华大学出版社，2016.
［51］ 卢仁．园林析亭［M］．北京：中国林业出版社，2004.
［52］ ThinkArchit 工作室．现代景观亭设计［M］．武汉：华中科技大学出版社，2014.
［53］ 蔡凌豪．树洞花园［EB/OL］．（2017-10-20）［2023-03-21］．https：//mp. weixin. qq. com/s/K-U6tIGy6tQP2auYhpdk2g.
［54］ 麟轩创意设计．德国自适应折叠凉亭，来自瓢虫的设计灵感［EB/OL］．（2019-08-01）［2023-03-23］．https：//baijiahao. baidu. com/s? id=1640658906645722473.
［55］ 刘敦桢．苏州古典园林［M］．武汉：华中科技大学出版社，2019.
［56］ 成玉宁．园林建筑设计［M］．北京：中国农业出版社，2009.
［57］ 卢仁，金承藻．园林建筑设计［M］．北京：中国林业出版社，1991.
［58］ 梁亭，河北/原筑景观．一种介入自然的方式［EB/OL］．（2019-03-08）［2023-03-25］．https：//www. gooood. cn/beam-pavilion-hebei-china-yzscape. htm.

[59] 屏亭湘湖定山驿站，杭州/植田建筑室内设计．以“屏”呈现可以遐想的美［EB/OL］．(2020-09-10)［2023-03-26］．https：//www. gooood. cn/screen-pavilion-dingshan-pavilio-in-xianghu-rayemilio-studio. htm.
[60] mooool，蛇形美术馆 2012 展亭/Herzog & de Meuron + Ai Weiwei［EB/OL］(2019-03-08)［2023-03-27］．https：//mooool. com/serpentine-gallery-pavilion-2012-by-herzog-de-meuron-ai-weiwei. html.
[61] 周婷，单军．直抵知觉的建筑：2012 年伦敦蛇形画廊临时展亭浅析［J］．世界建筑，2013 (6)：106-109.
[62] 瓦格纳·卢克，韦伯·乔治．风景建筑［M］．常文心，译．沈阳：辽宁科学技术出版社，2013.
[63] 彭一刚．建筑空间组合论．［M］．2H2. 北京：中国建筑工业出版社，1998.
[64] 范婷婷，郭华瑜．历史环境与中国传统楼阁的互动关系［J］．城市建筑，2020，17 (29)：90-91.
[65] 李战修．风景环境中的楼阁：下［J］．古建园林技术，1995 (1)：20-28+7.
[66] 侯洪德，侯肖琪．图解《营造法原》做法［M］．北京：中国建筑工业出版社，2014.
[67] 董璁，毛子强，孙丽颖．楼阁宜佳客，江山入好诗：2019 年中国北京世界园艺博览会永宁阁［J］．古建园林技术，2018 (4)：45-49.
[68] 董璁，孙丽颖，毛子强．永宁阁问答［J］．中国园林，2019，35 (4)：15-18.
[69] 李农．广元市市标凤凰楼照明［A］//《照明工程学报》编辑部．中国照明工程二十年专刊［C］．北京：中国照明学会，2012：2.
[70] STUDIO C. 岩石下的珍宝澳大利亚摇篮山游客中心及穿梭巴士停靠站［J］．室内设计与装修，2021 (9)：64-69.
[71] 于海为．遵义海龙囤遗址谢家坝管理用房改造［J］．建筑实践，2019 (4)：42-47.
[72] 迈克尔·格罗斯，罗恩·齐默尔曼．解说中心的历史、设计和发展［M］．赵金凌，张岚，译．北京：中国环境科学出版社，2016.
[73] 杰奎因·阿尔瓦多·巴侬，里斯桑·安德拉什．旅游基础设施［M］．张安凤，译．桂林：广西师范大学出版社，2017.
[74] 张文玉．游艇码头规划探讨［J］．港工技术，2016，53 (2)：31-33+66
[75] 张洁，章明，孙嘉龙．城市水岸边的“弧”步舞：上海白莲泾 M2 游船码头的形式解读［J］．时代建筑，2019 (2)：68-77.
[76] 中华人民共和国交通运输部．游艇码头设计规范：JTS 165-7—2014［S］．北京：人民交通出版社，2014.
[77] 邹瑚莹，王路，祁斌．博物馆建筑设计［M］．北京：中国建筑工业出版社，2002.
[78] 余卓群．博览建筑设计手册［M］．北京：中国建筑工业出版社，2001.
[79] 蒋玲．博物馆建筑设计［M］．北京：中国建筑工业出版社，2008.
[80] 艾学明．公共建筑设计［M］．南京：东南大学出版社，2015.
[81] 中华人民共和国住房和城乡建设部．饮食建筑设计标准：JGJ 64—2017［S］．北京：中国建筑工业出版社，2018.
[82] 中国建筑学会．建筑设计资料集：第 5 分册：休闲娱乐·餐饮·旅馆·商业［M］．3 版．北京：中国建筑工业出版社，2017.
[83] 龚伟．餐饮店选址是门学问　六种门店哪种最适合［J］．中国食品，2018 (7)：61-65.
[84] 王玉滴．餐饮类园林建筑外环境设计初探［D］．南京：南京林业大学，2010.
[85] 中华人民共和国住房和城乡建设部．旅馆建筑设计规范：JGJ 62—2014［S］．北京：中国建筑

工业出版社，2015.
［86］ 全国旅游标准化技术委员会．旅游饭店星级的划分与评定：GB/T 14308—2023［S］．北京：中国标准出版社，2011.
［87］ 李敏．青年旅馆与生态旅游：青年旅馆模式在我国自然保护区的适用性分析［J］．湖南师范大学社会科学学报，2001（1）：38-42.
［88］ 彭青，曾国军．家庭旅馆成长路径研究：以世界文化遗产地丽江古城为例［J］．旅游学刊，2010，25（9）：58-64.
［89］ 刘波．城市公共厕所的优化设计［M］．北京：中国建筑工业出版社，2019.
［90］ 克莱拉·葛利德．全方位城市设计：公共厕所［M］．屈鸣，王文革，译．北京：机械工业出版社，2005.
［91］ 阿尔法图书．厕所革命：日本公共厕所设计［M］．秦思，译．南京：江苏凤凰科学技术出版社，2020.
［92］ 艾伯特·H. 古德．国家公园游憩设计［M］．吴承照，姚雪艳，严诣青，译．北京：中国建筑工业出版社，2003.
［93］ BIAD胡越工作室．妫河建筑创意区综合管理用房［EB/OL］．（2018-10-31）［2023-04-16］．https：//www. gooood. cn/administrative-building-guihe-culture-and-creative-park-beijing-china-hu-yue-studio. htm.
［94］ 杜明芳．AI+新型智慧城市理论、技术及实践［M］．北京：中国建筑工业出版社，2020.
［95］ 魏芊蕙，支锦亦，陆宁．健康小屋空间布局设计研究［J］．包装工程，2018，39（22）：104-110.
［96］ 刘胜超．智慧公交站设计与应用［J］．福建交通科技，2021（5）：114-117.
［97］ 张洋，夏舫，李长霖．智慧公园建设框架构建研究：以北京海淀公园智慧化改造为例［J］．风景园林，2020，27（5）：78-87.
［98］ 深圳市福田区城市管理和综合执法局．深圳香蜜公园打造“5G+”智慧公园［J］．城乡建设，2020（3）：42.